“十二五”普通高等教育本科国家级规划教材

本教材第七版曾获首届全国教材建设奖

全国优秀教材特等奖

高等数学

第八版 下册

同济大学数学科学学院 编

中国教育出版传媒集团
高等教育出版社·北京

内容提要

本书是同济大学数学科学学院编《高等数学》第八版，内容深广度符合2014年版“工科类本科数学基础课程教学基本要求”，适合高等院校工科类各专业教学使用。

本书第七版曾获首届全国教材建设奖全国优秀教材特等奖，在保持原书结构合理、逻辑清晰、叙述严谨、例题丰富等特色的基础上，对第七版进行了一次细心的修订：少数地方作了一些必要的修改，个别章节补充了例题；对习题进行了适当的调整和补充，更换了少量习题；附录增加了一些初等数学内容介绍；增加了可通过扫描二维码查阅的释疑解难、例题精讲等数字教学资源。经过修订，本书更加完善，能更好地满足当前的教学需要。

本书分上、下两册出版，下册包括向量代数与空间解析几何、多元函数微分法及其应用、重积分、曲线积分与曲面积分、无穷级数等内容，书末还附有部分习题参考答案与提示。

图书在版编目（CIP）数据

高等数学. 下册 / 同济大学数学科学学院编. -- 8版. -- 北京：高等教育出版社，2023.6（2025.10重印）
ISBN 978-7-04-058868-2

Ⅰ. ①高… Ⅱ. ①同… Ⅲ. ①高等数学-高等学校-教材 Ⅳ. ①O13

中国版本图书馆CIP数据核字(2022)第107438号

Gaodeng Shuxue

策划编辑 兰莹莹　责任编辑 蒋 青　封面设计 王凌波　版式设计 于 婕
责任绘图 黄云燕　责任校对 刁丽丽　责任印制 刘思涵

出版发行	高等教育出版社	网　址	http://www.hep.edu.cn
社　址	北京市西城区德外大街4号		http://www.hep.com.cn
邮政编码	100120	网上订购	http://www.hepmall.com.cn
印　刷	高教社（天津）印务有限公司		http://www.hepmall.com
开　本	787 mm×1092 mm 1/16		http://www.hepmall.cn
印　张	22	版　次	1978年10月第1版
字　数	420千字		2023年6月第8版
购书热线	010-58581118	印　次	2025年10月第12次印刷
咨询电话	400-810-0598	定　价	46.50元

物 料 号 58868-00

目　录

第八章
向量代数与空间解析几何

在平面解析几何中,通过坐标法把平面上的点与一对有次序的数对应起来,把平面上的图形和方程对应起来,从而可以用代数方法来研究几何问题.空间解析几何也是按照类似的方法建立起来的.

正像平面解析几何的知识对学习一元函数微积分是不可缺少的一样,空间解析几何的知识对学习多元函数微积分也是必要的.

本章先引进向量的概念,根据向量的线性运算建立空间坐标系,然后利用坐标讨论向量的运算,并介绍空间解析几何的有关内容.

第一节　向量及其线性运算

一、向量的概念

客观世界中有这样一类量,它们既有大小,又有方向,例如位移、速度、加速度、力、力矩等,这一类量叫做向量(或矢量).

在数学上,常用一条有方向的线段,即有向线段来表示向量.有向线段的长度表示向量的大小,有向线段的方向表示向量的方向.以 A 为起点、B 为终点的有向线段所表示的向量记作 $\overrightarrow{AB}$(图 8-1).有时也用一个黑体字母(书写时,在字母上面加箭头)来表示向量,例如 $\boldsymbol{a}$,$\boldsymbol{r}$,$\boldsymbol{v}$,$\boldsymbol{F}$ 或 $\vec{a}$,$\vec{r}$,$\vec{v}$,$\vec{F}$ 等.

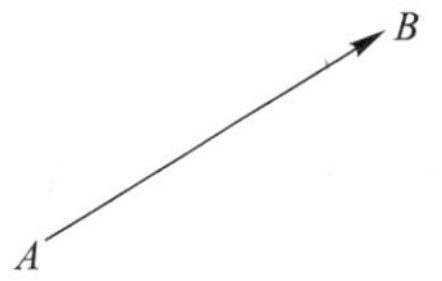

图 8-1

在实际问题中,有些向量与其起点有关(例如质点运动的速度与该质点的位置有关,一个力与该力的作用点的位置有关),有些向量与其起点无关.由于一切向量的共性是它们都有大小和方向,因此在数学上我们只研究与起点无关的向量,并称这种向量为自由向量(以后简称向量),即只考虑向量的大小和方向,而不论它的起点在什么地方. 当遇到与起点有关的向量时，可在一般原则下作特别处理.

由于我们只讨论自由向量，所以如果两个向量 $\boldsymbol{a}$ 和 $\boldsymbol{b}$ 的大小相等，且方向相同，我们就说向量 $\boldsymbol{a}$ 和 $\boldsymbol{b}$ 是相等的，记作 $\boldsymbol{a}=\boldsymbol{b}$. 这就是说，经过平行移动后能完全重合的向量是相等的.

向量的大小叫做向量的模. 向量 $\overrightarrow{AB}$，$\boldsymbol{a}$ 和 $\vec{a}$ 的模依次记作 $|\overrightarrow{AB}|$，$|\boldsymbol{a}|$ 和 $|\vec{a}|$. 模等于 1 的向量叫做单位向量. 模等于零的向量叫做零向量，记作 $\boldsymbol{0}$ 或 $\vec{0}$. 零向量的起点和终点重合，它的方向可以看做是任意的.

设有两个非零向量 $\boldsymbol{a}$，$\boldsymbol{b}$，任取空间一点 O，作 $\overrightarrow{OA}=\boldsymbol{a}$，$\overrightarrow{OB}=\boldsymbol{b}$，规定不超过 π 的 $\angle AOB$（设 $\varphi=\angle AOB$，$0\leqslant\varphi\leqslant\pi$）称为向量 $\boldsymbol{a}$ 与 $\boldsymbol{b}$ 的夹角（图 8-2），记作 $(\widehat{\boldsymbol{a},\boldsymbol{b}})$ 或 $(\widehat{\boldsymbol{b},\boldsymbol{a}})$，即 $(\widehat{\boldsymbol{a},\boldsymbol{b}})=\varphi$. 如果向量 $\boldsymbol{a}$ 与 $\boldsymbol{b}$ 中有一个是零向量，规定它们的夹角可以在 0 到 π 之间任意取值.

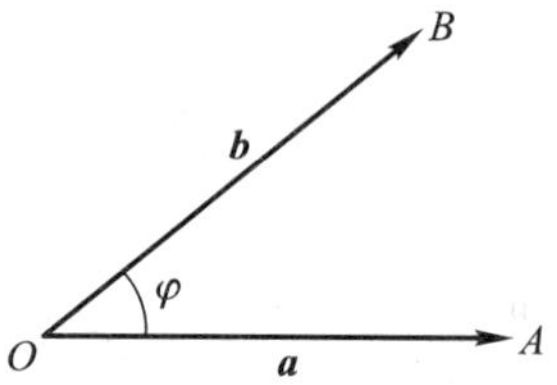

图 8-2

如果 $(\widehat{\boldsymbol{a},\boldsymbol{b}})=0$ 或 π，就称向量 $\boldsymbol{a}$ 与 $\boldsymbol{b}$ 平行，记作 $\boldsymbol{a}/\!/\boldsymbol{b}$. 如果 $(\widehat{\boldsymbol{a},\boldsymbol{b}})=\dfrac{\pi}{2}$，就称向量 $\boldsymbol{a}$ 与 $\boldsymbol{b}$ 垂直，记作 $\boldsymbol{a}\perp\boldsymbol{b}$. 由于零向量与另一向量的夹角可以在 0 到 π 之间任意取值，因此可以认为零向量与任何向量都平行，也可以认为零向量与任何向量都垂直.

当两个平行向量的起点放在同一点时，它们的终点和公共起点应在一条直线上. 因此，两向量平行，又称两向量共线.

类似还有向量共面的概念. 设有 k（$k\geqslant 3$）个向量，当把它们的起点放在同一点时，如果 k 个终点和公共起点在一个平面上，就称这 k 个向量共面.

二、向量的线性运算

1. 向量的加减法

向量的加法运算规定如下：

设有两个向量 $\boldsymbol{a}$ 与 $\boldsymbol{b}$，任取一点 A，作 $\overrightarrow{AB}=\boldsymbol{a}$，再以 B 为起点，作 $\overrightarrow{BC}=\boldsymbol{b}$，连接 AC（图 8-3），那么向量 $\overrightarrow{AC}=\boldsymbol{c}$ 称为向量 $\boldsymbol{a}$ 与 $\boldsymbol{b}$ 的和，记作 $\boldsymbol{a}+\boldsymbol{b}$，即

$$\boldsymbol{c}=\boldsymbol{a}+\boldsymbol{b}.$$

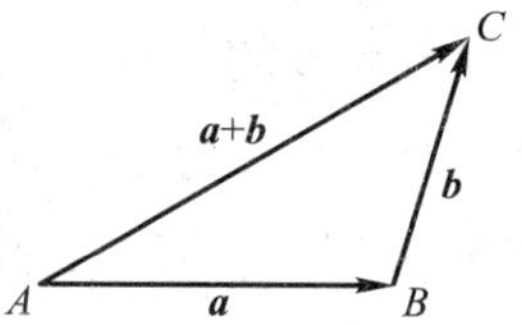

图 8-3

上述作出两向量之和的方法叫做向量相加的三角形法则.

力学上有求合力的平行四边形法则，仿此，我们也有向量相加的平行四边形法则. 这就是：当向量 $\boldsymbol{a}$ 与 $\boldsymbol{b}$ 不平行时，作 $\overrightarrow{AB}=\boldsymbol{a}$，$\overrightarrow{AD}=\boldsymbol{b}$，以 AB，AD 为边作一平行四边形

$ABCD$,连接对角线 AC(图 8-4),显然向量 $\overrightarrow{AC}$ 即等于向量 $\boldsymbol{a}$ 与 $\boldsymbol{b}$ 的和 $\boldsymbol{a}+\boldsymbol{b}$.

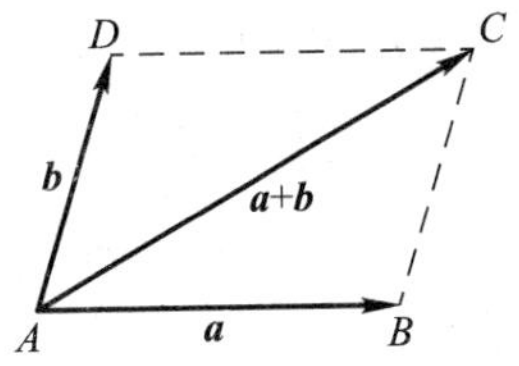

图 8-4

向量的加法符合下列运算规律:

(1) 交换律　$\boldsymbol{a}+\boldsymbol{b}=\boldsymbol{b}+\boldsymbol{a}$;

(2) 结合律　$(\boldsymbol{a}+\boldsymbol{b})+\boldsymbol{c}=\boldsymbol{a}+(\boldsymbol{b}+\boldsymbol{c})$.

这是因为,按向量加法的规定(三角形法则),从图 8-4 可见:

$$\boldsymbol{a}+\boldsymbol{b}=\overrightarrow{AB}+\overrightarrow{BC}=\overrightarrow{AC}=\boldsymbol{c},$$

$$\boldsymbol{b}+\boldsymbol{a}=\overrightarrow{AD}+\overrightarrow{DC}=\overrightarrow{AC}=\boldsymbol{c},$$

所以符合交换律.又如图 8-5 所示,先作 $\boldsymbol{a}+\boldsymbol{b}$ 再加上 $\boldsymbol{c}$,即得和 $(\boldsymbol{a}+\boldsymbol{b})+\boldsymbol{c}$,若以 $\boldsymbol{a}$ 与 $\boldsymbol{b}+\boldsymbol{c}$ 相加,则得同一结果,所以符合结合律.

由于向量的加法符合交换律与结合律,故 n 个向量 $\boldsymbol{a}_1,\boldsymbol{a}_2,\cdots,\boldsymbol{a}_n$ $(n\geqslant 3)$ 相加可写成

$$\boldsymbol{a}_1+\boldsymbol{a}_2+\cdots+\boldsymbol{a}_n,$$

并按向量相加的三角形法则,可得 n 个向量相加的法则如下:以前一向量的终点作为次一向量的起点,相继作向量 $\boldsymbol{a}_1,\boldsymbol{a}_2,\cdots,\boldsymbol{a}_n$,再以第一个向量的起点为起点,最后一个向量的终点为终点作一向量,这个向量即为所求的和.如图 8-6 所示,有

$$\boldsymbol{s}=\boldsymbol{a}_1+\boldsymbol{a}_2+\boldsymbol{a}_3+\boldsymbol{a}_4+\boldsymbol{a}_5.$$

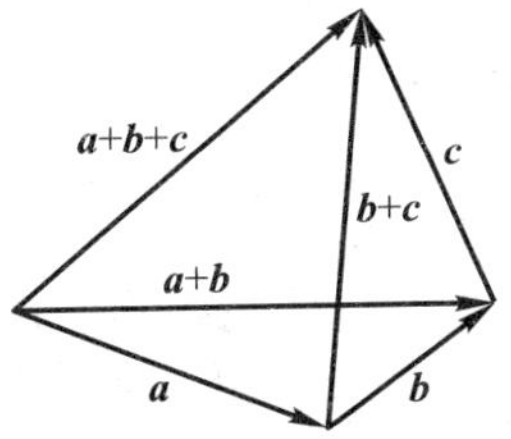

图 8-5

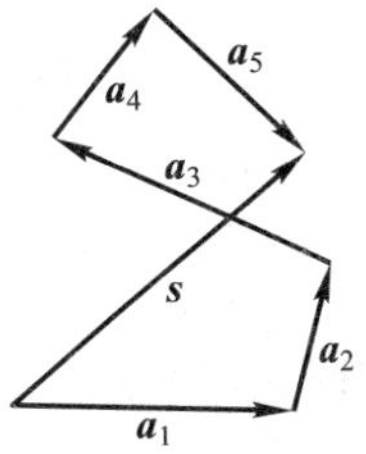

图 8-6

设 $\boldsymbol{a}$ 为一向量,与 $\boldsymbol{a}$ 的模相同而方向相反的向量叫做 $\boldsymbol{a}$ 的负向量,记作 $-\boldsymbol{a}$.由此,我们规定两个向量 $\boldsymbol{b}$ 与 $\boldsymbol{a}$ 的差

$$\boldsymbol{b}-\boldsymbol{a}=\boldsymbol{b}+(-\boldsymbol{a}).$$

即把向量 $-\boldsymbol{a}$ 加到向量 $\boldsymbol{b}$ 上,便得 $\boldsymbol{b}$ 与 $\boldsymbol{a}$ 的差 $\boldsymbol{b}-\boldsymbol{a}$(图 8-7(a)).

特别地,当 $\boldsymbol{b}=\boldsymbol{a}$ 时,有

$$\boldsymbol{a}-\boldsymbol{a}=\boldsymbol{a}+(-\boldsymbol{a})=\boldsymbol{0}.$$

显然,任给向量 $\overrightarrow{AB}$ 及点 O,有

$$\overrightarrow{AB}=\overrightarrow{AO}+\overrightarrow{OB}=\overrightarrow{OB}-\overrightarrow{OA},$$

因此,若把向量 $\boldsymbol{a}$ 与 $\boldsymbol{b}$ 移到同一起点 O,则从 $\boldsymbol{a}$ 的终点 A 向 $\boldsymbol{b}$ 的终点 B 所引向量 $\overrightarrow{AB}$ 便

是向量 $\boldsymbol{b}$ 与 $\boldsymbol{a}$ 的差 $\boldsymbol{b}-\boldsymbol{a}$（图 8-7(b)）.

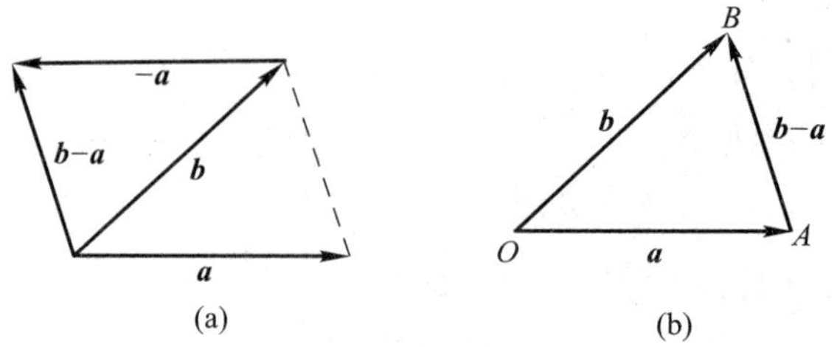

图 8-7

由三角形两边之和大于第三边，有

$$|\boldsymbol{a}+\boldsymbol{b}|\leqslant|\boldsymbol{a}|+|\boldsymbol{b}| \quad 及 \quad |\boldsymbol{a}-\boldsymbol{b}|\leqslant|\boldsymbol{a}|+|\boldsymbol{b}|,$$

其中等号在 $\boldsymbol{a}$ 与 $\boldsymbol{b}$ 同向或反向时成立.

2. 向量与数的乘法

向量 $\boldsymbol{a}$ 与实数 λ 的乘积记作 $\lambda\boldsymbol{a}$，规定 $\lambda\boldsymbol{a}$ 是一个向量，它的模

$$|\lambda\boldsymbol{a}|=|\lambda||\boldsymbol{a}|,$$

它的方向当 $\lambda>0$ 时与 $\boldsymbol{a}$ 相同，当 $\lambda<0$ 时与 $\boldsymbol{a}$ 相反.

当 $\lambda=0$ 时，$|\lambda\boldsymbol{a}|=0$，即 $\lambda\boldsymbol{a}$ 为零向量，这时它的方向可以是任意的.

特别地，当 $\lambda=\pm1$ 时，有

$$1\boldsymbol{a}=\boldsymbol{a}, \quad (-1)\boldsymbol{a}=-\boldsymbol{a}.$$

向量与数的乘积符合下列运算规律：

（1）结合律　$\lambda(\mu\boldsymbol{a})=\mu(\lambda\boldsymbol{a})=(\lambda\mu)\boldsymbol{a}$.

这是因为由向量与数的乘积的规定可知，向量 $\lambda(\mu\boldsymbol{a})$，$\mu(\lambda\boldsymbol{a})$，$(\lambda\mu)\boldsymbol{a}$ 都是平行的向量，它们的方向也是相同的，而且

$$|\lambda(\mu\boldsymbol{a})|=|\mu(\lambda\boldsymbol{a})|=|(\lambda\mu)\boldsymbol{a}|=|\lambda\mu||\boldsymbol{a}|,$$

所以

$$\lambda(\mu\boldsymbol{a})=\mu(\lambda\boldsymbol{a})=(\lambda\mu)\boldsymbol{a}.$$

（2）分配律

$$(\lambda+\mu)\boldsymbol{a}=\lambda\boldsymbol{a}+\mu\boldsymbol{a}, \tag{1-1}$$

$$\lambda(\boldsymbol{a}+\boldsymbol{b})=\lambda\boldsymbol{a}+\lambda\boldsymbol{b}. \tag{1-2}$$

这个规律同样可以按向量与数的乘积的规定来证明，这里从略了.

向量相加及数乘向量统称为向量的线性运算.

例 1　在平行四边形 $ABCD$ 中，设 $\overrightarrow{AB}=\boldsymbol{a}$，$\overrightarrow{AD}=\boldsymbol{b}$. 试用 $\boldsymbol{a}$ 和 $\boldsymbol{b}$ 表示向量 $\overrightarrow{MA}$，$\overrightarrow{MB}$，$\overrightarrow{MC}$ 和 $\overrightarrow{MD}$，这里 M 是平行四边形对角线的交点（图 8-8）.

解　由于平行四边形的对角线互相平分,所以

$$\boldsymbol{a}+\boldsymbol{b}=\overrightarrow{AC}=2\overrightarrow{AM},$$

即

$$-(\boldsymbol{a}+\boldsymbol{b})=2\overrightarrow{MA},$$

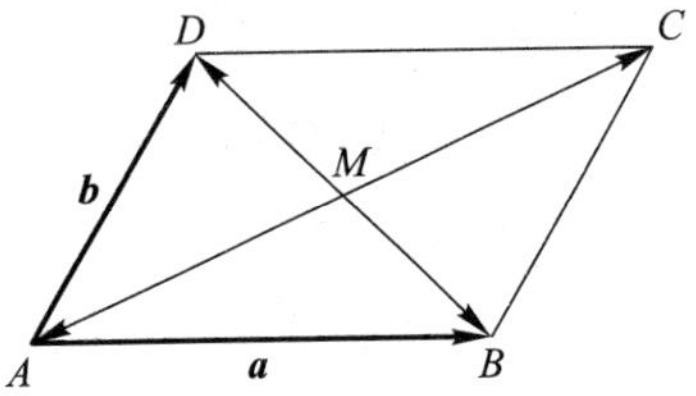

图 8-8

于是

$$\overrightarrow{MA}=-\frac{1}{2}(\boldsymbol{a}+\boldsymbol{b}).$$

因为$\overrightarrow{MC}=-\overrightarrow{MA}$,所以$\overrightarrow{MC}=\frac{1}{2}(\boldsymbol{a}+\boldsymbol{b})$.

又因$-\boldsymbol{a}+\boldsymbol{b}=\overrightarrow{BD}=2\overrightarrow{MD}$,所以$\overrightarrow{MD}=\frac{1}{2}(\boldsymbol{b}-\boldsymbol{a})$.

由于$\overrightarrow{MB}=-\overrightarrow{MD}$,所以$\overrightarrow{MB}=\frac{1}{2}(\boldsymbol{a}-\boldsymbol{b})$.

前面已经讲过,模等于 1 的向量叫做单位向量.设 $\boldsymbol{e}_a$ 表示与非零向量 $\boldsymbol{a}$ 同方向的单位向量,那么按照向量与数的乘积的规定,由于 $|\boldsymbol{a}|>0$,所以 $|\boldsymbol{a}|\boldsymbol{e}_a$ 与 $\boldsymbol{e}_a$ 的方向相同,即 $|\boldsymbol{a}|\boldsymbol{e}_a$ 与 $\boldsymbol{a}$ 的方向相同.又因 $|\boldsymbol{a}|\boldsymbol{e}_a$ 的模是

$$|\boldsymbol{a}||\boldsymbol{e}_a|=|\boldsymbol{a}|\cdot 1=|\boldsymbol{a}|,$$

即 $|\boldsymbol{a}|\boldsymbol{e}_a$ 与 $\boldsymbol{a}$ 的模也相同,因此,

$$\boldsymbol{a}=|\boldsymbol{a}|\boldsymbol{e}_a.$$

我们规定,当 $\lambda\neq 0$ 时,$\frac{\boldsymbol{a}}{\lambda}=\frac{1}{\lambda}\boldsymbol{a}$.由此,上式又可写成

$$\frac{\boldsymbol{a}}{|\boldsymbol{a}|}=\boldsymbol{e}_a.$$

这表示一个非零向量除以它的模的结果是一个与原向量同方向的单位向量.

由于向量 $\lambda\boldsymbol{a}$ 与 $\boldsymbol{a}$ 平行,因此我们常用向量与数的乘积来说明两个向量的平行关系.即有

定理 1　**设向量 $\boldsymbol{a}\neq\boldsymbol{0}$,则向量 $\boldsymbol{b}$ 平行于 $\boldsymbol{a}$ 的充分必要条件是:存在唯一的实数 λ,使 $\boldsymbol{b}=\lambda\boldsymbol{a}$.**

证　条件的充分性是显然的,下面证明条件的必要性.

设 $\boldsymbol{b}/\!/\boldsymbol{a}$.取 $|\lambda|=\frac{|\boldsymbol{b}|}{|\boldsymbol{a}|}$,当 $\boldsymbol{b}$ 与 $\boldsymbol{a}$ 同向时 λ 取正值,当 $\boldsymbol{b}$ 与 $\boldsymbol{a}$ 反向时 λ 取负值,即有 $\boldsymbol{b}=\lambda\boldsymbol{a}$.这是因为此时 $\boldsymbol{b}$ 与 $\lambda\boldsymbol{a}$ 同向,且

$$|\lambda\boldsymbol{a}|=|\lambda||\boldsymbol{a}|=\frac{|\boldsymbol{b}|}{|\boldsymbol{a}|}|\boldsymbol{a}|=|\boldsymbol{b}|.$$

再证数 λ 的唯一性.设 $\boldsymbol{b}=\lambda\boldsymbol{a}$,又设 $\boldsymbol{b}=\mu\boldsymbol{a}$,两式相减,便得

$$(\lambda-\mu)\boldsymbol{a}=\boldsymbol{0},$$

即 $|\lambda-\mu||\boldsymbol{a}|=0$.因 $|\boldsymbol{a}|\neq 0$,故 $|\lambda-\mu|=0$,即 $\lambda=\mu$.

定理证毕.

定理 1 是建立数轴的理论依据.我们知道,给定一个点、一个方向及单位长度,就确定了一条数轴.由于一个单位向量既确定了方向,又确定了单位长度,因此,给定一个点及一个单位向量就确定了一条数轴.设点 O 及单位向量 $\boldsymbol{i}$ 确定了数轴 Ox(图 8-9),对于轴上任一点 P,对应一个向量 $\overrightarrow{OP}$,由于 $\overrightarrow{OP}/\!/\boldsymbol{i}$,根据定理 1,必有唯一的实数 x,使 $\overrightarrow{OP}=x\boldsymbol{i}$(实数 x 叫做轴上有向线段 $\overrightarrow{OP}$ 的值),并知 $\overrightarrow{OP}$ 与实数 x 一一对应.于是

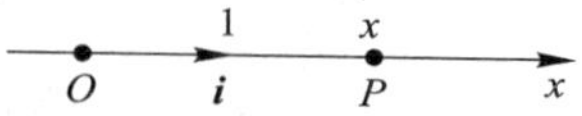

图 8-9

$$\text{点 } P \longleftrightarrow \text{向量 } \overrightarrow{OP}=x\boldsymbol{i} \longleftrightarrow \text{实数 } x,$$

从而轴上的点 P 与实数 x 有一一对应的关系.据此,定义实数 x 为轴上点 P 的坐标.

由此可知,轴上点 P 的坐标为 x 的充分必要条件是

$$\overrightarrow{OP}=x\boldsymbol{i}.$$

三、空间直角坐标系

在空间取定一点 O 和三个两两垂直的单位向量 $\boldsymbol{i},\boldsymbol{j},\boldsymbol{k}$,就确定了三条都以 O 为原点的两两垂直的数轴,依次记为 x 轴(横轴)、y 轴(纵轴)、z 轴(竖轴),统称坐标轴.它们构成一个空间直角坐标系,称为 $Oxyz$ 坐标系或 $[O;\boldsymbol{i},\boldsymbol{j},\boldsymbol{k}]$ 坐标系(图 8-10).通常把 x 轴和 y 轴配置在水平面上,而 z 轴则是铅垂线;它们的正向通常符合右手规则,即以右手握住 z 轴,当右手的四个手指从 x 轴正向以 $\dfrac{\pi}{2}$ 角度转向 y 轴正向时,大拇指的指向就是 z 轴的正向,如图 8-11 所示.

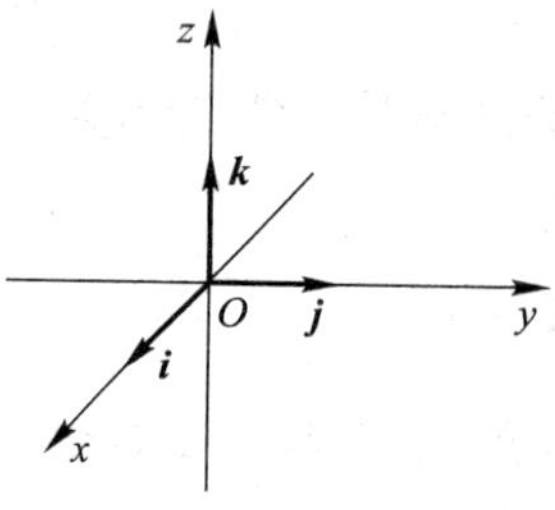

图 8-10

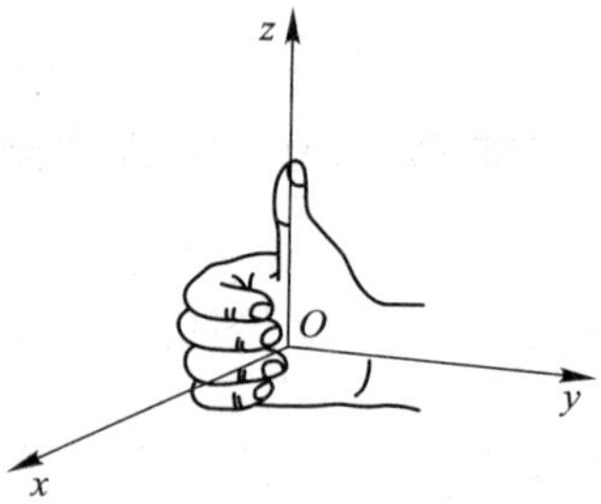

图 8-11

三条坐标轴中的任意两条可以确定一个平面,这样定出的三个平面统称为坐标面.x 轴及 y 轴所确定的坐标面叫做 xOy 面,另两个由 y 轴及 z 轴和由 z 轴及 x 轴所确

定的坐标面,分别叫做 yOz 面及 zOx 面.三个坐标面把空间分成八个部分,每一部分叫做一个卦限.其中,在 xOy 面上方且 yOz 面前方、zOx 面右方的那个卦限叫做第一卦限,其他第二、第三、第四卦限,在 xOy 面的上方,按逆时针方向确定.第五至第八卦限,在 xOy 面的下方,由第一卦限之下的第五卦限,按逆时针方向确定,这八个卦限分别用字母Ⅰ,Ⅱ,Ⅲ,Ⅳ,Ⅴ,Ⅵ,Ⅶ,Ⅷ表示(图 8-12).

任给向量 $\boldsymbol{r}$,有对应点 M,使 $\overrightarrow{OM}=\boldsymbol{r}$.以 OM 为对角线、三条坐标轴为棱作长方体 $RHMK-OPNQ$,如图 8-13 所示,有

$$\boldsymbol{r}=\overrightarrow{OM}=\overrightarrow{OP}+\overrightarrow{PN}+\overrightarrow{NM}=\overrightarrow{OP}+\overrightarrow{OQ}+\overrightarrow{OR},$$

设 $\overrightarrow{OP}=x\boldsymbol{i}$, $\overrightarrow{OQ}=y\boldsymbol{j}$, $\overrightarrow{OR}=z\boldsymbol{k}$,则

$$\boldsymbol{r}=\overrightarrow{OM}=x\boldsymbol{i}+y\boldsymbol{j}+z\boldsymbol{k}.$$

上式称为向量 $\boldsymbol{r}$ 的坐标分解式,$x\boldsymbol{i}$,$y\boldsymbol{j}$ 和 $z\boldsymbol{k}$ 称为向量 $\boldsymbol{r}$ 沿三个坐标轴方向的分向量.

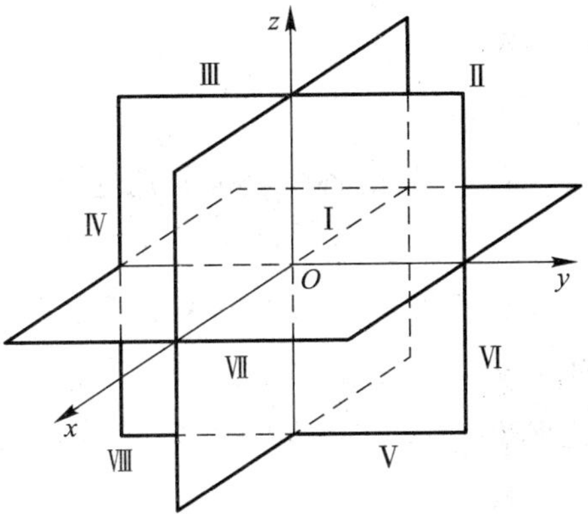

图 8-12

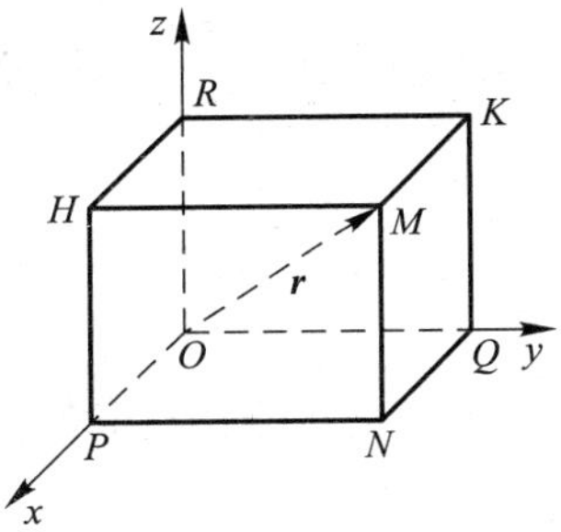

图 8-13

显然,给定向量 $\boldsymbol{r}$,就确定了点 M 及 $\overrightarrow{OP}$,$\overrightarrow{OQ}$,$\overrightarrow{OR}$ 三个分向量,进而确定了 x,y,z 三个有序数;反之,给定三个有序数 x,y,z,也就确定了向量 $\boldsymbol{r}$ 与点 M.于是点 M、向量 $\boldsymbol{r}$ 与三个有序数 x,y,z 之间有一一对应的关系

$$M\longleftrightarrow\boldsymbol{r}=\overrightarrow{OM}=x\boldsymbol{i}+y\boldsymbol{j}+z\boldsymbol{k}\longleftrightarrow(x,y,z),$$

据此,定义:有序数 x,y,z 称为向量 $\boldsymbol{r}$(在坐标系 $Oxyz$ 中)的坐标,记作 $\boldsymbol{r}=(x,y,z)$;有序数 x,y,z 也称为点 M(在坐标系 $Oxyz$ 中)的坐标,记作 $M(x,y,z)$.

向量 $\boldsymbol{r}=\overrightarrow{OM}$ 称为点 M 关于原点 O 的向径.上述定义表明,一个点与该点的向径有相同的坐标.记号 (x,y,z) 既表示点 M,又表示向量 $\overrightarrow{OM}$.

坐标面上和坐标轴上的点,其坐标各有一定的特征.例如:如果点 M 在 yOz 面上,那么 $x=0$;同样,在 zOx 面上的点,有 $y=0$;在 xOy 面上的点,有 $z=0$.如果点 M 在 x 轴上,那么 $y=z=0$;同样,在 y 轴上的点,有 $z=x=0$;在 z 轴上的点,有 $x=y=0$.若点 M 为

原点,则 $x=y=z=0$.

四、利用坐标作向量的线性运算

利用向量的坐标,可得向量的加法、减法以及向量与数的乘法的运算如下:

设 $\boldsymbol{a}=(a_x,a_y,a_z)$, $\boldsymbol{b}=(b_x,b_y,b_z)$,即

$$\boldsymbol{a}=a_x\boldsymbol{i}+a_y\boldsymbol{j}+a_z\boldsymbol{k},\ \boldsymbol{b}=b_x\boldsymbol{i}+b_y\boldsymbol{j}+b_z\boldsymbol{k}.$$

利用向量加法的交换律与结合律以及向量与数的乘法的结合律与分配律,有

$$\boldsymbol{a}+\boldsymbol{b}=(a_x+b_x)\boldsymbol{i}+(a_y+b_y)\boldsymbol{j}+(a_z+b_z)\boldsymbol{k},$$

$$\boldsymbol{a}-\boldsymbol{b}=(a_x-b_x)\boldsymbol{i}+(a_y-b_y)\boldsymbol{j}+(a_z-b_z)\boldsymbol{k},$$

$$\lambda\boldsymbol{a}=(\lambda a_x)\boldsymbol{i}+(\lambda a_y)\boldsymbol{j}+(\lambda a_z)\boldsymbol{k}\quad(\lambda\text{ 为实数}),$$

即

$$\boldsymbol{a}+\boldsymbol{b}=(a_x+b_x,a_y+b_y,a_z+b_z),$$

$$\boldsymbol{a}-\boldsymbol{b}=(a_x-b_x,a_y-b_y,a_z-b_z),$$

$$\lambda\boldsymbol{a}=(\lambda a_x,\lambda a_y,\lambda a_z).$$

由此可见,对向量进行加、减及与数相乘,只需对向量的各个坐标分别进行相应的数量运算就行了.

定理 1 指出,当向量 $\boldsymbol{a}\neq\boldsymbol{0}$ 时,向量 $\boldsymbol{b}/\!/\boldsymbol{a}$ 相当于 $\boldsymbol{b}=\lambda\boldsymbol{a}$,坐标表示式为

$$(b_x,b_y,b_z)=\lambda(a_x,a_y,a_z),$$

这也就相当于向量 $\boldsymbol{b}$ 与 $\boldsymbol{a}$ 对应的坐标成比例

$$\frac{b_x}{a_x}=\frac{b_y}{a_y}=\frac{b_z}{a_z}.\text{①}\tag{1-3}$$

例 2　求解以向量为元的线性方程组

$$\begin{cases}5\boldsymbol{x}-3\boldsymbol{y}=\boldsymbol{a},\\3\boldsymbol{x}-2\boldsymbol{y}=\boldsymbol{b},\end{cases}$$

其中 $\boldsymbol{a}=(2,1,2)$,$\boldsymbol{b}=(-1,1,-2)$.

解　如同解以实数为元的线性方程组一样,可解得

$$\boldsymbol{x}=2\boldsymbol{a}-3\boldsymbol{b},\ \boldsymbol{y}=3\boldsymbol{a}-5\boldsymbol{b}.$$

---

① 当 a_x,a_y,a_z 有一个为零时,例如 $a_x=0,a_y,a_z\neq0$,这时(1-3)式应理解为

$$\begin{cases}b_x=0,\\ \dfrac{b_y}{a_y}=\dfrac{b_z}{a_z};\end{cases}$$

当 a_x,a_y,a_z 有两个为零时,例如 $a_x=a_y=0,a_z\neq0$,这时(1-3)式应理解为

$$\begin{cases}b_x=0,\\b_y=0.\end{cases}$$

将 $\boldsymbol{a},\boldsymbol{b}$ 的坐标表示式代入,即得

$$\boldsymbol{x}=2(2,1,2)-3(-1,1,-2)=(7,-1,10),$$

$$\boldsymbol{y}=3(2,1,2)-5(-1,1,-2)=(11,-2,16).$$

例 3　已知两点 $A(x_1,y_1,z_1)$ 和 $B(x_2,y_2,z_2)$ 以及实数 $\lambda\neq-1$,在直线 AB 上求点 M,使

$$\overrightarrow{AM}=\lambda\,\overrightarrow{MB}.$$

解　如图 8-14 所示.由于

$$\overrightarrow{AM}=\overrightarrow{OM}-\overrightarrow{OA},\ \overrightarrow{MB}=\overrightarrow{OB}-\overrightarrow{OM},$$

因此

$$\overrightarrow{OM}-\overrightarrow{OA}=\lambda(\overrightarrow{OB}-\overrightarrow{OM}),$$

从而

$$\overrightarrow{OM}=\frac{1}{1+\lambda}(\overrightarrow{OA}+\lambda\,\overrightarrow{OB}).$$

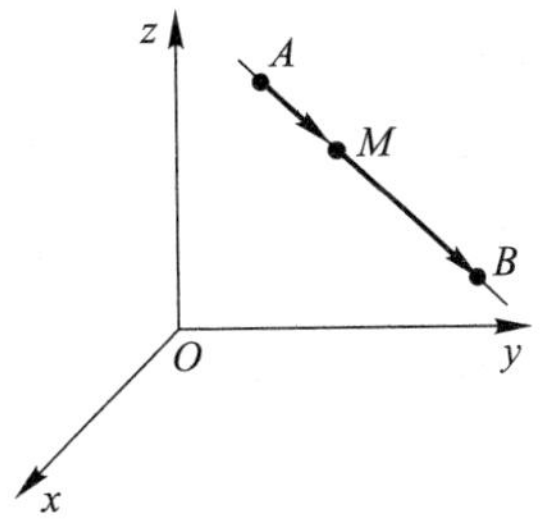

图 8-14

将$\overrightarrow{OA}$,$\overrightarrow{OB}$的坐标(即点 A、点 B 的坐标)代入,即得

$$\overrightarrow{OM}=\left(\frac{x_1+\lambda x_2}{1+\lambda},\frac{y_1+\lambda y_2}{1+\lambda},\frac{z_1+\lambda z_2}{1+\lambda}\right),$$

这就是点 M 的坐标.

本例中的点 M 叫做有向线段$\overrightarrow{AB}$的 λ 分点.特别地,当 $\lambda=1$ 时,得线段 AB 的中点为

$$M\left(\frac{x_1+x_2}{2},\frac{y_1+y_2}{2},\frac{z_1+z_2}{2}\right).$$

通过本例,我们应注意以下两点:(1) 由于点 M 与向量$\overrightarrow{OM}$有相同的坐标,因此,求点 M 的坐标,就是求$\overrightarrow{OM}$的坐标.(2) 记号(x,y,z)既可表示点 M,又可表示向量$\overrightarrow{OM}$,在几何中点与向量是两个不同的概念,不可混淆.因此,在看到记号(x,y,z)时,须从上下文去认清它究竟表示点还是表示向量.当(x,y,z)表示向量时,可对它进行运算;当(x,y,z)表示点时,就不能进行运算.

五、向量的模、方向角、投影

1. 向量的模与两点间的距离公式

设向量 $\boldsymbol{r}=(x,y,z)$,作$\overrightarrow{OM}=\boldsymbol{r}$,如图 8-13 所示,有

$$\boldsymbol{r}=\overrightarrow{OM}=\overrightarrow{OP}+\overrightarrow{OQ}+\overrightarrow{OR},$$

按勾股定理可得

$$|\boldsymbol{r}|=|OM|=\sqrt{|OP|^2+|OQ|^2+|OR|^2}.$$

由$\overrightarrow{OP}=x\boldsymbol{i}$，$\overrightarrow{OQ}=y\boldsymbol{j}$，$\overrightarrow{OR}=z\boldsymbol{k}$，有

$$|OP|=|x|,\quad |OQ|=|y|,\quad |OR|=|z|,$$

于是得向量模的坐标表示式

$$|\boldsymbol{r}|=\sqrt{x^2+y^2+z^2}.$$

设有点$A(x_1,y_1,z_1)$和点$B(x_2,y_2,z_2)$，则点A与点B间的距离$|AB|$就是向量$\overrightarrow{AB}$的模.由

$$\overrightarrow{AB}=\overrightarrow{OB}-\overrightarrow{OA}=(x_2,y_2,z_2)-(x_1,y_1,z_1)=(x_2-x_1,y_2-y_1,z_2-z_1),$$

即得A,B两点间的距离

$$|AB|=|\overrightarrow{AB}|=\sqrt{(x_2-x_1)^2+(y_2-y_1)^2+(z_2-z_1)^2}.$$

例 4　求证以$M_1(4,3,1)$，$M_2(7,1,2)$，$M_3(5,2,3)$三点为顶点的三角形是一个等腰三角形.

解　因为

$$|M_1M_2|^2=(7-4)^2+(1-3)^2+(2-1)^2=14,$$

$$|M_2M_3|^2=(5-7)^2+(2-1)^2+(3-2)^2=6,$$

$$|M_3M_1|^2=(4-5)^2+(3-2)^2+(1-3)^2=6,$$

所以$|M_2M_3|=|M_3M_1|$，即$\triangle M_1M_2M_3$为等腰三角形.

例 5　在z轴上求与两点$A(-4,1,7)$和$B(3,5,-2)$等距离的点.

解　因为所求的点M在z轴上，所以设该点为$M(0,0,z)$，依题意有

$$|MA|=|MB|,$$

即

$$\sqrt{(0+4)^2+(0-1)^2+(z-7)^2}=\sqrt{(3-0)^2+(5-0)^2+(-2-z)^2}.$$

两边平方，解得

$$z=\frac{14}{9},$$

因此，所求的点为$M\left(0,0,\dfrac{14}{9}\right)$.

例 6　已知两点$A(4,0,5)$和$B(7,1,3)$，求与$\overrightarrow{AB}$方向相同的单位向量$\boldsymbol{e}_{\overrightarrow{AB}}$.

解　因为

$$\overrightarrow{AB}=\overrightarrow{OB}-\overrightarrow{OA}=(7,1,3)-(4,0,5)=(3,1,-2),$$

所以

$$|\overrightarrow{AB}|=\sqrt{3^2+1^2+(-2)^2}=\sqrt{14},$$

于是

$$\boldsymbol{e}_{\overrightarrow{AB}}=\frac{\overrightarrow{AB}}{|\overrightarrow{AB}|}=\frac{1}{\sqrt{14}}(3,1,-2).$$

2. 方向角与方向余弦

非零向量 $\boldsymbol{r}$ 与三条坐标轴的夹角 α,β,γ 称为向量 $\boldsymbol{r}$ 的方向角.从图 8-15 可见,设 $\overrightarrow{OM}=\boldsymbol{r}=(x,y,z)$,由于 x 是有向线段$\overrightarrow{OP}$的值,$MP\perp OP$,故

$$\cos\alpha=\frac{x}{|OM|}=\frac{x}{|\boldsymbol{r}|},$$

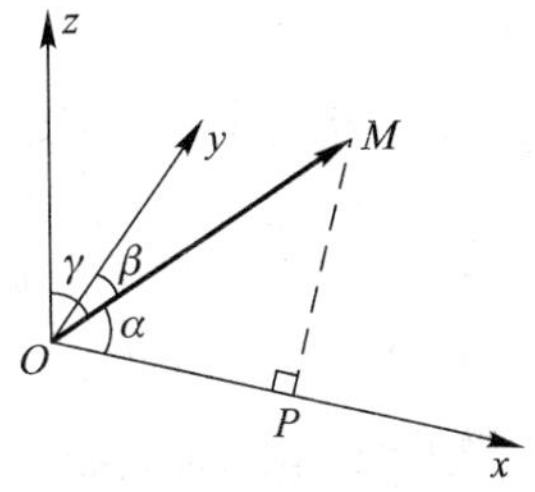

图 8-15

类似可知

$$\cos\beta=\frac{y}{|\boldsymbol{r}|},\quad \cos\gamma=\frac{z}{|\boldsymbol{r}|}.$$

从而

$$(\cos\alpha,\cos\beta,\cos\gamma)=\left(\frac{x}{|\boldsymbol{r}|},\frac{y}{|\boldsymbol{r}|},\frac{z}{|\boldsymbol{r}|}\right)=\frac{1}{|\boldsymbol{r}|}(x,y,z)=\frac{\boldsymbol{r}}{|\boldsymbol{r}|}=\boldsymbol{e}_r.$$

$\cos\alpha,\cos\beta,\cos\gamma$ 称为向量 $\boldsymbol{r}$ 的方向余弦.上式表明,以向量 $\boldsymbol{r}$ 的方向余弦为坐标的向量就是与 $\boldsymbol{r}$ 同方向的单位向量 $\boldsymbol{e}_r$.并由此可得

$$\cos^2\alpha+\cos^2\beta+\cos^2\gamma=1.$$

例 7　已知两点 $M_1(2,2,\sqrt{2})$ 和 $M_2(1,3,0)$,计算向量$\overrightarrow{M_1M_2}$的模、方向余弦和方向角.

解　$\overrightarrow{M_1M_2}=(1-2,3-2,0-\sqrt{2})=(-1,1,-\sqrt{2})$,

$$|\overrightarrow{M_1M_2}|=\sqrt{(-1)^2+1^2+(-\sqrt{2})^2}=\sqrt{1+1+2}=\sqrt{4}=2;$$

$$\cos\alpha=-\frac{1}{2},\quad \cos\beta=\frac{1}{2},\quad \cos\gamma=-\frac{\sqrt{2}}{2};$$

$$\alpha=\frac{2\pi}{3},\quad \beta=\frac{\pi}{3},\quad \gamma=\frac{3\pi}{4}.$$

例 8　设点 A 位于第 Ⅰ 卦限,向径$\overrightarrow{OA}$与 x 轴、y 轴的夹角依次为$\frac{\pi}{3}$和$\frac{\pi}{4}$,且 $|\overrightarrow{OA}|=6$,求点 A 的坐标.

解　$\alpha=\frac{\pi}{3},\beta=\frac{\pi}{4}$.由关系式 $\cos^2\alpha+\cos^2\beta+\cos^2\gamma=1$,得

$$\cos^2\gamma=1-\left(\frac{1}{2}\right)^2-\left(\frac{\sqrt{2}}{2}\right)^2=\frac{1}{4},$$

因点 A 在第 Ⅰ 卦限,知 $\cos\gamma>0$,故

$$\cos\gamma=\frac{1}{2}.$$

于是

$$\overrightarrow{OA}=|\overrightarrow{OA}|e_{\overrightarrow{OA}}=6\left(\frac{1}{2},\frac{\sqrt{2}}{2},\frac{1}{2}\right)=(3,3\sqrt{2},3),$$

这就是点 A 的坐标.

3. 向量在轴上的投影

如果撇开 y 轴和 z 轴,单独考虑 x 轴与向量 $\boldsymbol{r}=\overrightarrow{OM}$的关系,那么从图 8-15 可见,过点 M 作与 x 轴垂直的平面,此平面与 x 轴的交点即是点 P.作出点 P,即得向量 $\boldsymbol{r}$ 在 x 轴上的分向量$\overrightarrow{OP}$,进而由$\overrightarrow{OP}=x\boldsymbol{i}$,便得向量在 x 轴上的坐标 x,且$x=|\boldsymbol{r}|\cos\alpha$.

一般地,设点 O 及单位向量 $\boldsymbol{e}$ 确定 u 轴(图 8-16).任给向量 $\boldsymbol{r}$,作$\overrightarrow{OM}=\boldsymbol{r}$,再过点 M 作与 u 轴垂直的平面交 u 轴于点 M'(点 M'叫做点 M 在 u 轴上的投影),则向量$\overrightarrow{OM'}$称为向量 $\boldsymbol{r}$ 在 u 轴上的分向量.设$\overrightarrow{OM'}=\lambda\boldsymbol{e}$,则数 λ 称为向量 $\boldsymbol{r}$ 在 u 轴上的投影,记作 $\mathrm{Prj}_u\boldsymbol{r}$ 或$(\boldsymbol{r})_u$.

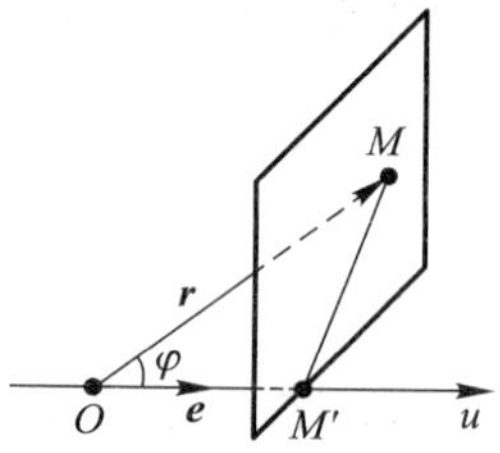

图 8-16

按此定义,向量 $\boldsymbol{a}$ 在直角坐标系 $Oxyz$ 中的坐标 a_x,a_y,a_z 就是 $\boldsymbol{a}$ 在三条坐标轴上的投影,即

$$a_x=\mathrm{Prj}_x\boldsymbol{a},\quad a_y=\mathrm{Prj}_y\boldsymbol{a},\quad a_z=\mathrm{Prj}_z\boldsymbol{a},$$

或记作

$$a_x=(\boldsymbol{a})_x,\quad a_y=(\boldsymbol{a})_y,\quad a_z=(\boldsymbol{a})_z.$$

由此可知,向量的投影具有与坐标相同的性质:

性质 1　$\mathrm{Prj}_u\boldsymbol{a}=|\boldsymbol{a}|\cos\varphi$　(即$(\boldsymbol{a})_u=|\boldsymbol{a}|\cos\varphi$),其中 φ 为向量 $\boldsymbol{a}$ 与 u 轴的夹角;

性质 2　$\mathrm{Prj}_u(\boldsymbol{a}+\boldsymbol{b})=\mathrm{Prj}_u\boldsymbol{a}+\mathrm{Prj}_u\boldsymbol{b}$　(即$(\boldsymbol{a}+\boldsymbol{b})_u=(\boldsymbol{a})_u+(\boldsymbol{b})_u$);

性质 3　$\mathrm{Prj}_u(\lambda\boldsymbol{a})=\lambda\mathrm{Prj}_u\boldsymbol{a}$　(即$(\lambda\boldsymbol{a})_u=\lambda(\boldsymbol{a})_u$).

例 9　设正方体的一条对角线为 OM,一条棱为 OA,且 $|OA|=a$,求$\overrightarrow{OA}$在$\overrightarrow{OM}$方向上的投影 $\mathrm{Prj}_{\overrightarrow{OM}}\overrightarrow{OA}$.①

解　如图 8-17 所示,记$\angle MOA=\varphi$,有

$$\cos\varphi=\frac{|OA|}{|OM|}=\frac{1}{\sqrt{3}},$$

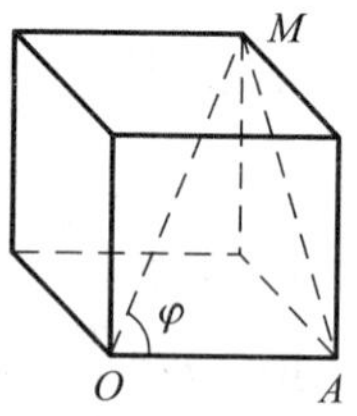

图 8-17

于是

---

① 向量 $\boldsymbol{r}$ 在向量 $\boldsymbol{a}$ $(\boldsymbol{a}\neq\boldsymbol{0})$的方向上的投影 $\mathrm{Prj}_{\boldsymbol{a}}\boldsymbol{r}$ 是指 $\boldsymbol{r}$ 在某条与 $\boldsymbol{a}$ 同方向的轴上的投影.

$$\mathrm{Prj}_{\overrightarrow{OM}}\overrightarrow{OA}=|\overrightarrow{OA}|\cos\varphi=\frac{a}{\sqrt{3}}.$$

习题 8-1

1. 设 $\boldsymbol{u}=\boldsymbol{a}-\boldsymbol{b}+2\boldsymbol{c}$，$\boldsymbol{v}=-\boldsymbol{a}+3\boldsymbol{b}-\boldsymbol{c}$.试用 $\boldsymbol{a}$，$\boldsymbol{b}$，$\boldsymbol{c}$ 表示 $2\boldsymbol{u}-3\boldsymbol{v}$.

2. 如果平面上一个四边形的对角线互相平分，试用向量证明它是平行四边形.

3. 把△ABC 的 BC 边五等分，设分点依次为 D_1，D_2，D_3，D_4，再把各分点与点 A 连接.试以$\overrightarrow{AB}=\boldsymbol{c}$，$\overrightarrow{BC}=\boldsymbol{a}$ 表示向量$\overrightarrow{D_1A}$，$\overrightarrow{D_2A}$，$\overrightarrow{D_3A}$和$\overrightarrow{D_4A}$.

4. 已知两点 $M_1(0,1,2)$ 和 $M_2(1,-1,0)$.试用坐标表示式表示向量$\overrightarrow{M_1M_2}$及$-2\overrightarrow{M_1M_2}$.

5. 求平行于向量 $\boldsymbol{a}=(6,7,-6)$ 的单位向量.

6. 在空间直角坐标系中，指出下列各点在哪个卦限？

$$A(1,-2,3),\quad B(2,3,-4),\quad C(2,-3,-4),\quad D(-2,-3,1).$$

7. 在坐标面上和在坐标轴上的点的坐标各有什么特征？指出下列各点的位置：

$$A(3,4,0),\quad B(0,4,3),\quad C(3,0,0),\quad D(0,-1,0).$$

8. 求点 (a,b,c) 关于（1）各坐标面；（2）各坐标轴；（3）坐标原点的对称点的坐标.

9. 自点 $P_0(x_0,y_0,z_0)$ 分别作各坐标面和各坐标轴的垂线，写出各垂足的坐标.

10. 过点 $P_0(x_0,y_0,z_0)$ 分别作平行于 z 轴的直线和平行于 xOy 面的平面，问在它们上面的点的坐标各有什么特点？

11. 一棱长为 a 的立方体放置在 xOy 面上，其底面的中心在坐标原点，底面的顶点在 x 轴和 y 轴上，求它各顶点的坐标.

12. 求点 $M(4,-3,5)$ 到各坐标轴的距离.

13. 在 yOz 面上，求与三点 $A(3,1,2)$，$B(4,-2,-2)$ 和 $C(0,5,1)$ 等距离的点.

14. 试证明以 $A(4,1,9)$，$B(10,-1,6)$，$C(2,4,3)$ 三点为顶点的三角形是等腰直角三角形.

15. 设已知两点 $M_1(4,\sqrt{2},1)$ 和 $M_2(3,0,2)$，计算向量$\overrightarrow{M_1M_2}$的模、方向余弦和方向角.

16. 设向量的方向余弦分别满足（1）$\cos\alpha=0$；（2）$\cos\beta=1$；（3）$\cos\alpha=\cos\beta=0$，问这些向量与坐标轴或坐标面的关系如何？

17. 设向量 $\boldsymbol{r}$ 的模是 4，它与 u 轴的夹角是$\frac{\pi}{3}$，求 $\boldsymbol{r}$ 在 u 轴上的投影.

18. 一向量的终点在点 $B(2,-1,7)$，它在 x 轴、y 轴和 z 轴上的投影依次为 4，-4 和 7.求这向量的起点 A 的坐标.

19. 设 $\boldsymbol{m}=3\boldsymbol{i}+5\boldsymbol{j}+8\boldsymbol{k}$，$\boldsymbol{n}=2\boldsymbol{i}-4\boldsymbol{j}-7\boldsymbol{k}$ 和 $\boldsymbol{p}=5\boldsymbol{i}+\boldsymbol{j}-4\boldsymbol{k}$，求向量 $\boldsymbol{a}=4\boldsymbol{m}+3\boldsymbol{n}-\boldsymbol{p}$ 在 x 轴上的投影及在 y 轴上的分向量.

20. 设 O 是 A，B 的连线以外的一点，证明 A，B，C 三点共线的充分必要条件是$\overrightarrow{OC}=\lambda\overrightarrow{OA}+\mu\overrightarrow{OB}$，其中 $\lambda+\mu=1$.

第二节　数量积　向量积　* 混合积

一、两向量的数量积

设一物体在恒力 $\boldsymbol{F}$ 作用下沿直线从点 M_1 移动到点 M_2，以 $\boldsymbol{s}$ 表示位移 $\overrightarrow{M_1M_2}$. 由物理学知道，力 $\boldsymbol{F}$ 所做的功为

$$W=|\boldsymbol{F}||\boldsymbol{s}|\cos\theta,$$

其中 θ 为 $\boldsymbol{F}$ 与 $\boldsymbol{s}$ 的夹角（图 8-18）.

从这个问题看出，我们有时要对两个向量 $\boldsymbol{a}$ 和 $\boldsymbol{b}$ 作这样的运算，运算的结果是一个数，它等于 $|\boldsymbol{a}|$，$|\boldsymbol{b}|$ 及它们的夹角 θ 的余弦的乘积. 我们把它叫做向量 $\boldsymbol{a}$ 与 $\boldsymbol{b}$ 的数量积，记作 $\boldsymbol{a}\cdot\boldsymbol{b}$（图 8-19），即

$$\boldsymbol{a}\cdot\boldsymbol{b}=|\boldsymbol{a}||\boldsymbol{b}|\cos\theta.$$

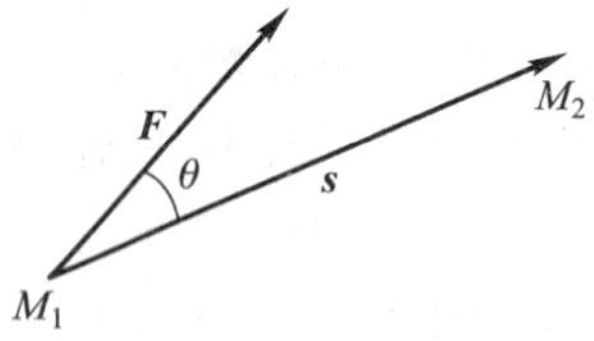

图 8-18

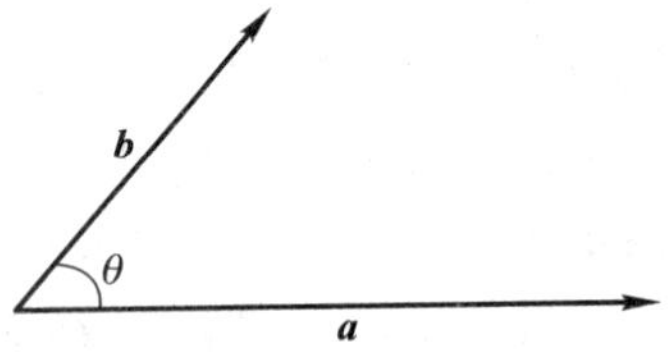

图 8-19

根据这个定义，上述问题中力所做的功 W 是力 $\boldsymbol{F}$ 与位移 $\boldsymbol{s}$ 的数量积，即

$$W=\boldsymbol{F}\cdot\boldsymbol{s}.$$

由于 $|\boldsymbol{b}|\cos\theta=|\boldsymbol{b}|\cos(\widehat{\boldsymbol{a},\boldsymbol{b}})$，当 $\boldsymbol{a}\neq\boldsymbol{0}$ 时是向量 $\boldsymbol{b}$ 在向量 $\boldsymbol{a}$ 的方向上的投影，用 $\mathrm{Prj}_{\boldsymbol{a}}\boldsymbol{b}$ 来表示这个投影，便有

$$\boldsymbol{a}\cdot\boldsymbol{b}=|\boldsymbol{a}|\mathrm{Prj}_{\boldsymbol{a}}\boldsymbol{b},$$

同理，当 $\boldsymbol{b}\neq\boldsymbol{0}$ 时有

$$\boldsymbol{a}\cdot\boldsymbol{b}=|\boldsymbol{b}|\mathrm{Prj}_{\boldsymbol{b}}\boldsymbol{a}.$$

这就是说，两向量的数量积等于其中一个向量的模和另一个向量在这向量的方向上的投影的乘积.

由数量积的定义可以推得

(1) $\boldsymbol{a}\cdot\boldsymbol{a}=|\boldsymbol{a}|^2$.

这是因为夹角 $\theta=0$，所以

$$\boldsymbol{a}\cdot\boldsymbol{a}=|\boldsymbol{a}|^2\cos 0=|\boldsymbol{a}|^2.$$

(2) 对于两个非零向量 $\boldsymbol{a},\boldsymbol{b}$，如果 $\boldsymbol{a}\cdot\boldsymbol{b}=0$，那么 $\boldsymbol{a}\perp\boldsymbol{b}$；反之，如果 $\boldsymbol{a}\perp\boldsymbol{b}$，那么 $\boldsymbol{a}\cdot\boldsymbol{b}=0$.

这是因为如果 $\boldsymbol{a}\cdot\boldsymbol{b}=0$，由于 $|\boldsymbol{a}|\neq 0$，$|\boldsymbol{b}|\neq 0$，所以 $\cos\theta=0$，从而 $\theta=\dfrac{\pi}{2}$，即 $\boldsymbol{a}\perp\boldsymbol{b}$；反之，如果 $\boldsymbol{a}\perp\boldsymbol{b}$，那么 $\theta=\dfrac{\pi}{2}$，$\cos\theta=0$，于是 $\boldsymbol{a}\cdot\boldsymbol{b}=|\boldsymbol{a}||\boldsymbol{b}|\cos\theta=0$.

由于可以认为零向量与任何向量都垂直，因此，上述结论可叙述为：向量 $\boldsymbol{a}\perp\boldsymbol{b}$ 的充分必要条件是 $\boldsymbol{a}\cdot\boldsymbol{b}=0$.

数量积符合下列运算规律：

(1) 交换律　$\boldsymbol{a}\cdot\boldsymbol{b}=\boldsymbol{b}\cdot\boldsymbol{a}$.

证　根据定义有

$$\boldsymbol{a}\cdot\boldsymbol{b}=|\boldsymbol{a}||\boldsymbol{b}|\cos(\widehat{\boldsymbol{a},\boldsymbol{b}}),\quad \boldsymbol{b}\cdot\boldsymbol{a}=|\boldsymbol{b}||\boldsymbol{a}|\cos(\widehat{\boldsymbol{b},\boldsymbol{a}}),$$

而

$$|\boldsymbol{a}||\boldsymbol{b}|=|\boldsymbol{b}||\boldsymbol{a}|\quad\text{且}\quad\cos(\widehat{\boldsymbol{a},\boldsymbol{b}})=\cos(\widehat{\boldsymbol{b},\boldsymbol{a}}),$$

所以

$$\boldsymbol{a}\cdot\boldsymbol{b}=\boldsymbol{b}\cdot\boldsymbol{a}.$$

(2) 分配律　$(\boldsymbol{a}+\boldsymbol{b})\cdot\boldsymbol{c}=\boldsymbol{a}\cdot\boldsymbol{c}+\boldsymbol{b}\cdot\boldsymbol{c}$.

证　当 $\boldsymbol{c}=\boldsymbol{0}$ 时，上式显然成立；当 $\boldsymbol{c}\neq\boldsymbol{0}$ 时，有

$$(\boldsymbol{a}+\boldsymbol{b})\cdot\boldsymbol{c}=|\boldsymbol{c}|\mathrm{Prj}_{\boldsymbol{c}}(\boldsymbol{a}+\boldsymbol{b}),$$

由投影性质 2，可知

$$\mathrm{Prj}_{\boldsymbol{c}}(\boldsymbol{a}+\boldsymbol{b})=\mathrm{Prj}_{\boldsymbol{c}}\boldsymbol{a}+\mathrm{Prj}_{\boldsymbol{c}}\boldsymbol{b},$$

所以

$$(\boldsymbol{a}+\boldsymbol{b})\cdot\boldsymbol{c}=|\boldsymbol{c}|(\mathrm{Prj}_{\boldsymbol{c}}\boldsymbol{a}+\mathrm{Prj}_{\boldsymbol{c}}\boldsymbol{b})=|\boldsymbol{c}|\mathrm{Prj}_{\boldsymbol{c}}\boldsymbol{a}+|\boldsymbol{c}|\mathrm{Prj}_{\boldsymbol{c}}\boldsymbol{b}=\boldsymbol{a}\cdot\boldsymbol{c}+\boldsymbol{b}\cdot\boldsymbol{c}.$$

(3) 数量积还符合如下的结合律：

$$(\lambda\boldsymbol{a})\cdot\boldsymbol{b}=\lambda(\boldsymbol{a}\cdot\boldsymbol{b}),\quad \lambda\text{ 为数}.$$

证　当 $\boldsymbol{b}=\boldsymbol{0}$ 时，上式显然成立；当 $\boldsymbol{b}\neq\boldsymbol{0}$ 时，按投影性质 3，可得

$$(\lambda\boldsymbol{a})\cdot\boldsymbol{b}=|\boldsymbol{b}|\mathrm{Prj}_{\boldsymbol{b}}(\lambda\boldsymbol{a})=|\boldsymbol{b}|\lambda\mathrm{Prj}_{\boldsymbol{b}}\boldsymbol{a}=\lambda|\boldsymbol{b}|\mathrm{Prj}_{\boldsymbol{b}}\boldsymbol{a}=\lambda(\boldsymbol{a}\cdot\boldsymbol{b}).$$

由上述结合律，利用交换律，容易推得

$$\boldsymbol{a}\cdot(\lambda\boldsymbol{b})=\lambda(\boldsymbol{a}\cdot\boldsymbol{b})\quad\text{及}\quad(\lambda\boldsymbol{a})\cdot(\mu\boldsymbol{b})=\lambda\mu(\boldsymbol{a}\cdot\boldsymbol{b}).$$

这是因为

$$\boldsymbol{a}\cdot(\lambda\boldsymbol{b})=(\lambda\boldsymbol{b})\cdot\boldsymbol{a}=\lambda(\boldsymbol{b}\cdot\boldsymbol{a})=\lambda(\boldsymbol{a}\cdot\boldsymbol{b}),$$

$$(\lambda\boldsymbol{a})\cdot(\mu\boldsymbol{b})=\lambda[\boldsymbol{a}\cdot(\mu\boldsymbol{b})]=\lambda[\mu(\boldsymbol{a}\cdot\boldsymbol{b})]=\lambda\mu(\boldsymbol{a}\cdot\boldsymbol{b}).$$

例 1　试用向量证明三角形的余弦定理.

证　设在$\triangle ABC$中，$\angle BCA=\theta$（图 8-20），$|BC|=a$，$|CA|=b$，$|AB|=c$，要证

$$c^2=a^2+b^2-2ab\cos\theta.$$

记$\overrightarrow{CB}=\boldsymbol{a}$，$\overrightarrow{CA}=\boldsymbol{b}$，$\overrightarrow{AB}=\boldsymbol{c}$，则有

$$\boldsymbol{c}=\boldsymbol{a}-\boldsymbol{b},$$

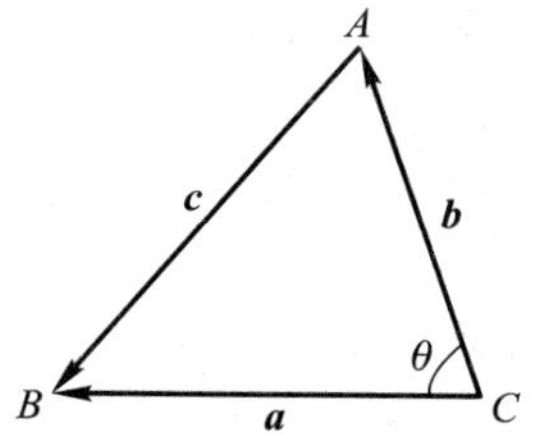

图 8-20

从而

$$|\boldsymbol{c}|^2=\boldsymbol{c}\cdot\boldsymbol{c}=(\boldsymbol{a}-\boldsymbol{b})\cdot(\boldsymbol{a}-\boldsymbol{b})=\boldsymbol{a}\cdot\boldsymbol{a}+\boldsymbol{b}\cdot\boldsymbol{b}-2\boldsymbol{a}\cdot\boldsymbol{b}$$
$$=|\boldsymbol{a}|^2+|\boldsymbol{b}|^2-2|\boldsymbol{a}||\boldsymbol{b}|\cos(\widehat{\boldsymbol{a},\boldsymbol{b}}).$$

由$|\boldsymbol{a}|=a$，$|\boldsymbol{b}|=b$，$|\boldsymbol{c}|=c$及$(\widehat{\boldsymbol{a},\boldsymbol{b}})=\theta$，即得

$$c^2=a^2+b^2-2ab\cos\theta.$$

下面我们来推导数量积的坐标表示式.

设$\boldsymbol{a}=a_x\boldsymbol{i}+a_y\boldsymbol{j}+a_z\boldsymbol{k}$，$\boldsymbol{b}=b_x\boldsymbol{i}+b_y\boldsymbol{j}+b_z\boldsymbol{k}$.按数量积的运算规律可得

$$\begin{aligned}\boldsymbol{a}\cdot\boldsymbol{b}&=(a_x\boldsymbol{i}+a_y\boldsymbol{j}+a_z\boldsymbol{k})\cdot(b_x\boldsymbol{i}+b_y\boldsymbol{j}+b_z\boldsymbol{k})\\&=a_x\boldsymbol{i}\cdot(b_x\boldsymbol{i}+b_y\boldsymbol{j}+b_z\boldsymbol{k})+a_y\boldsymbol{j}\cdot(b_x\boldsymbol{i}+b_y\boldsymbol{j}+b_z\boldsymbol{k})+a_z\boldsymbol{k}\cdot(b_x\boldsymbol{i}+b_y\boldsymbol{j}+b_z\boldsymbol{k})\\&=a_xb_x\boldsymbol{i}\cdot\boldsymbol{i}+a_xb_y\boldsymbol{i}\cdot\boldsymbol{j}+a_xb_z\boldsymbol{i}\cdot\boldsymbol{k}+a_yb_x\boldsymbol{j}\cdot\boldsymbol{i}+a_yb_y\boldsymbol{j}\cdot\boldsymbol{j}+a_yb_z\boldsymbol{j}\cdot\boldsymbol{k}+\\&\quad a_zb_x\boldsymbol{k}\cdot\boldsymbol{i}+a_zb_y\boldsymbol{k}\cdot\boldsymbol{j}+a_zb_z\boldsymbol{k}\cdot\boldsymbol{k}.\end{aligned}$$

因为$\boldsymbol{i}$，$\boldsymbol{j}$和$\boldsymbol{k}$互相垂直，所以$\boldsymbol{i}\cdot\boldsymbol{j}=\boldsymbol{j}\cdot\boldsymbol{k}=\boldsymbol{k}\cdot\boldsymbol{i}=0$，$\boldsymbol{j}\cdot\boldsymbol{i}=\boldsymbol{k}\cdot\boldsymbol{j}=\boldsymbol{i}\cdot\boldsymbol{k}=0$.又因为$\boldsymbol{i}$，$\boldsymbol{j}$和$\boldsymbol{k}$的模均为 1，所以$\boldsymbol{i}\cdot\boldsymbol{i}=\boldsymbol{j}\cdot\boldsymbol{j}=\boldsymbol{k}\cdot\boldsymbol{k}=1$.因而得

$$\boldsymbol{a}\cdot\boldsymbol{b}=a_xb_x+a_yb_y+a_zb_z.$$

这就是两个向量的数量积的坐标表示式.

因为$\boldsymbol{a}\cdot\boldsymbol{b}=|\boldsymbol{a}||\boldsymbol{b}|\cos\theta$，所以当$\boldsymbol{a}$与$\boldsymbol{b}$都不是零向量时，有

$$\cos\theta=\frac{\boldsymbol{a}\cdot\boldsymbol{b}}{|\boldsymbol{a}||\boldsymbol{b}|}.$$

将数量积的坐标表示式及向量的模的坐标表示式代入上式，就得

$$\cos\theta=\frac{a_xb_x+a_yb_y+a_zb_z}{\sqrt{a_x^2+a_y^2+a_z^2}\sqrt{b_x^2+b_y^2+b_z^2}},$$

这就是两向量夹角余弦的坐标表示式.

例题精讲
8-1

例 2　已知三点$M(1,1,1)$，$A(2,2,1)$和$B(2,1,2)$，求$\angle AMB$.

解　作向量$\overrightarrow{MA}$及$\overrightarrow{MB}$，$\angle AMB$就是向量$\overrightarrow{MA}$与$\overrightarrow{MB}$的夹角.这里，$\overrightarrow{MA}=(1,1,0)$，$\overrightarrow{MB}=(1,0,1)$，从而

$$\overrightarrow{MA}\cdot\overrightarrow{MB}=1\times1+1\times0+0\times1=1,$$
$$|\overrightarrow{MA}|=\sqrt{1^2+1^2+0^2}=\sqrt{2},\quad |\overrightarrow{MB}|=\sqrt{1^2+0^2+1^2}=\sqrt{2}.$$

代入两向量夹角余弦的表达式,得

$$\cos\angle AMB=\frac{\overrightarrow{MA}\cdot\overrightarrow{MB}}{|\overrightarrow{MA}||\overrightarrow{MB}|}=\frac{1}{\sqrt{2}\cdot\sqrt{2}}=\frac{1}{2}.$$

由此得

$$\angle AMB=\frac{\pi}{3}.$$

例 3　设液体流过平面 S 上面积为 A 的一个区域,液体在这区域上各点处的流速均为(常向量)$\boldsymbol{v}$.设 $\boldsymbol{n}$ 为垂直于 S 的单位向量(图 8-21(a)),计算单位时间内经过这区域流向 $\boldsymbol{n}$ 所指一侧的液体的质量 m(液体的密度为 ρ).

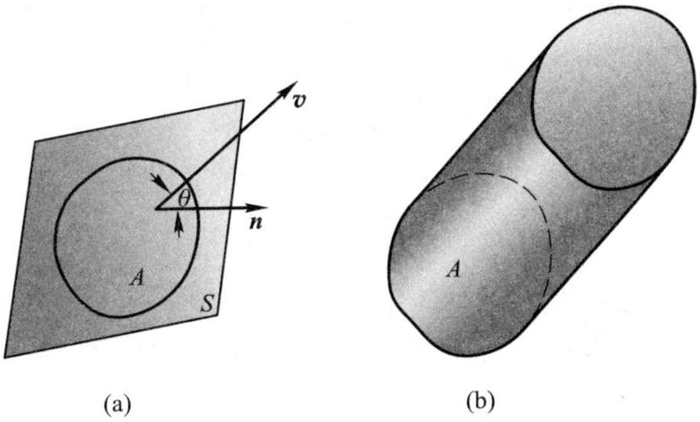

图 8-21

解　单位时间内流过这区域的液体组成一个底面积为 A、斜高为 $|\boldsymbol{v}|$ 的斜柱体(图 8-21(b)).这柱体的斜高与底面的垂线的夹角就是 $\boldsymbol{v}$ 与 $\boldsymbol{n}$ 的夹角 θ,所以这柱体的高为 $|\boldsymbol{v}|\cos\theta$,体积为

$$A|\boldsymbol{v}|\cos\theta=A\boldsymbol{v}\cdot\boldsymbol{n}.$$

从而,单位时间内经过这区域流向 $\boldsymbol{n}$ 所指一侧的液体的质量为

$$m=\rho A\boldsymbol{v}\cdot\boldsymbol{n}.$$

二、两向量的向量积

在研究物体转动问题时,不但要考虑这物体所受的力,还要分析这些力所产生的力矩.下面就举一个简单的例子来说明表达力矩的方法.

设 O 为一根杠杆 L 的支点.有一个力 $\boldsymbol{F}$ 作用于这杠杆上点 P 处. $\boldsymbol{F}$ 与 $\overrightarrow{OP}$ 的夹角为 θ (图 8-22). 由力学规定,力 $\boldsymbol{F}$ 对支点 O 的力矩是一向量 $\boldsymbol{M}$,它的模

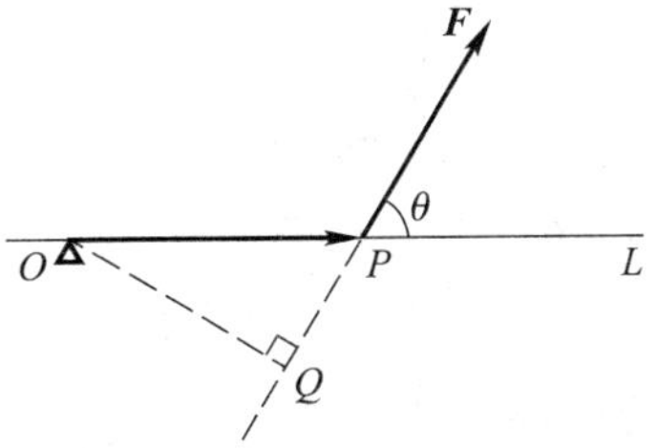

图 8-22

$$|\boldsymbol{M}|=|OQ||\boldsymbol{F}|=|\overrightarrow{OP}||\boldsymbol{F}|\sin\theta,$$

而 $\boldsymbol{M}$ 垂直于 $\overrightarrow{OP}$ 与 $\boldsymbol{F}$ 所决定的平面，$\boldsymbol{M}$ 的正向是按右手规则从 $\overrightarrow{OP}$ 以不超过 π 的角转向 $\boldsymbol{F}$ 来确定的，即当右手的四个手指从 $\overrightarrow{OP}$ 以不超过 π 的角转向 $\boldsymbol{F}$ 握拳时，大拇指的指向就是 $\boldsymbol{M}$ 的方向（图 8-23）.

这种由两个已知向量按上面的规则来确定另一个向量的情况，在其他力学和物理问题中也会遇到. 于是从中抽象出两个向量的向量积概念.

设向量 $\boldsymbol{c}$ 由两个向量 $\boldsymbol{a}$ 与 $\boldsymbol{b}$ 按下列方式定出：

$\boldsymbol{c}$ 的模 $|\boldsymbol{c}|=|\boldsymbol{a}||\boldsymbol{b}|\sin\theta$，其中 θ 为 $\boldsymbol{a}$ 与 $\boldsymbol{b}$ 的夹角；$\boldsymbol{c}$ 垂直于 $\boldsymbol{a}$ 与 $\boldsymbol{b}$ 所决定的平面（即 $\boldsymbol{c}$ 既垂直于 $\boldsymbol{a}$，又垂直于 $\boldsymbol{b}$），$\boldsymbol{c}$ 的正向按右手规则从 $\boldsymbol{a}$ 转向 $\boldsymbol{b}$ 来确定（图 8-24），向量 $\boldsymbol{c}$ 叫做向量 $\boldsymbol{a}$ 与 $\boldsymbol{b}$ 的向量积，记作 $\boldsymbol{a}\times\boldsymbol{b}$，即

$$\boldsymbol{c}=\boldsymbol{a}\times\boldsymbol{b}.$$

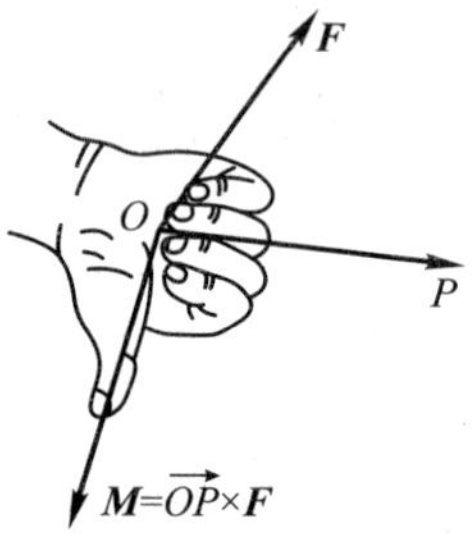

图 8-23

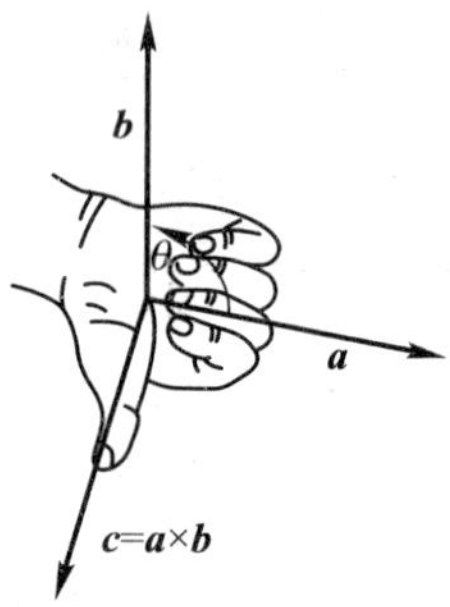

图 8-24

按此定义，上面的力矩 $\boldsymbol{M}$ 等于 $\overrightarrow{OP}$ 与 $\boldsymbol{F}$ 的向量积，即

$$\boldsymbol{M}=\overrightarrow{OP}\times\boldsymbol{F}.$$

由向量积的定义可以推得

（1）$\boldsymbol{a}\times\boldsymbol{a}=\boldsymbol{0}$.

这是因为夹角 $\theta=0$，所以 $|\boldsymbol{a}\times\boldsymbol{a}|=|\boldsymbol{a}|^2\sin 0=0$.

（2）对于两个非零向量 $\boldsymbol{a},\boldsymbol{b}$，如果 $\boldsymbol{a}\times\boldsymbol{b}=\boldsymbol{0}$，那么 $\boldsymbol{a}/\!/\boldsymbol{b}$；反之，如果 $\boldsymbol{a}/\!/\boldsymbol{b}$，那么 $\boldsymbol{a}\times\boldsymbol{b}=\boldsymbol{0}$.

这是因为如果 $\boldsymbol{a}\times\boldsymbol{b}=\boldsymbol{0}$，由于 $|\boldsymbol{a}|\neq 0$，$|\boldsymbol{b}|\neq 0$，那么必有 $\sin\theta=0$，于是 $\theta=0$ 或 π，即 $\boldsymbol{a}/\!/\boldsymbol{b}$；反之，如果 $\boldsymbol{a}/\!/\boldsymbol{b}$，那么 $\theta=0$ 或 π，于是 $\sin\theta=0$，从而 $|\boldsymbol{a}\times\boldsymbol{b}|=0$，即 $\boldsymbol{a}\times\boldsymbol{b}=\boldsymbol{0}$.

由于可以认为零向量与任何向量都平行，因此，上述结论可叙述为：向量 $\boldsymbol{a}/\!/\boldsymbol{b}$ 的充分必要条件是 $\boldsymbol{a}\times\boldsymbol{b}=\boldsymbol{0}$.

向量积符合下列运算规律：

（1）$\boldsymbol{b}\times\boldsymbol{a}=-\boldsymbol{a}\times\boldsymbol{b}$.

这是因为按右手规则从 $\boldsymbol{b}$ 转向 $\boldsymbol{a}$ 定出的方向恰好与按右手规则从 $\boldsymbol{a}$ 转向 $\boldsymbol{b}$ 定出的方向相反.它表明交换律对向量积不成立.

（2）分配律　$(\boldsymbol{a}+\boldsymbol{b})\times\boldsymbol{c}=\boldsymbol{a}\times\boldsymbol{c}+\boldsymbol{b}\times\boldsymbol{c}$.

（3）向量积还符合如下的结合律：

$$(\lambda\boldsymbol{a})\times\boldsymbol{b}=\boldsymbol{a}\times(\lambda\boldsymbol{b})=\lambda(\boldsymbol{a}\times\boldsymbol{b})\quad(\lambda\text{ 为数}).$$

这两个规律这里不予证明.

下面来推导向量积的坐标表示式.

设 $\boldsymbol{a}=a_x\boldsymbol{i}+a_y\boldsymbol{j}+a_z\boldsymbol{k}$，$\boldsymbol{b}=b_x\boldsymbol{i}+b_y\boldsymbol{j}+b_z\boldsymbol{k}$.那么，按上述运算规律，得

$$\begin{aligned}\boldsymbol{a}\times\boldsymbol{b}&=(a_x\boldsymbol{i}+a_y\boldsymbol{j}+a_z\boldsymbol{k})\times(b_x\boldsymbol{i}+b_y\boldsymbol{j}+b_z\boldsymbol{k})\\&=a_x\boldsymbol{i}\times(b_x\boldsymbol{i}+b_y\boldsymbol{j}+b_z\boldsymbol{k})+a_y\boldsymbol{j}\times(b_x\boldsymbol{i}+b_y\boldsymbol{j}+b_z\boldsymbol{k})+a_z\boldsymbol{k}\times(b_x\boldsymbol{i}+b_y\boldsymbol{j}+b_z\boldsymbol{k})\\&=a_xb_x(\boldsymbol{i}\times\boldsymbol{i})+a_xb_y(\boldsymbol{i}\times\boldsymbol{j})+a_xb_z(\boldsymbol{i}\times\boldsymbol{k})+a_yb_x(\boldsymbol{j}\times\boldsymbol{i})+a_yb_y(\boldsymbol{j}\times\boldsymbol{j})+a_yb_z(\boldsymbol{j}\times\boldsymbol{k})+\\&\quad a_zb_x(\boldsymbol{k}\times\boldsymbol{i})+a_zb_y(\boldsymbol{k}\times\boldsymbol{j})+a_zb_z(\boldsymbol{k}\times\boldsymbol{k}).\end{aligned}$$

因为 $\boldsymbol{i}\times\boldsymbol{i}=\boldsymbol{j}\times\boldsymbol{j}=\boldsymbol{k}\times\boldsymbol{k}=\boldsymbol{0}$，$\boldsymbol{i}\times\boldsymbol{j}=\boldsymbol{k}$，$\boldsymbol{j}\times\boldsymbol{k}=\boldsymbol{i}$，$\boldsymbol{k}\times\boldsymbol{i}=\boldsymbol{j}$，$\boldsymbol{j}\times\boldsymbol{i}=-\boldsymbol{k}$，$\boldsymbol{k}\times\boldsymbol{j}=-\boldsymbol{i}$ 和 $\boldsymbol{i}\times\boldsymbol{k}=-\boldsymbol{j}$，所以

$$\boldsymbol{a}\times\boldsymbol{b}=(a_yb_z-a_zb_y)\boldsymbol{i}+(a_zb_x-a_xb_z)\boldsymbol{j}+(a_xb_y-a_yb_x)\boldsymbol{k}.$$

为了帮助记忆，利用三阶行列式，上式可写成

$$\boldsymbol{a}\times\boldsymbol{b}=\begin{vmatrix}\boldsymbol{i}&\boldsymbol{j}&\boldsymbol{k}\\a_x&a_y&a_z\\b_x&b_y&b_z\end{vmatrix}.$$

释疑解难 8-1

例 4　设 $\boldsymbol{a}=(2,1,-1)$，$\boldsymbol{b}=(1,-1,2)$，计算 $\boldsymbol{a}\times\boldsymbol{b}$.

解

$$\boldsymbol{a}\times\boldsymbol{b}=\begin{vmatrix}\boldsymbol{i}&\boldsymbol{j}&\boldsymbol{k}\\2&1&-1\\1&-1&2\end{vmatrix}=\boldsymbol{i}-5\boldsymbol{j}-3\boldsymbol{k}.$$

例 5　已知三角形 ABC 的顶点分别是 $A(1,2,3)$，$B(3,4,5)$ 和 $C(2,4,7)$，求三角形 ABC 的面积.

解　根据向量积的定义，可知三角形 ABC 的面积

$$S_{\triangle ABC}=\frac{1}{2}|\overrightarrow{AB}||\overrightarrow{AC}|\sin\angle A=\frac{1}{2}|\overrightarrow{AB}\times\overrightarrow{AC}|.$$

由于 $\overrightarrow{AB}=(2,2,2)$，$\overrightarrow{AC}=(1,2,4)$，因此

$$\overrightarrow{AB}\times\overrightarrow{AC}=\begin{vmatrix}\boldsymbol{i}&\boldsymbol{j}&\boldsymbol{k}\\2&2&2\\1&2&4\end{vmatrix}=4\boldsymbol{i}-6\boldsymbol{j}+2\boldsymbol{k},$$

于是

$$S_{\triangle ABC}=\frac{1}{2}|4\boldsymbol{i}-6\boldsymbol{j}+2\boldsymbol{k}|=\frac{1}{2}\sqrt{4^2+(-6)^2+2^2}=\sqrt{14}.$$

例 6 设刚体以等角速度 $\boldsymbol{\omega}$ 绕 l 轴旋转，计算刚体上一点 M 的线速度.

解 刚体绕 l 轴旋转时，我们可以用在 l 轴上的一个向量 $\boldsymbol{\omega}$ 表示角速度，它的大小等于角速度的大小，它的方向由右手规则定出：即以右手握住 l 轴，当右手的四个手指的转向与刚体的旋转方向一致时，大拇指的指向就是 $\boldsymbol{\omega}$ 的方向（图 8-25）.

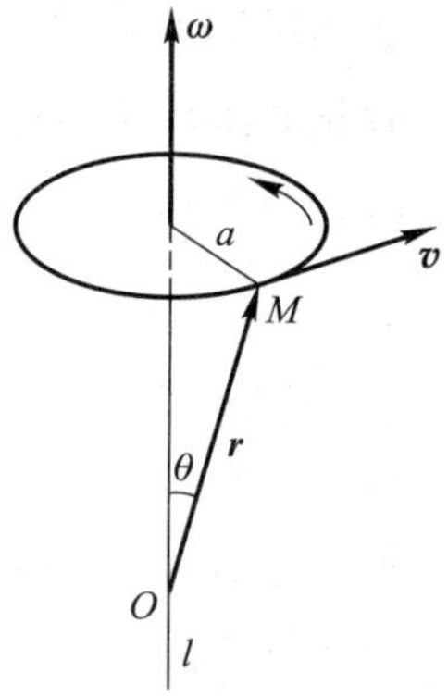

图 8-25

设点 M 到旋转轴 l 的距离为 a，再在 l 轴上任取一点 O 作向量 $\boldsymbol{r}=\overrightarrow{OM}$，并以 θ 表示 $\boldsymbol{\omega}$ 与 $\boldsymbol{r}$ 的夹角，则

$$a=|\boldsymbol{r}|\sin\theta.$$

设点 M 的线速度为 $\boldsymbol{v}$，由物理学上线速度与角速度间的关系可知，$\boldsymbol{v}$ 的大小为

$$|\boldsymbol{v}|=|\boldsymbol{\omega}|a=|\boldsymbol{\omega}||\boldsymbol{r}|\sin\theta;$$

$\boldsymbol{v}$ 垂直于通过 M 点与 l 轴的平面，即 $\boldsymbol{v}$ 既垂直于 $\boldsymbol{\omega}$ 又垂直于 $\boldsymbol{r}$；又 $\boldsymbol{v}$ 的方向使 $\boldsymbol{\omega},\boldsymbol{r},\boldsymbol{v}$ 符合右手规则.因此有

$$\boldsymbol{v}=\boldsymbol{\omega}\times\boldsymbol{r}.$$

*三、向量的混合积

设已知三个向量 $\boldsymbol{a},\boldsymbol{b}$ 和 $\boldsymbol{c}$.先作两向量 $\boldsymbol{a}$ 和 $\boldsymbol{b}$ 的向量积 $\boldsymbol{a}\times\boldsymbol{b}$，把所得到的向量与第三个向量 $\boldsymbol{c}$ 再作数量积 $(\boldsymbol{a}\times\boldsymbol{b})\cdot\boldsymbol{c}$，这样得到的数叫做三向量 $\boldsymbol{a},\boldsymbol{b},\boldsymbol{c}$ 的混合积，记作 $[\boldsymbol{a}\boldsymbol{b}\boldsymbol{c}]$.

下面我们来推出三向量的混合积的坐标表示式.

设 $\boldsymbol{a}=(a_x,a_y,a_z)$，$\boldsymbol{b}=(b_x,b_y,b_z)$，$\boldsymbol{c}=(c_x,c_y,c_z)$，因为

$$\boldsymbol{a}\times\boldsymbol{b}=\begin{vmatrix}\boldsymbol{i}&\boldsymbol{j}&\boldsymbol{k}\\a_x&a_y&a_z\\b_x&b_y&b_z\end{vmatrix}=\begin{vmatrix}a_y&a_z\\b_y&b_z\end{vmatrix}\boldsymbol{i}-\begin{vmatrix}a_x&a_z\\b_x&b_z\end{vmatrix}\boldsymbol{j}+\begin{vmatrix}a_x&a_y\\b_x&b_y\end{vmatrix}\boldsymbol{k},$$

再按两向量的数量积的坐标表示式，便得

$$\begin{aligned}[\boldsymbol{a}\ \boldsymbol{b}\ \boldsymbol{c}]&=(\boldsymbol{a}\times\boldsymbol{b})\cdot\boldsymbol{c}\\&=c_x\begin{vmatrix}a_y&a_z\\b_y&b_z\end{vmatrix}-c_y\begin{vmatrix}a_x&a_z\\b_x&b_z\end{vmatrix}+c_z\begin{vmatrix}a_x&a_y\\b_x&b_y\end{vmatrix}=\begin{vmatrix}a_x&a_y&a_z\\b_x&b_y&b_z\\c_x&c_y&c_z\end{vmatrix}.\end{aligned}$$

向量的混合积有下述几何意义：

向量的混合积 $[\boldsymbol{a}\boldsymbol{b}\boldsymbol{c}]=(\boldsymbol{a}\times\boldsymbol{b})\cdot\boldsymbol{c}$ 是这样一个数，它的绝对值表示以向量 $\boldsymbol{a},\boldsymbol{b},\boldsymbol{c}$ 为棱的平行六面体的体积.如果向量 $\boldsymbol{a},\boldsymbol{b},\boldsymbol{c}$ 组成右手系（即 $\boldsymbol{c}$ 的方向按右手规则从 $\boldsymbol{a}$

转向 $\boldsymbol{b}$ 来确定)，那么混合积的符号是正的；如果 $\boldsymbol{a},\boldsymbol{b},\boldsymbol{c}$ 组成左手系(即 $\boldsymbol{c}$ 的方向按左手规则从 $\boldsymbol{a}$ 转向 $\boldsymbol{b}$ 来确定)，那么混合积的符号是负的.

事实上，设 $\overrightarrow{OA}=\boldsymbol{a}$，$\overrightarrow{OB}=\boldsymbol{b}$，$\overrightarrow{OC}=\boldsymbol{c}$. 按向量积的定义，向量积 $\boldsymbol{a}\times\boldsymbol{b}=\boldsymbol{f}$ 是一个向量，它的模在数值上等于以向量 $\boldsymbol{a}$ 和 $\boldsymbol{b}$ 为邻边所作平行四边形 $OADB$ 的面积，它的方向垂直于这平行四边形的平面，且当 $\boldsymbol{a},\boldsymbol{b},\boldsymbol{c}$ 组成右手系时，向量 $\boldsymbol{f}$ 与向量 $\boldsymbol{c}$ 朝着这平面的同侧(图 8-26)；当 $\boldsymbol{a},\boldsymbol{b},\boldsymbol{c}$ 组成左手系时，向量 $\boldsymbol{f}$ 与向量 $\boldsymbol{c}$ 朝着这平面的异侧. 所以，如设 $\boldsymbol{f}$ 与 $\boldsymbol{c}$ 的夹角为 α，那么当 $\boldsymbol{a},\boldsymbol{b},\boldsymbol{c}$ 组成右手系时，α 为锐角；当 $\boldsymbol{a},\boldsymbol{b},\boldsymbol{c}$ 组成左手系时，α 为钝角. 由于

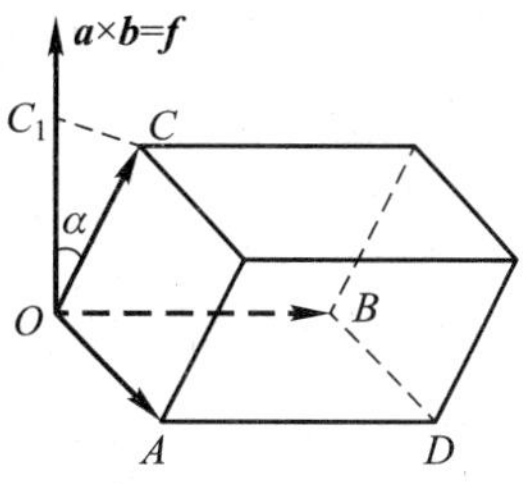

图 8-26

$$[\boldsymbol{a}\ \boldsymbol{b}\ \boldsymbol{c}]=(\boldsymbol{a}\times\boldsymbol{b})\cdot\boldsymbol{c}=|\boldsymbol{a}\times\boldsymbol{b}||\boldsymbol{c}|\cos\alpha,$$

所以当 $\boldsymbol{a},\boldsymbol{b},\boldsymbol{c}$ 组成右手系时，$[\boldsymbol{a}\boldsymbol{b}\boldsymbol{c}]$ 为正；当 $\boldsymbol{a},\boldsymbol{b},\boldsymbol{c}$ 组成左手系时，$[\boldsymbol{a}\boldsymbol{b}\boldsymbol{c}]$ 为负.

因为以向量 $\boldsymbol{a},\boldsymbol{b},\boldsymbol{c}$ 为棱的平行六面体的底(平行四边形 $OADB$)的面积 S 在数值上等于 $|\boldsymbol{a}\times\boldsymbol{b}|$，它的高 h 等于向量 $\boldsymbol{c}$ 在向量 $\boldsymbol{f}$ 上的投影的绝对值，即

$$h=|\mathrm{Prj}_{\boldsymbol{f}}\boldsymbol{c}|=|\boldsymbol{c}||\cos\alpha|,$$

所以平行六面体的体积

$$V=Sh=|\boldsymbol{a}\times\boldsymbol{b}||\boldsymbol{c}||\cos\alpha|=\left|[\boldsymbol{a}\boldsymbol{b}\boldsymbol{c}]\right|.$$

由上述混合积的几何意义可知，若混合积 $[\boldsymbol{a}\ \boldsymbol{b}\ \boldsymbol{c}]\neq 0$，则能以 $\boldsymbol{a},\boldsymbol{b},\boldsymbol{c}$ 三向量为棱构成平行六面体，从而 $\boldsymbol{a},\boldsymbol{b},\boldsymbol{c}$ 三向量不共面；反之，若 $\boldsymbol{a},\boldsymbol{b},\boldsymbol{c}$ 三向量不共面，则必能以 $\boldsymbol{a},\boldsymbol{b},\boldsymbol{c}$ 为棱构成平行六面体，从而 $[\boldsymbol{a}\ \boldsymbol{b}\ \boldsymbol{c}]\neq 0$. 于是有下述结论：

三向量 $\boldsymbol{a},\boldsymbol{b},\boldsymbol{c}$ 共面的充分必要条件是它们的混合积 $[\boldsymbol{a}\ \boldsymbol{b}\ \boldsymbol{c}]=0$，即

$$\begin{vmatrix} a_x & a_y & a_z \\ b_x & b_y & b_z \\ c_x & c_y & c_z \end{vmatrix}=0.$$

释疑解难 8-2

例 7　已知不在一平面上的四点 $A(x_1,y_1,z_1)$，$B(x_2,y_2,z_2)$，$C(x_3,y_3,z_3)$，$D(x_4,y_4,z_4)$. 求四面体 $ABCD$ 的体积.

解　由立体几何知道，四面体的体积 V 等于以向量 $\overrightarrow{AB}$，$\overrightarrow{AC}$ 和 $\overrightarrow{AD}$ 为棱的平行六面体的体积的六分之一. 因而

$$V=\frac{1}{6}\left|[\overrightarrow{AB}\ \overrightarrow{AC}\ \overrightarrow{AD}]\right|.$$

由于

$$\overrightarrow{AB}=(x_2-x_1,y_2-y_1,z_2-z_1),$$
$$\overrightarrow{AC}=(x_3-x_1,y_3-y_1,z_3-z_1),$$

$$\overrightarrow{AD}=(x_4-x_1,y_4-y_1,z_4-z_1),$$

所以

$$V=\pm\frac{1}{6}\begin{vmatrix} x_2-x_1 & y_2-y_1 & z_2-z_1 \\ x_3-x_1 & y_3-y_1 & z_3-z_1 \\ x_4-x_1 & y_4-y_1 & z_4-z_1 \end{vmatrix},$$

上式中符号的选择必须和行列式的符号一致.

例 8　已知 $A(1,2,0)$, $B(2,3,1)$, $C(4,2,2)$, $M(x,y,z)$ 四点共面,求点 M 的坐标 x,y,z 所满足的关系式.

解　A,B,C,M 四点共面相当于$\overrightarrow{AM}$,$\overrightarrow{AB}$,$\overrightarrow{AC}$三向量共面,这里$\overrightarrow{AM}=(x-1,y-2,z)$,$\overrightarrow{AB}=(1,1,1)$,$\overrightarrow{AC}=(3,0,2)$.按三向量共面的充分必要条件,可得

$$\begin{vmatrix} x-1 & y-2 & z \\ 1 & 1 & 1 \\ 3 & 0 & 2 \end{vmatrix}=0,$$

即

$$2x+y-3z-4=0.$$

这就是点 M 的坐标所满足的关系式.

习题 8-2

1. 设 $\boldsymbol{a}=3\boldsymbol{i}-\boldsymbol{j}-2\boldsymbol{k}$, $\boldsymbol{b}=\boldsymbol{i}+2\boldsymbol{j}-\boldsymbol{k}$,求

(1) $\boldsymbol{a}\cdot\boldsymbol{b}$ 及 $\boldsymbol{a}\times\boldsymbol{b}$;　(2) $(-2\boldsymbol{a})\cdot 3\boldsymbol{b}$ 及 $\boldsymbol{a}\times 2\boldsymbol{b}$;　(3) $\boldsymbol{a},\boldsymbol{b}$ 的夹角的余弦.

2. 设 $\boldsymbol{a},\boldsymbol{b},\boldsymbol{c}$ 为单位向量,且满足 $\boldsymbol{a}+\boldsymbol{b}+\boldsymbol{c}=\boldsymbol{0}$,求 $\boldsymbol{a}\cdot\boldsymbol{b}+\boldsymbol{b}\cdot\boldsymbol{c}+\boldsymbol{c}\cdot\boldsymbol{a}$.

3. 已知 $M_1(1,-1,2)$, $M_2(3,3,1)$ 和 $M_3(3,1,3)$.求与$\overrightarrow{M_1M_2}$,$\overrightarrow{M_2M_3}$同时垂直的单位向量.

4. 设质量为 100 kg 的物体从点 $M_1(3,1,8)$ 沿直线移动到点 $M_2(1,4,2)$,计算重力所做的功(坐标系长度单位为 m,重力方向为 z 轴负方向).

5. 在杠杆上支点 O 的一侧与点 O 的距离为 x_1 的点 P_1 处,作用着一个与$\overrightarrow{OP_1}$成角 θ_1 的力 $\boldsymbol{F}_1$;在 O 的另一侧与点 O 的距离为 x_2 的点 P_2 处,作用着一个与$\overrightarrow{OP_2}$成角 θ_2 的力 $\boldsymbol{F}_2$(图 8-27).问 $\theta_1,\theta_2,x_1,x_2,|\boldsymbol{F}_1|,|\boldsymbol{F}_2|$ 符合怎样的条件才能使杠杆保持平衡?

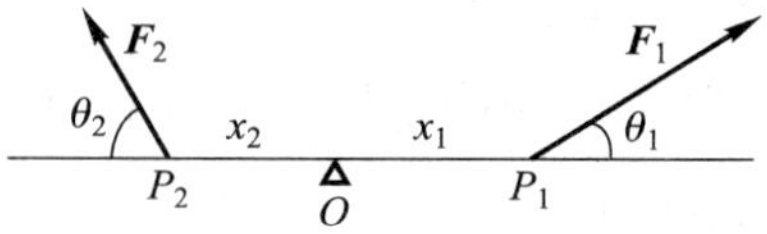

图 8-27

6. 求向量 $\boldsymbol{a}=(4,-3,4)$ 在向量 $\boldsymbol{b}=(2,2,1)$ 上的投影.

7. 设 $\boldsymbol{a}=(3,5,-2)$, $\boldsymbol{b}=(2,1,4)$,问 λ 与 μ 有怎样的关系,能使得 $\lambda\boldsymbol{a}+\mu\boldsymbol{b}$ 与 z 轴垂直?

8. 试用向量证明直径所对的圆周角是直角.

9. 已知向量 $\boldsymbol{a}=2\boldsymbol{i}-3\boldsymbol{j}+\boldsymbol{k}$，$\boldsymbol{b}=\boldsymbol{i}-\boldsymbol{j}+3\boldsymbol{k}$ 和 $\boldsymbol{c}=\boldsymbol{i}-2\boldsymbol{j}$，计算：

(1) $(\boldsymbol{a}\cdot\boldsymbol{b})\boldsymbol{c}-(\boldsymbol{a}\cdot\boldsymbol{c})\boldsymbol{b}$； (2) $(\boldsymbol{a}+\boldsymbol{b})\times(\boldsymbol{b}+\boldsymbol{c})$； (3) $(\boldsymbol{a}\times\boldsymbol{b})\cdot\boldsymbol{c}$.

10. 设一平行四边形对角线为 $\boldsymbol{c}=\boldsymbol{a}+2\boldsymbol{b}$，$\boldsymbol{d}=3\boldsymbol{a}-4\boldsymbol{b}$，其中 $\boldsymbol{a}$，$\boldsymbol{b}$ 为单位向量且 $\boldsymbol{a}\perp\boldsymbol{b}$，求该平行四边形的面积.

11. 设有四面体 $OPQR$（图 8-28），其中 $\triangle OPQ$，$\triangle OQR$，$\triangle OPR$ 和 $\triangle PQR$ 的面积分别为 A,B,C 和 D. 试用向量方法证明如下三维空间中的勾股定理：

$$A^2+B^2+C^2=D^2.$$

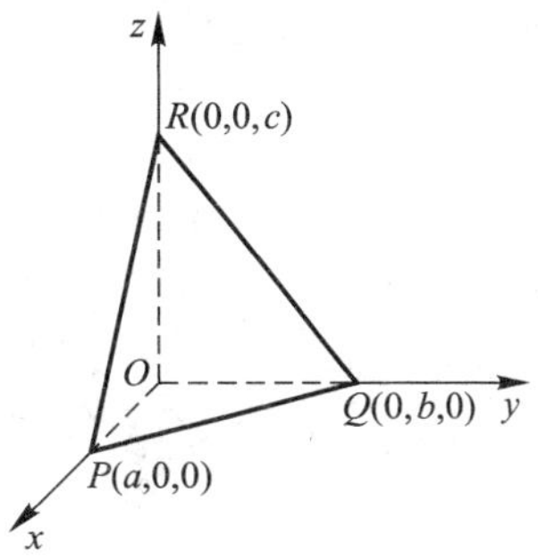

图 8-28

*12. 已知 $\boldsymbol{a}=(a_x,a_y,a_z)$，$\boldsymbol{b}=(b_x,b_y,b_z)$，$\boldsymbol{c}=(c_x,c_y,c_z)$，试利用行列式的性质证明：

$$(\boldsymbol{a}\times\boldsymbol{b})\cdot\boldsymbol{c}=(\boldsymbol{b}\times\boldsymbol{c})\cdot\boldsymbol{a}=(\boldsymbol{c}\times\boldsymbol{a})\cdot\boldsymbol{b}.$$

13. 试用向量证明不等式：

$$\sqrt{a_1^2+a_2^2+a_3^2}\sqrt{b_1^2+b_2^2+b_3^2}\geqslant|a_1b_1+a_2b_2+a_3b_3|,$$

其中 a_1,a_2,a_3,b_1,b_2,b_3 为任意实数，并指出等号成立的条件.

第三节　平面及其方程

一、曲面方程与空间曲线方程的概念

因为平面与空间直线分别是曲面与空间曲线的特例，所以在讨论平面与空间直线以前，先引入有关曲面方程与空间曲线方程的概念.

像在平面解析几何中把平面曲线当作动点的轨迹一样，在空间解析几何中，任何曲面或曲线都看作点的几何轨迹. 在这样的意义下，如果曲面 S 与三元方程

$$F(x,y,z)=0 \tag{3-1}$$

有下述关系：

(1) 曲面 S 上任一点的坐标都满足方程(3-1)；

(2) 不在曲面 S 上的点的坐标都不满足方程(3-1)，那么，方程(3-1)就叫做曲面 S 的方程，而曲面 S 就叫做方程(3-1)的图形(图 8-29).

空间曲线可以看作两个曲面 S_1，S_2 的交线. 设

$$F(x,y,z)=0 \quad 和 \quad G(x,y,z)=0$$

分别是这两个曲面的方程，它们的交线为 C（图 8-30）. 因为曲线 C 上的任何点的坐标应同时满足这两个曲面的方程，所以应满足方程组

$$\begin{cases}F(x,y,z)=0,\\G(x,y,z)=0.\end{cases} \tag{3-2}$$

反过来,如果点 M 不在曲线 C 上,那么它不可能同时在两个曲面上,所以它的坐标不满足方程组(3-2).因此,曲线 C 可以用方程组(3-2)来表示.方程组(3-2)就叫做空间曲线 C 的方程,而曲线 C 就叫做方程组(3-2)的图形.

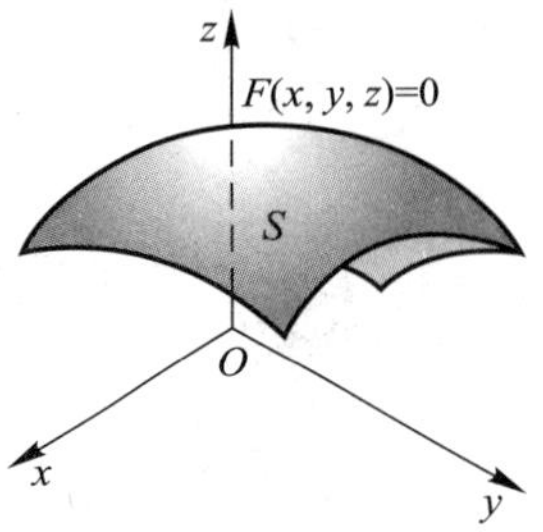

图 8-29

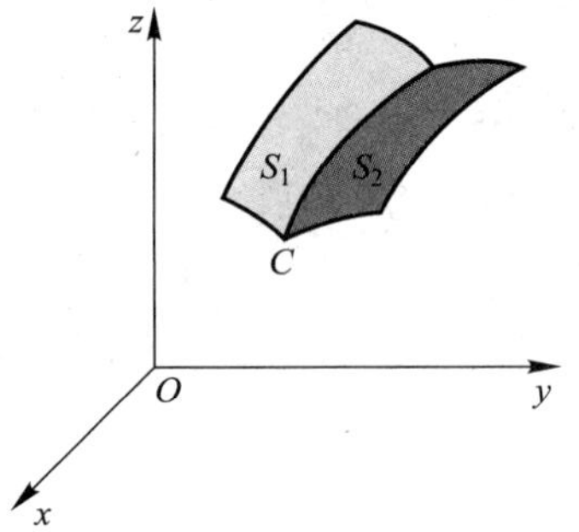

图 8-30

在本节和下一节里,我们将以向量为工具,在空间直角坐标系中讨论最简单的曲面和曲线——平面和直线.

二、平面的点法式方程

如果一非零向量垂直于一平面,那么这个向量就叫做该平面的法向量.容易知道,平面上的任一向量均与该平面的法向量垂直.

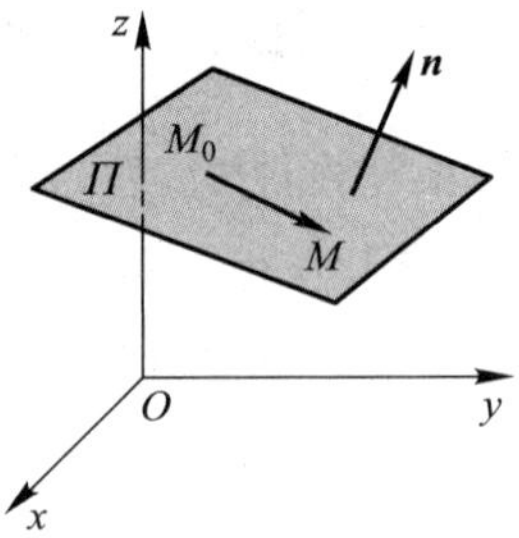

图 8-31

因为过空间一点可以作而且只能作一平面垂直于一已知直线,所以当平面 Π 上一点 $M_0(x_0,y_0,z_0)$ 和它的一个法向量 $\boldsymbol{n}=(A,B,C)$ 为已知时,平面 Π 的位置就完全确定了.下面我们来建立平面 Π 的方程.

设 $M(x,y,z)$ 是平面 Π 上的任一点(图 8-31).则向量 $\overrightarrow{M_0M}$ 必与平面 Π 的法向量 $\boldsymbol{n}$ 垂直,即它们的数量积等于零

$$\boldsymbol{n}\cdot\overrightarrow{M_0M}=0.$$

因为 $\boldsymbol{n}=(A,B,C)$,$\overrightarrow{M_0M}=(x-x_0,y-y_0,z-z_0)$,所以有

$$A(x-x_0)+B(y-y_0)+C(z-z_0)=0. \tag{3-3}$$

这就是平面 Π 上任一点 M 的坐标 x,y,z 所满足的方程.

反过来,如果 $M(x,y,z)$ 不在平面 Π 上,那么向量 $\overrightarrow{M_0M}$ 与法向量 $\boldsymbol{n}$ 不垂直,从而 $\boldsymbol{n}\cdot\overrightarrow{M_0M}\neq 0$,即不在平面 Π 上的点 M 的坐标 x,y,z 不满足方程(3-3).

由此可知,平面 Π 上的任一点的坐标 x,y,z 都满足方程(3-3),不在平面 Π 上的

点的坐标都不满足方程(3-3).这样,方程(3-3)就是平面 Π 的方程,而平面 Π 就是方程(3-3)的图形.因为方程(3-3)是由平面 Π 上的一点 $M_0(x_0,y_0,z_0)$ 及它的一个法向量 $\boldsymbol{n}=(A,B,C)$ 确定的,所以方程(3-3)叫做平面的点法式方程.

例 1　求过点$(2,-3,0)$且以 $\boldsymbol{n}=(1,-2,3)$ 为法向量的平面的方程.

解　根据平面的点法式方程(3-3),得所求平面的方程为

$$(x-2)-2(y+3)+3z=0,$$

即

$$x-2y+3z-8=0.$$

例 2　求过三点 $M_1(2,-1,4)$,$M_2(-1,3,-2)$和 $M_3(0,2,3)$的平面的方程.

解　先找出这平面的法向量 $\boldsymbol{n}$.因为向量 $\boldsymbol{n}$ 与向量$\overrightarrow{M_1M_2}$和$\overrightarrow{M_1M_3}$都垂直,而$\overrightarrow{M_1M_2}=(-3,4,-6)$,$\overrightarrow{M_1M_3}=(-2,3,-1)$,所以可取它们的向量积为 $\boldsymbol{n}$,即

$$\boldsymbol{n}=\overrightarrow{M_1M_2}\times\overrightarrow{M_1M_3}=\begin{vmatrix}\boldsymbol{i} & \boldsymbol{j} & \boldsymbol{k}\\ -3 & 4 & -6\\ -2 & 3 & -1\end{vmatrix}=14\boldsymbol{i}+9\boldsymbol{j}-\boldsymbol{k},$$

根据平面的点法式方程(3-3),得所求平面的方程为

$$14(x-2)+9(y+1)-(z-4)=0,$$

即

$$14x+9y-z-15=0.$$

三、平面的一般方程

因为平面的点法式方程(3-3)是 x,y 和 z 的一次方程,而任一平面都可以用它上面的一点及它的法向量来确定,所以任一平面都可以用三元一次方程来表示.

反过来,设有三元一次方程

$$Ax+By+Cz+D=0. \tag{3-4}$$

我们任取满足该方程的一组数 x_0,y_0,z_0,即

$$Ax_0+By_0+Cz_0+D=0. \tag{3-5}$$

把上述两等式相减,得

$$A(x-x_0)+B(y-y_0)+C(z-z_0)=0. \tag{3-6}$$

把它和平面的点法式方程(3-3)作比较,可以知道方程(3-6)是通过点 $M_0(x_0,y_0,z_0)$且以 $\boldsymbol{n}=(A,B,C)$ 为法向量的平面方程.方程(3-4)与方程(3-6)同解,这是因为由(3-4)减去(3-5)即得(3-6),又由(3-6)加上(3-5)就得(3-4).由此可知,任一三元一次方程(3-4)的图形总是一个平面.方程(3-4)称为平面的一般方程,其中 x,y,z 的系数就是该平面的一个法向量 $\boldsymbol{n}$ 的坐标,即 $\boldsymbol{n}=(A,B,C)$.

例如，方程

$$3x-4y+z-9=0$$

表示一个平面，$\boldsymbol{n}=(3,-4,1)$是这平面的一个法向量.

对于一些特殊的三元一次方程，应该熟悉它们的图形的特点.

当 $D=0$ 时，方程(3-4)成为 $Ax+By+Cz=0$，它表示一个通过原点的平面.

当 $A=0$ 时，方程(3-4)成为 $By+Cz+D=0$，法向量 $\boldsymbol{n}=(0,B,C)$ 垂直于 x 轴，方程表示一个平行于(或包含)x 轴的平面.

同样，方程 $Ax+Cz+D=0$ 和 $Ax+By+D=0$ 分别表示一个平行于(或包含)y 轴和 z 轴的平面.

当 $A=B=0$ 时，方程(3-4)成为 $Cz+D=0$ 或 $z=-\dfrac{D}{C}$，法向量 $\boldsymbol{n}=(0,0,C)$ 同时垂直于 x 轴和 y 轴，方程表示一个平行于(或重合于)xOy 面的平面.

同样，方程 $Ax+D=0$ 和 $By+D=0$ 分别表示一个平行于(或重合于)yOz 面和 zOx 面的平面.

例 3　求通过 x 轴和点$(4,-3,-1)$的平面的方程.

解　由于平面通过 x 轴，从而它的法向量垂直于 x 轴，于是法向量在 x 轴上的投影为零，即 $A=0$；又由平面通过 x 轴，它必通过原点，于是 $D=0$. 因此可设这平面的方程为

$$By+Cz=0.$$

又因这平面通过点$(4,-3,-1)$，所以有

$$-3B-C=0,\quad 或\quad C=-3B.$$

以此代入所设方程并除以 B $(B\neq 0)$，便得所求的平面方程为

$$y-3z=0.$$

例 4　设一平面与 x 轴、y 轴和 z 轴的交点依次为$P(a,0,0)$，$Q(0,b,0)$，$R(0,0,c)$三点(图 8-32)，求这平面的方程(其中 $a\neq 0,b\neq 0,c\neq 0$).

解　设所求平面的方程为

$$Ax+By+Cz+D=0.$$

因为 $P(a,0,0)$，$Q(0,b,0)$ 和 $R(0,0,c)$ 三点都在这平面上，所以点 P,Q 和 R 的坐标都满足方程(3-4)，即有

$$\begin{cases} aA+D=0,\\ bB+D=0,\\ cC+D=0,\end{cases}$$

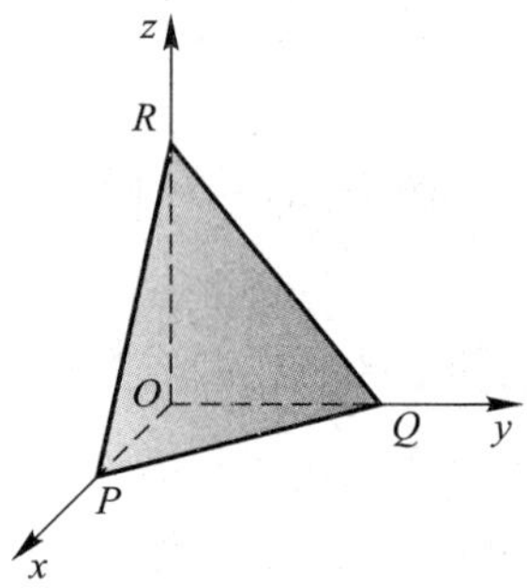

图 8-32

解得

$$A=-\frac{D}{a},\quad B=-\frac{D}{b},\quad C=-\frac{D}{c}.$$

以此代入(3-4)并除以 D $(D\neq 0)$，便得所求的平面方程为

$$\frac{x}{a}+\frac{y}{b}+\frac{z}{c}=1. \tag{3-7}$$

方程(3-7)叫做平面的截距式方程，而 a,b 和 c 依次叫做平面在 x 轴、y 轴和 z 轴上的截距.

四、两平面的夹角

两平面的法向量的夹角(通常指锐角或直角)称为两平面的夹角.

设平面 Π_1 和 Π_2 的法向量依次为 $\boldsymbol{n}_1=(A_1,B_1,C_1)$ 和 $\boldsymbol{n}_2=(A_2,B_2,C_2)$，则平面 Π_1 和 Π_2 的夹角 θ (图 8-33)应是 $(\widehat{\boldsymbol{n}_1,\boldsymbol{n}_2})$ 和 $(\widehat{-\boldsymbol{n}_1,\boldsymbol{n}_2})=\pi-(\widehat{\boldsymbol{n}_1,\boldsymbol{n}_2})$ 两者中的锐角或直角，因此，$\cos\theta=|\cos(\widehat{\boldsymbol{n}_1,\boldsymbol{n}_2})|$. 按两向量夹角余弦的坐标表示式，平面 Π_1 和平面 Π_2 的夹角 θ 可由

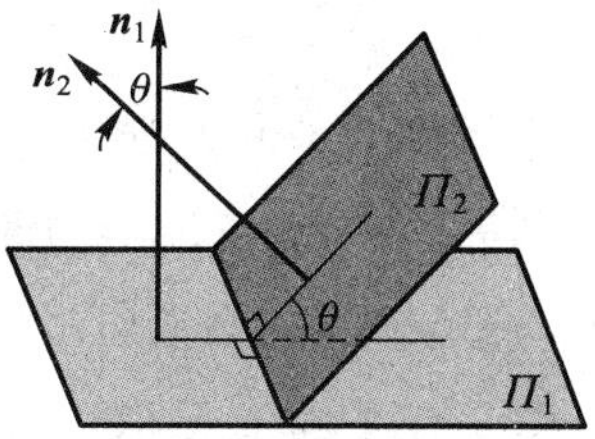

图 8-33

$$\cos\theta=\frac{|A_1A_2+B_1B_2+C_1C_2|}{\sqrt{A_1^2+B_1^2+C_1^2}\sqrt{A_2^2+B_2^2+C_2^2}} \tag{3-8}$$

来确定.

从两向量垂直、平行的充分必要条件立即推得下列结论：

两平面 Π_1 和 Π_2 互相垂直相当于 $A_1A_2+B_1B_2+C_1C_2=0$；

两平面 Π_1 和 Π_2 互相平行或重合相当于 $\frac{A_1}{A_2}=\frac{B_1}{B_2}=\frac{C_1}{C_2}$.

例 5　求两平面 $x-y+2z-6=0$ 和 $2x+y+z-5=0$ 的夹角.

解　由公式(3-8)有

$$\cos\theta=\frac{|1\times 2+(-1)\times 1+2\times 1|}{\sqrt{1^2+(-1)^2+2^2}\sqrt{2^2+1^2+1^2}}=\frac{1}{2},$$

因此，所求夹角 $\theta=\frac{\pi}{3}$.

例 6　一平面通过两点 $M_1(1,1,1)$ 和 $M_2(0,1,-1)$ 且垂直于平面 $x+y+z=0$，求它的方程.

解　设所求平面的一个法向量为

$$\boldsymbol{n}=(A,B,C).$$

因 $\overrightarrow{M_1M_2}=(-1,0,-2)$ 在所求平面上，它必与 $\boldsymbol{n}$ 垂直，所以有

$$-A-2C=0. \tag{3-9}$$

又因所求的平面垂直于已知平面 $x+y+z=0$,所以又有

$$A+B+C=0. \tag{3-10}$$

由式(3-9)、式(3-10)得到

$$A=-2C,\quad B=C.$$

由平面的点法式方程可知,所求平面方程为

$$A(x-1)+B(y-1)+C(z-1)=0.$$

例题精讲 8-2

将 $A=-2C$ 及 $B=C$ 代入上式,并约去 C $(C\neq 0)$,便得

$$-2(x-1)+(y-1)+(z-1)=0,$$

即

$$2x-y-z=0.$$

这就是所求的平面方程.

例 7　设 $P_0(x_0,y_0,z_0)$ 是平面 $Ax+By+Cz+D=0$ 外一点,求 P_0 到这平面的距离(图 8-34).

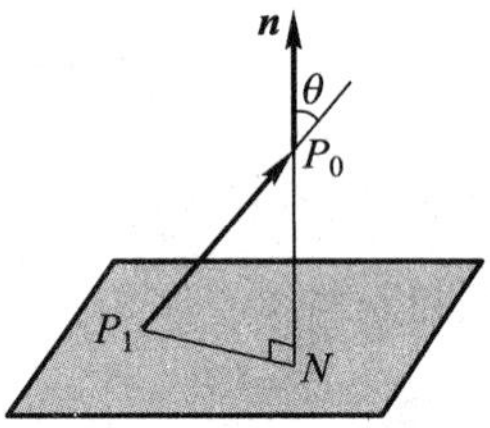

图 8-34

解　在平面上任取一点 $P_1(x_1,y_1,z_1)$,并作一法向量 $\boldsymbol{n}$,由图 8-34,并考虑到 $\overrightarrow{P_1P_0}$ 与 $\boldsymbol{n}$ 的夹角 θ 也可能是钝角,得所求的距离

$$d=|\overrightarrow{P_1P_0}||\cos\theta|=\frac{|\overrightarrow{P_1P_0}\cdot\boldsymbol{n}|}{|\boldsymbol{n}|}.$$

而

$$\boldsymbol{n}=(A,B,C),\quad \overrightarrow{P_1P_0}=(x_0-x_1,y_0-y_1,z_0-z_1),$$

得

$$\frac{\overrightarrow{P_1P_0}\cdot\boldsymbol{n}}{|\boldsymbol{n}|}=\frac{A(x_0-x_1)+B(y_0-y_1)+C(z_0-z_1)}{\sqrt{A^2+B^2+C^2}}=\frac{Ax_0+By_0+Cz_0-(Ax_1+By_1+Cz_1)}{\sqrt{A^2+B^2+C^2}}.$$

因为 $Ax_1+By_1+Cz_1+D=0$,所以

$$\frac{\overrightarrow{P_1P_0}\cdot\boldsymbol{n}}{|\boldsymbol{n}|}=\frac{Ax_0+By_0+Cz_0+D}{\sqrt{A^2+B^2+C^2}}.$$

由此得点 $P_0(x_0,y_0,z_0)$ 到平面 $Ax+By+Cz+D=0$ 的距离公式

$$d=\frac{|Ax_0+By_0+Cz_0+D|}{\sqrt{A^2+B^2+C^2}}. \tag{3-11}$$

例如,求点(2,1,1)到平面 $x+y-z+1=0$ 的距离,可利用公式(3-11),便得

$$d=\frac{|1\times2+1\times1-1\times1+1|}{\sqrt{1^2+1^2+(-1)^2}}=\frac{3}{\sqrt{3}}=\sqrt{3}.$$

习题 8-3

1. 求过点(3,0,-1)且与平面 $3x-7y+5z-12=0$ 平行的平面方程.
2. 求过点 $M_0(2,9,-6)$ 且与连接坐标原点及点 M_0 的线段 OM_0 垂直的平面方程.
3. 求过 $M_1(1,1,-1)$, $M_2(-2,-2,2)$ 和 $M_3(1,-1,2)$ 三点的平面方程.
4. 指出下列各平面的特殊位置,并画出各平面:

(1) $x=0$;　(2) $3y-1=0$;　(3) $2x-3y-6=0$;　(4) $x-\sqrt{3}y=0$;

(5) $y+z=1$;　(6) $x-2z=0$;　(7) $6x+5y-z=0$.

5. 求平面 $2x-2y+z+5=0$ 与各坐标面的夹角的余弦.
6. 设一平面过点 $M_0(1,2,-1)$ 且垂直于平面 $3x-4y+z+16=0$ 和 $4x-z+6=0$,试求这平面方程.
7. 求三平面 $x+3y+z=1$, $2x-y-z=0$, $-x+2y+2z=3$ 的交点.
8. 分别按下列条件求平面方程:

(1) 平行于 zOx 面且经过点(2,-5,3);

(2) 通过 z 轴和点(-3,1,-2);

(3) 平行于 x 轴且经过两点(4,0,-2)和(5,1,7).

9. 求点(1,2,1)到平面 $x+2y+2z-10=0$ 的距离.

第四节　空间直线及其方程

一、空间直线的一般方程

空间直线 L 可以看做是两个平面 Π_1 和 Π_2 的交线(图 8-35).如果两个相交的平面 Π_1 和 Π_2 的方程分别为 $A_1x+B_1y+C_1z+D_1=0$ 和 $A_2x+B_2y+C_2z+D_2=0$,那么直线 L 上的任一点的坐标应同时满足这两个平面的方程,即应满足方程组

$$\begin{cases}A_1x+B_1y+C_1z+D_1=0,\\A_2x+B_2y+C_2z+D_2=0.\end{cases}\tag{4-1}$$

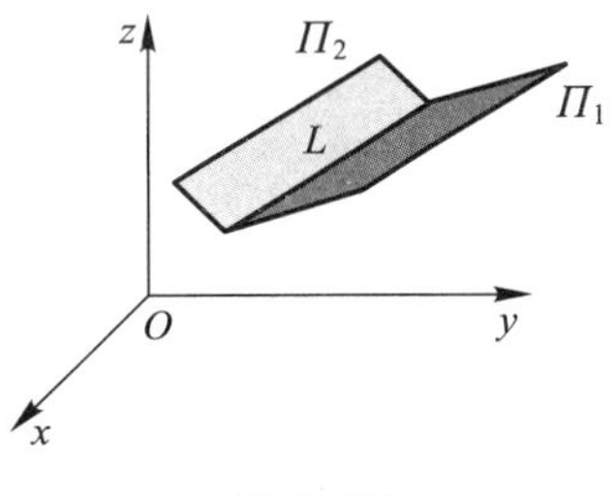

图 8-35

反过来,如果点 M 不在直线 L 上,那么它不可能同时在平面 Π_1 和 Π_2 上,所以它的坐标不满足方程组(4-1).因此,直线 L 可以用方程组(4-1)来表示.方程组(4-1)叫做空间直线的一般方程.

通过空间一直线 L 的平面有无限多个,只要在这无限多个平面中任意选取两个,

把它们的方程联立起来,所得的方程组就表示空间直线 L.

二、空间直线的对称式方程与参数方程

如果一个非零向量平行于一条已知直线,那么这个向量就叫做这条直线的方向向量.

由于过空间一点可作而且只能作一条直线平行于一已知直线,所以当直线 L 上一点 $M_0(x_0,y_0,z_0)$ 和它的一方向向量 $\boldsymbol{s}=(m,n,p)$ 为已知时,直线 L 的位置就完全确定了.下面我们来建立这条直线的方程.

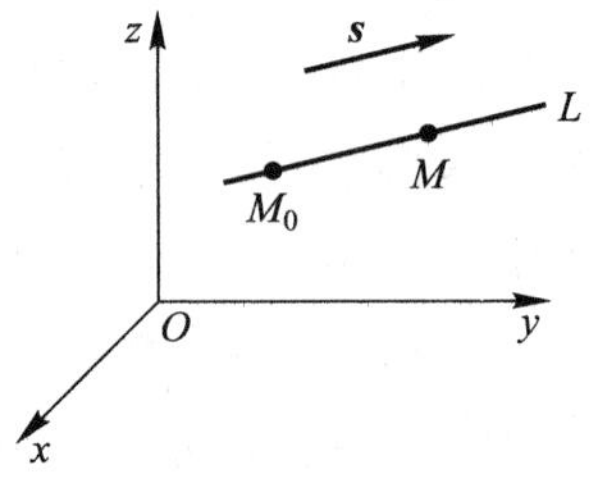

图 8-36

设点 $M(x,y,z)$ 是直线 L 上的任一点,则向量 $\overrightarrow{M_0M}$ 与 L 的方向向量 $\boldsymbol{s}$ 平行(图 8-36).所以两向量的对应坐标成比例,由于 $\overrightarrow{M_0M}=(x-x_0,y-y_0,z-z_0)$,$\boldsymbol{s}=(m,n,p)$,从而有

$$\frac{x-x_0}{m}=\frac{y-y_0}{n}=\frac{z-z_0}{p}.\text{①} \tag{4-2}$$

反过来,如果点 M 不在直线 L 上,那么由于 $\overrightarrow{M_0M}$ 与 $\boldsymbol{s}$ 不平行,这两向量的对应坐标就不成比例.因此方程组(4-2)就是直线 L 的方程,叫做直线的对称式方程或点向式方程.

直线的任一方向向量 $\boldsymbol{s}$ 的坐标 m,n 和 p 叫做这条直线的一组方向数,而向量 $\boldsymbol{s}$ 的方向余弦叫做该直线的方向余弦.

由直线的对称式方程容易导出直线的参数方程.如设

$$\frac{x-x_0}{m}=\frac{y-y_0}{n}=\frac{z-z_0}{p}=t,$$

则

$$\begin{cases}x=x_0+mt,\\y=y_0+nt,\\z=z_0+pt.\end{cases} \tag{4-3}$$

---

① 当 m,n 和 p 中有一个为零,例如 $m=0$,而 n 与 $p\neq0$ 时,这个方程组应理解为

$$\begin{cases}x-x_0=0,\\\dfrac{y-y_0}{n}=\dfrac{z-z_0}{p};\end{cases}$$

当 m,n 和 p 中有两个为零,例如 $m=n=0$,而 $p\neq0$ 时,这个方程组应理解为

$$\begin{cases}x-x_0=0,\\y-y_0=0.\end{cases}$$

方程组(4-3)就是直线的参数方程.

例1　用对称式方程及参数方程表示直线

$$\begin{cases}x+y+z+1=0,\\ 2x-y+3z+4=0.\end{cases}\tag{4-4}$$

解　先找出这条直线上的一点(x_0,y_0,z_0).例如,可以取$x_0=1$,代入方程组(4-4),得

$$\begin{cases}y_0+z_0=-2,\\ y_0-3z_0=6.\end{cases}$$

解这个二元一次方程组,得

$$y_0=0,\quad z_0=-2,$$

即(1,0,-2)是这条直线上的一点.

下面再找出这条直线的方向向量$\boldsymbol{s}$.因为两平面的交线与这两平面的法向量$\boldsymbol{n}_1=(1,1,1)$,$\boldsymbol{n}_2=(2,-1,3)$都垂直,所以可取

$$\boldsymbol{s}=\boldsymbol{n}_1\times\boldsymbol{n}_2=\begin{vmatrix}\boldsymbol{i}&\boldsymbol{j}&\boldsymbol{k}\\1&1&1\\2&-1&3\end{vmatrix}=4\boldsymbol{i}-\boldsymbol{j}-3\boldsymbol{k}.$$

因此,所给直线的对称式方程为

$$\frac{x-1}{4}=\frac{y}{-1}=\frac{z+2}{-3}.$$

令$\dfrac{x-1}{4}=\dfrac{y}{-1}=\dfrac{z+2}{-3}=t$,得所给直线的参数方程为

$$\begin{cases}x=1+4t,\\ y=-t,\\ z=-2-3t.\end{cases}$$

三、两直线的夹角

两直线的方向向量的夹角(通常指锐角或直角)叫做两直线的夹角.

设直线L_1和L_2的方向向量依次为$\boldsymbol{s}_1=(m_1,n_1,p_1)$和$\boldsymbol{s}_2=(m_2,n_2,p_2)$,则$L_1$和$L_2$的夹角$\varphi$应是$(\widehat{\boldsymbol{s}_1,\boldsymbol{s}_2})$和$(\widehat{-\boldsymbol{s}_1,\boldsymbol{s}_2})=\pi-(\widehat{\boldsymbol{s}_1,\boldsymbol{s}_2})$两者中的锐角或直角,因此$\cos\varphi=|\cos(\widehat{\boldsymbol{s}_1,\boldsymbol{s}_2})|$.按两向量的夹角的余弦公式,直线$L_1$和直线$L_2$的夹角$\varphi$可由

$$\cos\varphi=\frac{|m_1m_2+n_1n_2+p_1p_2|}{\sqrt{m_1^2+n_1^2+p_1^2}\sqrt{m_2^2+n_2^2+p_2^2}}\tag{4-5}$$

来确定.

从两向量垂直、平行的充分必要条件立即推得下列结论：

两直线 L_1 和 L_2 互相垂直相当于 $m_1m_2+n_1n_2+p_1p_2=0$；

两直线 L_1 和 L_2 互相平行或重合相当于$\dfrac{m_1}{m_2}=\dfrac{n_1}{n_2}=\dfrac{p_1}{p_2}$.

例 2　求直线 $L_1:\dfrac{x-1}{1}=\dfrac{y}{-4}=\dfrac{z+3}{1}$和 $L_2:\dfrac{x}{2}=\dfrac{y+2}{-2}=\dfrac{z}{-1}$的夹角.

解　直线 L_1 的方向向量为 $\boldsymbol{s}_1=(1,-4,1)$，直线 L_2 的方向向量为 $\boldsymbol{s}_2=(2,-2,-1)$. 设直线 L_1 和 L_2 的夹角为 φ，则由公式(4-5)有

$$\cos\varphi=\frac{|1\times2+(-4)\times(-2)+1\times(-1)|}{\sqrt{1^2+(-4)^2+1^2}\sqrt{2^2+(-2)^2+(-1)^2}}=\frac{1}{\sqrt{2}},$$

所以

$$\varphi=\frac{\pi}{4}.$$

四、直线与平面的夹角

当直线与平面不垂直时，直线和它在平面上的投影直线的夹角$\varphi\left(0\leqslant\varphi<\dfrac{\pi}{2}\right)$称为直线与平面的夹角(图 8-37)，当直线与平面垂直时，规定直线与平面的夹角为$\dfrac{\pi}{2}$.

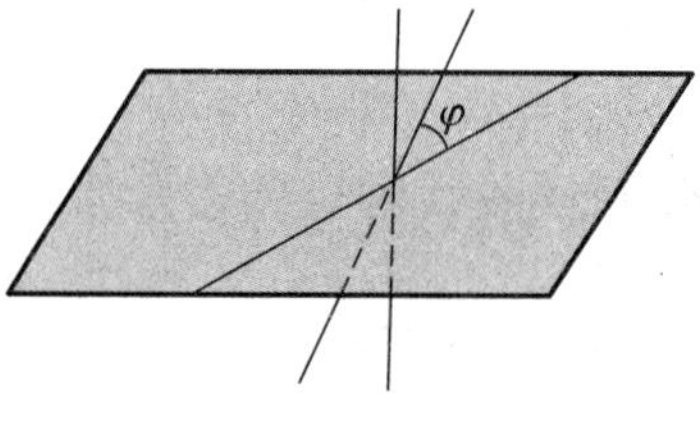

图 8-37

设直线的方向向量为 $\boldsymbol{s}=(m,n,p)$，平面的法向量为 $\boldsymbol{n}=(A,B,C)$，直线与平面的夹角为 φ，那么 $\varphi=\left|\dfrac{\pi}{2}-(\widehat{\boldsymbol{s},\boldsymbol{n}})\right|$，因此 $\sin\varphi=|\cos(\widehat{\boldsymbol{s},\boldsymbol{n}})|$.按两向量夹角余弦的坐标表示式，有

$$\sin\varphi=\frac{|Am+Bn+Cp|}{\sqrt{A^2+B^2+C^2}\sqrt{m^2+n^2+p^2}}. \tag{4-6}$$

因为直线与平面垂直相当于直线的方向向量与平面的法向量平行，所以，直线与平面垂直相当于

$$\frac{A}{m}=\frac{B}{n}=\frac{C}{p}. \tag{4-7}$$

因为直线与平面平行或直线在平面上相当于直线的方向向量与平面的法向量垂直，所以，直线与平面平行或直线在平面上相当于

$$Am+Bn+Cp=0. \tag{4-8}$$

例 3　求过点(1,-2,4)且与平面 $2x-3y+z-4=0$ 垂直的直线的方程.

解　因为所求直线垂直于已知平面，所以可以取已知平面的法向量(2，-3，1)作为所求直线的方向向量.由此可得所求直线的方程为

$$\frac{x-1}{2}=\frac{y+2}{-3}=\frac{z-4}{1}.$$

五、杂例

例 4　求与两平面 $x-4z=3$ 和 $2x-y-5z=1$ 的交线平行且过点(-3，2，5)的直线的方程.

解法一　因为所求直线与两平面的交线平行，也就是直线的方向向量 $\boldsymbol{s}$ 一定同时与两平面的法向量 $\boldsymbol{n}_1$，$\boldsymbol{n}_2$ 垂直，所以可以取

$$\boldsymbol{s}=\boldsymbol{n}_1\times\boldsymbol{n}_2=\begin{vmatrix}\boldsymbol{i} & \boldsymbol{j} & \boldsymbol{k}\\ 1 & 0 & -4\\ 2 & -1 & -5\end{vmatrix}=-(4\boldsymbol{i}+3\boldsymbol{j}+\boldsymbol{k}),$$

因此所求直线的方程为

$$\frac{x+3}{4}=\frac{y-2}{3}=\frac{z-5}{1}.$$

解法二　过点(-3，2，5)且与平面 $x-4z=3$ 平行的平面的方程为

$$x-4z=-23,$$

过点(-3，2，5)且与平面 $2x-y-5z=1$ 平行的平面的方程为

$$2x-y-5z=-33,$$

所求直线为上述两平面的交线，故其方程为

$$\begin{cases}x-4z=-23,\\ 2x-y-5z=-33.\end{cases}$$

例 5　求直线$\dfrac{x-2}{1}=\dfrac{y-3}{1}=\dfrac{z-4}{2}$与平面 $2x+y+z-6=0$ 的交点.

解　所给直线的参数方程为

$$x=2+t,\quad y=3+t,\quad z=4+2t,$$

代入平面方程中，得

$$2(2+t)+(3+t)+(4+2t)-6=0.$$

解以上方程，得 $t=-1$.把求得的 t 值代入直线的参数方程中，即得所求交点的坐标为

$$x=1,\quad y=2,\quad z=2.$$

例 6　求过点(2，1，3)且与直线$\dfrac{x+1}{3}=\dfrac{y-1}{2}=\dfrac{z}{-1}$垂直相交的直线的方程.

解　先作一平面过点(2，1，3)且垂直于已知直线，那么这平面的方程应为

$$3(x-2)+2(y-1)-(z-3)=0. \tag{4-9}$$

再求已知直线与这平面的交点.已知直线的参数方程为

$$x=-1+3t,\quad y=1+2t,\quad z=-t. \tag{4-10}$$

把(4-10)代入(4-9)中,求得 $t=\frac{3}{7}$,从而求得交点为 $\left(\frac{2}{7},\frac{13}{7},-\frac{3}{7}\right)$.

释疑解难
8-3

以点(2,1,3)为起点,点 $\left(\frac{2}{7},\frac{13}{7},-\frac{3}{7}\right)$ 为终点的向量

$$\left(\frac{2}{7}-2,\frac{13}{7}-1,-\frac{3}{7}-3\right)=-\frac{6}{7}(2,-1,4)$$

是所求直线的一个方向向量,故所求直线的方程为

$$\frac{x-2}{2}=\frac{y-1}{-1}=\frac{z-3}{4}.$$

有时用平面束的方程解题比较方便,现在我们来介绍它的方程.

设直线 L 由方程组

$$\begin{cases}A_1x+B_1y+C_1z+D_1=0, & (4-11)\\ A_2x+B_2y+C_2z+D_2=0 & (4-12)\end{cases}$$

所确定,其中系数 A_1,B_1,C_1 与 A_2,B_2,C_2 不成比例.我们建立三元一次方程

$$A_1x+B_1y+C_1z+D_1+\lambda(A_2x+B_2y+C_2z+D_2)=0, \tag{4-13}$$

其中 λ 为任意常数.因为 A_1,B_1,C_1 与 A_2,B_2,C_2 不成比例,所以对于任何一个 λ 值,方程(4-13)的系数:$A_1+\lambda A_2,B_1+\lambda B_2,C_1+\lambda C_2$ 不全为零,从而方程(4-13)表示一个平面,若一点在直线 L 上,则点的坐标必同时满足方程(4-11)和(4-12),因而也满足方程(4-13),故方程(4-13)表示通过直线 L 的平面,且对应于不同的 λ 值,方程(4-13)表示通过直线 L 的不同的平面.反之,通过直线 L 的任何平面(除平面(4-12)外)都包含在方程(4-13)所表示的一族平面内.通过定直线的所有平面的全体称为平面束,而方程(4-13)就作为通过直线 L 的平面束的方程(实际上,方程(4-13)表示缺少平面(4-12)的平面束).

例 7　求直线 $\begin{cases}x+y-z-1=0,\\ x-y+z+1=0\end{cases}$ 在平面 $x+y+z=0$ 上的投影直线的方程.

解　过直线 $\begin{cases}x+y-z-1=0,\\ x-y+z+1=0\end{cases}$ 的平面束的方程为

$$(x+y-z-1)+\lambda(x-y+z+1)=0,$$

即

$$(1+\lambda)x+(1-\lambda)y+(-1+\lambda)z+(-1+\lambda)=0, \tag{4-14}$$

其中 λ 为待定常数.这平面与平面 $x+y+z=0$ 垂直的条件是

$$(1+\lambda)\cdot 1+(1-\lambda)\cdot 1+(-1+\lambda)\cdot 1=0,$$

即

$$\lambda+1=0,$$

由此得

$$\lambda=-1.$$

例题精讲 8-3

代入(4-14)式,得投影平面的方程为

$$2y-2z-2=0,$$

即

$$y-z-1=0.$$

所以投影直线的方程为

$$\begin{cases} y-z-1=0, \\ x+y+z=0. \end{cases}$$

习题 8-4

1. 求过点$(4,-1,3)$且平行于直线$\dfrac{x-3}{2}=\dfrac{y}{1}=\dfrac{z-1}{5}$的直线方程.

2. 求过两点$M_1(3,-2,1)$和$M_2(-1,0,2)$的直线方程.

3. 用对称式方程及参数方程表示直线$\begin{cases} x-y+z=1, \\ 2x+y+z=4. \end{cases}$

4. 求过点$(2,0,-3)$且与直线$\begin{cases} x-2y+4z-7=0, \\ 3x+5y-2z+1=0 \end{cases}$垂直的平面方程.

5. 求直线$\begin{cases} 5x-3y+3z-9=0, \\ 3x-2y+z-1=0 \end{cases}$与直线$\begin{cases} 2x+2y-z+23=0, \\ 3x+8y+z-18=0 \end{cases}$的夹角的余弦.

6. 证明直线$\begin{cases} x+2y-z=7, \\ -2x+y+z=7 \end{cases}$与直线$\begin{cases} 3x+6y-3z=8, \\ 2x-y-z=0 \end{cases}$平行.

7. 求过点$(1,0,-2)$且与平面$3x+4y-z+6=0$平行,又与直线$\dfrac{x-3}{1}=\dfrac{y+2}{4}=\dfrac{z}{1}$垂直的直线方程.

8. 求过点$(3,1,-2)$且通过直线$\dfrac{x-4}{5}=\dfrac{y+3}{2}=\dfrac{z}{1}$的平面方程.

9. 求直线$\begin{cases} x+y+3z=0, \\ x-y-z=0 \end{cases}$与平面$x-y-z+1=0$的夹角.

10. 试确定下列各组中的直线和平面间的关系:

(1) $\dfrac{x+3}{-2}=\dfrac{y+4}{-7}=\dfrac{z}{3}$和$4x-2y-2z=3$;

(2) $\dfrac{x}{3}=\dfrac{y}{-2}=\dfrac{z}{7}$和$3x-2y+7z=8$;

(3) $\frac{x-2}{3}=\frac{y+2}{1}=\frac{z-3}{-4}$和 $x+y+z=3$.

11. 求过点(1,2,1)且与两直线$\begin{cases}x+2y-z+1=0,\\x-y+z-1=0\end{cases}$和$\begin{cases}2x-y+z=0,\\x-y+z=0\end{cases}$都平行的平面的方程.

12. 求点(-1,2,0)在平面 $x+2y-z+1=0$ 上的投影.

13. 求点 $P(3,-1,2)$ 到直线$\begin{cases}x+y-z+1=0,\\2x-y+z-4=0\end{cases}$的距离.

14. 设 M_0 是直线 L 外一点,M 是直线 L 上任意一点,且直线的方向向量为 $\boldsymbol{s}$,试证:点 M_0 到直线 L 的距离

$$d=\frac{|\overrightarrow{M_0M}\times\boldsymbol{s}|}{|\boldsymbol{s}|}.$$

15. 求直线$\begin{cases}2x-4y+z=0,\\3x-y-2z-9=0\end{cases}$在平面 $4x-y+z=1$ 上的投影直线的方程.

16. 画出下列各平面所围成的立体的图形:

(1) $x=0,\ y=0,\ z=0,\ x=2,\ y=1,3x+4y+2z-12=0$;

(2) $x=0,\ z=0,\ x=1,\ y=2,\ z=\frac{y}{4}$.

第五节　曲面及其方程

一、曲面研究的基本问题

在空间解析几何中,关于曲面的研究有下列两个基本问题:

(1) 已知一曲面作为点的几何轨迹时,建立这曲面的方程;

(2) 已知坐标 x,y 和 z 间的一个方程时,研究这方程所表示的曲面的形状.

在第三节中关于建立一种最简单的曲面——平面方程的例子就属于基本问题(1),以下是建立另一种特殊曲面——球面方程的例子.

例 1　建立球心在点 $M_0(x_0,y_0,z_0)$、半径为 R 的球面的方程.

解　设 $M(x,y,z)$ 是球面上的任一点(图 8-38),则

$$|M_0M|=R.$$

由于

$$|M_0M|=\sqrt{(x-x_0)^2+(y-y_0)^2+(z-z_0)^2},$$

所以

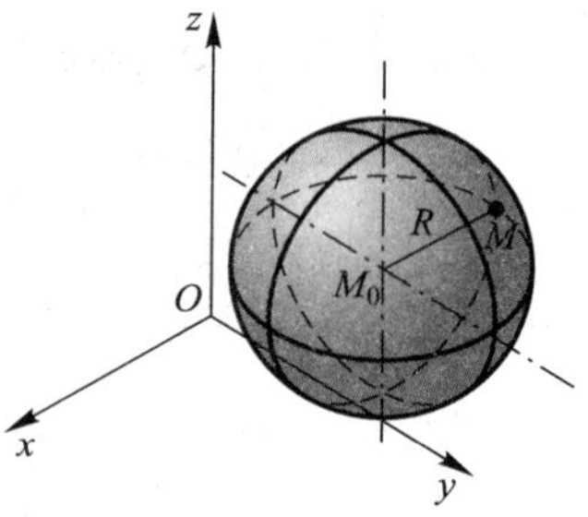

图 8-38

$$\sqrt{(x-x_0)^2+(y-y_0)^2+(z-z_0)^2}=R,$$

或

$$(x-x_0)^2+(y-y_0)^2+(z-z_0)^2=R^2. \tag{5-1}$$

这就是球面上的点的坐标所满足的方程.而不在球面上的点的坐标都不满足这方程.所以方程(5-1)就是以 $M_0(x_0,y_0,z_0)$ 为球心、R 为半径的球面方程.

如果球心在原点,那么 $x_0=y_0=z_0=0$,从而球面方程为

$$x^2+y^2+z^2=R^2.$$

下面举一个由已知方程研究它所表示的曲面的例子.

例 2　方程 $x^2+y^2+z^2-2x+4y=0$ 表示怎样的曲面?

解　通过配方,原方程可以改写成

$$(x-1)^2+(y+2)^2+z^2=5.$$

与(5-1)式比较,就知道原方程表示球心在点 $M_0(1,-2,0)$、半径 $R=\sqrt{5}$ 的球面.

一般地,设有三元二次方程

$$Ax^2+Ay^2+Az^2+Dx+Ey+Fz+G=0,$$

这个方程的特点是缺 xy,yz,zx 各项,而且平方项系数相同,只要将方程经过配方可以化成方程(5-1)的形式,则它的图形就是一个球面.

下一目中讨论旋转曲面,也是基本问题(1)的例子;而第三、四目中分别讨论柱面、二次曲面,则是基本问题(2)的例子.

二、旋转曲面

以一条平面曲线绕其平面上的一条直线旋转一周所成的曲面叫做旋转曲面,旋转曲线和定直线依次叫做旋转曲面的母线和轴.

设在 yOz 坐标面上有一已知曲线 C,它的方程为

$$f(y,z)=0,$$

把这曲线绕 z 轴旋转一周,就得到一个以 z 轴为轴的旋转曲面(图 8-39).它的方程可以求得如下:

设 $M_1(0,y_1,z_1)$ 为曲线 C 上的任一点,则有

$$f(y_1,z_1)=0. \tag{5-2}$$

当曲线 C 绕 z 轴旋转时,点 M_1 绕 z 轴转到另一点 $M(x,y,z)$,这时 $z=z_1$ 保持不变,且点 M 到 z 轴的距离

$$d=\sqrt{x^2+y^2}=|y_1|.$$

将 $z_1=z,y_1=\pm\sqrt{x^2+y^2}$ 代入(5-2)式,就有

$$f(\pm\sqrt{x^2+y^2},z)=0, \tag{5-3}$$

这就是所求旋转曲面的方程.

由此可知,在曲线 C 的方程 $f(y,z)=0$ 中将 y 改成 $\pm\sqrt{x^2+y^2}$,便得曲线 C 绕 z 轴旋转所成的旋转曲面的方程.

同理,曲线 C 绕 y 轴旋转所成的旋转曲面的方程为

$$f(y,\pm\sqrt{x^2+z^2})=0. \tag{5-4}$$

例 3　直线 L 绕另一条与 L 相交的直线旋转一周,所得旋转曲面叫做圆锥面.两直线的交点叫做圆锥面的顶点,两直线的夹角 $\alpha\left(0<\alpha<\dfrac{\pi}{2}\right)$叫做圆锥面的半顶角. 试建立顶点在坐标原点 O,旋转轴为 z 轴,半顶角为 α 的圆锥面(图 8-40)的方程.

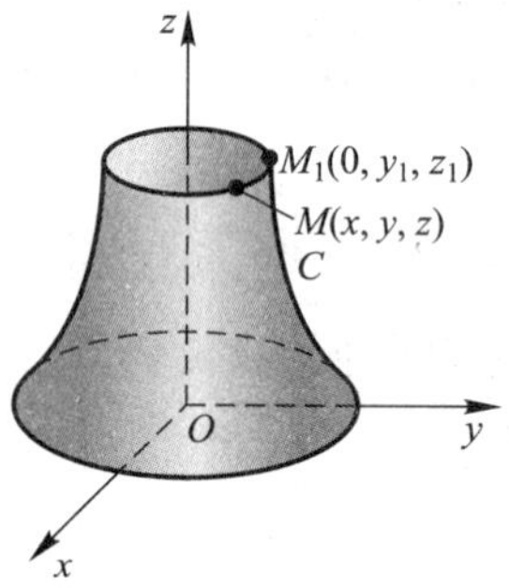

图 8-39

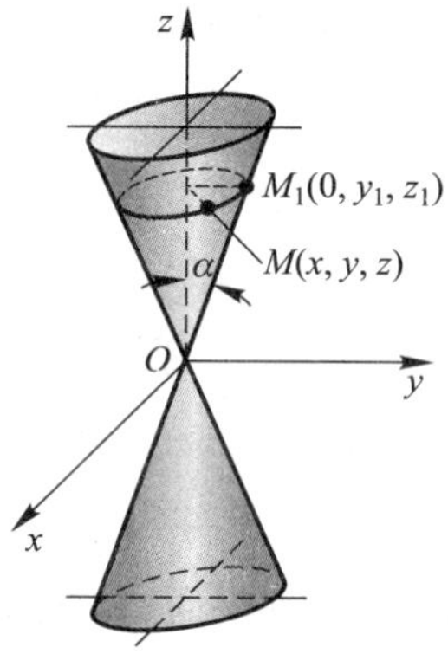

图 8-40

解　在 yOz 坐标面上,直线 L 的方程为

$$z=y\cot\alpha, \tag{5-5}$$

因为旋转轴为 z 轴,所以只要将方程(5-5)中的 y 改成 $\pm\sqrt{x^2+y^2}$,便得到这圆锥面的方程

$$z=\pm\sqrt{x^2+y^2}\cot\alpha$$

或

$$z^2=a^2(x^2+y^2), \tag{5-6}$$

其中 $a=\cot\alpha$.

显然,圆锥面上任一点 M 的坐标一定满足方程(5-6).如果点 M 不在圆锥面上,那么直线 OM 与 z 轴的夹角就不等于 α,于是点 M 的坐标就不满足方程(5-6).

例 4　将 zOx 坐标面上的双曲线

$$\frac{x^2}{a^2}-\frac{z^2}{c^2}=1$$

分别绕 z 轴和 x 轴旋转一周,求所生成的旋转曲面的方程.

解　绕 z 轴旋转所成的旋转曲面叫做旋转单叶双曲面(图 8-41),它的方程为

$$\frac{x^2+y^2}{a^2}-\frac{z^2}{c^2}=1.$$

绕 x 轴旋转所成的旋转曲面叫做旋转双叶双曲面(图 8-42),它的方程为

$$\frac{x^2}{a^2}-\frac{y^2+z^2}{c^2}=1.$$

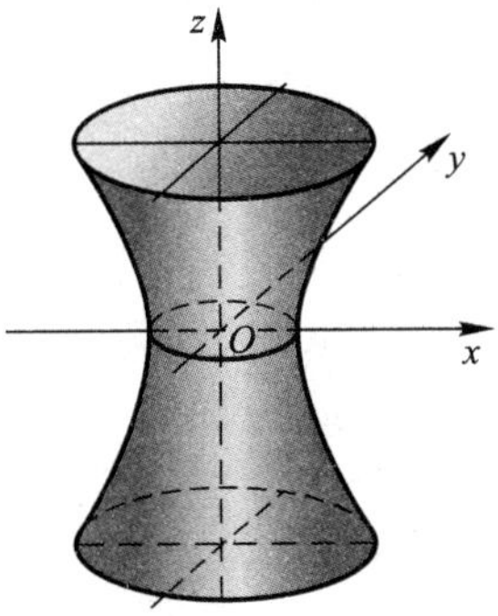

图 8-41

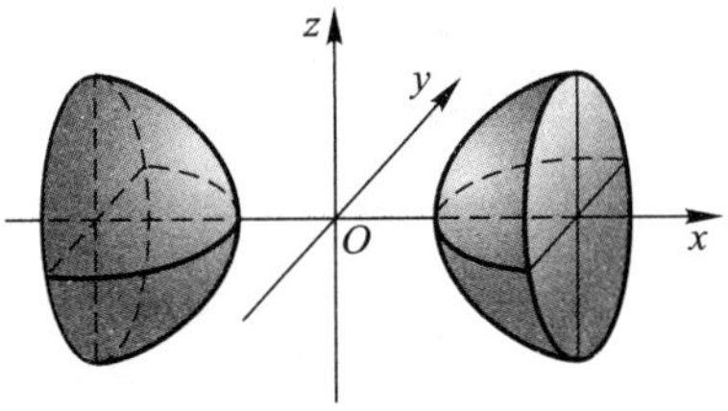

图 8-42

三、柱面

我们先分析一个具体的例子.

例 5　方程 $x^2+y^2=R^2$ 表示怎样的曲面?

解　方程 $x^2+y^2=R^2$ 在 xOy 面上表示圆心在原点 O、半径为 R 的圆. 在空间直角坐标系中,这方程不含竖坐标 z,即不论空间点的竖坐标 z 怎样,只要它的横坐标 x 和纵坐标 y 能满足这方程,那么这些点就在这曲面上. 这就是说,凡是通过 xOy 面内圆 $x^2+y^2=R^2$ 上一点 $M(x,y,0)$,且平行于 z 轴的直线 l 都在这曲面上,因此,这曲面可以看做是由平行于 z 轴的直线 l 沿 xOy 面上的圆 $x^2+y^2=R^2$ 移动而形成的. 这曲面叫做圆柱面(图 8-43),xOy 面上的圆 $x^2+y^2=R^2$ 叫做它的准线,这平行于 z 轴的直线 l 叫做它的母线.

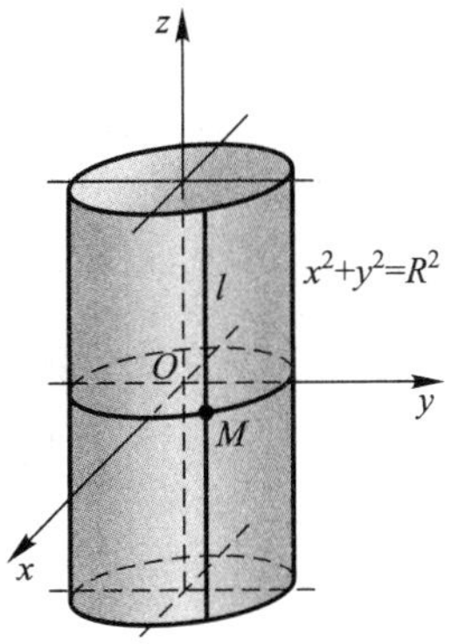

图 8-43

一般地,直线 L 沿定曲线 C 平行移动形成的轨迹叫做柱面,定曲线 C 叫做柱面的准线,动直线 L 叫做柱面的母线.

上面我们看到,不含 z 的方程 $x^2+y^2=R^2$ 在空间直角坐标系中表示圆柱面,它的母线平行于 z 轴,它的准线是 xOy 面上的圆 $x^2+y^2=R^2$.

类似地,方程 $y^2=2x$ 表示母线平行于 z 轴的柱面,它的准线是 xOy 面上的抛物线

$y^2=2x$,该柱面叫做抛物柱面(图 8-44).

又如,方程 $x-y=0$ 表示母线平行于 z 轴的柱面,其准线是 xOy 面上的直线 $x-y=0$,所以它是过 z 轴的平面(图 8-45).

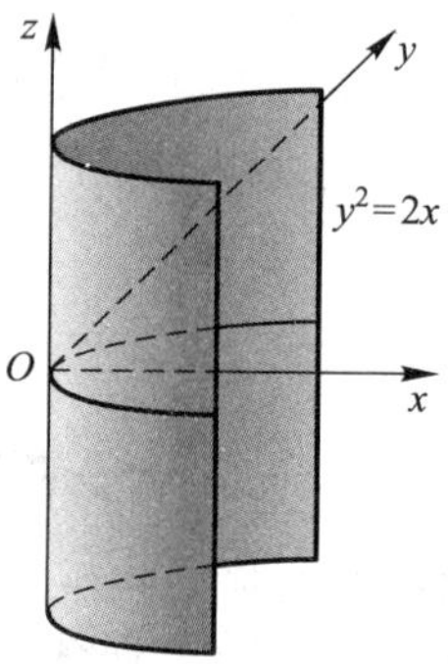

图 8-44

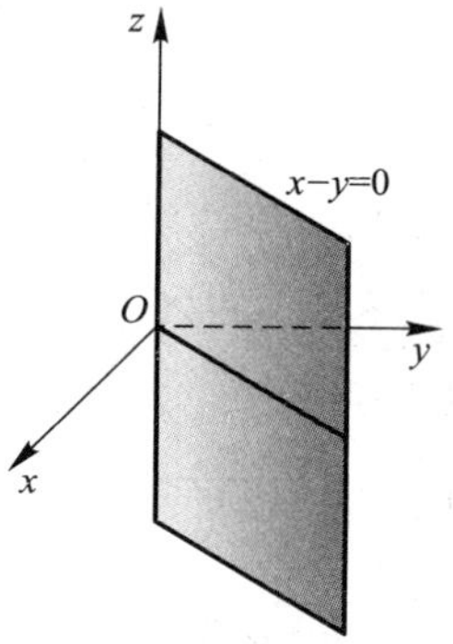

图 8-45

一般地,只含 x,y 而缺 z 的方程 $F(x,y)=0$ 在空间直角坐标系中表示母线平行于 z 轴的柱面,其准线是 xOy 面上的曲线 $C:F(x,y)=0$ (图 8-46).

类似可知,只含 x,z 而缺 y 的方程 $G(x,z)=0$ 和只含 y,z 而缺 x 的方程 $H(y,z)=0$ 分别表示母线平行于 y 轴和 x 轴的柱面.

例如,方程 $x-z=0$ 表示母线平行于 y 轴的柱面,其准线是 zOx 面上的直线 $x-z=0$.所以它是过 y 轴的平面(图 8-47).

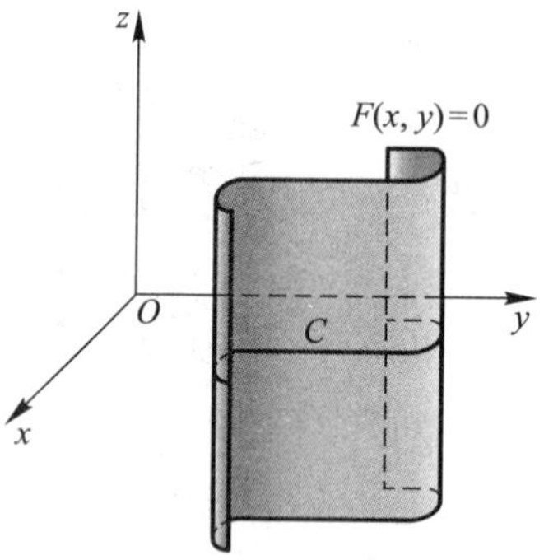

图 8-46

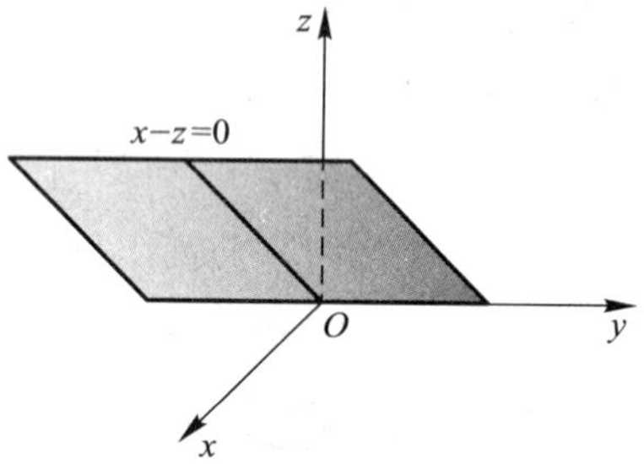

图 8-47

四、二次曲面

与平面解析几何中规定的二次曲线相类似,我们把三元二次方程 $F(x,y,z)=0$ 所表示的曲面称为二次曲面,把平面称为一次曲面.

二次曲面有九种,适当选取空间直角坐标系,可得它们的标准方程.下面就九种二次曲面的标准方程来讨论二次曲面的形状.

(1) 椭圆锥面 $\frac{x^2}{a^2}+\frac{y^2}{b^2}=z^2$

以垂直于 z 轴的平面 $z=t$ 截此曲面,当 $t=0$ 时得一点 $(0,0,0)$;当 $t\neq 0$ 时,得平面 $z=t$ 上的椭圆

$$\frac{x^2}{(at)^2}+\frac{y^2}{(bt)^2}=1.$$

当 t 变化时,上式表示一族长短轴比例不变的椭圆,当 $|t|$ 从大到小并变为 0 时,这族椭圆从大到小并缩为一点.综合上述讨论,可得椭圆锥面(1)的形状如图 8-48 所示.

平面 $z=t$ 与曲面 $F(x,y,z)=0$ 的交线称为截痕.通过综合截痕的变化来了解曲面形状的方法称为截痕法.

我们还可以用伸缩变形的方法来得出椭圆锥面(1)的形状.

先说明 xOy 平面上的图形伸缩变形的方法.在 xOy 平面上,把点 $M(x,y)$ 变为点 $M'(x,\lambda y)$,从而把点 M 的轨迹 C 变为点 M' 的轨迹 C',称为把图形 C 沿 y 轴方向伸缩 λ 倍变成图形 C'.假如 C 为曲线 $F(x,y)=0$,点 $M(x_1,y_1)\in C$,点 M 变为点 $M'(x_2,y_2)$,其中 $x_2=x_1$, $y_2=\lambda y_1$,即 $x_1=x_2$, $y_1=\frac{1}{\lambda}y_2$,因点 $M\in C$,有 $F(x_1,y_1)=0$,故 $F\left(x_2,\frac{1}{\lambda}y_2\right)=0$,因此点 $M'(x_2,y_2)$ 的轨迹 C' 的方程为 $F\left(x,\frac{1}{\lambda}y\right)=0$.例如把圆 $x^2+y^2=a^2$ 沿 y 轴方向伸缩 $\frac{b}{a}$ 倍,就变为椭圆 $\frac{x^2}{a^2}+\frac{y^2}{b^2}=1$(图 8-49).

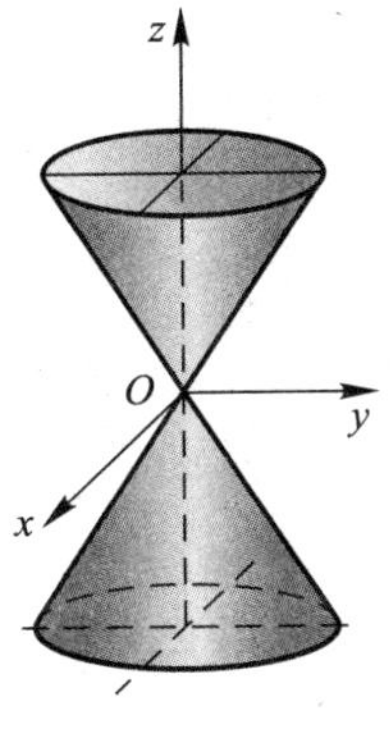

图 8-48

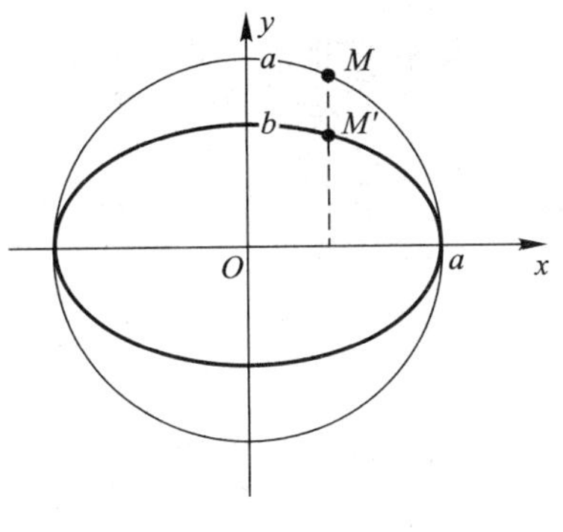

图 8-49

类似地,把空间图形沿 y 轴方向伸缩 $\frac{b}{a}$ 倍,圆锥面 $\frac{x^2+y^2}{a^2}=z^2$(图 8-40)就变为椭圆锥面 $\frac{x^2}{a^2}+\frac{y^2}{b^2}=z^2$(图 8-48).

利用圆锥面(旋转曲面)的伸缩变形来得出椭圆锥面的形状,这种方法是研究曲面形状的一种较方便的方法.

（2）椭球面　$\frac{x^2}{a^2}+\frac{y^2}{b^2}+\frac{z^2}{c^2}=1$

把 zOx 面上的椭圆$\frac{x^2}{a^2}+\frac{z^2}{c^2}=1$ 绕 z 轴旋转,所得曲面称为旋转椭球面,其方程为

$$\frac{x^2+y^2}{a^2}+\frac{z^2}{c^2}=1.$$

再把旋转椭球面沿 y 轴方向伸缩$\frac{b}{a}$倍,便得椭球面(2)的形状如图 8-50 所示.

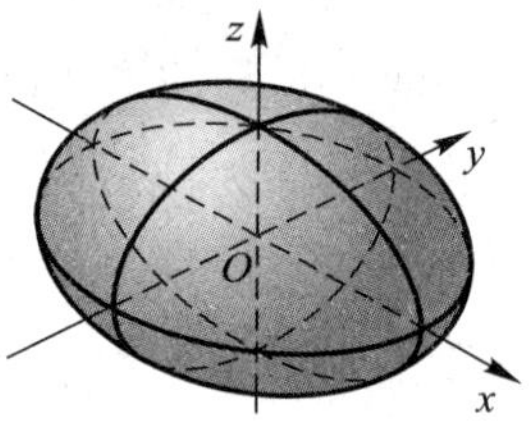

图 8-50

当 $a=b=c$ 时,椭球面(2)成为 $x^2+y^2+z^2=a^2$,这是球心在原点、半径为 a 的球面.显然,球面是旋转椭球面的特殊情形,旋转椭球面是椭球面的特殊情形.把球面 $x^2+y^2+z^2=a^2$ 沿 z 轴方向伸缩$\frac{c}{a}$倍,即得旋转椭球面 $\frac{x^2+y^2}{a^2}+\frac{z^2}{c^2}=1$;再沿 y 轴方向伸缩$\frac{b}{a}$倍,即得椭球面(2).

（3）单叶双曲面　$\frac{x^2}{a^2}+\frac{y^2}{b^2}-\frac{z^2}{c^2}=1$

把 zOx 面上的双曲线$\frac{x^2}{a^2}-\frac{z^2}{c^2}=1$ 绕 z 轴旋转,得旋转单叶双曲面 $\frac{x^2+y^2}{a^2}-\frac{z^2}{c^2}=1$（图 8-41).把此旋转曲面沿 y 轴方向伸缩$\frac{b}{a}$倍,即得单叶双曲面(3).

（4）双叶双曲面　$\frac{x^2}{a^2}-\frac{y^2}{b^2}-\frac{z^2}{c^2}=1$

把 zOx 面上的双曲线$\frac{x^2}{a^2}-\frac{z^2}{c^2}=1$ 绕 x 轴旋转,得旋转双叶双曲面 $\frac{x^2}{a^2}-\frac{y^2+z^2}{c^2}=1$（图 8-42),把此旋转曲面沿 y 轴方向伸缩$\frac{b}{c}$倍,即得双叶双曲面(4).

（5）椭圆抛物面　$\frac{x^2}{a^2}+\frac{y^2}{b^2}=z$

把 zOx 面上的抛物线$\frac{x^2}{a^2}=z$ 绕 z 轴旋转,所得曲面叫做旋转抛物面,如图 8-51 所示.把此旋转曲面沿 y 轴方向伸缩$\frac{b}{a}$倍,即得椭圆抛物面(5).

(6) 双曲抛物面　$\frac{x^2}{a^2}-\frac{y^2}{b^2}=z$

双曲抛物面又称马鞍面,我们用截痕法来讨论它的形状.

用平面 $x=t$ 截此曲面,所得截痕 l 为平面 $x=t$ 上的抛物线

$$-\frac{y^2}{b^2}=z-\frac{t^2}{a^2},$$

此抛物线开口朝下,其顶点坐标为

$$x=t,\quad y=0,\quad z=\frac{t^2}{a^2}.$$

当 t 变化时,l 的形状不变,位置只作平移,而 l 的顶点的轨迹 L 为平面 $y=0$ 上的抛物线

$$z=\frac{x^2}{a^2}.$$

因此,以 l 为母线,L 为准线,母线 l 的顶点在准线 L 上滑动,且母线作平行移动,这样得到的曲面便是双曲抛物面(6),如图 8-52 所示.

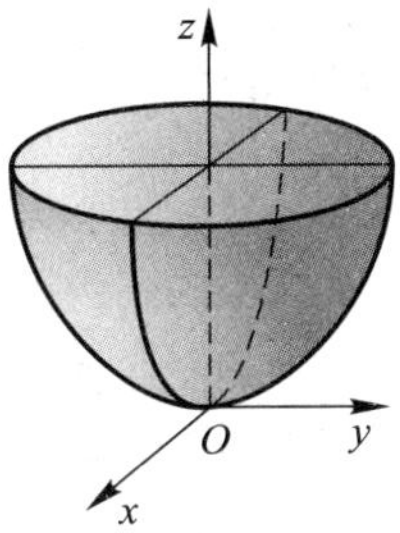

图 8-51

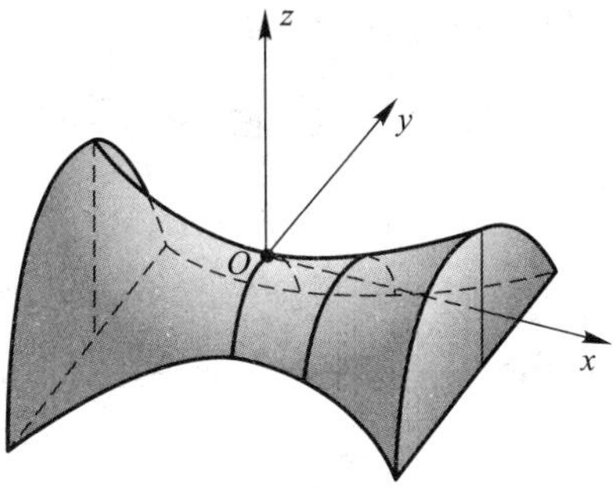

图 8-52

还有三种二次曲面是以三种二次曲线为准线的柱面

$$\frac{x^2}{a^2}+\frac{y^2}{b^2}=1,\quad \frac{x^2}{a^2}-\frac{y^2}{b^2}=1,\quad x^2=ay,$$

依次称为椭圆柱面、双曲柱面、抛物柱面.柱面的形状在第三目中已经讨论过,这里不再赘述.

习题 8-5

1. 一球面过原点及 $A(4,0,0)$,$B(1,3,0)$ 和 $C(0,0,-4)$ 三点,求球面的方程及球心的坐标和半径.

2. 已知一球面的球心在点 $P_0(3,-5,2)$ 且与平面 $\Pi:2x-y+3z+9=0$ 相切,求该球面方程.

3. 方程 $x^2+y^2+z^2-2x+4y+2z=0$ 表示什么曲面？

4. 求与坐标原点 O 及点 $(2,3,4)$ 的距离之比为 $1:2$ 的点的全体所组成的曲面的方程，它表示怎样的曲面？

5. 将 zOx 坐标面上的抛物线 $z^2=5x$ 绕 x 轴旋转一周，求所生成的旋转曲面的方程.

6. 将 zOx 坐标面上的圆 $x^2+z^2=9$ 绕 z 轴旋转一周，求所生成的旋转曲面的方程.

7. 将 xOy 坐标面上的双曲线 $4x^2-9y^2=36$ 分别绕 x 轴及 y 轴旋转一周，求所生成的旋转曲面的方程.

8. 画出下列各方程所表示的曲面：

(1) $\left(x-\dfrac{a}{2}\right)^2+y^2=\left(\dfrac{a}{2}\right)^2$；　(2) $-\dfrac{x^2}{4}+\dfrac{y^2}{9}=1$；　(3) $\dfrac{x^2}{9}+\dfrac{z^2}{4}=1$；　(4) $y^2-z=0$；

(5) $z=2-x^2$.

9. 指出下列方程在平面解析几何中和在空间解析几何中分别表示什么图形：

(1) $x=2$；　(2) $y=x+1$；　(3) $x^2+y^2=4$；　(4) $x^2-y^2=1$.

10. 说明下列旋转曲面是怎样形成的：

(1) $\dfrac{x^2}{4}+\dfrac{y^2}{9}+\dfrac{z^2}{9}=1$；　(2) $x^2-\dfrac{y^2}{4}+z^2=1$；　(3) $x^2-y^2-z^2=1$；　(4) $(z-a)^2=x^2+y^2$.

11. 画出下列方程所表示的曲面：

(1) $4x^2+y^2-z^2=4$；　(2) $x^2-y^2-4z^2=4$；　(3) $\dfrac{z}{3}=\dfrac{x^2}{4}+\dfrac{y^2}{9}$.

12. 画出下列各曲面所围立体的图形：

(1) $z=0,z=3,x-y=0,x-\sqrt{3}y=0,x^2+y^2=1$（在第Ⅰ卦限内）；

(2) $x=0,y=0,z=0,x^2+y^2=R^2,y^2+z^2=R^2$（在第Ⅰ卦限内）.

第六节　空间曲线及其方程

一、空间曲线的一般方程

在第三节中，我们已经知道空间曲线可以看做两个曲面的交线.设

$$F(x,y,z)=0 \quad 和 \quad G(x,y,z)=0$$

是两个曲面的方程，则方程组

$$\begin{cases}F(x,y,z)=0,\\G(x,y,z)=0.\end{cases}\tag{6-1}$$

就是这两个曲面的交线 C 的方程，方程组(6-1)也叫做空间曲线 C 的一般方程.

例 1　方程组 $\begin{cases}x^2+y^2=1,\\2x+3z=6\end{cases}$ 表示怎样的曲线？

解　方程组中第一个方程表示母线平行于 z 轴的圆柱面,其准线是 xOy 面上的圆,圆心在原点 O,半径为 1.方程组中第二个方程表示一个母线平行于 y 轴的柱面,由于它的准线是 zOx 面上的直线,因此它是一个平面.方程组就表示上述平面与圆柱面的交线,如图 8-53 所示.

例 2　方程组 $\begin{cases} z=\sqrt{a^2-x^2-y^2}, \\ \left(x-\dfrac{a}{2}\right)^2+y^2=\left(\dfrac{a}{2}\right)^2 \end{cases}$ 表示怎样的曲线?

解　方程组中第一个方程表示球心在坐标原点 O,半径为 a 的上半球面.第二个方程表示母线平行于 z 轴的圆柱面,它的准线是 xOy 面上的圆,这圆的圆心在点 $\left(\dfrac{a}{2},0\right)$,半径为 $\dfrac{a}{2}$.方程组就表示上述半球面与圆柱面的交线,如图 8-54 所示.

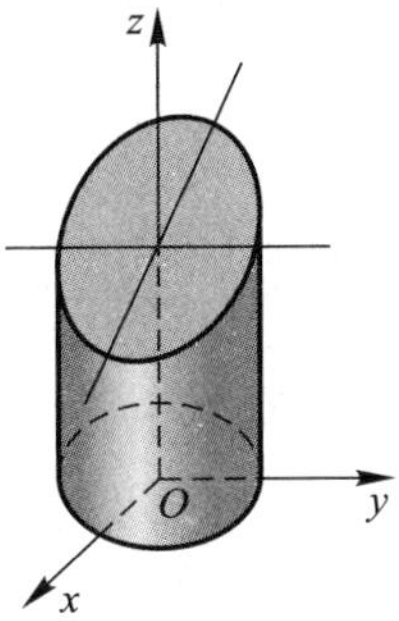

图 8-53

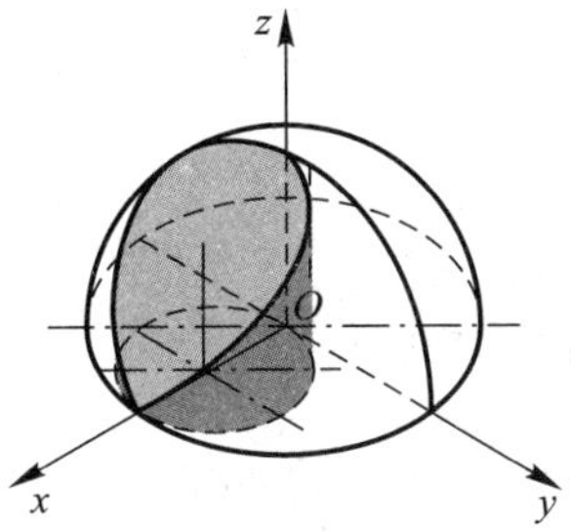

图 8-54

二、空间曲线的参数方程

空间曲线 C 的方程除了一般方程之外,也可以用参数形式表示,只要将 C 上动点的坐标 x,y 和 z 表示为参数 t 的函数

$$\begin{cases} x=x(t), \\ y=y(t), \\ z=z(t). \end{cases} \tag{6-2}$$

当给定 $t=t_1$ 时,就得到曲线 C 上的一个点 (x_1,y_1,z_1);随着 t 的变动便可得曲线 C 上的全部点.方程组(6-2)叫做空间曲线的参数方程.

例 3　如果空间一点 M 在圆柱面 $x^2+y^2=a^2$ 上以角速度 ω 绕 z 轴旋转,同时又以线速度 v 沿平行于 z 轴的正方向上升(其中 ω 和 v 都是常数),那么点 M 构成的图形叫做螺旋线.试建立其参数方程.

解　取时间 t 为参数.设当 $t=0$ 时,动点位于 x 轴上的一点 $A(a,0,0)$ 处.经过时间 t,动点由 A 运动到 $M(x,y,z)$(图 8-55).记 M 在 xOy 面上的投影为 M',M'的坐标

为$(x,y,0)$.由于动点在圆柱面上以角速度ω绕z轴旋转,所以经过时间t,$\angle AOM'=\omega t$.从而

$$x=|OM'|\cos\angle AOM'=a\cos\omega t,$$
$$y=|OM'|\sin\angle AOM'=a\sin\omega t.$$

由于动点同时以线速度v沿平行于z轴的正方向上升,所以

$$z=M'M=vt.$$

因此螺旋线的参数方程为

$$\begin{cases}x=a\cos\omega t,\\y=a\sin\omega t,\\z=vt.\end{cases}$$

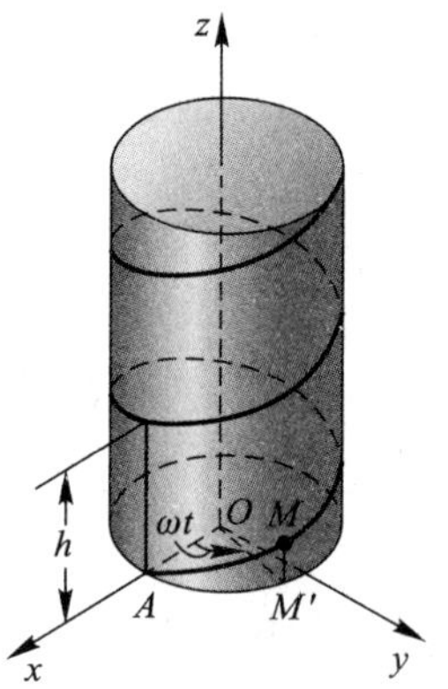

图 8-55

也可以用其他变量作参数.例如令$\theta=\omega t$,则螺旋线的参数方程可写为

$$\begin{cases}x=a\cos\theta,\\y=a\sin\theta,\\z=b\theta.\end{cases}$$

这里$b=\dfrac{v}{\omega}$,而参数为θ.

螺旋线是实践中常用的曲线.例如,平头螺丝钉的外缘曲线就是螺旋线.当我们拧紧平头螺丝钉时,它的外缘曲线上的任一点M,一方面绕螺丝钉的轴旋转,另一方面又沿平行于轴线的方向前进,点M就走出一段螺旋线.

螺旋线有一个重要性质:当θ从θ_0变到$\theta_0+\alpha$时,z由$b\theta_0$变到$b\theta_0+b\alpha$.这说明当OM'转过角α时,点M沿螺旋线上升了高度$b\alpha$,即上升的高度与OM'转过的角度成正比.特别是当OM'转过一周,即$\alpha=2\pi$时,点M就上升固定的高度$h=2\pi b$.这个高度$h=2\pi b$在工程技术上叫做螺距.

***曲面的参数方程**

下面顺便介绍一下曲面的参数方程.曲面的参数方程通常是含两个参数的方程,形如

$$\begin{cases}x=x(s,t),\\y=y(s,t),\\z=z(s,t).\end{cases}\qquad(6\text{-}3)$$

例如空间曲线Γ

$$\begin{cases}x=\varphi(t),\\y=\psi(t),\\z=\omega(t)\end{cases}\quad(\alpha\leqslant t\leqslant\beta)$$

绕 z 轴旋转，所得旋转曲面的方程为

$$\begin{cases} x=\sqrt{[\varphi(t)]^2+[\psi(t)]^2}\cos\theta, \\ y=\sqrt{[\varphi(t)]^2+[\psi(t)]^2}\sin\theta, \\ z=\omega(t), \end{cases} \quad \alpha\leqslant t\leqslant\beta, 0\leqslant\theta\leqslant 2\pi. \tag{6-4}$$

这是因为，固定一个 t，得 Γ 上一点 $M_1(\varphi(t),\psi(t),\omega(t))$，点 M_1 绕 z 轴旋转，得空间的一个圆，该圆在平面 $z=\omega(t)$ 上，其半径为点 M_1 到 z 轴的距离 $\sqrt{[\varphi(t)]^2+[\psi(t)]^2}$，因此，固定 t 的方程(6-4)就是该圆的参数方程. 再令 t 在 $[\alpha,\beta]$ 内变动，方程(6-4)便是旋转曲面的方程.

例如直线

$$\begin{cases} x=1, \\ y=t, \\ z=2t \end{cases}$$

绕 z 轴旋转所得旋转曲面(图 8-56)的方程为

$$\begin{cases} x=\sqrt{1+t^2}\cos\theta, \\ y=\sqrt{1+t^2}\sin\theta, \\ z=2t \end{cases}$$

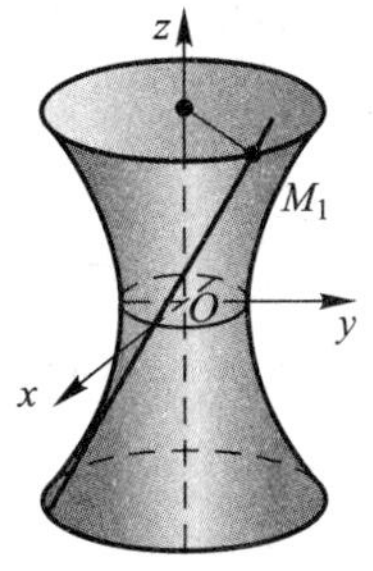

图 8-56

$\left(\text{上式消去 } t \text{ 和 } \theta\text{，得曲面的直角坐标方程为 } x^2+y^2=1+\dfrac{z^2}{4}\right)$.

又如球面 $x^2+y^2+z^2=a^2$ 可看成 zOx 面上的半圆周

$$\begin{cases} x=a\sin\varphi, \\ y=0, \\ z=a\cos\varphi, \end{cases} \quad 0\leqslant\varphi\leqslant\pi$$

绕 z 轴旋转所得(图 8-57)，故球面方程为

$$\begin{cases} x=a\sin\varphi\cos\theta, \\ y=a\sin\varphi\sin\theta, \\ z=a\cos\varphi, \end{cases} \quad 0\leqslant\varphi\leqslant\pi, 0\leqslant\theta\leqslant 2\pi.$$

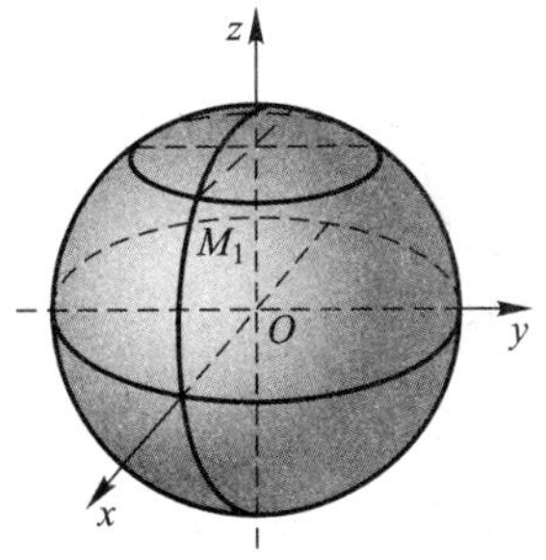

图 8-57

三、空间曲线在坐标面上的投影

设空间曲线 C 的一般方程为(6-1)，现在来研究由方程组(6-1)消去变量 z 后(如果可能的话)所得的方程

$$H(x,y)=0. \tag{6-5}$$

由于方程(6-5)是由方程组(6-1)消去 z 后所得的结果，因此当 x,y 和 z 满足方程组(6-1)时，前两个坐标 x,y 必定满足方程(6-5)，这说明曲线 C 上的所有点都在

由方程(6-5)所表示的曲面上.

由上节知道,方程(6-5)表示一个母线平行于 z 轴的柱面.由上面的讨论可知,这柱面必定包含曲线 C.以曲线 C 为准线、母线平行于 z 轴(即垂直于 xOy 面)的柱面叫做曲线 C 关于 xOy 面的投影柱面,投影柱面与 xOy 面的交线叫做空间曲线 C 在 xOy 面上的投影曲线,或简称投影.因此,方程(6-5)所表示的柱面必定包含投影柱面,而方程

$$\begin{cases}H(x,y)=0,\\ z=0\end{cases}$$

所表示的曲线必定包含空间曲线 C 在 xOy 面上的投影.

同理,消去方程组(6-1)中的变量 x 或变量 y,再分别和 $x=0$ 或 $y=0$ 联立,我们就可得到包含曲线 C 在 yOz 面或 zOx 面上的投影的曲线方程:

$$\begin{cases}R(y,z)=0,\\ x=0,\end{cases}\quad\text{或}\quad\begin{cases}T(x,z)=0,\\ y=0.\end{cases}$$

例 4　已知两球面的方程为

$$x^2+y^2+z^2=1 \tag{6-6}$$

和

$$x^2+(y-1)^2+(z-1)^2=1, \tag{6-7}$$

求它们的交线 C 在 xOy 面上的投影的方程.

解　先求包含交线 C 而母线平行于 z 轴的柱面方程.因此要由方程(6-6)、(6-7)消去 z,为此可先从(6-6)式减去(6-7)式并化简,得到

$$y+z=1.$$

再以 $z=1-y$ 代入方程(6-6)或(6-7)即得所求的柱面方程为

$$x^2+2y^2-2y=0.$$

容易看出,这就是交线 C 关于 xOy 面的投影柱面方程,于是两球面的交线在 xOy 面上的投影的方程是

$$\begin{cases}x^2+2y^2-2y=0,\\ z=0.\end{cases}$$

在重积分和曲面积分的计算中,往往需要确定一个立体或曲面在坐标面上的投影,这时要利用投影柱面和投影曲线.

例 5　设一个立体由上半球面 $z=\sqrt{4-x^2-y^2}$ 和锥面 $z=\sqrt{3(x^2+y^2)}$ 所围成(图 8-58),求它在 xOy 面上的投影.

解　半球面和锥面的交线为

$$C:\begin{cases}z=\sqrt{4-x^2-y^2},\\ z=\sqrt{3(x^2+y^2)}.\end{cases}$$

由上列方程组消去 z，得到 $x^2+y^2=1$. 这是一个母线平行于 z 轴的圆柱面，容易看出，这恰好是交线 C 关于 xOy 面的投影柱面，因此交线 C 在 xOy 面上的投影曲线为

$$\begin{cases}x^2+y^2=1,\\ z=0.\end{cases}$$

这是 xOy 面上的一个圆，于是所求立体在 xOy 面上的投影，就是该圆在 xOy 面上所围的部分

$$x^2+y^2\leqslant 1.$$

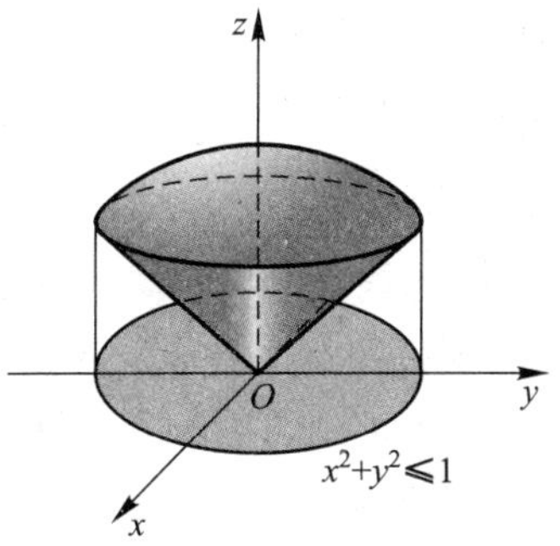

图 8-58

释疑解难
8-4

习题 8-6

1. 画出下列曲线在第 I 卦限内的图形：

(1) $\begin{cases}x=1,\\ y=2;\end{cases}$　(2) $\begin{cases}z=\sqrt{4-x^2-y^2},\\ x-y=0;\end{cases}$　(3) $\begin{cases}x^2+y^2=a^2,\\ x^2+z^2=a^2.\end{cases}$

2. 指出下列方程组在平面解析几何中与在空间解析几何中分别表示什么图形：

(1) $\begin{cases}y=5x+1,\\ y=2x-3;\end{cases}$　(2) $\begin{cases}\dfrac{x^2}{4}+\dfrac{y^2}{9}=1,\\ y=3.\end{cases}$

3. 分别求母线平行于 x 轴及 y 轴而且通过曲线 $\begin{cases}2x^2+y^2+z^2=16,\\ x^2+z^2-y^2=0\end{cases}$ 的柱面方程.

4. 求下列两曲面的交线在 xOy 面上的投影的方程：

(1) 球面 $x^2+y^2+z^2=9$ 与平面 $x+z=1$；

(2) 椭球面 $x^2+y^2+4z^2=1$ 与圆锥面 $z^2=x^2+y^2$.

5. 将下列曲线的一般方程化为参数方程：

(1) $\begin{cases}x^2+y^2+z^2=9,\\ y=x;\end{cases}$　(2) $\begin{cases}(x-1)^2+y^2+(z+1)^2=4,\\ z=0.\end{cases}$

6. 求螺旋线 $\begin{cases}x=a\cos\theta,\\ y=a\sin\theta,\\ z=b\theta\end{cases}$ 在三个坐标面上的投影曲线的直角坐标方程.

7. 求上半球 $0\leqslant z\leqslant\sqrt{a^2-x^2-y^2}$ 与圆柱体 $x^2+y^2\leqslant ax$ $(a>0)$ 的公共部分在 xOy 面和 zOx 面上的投影.

8. 求旋转抛物面 $z=x^2+y^2$ $(0\leqslant z\leqslant 4)$ 在三坐标面上的投影.

总 习 题 八

1. 填空：

(1) 设在坐标系$[O;\boldsymbol{i},\boldsymbol{j},\boldsymbol{k}]$中点 A 和点 M 的坐标依次为(x_0,y_0,z_0)和(x,y,z)，则在$[A;\boldsymbol{i},\boldsymbol{j},\boldsymbol{k}]$坐标系中，点 M 的坐标为__________，向量$\overrightarrow{OM}$的坐标为__________；

(2) 设数 $\lambda_1,\lambda_2,\lambda_3$ 不全为 0，使 $\lambda_1\boldsymbol{a}+\lambda_2\boldsymbol{b}+\lambda_3\boldsymbol{c}=\boldsymbol{0}$，则 $\boldsymbol{a},\boldsymbol{b},\boldsymbol{c}$ 三个向量是________的；

(3) 设 $\boldsymbol{a}=(2,1,2)$，$\boldsymbol{b}=(4,-1,10)$，$\boldsymbol{c}=\boldsymbol{b}-\lambda\boldsymbol{a}$，且 $\boldsymbol{a}\perp\boldsymbol{c}$，则 $\lambda=$________；

(4) 设 $|\boldsymbol{a}|=3$，$|\boldsymbol{b}|=4$，$|\boldsymbol{c}|=5$，且满足 $\boldsymbol{a}+\boldsymbol{b}+\boldsymbol{c}=\boldsymbol{0}$，则 $|\boldsymbol{a}\times\boldsymbol{b}+\boldsymbol{b}\times\boldsymbol{c}+\boldsymbol{c}\times\boldsymbol{a}|=$__________.

2. 下列两题中给出了四个结论，从中选出一个正确的结论：

(1) 设直线 L 的方程为$\begin{cases}x-y+z=1,\\2x+y+z=4,\end{cases}$ 则 L 的参数方程为(　　)；

(A) $\begin{cases}x=1-2t,\\y=1+t,\\z=1+3t\end{cases}$　　(B) $\begin{cases}x=1-2t,\\y=-1+t,\\z=1+3t\end{cases}$　　(C) $\begin{cases}x=1-2t,\\y=1-t,\\z=1+3t\end{cases}$　　(D) $\begin{cases}x=1-2t,\\y=-1-t,\\z=1+3t\end{cases}$

(2) 下列结论中，错误的是(　　).

(A) $z+2x^2+y^2=0$ 表示椭圆抛物面　　(B) $x^2+2y^2=1+3z^2$ 表示双叶双曲面

(C) $x^2+y^2-(z-1)^2=0$ 表示圆锥面　　(D) $y^2=5x$ 表示抛物柱面

3. 在 y 轴上求与点 $A(1,-3,7)$ 和点 $B(5,7,-5)$ 等距离的点.

4. 已知$\triangle ABC$ 的顶点为 $A(3,2,-1)$，$B(5,-4,7)$和 $C(-1,1,2)$，求从顶点 C 所引中线的长度.

5. 设$\triangle ABC$ 的三边$\overrightarrow{BC}=\boldsymbol{a}$，$\overrightarrow{CA}=\boldsymbol{b}$，$\overrightarrow{AB}=\boldsymbol{c}$，三边中点依次为 D,E,F，试用向量 $\boldsymbol{a},\boldsymbol{b},\boldsymbol{c}$ 表示$\overrightarrow{AD}$，$\overrightarrow{BE}$，$\overrightarrow{CF}$，并证明

$$\overrightarrow{AD}+\overrightarrow{BE}+\overrightarrow{CF}=\boldsymbol{0}.$$

6. 试用向量证明：梯形两腰中点的连线平行于底边，且其长度等于上、下两底边长度之和的一半.

7. 设 $|\boldsymbol{a}+\boldsymbol{b}|=|\boldsymbol{a}-\boldsymbol{b}|$，$\boldsymbol{a}=(3,-5,8)$，$\boldsymbol{b}=(-1,1,z)$，求 z.

8. 设 $|\boldsymbol{a}|=\sqrt{3}$，$|\boldsymbol{b}|=1$，$(\widehat{\boldsymbol{a},\boldsymbol{b}})=\dfrac{\pi}{6}$，求向量 $\boldsymbol{a}+\boldsymbol{b}$ 与 $\boldsymbol{a}-\boldsymbol{b}$ 的夹角.

9. 设$(\boldsymbol{a}+3\boldsymbol{b})\perp(7\boldsymbol{a}-5\boldsymbol{b})$，$(\boldsymbol{a}-4\boldsymbol{b})\perp(7\boldsymbol{a}-2\boldsymbol{b})$，求$(\widehat{\boldsymbol{a},\boldsymbol{b}})$.

10. 设向量 $\boldsymbol{a}=(1,-2,2)$，$\boldsymbol{b}=(-2,1,2)$，若存在向量 $\boldsymbol{c}$，使 $\boldsymbol{a}\times\boldsymbol{c}=\boldsymbol{b}$，试求向量 $\boldsymbol{c}$；若向量 $\boldsymbol{c}$ 不止一个，试找出模最小的那个 $\boldsymbol{c}$.

11. 设 $|\boldsymbol{a}|=4$，$|\boldsymbol{b}|=3$，$(\widehat{\boldsymbol{a},\boldsymbol{b}})=\dfrac{\pi}{6}$，求以 $\boldsymbol{a}+2\boldsymbol{b}$ 和 $\boldsymbol{a}-3\boldsymbol{b}$ 为边的平行四边形的面积.

12. 设 $\boldsymbol{a}=(2,-3,1)$，$\boldsymbol{b}=(1,-2,3)$，$\boldsymbol{c}=(2,1,2)$，向量 $\boldsymbol{r}$ 满足 $\boldsymbol{r}\perp\boldsymbol{a}$，$\boldsymbol{r}\perp\boldsymbol{b}$，$\mathrm{Prj}_{\boldsymbol{c}}\boldsymbol{r}=14$，求 $\boldsymbol{r}$.

13. 设 $\boldsymbol{a}=(-1,3,2)$，$\boldsymbol{b}=(2,-3,-4)$，$\boldsymbol{c}=(-3,12,6)$，证明三向量 $\boldsymbol{a},\boldsymbol{b},\boldsymbol{c}$ 共面，并用 $\boldsymbol{a}$ 和 $\boldsymbol{b}$ 表

示 $\boldsymbol{c}$.

14. 已知动点 $M(x,y,z)$ 到 xOy 面的距离与点 M 到点 $(1,-1,2)$ 的距离相等,求点 M 的轨迹的方程.

15. 指出下列旋转曲面的一条母线和旋转轴:

(1) $z=2(x^2+y^2)$;　(2) $\dfrac{x^2}{36}+\dfrac{y^2}{9}+\dfrac{z^2}{36}=1$;　(3) $z^2=3(x^2+y^2)$;　(4) $x^2-\dfrac{y^2}{4}-\dfrac{z^2}{4}=1$.

16. 求通过点 $A(3,0,0)$ 和 $B(0,0,1)$ 且与 xOy 面成 $\dfrac{\pi}{3}$ 角的平面的方程.

17. 设一平面垂直于平面 $z=0$,并通过从点 $(1,-1,1)$ 到直线 $\begin{cases}y-z+1=0,\\x=0\end{cases}$ 的垂线,求此平面的方程.

18. 求过点 $(-1,0,4)$,且平行于平面 $3x-4y+z-10=0$,又与直线 $\dfrac{x+1}{1}=\dfrac{y-3}{1}=\dfrac{z}{2}$ 相交的直线的方程.

19. 一直线 l 过点 $A(-3,5,-9)$ 且与两直线 $l_1:\begin{cases}y=3x+5,\\z=2x-3,\end{cases}$ $l_2:\begin{cases}y=4x-7,\\z=5x+10\end{cases}$ 相交,求此直线方程.

20. 已知点 $A(1,0,0)$ 及点 $B(0,2,1)$,试在 z 轴上求一点 C,使 $\triangle ABC$ 的面积最小.

21. 求曲线 $\begin{cases}z=2-x^2-y^2,\\z=(x-1)^2+(y-1)^2\end{cases}$ 在三个坐标面上的投影曲线的方程.

22. 求锥面 $z=\sqrt{x^2+y^2}$ 与柱面 $z^2=2x$ 所围立体在三个坐标面上的投影.

23. 画出下列各曲面所围立体的图形:

(1) 抛物柱面 $2y^2=x$,平面 $z=0$ 及 $\dfrac{x}{4}+\dfrac{y}{2}+\dfrac{z}{2}=1$;

(2) 抛物柱面 $x^2=1-z$,平面 $y=0,z=0$ 及 $x+y=1$;

(3) 圆锥面 $z=\sqrt{x^2+y^2}$ 及旋转抛物面 $z=2-x^2-y^2$;

(4) 旋转抛物面 $x^2+y^2=z$,柱面 $y^2=x$,平面 $z=0$ 及 $x=1$.

第八章释疑解难

第八章例题精讲

第九章

多元函数微分法及其应用

上册中我们讨论的函数都只有一个自变量，这种函数叫做一元函数.但在很多实际问题中往往牵涉多方面的因素，反映到数学上，就是一个变量依赖于多个变量的情形.这就提出了多元函数以及多元函数的微分和积分问题.本章将在一元函数微分学的基础上，讨论多元函数的微分法及其应用.讨论中我们以二元函数为主，因为从一元函数到二元函数会产生新的问题，而从二元函数到二元以上的多元函数则可以类推.

第一节　多元函数的基本概念

一、平面点集　* n 维空间

在讨论一元函数时，一些概念、理论和方法都是基于 $\mathbf{R}^1$ 中的点集、两点间的距离、区间和邻域等概念.为了将一元函数微积分推广到多元的情形，首先需要将上述一些概念加以推广，同时还需涉及一些其他概念.为此先引入平面点集的一些基本概念，将有关概念从 $\mathbf{R}^1$ 中的情形推广到 $\mathbf{R}^2$ 中；然后引入 n 维空间，以便推广到一般的 $\mathbf{R}^n$ 中.

1. 平面点集

由平面解析几何知道，当在平面上引入了一个直角坐标系后，平面上的点 P 与有序二元实数组 (x,y) 之间就建立了一一对应.于是，我们常把有序实数组 (x,y) 与平面上的点 P 视作是等同的.这种建立了坐标系的平面称为坐标平面.二元有序实数组 (x,y) 的全体，即 $\mathbf{R}^2=\mathbf{R}\times\mathbf{R}=\{(x,y)\mid x,y\in\mathbf{R}\}$ 就表示坐标平面.

坐标平面上具有某种性质 P 的点的集合，称为平面点集，记作

$$E=\{(x,y)\mid(x,y)\text{具有性质}P\}.$$

例如,平面上以原点为中心、r 为半径的圆内所有点的集合是

$$C=\{(x,y)\mid x^2+y^2<r^2\}.$$

如果以点 P 表示(x,y),$|OP|$表示点 P 到原点 O 的距离,那么集合 C 也可表成

$$C=\{P\mid|OP|<r\}.$$

现在我们来引入 $\mathbf{R}^2$ 中邻域的概念.

设 $P_0(x_0,y_0)$是 xOy 平面上的一个点,δ 是某一正数.与点 $P_0(x_0,y_0)$距离小于 δ 的点$P(x,y)$的全体,称为点 P_0 的 δ 邻域,记作 $U(P_0,\delta)$,即

$$U(P_0,\delta)=\{P\mid|PP_0|<\delta\},$$

也就是

$$U(P_0,\delta)=\{(x,y)\mid\sqrt{(x-x_0)^2+(y-y_0)^2}<\delta\}.$$

点 P_0 的去心 δ 邻域,记作$\mathring{U}(P_0,\delta)$,即

$$\mathring{U}(P_0,\delta)=\{P\mid 0<|PP_0|<\delta\}.$$

在几何上,$U(P_0,\delta)$就是 xOy 平面上以点 $P_0(x_0,y_0)$为中心、$\delta>0$ 为半径的圆内部的点$P(x,y)$的全体.

如果不需要强调邻域的半径 δ,则用 $U(P_0)$表示点 P_0 的某个邻域,点 P_0 的去心邻域记作 $\mathring{U}(P_0)$.

下面利用邻域来描述点和点集之间的关系.

任意一点 $P\in\mathbf{R}^2$ 与任意一个点集 $E\subset\mathbf{R}^2$ 之间必有以下三种关系中的一种:

(1) 内点:如果存在点 P 的某个邻域 $U(P)$,使得 $U(P)\subset E$,那么称 P 为 E 的内点(如图 9-1 中,P_1 为 E 的内点);

(2) 外点:如果存在点 P 的某个邻域 $U(P)$,使得 $U(P)\cap E=\varnothing$,那么称 P 为 E 的外点(如图 9-1 中,P_2 为 E 的外点);

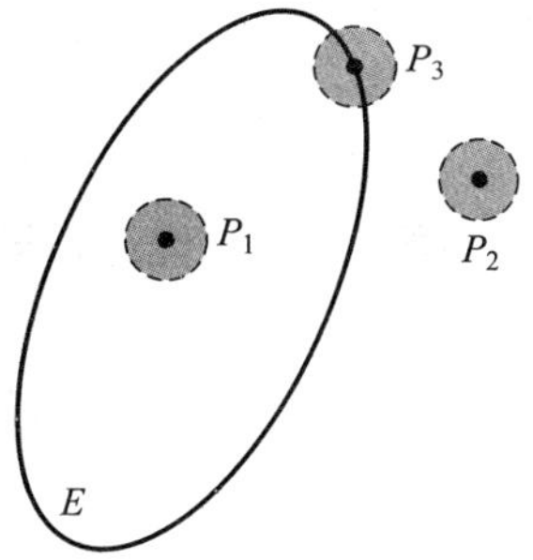

图 9-1

(3) 边界点:如果点 P 的任一邻域内既含有属于E 的点,又含有不属于 E 的点,那么称 P 为 E 的边界点(如图 9-1 中,P_3 为 E 的边界点).

E 的边界点的全体,称为 E 的边界,记作∂E.

E 的内点必属于 E;E 的外点必定不属于 E;而E 的边界点可能属于 E,也可能不属于 E.

任意一点 P 与一个点集 E 之间除了上述三种关系之外,还有另一种关系,这就是下面定义的聚点.

聚点：如果对于任意给定的 $\delta>0$，点 P 的去心邻域 $\mathring{U}(P,\delta)$ 内总有 E 中的点，那么称 P 是 E 的聚点.

由聚点的定义可知，点集 E 的聚点 P 本身，可以属于 E，也可以不属于 E.

例如，设平面点集

$$E=\{(x,y)\mid 1<x^2+y^2\leqslant 2\}.$$

满足 $1<x^2+y^2<2$ 的一切点 (x,y) 都是 E 的内点；满足 $x^2+y^2=1$ 的一切点 (x,y) 都是 E 的边界点，它们都不属于 E；满足 $x^2+y^2=2$ 的一切点 (x,y) 也是 E 的边界点，它们都属于 E；点集 E 以及它的边界 ∂E 上的一切点都是 E 的聚点.

根据点集所属点的特征，再来定义一些重要的平面点集.

开集：如果点集 E 的点都是 E 的内点，那么称 E 为开集.

闭集：如果点集 E 的边界 $\partial E\subset E$，那么称 E 为闭集.

例如，集合 $\{(x,y)\mid 1<x^2+y^2<2\}$ 是开集；集合 $\{(x,y)\mid 1\leqslant x^2+y^2\leqslant 2\}$ 是闭集；而集合 $\{(x,y)\mid 1<x^2+y^2\leqslant 2\}$ 既非开集，也非闭集.

连通集：如果点集 E 内任何两点，都可用折线连接起来，且该折线上的点都属于 E，那么称 E 为连通集.

区域（或开区域）：连通的开集称为区域或开区域.

闭区域：开区域连同它的边界一起所构成的点集称为闭区域.

例如，集合 $\{(x,y)\mid 1<x^2+y^2<2\}$ 是区域，而集合 $\{(x,y)\mid 1\leqslant x^2+y^2\leqslant 2\}$ 是闭区域.

有界集：对于平面点集 E，如果存在某一正数 r，使得

$$E\subset U(O,r),$$

其中 O 是坐标原点，那么称 E 为有界集.

无界集：一个集合如果不是有界集，就称这个集合为无界集.

例如，集合 $\{(x,y)\mid 1\leqslant x^2+y^2\leqslant 2\}$ 是有界闭区域，集合 $\{(x,y)\mid x+y>0\}$ 是无界开区域，集合 $\{(x,y)\mid x+y\geqslant 0\}$ 是无界闭区域.

*2. n 维空间

设 n 为取定的一个正整数，我们用 $\mathbf{R}^n$ 表示 n 元有序实数组 $(x_1,x_2,\cdots,x_n)$ 的全体所构成的集合，即

$$\mathbf{R}^n=\mathbf{R}\times\mathbf{R}\times\cdots\times\mathbf{R}=\{(x_1,x_2,\cdots,x_n)\mid x_i\in\mathbf{R},i=1,2,\cdots,n\}.$$

$\mathbf{R}^n$ 中的元素 $(x_1,x_2,\cdots,x_n)$ 有时也用单个字母 $\boldsymbol{x}$ 来表示，即 $\boldsymbol{x}=(x_1,x_2,\cdots,x_n)$. 当所有的 $x_i\ (i=1,2,\cdots,n)$ 都为零时，称这样的元素为 $\mathbf{R}^n$ 中的零元，记为 $\mathbf{0}$ 或 O. 在解析几何中，通过直角坐标系，$\mathbf{R}^2$（或 $\mathbf{R}^3$）中的元素分别与平面（或空间）中的点或向量建立一一对应，因而 $\mathbf{R}^n$ 中的元素 $\boldsymbol{x}=(x_1,x_2,\cdots,x_n)$ 也称为 $\mathbf{R}^n$ 中的一个点或一个 n 维向

量，x_i 称为点 $\boldsymbol{x}$ 的第 i 个坐标或 n 维向量 $\boldsymbol{x}$ 的第 i 个分量. 特别地，$\mathbf{R}^n$ 中的零元 $\mathbf{0}$ 称为 $\mathbf{R}^n$ 中的坐标原点或 n 维零向量.

为了在集合 $\mathbf{R}^n$ 中的元素之间建立联系，在 $\mathbf{R}^n$ 中定义线性运算如下：

设 $\boldsymbol{x}=(x_1,x_2,\cdots,x_n)$，$\boldsymbol{y}=(y_1,y_2,\cdots,y_n)$ 为 $\mathbf{R}^n$ 中任意两个元素，$\lambda\in\mathbf{R}$，规定

$$\boldsymbol{x}+\boldsymbol{y}=(x_1+y_1,x_2+y_2,\cdots,x_n+y_n),$$

$$\lambda\boldsymbol{x}=(\lambda x_1,\lambda x_2,\cdots,\lambda x_n).$$

这样定义了线性运算的集合 $\mathbf{R}^n$ 称为 n 维空间.

$\mathbf{R}^n$ 中点 $\boldsymbol{x}=(x_1,x_2,\cdots,x_n)$ 和点 $\boldsymbol{y}=(y_1,y_2,\cdots,y_n)$ 间的距离，记作 $\rho(\boldsymbol{x},\boldsymbol{y})$，规定

$$\rho(\boldsymbol{x},\boldsymbol{y})=\sqrt{(x_1-y_1)^2+(x_2-y_2)^2+\cdots+(x_n-y_n)^2}.$$

显然，$n=1,2,3$ 时，上述规定与数轴上、直角坐标系下平面及空间中两点间的距离一致.

$\mathbf{R}^n$ 中元素 $\boldsymbol{x}=(x_1,x_2,\cdots,x_n)$ 与零元 $\mathbf{0}$ 之间的距离 $\rho(\boldsymbol{x},\mathbf{0})$ 记作 $\|\boldsymbol{x}\|$（在 $\mathbf{R}^1$，$\mathbf{R}^2$，$\mathbf{R}^3$ 中，通常将 $\|\boldsymbol{x}\|$ 记作 $|\boldsymbol{x}|$），即

$$\|\boldsymbol{x}\|=\sqrt{x_1^2+x_2^2+\cdots+x_n^2}.$$

采用这一记号，结合向量的线性运算，便得

$$\|\boldsymbol{x}-\boldsymbol{y}\|=\sqrt{(x_1-y_1)^2+(x_2-y_2)^2+\cdots+(x_n-y_n)^2}=\rho(\boldsymbol{x},\boldsymbol{y}).$$

在 n 维空间 $\mathbf{R}^n$ 中定义了距离以后，就可以定义 $\mathbf{R}^n$ 中变元的极限：

设 $\boldsymbol{x}=(x_1,x_2,\cdots,x_n)$，$\boldsymbol{a}=(a_1,a_2,\cdots,a_n)\in\mathbf{R}^n$. 如果

$$\|\boldsymbol{x}-\boldsymbol{a}\|\to 0,$$

那么称变元 $\boldsymbol{x}$ 在 $\mathbf{R}^n$ 中趋于固定元 $\boldsymbol{a}$，记作 $\boldsymbol{x}\to\boldsymbol{a}$.

显然，

$$\boldsymbol{x}\to\boldsymbol{a}\Leftrightarrow x_1\to a_1,x_2\to a_2,\cdots,x_n\to a_n.$$

在 $\mathbf{R}^n$ 中引入线性运算和距离，使得前面讨论过的有关平面点集的一系列概念，可以方便地引入到 n（$n\geqslant 3$）维空间中来，例如，

设 $\boldsymbol{a}=(a_1,a_2,\cdots,a_n)\in\mathbf{R}^n$，$\delta$ 是某一正数，则 n 维空间内的点集

$$U(\boldsymbol{a},\delta)=\{\boldsymbol{x}\mid \boldsymbol{x}\in\mathbf{R}^n,\rho(\boldsymbol{x},\boldsymbol{a})<\delta\}$$

就定义为 $\mathbf{R}^n$ 中点 $\boldsymbol{a}$ 的 δ 邻域. 以邻域为基础，可以定义点集的内点、外点、边界点和聚点以及开集、闭集、区域等一系列概念. 这里不再赘述.

二、多元函数的概念

在很多自然现象以及实际问题中，经常会遇到多个变量之间的依赖关系，举例如下：

例 1　圆柱体的体积 V 和它的底半径 r、高 h 之间具有关系

$$V=\pi r^2 h.$$

这里,当 r 和 h 在集合$\{(r,h)\mid r>0,h>0\}$内取定一对值(r,h)时,V 的对应值就随之确定.

例 2　一定量的理想气体的压强 p、体积 V 和绝对温度 T 之间具有关系

$$p=\frac{RT}{V},$$

其中 R 为常数.这里,当 V 和 T 在集合$\{(V,T)\mid V>0,T>T_0\}$内取定一对值(V,T)时,p 的对应值就随之确定.

例 3　设 R 是电阻 R_1 和 R_2 并联后的总电阻,由电学知道,它们之间具有关系

$$R=\frac{R_1R_2}{R_1+R_2}.$$

这里,当 R_1 和 R_2 在集合$\{(R_1,R_2)\mid R_1>0,R_2>0\}$内取定一对值$(R_1,R_2)$时,$R$ 的对应值就随之确定.

上面三个例子的具体意义虽各不相同,但它们却有共同的性质,抽出这些共性就可得出以下二元函数的定义.

定义 1　**设 D 是 $\mathbf{R}^2$ 的一个非空子集,称映射 $f:D\to\mathbf{R}$ 为定义在 D 上的二元函数,通常记为**

$$z=f(x,y),\quad (x,y)\in D$$

或

$$z=f(P),\quad P\in D,$$

其中点集 D 称为该函数的定义域,x 和 y 称为自变量,z 称为因变量.

上述定义中,与自变量 x 和 y 的一对值(即二元有序实数组)(x,y)相对应的因变量 z 的值,也称为 f 在点(x,y)处的函数值,记作 $f(x,y)$,即 $z=f(x,y)$.函数值 $f(x,y)$的全体所构成的集合称为函数 f 的值域,记作 $f(D)$,即

$$f(D)=\{z\mid z=f(x,y),(x,y)\in D\}.$$

与一元函数的情形相仿,记号 f 与 $f(x,y)$的意义是有区别的,但习惯上常用记号"$f(x,y),(x,y)\in D$"或"$z=f(x,y),(x,y)\in D$"来表示 D 上的二元函数 f.表示二元函数的记号 f 也是可以任意选取的,例如也可以记为 $z=\varphi(x,y)$,$z=z(x,y)$等.

类似地,可以定义三元函数 $u=f(x,y,z)$,$(x,y,z)\in D$ 以及三元以上的函数.一般地,把定义 1 中的平面点集 D 换成 n 维空间 $\mathbf{R}^n$ 内的点集 D,映射 $f:D\to\mathbf{R}$ 就称为定义在 D 上的 n 元函数,通常记为

$$u=f(x_1,x_2,\cdots,x_n),\quad (x_1,x_2,\cdots,x_n)\in D,$$

或简记为

$$u=f(\boldsymbol{x}),\quad \boldsymbol{x}=(x_1,x_2,\cdots,x_n)\in D,$$

也可记为

$$u=f(P),\quad P(x_1,x_2,\cdots,x_n)\in D.$$

当 $n=2$ 或 $n=3$ 时，习惯上将点 (x_1,x_2) 与点 (x_1,x_2,x_3) 分别写成 (x,y) 与 (x,y,z).这时，若用字母表示 $\mathbf{R}^2$ 或 $\mathbf{R}^3$ 中的点，即写成 $P(x,y)$ 或 $M(x,y,z)$，则相应的二元函数及三元函数也可简记为 $z=f(P)$ 及 $u=f(M)$.

当 $n=1$ 时，n 元函数就是一元函数；当 $n\geqslant 2$ 时，n 元函数统称为多元函数.

关于多元函数的定义域，与一元函数相类似，我们作如下约定：在一般地讨论用算式表达的多元函数 $u=f(\boldsymbol{x})$ 时，就以使这个算式有意义的变元 $\boldsymbol{x}$ 的值所组成的点集为这个多元函数的自然定义域.因而，对这类函数，它的定义域不再特别标出.例如，函数 $z=\ln(x+y)$ 的定义域为

$$\{(x,y)\mid x+y>0\}$$

（图 9-2），这是一个无界开区域.又如，函数 $z=\arcsin(x^2+y^2)$ 的定义域为

$$\{(x,y)\mid x^2+y^2\leqslant 1\}$$

（图 9-3），这是一个有界闭区域.

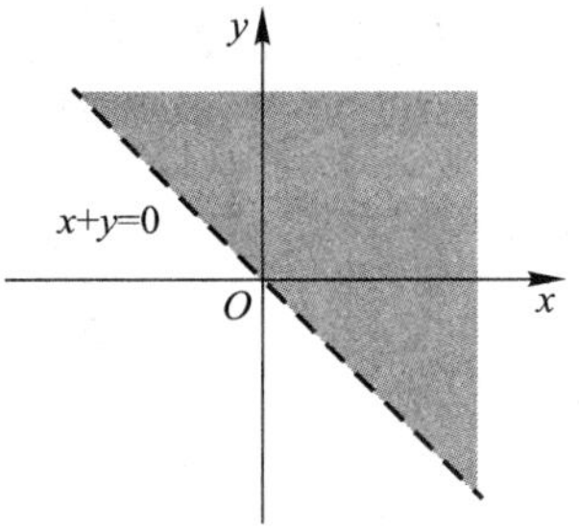

图 9-2

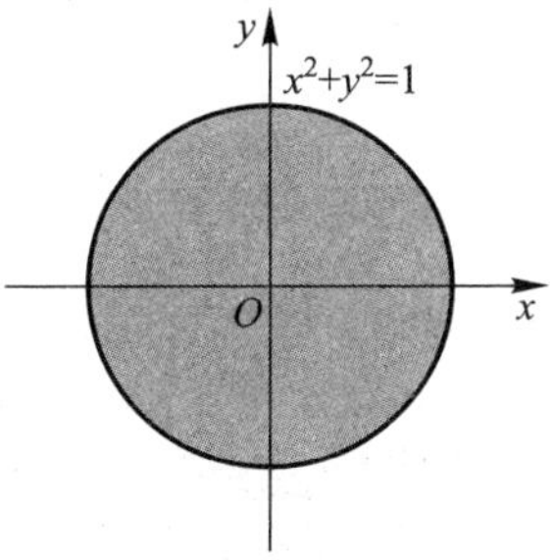

图 9-3

设函数 $z=f(x,y)$ 的定义域为 D.对于任意取定的点 $P(x,y)\in D$，对应的函数值为 $z=f(x,y)$.这样，以 x 为横坐标、y 为纵坐标和 $z=f(x,y)$ 为竖坐标在空间就确定一点 $M(x,y,z)$.当 (x,y) 遍取 D 上的一切点时，得到一个空间点集

$$\{(x,y,z)\mid z=f(x,y),(x,y)\in D\},$$

这个点集称为二元函数 $z=f(x,y)$ 的图形（图 9-4）.通常我们也说二元函数的图形是一张曲面.

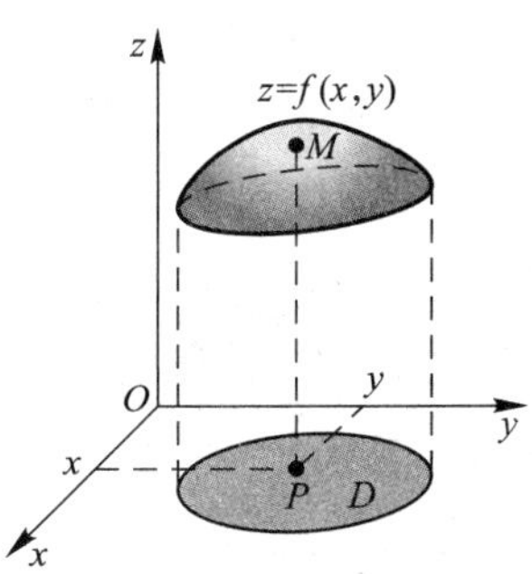

图 9-4

例如，由空间解析几何知道，线性函数 $z=ax+by+c$ 的图形是一张平面，而函数 $z=x^2+y^2$ 的图形是旋转抛物面.

三、多元函数的极限

先讨论二元函数 $z=f(x,y)$ 当 $(x,y)\to(x_0,y_0)$，即 $P(x,y)\to P_0(x_0,y_0)$ 时的极限.

这里 $P\to P_0$ 表示点 P 以任何方式趋于点 P_0，也就是点 P 与点 P_0 间的距离趋于零，即

$$|PP_0|=\sqrt{(x-x_0)^2+(y-y_0)^2}\to 0.$$

与一元函数的极限概念类似，如果在 $P(x,y)\to P_0(x_0,y_0)$ 的过程中，对应的函数值 $f(x,y)$ 无限接近于一个确定的常数 A，那么就说 A 是函数 $f(x,y)$ 当 $(x,y)\to(x_0,y_0)$ 时的极限. 下面用"$\varepsilon-\delta$"语言描述这个极限概念.

定义 2　设二元函数 $f(P)=f(x,y)$ 的定义域为 D，$P_0(x_0,y_0)$ 是 D 的聚点. 如果存在常数 A，对于任意给定的正数 ε，总存在正数 δ，使得当点 $P(x,y)\in D\cap \mathring{U}(P_0,\delta)$ 时，都有

$$|f(P)-A|=|f(x,y)-A|<\varepsilon$$

成立，那么就称常数 A 为函数 $f(x,y)$ 当 $(x,y)\to(x_0,y_0)$ 时的极限，记作

$$\lim_{(x,y)\to(x_0,y_0)} f(x,y)=A \quad 或 \quad f(x,y)\to A\ ((x,y)\to(x_0,y_0)),$$

也记作

$$\lim_{P\to P_0} f(P)=A \quad 或 \quad f(P)\to A\ \ (P\to P_0).$$

为了区别于一元函数的极限，我们把二元函数的极限叫做二重极限.

例 4　设 $f(x,y)=(x^2+y^2)\sin\dfrac{1}{x^2+y^2}$，求证：

$$\lim_{(x,y)\to(0,0)} f(x,y)=0.$$

证　这里函数 $f(x,y)$ 的定义域为 $D=\mathbf{R}^2\setminus\{(0,0)\}$，点 $O(0,0)$ 为 D 的聚点. 因为

$$|f(x,y)-0|=\left|(x^2+y^2)\sin\frac{1}{x^2+y^2}-0\right|\leqslant x^2+y^2,$$

可见，$\forall\,\varepsilon>0$，取 $\delta=\sqrt{\varepsilon}$，则当

$$0<\sqrt{(x-0)^2+(y-0)^2}<\delta,$$

即 $P(x,y)\in D\cap\mathring{U}(O,\delta)$ 时，总有

$$|f(x,y)-0|<\varepsilon$$

成立，所以

$$\lim_{(x,y)\to(0,0)} f(x,y)=0.$$

必须注意，所谓二重极限存在，是指 $P(x,y)$ 以任何方式趋于 $P_0(x_0,y_0)$ 时，$f(x,y)$ 都无限接近于 A. 因此，如果 $P(x,y)$ 以某一特殊方式，例如沿着一条定直线或

定曲线趋于$P_0(x_0,y_0)$时，即使$f(x,y)$无限接近于某一确定值，我们还不能由此断定函数的极限存在．但是反过来，如果当$P(x,y)$以不同的方式趋于$P_0(x_0,y_0)$时，$f(x,y)$趋于不同的值，那么就可以断定这函数的极限不存在．下面用例子来说明这种情形．

考察函数

$$f(x,y)=\begin{cases}\dfrac{xy}{x^2+y^2}, & x^2+y^2\neq 0,\\ 0, & x^2+y^2=0.\end{cases}$$

显然，当点$P(x,y)$沿x轴趋于点$(0,0)$时，

$$\lim_{\substack{(x,y)\to(0,0)\\ y=0}} f(x,y)=\lim_{x\to 0} f(x,0)=\lim_{x\to 0} 0=0;$$

又当点$P(x,y)$沿y轴趋于点$(0,0)$时，

$$\lim_{\substack{(x,y)\to(0,0)\\ x=0}} f(x,y)=\lim_{y\to 0} f(0,y)=\lim_{y\to 0} 0=0.$$

虽然点$P(x,y)$以上述两种特殊方式（沿x轴或沿y轴）趋于原点时函数的极限存在并且相等，但是$\lim\limits_{(x,y)\to(0,0)} f(x,y)$并不存在．这是因为当点$P(x,y)$沿着直线$y=kx$趋于点$(0,0)$时，有

$$\lim_{\substack{(x,y)\to(0,0)\\ y=kx}} \frac{xy}{x^2+y^2}=\lim_{x\to 0}\frac{kx^2}{x^2+k^2x^2}=\frac{k}{1+k^2},$$

显然它是随着k的值的不同而改变的．

例题精讲 9-1

以上关于二元函数的极限概念，可相应地推广到n元函数$u=f(P)$，即$u=f(x_1,x_2,\cdots,x_n)$上去．

关于多元函数的极限运算，有与一元函数类似的运算法则．

例 5　求$\lim\limits_{(x,y)\to(0,2)}\dfrac{\sin(xy)}{x}$.

解　这里函数$\dfrac{\sin(xy)}{x}$的定义域为$D=\{(x,y)\mid x\neq 0,y\in\mathbf{R}\}$，$P_0(0,2)$为$D$的聚点．

由积的极限运算法则，得

$$\lim_{(x,y)\to(0,2)}\frac{\sin(xy)}{x}=\lim_{(x,y)\to(0,2)}\left[\frac{\sin(xy)}{xy}\cdot y\right]=\lim_{xy\to 0}\frac{\sin(xy)}{xy}\cdot\lim_{y\to 2} y=1\times 2=2.$$

四、多元函数的连续性

明白了函数极限的概念，就不难说明多元函数的连续性．

定义 3　**设二元函数**$f(P)=f(x,y)$**的定义域为**D，$P_0(x_0,y_0)$**为**D**的聚点，且**$P_0\in$

D.如果

$$\lim_{(x,y)\to(x_0,y_0)} f(x,y)=f(x_0,y_0),$$

那么称函数$f(x,y)$在点$P_0(x_0,y_0)$连续.

设函数$f(x,y)$在D上有定义,D内的每一点都是函数定义域的聚点.如果函数$f(x,y)$在D的每一点都连续,那么就称函数$f(x,y)$在D上连续,或者称$f(x,y)$是D上的连续函数.

以上关于二元函数的连续性概念,可相应地推广到n元函数$f(P)$上去.

下面,我们把一元基本初等函数看成二元函数的特例(即另一个自变量不出现),来讨论它的连续性.先看一个例子.

例6　设$f(x,y)=\sin x$,证明$f(x,y)$是$\mathbf{R}^2$上的连续函数.

证　设$P_0(x_0,y_0)\in\mathbf{R}^2$. $\forall\varepsilon>0$,由于$\sin x$在x_0处连续,故$\exists\delta>0$,当$|x-x_0|<\delta$时,有

$$|\sin x-\sin x_0|<\varepsilon.$$

以上述δ作P_0的δ邻域$U(P_0,\delta)$,则当$P(x,y)\in U(P_0,\delta)$时,显然

$$|x-x_0|\leqslant\rho(P,P_0)<\delta,$$

从而

$$|f(x,y)-f(x_0,y_0)|=|\sin x-\sin x_0|<\varepsilon,$$

即$f(x,y)=\sin x$在点$P_0(x_0,y_0)$连续.由P_0的任意性知,$\sin x$作为x,y的二元函数在$\mathbf{R}^2$上连续.

类似的讨论可知,一元基本初等函数看成二元函数或二元以上的多元函数时,它们在各自的定义域内都是连续的.

定义4　**设函数$f(x,y)$的定义域为D,$P_0(x_0,y_0)$是D的聚点.如果函数$f(x,y)$在点$P_0(x_0,y_0)$不连续,那么称$P_0(x_0,y_0)$为函数$f(x,y)$的间断点.**

例如,前面讨论过的函数

$$f(x,y)=\begin{cases}\dfrac{xy}{x^2+y^2}, & x^2+y^2\neq0,\\ 0, & x^2+y^2=0,\end{cases}$$

其定义域$D=\mathbf{R}^2$,点$O(0,0)$是D的聚点.$f(x,y)$当$(x,y)\to(0,0)$时的极限不存在,所以点$O(0,0)$是该函数的一个间断点;又如函数

$$f(x,y)=\sin\frac{1}{x^2+y^2-1},$$

其定义域为

$$D=\{(x,y)\mid x^2+y^2\neq1\},$$

圆周 $C=\{(x,y)\mid x^2+y^2=1\}$ 上的点都是 D 的聚点，而 $f(x,y)$ 在 C 上没有定义，当然 $f(x,y)$ 在 C 上各点都不连续，所以圆周 C 上各点都是该函数的间断点.

前面已经指出：一元函数中关于极限的运算法则，对于多元函数仍然适用. 根据多元函数的极限运算法则，可以证明多元连续函数的和、差、积仍为连续函数；连续函数的商在分母不为零处仍连续；多元连续函数的复合函数也是连续函数.

与一元初等函数相类似，多元初等函数是指可用一个式子表示的多元函数，这个式子是由常数及具有不同自变量的一元基本初等函数经过有限次的四则运算和复合运算而得到的. 例如，$\dfrac{x+x^2-y^2}{1+y^2}$，$\sin(x+y)$，$e^{x^2+y^2+z^2}$ 等都是多元初等函数.

根据上面指出的连续函数的和、差、积、商的连续性以及连续函数的复合函数的连续性，再利用基本初等函数的连续性，我们进一步可以得出如下结论：

一切多元初等函数在其定义区域内是连续的. 所谓定义区域是指包含在定义域内的区域或闭区域.

由多元初等函数的连续性，如果要求它在点 P_0 处的极限，而该点又在此函数的定义区域内，那么此极限值就是函数在该点的函数值，即

$$\lim_{P\to P_0} f(P)=f(P_0).$$

例 7　求 $\displaystyle\lim_{(x,y)\to(1,2)}\frac{x+y}{xy}$.

解　函数 $f(x,y)=\dfrac{x+y}{xy}$ 是初等函数，它的定义域为

$$D=\{(x,y)\mid x\neq 0,y\neq 0\}.$$

$P_0(1,2)$ 为 D 的内点，故存在 P_0 的某一邻域 $U(P_0)\subset D$，而任何邻域都是区域，所以 $U(P_0)$ 是 $f(x,y)$ 的一个定义区域，因此

$$\lim_{(x,y)\to(1,2)}\frac{x+y}{xy}=f(1,2)=\frac{3}{2}.$$

一般地，求 $\lim\limits_{P\to P_0} f(P)$ 时，如果 $f(P)$ 是初等函数，且 P_0 是 $f(P)$ 的定义域的内点，那么 $f(P)$ 在点 P_0 处连续，于是

$$\lim_{P\to P_0} f(P)=f(P_0).$$

例 8　求 $\displaystyle\lim_{(x,y)\to(0,0)}\frac{\sqrt{xy+1}-1}{xy}$.

解　$$\lim_{(x,y)\to(0,0)}\frac{\sqrt{xy+1}-1}{xy}=\lim_{(x,y)\to(0,0)}\frac{xy+1-1}{xy(\sqrt{xy+1}+1)}=\lim_{(x,y)\to(0,0)}\frac{1}{\sqrt{xy+1}+1}=\frac{1}{2}.$$

以上运算的最后一步用到了二元函数 $\dfrac{1}{\sqrt{xy+1}+1}$ 在点 $(0,0)$ 的连续性.

与闭区间上一元连续函数的性质相类似，在有界闭区域上连续的多元函数具有如下性质：

性质 1（有界性与最大值最小值定理）　在有界闭区域 D 上的多元连续函数，必定在 D 上有界，且能取得它的最大值和最小值.

性质 1 就是说，若 $f(P)$ 在有界闭区域 D 上连续，则必定存在常数 $M>0$，使得对一切 $P\in D$，有 $|f(P)|\leqslant M$；且存在 $P_1, P_2\in D$，使得

$$f(P_1)=\max\{f(P)\mid P\in D\},\quad f(P_2)=\min\{f(P)\mid P\in D\}.$$

性质 2（介值定理）　在有界闭区域 D 上的多元连续函数必取得介于最大值和最小值之间的任何值.

***性质 3（一致连续性定理）　在有界闭区域 D 上的多元连续函数必定在 D 上一致连续.**

性质 3 就是说，若 $f(P)$ 在有界闭区域 D 上连续，则对于任意给定的正数 ε，总存在正数 δ，使得对于 D 上的任意两点 P_1, P_2，只要当 $|P_1P_2|<\delta$ 时，都有

$$|f(P_1)-f(P_2)|<\varepsilon$$

成立.

习题 9-1

1. 判定下列平面点集中哪些是开集、闭集、区域、有界集、无界集，并分别指出它们的聚点所成的点集（称为导集）和边界.

(1) $\{(x,y)\mid x\neq 0, y\neq 0\}$；　(2) $\{(x,y)\mid 1<x^2+y^2\leqslant 4\}$；

(3) $\{(x,y)\mid y>x^2\}$；　(4) $\{(x,y)\mid x^2+(y-1)^2\geqslant 1\}\cap\{(x,y)\mid x^2+(y-2)^2\leqslant 4\}$.

2. 已知函数 $f(x,y)=x^2+y^2-xy\tan\dfrac{x}{y}$，试求 $f(tx,ty)$.

3. 试证函数 $F(x,y)=\ln x\cdot\ln y$ 满足关系式

$$F(xy,uv)=F(x,u)+F(x,v)+F(y,u)+F(y,v).$$

4. 已知函数 $f(u,v,w)=u^w+w^{u+v}$，试求 $f(x+y,x-y,xy)$.

5. 求下列各函数的定义域：

(1) $z=\ln(y^2-2x+1)$；　(2) $z=\dfrac{1}{\sqrt{x+y}}+\dfrac{1}{\sqrt{x-y}}$；

(3) $z=\sqrt{x-\sqrt{y}}$；　(4) $z=\ln(y-x)+\dfrac{\sqrt{x}}{\sqrt{1-x^2-y^2}}$；

(5) $u=\sqrt{R^2-x^2-y^2-z^2}+\dfrac{1}{\sqrt{x^2+y^2+z^2-r^2}}\ (R>r>0)$；

(6) $u=\arccos\dfrac{z}{\sqrt{x^2+y^2}}$.

6. 求下列各极限：

(1) $\lim\limits_{(x,y)\to(0,1)}\dfrac{1-xy}{x^2+y^2}$；　　(2) $\lim\limits_{(x,y)\to(1,0)}\dfrac{\ln(x+e^y)}{\sqrt{x^2+y^2}}$；

(3) $\lim\limits_{(x,y)\to(0,0)}\dfrac{2-\sqrt{xy+4}}{xy}$；　　(4) $\lim\limits_{(x,y)\to(0,0)}\dfrac{xy}{\sqrt{2-e^{xy}}-1}$；

(5) $\lim\limits_{(x,y)\to(2,0)}\dfrac{\tan(xy)}{y}$；　　(6) $\lim\limits_{(x,y)\to(0,0)}\dfrac{1-\cos(x^2+y^2)}{(x^2+y^2)e^{x^2y^2}}$.

*7. 证明下列极限不存在：

(1) $\lim\limits_{(x,y)\to(0,0)}\dfrac{x+y}{x-y}$；　　(2) $\lim\limits_{(x,y)\to(0,0)}\dfrac{x^2y^2}{x^2y^2+(x-y)^2}$；

(3) $\lim\limits_{(x,y)\to(0,0)}\dfrac{xy}{x+y}$；　　(4) $\lim\limits_{(x,y)\to(0,0)}\dfrac{1-\cos(x+y)}{(x+y)xy}$.

8. 函数 $z=\dfrac{y^2+2x}{y^2-2x}$在何处是间断的？

*9. 证明 $\lim\limits_{(x,y)\to(0,0)}\dfrac{xy}{\sqrt{x^2+y^2}}=0$.

*10. 设 $F(x,y)=f(x)$，$f(x)$在点 x_0 处连续，证明：对任意 $y_0\in\mathbf{R}$，$F(x,y)$在点(x_0,y_0)处连续.

第二节　偏　导　数

一、偏导数的定义及其计算法

在研究一元函数时，我们从研究函数的变化率引入了导数的概念.对于多元函数同样需要讨论它的变化率.但多元函数的自变量不止一个，因变量与自变量的关系要比一元函数复杂得多.在这一节里，我们首先考虑多元函数关于其中一个自变量的变化率.以二元函数 $z=f(x,y)$为例，如果只有自变量 x 变化，而自变量 y 固定(即看做常量)，这时它就是 x 的一元函数，这函数对 x 的导数，就称为二元函数 $z=f(x,y)$对 x 的偏导数，即有如下定义：

定义　设函数 $z=f(x,y)$在点(x_0,y_0)的某一邻域内有定义，当 y 固定在 y_0 而 x 在 x_0 处有增量 Δx 时，相应的函数有增量

$$f(x_0+\Delta x,y_0)-f(x_0,y_0),$$

如果

$$\lim_{\Delta x\to 0}\frac{f(x_0+\Delta x,y_0)-f(x_0,y_0)}{\Delta x}\tag{2-1}$$

存在，那么称此极限为函数 $z=f(x,y)$在点(x_0,y_0)处对 x 的偏导数，记作

$$\left.\frac{\partial z}{\partial x}\right|_{\substack{x=x_0\\y=y_0}},\quad \left.\frac{\partial f}{\partial x}\right|_{\substack{x=x_0\\y=y_0}},\quad z_x\left|_{\substack{x=x_0\\y=y_0}}\right.\quad 或\quad f_x(x_0,y_0).$$①

例如,极限(2-1)可以表示为

$$f_x(x_0,y_0)=\lim_{\Delta x\to 0}\frac{f(x_0+\Delta x,y_0)-f(x_0,y_0)}{\Delta x}. \tag{2-2}$$

类似地,**函数 $z=f(x,y)$ 在点 (x_0,y_0) 处对 y 的偏导数定义为**

$$\lim_{\Delta y\to 0}\frac{f(x_0,y_0+\Delta y)-f(x_0,y_0)}{\Delta y}, \tag{2-3}$$

记作

$$\left.\frac{\partial z}{\partial y}\right|_{\substack{x=x_0\\y=y_0}},\quad \left.\frac{\partial f}{\partial y}\right|_{\substack{x=x_0\\y=y_0}},\quad z_y\left|_{\substack{x=x_0\\y=y_0}}\right.\quad 或\quad f_y(x_0,y_0).$$

如果函数 $z=f(x,y)$ 在区域 D 内每一点 (x,y) 处对 x 的偏导数都存在,那么这个偏导数就是 x,y 的函数,它就称为函数 $z=f(x,y)$ 对自变量 x 的偏导函数,记作

$$\frac{\partial z}{\partial x},\quad \frac{\partial f}{\partial x},\quad z_x\quad 或\quad f_x(x,y).$$

类似地,可以定义函数 $z=f(x,y)$ 对自变量 y 的偏导函数,记作

$$\frac{\partial z}{\partial y},\quad \frac{\partial f}{\partial y},\quad z_y\quad 或\quad f_y(x,y).$$

由偏导函数的概念可知,$f(x,y)$ 在点 (x_0,y_0) 处对 x 的偏导数 $f_x(x_0,y_0)$ 显然就是偏导函数 $f_x(x,y)$ 在点 (x_0,y_0) 处的函数值;$f_y(x_0,y_0)$ 就是偏导函数 $f_y(x,y)$ 在点 (x_0,y_0) 处的函数值.就像一元函数的导函数一样,以后在不至于混淆的地方也把偏导函数简称为偏导数.

至于实际求 $z=f(x,y)$ 的偏导数,并不需要用新的方法,因为这里只有一个自变量在变动,另一个自变量是看做固定的,所以仍旧是一元函数的微分法问题.求 $\frac{\partial f}{\partial x}$ 时,只要把 y 暂时看做常量而对 x 求导数;求 $\frac{\partial f}{\partial y}$ 时,只要把 x 暂时看做常量而对 y 求导数.

偏导数的概念还可推广到二元以上的函数.例如三元函数 $u=f(x,y,z)$ 在点 (x,y,z) 处对 x 的偏导数定义为

$$f_x(x,y,z)=\lim_{\Delta x\to 0}\frac{f(x+\Delta x,y,z)-f(x,y,z)}{\Delta x},$$

其中 (x,y,z) 是函数 $u=f(x,y,z)$ 的定义域的内点.它们的求法也仍旧是一元函数的微分法问题.

---

① 偏导数记号 z_x, f_x 也记成 z'_x, f'_x,下面高阶偏导数的记号也有类似的情形.

例 1　求 $z=x^2+3xy+y^2$ 在点(1,2)处的偏导数.

解　把 y 看做常量,得

$$\frac{\partial z}{\partial x}=2x+3y;$$

把 x 看做常量,得

$$\frac{\partial z}{\partial y}=3x+2y.$$

将(1,2)代入上面的结果,就得

$$\left.\frac{\partial z}{\partial x}\right|_{\substack{x=1\\y=2}}=2\times1+3\times2=8,\quad \left.\frac{\partial z}{\partial y}\right|_{\substack{x=1\\y=2}}=3\times1+2\times2=7.$$

例 2　求 $z=x^2\sin 2y$ 的偏导数.

解　$\frac{\partial z}{\partial x}=2x\sin 2y,\quad \frac{\partial z}{\partial y}=2x^2\cos 2y.$

例 3　设 $z=x^y\ (x>0,x\neq1)$,求证:$\frac{x}{y}\frac{\partial z}{\partial x}+\frac{1}{\ln x}\frac{\partial z}{\partial y}=2z.$

证　因为 $\frac{\partial z}{\partial x}=yx^{y-1},\frac{\partial z}{\partial y}=x^y\ln x.$ 所以

$$\frac{x}{y}\frac{\partial z}{\partial x}+\frac{1}{\ln x}\frac{\partial z}{\partial y}=\frac{x}{y}yx^{y-1}+\frac{1}{\ln x}x^y\ln x=x^y+x^y=2z.$$

例 4　求 $r=\sqrt{x^2+y^2+z^2}$ 的偏导数.

解　把 y 和 z 都看做常量,得

$$\frac{\partial r}{\partial x}=\frac{x}{\sqrt{x^2+y^2+z^2}}=\frac{x}{r}.$$

由于所给函数关于自变量的对称性①,所以

$$\frac{\partial r}{\partial y}=\frac{y}{r},\quad \frac{\partial r}{\partial z}=\frac{z}{r}.$$

例 5　已知理想气体的状态方程 $pV=RT$ (R 为常量),求证:

$$\frac{\partial p}{\partial V}\cdot\frac{\partial V}{\partial T}\cdot\frac{\partial T}{\partial p}=-1.$$

证　因为

$$p=\frac{RT}{V},\quad \frac{\partial p}{\partial V}=-\frac{RT}{V^2};$$

---

① 这就是说,当函数表达式中任意两个自变量对调后,仍表示原来的函数.

$$V=\frac{RT}{p},\quad \frac{\partial V}{\partial T}=\frac{R}{p};$$

$$T=\frac{pV}{R},\quad \frac{\partial T}{\partial p}=\frac{V}{R},$$

所以

$$\frac{\partial p}{\partial V}\cdot\frac{\partial V}{\partial T}\cdot\frac{\partial T}{\partial p}=-\frac{RT}{V^2}\cdot\frac{R}{p}\cdot\frac{V}{R}=-\frac{RT}{pV}=-1.$$

我们知道,对一元函数来说,$\frac{\mathrm{d}y}{\mathrm{d}x}$可看做函数的微分 d$y$ 与自变量的微分 dx 之商.而上式表明,偏导数的记号是一个整体记号,不能看做分子与分母之商.

二元函数 $z=f(x,y)$ 在点 (x_0,y_0) 的偏导数有下述几何意义.

设 $M_0(x_0,y_0,f(x_0,y_0))$ 为曲面 $z=f(x,y)$ 上的一点,过 M_0 作平面$y=y_0$,截此曲面得一曲线,此曲线在平面 $y=y_0$ 上的方程为 $z=f(x,y_0)$,则导数 $\left.\frac{\mathrm{d}}{\mathrm{d}x}f(x,y_0)\right|_{x=x_0}$,即偏导数 $f_x(x_0,y_0)$,就是这曲线在点 M_0 处的切线 M_0T_x 对 x 轴的斜率(图 9-5).同样,偏导数 $f_y(x_0,y_0)$ 的几何意义是曲面被平面$x=x_0$所截得的曲线在点 M_0 处的切线 M_0T_y 对 y 轴的斜率.

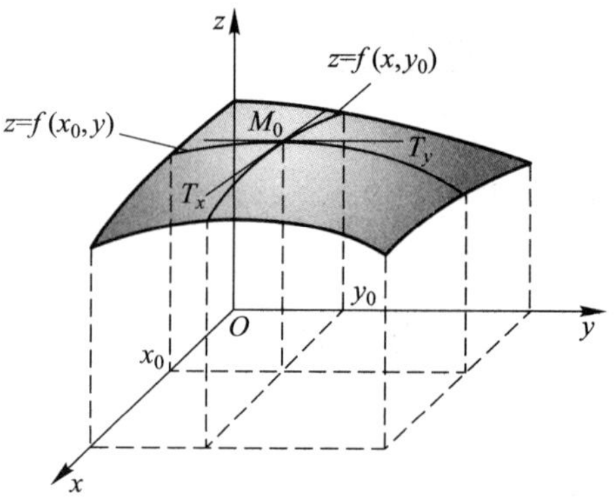

图 9-5

我们已经知道,如果一元函数在某点具有导数,那么它在该点必定连续.但对于多元函数来说,即使各偏导数在某点都存在,也不能保证函数在该点连续.这是因为各偏导数存在只能保证点 P 沿着平行于坐标轴的方向趋于 P_0 时,函数值 $f(P)$ 趋于 $f(P_0)$,但不能保证点 P 按任何方式趋于 P_0 时,函数值 $f(P)$ 都趋于 $f(P_0)$.例如,函数

$$z=f(x,y)=\begin{cases}\dfrac{xy}{x^2+y^2}, & x^2+y^2\neq 0,\\ 0, & x^2+y^2=0\end{cases}$$

在点 $(0,0)$ 处对 x 的偏导数为

$$f_x(0,0)=\lim_{\Delta x\to 0}\frac{f(0+\Delta x,0)-f(0,0)}{\Delta x}=\lim_{\Delta x\to 0}0=0;$$

释疑解难 9-1

同样有

$$f_y(0,0)=\lim_{\Delta y\to 0}\frac{f(0,0+\Delta y)-f(0,0)}{\Delta y}=\lim_{\Delta y\to 0}0=0.$$

但是在第一节中已经知道这函数在点(0,0)并不连续.

二、高阶偏导数

设函数 $z=f(x,y)$ 在区域 D 内具有偏导数

$$\frac{\partial z}{\partial x}=f_x(x,y),\quad \frac{\partial z}{\partial y}=f_y(x,y),$$

于是在 D 内 $f_x(x,y)$，$f_y(x,y)$ 都是 x,y 的函数.如果这两个函数的偏导数也存在,那么称它们是函数 $z=f(x,y)$ 的二阶偏导数.按照对变量求导次序的不同有下列四个二阶偏导数：

$$\frac{\partial}{\partial x}\left(\frac{\partial z}{\partial x}\right)=\frac{\partial^2 z}{\partial x^2}=f_{xx}(x,y),\quad \frac{\partial}{\partial y}\left(\frac{\partial z}{\partial x}\right)=\frac{\partial^2 z}{\partial x\partial y}=f_{xy}(x,y),$$

$$\frac{\partial}{\partial x}\left(\frac{\partial z}{\partial y}\right)=\frac{\partial^2 z}{\partial y\partial x}=f_{yx}(x,y),\quad \frac{\partial}{\partial y}\left(\frac{\partial z}{\partial y}\right)=\frac{\partial^2 z}{\partial y^2}=f_{yy}(x,y).$$

其中第二、三两个偏导数称为混合偏导数.同样可得三阶、四阶……以及 n 阶偏导数.二阶及二阶以上的偏导数统称为高阶偏导数.

例 6　设 $z=x^3y^2-3xy^3-xy+1$,求 $\frac{\partial^2 z}{\partial x^2},\frac{\partial^2 z}{\partial y\partial x},\frac{\partial^2 z}{\partial x\partial y},\frac{\partial^2 z}{\partial y^2}$ 及 $\frac{\partial^3 z}{\partial x^3}$.

解　$\frac{\partial z}{\partial x}=3x^2y^2-3y^3-y,\quad \frac{\partial z}{\partial y}=2x^3y-9xy^2-x;$

$$\frac{\partial^2 z}{\partial x^2}=6xy^2,\quad \frac{\partial^2 z}{\partial y\partial x}=6x^2y-9y^2-1,\quad \frac{\partial^2 z}{\partial x\partial y}=6x^2y-9y^2-1,\quad \frac{\partial^2 z}{\partial y^2}=2x^3-18xy;$$

$$\frac{\partial^3 z}{\partial x^3}=6y^2.$$

我们看到例 6 中两个二阶混合偏导数相等,即 $\frac{\partial^2 z}{\partial y\partial x}=\frac{\partial^2 z}{\partial x\partial y}$.这不是偶然的,事实上,有下述定理.

定理　**如果函数 $z=f(x,y)$ 的两个二阶混合偏导数 $\frac{\partial^2 z}{\partial y\partial x}$ 及 $\frac{\partial^2 z}{\partial x\partial y}$ 在区域 D 内连续,那么在该区域内这两个二阶混合偏导数必相等.**

换句话说,二阶混合偏导数在连续的条件下与求导的次序无关.这定理的证明从略.

对于二元以上的函数,也可以类似地定义高阶偏导数,而且高阶混合偏导数在偏导数连续的条件下也与求导的次序无关.

例 7　验证函数 $z=\ln\sqrt{x^2+y^2}$ 满足方程

$$\frac{\partial^2 z}{\partial x^2}+\frac{\partial^2 z}{\partial y^2}=0.$$

证　因为 $z=\ln\sqrt{x^2+y^2}=\frac{1}{2}\ln(x^2+y^2)$，所以

$$\frac{\partial z}{\partial x}=\frac{x}{x^2+y^2},\quad \frac{\partial z}{\partial y}=\frac{y}{x^2+y^2},$$

$$\frac{\partial^2 z}{\partial x^2}=\frac{(x^2+y^2)-x\cdot 2x}{(x^2+y^2)^2}=\frac{y^2-x^2}{(x^2+y^2)^2},\quad \frac{\partial^2 z}{\partial y^2}=\frac{(x^2+y^2)-y\cdot 2y}{(x^2+y^2)^2}=\frac{x^2-y^2}{(x^2+y^2)^2}.$$

因此

$$\frac{\partial^2 z}{\partial x^2}+\frac{\partial^2 z}{\partial y^2}=\frac{y^2-x^2}{(x^2+y^2)^2}+\frac{x^2-y^2}{(x^2+y^2)^2}=0.$$

例 8　证明函数 $u=\frac{1}{r}$ 满足方程

$$\frac{\partial^2 u}{\partial x^2}+\frac{\partial^2 u}{\partial y^2}+\frac{\partial^2 u}{\partial z^2}=0,$$

其中 $r=\sqrt{x^2+y^2+z^2}$.

证

$$\frac{\partial u}{\partial x}=-\frac{1}{r^2}\frac{\partial r}{\partial x}=-\frac{1}{r^2}\cdot\frac{x}{r}=-\frac{x}{r^3},$$

$$\frac{\partial^2 u}{\partial x^2}=-\frac{1}{r^3}+\frac{3x}{r^4}\cdot\frac{\partial r}{\partial x}=-\frac{1}{r^3}+\frac{3x^2}{r^5}.$$

因为函数关于自变量的对称性，所以

$$\frac{\partial^2 u}{\partial y^2}=-\frac{1}{r^3}+\frac{3y^2}{r^5},\quad \frac{\partial^2 u}{\partial z^2}=-\frac{1}{r^3}+\frac{3z^2}{r^5}.$$

因此

$$\frac{\partial^2 u}{\partial x^2}+\frac{\partial^2 u}{\partial y^2}+\frac{\partial^2 u}{\partial z^2}=-\frac{3}{r^3}+\frac{3(x^2+y^2+z^2)}{r^5}=-\frac{3}{r^3}+\frac{3r^2}{r^5}=0.$$

例 7 和例 8 中的两个方程都叫做拉普拉斯(Laplace)方程，它是数学物理方程中一种很重要的方程.

习题 9-2

1. 设 $f(x,y)=e^{\sqrt{x^2+y^4}}$，求 $f_x(0,0)$，$f_y(0,0)$.

2. 求下列函数的偏导数：

(1) $z=x^3y-y^3x$；　(2) $s=\frac{u^2+v^2}{uv}$；　(3) $z=\sqrt{\ln(xy)}$；　(4) $z=\sin(xy)+\cos^2(xy)$；

(5) $z=\ln\tan\frac{x}{y}$; (6) $z=(1+xy)^y$; (7) $u=x^{\frac{y}{z}}$; (8) $u=\arctan(x-y)^z$.

3. 设 $T=2\pi\sqrt{\frac{l}{g}}$,求证 $l\frac{\partial T}{\partial l}+g\frac{\partial T}{\partial g}=0$.

4. 设 $z=\mathrm{e}^{-\left(\frac{1}{x}+\frac{1}{y}\right)}$,求证 $x^2\frac{\partial z}{\partial x}+y^2\frac{\partial z}{\partial y}=2z$.

5. 设 $f(x,y)=x+(y-1)\arcsin\sqrt{\frac{x}{y}}$,求 $f_x(x,1)$.

6. 求曲线 $\begin{cases}z=\frac{x^2+y^2}{4},\\ y=4\end{cases}$ 在点 $(2,4,5)$ 处的切线对于 x 轴的倾角.

7. 求下列函数的 $\frac{\partial^2 z}{\partial x^2}$,$\frac{\partial^2 z}{\partial y^2}$ 和 $\frac{\partial^2 z}{\partial x\partial y}$:

(1) $z=x^4+y^4-4x^2y^2$; (2) $z=\arctan\frac{y}{x}$; (3) $z=y^x$.

8. 设 $f(x,y,z)=xy^2+yz^2+zx^2$,求 $f_{xx}(0,0,1)$,$f_{xz}(1,0,2)$,$f_{yz}(0,-1,0)$ 及 $f_{zzx}(2,0,1)$.

9. 设 $z=x\ln(xy)$,求 $\frac{\partial^3 z}{\partial x^2\partial y}$ 及 $\frac{\partial^3 z}{\partial x\partial y^2}$.

10. 验证:

(1) $y=\mathrm{e}^{-kn^2t}\sin nx$ 满足 $\frac{\partial y}{\partial t}=k\frac{\partial^2 y}{\partial x^2}$; (2) $r=\sqrt{x^2+y^2+z^2}$ 满足 $\frac{\partial^2 r}{\partial x^2}+\frac{\partial^2 r}{\partial y^2}+\frac{\partial^2 r}{\partial z^2}=\frac{2}{r}$.

第三节 全 微 分

一、全微分的定义

由偏导数的定义知道,二元函数对某个自变量的偏导数表示当另一个自变量固定时,因变量相对于该自变量的变化率.根据一元函数微分学中增量与微分的关系,可得

$$f(x+\Delta x,y)-f(x,y)\approx f_x(x,y)\Delta x,$$

$$f(x,y+\Delta y)-f(x,y)\approx f_y(x,y)\Delta y.$$

上面两式的左端分别叫做二元函数对 x 和对 y 的偏增量,而右端分别叫做二元函数对 x 和对 y 的偏微分.

在实际问题中,有时需要研究多元函数中各个自变量都取得增量时因变量所获得的增量,即所谓全增量的问题.下面以二元函数为例进行讨论.

设函数 $z=f(x,y)$ 在点 $P(x,y)$ 的某邻域内有定义,$P'(x+\Delta x,y+\Delta y)$ 为这邻域内的

任意一点，则称这两点的函数值之差 $f(x+\Delta x,y+\Delta y)-f(x,y)$ 为函数在点 P 对应于自变量增量 Δx 和 Δy 的全增量，记作 Δz，即

$$\Delta z=f(x+\Delta x,y+\Delta y)-f(x,y). \tag{3-1}$$

一般说来，计算全增量 Δz 比较复杂.与一元函数的情形一样，我们希望用自变量的增量 $\Delta x,\Delta y$ 的线性函数来近似地代替函数的全增量 Δz，从而引入如下定义：

定义　设函数 $z=f(x,y)$ 在点 (x,y) 的某邻域内有定义，如果函数在点 (x,y) 的全增量

$$\Delta z=f(x+\Delta x,y+\Delta y)-f(x,y)$$

可表示为

$$\Delta z=A\Delta x+B\Delta y+o(\rho), \tag{3-2}$$

其中 A 和 B 不依赖于 Δx 和 Δy 而仅与 x 和 y 有关，$\rho=\sqrt{(\Delta x)^2+(\Delta y)^2}$，那么称函数 $z=f(x,y)$ 在点 (x,y) 可微分，而 $A\Delta x+B\Delta y$ 称为函数 $z=f(x,y)$ 在点 (x,y) 的全微分，记作 $\mathrm{d}z$，即

$$\mathrm{d}z=A\Delta x+B\Delta y.$$

如果函数在区域 D 内各点处都可微分，那么称这函数在 D 内可微分.

在第二节中曾指出，多元函数在某点的偏导数存在，并不能保证函数在该点连续.但是，由上述定义可知，如果函数 $z=f(x,y)$ 在点 (x,y) 可微分，那么这函数在该点必定连续.事实上，这时由(3-2)式可得

$$\lim_{\rho\to0}\Delta z=0,$$

从而①

$$\lim_{(\Delta x,\Delta y)\to(0,0)}f(x+\Delta x,y+\Delta y)=\lim_{\rho\to0}[f(x,y)+\Delta z]=f(x,y).$$

因此函数 $z=f(x,y)$ 在点 (x,y) 处连续.

下面讨论函数 $z=f(x,y)$ 在点 (x,y) 可微分的条件.

定理 1（必要条件）　如果函数 $z=f(x,y)$ 在点 (x,y) 可微分，那么该函数在点 (x,y) 的偏导数 $\dfrac{\partial z}{\partial x}$ 与 $\dfrac{\partial z}{\partial y}$ 必定存在，且函数 $z=f(x,y)$ 在点 (x,y) 的全微分为

$$\mathrm{d}z=\frac{\partial z}{\partial x}\Delta x+\frac{\partial z}{\partial y}\Delta y. \tag{3-3}$$

证　设函数 $z=f(x,y)$ 在点 $P(x,y)$ 可微分.于是，对于点 P 的某个邻域内的任意一点 $P'(x+\Delta x,y+\Delta y)$，(3-2)式总成立.特别当 $\Delta y=0$ 时(3-2)式也应成立，这时 $\rho=|\Delta x|$，所以(3-2)式成为

$$f(x+\Delta x,y)-f(x,y)=A\cdot\Delta x+o(|\Delta x|).$$

---

① 这里，$\rho\to0$ 与 $(\Delta x,\Delta y)\to(0,0)$ 等价.

上式两端各除以 Δx，再令 $\Delta x\to 0$ 而取极限，就得

$$\lim_{\Delta x\to 0}\frac{f(x+\Delta x,y)-f(x,y)}{\Delta x}=A,$$

从而偏导数 $\frac{\partial z}{\partial x}$ 存在，且等于 A. 同样可证 $\frac{\partial z}{\partial y}=B$. 所以(3-3)式成立. 证毕.

我们知道，一元函数在某点的导数存在是微分存在的充分必要条件. 但对于多元函数来说，情形就不同了. 当函数的各偏导数都存在时，虽然能形式地写出 $\frac{\partial z}{\partial x}\Delta x+\frac{\partial z}{\partial y}\Delta y$，但它与 Δz 之差并不一定是较 ρ 高阶的无穷小，因此它不一定是函数的全微分. 换句话说，各偏导数的存在只是全微分存在的必要条件而不是充分条件. 例如，函数

$$z=f(x,y)=\begin{cases}\dfrac{xy}{\sqrt{x^2+y^2}}, & x^2+y^2\neq 0,\\ 0, & x^2+y^2=0\end{cases}$$

在点(0,0)处有 $f_x(0,0)=0$ 及 $f_y(0,0)=0$，所以

$$\Delta z-[f_x(0,0)\cdot\Delta x+f_y(0,0)\cdot\Delta y]=\frac{\Delta x\cdot\Delta y}{\sqrt{(\Delta x)^2+(\Delta y)^2}},$$

如果考虑点 $P'(\Delta x,\Delta y)$ 沿着直线 $y=x$ 趋于(0,0)，那么

$$\frac{\dfrac{\Delta x\cdot\Delta y}{\sqrt{(\Delta x)^2+(\Delta y)^2}}}{\rho}=\frac{\Delta x\cdot\Delta y}{(\Delta x)^2+(\Delta y)^2}=\frac{\Delta x\cdot\Delta x}{(\Delta x)^2+(\Delta x)^2}=\frac{1}{2},$$

它不能随 $\rho\to 0$ 而趋于 0，这表示 $\rho\to 0$ 时，

$$\Delta z-[f_x(0,0)\Delta x+f_y(0,0)\Delta y]$$

并不是较 ρ 高阶的无穷小，因此函数在点(0,0)处的全微分并不存在，即函数在点(0,0)处是不可微分的.

由定理 1 及这个例子可知，偏导数存在是可微分的必要条件而不是充分条件. 但是，如果再假定函数的各个偏导数连续，那么可以证明函数是可微分的，即有下面的定理.

定理 2（充分条件）　如果函数 $z=f(x,y)$ 的偏导数 $\frac{\partial z}{\partial x},\frac{\partial z}{\partial y}$ 在点 (x,y) 连续①，那么函数在该点可微分.

---

① 多元函数的偏导数在一点连续是指：偏导数在该点的某个邻域内存在，于是偏导数在这个邻域内有定义，进而这个偏导函数在该点连续.

证　由假定，函数的偏导数$\frac{\partial z}{\partial x}$与$\frac{\partial z}{\partial y}$在点$P(x,y)$的某邻域内存在.设点$(x+\Delta x,y+\Delta y)$为该邻域内任意一点，考察函数的全增量

$$\begin{aligned}\Delta z&=f(x+\Delta x,y+\Delta y)-f(x,y)\\&=[f(x+\Delta x,y+\Delta y)-f(x,y+\Delta y)]+[f(x,y+\Delta y)-f(x,y)].\end{aligned}$$

在第一个方括号内的表达式，由于$y+\Delta y$不变，因而可以看做是x的一元函数$f(x,y+\Delta y)$的增量.于是，应用拉格朗日中值定理，得到

$$f(x+\Delta x,y+\Delta y)-f(x,y+\Delta y)=f_x(x+\theta_1\Delta x,y+\Delta y)\Delta x\quad(0<\theta_1<1).$$

又依假设，$f_x(x,y)$在点(x,y)连续，所以上式可写为

$$f(x+\Delta x,y+\Delta y)-f(x,y+\Delta y)=f_x(x,y)\Delta x+\varepsilon_1\Delta x,\tag{3-4}$$

其中ε_1为Δx与Δy的函数，且当$\Delta x\to0,\Delta y\to0$时，$\varepsilon_1\to0$.

同理可证第二个方括号内的表达式可写为

$$f(x,y+\Delta y)-f(x,y)=f_y(x,y)\Delta y+\varepsilon_2\Delta y,\tag{3-5}$$

其中ε_2为Δy的函数，且当$\Delta y\to0$时，$\varepsilon_2\to0$.

由(3-4)、(3-5)两式可见，在偏导数连续的假定下，全增量Δz可以表示为

$$\Delta z=f_x(x,y)\Delta x+f_y(x,y)\Delta y+\varepsilon_1\Delta x+\varepsilon_2\Delta y.\tag{3-6}$$

容易看出

$$\left|\frac{\varepsilon_1\Delta x+\varepsilon_2\Delta y}{\rho}\right|\leqslant|\varepsilon_1|+|\varepsilon_2|,$$

它是随着$(\Delta x,\Delta y)\to(0,0)$即$\rho\to0$而趋于零的.

释疑解难
9-2

这就证明了$z=f(x,y)$在点$P(x,y)$是可微分的.

以上关于二元函数全微分的定义及可微分的必要条件和充分条件，可以完全类似地推广到三元和三元以上的多元函数.

习惯上，我们将自变量的增量Δx与Δy分别记作dx与dy，并分别称为自变量x与y的微分.这样，函数$z=f(x,y)$的全微分就可写为

$$dz=\frac{\partial z}{\partial x}dx+\frac{\partial z}{\partial y}dy.\tag{3-7}$$

通常把二元函数的全微分等于它的两个偏微分之和这个结论称为二元函数的微分符合叠加原理.

叠加原理也适用于二元以上的函数.例如，如果三元函数$u=f(x,y,z)$可微分，那么它的全微分就等于它的三个偏微分之和，即

$$du=\frac{\partial u}{\partial x}dx+\frac{\partial u}{\partial y}dy+\frac{\partial u}{\partial z}dz.$$

例 1　计算函数 $z=x^2y+y^2$ 的全微分.

解　因为 $\dfrac{\partial z}{\partial x}=2xy$, $\dfrac{\partial z}{\partial y}=x^2+2y$,所以

$$dz=2xydx+(x^2+2y)dy.$$

例 2　计算函数 $z=e^{xy}$ 在点(2,1)处的全微分.

解　因为

$$\frac{\partial z}{\partial x}=ye^{xy},\quad \frac{\partial z}{\partial y}=xe^{xy};\quad \left.\frac{\partial z}{\partial x}\right|_{\substack{x=2\\y=1}}=e^2,\quad \left.\frac{\partial z}{\partial y}\right|_{\substack{x=2\\y=1}}=2e^2,$$

所以

$$\left.dz\right|_{\substack{x=2\\y=1}}=e^2dx+2e^2dy.$$

例 3　计算函数 $u=x+\sin\dfrac{y}{2}+e^{yz}$ 的全微分.

解　因为 $\dfrac{\partial u}{\partial x}=1$, $\dfrac{\partial u}{\partial y}=\dfrac{1}{2}\cos\dfrac{y}{2}+ze^{yz}$, $\dfrac{\partial u}{\partial z}=ye^{yz}$,所以

$$du=dx+\left(\frac{1}{2}\cos\frac{y}{2}+ze^{yz}\right)dy+ye^{yz}dz.$$

*二、全微分在近似计算中的应用

由二元函数全微分的定义及关于全微分存在的充分条件可知,当二元函数 $z=f(x,y)$ 在点 $P(x,y)$ 的两个偏导数 $f_x(x,y)$, $f_y(x,y)$ 连续,并且 $|\Delta x|$, $|\Delta y|$ 都较小时,就有近似等式

$$\Delta z\approx dz=f_x(x,y)\Delta x+f_y(x,y)\Delta y. \tag{3-8}$$

上式也可以写成

$$f(x+\Delta x,y+\Delta y)\approx f(x,y)+f_x(x,y)\Delta x+f_y(x,y)\Delta y. \tag{3-9}$$

与一元函数的情形相类似,可以利用(3-8)式或(3-9)式对二元函数作近似计算和误差估计,举例于下.

例 4　有一圆柱体受压后发生形变,它的底面半径由 20 cm 增大到 20.05 cm,高度由 100 cm 减少到 99 cm.求此圆柱体体积变化的近似值.

解　设圆柱体的底面半径、高和体积依次为 r,h 和 V,则有

$$V=\pi r^2h.$$

记 r,h 和 V 的增量依次为 $\Delta r,\Delta h$ 和 ΔV.应用公式(3-8),有

$$\Delta V\approx dV=V_r\Delta r+V_h\Delta h=2\pi rh\Delta r+\pi r^2\Delta h.$$

把 $r=20,h=100,\Delta r=0.05,\Delta h=-1$ 代入,得

$$\Delta V\approx 2\pi\times20\times100\times0.05+\pi\times20^2\times(-1)=-200\pi(cm^3).$$

即此圆柱体在受压后体积约减少了 $200\pi\ \mathrm{cm}^3$.

例 5　计算 $1.04^{2.02}$ 的近似值.

解　设函数 $f(x,y)=x^y$. 显然,要计算的值就是函数在 $x=1.04, y=2.02$ 时的函数值 $f(1.04,2.02)$.

取 $x=1, y=2, \Delta x=0.04, \Delta y=0.02$. 由于

$$f_x(x,y)=yx^{y-1},\quad f_y(x,y)=x^y\ln x,$$

$$f(1,2)=1,\quad f_x(1,2)=2,\quad f_y(1,2)=0,$$

所以,应用公式(3-9)便有

$$1.04^{2.02}\approx 1+2\times 0.04+0\times 0.02=1.08.$$

例 6　利用单摆摆动测定重力加速度 g 的公式是

$$g=\frac{4\pi^2 l}{T^2}.$$

现测得单摆摆长 l 与振动周期 T 分别为 $l=(100\pm 0.1)\ \mathrm{cm}, T=(2\pm 0.004)\ \mathrm{s}$. 问由于测定 l 与 T 的误差而引起 g 的绝对误差和相对误差各为多少①?

解　如果把测量 l 与 T 时所产生的误差当作 $|\Delta l|$ 与 $|\Delta T|$,那么利用上述计算公式所产生的误差就是二元函数 $g=\frac{4\pi^2 l}{T^2}$ 的全增量的绝对值 $|\Delta g|$. 由于 $|\Delta l|, |\Delta T|$ 都很小,因此我们可以用 $\mathrm{d}g$ 来近似地代替 Δg. 这样就得到 g 的误差为

$$\begin{aligned}|\Delta g|\approx|\mathrm{d}g|&=\left|\frac{\partial g}{\partial l}\Delta l+\frac{\partial g}{\partial T}\Delta T\right|\\&\leqslant\left|\frac{\partial g}{\partial l}\right|\cdot\delta_l+\left|\frac{\partial g}{\partial T}\right|\cdot\delta_T=4\pi^2\left(\frac{1}{T^2}\delta_l+\frac{2l}{T^3}\delta_T\right),\end{aligned}$$

其中 δ_l 与 δ_T 分别为 l 与 T 的绝对误差. 把 $l=100\ \mathrm{cm}, T=2\ \mathrm{s}, \delta_l=0.1\ \mathrm{cm}, \delta_T=0.004\ \mathrm{s}$ 代入上式,得 g 的绝对误差约为

$$\delta_g=4\pi^2\left(\frac{0.1}{2^2}+\frac{2\times 100}{2^3}\times 0.004\right)=0.5\pi^2\approx 4.93(\mathrm{cm/s^2}).$$

从而 g 的相对误差约为

$$\frac{\delta_g}{g}=\frac{0.5\pi^2}{\frac{4\pi^2\times 100}{2^2}}=0.5\%.$$

从上面的例子可以看到,对于一般的二元函数 $z=f(x,y)$,如果自变量 x,y 的绝对误差分别为 δ_x,δ_y,即

① 按第二章第五节的说明,这里的绝对误差和相对误差各指相应的误差限.

$$|\Delta x|\leqslant\delta_x,\quad |\Delta y|\leqslant\delta_y,$$

那么 z 的误差

$$\begin{aligned}|\Delta z|\approx|\mathrm{d}z|&=\left|\frac{\partial z}{\partial x}\Delta x+\frac{\partial z}{\partial y}\Delta y\right|\\&\leqslant\left|\frac{\partial z}{\partial x}\right|\cdot|\Delta x|+\left|\frac{\partial z}{\partial y}\right|\cdot|\Delta y|\leqslant\left|\frac{\partial z}{\partial x}\right|\delta_x+\left|\frac{\partial z}{\partial y}\right|\delta_y,\end{aligned}$$

从而得到 z 的绝对误差约为

$$\delta_z=\left|\frac{\partial z}{\partial x}\right|\delta_x+\left|\frac{\partial z}{\partial y}\right|\delta_y,\tag{3-10}$$

z 的相对误差约为

$$\frac{\delta_z}{|z|}=\left|\frac{\frac{\partial z}{\partial x}}{z}\right|\delta_x+\left|\frac{\frac{\partial z}{\partial y}}{z}\right|\delta_y.\tag{3-11}$$

习题 9-3

1. 求下列函数的全微分：

(1) $z=xy+\dfrac{x}{y}$；　(2) $z=\mathrm{e}^{\frac{y}{x}}$；　(3) $z=\dfrac{y}{\sqrt{x^2+y^2}}$；　(4) $u=x^{yz}$.

2. 求函数 $z=\ln(1+x^2+y^2)$ 当 $x=1,y=2$ 时的全微分.

3. 求函数 $z=\dfrac{y}{x}$ 当 $x=2,y=1,\Delta x=0.1,\Delta y=-0.2$ 时的全增量和全微分.

4. 求函数 $z=\mathrm{e}^{xy}$ 当 $x=1,y=1,\Delta x=0.15,\Delta y=0.1$ 时的全微分.

5. 考虑二元函数 $f(x,y)$ 的下面四条性质：

(1) $f(x,y)$ 在点 (x_0,y_0) 连续；　(2) $f_x(x,y),f_y(x,y)$ 在点 (x_0,y_0) 连续；

(3) $f(x,y)$ 在点 (x_0,y_0) 可微分；　(4) $f_x(x_0,y_0),f_y(x_0,y_0)$ 存在.

若用“$P\Rightarrow Q$”表示可由性质 P 推出性质 Q，则下列四个选项中正确的是(　　).

(A) $(2)\Rightarrow(3)\Rightarrow(1)$　(B) $(3)\Rightarrow(2)\Rightarrow(1)$

(C) $(3)\Rightarrow(4)\Rightarrow(1)$　(D) $(3)\Rightarrow(1)\Rightarrow(4)$

*6. 计算 $\sqrt{1.02^3+1.97^3}$ 的近似值.

*7. 计算 $1.97^{1.05}$ 的近似值($\ln 2=0.693$).

*8. 已知边长为 $x=6$ m 与 $y=8$ m 的矩形，如果 x 边增加 5 cm 而 y 边减少 10 cm，问这个矩形的对角线的近似变化怎样？

*9. 设有一无盖圆柱形容器，容器的壁与底的厚度均为 0.1 cm，内高为 20 cm，内半径为4 cm.求这个容器外壳体积的近似值.

*10. 设有直角三角形,测得其两直角边的长分别为(7±0.1)cm 和(24±0.1)cm.试求利用上述两值来计算斜边长度时的绝对误差.

*11. 测得一块三角形土地的两边边长分别为(63±0.1)m 和(78±0.1)m,这两边的夹角为 60°±1°.试求这块三角形土地面积的近似值,并求其绝对误差和相对误差.

*12. 利用全微分证明:两数之和的绝对误差等于它们各自的绝对误差之和.

*13. 利用全微分证明:乘积的相对误差等于各因子的相对误差之和,商的相对误差等于被除数及除数的相对误差之和.

第四节　多元复合函数的求导法则

本节要将一元函数微分学中复合函数的求导法则推广到多元复合函数的情形.多元复合函数的求导法则在多元函数微分学中也起着重要作用.

下面按照多元复合函数不同的复合情形,分三种情形讨论.

1. 一元函数与多元函数复合的情形

定理 1　如果函数 $u=\varphi(t)$ 及 $v=\psi(t)$ 都在点 t 可导,函数 $z=f(u,v)$ 在对应点 (u,v) 具有连续偏导数,那么复合函数 $z=f[\varphi(t),\psi(t)]$ 在点 t 可导,且有

$$\frac{\mathrm{d}z}{\mathrm{d}t}=\frac{\partial z}{\partial u}\frac{\mathrm{d}u}{\mathrm{d}t}+\frac{\partial z}{\partial v}\frac{\mathrm{d}v}{\mathrm{d}t}. \tag{4-1}$$

证　设 t 获得增量 Δt,这时 $u=\varphi(t)$,$v=\psi(t)$ 的对应增量为 Δu,Δv,由此,函数 $z=f(u,v)$ 相应地获得增量 Δz.按假定,函数 $z=f(u,v)$ 在点 (u,v) 具有连续偏导数,这时函数的全增量 Δz 可表示为

$$\Delta z=\frac{\partial z}{\partial u}\Delta u+\frac{\partial z}{\partial v}\Delta v+\varepsilon_1\Delta u+\varepsilon_2\Delta v,$$

这里,当 $\Delta u\to0$,$\Delta v\to0$ 时,$\varepsilon_1\to0$,$\varepsilon_2\to0$.①

将上式两端各除以 Δt,得

$$\frac{\Delta z}{\Delta t}=\frac{\partial z}{\partial u}\frac{\Delta u}{\Delta t}+\frac{\partial z}{\partial v}\frac{\Delta v}{\Delta t}+\varepsilon_1\frac{\Delta u}{\Delta t}+\varepsilon_2\frac{\Delta v}{\Delta t}.$$

因为当 $\Delta t\to0$ 时,$\Delta u\to0$,$\Delta v\to0$,$\frac{\Delta u}{\Delta t}\to\frac{\mathrm{d}u}{\mathrm{d}t}$,$\frac{\Delta v}{\Delta t}\to\frac{\mathrm{d}v}{\mathrm{d}t}$,所以

$$\lim_{\Delta t\to0}\frac{\Delta z}{\Delta t}=\frac{\partial z}{\partial u}\frac{\mathrm{d}u}{\mathrm{d}t}+\frac{\partial z}{\partial v}\frac{\mathrm{d}v}{\mathrm{d}t}.$$

① 在偏导数连续的条件下,这一公式成立的证明参见本章第三节定理 2 的证明.

这就证明了复合函数 $z=f[\varphi(t),\psi(t)]$ 在点 t 可导，且其导数可用公式(4-1)计算. 证毕.

用同样的方法，可把定理推广到复合函数的中间变量多于两个的情形. 例如，设 $z=f(u,v,w)$，$u=\varphi(t)$，$v=\psi(t)$，$w=\omega(t)$ 复合而得复合函数

$$z=f[\varphi(t),\psi(t),\omega(t)],$$

则在与定理相类似的条件下，这个复合函数在点 t 可导，且其导数可用下列公式计算：

$$\frac{\mathrm{d}z}{\mathrm{d}t}=\frac{\partial z}{\partial u}\frac{\mathrm{d}u}{\mathrm{d}t}+\frac{\partial z}{\partial v}\frac{\mathrm{d}v}{\mathrm{d}t}+\frac{\partial z}{\partial w}\frac{\mathrm{d}w}{\mathrm{d}t}. \tag{4-2}$$

公式(4-1)及(4-2)中的导数 $\frac{\mathrm{d}z}{\mathrm{d}t}$ 称为全导数.

2. 多元函数与多元函数复合的情形

定理 2　如果函数 $u=\varphi(x,y)$ 及 $v=\psi(x,y)$ 都在点 (x,y) 具有对 x 及对 y 的偏导数，函数 $z=f(u,v)$ 在对应点 (u,v) 具有连续偏导数，那么复合函数 $z=f[\varphi(x,y),\psi(x,y)]$ 在点 (x,y) 的两个偏导数都存在，且有

$$\frac{\partial z}{\partial x}=\frac{\partial z}{\partial u}\frac{\partial u}{\partial x}+\frac{\partial z}{\partial v}\frac{\partial v}{\partial x}, \tag{4-3}$$

$$\frac{\partial z}{\partial y}=\frac{\partial z}{\partial u}\frac{\partial u}{\partial y}+\frac{\partial z}{\partial v}\frac{\partial v}{\partial y}. \tag{4-4}$$

事实上，这里求 $\frac{\partial z}{\partial x}$ 时，将 y 看做常量，因此 $u=\varphi(x,y)$ 及 $v=\psi(x,y)$ 仍可看做一元函数而应用定理 1. 但由于复合函数 $z=f[\varphi(x,y),\psi(x,y)]$ 以及 $u=\varphi(x,y)$ 和 $v=\psi(x,y)$ 都是 x,y 的二元函数，所以应把(4-1)式中的 d 改为 ∂，再把 t 换成 x，这样便由(4-1)式得(4-3)式. 同理由(4-1)式可得(4-4)式.

类似地，设 $u=\varphi(x,y)$，$v=\psi(x,y)$ 及 $w=\omega(x,y)$ 都在点 (x,y) 具有对 x 及对 y 的偏导数，函数 $z=f(u,v,w)$ 在对应点 (u,v,w) 具有连续偏导数，则复合函数

$$z=f[\varphi(x,y),\psi(x,y),\omega(x,y)]$$

在点 (x,y) 的两个偏导数都存在，且可用下列公式计算：

$$\frac{\partial z}{\partial x}=\frac{\partial z}{\partial u}\frac{\partial u}{\partial x}+\frac{\partial z}{\partial v}\frac{\partial v}{\partial x}+\frac{\partial z}{\partial w}\frac{\partial w}{\partial x}, \tag{4-5}$$

$$\frac{\partial z}{\partial y}=\frac{\partial z}{\partial u}\frac{\partial u}{\partial y}+\frac{\partial z}{\partial v}\frac{\partial v}{\partial y}+\frac{\partial z}{\partial w}\frac{\partial w}{\partial y}. \tag{4-6}$$

3. 其他情形

定理 3　如果函数 $u=\varphi(x,y)$ 在点 (x,y) 具有对 x 及对 y 的偏导数，函数 $v=\psi(y)$

在点 y 可导,函数 $z=f(u,v)$ 在对应点 (u,v) 具有连续偏导数,那么复合函数 $z=f[\varphi(x,y),\psi(y)]$ 在点 (x,y) 的两个偏导数都存在,且有

$$\frac{\partial z}{\partial x}=\frac{\partial z}{\partial u}\frac{\partial u}{\partial x},\tag{4-7}$$

$$\frac{\partial z}{\partial y}=\frac{\partial z}{\partial u}\frac{\partial u}{\partial y}+\frac{\partial z}{\partial v}\frac{\mathrm{d}v}{\mathrm{d}y}.\tag{4-8}$$

上述情形实际上是情形 2 的一种特例,即在情形 2 中,如变量 v 与 x 无关,从而 $\frac{\partial v}{\partial x}=0$;在 v 对 y 求导时,由于 $v=\psi(y)$ 是一元函数,故 $\frac{\partial v}{\partial y}$ 换成了 $\frac{\mathrm{d}v}{\mathrm{d}y}$,这就得出上述结果.

在情形 3 中,还会遇到这样的情形:复合函数的某些中间变量本身又是复合函数的自变量.例如,设 $z=f(u,x,y)$ 具有连续偏导数,而 $u=\varphi(x,y)$ 具有偏导数,则复合函数 $z=f[\varphi(x,y),x,y]$ 可看做情形 2 中当 $v=x,w=y$ 的特殊情形.因此

$$\frac{\partial v}{\partial x}=1,\quad \frac{\partial w}{\partial x}=0,\quad \frac{\partial v}{\partial y}=0,\quad \frac{\partial w}{\partial y}=1.$$

从而复合函数 $z=f[\varphi(x,y),x,y]$ 具有对自变量 x 及 y 的偏导数,且由公式(4-5)、(4-6)得

$$\frac{\partial z}{\partial x}=\frac{\partial f}{\partial u}\frac{\partial u}{\partial x}+\frac{\partial f}{\partial x},\quad \frac{\partial z}{\partial y}=\frac{\partial f}{\partial u}\frac{\partial u}{\partial y}+\frac{\partial f}{\partial y}.$$

注意　这里 $\frac{\partial z}{\partial x}$ 与 $\frac{\partial f}{\partial x}$ 是不同的,$\frac{\partial z}{\partial x}$ 是把复合函数 $z=f[\varphi(x,y),x,y]$ 中的 y 看做不变而对 x 的偏导数,$\frac{\partial f}{\partial x}$ 是把 $f(u,x,y)$ 中的 u 及 y 看做不变而对 x 的偏导数.$\frac{\partial z}{\partial y}$ 与 $\frac{\partial f}{\partial y}$ 也有类似的区别.

例 1　设 $z=\mathrm{e}^u\sin v$,而 $u=xy,v=x+y$.求 $\frac{\partial z}{\partial x}$ 和 $\frac{\partial z}{\partial y}$.

解　$$\frac{\partial z}{\partial x}=\frac{\partial z}{\partial u}\frac{\partial u}{\partial x}+\frac{\partial z}{\partial v}\frac{\partial v}{\partial x}=\mathrm{e}^u\sin v\cdot y+\mathrm{e}^u\cos v\cdot 1=\mathrm{e}^{xy}[y\sin(x+y)+\cos(x+y)],$$

$$\frac{\partial z}{\partial y}=\frac{\partial z}{\partial u}\frac{\partial u}{\partial y}+\frac{\partial z}{\partial v}\frac{\partial v}{\partial y}=\mathrm{e}^u\sin v\cdot x+\mathrm{e}^u\cos v\cdot 1=\mathrm{e}^{xy}[x\sin(x+y)+\cos(x+y)].$$

例 2　设 $u=f(x,y,z)=\mathrm{e}^{x^2+y^2+z^2}$,而 $z=x^2\sin y$.求 $\frac{\partial u}{\partial x}$ 和 $\frac{\partial u}{\partial y}$.

解　$$\frac{\partial u}{\partial x}=\frac{\partial f}{\partial x}+\frac{\partial f}{\partial z}\frac{\partial z}{\partial x}=2x\mathrm{e}^{x^2+y^2+z^2}+2z\mathrm{e}^{x^2+y^2+z^2}\cdot 2x\sin y=2x(1+2x^2\sin^2y)\mathrm{e}^{x^2+y^2+x^4\sin^2y}.$$

$$\frac{\partial u}{\partial y}=\frac{\partial f}{\partial y}+\frac{\partial f}{\partial z}\frac{\partial z}{\partial y}=2y\mathrm{e}^{x^2+y^2+z^2}+2z\mathrm{e}^{x^2+y^2+z^2}\cdot x^2\cos y=2(y+x^4\sin y\cos y)\mathrm{e}^{x^2+y^2+x^4\sin^2y}.$$

例 3　设 $z=f(u,v,t)=uv+\sin t$,而 $u=\mathrm{e}^t,v=\cos t$.求全导数 $\frac{\mathrm{d}z}{\mathrm{d}t}$.

解
$$\frac{\mathrm{d}z}{\mathrm{d}t}=\frac{\partial f}{\partial u}\frac{\mathrm{d}u}{\mathrm{d}t}+\frac{\partial f}{\partial v}\frac{\mathrm{d}v}{\mathrm{d}t}+\frac{\partial f}{\partial t}=v\mathrm{e}^{t}-u\sin t+\cos t$$
$$=\mathrm{e}^{t}\cos t-\mathrm{e}^{t}\sin t+\cos t=\mathrm{e}^{t}(\cos t-\sin t)+\cos t.$$

例 4　设 $w=f(x+y+z,xyz)$，f 具有二阶连续偏导数，求$\frac{\partial w}{\partial x}$及$\frac{\partial^2 w}{\partial x\partial z}$.

解　令 $u=x+y+z,v=xyz$，则 $w=f(u,v)$.

因所给函数由 $w=f(u,v)$ 及 $u=x+y+z,v=xyz$ 复合而成，根据复合函数求导法则，有

$$\frac{\partial w}{\partial x}=\frac{\partial f}{\partial u}\frac{\partial u}{\partial x}+\frac{\partial f}{\partial v}\frac{\partial v}{\partial x}=f_u+yzf_v,$$
$$\frac{\partial^2 w}{\partial x\partial z}=\frac{\partial}{\partial z}(f_u+yzf_v)=\frac{\partial f_u}{\partial z}+yf_v+yz\frac{\partial f_v}{\partial z}.$$

求$\frac{\partial f_u}{\partial z}$及$\frac{\partial f_v}{\partial z}$时，应注意 $f_u(u,v)$ 及 $f_v(u,v)$ 中 u,v 是中间变量，根据复合函数求导法则，有

$$\frac{\partial f_u}{\partial z}=\frac{\partial f_u}{\partial u}\frac{\partial u}{\partial z}+\frac{\partial f_u}{\partial v}\frac{\partial v}{\partial z}=f_{uu}+xyf_{uv},$$
$$\frac{\partial f_v}{\partial z}=\frac{\partial f_v}{\partial u}\frac{\partial u}{\partial z}+\frac{\partial f_v}{\partial v}\frac{\partial v}{\partial z}=f_{vu}+xyf_{vv},$$

于是

$$\frac{\partial^2 w}{\partial x\partial z}=f_{uu}+xyf_{uv}+yf_v+yzf_{vu}+xy^2zf_{vv}=f_{uu}+y(x+z)f_{uv}+xy^2zf_{vv}+yf_v.$$

有时，为表达简便起见，引入以下记号：

$$f'_1(u,v)=f_u(u,v),\quad f'_2(u,v)=f_v(u,v),\quad f''_{12}(u,v)=f_{uv}(u,v),$$

这里，下标 1 表示对第一个变量 u 求偏导数，下标 2 表示对第二个变量 v 求偏导数. 同理有 f''_{11}，f''_{22}，f''_{21} 等. 利用这种记号，例 4 的结果可表示成

$$\frac{\partial w}{\partial x}=f'_1+yzf'_2,$$
$$\frac{\partial^2 w}{\partial x\partial z}=f''_{11}+y(x+z)f''_{12}+xy^2zf''_{22}+yf'_2.$$

例 5　设 $u=f(x,y)$ 的所有二阶偏导数连续，把下列表达式转换为极坐标系中的形式：

(1) $\left(\frac{\partial u}{\partial x}\right)^2+\left(\frac{\partial u}{\partial y}\right)^2$；　　　　(2) $\frac{\partial^2 u}{\partial x^2}+\frac{\partial^2 u}{\partial y^2}$.

解　由直角坐标与极坐标间的关系式

$$x=\rho\cos\theta,\quad y=\rho\sin\theta,$$

可把函数 $u=f(x,y)$ 换成极坐标 ρ 及 θ 的函数：

$$u=f(x,y)=f(\rho\cos\theta,\rho\sin\theta)=F(\rho,\theta).$$

现在要将式子 $\left(\dfrac{\partial u}{\partial x}\right)^2+\left(\dfrac{\partial u}{\partial y}\right)^2$ 及 $\dfrac{\partial^2 u}{\partial x^2}+\dfrac{\partial^2 u}{\partial y^2}$ 用 ρ,θ 及函数 $u=F(\rho,\theta)$ 对 ρ,θ 的偏导数来表达. 为此，要求出 $u=f(x,y)$ 的偏导数 $\dfrac{\partial u}{\partial x},\dfrac{\partial u}{\partial y},\dfrac{\partial^2 u}{\partial x^2}$ 及 $\dfrac{\partial^2 u}{\partial y^2}$. 这里 $u=f(x,y)$ 要看做由 $u=F(\rho,\theta)$ 及

$$\rho=\sqrt{x^2+y^2},\quad \theta=\arctan\frac{y}{x}\text{①}$$

复合而成，应用复合函数求导法则，得

$$\frac{\partial u}{\partial x}=\frac{\partial u}{\partial \rho}\frac{\partial \rho}{\partial x}+\frac{\partial u}{\partial \theta}\frac{\partial \theta}{\partial x}=\frac{\partial u}{\partial \rho}\frac{x}{\rho}-\frac{\partial u}{\partial \theta}\frac{y}{\rho^2}=\frac{\partial u}{\partial \rho}\cos\theta-\frac{\partial u}{\partial \theta}\frac{\sin\theta}{\rho},$$

$$\frac{\partial u}{\partial y}=\frac{\partial u}{\partial \rho}\frac{\partial \rho}{\partial y}+\frac{\partial u}{\partial \theta}\frac{\partial \theta}{\partial y}=\frac{\partial u}{\partial \rho}\frac{y}{\rho}+\frac{\partial u}{\partial \theta}\frac{x}{\rho^2}=\frac{\partial u}{\partial \rho}\sin\theta+\frac{\partial u}{\partial \theta}\frac{\cos\theta}{\rho}.$$

两式平方后相加，得

$$\left(\frac{\partial u}{\partial x}\right)^2+\left(\frac{\partial u}{\partial y}\right)^2=\left(\frac{\partial u}{\partial \rho}\right)^2+\frac{1}{\rho^2}\left(\frac{\partial u}{\partial \theta}\right)^2.$$

再求二阶偏导数，得

$$\begin{aligned}\frac{\partial^2 u}{\partial x^2}&=\frac{\partial}{\partial \rho}\left(\frac{\partial u}{\partial x}\right)\cdot\frac{\partial \rho}{\partial x}+\frac{\partial}{\partial \theta}\left(\frac{\partial u}{\partial x}\right)\cdot\frac{\partial \theta}{\partial x}\\&=\left[\frac{\partial}{\partial \rho}\left(\frac{\partial u}{\partial \rho}\cos\theta-\frac{\partial u}{\partial \theta}\frac{\sin\theta}{\rho}\right)\right]\cdot\cos\theta-\left[\frac{\partial}{\partial \theta}\left(\frac{\partial u}{\partial \rho}\cos\theta-\frac{\partial u}{\partial \theta}\frac{\sin\theta}{\rho}\right)\right]\cdot\frac{\sin\theta}{\rho}\\&=\frac{\partial^2 u}{\partial \rho^2}\cos^2\theta-\frac{\partial^2 u}{\partial \rho\partial \theta}\frac{\sin 2\theta}{\rho}+\frac{\partial^2 u}{\partial \theta^2}\frac{\sin^2\theta}{\rho^2}+\frac{\partial u}{\partial \theta}\frac{\sin 2\theta}{\rho^2}+\frac{\partial u}{\partial \rho}\frac{\sin^2\theta}{\rho}.\end{aligned}$$

同理可得

$$\frac{\partial^2 u}{\partial y^2}=\frac{\partial^2 u}{\partial \rho^2}\sin^2\theta+\frac{\partial^2 u}{\partial \rho\partial \theta}\frac{\sin 2\theta}{\rho}+\frac{\partial^2 u}{\partial \theta^2}\frac{\cos^2\theta}{\rho^2}-\frac{\partial u}{\partial \theta}\frac{\sin 2\theta}{\rho^2}+\frac{\partial u}{\partial \rho}\frac{\cos^2\theta}{\rho}.$$

---

① 当点 $P(x,y)$ 在第一、四象限时，规定 θ 的取值范围为 $-\dfrac{\pi}{2}<\theta<\dfrac{\pi}{2}$，则

$$\theta=\arctan\frac{y}{x};$$

当点 $P(x,y)$ 在第二、三象限时，规定 θ 的取值范围为 $\dfrac{\pi}{2}<\theta<\dfrac{3}{2}\pi$，则

$$\theta=\arctan\frac{y}{x}+\pi,$$

此时以下推导仍成立.

释疑解难 9-3

两式相加，得

$$\frac{\partial^2 u}{\partial x^2}+\frac{\partial^2 u}{\partial y^2}=\frac{\partial^2 u}{\partial \rho^2}+\frac{1}{\rho}\frac{\partial u}{\partial \rho}+\frac{1}{\rho^2}\frac{\partial^2 u}{\partial \theta^2}=\frac{1}{\rho^2}\left[\rho\frac{\partial}{\partial \rho}\left(\rho\frac{\partial u}{\partial \rho}\right)+\frac{\partial^2 u}{\partial \theta^2}\right].$$

全微分形式不变性　设函数 $z=f(u,v)$ 具有连续偏导数，则有全微分

$$\mathrm{d}z=\frac{\partial z}{\partial u}\mathrm{d}u+\frac{\partial z}{\partial v}\mathrm{d}v.$$

如果 u 和 v 又是中间变量，即 $u=\varphi(x,y)$，$v=\psi(x,y)$，且这两个函数也具有连续偏导数，那么复合函数

$$z=f[\varphi(x,y),\psi(x,y)]$$

的全微分为

$$\mathrm{d}z=\frac{\partial z}{\partial x}\mathrm{d}x+\frac{\partial z}{\partial y}\mathrm{d}y,$$

其中$\frac{\partial z}{\partial x}$及$\frac{\partial z}{\partial y}$分别由公式(4-3)及(4-4)给出.把公式(4-3)及(4-4)中的$\frac{\partial z}{\partial x}$及$\frac{\partial z}{\partial y}$代入上式，得

$$\begin{aligned}\mathrm{d}z&=\left(\frac{\partial z}{\partial u}\frac{\partial u}{\partial x}+\frac{\partial z}{\partial v}\frac{\partial v}{\partial x}\right)\mathrm{d}x+\left(\frac{\partial z}{\partial u}\frac{\partial u}{\partial y}+\frac{\partial z}{\partial v}\frac{\partial v}{\partial y}\right)\mathrm{d}y\\&=\frac{\partial z}{\partial u}\left(\frac{\partial u}{\partial x}\mathrm{d}x+\frac{\partial u}{\partial y}\mathrm{d}y\right)+\frac{\partial z}{\partial v}\left(\frac{\partial v}{\partial x}\mathrm{d}x+\frac{\partial v}{\partial y}\mathrm{d}y\right)=\frac{\partial z}{\partial u}\mathrm{d}u+\frac{\partial z}{\partial v}\mathrm{d}v.\end{aligned}$$

由此可见，无论 u 和 v 是自变量还是中间变量，函数 $z=f(u,v)$ 的全微分形式是一样的.这个性质叫做全微分形式不变性.

例 6　利用全微分形式不变性解本节的例 1.

解　$\mathrm{d}z=\mathrm{d}(\mathrm{e}^u\sin v)=\mathrm{e}^u\sin v\mathrm{d}u+\mathrm{e}^u\cos v\mathrm{d}v$,

因

$$\mathrm{d}u=\mathrm{d}(xy)=y\mathrm{d}x+x\mathrm{d}y,\mathrm{d}v=\mathrm{d}(x+y)=\mathrm{d}x+\mathrm{d}y,$$

代入后归并含 $\mathrm{d}x$ 及 $\mathrm{d}y$ 的项，得

$$\mathrm{d}z=(\mathrm{e}^u\sin v\cdot y+\mathrm{e}^u\cos v)\mathrm{d}x+(\mathrm{e}^u\sin v\cdot x+\mathrm{e}^u\cos v)\mathrm{d}y,$$

即

$$\frac{\partial z}{\partial x}\mathrm{d}x+\frac{\partial z}{\partial y}\mathrm{d}y=\mathrm{e}^{xy}[y\sin(x+y)+\cos(x+y)]\mathrm{d}x+\mathrm{e}^{xy}[x\sin(x+y)+\cos(x+y)]\mathrm{d}y.$$

比较上式两端的 $\mathrm{d}x$ 和 $\mathrm{d}y$ 的系数，就同时得到两个偏导数$\frac{\partial z}{\partial x}$和$\frac{\partial z}{\partial y}$，它们与例 1 的结果一样.

习题 9-4

1. 设 $z=u^2+v^2$，而 $u=x+y$，$v=x-y$，求$\frac{\partial z}{\partial x}$，$\frac{\partial z}{\partial y}$.

2. 设 $z=u^2\ln v$，而 $u=\dfrac{x}{y}$，$v=3x-2y$，求$\dfrac{\partial z}{\partial x}$，$\dfrac{\partial z}{\partial y}$.

3. 设 $z=\mathrm{e}^{x-2y}$，而 $x=\sin t$，$y=t^3$，求$\dfrac{\mathrm{d}z}{\mathrm{d}t}$.

4. 设 $z=\arcsin(x-y)$，而 $x=3t$，$y=4t^3$，求$\dfrac{\mathrm{d}z}{\mathrm{d}t}$.

5. 设 $z=\arctan(xy)$，而 $y=\mathrm{e}^x$，求$\dfrac{\mathrm{d}z}{\mathrm{d}x}$.

6. 设 $u=\dfrac{\mathrm{e}^{ax}(y-z)}{a^2+1}$，而 $y=a\sin x$，$z=\cos x$，求$\dfrac{\mathrm{d}u}{\mathrm{d}x}$.

7. 设 $z=\arctan\dfrac{x}{y}$，而 $x=u+v$，$y=u-v$，验证$\dfrac{\partial z}{\partial u}+\dfrac{\partial z}{\partial v}=\dfrac{u-v}{u^2+v^2}$.

8. 求下列函数的一阶偏导数（其中 f 具有一阶连续偏导数）：

（1）$u=f(x^2-y^2,\mathrm{e}^{xy})$；　　（2）$u=f\left(\dfrac{x}{y},\dfrac{y}{z}\right)$；　　（3）$u=f(x,xy,xyz)$.

9. 设 $z=xy+xF(u)$，而 $u=\dfrac{y}{x}$，$F(u)$ 为可导函数，证明 $x\dfrac{\partial z}{\partial x}+y\dfrac{\partial z}{\partial y}=z+xy$.

10. 设 $z=\dfrac{y}{f(x^2-y^2)}$，其中 $f(u)$ 为可导函数，验证$\dfrac{1}{x}\dfrac{\partial z}{\partial x}+\dfrac{1}{y}\dfrac{\partial z}{\partial y}=\dfrac{z}{y^2}$.

11. 设函数 $f(x,y,z)$ 满足 $f(tx,ty,tz)=t^nf(x,y,z)$（t 为任意实数），则称函数 f 为 n 次齐次函数. 证明：n 次齐次函数 f 满足关系式

$$xf_x+yf_y+zf_z=nf(x,y,z),$$

其中函数 f 具有一阶连续偏导数.

12. 设 $z=f(x^2+y^2)$，其中 f 具有二阶导数，求$\dfrac{\partial^2 z}{\partial x^2}$，$\dfrac{\partial^2 z}{\partial x\partial y}$，$\dfrac{\partial^2 z}{\partial y^2}$.

*13. 求下列函数的$\dfrac{\partial^2 z}{\partial x^2}$，$\dfrac{\partial^2 z}{\partial x\partial y}$，$\dfrac{\partial^2 z}{\partial y^2}$（其中 f 具有二阶连续偏导数）：

（1）$z=f(xy,y)$；　　（2）$z=f\left(x,\dfrac{x}{y}\right)$；

（3）$z=f(xy^2,x^2y)$；　　（4）$z=f(\sin x,\cos y,\mathrm{e}^{x+y})$.

*14. 设 $u=f(x,y)$ 的所有二阶偏导数连续，而

$$x=\frac{s-\sqrt{3}t}{2},\quad y=\frac{\sqrt{3}s+t}{2},$$

证明

$$\left(\frac{\partial u}{\partial x}\right)^2+\left(\frac{\partial u}{\partial y}\right)^2=\left(\frac{\partial u}{\partial s}\right)^2+\left(\frac{\partial u}{\partial t}\right)^2 \quad 及 \quad \frac{\partial^2 u}{\partial x^2}+\frac{\partial^2 u}{\partial y^2}=\frac{\partial^2 u}{\partial s^2}+\frac{\partial^2 u}{\partial t^2}.$$

第五节　隐函数的求导公式

一、一个方程的情形

在第二章第四节中我们已经提出了隐函数的概念，并且指出了不经过显化直接由方程

$$F(x,y)=0 \tag{5-1}$$

求它所确定的隐函数的导数的方法. 现在介绍隐函数存在定理，并根据多元复合函数的求导法来导出隐函数的导数公式.

隐函数存在定理 1　**设函数 $F(x,y)$ 在点 $P(x_0,y_0)$ 的某一邻域内具有连续偏导数，且$F(x_0,y_0)=0$，$F_y(x_0,y_0)\neq 0$，则方程 $F(x,y)=0$ 在点(x_0,y_0)的某一邻域内恒能唯一确定一个连续且具有连续导数的函数 $y=f(x)$，它满足条件$y_0=f(x_0)$，并有**

$$\frac{\mathrm{d}y}{\mathrm{d}x}=-\frac{F_x}{F_y}. \tag{5-2}$$

公式(5-2)就是隐函数的求导公式.

这个定理我们不证. 现仅就公式(5-2)作如下推导：

将方程(5-1)所确定的函数 $y=f(x)$ 代入(5-1)，得恒等式

$$F(x,\ f(x))\equiv 0,$$

其左端可以看做是 x 的一个复合函数，求这个函数的全导数，由于恒等式两端求导后仍然恒等，即得

$$\frac{\partial F}{\partial x}+\frac{\partial F}{\partial y}\frac{\mathrm{d}y}{\mathrm{d}x}=0,$$

因为 F_y 连续，且 $F_y(x_0,y_0)\neq 0$，所以存在(x_0,y_0)的一个邻域，在这个邻域内$F_y\neq 0$，于是得

$$\frac{\mathrm{d}y}{\mathrm{d}x}=-\frac{F_x}{F_y}.$$

如果 $F(x,y)$ 的二阶偏导数也都连续，我们可以把等式(5-2)的两端看做 x 的复合函数而再一次求导，即得

$$\begin{aligned}\frac{\mathrm{d}^2y}{\mathrm{d}x^2}&=\frac{\partial}{\partial x}\left(-\frac{F_x}{F_y}\right)+\frac{\partial}{\partial y}\left(-\frac{F_x}{F_y}\right)\frac{\mathrm{d}y}{\mathrm{d}x}\\&=-\frac{F_{xx}F_y-F_{yx}F_x}{F_y^2}-\frac{F_{xy}F_y-F_{yy}F_x}{F_y^2}\left(-\frac{F_x}{F_y}\right)=-\frac{F_{xx}F_y^2-2F_{xy}F_xF_y+F_{yy}F_x^2}{F_y^3}.\end{aligned}$$

例 1　验证方程 $x^2+y^2-1=0$ 在点(0,1)的某一邻域内能唯一确定一个有连续导数，当 $x=0, y=1$ 时的隐函数 $y=f(x)$，并求这函数的一阶与二阶导数在 $x=0$ 的值.

解　设 $F(x,y)=x^2+y^2-1$，则 $F_x=2x, F_y=2y, F(0,1)=0, F_y(0,1)=2\neq 0$. 因此由定理 1 可知，方程 $x^2+y^2-1=0$ 在点(0,1)的某邻域内能唯一确定一个有连续导数，当 $x=0, y=1$ 时的函数 $y=f(x)$.

下面求这函数的一阶及二阶导数.

$$\frac{\mathrm{d}y}{\mathrm{d}x}=-\frac{F_x}{F_y}=-\frac{x}{y}, \quad \left.\frac{\mathrm{d}y}{\mathrm{d}x}\right|_{\substack{x=0\\y=1}}=0;$$

$$\frac{\mathrm{d}^2y}{\mathrm{d}x^2}=-\frac{y-xy'}{y^2}=-\frac{y-x\left(-\dfrac{x}{y}\right)}{y^2}=-\frac{y^2+x^2}{y^3}=-\frac{1}{y^3}, \quad \left.\frac{\mathrm{d}^2y}{\mathrm{d}x^2}\right|_{\substack{x=0\\y=1}}=-1.$$

隐函数存在定理还可以推广到多元函数.既然一个二元方程(5-1)可以确定一个一元隐函数，那么一个三元方程

$$F(x,y,z)=0 \tag{5-3}$$

就有可能确定一个二元隐函数.

与定理 1 一样，我们同样可以由三元函数 $F(x,y,z)$ 的性质来断定由方程 $F(x,y,z)=0$ 所确定的二元函数 $z=f(x,y)$ 的存在以及这个函数的性质.这就是下面的定理.

隐函数存在定理 2　**设函数 $F(x,y,z)$ 在点 $P(x_0,y_0,z_0)$ 的某一邻域内具有连续偏导数，且 $F(x_0,y_0,z_0)=0, F_z(x_0,y_0,z_0)\neq 0$，则方程 $F(x,y,z)=0$ 在点 (x_0,y_0,z_0) 的某一邻域内恒能唯一确定一个连续且具有连续偏导数的函数 $z=f(x,y)$，它满足条件 $z_0=f(x_0,y_0)$，并有**

$$\frac{\partial z}{\partial x}=-\frac{F_x}{F_z}, \quad \frac{\partial z}{\partial y}=-\frac{F_y}{F_z}. \tag{5-4}$$

这个定理我们不证.与定理 1 类似，仅就公式(5-4)作如下推导：

由于 $F[x,y,f(x,y)]\equiv 0$，将上式两端分别对 x 和 y 求导，应用复合函数求导法则得

$$F_x+F_z\frac{\partial z}{\partial x}=0, \quad F_y+F_z\frac{\partial z}{\partial y}=0.$$

因为 F_z 连续，且 $F_z(x_0,y_0,z_0)\neq 0$，所以存在点 (x_0,y_0,z_0) 的一个邻域，在这个邻域内 $F_z\neq 0$，于是得

$$\frac{\partial z}{\partial x}=-\frac{F_x}{F_z}, \quad \frac{\partial z}{\partial y}=-\frac{F_y}{F_z}.$$

例 2　设 $x^2+y^2+z^2-4z=0$，求 $\frac{\partial^2 z}{\partial x^2}$.

解　设 $F(x,y,z)=x^2+y^2+z^2-4z$，则 $F_x=2x$，$F_z=2z-4$. 当 $z\neq 2$ 时，应用公式(5-4)，得

$$\frac{\partial z}{\partial x}=\frac{x}{2-z}.$$

再一次对 x 求偏导数，得

$$\frac{\partial^2 z}{\partial x^2}=\frac{(2-z)+x\frac{\partial z}{\partial x}}{(2-z)^2}=\frac{(2-z)+x\cdot\frac{x}{2-z}}{(2-z)^2}=\frac{(2-z)^2+x^2}{(2-z)^3}.$$

例题精讲
9-2

二、方程组的情形

下面我们将隐函数存在定理作另一方面的推广. 我们不仅增加方程中变量的个数，而且增加方程的个数. 例如，考虑方程组

$$\begin{cases}F(x,y,u,v)=0,\\ G(x,y,u,v)=0.\end{cases}\tag{5-5}$$

这时，在四个变量中，一般只能有两个变量独立变化，因此方程组(5-5)就有可能确定两个二元函数. 在这种情况下，我们可以由函数 F，G 的性质来断定由方程组(5-5)所确定的两个二元函数的存在以及它们的性质. 我们有下面的定理.

隐函数存在定理 3　**设 $F(x,y,u,v)$，$G(x,y,u,v)$ 在点 $P(x_0,y_0,u_0,v_0)$ 的某一邻域内具有对各个变量的连续偏导数，又 $F(x_0,y_0,u_0,v_0)=0$，$G(x_0,y_0,u_0,v_0)=0$，且偏导数所组成的函数行列式(或称雅可比(Jacobi)式)**

$$J=\frac{\partial(F,G)}{\partial(u,v)}=\begin{vmatrix}\frac{\partial F}{\partial u} & \frac{\partial F}{\partial v}\\ \frac{\partial G}{\partial u} & \frac{\partial G}{\partial v}\end{vmatrix}$$

在点 $P(x_0,y_0,u_0,v_0)$ 不等于零，则方程组 $F(x,y,u,v)=0$，$G(x,y,u,v)=0$ 在点 (x_0,y_0,u_0,v_0) 的某一邻域内恒能唯一确定一组连续且具有连续偏导数的函数 $u=u(x,y)$，$v=v(x,y)$，它们满足条件 $u_0=u(x_0,y_0)$，$v_0=v(x_0,y_0)$，并有

$$\frac{\partial u}{\partial x}=-\frac{1}{J}\frac{\partial(F,G)}{\partial(x,v)}=-\frac{\begin{vmatrix}F_x & F_v\\ G_x & G_v\end{vmatrix}}{\begin{vmatrix}F_u & F_v\\ G_u & G_v\end{vmatrix}},$$

$$\frac{\partial v}{\partial x}=-\frac{1}{J}\frac{\partial(F,G)}{\partial(u,x)}=-\frac{\begin{vmatrix}F_u & F_x\\ G_u & G_x\end{vmatrix}}{\begin{vmatrix}F_u & F_v\\ G_u & G_v\end{vmatrix}},\tag{5-6}$$

$$\frac{\partial u}{\partial y}=-\frac{1}{J}\frac{\partial(F,G)}{\partial(y,v)}=-\frac{\begin{vmatrix}F_y & F_v\\ G_y & G_v\end{vmatrix}}{\begin{vmatrix}F_u & F_v\\ G_u & G_v\end{vmatrix}},$$

$$\frac{\partial v}{\partial y}=-\frac{1}{J}\frac{\partial(F,G)}{\partial(u,y)}=-\frac{\begin{vmatrix}F_u & F_y\\ G_u & G_y\end{vmatrix}}{\begin{vmatrix}F_u & F_v\\ G_u & G_v\end{vmatrix}}.$$

这个定理我们不证.与前两个定理类似,下面仅就公式(5-6)作如下推导:

由于

$$F[x,y,u(x,y),v(x,y)]\equiv 0,\quad G[x,y,u(x,y),v(x,y)]\equiv 0,$$

将恒等式两端分别对 x 求导,应用复合函数求导法则得

$$\begin{cases}F_x+F_u\dfrac{\partial u}{\partial x}+F_v\dfrac{\partial v}{\partial x}=0,\\ G_x+G_u\dfrac{\partial u}{\partial x}+G_v\dfrac{\partial v}{\partial x}=0.\end{cases}$$

这是关于$\dfrac{\partial u}{\partial x}$和$\dfrac{\partial v}{\partial x}$的线性方程组,由假设可知在点 $P(x_0,y_0,u_0,v_0)$ 的一个邻域内,系数行列式

$$J=\begin{vmatrix}F_u & F_v\\ G_u & G_v\end{vmatrix}\neq 0,$$

从而可解出$\dfrac{\partial u}{\partial x}$,$\dfrac{\partial v}{\partial x}$,得

$$\frac{\partial u}{\partial x}=-\frac{1}{J}\frac{\partial(F,G)}{\partial(x,v)},\quad \frac{\partial v}{\partial x}=-\frac{1}{J}\frac{\partial(F,G)}{\partial(u,x)}.$$

同理,可得

$$\frac{\partial u}{\partial y}=-\frac{1}{J}\frac{\partial(F,G)}{\partial(y,v)},\quad \frac{\partial v}{\partial y}=-\frac{1}{J}\frac{\partial(F,G)}{\partial(u,y)}.$$

例 3　设 $xu-yv=0$,$yu+xv=1$,求$\dfrac{\partial u}{\partial x}$,$\dfrac{\partial u}{\partial y}$,$\dfrac{\partial v}{\partial x}$和$\dfrac{\partial v}{\partial y}$.

解　此题可直接利用公式(5-6)，但也可依照推导公式(5-6)的方法来求解.下面我们用后一种方法来做.

将所给方程的两端对 x 求导并移项，得

$$\begin{cases} x\dfrac{\partial u}{\partial x}-y\dfrac{\partial v}{\partial x}=-u, \\ y\dfrac{\partial u}{\partial x}+x\dfrac{\partial v}{\partial x}=-v. \end{cases}$$

在 $J=\begin{vmatrix} x & -y \\ y & x \end{vmatrix}=x^2+y^2\neq0$ 的条件下，

$$\frac{\partial u}{\partial x}=\frac{\begin{vmatrix} -u & -y \\ -v & x \end{vmatrix}}{\begin{vmatrix} x & -y \\ y & x \end{vmatrix}}=-\frac{xu+yv}{x^2+y^2},\quad \frac{\partial v}{\partial x}=\frac{\begin{vmatrix} x & -u \\ y & -v \end{vmatrix}}{\begin{vmatrix} x & -y \\ y & x \end{vmatrix}}=\frac{yu-xv}{x^2+y^2}.$$

将所给方程的两端对 y 求导.用同样方法在 $J=x^2+y^2\neq0$ 的条件下可得

$$\frac{\partial u}{\partial y}=\frac{xv-yu}{x^2+y^2},\quad \frac{\partial v}{\partial y}=-\frac{xu+yv}{x^2+y^2}.$$

例 4　设函数 $x=x(u,v)$，$y=y(u,v)$ 在点 (u,v) 的某一邻域内连续且有连续偏导数，又

$$\frac{\partial(x,y)}{\partial(u,v)}\neq0.$$

（1）证明方程组

$$\begin{cases} x=x(u,v), \\ y=y(u,v) \end{cases} \tag{5-7}$$

在点 (x,y,u,v) 的某一邻域内唯一确定一组连续且具有连续偏导数的反函数 $u=u(x,y)$，$v=v(x,y)$.

（2）求反函数 $u=u(x,y)$，$v=v(x,y)$ 对 x,y 的偏导数.

解　（1）将方程组(5-7)改写成

$$\begin{cases} F(x,y,u,v)\equiv x-x(u,v)=0, \\ G(x,y,u,v)\equiv y-y(u,v)=0. \end{cases}$$

则按假设

$$J=\frac{\partial(F,G)}{\partial(u,v)}=\frac{\partial(x,y)}{\partial(u,v)}\neq0.$$

由隐函数存在定理 3，即得所要证的结论.

（2）将方程组(5-7)所确定的反函数 $u=u(x,y)$，$v=v(x,y)$ 代入(5-7)，即得

$$\begin{cases} x \equiv x[u(x,y), v(x,y)], \\ y \equiv y[u(x,y), v(x,y)]. \end{cases}$$

将上述恒等式两端分别对 x 求偏导数，得

$$\begin{cases} 1 = \dfrac{\partial x}{\partial u}\dfrac{\partial u}{\partial x} + \dfrac{\partial x}{\partial v}\dfrac{\partial v}{\partial x}, \\ 0 = \dfrac{\partial y}{\partial u}\dfrac{\partial u}{\partial x} + \dfrac{\partial y}{\partial v}\dfrac{\partial v}{\partial x}. \end{cases}$$

由于 $J \neq 0$，故可解得

$$\frac{\partial u}{\partial x} = \frac{1}{J}\frac{\partial y}{\partial v}, \quad \frac{\partial v}{\partial x} = -\frac{1}{J}\frac{\partial y}{\partial u}.$$

释疑解难 9-4

同理，可得

$$\frac{\partial u}{\partial y} = -\frac{1}{J}\frac{\partial x}{\partial v}, \quad \frac{\partial v}{\partial y} = \frac{1}{J}\frac{\partial x}{\partial u}.$$

习题 9-5

1. 设 $\sin y + e^x - xy^2 = 0$，求 $\dfrac{dy}{dx}$.

2. 设 $\ln\sqrt{x^2+y^2} = \arctan\dfrac{y}{x}$，求 $\dfrac{dy}{dx}$.

3. 设 $x+2y+z-2\sqrt{xyz}=0$，求 $\dfrac{\partial z}{\partial x}$ 及 $\dfrac{\partial z}{\partial y}$.

4. 设 $\dfrac{x}{z} = \ln\dfrac{z}{y}$，求 $\dfrac{\partial z}{\partial x}$ 及 $\dfrac{\partial z}{\partial y}$.

5. 设 $2\sin(x+2y-3z) = x+2y-3z$，证明 $\dfrac{\partial z}{\partial x} + \dfrac{\partial z}{\partial y} = 1$.

6. 设 $x=x(y,z)$，$y=y(x,z)$，$z=z(x,y)$ 都是由方程 $F(x,y,z)=0$ 所确定的具有连续偏导数的函数，证明 $\dfrac{\partial x}{\partial y}\cdot\dfrac{\partial y}{\partial z}\cdot\dfrac{\partial z}{\partial x} = -1$.

7. 设 $\Phi(u,v)$ 具有连续偏导数，证明由方程 $\Phi(cx-az, cy-bz)=0$ 所确定的函数 $z=f(x,y)$ 满足 $a\dfrac{\partial z}{\partial x} + b\dfrac{\partial z}{\partial y} = c$.

8. 设 $z=z(x,y)$ 是由方程 $2xz-2xyz+\ln(xyz)=0$ 所确定的隐函数，求 dz.

*9. 设 $e^z - xyz = 0$，求 $\dfrac{\partial^2 z}{\partial x^2}$.

*10. 设 $z^3 - 3xyz = a^3$，求 $\dfrac{\partial^2 z}{\partial x \partial y}$.

11. 求由下列方程组所确定的函数的导数或偏导数：

（1）设$\begin{cases} z=x^2+y^2, \\ x^2+2y^2+3z^2=20, \end{cases}$ 求$\dfrac{\mathrm{d}y}{\mathrm{d}x},\dfrac{\mathrm{d}z}{\mathrm{d}x}$；

（2）设$\begin{cases} x+y+z=0, \\ x^2+y^2+z^2=1, \end{cases}$ 求$\dfrac{\mathrm{d}x}{\mathrm{d}z},\dfrac{\mathrm{d}y}{\mathrm{d}z}$；

（3）设$\begin{cases} u=f(ux,v+y), \\ v=g(u-x,v^2y), \end{cases}$ 其中f,g具有一阶连续偏导数，求$\dfrac{\partial u}{\partial x},\dfrac{\partial v}{\partial x}$；

（4）设$\begin{cases} x=\mathrm{e}^u+u\sin v, \\ y=\mathrm{e}^u-u\cos v, \end{cases}$ 求$\dfrac{\partial u}{\partial x},\dfrac{\partial u}{\partial y},\dfrac{\partial v}{\partial x},\dfrac{\partial v}{\partial y}$.

12. 设$y=f(x,t)$，而$t=t(x,y)$是由方程$F(x,y,t)=0$所确定的函数，其中f,F都具有一阶连续偏导数.试证明

$$\frac{\mathrm{d}y}{\mathrm{d}x}=\frac{\dfrac{\partial f}{\partial x}\dfrac{\partial F}{\partial t}-\dfrac{\partial f}{\partial t}\dfrac{\partial F}{\partial x}}{\dfrac{\partial f}{\partial t}\dfrac{\partial F}{\partial y}+\dfrac{\partial F}{\partial t}}.$$

第六节　多元函数微分学的几何应用

本节先介绍一元向量值函数及其导数，再讨论多元函数微分学的几何应用.

一、一元向量值函数及其导数

由空间解析几何知道，空间曲线Γ的参数方程为

$$\begin{cases} x=\varphi(t), \\ y=\psi(t), \quad t\in[\alpha,\beta]. \\ z=\omega(t), \end{cases} \tag{6-1}$$

方程(6-1)也可以写成向量形式.若记

$$\boldsymbol{r}=x\boldsymbol{i}+y\boldsymbol{j}+z\boldsymbol{k},\quad \boldsymbol{f}(t)=\varphi(t)\boldsymbol{i}+\psi(t)\boldsymbol{j}+\omega(t)\boldsymbol{k},$$

则方程(6-1)就成为向量方程

$$\boldsymbol{r}=\boldsymbol{f}(t),\quad t\in[\alpha,\beta]. \tag{6-2}$$

方程(6-2)确定了一个映射$\boldsymbol{f}:[\alpha,\beta]\to\mathbf{R}^3$.由于这个映射将每一个$t\in[\alpha,\beta]$映成一个向量$\boldsymbol{f}(t)\in\mathbf{R}^3$，故称这映射为一元向量值函数.一般地，有如下定义.

定义 1　设数集$D\subset\mathbf{R}$，则称映射$\boldsymbol{f}:D\to\mathbf{R}^n$为一元向量值函数，通常记为

$$\boldsymbol{r}=\boldsymbol{f}(t),\quad t\in D,$$

其中数集D称为函数的定义域，t称为自变量，$\boldsymbol{r}$称为因变量.

一元向量值函数是普通一元函数的推广.现在，自变量t依然取实数值，但因变量

$\boldsymbol{r}$ 不取实数值，而取值为 n 维向量.

在本教材中，只讨论一元向量值函数，并对因变量的取值以 $n=3$ 的情形作为代表，即 $\boldsymbol{r}$ 的取值为 3 维向量. 为简单起见，以下将一元向量值函数简称为向量值函数，并把普通的实值函数称为数量函数.

在 $\mathbf{R}^3$ 中，若向量值函数 $\boldsymbol{f}(t)$，$t\in D$ 的三个分量函数依次为 $f_1(t)$，$f_2(t)$，$f_3(t)$，$t\in D$，则向量值函数 $\boldsymbol{f}(t)$ 可表示为

$$\boldsymbol{f}(t)=f_1(t)\boldsymbol{i}+f_2(t)\boldsymbol{j}+f_3(t)\boldsymbol{k},\quad t\in D \tag{6-3}$$

或

$$\boldsymbol{f}(t)=(f_1(t),f_2(t),f_3(t)),\quad t\in D. \tag{6-3$'$}$$

设(变)向量 $\boldsymbol{r}$ 的起点取在坐标系的原点 O 处，终点在 M 处，即 $\boldsymbol{r}=\overrightarrow{OM}$ (图 9-6). 当 t 改变时，$\boldsymbol{r}$ 跟着改变，从而终点 M 也随之改变. 终点 M 的轨迹(记作曲线 Γ)称为向量值函数 $\boldsymbol{r}=\boldsymbol{f}(t)$ $(t\in D)$ 的终端曲线，曲线 Γ 也称为向量值函数 $\boldsymbol{r}=\boldsymbol{f}(t)$ $(t\in D)$ 的图形.

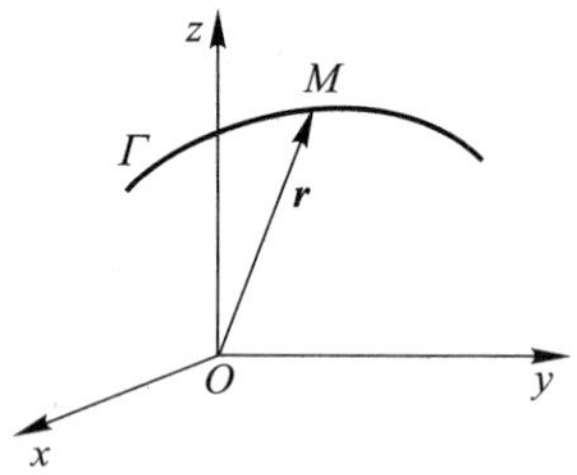

图 9-6

由于向量值函数 $\boldsymbol{r}=\boldsymbol{f}(t)$ $(t\in D)$ 与空间曲线 Γ 是一一对应的，因此

$$\boldsymbol{r}=\boldsymbol{f}(t)=(f_1(t),f_2(t),f_3(t)),\quad t\in D \tag{6-4}$$

称为曲线 Γ 的向量方程.

根据 $\mathbf{R}^3$ 中的向量的线性运算及向量的模的概念，可以类似于定义数量函数的极限、连续、导数等概念的形式来定义向量值函数的相应概念，现简述如下：

定义 2　设向量值函数 $\boldsymbol{f}(t)$ 在点 t_0 的某一去心邻域内有定义，如果存在一个常向量 $\boldsymbol{r}_0$，对于任意给定的正数 ε，总存在正数 δ，使得当 t 满足 $0<|t-t_0|<\delta$ 时，对应的函数值 $\boldsymbol{f}(t)$ 都满足不等式

$$|\boldsymbol{f}(t)-\boldsymbol{r}_0|<\varepsilon,$$

那么常向量 $\boldsymbol{r}_0$ 就叫做向量值函数 $\boldsymbol{f}(t)$ 当 $t\to t_0$ 时的极限，记作

$$\lim_{t\to t_0}\boldsymbol{f}(t)=\boldsymbol{r}_0\quad 或\quad \boldsymbol{f}(t)\to\boldsymbol{r}_0,\ t\to t_0.$$

容易证明：向量值函数 $\boldsymbol{f}(t)$ 当 $t\to t_0$ 时的极限存在的充分必要条件是：$\boldsymbol{f}(t)$ 的三个分量函数 $f_1(t)$，$f_2(t)$，$f_3(t)$ 当 $t\to t_0$ 时的极限都存在；在函数 $\boldsymbol{f}(t)$ 当 $t\to t_0$ 时的极限存在时，其极限

$$\lim_{t\to t_0}\boldsymbol{f}(t)=\left(\lim_{t\to t_0}f_1(t),\lim_{t\to t_0}f_2(t),\lim_{t\to t_0}f_3(t)\right). \tag{6-5}$$

设向量值函数 $\boldsymbol{f}(t)$ 在点 t_0 的某一邻域内有定义，若

$$\lim_{t\to t_0}\boldsymbol{f}(t)=\boldsymbol{f}(t_0),$$

则称向量值函数$\boldsymbol{f}(t)$在t_0连续.

向量值函数$\boldsymbol{f}(t)$在t_0连续的充分必要条件是:$\boldsymbol{f}(t)$的三个分量函数$f_1(t)$,$f_2(t)$,$f_3(t)$都在t_0连续.

设向量值函数$\boldsymbol{f}(t)$,$t\in D$.若$D_1\subset D$,$\boldsymbol{f}(t)$在D_1中的每一点处都连续,则称$\boldsymbol{f}(t)$在D_1上连续,并称$\boldsymbol{f}(t)$是D_1上的连续函数.

下面给出向量值函数的导数(或导向量)的定义.

定义 3　设向量值函数$\boldsymbol{r}=\boldsymbol{f}(t)$在点$t_0$的某一邻域内有定义,如果

$$\lim_{\Delta t\to 0}\frac{\Delta \boldsymbol{r}}{\Delta t}=\lim_{\Delta t\to 0}\frac{\boldsymbol{f}(t_0+\Delta t)-\boldsymbol{f}(t_0)}{\Delta t}$$

存在,那么就称这个极限向量为向量值函数$\boldsymbol{r}=\boldsymbol{f}(t)$在$t_0$处的导数或导向量,记作$\boldsymbol{f}'(t_0)$或$\left.\dfrac{\mathrm{d}\boldsymbol{r}}{\mathrm{d}t}\right|_{t=t_0}$.

设向量值函数$\boldsymbol{r}=\boldsymbol{f}(t)$,$t\in D$.若$D_1\subset D$,$\boldsymbol{f}(t)$在$D_1$中的每一点$t$处都存在导向量$\boldsymbol{f}'(t)\left(或\dfrac{\mathrm{d}\boldsymbol{r}}{\mathrm{d}t}\right)$,则称$\boldsymbol{f}(t)$在$D_1$上可导.

向量值函数$\boldsymbol{f}(t)$在t_0可导(即存在导数)的充分必要条件是:$\boldsymbol{f}(t)$的三个分量函数$f_1(t)$,$f_2(t)$,$f_3(t)$都在t_0可导;当$\boldsymbol{f}(t)$在t_0可导时,其导数

$$\boldsymbol{f}'(t_0)=f_1'(t_0)\boldsymbol{i}+f_2'(t_0)\boldsymbol{j}+f_3'(t_0)\boldsymbol{k}. \tag{6-6}$$

向量值函数的导数运算法则与数量函数的导数运算法则的形式相同,现列出如下:

设$\boldsymbol{u}(t)$,$\boldsymbol{v}(t)$是可导的向量值函数,$\boldsymbol{C}$是常向量,c是任一常数,$\varphi(t)$是可导的数量函数,则

(1) $\dfrac{\mathrm{d}}{\mathrm{d}t}\boldsymbol{C}=\boldsymbol{0}$;

(2) $\dfrac{\mathrm{d}}{\mathrm{d}t}[c\boldsymbol{u}(t)]=c\boldsymbol{u}'(t)$;

(3) $\dfrac{\mathrm{d}}{\mathrm{d}t}[\boldsymbol{u}(t)\pm\boldsymbol{v}(t)]=\boldsymbol{u}'(t)\pm\boldsymbol{v}'(t)$;

(4) $\dfrac{\mathrm{d}}{\mathrm{d}t}[\varphi(t)\boldsymbol{u}(t)]=\varphi'(t)\boldsymbol{u}(t)+\varphi(t)\boldsymbol{u}'(t)$;

(5) $\dfrac{\mathrm{d}}{\mathrm{d}t}[\boldsymbol{u}(t)\cdot\boldsymbol{v}(t)]=\boldsymbol{u}'(t)\cdot\boldsymbol{v}(t)+\boldsymbol{u}(t)\cdot\boldsymbol{v}'(t)$;

(6) $\dfrac{\mathrm{d}}{\mathrm{d}t}[\boldsymbol{u}(t)\times\boldsymbol{v}(t)]=\boldsymbol{u}'(t)\times\boldsymbol{v}(t)+\boldsymbol{u}(t)\times\boldsymbol{v}'(t)$;

(7) $\dfrac{\mathrm{d}}{\mathrm{d}t}\boldsymbol{u}[\varphi(t)]=\varphi'(t)\boldsymbol{u}'[\varphi(t)]$.

仿照对数量函数的导数运算法则的证明方法，或对向量函数的分量运用对应的数量函数的导数运算法则，可以证明以上法则，读者可作为练习自行证明.

下面，讨论向量值函数 $\boldsymbol{r}=\boldsymbol{f}(t)$ 的导向量的几何意义.

设空间曲线 Γ 是向量值函数 $\boldsymbol{r}=\boldsymbol{f}(t)$，$t\in D$ 的终端曲线，向量 $\overrightarrow{OM}=\boldsymbol{f}(t_0)$，$\overrightarrow{ON}=\boldsymbol{f}(t_0+\Delta t)$，如图 9-7 所示. 又设导向量 $\boldsymbol{f}'(t_0)$ 不是零向量.

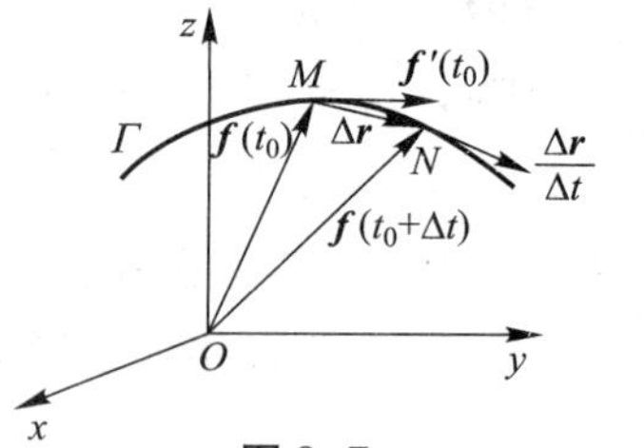

图 9-7

当 $\Delta t>0$ 时，向量 $\Delta\boldsymbol{r}=\boldsymbol{f}(t_0+\Delta t)-\boldsymbol{f}(t_0)$ 的方向与 t 增大时点 M 移动的走向（以下简称 t 的增长方向）一致；当 $\Delta t<0$ 时，向量 $\Delta\boldsymbol{r}=\boldsymbol{f}(t_0+\Delta t)-\boldsymbol{f}(t_0)$ 的方向与 t 的增长方向相反. 但不论 $\Delta t>0$ 或 $\Delta t<0$，向量 $\dfrac{\Delta\boldsymbol{r}}{\Delta t}=\dfrac{1}{\Delta t}\Delta\boldsymbol{r}$ 的方向总与 t 的增长方向一致. 于是，导向量 $\boldsymbol{f}'(t_0)=\lim\limits_{\Delta t\to 0}\dfrac{\Delta\boldsymbol{r}}{\Delta t}$ 是向量值函数 $\boldsymbol{r}=\boldsymbol{f}(t)$ 的终端曲线 Γ 在点 M 处的一个切向量，其方向与 t 的增长方向一致.

设向量值函数 $\boldsymbol{r}=\boldsymbol{f}(t)$ 是沿空间光滑曲线运动的质点 M 的位置向量，则向量值函数 $\boldsymbol{r}=\boldsymbol{f}(t)$ 的导向量有以下的物理意义：

$\boldsymbol{v}(t)=\dfrac{\mathrm{d}\boldsymbol{r}}{\mathrm{d}t}$ 是质点 M 的速度向量，其方向与曲线相切；

$\boldsymbol{a}(t)=\dfrac{\mathrm{d}\boldsymbol{v}}{\mathrm{d}t}=\dfrac{\mathrm{d}^2\boldsymbol{r}}{\mathrm{d}t^2}$ 是质点 M 的加速度向量.

例 1　设 $\boldsymbol{f}(t)=(\cos t)\boldsymbol{i}+(\sin t)\boldsymbol{j}+t\boldsymbol{k}$，求 $\lim\limits_{t\to\frac{\pi}{4}}\boldsymbol{f}(t)$.

解　$$\lim_{t\to\frac{\pi}{4}}\boldsymbol{f}(t)=\left(\lim_{t\to\frac{\pi}{4}}\cos t\right)\boldsymbol{i}+\left(\lim_{t\to\frac{\pi}{4}}\sin t\right)\boldsymbol{j}+\left(\lim_{t\to\frac{\pi}{4}}t\right)\boldsymbol{k}=\frac{\sqrt{2}}{2}\boldsymbol{i}+\frac{\sqrt{2}}{2}\boldsymbol{j}+\frac{\pi}{4}\boldsymbol{k}.$$

例 2　设空间曲线 Γ 的向量方程为

$$\boldsymbol{r}=\boldsymbol{f}(t)=(t^2+1,4t-3,2t^2-6t),\quad t\in\mathbf{R},$$

求曲线 Γ 在与 $t=2$ 相应的点处的单位切向量.

解　$$\boldsymbol{f}'(t)=(2t,4,4t-6),\quad t\in\mathbf{R},$$

$$\boldsymbol{f}'(2)=(4,4,2),\quad |\boldsymbol{f}'(2)|=\sqrt{4^2+4^2+2^2}=6.$$

由导向量的几何意义知，曲线 Γ 在与 $t=2$ 相应的点处的一个单位切向量是 $\left(\dfrac{2}{3},\dfrac{2}{3},\dfrac{1}{3}\right)$，其方向与 t 的增长方向一致；另一个单位切向量是 $\left(-\dfrac{2}{3},-\dfrac{2}{3},-\dfrac{1}{3}\right)$，其方向与 t 的增长方向相反.

例 3　一个人在悬挂式滑翔机上由于快速上升气流而沿位置向量为 $\boldsymbol{r}=\boldsymbol{f}(t)=(3\cos t)\boldsymbol{i}+(3\sin t)\boldsymbol{j}+t^2\boldsymbol{k}$ 的路径螺旋式向上. 求

(1) 滑翔机在任意时刻 t 的速度向量和加速度向量；

(2) 滑翔机在任意时刻 t 的速率；

(3) 滑翔机的加速度与速度正交的时刻.

解 (1)
$$\boldsymbol{r}=\boldsymbol{f}(t)=(3\cos t)\boldsymbol{i}+(3\sin t)\boldsymbol{j}+t^2\boldsymbol{k},$$
$$\boldsymbol{v}=\frac{\mathrm{d}\boldsymbol{r}}{\mathrm{d}t}=(-3\sin t)\boldsymbol{i}+(3\cos t)\boldsymbol{j}+2t\boldsymbol{k},$$
$$\boldsymbol{a}=\frac{\mathrm{d}^2\boldsymbol{r}}{\mathrm{d}t^2}=(-3\cos t)\boldsymbol{i}-(3\sin t)\boldsymbol{j}+2\boldsymbol{k}.$$

(2) 速率是速度$\boldsymbol{v}$的大小，即
$$|\boldsymbol{v}|=\sqrt{(-3\sin t)^2+(3\cos t)^2+(2t)^2}=\sqrt{9+4t^2}.$$
这一结果表明：滑翔机沿其路径升高时，运动得越来越快.

(3) 由 $\boldsymbol{v}\cdot\boldsymbol{a}=9\sin t\cos t-9\sin t\cos t+4t=0$，得 $t=0$. 这表明：加速度与速度正交的唯一时刻是在 $t=0$.

二、空间曲线的切线与法平面

设空间曲线 Γ 的参数方程为
$$\begin{cases}x=\varphi(t),\\ y=\psi(t),\quad t\in[\alpha,\beta].\\ z=\omega(t),\end{cases}\tag{6-7}$$
这里假定(6-7)式的三个函数都在$[\alpha,\beta]$上可导，且三个导数不同时为零.

现在要求曲线 Γ 在其上一点 $M(x_0,y_0,z_0)$处的切线及法平面方程.

设与点 M 对应的参数为 t_0，记$\boldsymbol{f}(t)=(\varphi(t),\psi(t),\omega(t))$，$t\in[\alpha,\beta]$. 由向量值函数的导向量的几何意义知，向量 $\boldsymbol{T}=\boldsymbol{f}'(t_0)=(\varphi'(t_0),\psi'(t_0),\omega'(t_0))$就是曲线 Γ 在点 M 处的一个切向量，从而曲线 Γ 在点 M 处的切线方程为
$$\frac{x-x_0}{\varphi'(t_0)}=\frac{y-y_0}{\psi'(t_0)}=\frac{z-z_0}{\omega'(t_0)}.\tag{6-8}$$

通过点 M 且与切线垂直的平面称为曲线 Γ 在点 M 处的法平面，它是通过点 $M(x_0,y_0,z_0)$且以 $\boldsymbol{T}=\boldsymbol{f}'(t_0)$为法向量的平面，因此法平面方程为
$$\varphi'(t_0)(x-x_0)+\psi'(t_0)(y-y_0)+\omega'(t_0)(z-z_0)=0.\tag{6-9}$$

例 4　求曲线 $x=t,y=t^2,z=t^3$ 在点(1,1,1)处的切线及法平面方程.

解　因为 $x'_t=1,y'_t=2t,z'_t=3t^2$，而点(1,1,1)所对应的参数 $t_0=1$，所以
$$\boldsymbol{T}=(1,2,3).$$
于是，切线方程为

$$\frac{x-1}{1}=\frac{y-1}{2}=\frac{z-1}{3},$$

法平面方程为

$$(x-1)+2(y-1)+3(z-1)=0,$$

即

$$x+2y+3z=6.$$

现在我们再来讨论空间曲线 Γ 的方程以另外两种形式给出的情形.

如果空间曲线 Γ 的方程以

$$\begin{cases}y=\varphi(x),\\ z=\psi(x)\end{cases}$$

的形式给出,取 x 为参数,它就可以表示为参数方程的形式

$$\begin{cases}x=x,\\ y=\varphi(x),\\ z=\psi(x).\end{cases}$$

若 $\varphi(x)$,$\psi(x)$ 都在 $x=x_0$ 处可导,则根据上面的讨论可知,$\boldsymbol{T}=(1,\varphi'(x_0),\psi'(x_0))$,因此曲线 Γ 在点 $M(x_0,y_0,z_0)$ 处的切线方程为

$$\frac{x-x_0}{1}=\frac{y-y_0}{\varphi'(x_0)}=\frac{z-z_0}{\psi'(x_0)},\tag{6-10}$$

在点 $M(x_0,y_0,z_0)$ 处的法平面方程为

$$(x-x_0)+\varphi'(x_0)(y-y_0)+\psi'(x_0)(z-z_0)=0.\tag{6-11}$$

设空间曲线 Γ 的方程以

$$\begin{cases}F(x,y,z)=0,\\ G(x,y,z)=0\end{cases}\tag{6-12}$$

的形式给出,$M(x_0,y_0,z_0)$ 是曲线 Γ 上的一个点.又设 F,G 有对各个变量的连续偏导数,且

$$\left.\frac{\partial(F,G)}{\partial(y,z)}\right|_{(x_0,y_0,z_0)}\neq 0.$$

这时方程组(6-12)在点 $M(x_0,y_0,z_0)$ 的某一邻域内确定了一组函数 $y=\varphi(x)$,$z=\psi(x)$.要求曲线 Γ 在点 M 处的切线方程和法平面方程,只要求出 $\varphi'(x_0)$,$\psi'(x_0)$,然后代入(6-10)、(6-11)两式就行了.为此,我们在恒等式

$$F[x,\varphi(x),\psi(x)]\equiv 0,\quad G[x,\varphi(x),\psi(x)]\equiv 0$$

两端分别对 x 求全导数,得

$$\begin{cases}\dfrac{\partial F}{\partial x}+\dfrac{\partial F}{\partial y}\dfrac{\mathrm{d}y}{\mathrm{d}x}+\dfrac{\partial F}{\partial z}\dfrac{\mathrm{d}z}{\mathrm{d}x}=0,\\ \dfrac{\partial G}{\partial x}+\dfrac{\partial G}{\partial y}\dfrac{\mathrm{d}y}{\mathrm{d}x}+\dfrac{\partial G}{\partial z}\dfrac{\mathrm{d}z}{\mathrm{d}x}=0.\end{cases}$$

由假设可知，在点 M 的某个邻域内

$$J=\frac{\partial(F,G)}{\partial(y,z)}\neq 0,$$

故可解得

$$\frac{\mathrm{d}y}{\mathrm{d}x}=\varphi'(x)=\frac{\begin{vmatrix}F_z & F_x\\ G_z & G_x\end{vmatrix}}{\begin{vmatrix}F_y & F_z\\ G_y & G_z\end{vmatrix}},\quad \frac{\mathrm{d}z}{\mathrm{d}x}=\psi'(x)=\frac{\begin{vmatrix}F_x & F_y\\ G_x & G_y\end{vmatrix}}{\begin{vmatrix}F_y & F_z\\ G_y & G_z\end{vmatrix}}.$$

于是 $\boldsymbol{T}=(1,\varphi'(x_0),\psi'(x_0))$ 是曲线 Γ 在点 M 处的一个切向量，这里

$$\varphi'(x_0)=\frac{\begin{vmatrix}F_z & F_x\\ G_z & G_x\end{vmatrix}_M}{\begin{vmatrix}F_y & F_z\\ G_y & G_z\end{vmatrix}_M},\quad \psi'(x_0)=\frac{\begin{vmatrix}F_x & F_y\\ G_x & G_y\end{vmatrix}_M}{\begin{vmatrix}F_y & F_z\\ G_y & G_z\end{vmatrix}_M},$$

分子、分母中带下标 M 的行列式表示行列式在点 $M(x_0,y_0,z_0)$ 的值.把上面的切向量 $\boldsymbol{T}$ 乘 $\begin{vmatrix}F_y & F_z\\ G_y & G_z\end{vmatrix}_M$，得

$$\boldsymbol{T}_1=\left(\begin{vmatrix}F_y & F_z\\ G_y & G_z\end{vmatrix}_M,\begin{vmatrix}F_z & F_x\\ G_z & G_x\end{vmatrix}_M,\begin{vmatrix}F_x & F_y\\ G_x & G_y\end{vmatrix}_M\right),$$

这也是曲线 Γ 在点 M 处的一个切向量.由此可写出曲线 Γ 在点 $M(x_0,y_0,z_0)$ 处的切线方程为

$$\frac{x-x_0}{\begin{vmatrix}F_y & F_z\\ G_y & G_z\end{vmatrix}_M}=\frac{y-y_0}{\begin{vmatrix}F_z & F_x\\ G_z & G_x\end{vmatrix}_M}=\frac{z-z_0}{\begin{vmatrix}F_x & F_y\\ G_x & G_y\end{vmatrix}_M},\tag{6-13}$$

曲线 Γ 在点 $M(x_0,y_0,z_0)$ 处的法平面方程为

$$\begin{vmatrix}F_y & F_z\\ G_y & G_z\end{vmatrix}_M(x-x_0)+\begin{vmatrix}F_z & F_x\\ G_z & G_x\end{vmatrix}_M(y-y_0)+\begin{vmatrix}F_x & F_y\\ G_x & G_y\end{vmatrix}_M(z-z_0)=0.\tag{6-14}$$

如果 $\left.\dfrac{\partial(F,G)}{\partial(y,z)}\right|_M=0$ 而 $\left.\dfrac{\partial(F,G)}{\partial(z,x)}\right|_M$，$\left.\dfrac{\partial(F,G)}{\partial(x,y)}\right|_M$ 中至少有一个不等于零，那么我们可得同样的结果.

例 5　求曲线 $x^2+y^2+z^2=6, x+y+z=0$ 在点$(1,-2,1)$处的切线及法平面方程.

解　这里可直接利用公式(6-13)及(6-14)来解,但下面我们依照推导公式的方法来做.

将所给方程的两端对 x 求导并移项,得

$$\begin{cases} y\dfrac{\mathrm{d}y}{\mathrm{d}x}+z\dfrac{\mathrm{d}z}{\mathrm{d}x}=-x, \\ \dfrac{\mathrm{d}y}{\mathrm{d}x}+\dfrac{\mathrm{d}z}{\mathrm{d}x}=-1. \end{cases}$$

由此得

$$\frac{\mathrm{d}y}{\mathrm{d}x}=\frac{\begin{vmatrix} -x & z \\ -1 & 1 \end{vmatrix}}{\begin{vmatrix} y & z \\ 1 & 1 \end{vmatrix}}=\frac{z-x}{y-z},\quad \frac{\mathrm{d}z}{\mathrm{d}x}=\frac{\begin{vmatrix} y & -x \\ 1 & -1 \end{vmatrix}}{\begin{vmatrix} y & z \\ 1 & 1 \end{vmatrix}}=\frac{x-y}{y-z}.$$

释疑解难 9-5

$$\left.\frac{\mathrm{d}y}{\mathrm{d}x}\right|_{(1,-2,1)}=0,\quad \left.\frac{\mathrm{d}z}{\mathrm{d}x}\right|_{(1,-2,1)}=-1.$$

从而

$$\boldsymbol{T}=(1,0,-1).$$

故所求切线方程为

$$\frac{x-1}{1}=\frac{y+2}{0}=\frac{z-1}{-1},$$

法平面方程为

$$(x-1)+0\cdot(y+2)-(z-1)=0,$$

即

$$x-z=0.$$

三、曲面的切平面与法线

我们先讨论由隐式给出曲面方程

$$F(x,y,z)=0 \tag{6-15}$$

的情形,然后把由显式给出的曲面方程 $z=f(x,y)$ 作为它的特殊情形.

设曲面 Σ 由方程(6-15)给出,$M(x_0,y_0,z_0)$是曲面 Σ 上的一点,并设函数$F(x,y,z)$的偏导数在该点连续且不同时为零.在曲面 Σ 上,通过点 M 任意引一条曲线 Γ(图 9-8),假定曲线 Γ 的参数方程为

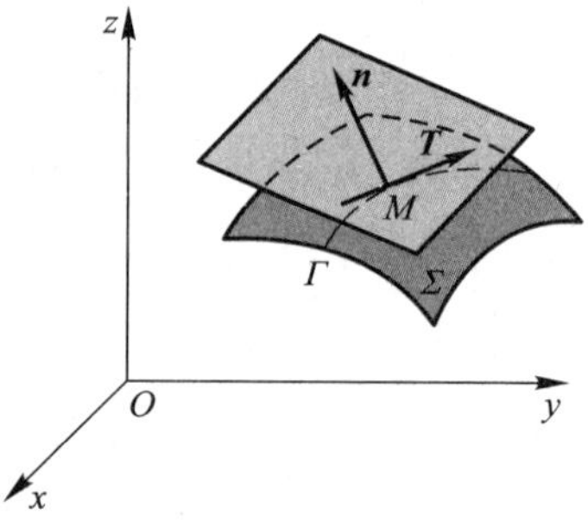

图 9-8

$$x=\varphi(t),y=\psi(t),z=\omega(t)\quad(\alpha\leqslant t\leqslant\beta),\tag{6-16}$$

$t=t_0$ 对应于点 $M(x_0,y_0,z_0)$ 且 $\varphi'(t_0),\psi'(t_0),\omega'(t_0)$ 不全为零,则由(6-8)式可得这曲线的切线方程为

$$\frac{x-x_0}{\varphi'(t_0)}=\frac{y-y_0}{\psi'(t_0)}=\frac{z-z_0}{\omega'(t_0)}.$$

我们现在要证明,在曲面 Σ 上通过点 M 且在点 M 处具有切线的任何曲线,它们在点 M 处的切线都在同一个平面上.事实上,因为曲线 Γ 完全在曲面 Σ 上,所以有恒等式

$$F[\varphi(t),\psi(t),\omega(t)]\equiv 0,$$

又因为 $F(x,y,z)$ 在点 (x_0,y_0,z_0) 处有连续偏导数,且 $\varphi'(t_0),\psi'(t_0)$ 和 $\omega'(t_0)$ 存在,所以这恒等式左端的复合函数在 $t=t_0$ 时有全导数,且这全导数等于零:

$$\frac{\mathrm{d}}{\mathrm{d}t}F[\varphi(t),\psi(t),\omega(t)]\bigg|_{t=t_0}=0,$$

即有

$$F_x(x_0,y_0,z_0)\varphi'(t_0)+F_y(x_0,y_0,z_0)\psi'(t_0)+F_z(x_0,y_0,z_0)\omega'(t_0)=0.\tag{6-17}$$

引入向量

$$\boldsymbol{n}=(F_x(x_0,y_0,z_0),F_y(x_0,y_0,z_0),F_z(x_0,y_0,z_0)),$$

则(6-17)式表示曲线(6-16)在点 M 处的切向量

$$\boldsymbol{T}=(\varphi'(t_0),\psi'(t_0),\omega'(t_0))$$

与向量 $\boldsymbol{n}$ 垂直.因为曲线(6-16)是曲面上通过点 M 的任意一条曲线,它们在点 M 的切线都与同一个向量 $\boldsymbol{n}$ 垂直,所以曲面上通过点 M 的一切曲线在点 M 的切线都在同一个平面上(图 9-8).这个平面称为曲面 Σ 在点 M 的切平面.这切平面的方程是

$$F_x(x_0,y_0,z_0)(x-x_0)+F_y(x_0,y_0,z_0)(y-y_0)+F_z(x_0,y_0,z_0)(z-z_0)=0.\tag{6-18}$$

通过点 $M(x_0,y_0,z_0)$ 且垂直于切平面(6-18)的直线称为曲面在该点的法线.法线方程是

$$\frac{x-x_0}{F_x(x_0,y_0,z_0)}=\frac{y-y_0}{F_y(x_0,y_0,z_0)}=\frac{z-z_0}{F_z(x_0,y_0,z_0)}.\tag{6-19}$$

垂直于曲面上切平面的向量称为曲面的法向量.向量

$$\boldsymbol{n}=(F_x(x_0,y_0,z_0),F_y(x_0,y_0,z_0),F_z(x_0,y_0,z_0))$$

就是曲面 Σ 在点 M 处的一个法向量.

现在来考虑曲面方程

$$z=f(x,y).\tag{6-20}$$

令

$$F(x,y,z)=f(x,y)-z,$$

可见

$$F_x(x,y,z)=f_x(x,y),\quad F_y(x,y,z)=f_y(x,y),\quad F_z(x,y,z)=-1.$$

于是，当函数$f(x,y)$的偏导数$f_x(x,y)$，$f_y(x,y)$在点(x_0,y_0)连续时，曲面(6-20)在点$M(x_0,y_0,z_0)$处的法向量为

$$\boldsymbol{n}=(f_x(x_0,y_0),f_y(x_0,y_0),-1),$$

切平面方程为

$$f_x(x_0,y_0)(x-x_0)+f_y(x_0,y_0)(y-y_0)-(z-z_0)=0,$$

或

$$z-z_0=f_x(x_0,y_0)(x-x_0)+f_y(x_0,y_0)(y-y_0),\tag{6-21}$$

而法线方程为

$$\frac{x-x_0}{f_x(x_0,y_0)}=\frac{y-y_0}{f_y(x_0,y_0)}=\frac{z-z_0}{-1}.\tag{6-22}$$

这里顺便指出，方程(6-21)右端恰好是函数$z=f(x,y)$在点(x_0,y_0)的全微分，而左端是切平面上点的竖坐标的增量.因此，函数$z=f(x,y)$在点(x_0,y_0)的全微分，在几何上表示曲面$z=f(x,y)$在点(x_0,y_0,z_0)处的切平面上点的竖坐标的增量.

如果用α,β和γ表示曲面的法向量的方向角，并假定法向量的方向是**向上的**，即使得它与z轴的正向所夹的角γ是一锐角，那么法向量的方向余弦为

$$\cos\alpha=\frac{-f_x}{\sqrt{1+f_x^2+f_y^2}},\quad \cos\beta=\frac{-f_y}{\sqrt{1+f_x^2+f_y^2}},\quad \cos\gamma=\frac{1}{\sqrt{1+f_x^2+f_y^2}}.$$

这里，把$f_x(x_0,y_0)$和$f_y(x_0,y_0)$分别简记为f_x和f_y.

例 6　求球面$x^2+y^2+z^2=14$在点(1,2,3)处的切平面及法线方程.

解

$$F(x,y,z)=x^2+y^2+z^2-14,$$

$$\boldsymbol{n}=(F_x,F_y,F_z)=(2x,2y,2z),\quad \boldsymbol{n}\big|_{(1,2,3)}=(2,4,6).$$

所以在点(1,2,3)处此球面的切平面方程为

$$2(x-1)+4(y-2)+6(z-3)=0,$$

即

$$x+2y+3z-14=0.$$

法线方程为

$$\frac{x-1}{1}=\frac{y-2}{2}=\frac{z-3}{3},$$

即

$$\frac{x}{1}=\frac{y}{2}=\frac{z}{3}.$$

由此可见，法线经过原点(即球心).

例 7　求旋转抛物面 $z=x^2+y^2-1$ 在点(2,1,4)处的切平面及法线方程.

解

$$f(x,y)=x^2+y^2-1,$$

$$\boldsymbol{n}=(f_x,f_y,-1)=(2x,2y,-1),\quad \boldsymbol{n}\big|_{(2,1,4)}=(4,2,-1).$$

所以在点(2,1,4)处的切平面方程为

$$4(x-2)+2(y-1)-(z-4)=0,$$

即

$$4x+2y-z-6=0.$$

法线方程为

$$\frac{x-2}{4}=\frac{y-1}{2}=\frac{z-4}{-1}.$$

习题 9-6

1. 设 $\boldsymbol{f}(t)=f_1(t)\boldsymbol{i}+f_2(t)\boldsymbol{j}+f_3(t)\boldsymbol{k}$, $\boldsymbol{g}(t)=g_1(t)\boldsymbol{i}+g_2(t)\boldsymbol{j}+g_3(t)\boldsymbol{k}$, $\lim\limits_{t\to t_0}\boldsymbol{f}(t)=\boldsymbol{u}$, $\lim\limits_{t\to t_0}\boldsymbol{g}(t)=\boldsymbol{v}$,证明

$$\lim_{t\to t_0}[\boldsymbol{f}(t)\times\boldsymbol{g}(t)]=\boldsymbol{u}\times\boldsymbol{v}.$$

2. 下列各题中,$\boldsymbol{r}=\boldsymbol{f}(t)$ 是空间中的质点 M 在时刻 t 的位置,求质点 M 在时刻 t_0 的速度向量和加速度向量以及在任意时刻 t 的速率:

(1) $\boldsymbol{r}=\boldsymbol{f}(t)=(t+1)\boldsymbol{i}+(t^2-1)\boldsymbol{j}+2t\boldsymbol{k}$, $t_0=1$;

(2) $\boldsymbol{r}=\boldsymbol{f}(t)=(2\cos t)\boldsymbol{i}+(3\sin t)\boldsymbol{j}+4t\boldsymbol{k}$, $t_0=\dfrac{\pi}{2}$;

(3) $\boldsymbol{r}=\boldsymbol{f}(t)=(2\ln(t+1))\boldsymbol{i}+t^2\boldsymbol{j}+\dfrac{1}{2}t^2\boldsymbol{k}$, $t_0=1$.

3. 求曲线 $\boldsymbol{r}=\boldsymbol{f}(t)=(t-\sin t)\boldsymbol{i}+(1-\cos t)\boldsymbol{j}+\left(4\sin\dfrac{t}{2}\right)\boldsymbol{k}$ 在与 $t_0=\dfrac{\pi}{2}$ 相应的点处的切线及法平面方程.

4. 求曲线 $x=\dfrac{t}{1+t}$, $y=\dfrac{1+t}{t}$, $z=t^2$ 在对应于 $t_0=1$ 的点处的切线及法平面方程.

5. 求曲线 $y^2=2mx$, $z^2=m-x$ 在点 (x_0,y_0,z_0) 处的切线及法平面方程.

6. 求曲线 $\begin{cases}x^2+y^2+z^2-3x=0,\\2x-3y+5z-4=0\end{cases}$ 在点(1,1,1)处的切线及法平面方程.

7. 求出曲线 $x=t$, $y=t^2$, $z=t^3$ 上的点,使在该点的切线平行于平面 $x+2y+z=4$.

8. 求曲面 $\mathrm{e}^z-z+xy=3$ 在点(2,1,0)处的切平面及法线方程.

9. 求曲面 $ax^2+by^2+cz^2=1$ 在点 (x_0,y_0,z_0) 处的切平面及法线方程.

10. 求椭球面 $x^2+2y^2+z^2=1$ 上平行于平面 $x-y+2z=0$ 的切平面方程.

11. 设曲面 $3x^2+y^2-z^2=27$ 的切平面通过直线 $L:\begin{cases}10x+2y-2z=27,\\x+y-z=0.\end{cases}$ 求此切平面的方程.

12. 设 L 是曲面 $\Sigma: z=y^2+x^3y$ 上一条曲线的切线,切点为 $P(2,1,9)$,L 在 xOy 面上的投影平行于 x 轴,求切线 L 的参数方程.

13. 求旋转椭球面 $3x^2+y^2+z^2=16$ 上点$(-1,-2,3)$处的切平面与 xOy 面的夹角的余弦.

14. 试证曲面 $\sqrt{x}+\sqrt{y}+\sqrt{z}=\sqrt{a}$ $(a>0)$上任何点处的切平面在各坐标轴上的截距之和等于 a.

15. 设 $\boldsymbol{u}(t),\boldsymbol{v}(t)$是可导的向量值函数,证明:

(1) $\dfrac{\mathrm{d}}{\mathrm{d}t}[\boldsymbol{u}(t)\pm\boldsymbol{v}(t)]=\boldsymbol{u}'(t)\pm\boldsymbol{v}'(t)$;

(2) $\dfrac{\mathrm{d}}{\mathrm{d}t}[\boldsymbol{u}(t)\cdot\boldsymbol{v}(t)]=\boldsymbol{u}'(t)\cdot\boldsymbol{v}(t)+\boldsymbol{u}(t)\cdot\boldsymbol{v}'(t)$;

(3) $\dfrac{\mathrm{d}}{\mathrm{d}t}[\boldsymbol{u}(t)\times\boldsymbol{v}(t)]=\boldsymbol{u}'(t)\times\boldsymbol{v}(t)+\boldsymbol{u}(t)\times\boldsymbol{v}'(t)$.

第七节　方向导数与梯度

一、方向导数

偏导数反映的是函数沿坐标轴方向的变化率.但许多物理现象告诉我们,只考虑函数沿坐标轴方向的变化率是不够的.因此我们有必要来讨论函数沿任一指定方向的变化率问题.

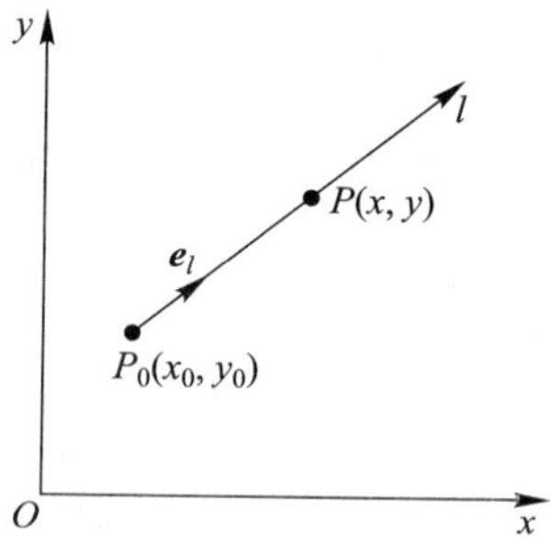

图 9-9

设 l 是 xOy 平面上以 $P_0(x_0,y_0)$为始点的一条射线,$\boldsymbol{e}_l=(\cos\alpha,\cos\beta)$是与 l 同方向的单位向量(图 9-9).射线 l 的参数方程为

$$\begin{cases}x=x_0+t\cos\alpha,\\ y=y_0+t\cos\beta\end{cases}\quad(t\geqslant 0).$$

设函数 $z=f(x,y)$在点 $P_0(x_0,y_0)$的某个邻域 $U(P_0)$内有定义,$P(x_0+t\cos\alpha,y_0+t\cos\beta)$为 l 上另一点,且 $P\in U(P_0)$.如果函数增量 $f(x_0+t\cos\alpha,y_0+t\cos\beta)-f(x_0,y_0)$与 P 到 P_0 的距离 $|PP_0|=t$ 的比值

$$\frac{f(x_0+t\cos\alpha,y_0+t\cos\beta)-f(x_0,y_0)}{t}$$

当 P 沿着 l 趋于 P_0(即 $t\to 0^+$)时的极限存在,那么称此极限为函数 $f(x,y)$在点 P_0 沿方向 l 的方向导数,记作 $\left.\dfrac{\partial f}{\partial l}\right|_{(x_0,y_0)}$,即

$$\left.\frac{\partial f}{\partial l}\right|_{(x_0,y_0)}=\lim_{t\to 0^+}\frac{f(x_0+t\cos\alpha,y_0+t\cos\beta)-f(x_0,y_0)}{t}.\qquad(7-1)$$

从方向导数的定义可知，方向导数$\left.\frac{\partial f}{\partial l}\right|_{(x_0,y_0)}$就是函数$f(x,y)$在点$P_0(x_0,y_0)$处沿方向$l$的变化率.若函数$f(x,y)$在点$P_0(x_0,y_0)$的偏导数存在，$\boldsymbol{e}_l=\boldsymbol{i}=(1,0)$，则

$$\left.\frac{\partial f}{\partial l}\right|_{(x_0,y_0)}=\lim_{t\to0^+}\frac{f(x_0+t,y_0)-f(x_0,y_0)}{t}=f_x(x_0,y_0);$$

又若$\boldsymbol{e}_l=\boldsymbol{j}=(0,1)$，则

$$\left.\frac{\partial f}{\partial l}\right|_{(x_0,y_0)}=\lim_{t\to0^+}\frac{f(x_0,y_0+t)-f(x_0,y_0)}{t}=f_y(x_0,y_0).$$

但反之，若$\boldsymbol{e}_l=\boldsymbol{i}$，$\left.\frac{\partial z}{\partial l}\right|_{(x_0,y_0)}$存在，则$\left.\frac{\partial z}{\partial x}\right|_{(x_0,y_0)}$未必存在.例如，$z=\sqrt{x^2+y^2}$在点$O(0,0)$处沿$l=\boldsymbol{i}$方向的方向导数$\left.\frac{\partial z}{\partial l}\right|_{(0,0)}=1$，而偏导数$\left.\frac{\partial z}{\partial x}\right|_{(0,0)}$不存在.

关于方向导数的存在及计算，我们有以下定理：

定理　如果函数$f(x,y)$在点$P_0(x_0,y_0)$可微分，那么函数在该点沿任一方向l的方向导数存在，且有

$$\left.\frac{\partial f}{\partial l}\right|_{(x_0,y_0)}=f_x(x_0,y_0)\cos\alpha+f_y(x_0,y_0)\cos\beta,\tag{7-2}$$

其中$\cos\alpha$和$\cos\beta$是方向l的方向余弦.

证　由假设，$f(x,y)$在点(x_0,y_0)可微分，故有

$$f(x_0+\Delta x,y_0+\Delta y)-f(x_0,y_0)=f_x(x_0,y_0)\Delta x+f_y(x_0,y_0)\Delta y+o\left(\sqrt{(\Delta x)^2+(\Delta y)^2}\right).$$

但点$(x_0+\Delta x,y_0+\Delta y)$在以$(x_0,y_0)$为始点的射线$l$上时，应有$\Delta x=t\cos\alpha$，$\Delta y=t\cos\beta$，$\sqrt{(\Delta x)^2+(\Delta y)^2}=t$.所以

$$\lim_{t\to0^+}\frac{f(x_0+t\cos\alpha,y_0+t\cos\beta)-f(x_0,y_0)}{t}=f_x(x_0,y_0)\cos\alpha+f_y(x_0,y_0)\cos\beta.$$

这就证明了方向导数存在，且其值为

$$\left.\frac{\partial f}{\partial l}\right|_{(x_0,y_0)}=f_x(x_0,y_0)\cos\alpha+f_y(x_0,y_0)\cos\beta.$$

例1　求函数$z=xe^{2y}$在点$P(1,0)$处沿从点$P(1,0)$到点$Q(2,-1)$的方向的方向导数.

解　这里方向l即向量$\overrightarrow{PQ}=(1,-1)$的方向，与$l$同向的单位向量为$\boldsymbol{e}_l=\left(\frac{1}{\sqrt{2}},-\frac{1}{\sqrt{2}}\right)$.

因为函数可微分，且

$$\left.\frac{\partial z}{\partial x}\right|_{(1,0)}=\left.e^{2y}\right|_{(1,0)}=1,\quad \left.\frac{\partial z}{\partial y}\right|_{(1,0)}=\left.2xe^{2y}\right|_{(1,0)}=2,$$

故所求方向导数为

$$\left.\frac{\partial z}{\partial l}\right|_{(1,0)}=1\times\frac{1}{\sqrt{2}}+2\times\left(-\frac{1}{\sqrt{2}}\right)=-\frac{\sqrt{2}}{2}.$$

对于三元函数 $f(x,y,z)$ 来说，它在空间一点 $P_0(x_0,y_0,z_0)$ 沿方向 $\boldsymbol{e}_l=(\cos\alpha,\cos\beta,\cos\gamma)$ 的方向导数为

$$\left.\frac{\partial f}{\partial l}\right|_{(x_0,y_0,z_0)}=\lim_{t\to0^+}\frac{f(x_0+t\cos\alpha,y_0+t\cos\beta,z_0+t\cos\gamma)-f(x_0,y_0,z_0)}{t}.\quad(7-3)$$

同样可以证明：如果函数 $f(x,y,z)$ 在点 (x_0,y_0,z_0) 可微分，那么函数在该点沿方向 $\boldsymbol{e}_l=(\cos\alpha,\cos\beta,\cos\gamma)$ 的方向导数为

$$\left.\frac{\partial f}{\partial l}\right|_{(x_0,y_0,z_0)}=f_x(x_0,y_0,z_0)\cos\alpha+f_y(x_0,y_0,z_0)\cos\beta+f_z(x_0,y_0,z_0)\cos\gamma.\quad(7-4)$$

例 2 求 $f(x,y,z)=xy+yz+zx$ 在点 $(1,1,2)$ 沿方向 l 的方向导数，其中 l 的方向角分别为 $60°,45°,60°$.

解 与 l 同向的单位向量

$$\boldsymbol{e}_l=(\cos60°,\cos45°,\cos60°)=\left(\frac{1}{2},\frac{\sqrt{2}}{2},\frac{1}{2}\right).$$

因为函数可微分，且

$$f_x(1,1,2)=(y+z)\big|_{(1,1,2)}=3,$$

$$f_y(1,1,2)=(x+z)\big|_{(1,1,2)}=3,$$

$$f_z(1,1,2)=(y+x)\big|_{(1,1,2)}=2.$$

由公式(7-4)，得

$$\left.\frac{\partial f}{\partial l}\right|_{(1,1,2)}=3\times\frac{1}{2}+3\times\frac{\sqrt{2}}{2}+2\times\frac{1}{2}=\frac{1}{2}(5+3\sqrt{2}).$$

二、梯度

与方向导数有关联的一个概念是函数的梯度.在二元函数的情形，设函数 $f(x,y)$ 在平面区域 D 内具有一阶连续偏导数，则对于每一点 $P_0(x_0,y_0)\in D$，都可定出一个向量

$$f_x(x_0,y_0)\boldsymbol{i}+f_y(x_0,y_0)\boldsymbol{j},$$

这向量称为函数 $f(x,y)$ 在点 $P_0(x_0,y_0)$ 的梯度，记作 $\mathbf{grad}\,f(x_0,y_0)$ 或 $\nabla f(x_0,y_0)$，即

$$\mathbf{grad}\,f(x_0,y_0)=\nabla f(x_0,y_0)=f_x(x_0,y_0)\boldsymbol{i}+f_y(x_0,y_0)\boldsymbol{j},$$

其中 $\nabla=\frac{\partial}{\partial x}\boldsymbol{i}+\frac{\partial}{\partial y}\boldsymbol{j}$ 称为（二维的）向量微分算子或 Nabla 算子，$\nabla f=\frac{\partial f}{\partial x}\boldsymbol{i}+\frac{\partial f}{\partial y}\boldsymbol{j}$.

如果函数 $f(x,y)$ 在点 $P_0(x_0,y_0)$ 可微分，$\boldsymbol{e}_l=(\cos\alpha,\cos\beta)$ 是与方向 l 同向的单位向量，那么

$$\begin{aligned}\left.\frac{\partial f}{\partial l}\right|_{(x_0,y_0)}&=f_x(x_0,y_0)\cos\alpha+f_y(x_0,y_0)\cos\beta\\&=\mathbf{grad}\,f(x_0,y_0)\cdot\boldsymbol{e}_l=|\mathbf{grad}\,f(x_0,y_0)|\cos\theta,\end{aligned}$$

其中 $\theta=(\widehat{\mathbf{grad}\,f(x_0,y_0),\boldsymbol{e}_l})$.

这一关系式表明了函数在一点的梯度与函数在这点的方向导数间的关系.特别，由这关系可知：

(1) 当 $\theta=0$，即方向 $\boldsymbol{e}_l$ 与梯度 $\mathbf{grad}\,f(x_0,y_0)$ 的方向相同时，函数 $f(x,y)$ 增加最快.此时，函数在这个方向的方向导数达到最大值，这个最大值就是梯度 $\mathbf{grad}\,f(x_0,y_0)$ 的模，即

$$\left.\frac{\partial f}{\partial l}\right|_{(x_0,y_0)}=|\mathbf{grad}\,f(x_0,y_0)|.$$

这个结果也表示：函数 $f(x,y)$ 在一点的梯度 $\mathbf{grad}\,f$ 是这样一个向量，它的方向是函数在这点的方向导数取得最大值的方向，它的模就等于方向导数的最大值.

(2) 当 $\theta=\pi$，即方向 $\boldsymbol{e}_l$ 与梯度 $\mathbf{grad}\,f(x_0,y_0)$ 的方向相反时，函数 $f(x,y)$ 减少最快，函数在这个方向的方向导数达到最小值，即

$$\left.\frac{\partial f}{\partial l}\right|_{(x_0,y_0)}=-|\mathbf{grad}\,f(x_0,y_0)|.$$

(3) 当 $\theta=\dfrac{\pi}{2}$，即方向 $\boldsymbol{e}_l$ 与梯度 $\mathbf{grad}\,f(x_0,y_0)$ 的方向正交时，函数的变化率为零，即

$$\left.\frac{\partial f}{\partial l}\right|_{(x_0,y_0)}=|\mathbf{grad}\,f(x_0,y_0)|\cos\theta=0.$$

我们知道，一般说来二元函数 $z=f(x,y)$ 在几何上表示一个曲面，这曲面被平面 $z=c$（c 是常数）所截得的曲线 L 的方程为

$$\begin{cases}z=f(x,y),\\z=c.\end{cases}$$

这条曲线 L 在 xOy 面上的投影是一条平面曲线 L^*（图 9-10），它在 xOy 平面直角坐标系中的方程为

$$f(x,y)=c.$$

对于曲线 L^* 上的一切点，已给函数的函数值都是 c，所以我们称平面曲线 L^* 为函数 $z=f(x,y)$ 的等值线.

若 f_x，f_y 不同时为零，则等值线 $f(x,y)=c$ 上任一点 $P_0(x_0,y_0)$ 处的一个单位法向

量为

$$\boldsymbol{n}=\frac{1}{\sqrt{f_x^2(x_0,y_0)+f_y^2(x_0,y_0)}}(f_x(x_0,y_0),f_y(x_0,y_0))=\frac{\nabla f(x_0,y_0)}{|\nabla f(x_0,y_0)|}.$$

这表明函数$f(x,y)$在一点(x_0,y_0)的梯度$\nabla f(x_0,y_0)$的方向就是等值线$f(x,y)=c$在这点的法线方向$\boldsymbol{n}$，而梯度的模$|\nabla f(x_0,y_0)|$就是沿这个法线方向的方向导数$\frac{\partial f}{\partial n}$，于是有

$$\nabla f(x_0,y_0)=\frac{\partial f}{\partial n}\boldsymbol{n}.$$

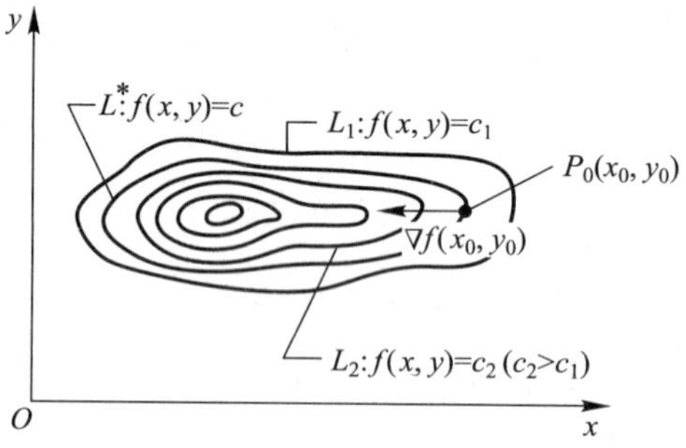

图 9-10

上面讨论的梯度概念可以类似地推广到三元函数的情形.设函数$f(x,y,z)$在空间区域G内具有一阶连续偏导数，则对于每一点$P_0(x_0,y_0,z_0)\in G$，都可定出一个向量

$$f_x(x_0,y_0,z_0)\boldsymbol{i}+f_y(x_0,y_0,z_0)\boldsymbol{j}+f_z(x_0,y_0,z_0)\boldsymbol{k},$$

这向量称为函数$f(x,y,z)$在点$P_0(x_0,y_0,z_0)$的梯度，将它记作 $\mathbf{grad}\,f(x_0,y_0,z_0)$ 或$\nabla f(x_0,y_0,z_0)$，即

$$\mathbf{grad}\,f(x_0,y_0,z_0)=\nabla f(x_0,y_0,z_0)=f_x(x_0,y_0,z_0)\boldsymbol{i}+f_y(x_0,y_0,z_0)\boldsymbol{j}+f_z(x_0,y_0,z_0)\boldsymbol{k},$$

其中$\nabla=\frac{\partial}{\partial x}\boldsymbol{i}+\frac{\partial}{\partial y}\boldsymbol{j}+\frac{\partial}{\partial z}\boldsymbol{k}$称为(三维的)向量微分算子或 Nabla 算子，$\nabla f=\frac{\partial f}{\partial x}\boldsymbol{i}+\frac{\partial f}{\partial y}\boldsymbol{j}+\frac{\partial f}{\partial z}\boldsymbol{k}$.

经过与二元函数的情形完全类似的讨论可知，三元函数$f(x,y,z)$在一点的梯度∇f是这样一个向量，它的方向是函数$f(x,y,z)$在这点的方向导数取得最大值的方向，它的模就等于方向导数的最大值.

如果引进曲面

$$f(x,y,z)=c$$

为函数$f(x,y,z)$的等值面的概念，那么可得函数$f(x,y,z)$在一点(x_0,y_0,z_0)的梯度$\nabla f(x_0,y_0,z_0)$的方向就是等值面$f(x,y,z)=c$在这点的法向量$\boldsymbol{n}$，而梯度的模

$|\nabla f(x_0,y_0,z_0)|$就是函数沿这个法向量的方向导数$\frac{\partial f}{\partial n}$.

例3 求 $\mathbf{grad}\,\frac{1}{x^2+y^2}$.

解 这里$f(x,y)=\frac{1}{x^2+y^2}$.因为

$$\frac{\partial f}{\partial x}=-\frac{2x}{(x^2+y^2)^2},\quad \frac{\partial f}{\partial y}=-\frac{2y}{(x^2+y^2)^2},$$

所以

$$\mathbf{grad}\,\frac{1}{x^2+y^2}=-\frac{2x}{(x^2+y^2)^2}\boldsymbol{i}-\frac{2y}{(x^2+y^2)^2}\boldsymbol{j}.$$

例4 设$f(x,y)=\frac{1}{2}(x^2+y^2)$,点$P_0(1,1)$,求:

(1) $f(x,y)$在点P_0处增加最快的方向以及$f(x,y)$沿这个方向的方向导数;

(2) $f(x,y)$在点P_0处减少最快的方向以及$f(x,y)$沿这个方向的方向导数;

(3) $f(x,y)$在点P_0处的变化率为零的方向.

解 (1) $f(x,y)$在点P_0处沿$\nabla f(1,1)$的方向增加最快,

$$\nabla f(1,1)=(x\boldsymbol{i}+y\boldsymbol{j})\big|_{(1,1)}=\boldsymbol{i}+\boldsymbol{j},$$

故所求方向可取为

$$\boldsymbol{n}=\frac{\nabla f(1,1)}{|\nabla f(1,1)|}=\frac{1}{\sqrt{2}}\boldsymbol{i}+\frac{1}{\sqrt{2}}\boldsymbol{j},$$

方向导数为

$$\frac{\partial f}{\partial n}\Big|_{(1,1)}=|\nabla f(1,1)|=\sqrt{2}.$$

(2) $f(x,y)$在点P_0处沿$-\nabla f(1,1)$的方向减少最快,这方向可取为

$$\boldsymbol{n}_1=-\boldsymbol{n}=-\frac{1}{\sqrt{2}}\boldsymbol{i}-\frac{1}{\sqrt{2}}\boldsymbol{j},$$

方向导数为

$$\frac{\partial f}{\partial n_1}\Big|_{(1,1)}=-|\nabla f(1,1)|=-\sqrt{2}.$$

(3) $f(x,y)$在点P_0处沿垂直于$\nabla f(1,1)$的方向变化率为零,这方向是

$$\boldsymbol{n}_2=-\frac{1}{\sqrt{2}}\boldsymbol{i}+\frac{1}{\sqrt{2}}\boldsymbol{j}\quad \text{或}\quad \boldsymbol{n}_3=\frac{1}{\sqrt{2}}\boldsymbol{i}-\frac{1}{\sqrt{2}}\boldsymbol{j}.$$

例5 设$f(x,y,z)=x^3-xy^2-z$,点$P_0(1,1,0)$.问$f(x,y,z)$在点P_0处沿什么方向变化最快,在这个方向的变化率是多少?

解　$\nabla f=f_x\boldsymbol{i}+f_y\boldsymbol{j}+f_z\boldsymbol{k}=(3x^2-y^2)\boldsymbol{i}-2xy\boldsymbol{j}-\boldsymbol{k}$，$\nabla f(1,1,0)=2\boldsymbol{i}-2\boldsymbol{j}-\boldsymbol{k}$.

$f(x,y,z)$ 在点 P_0 处沿 $\nabla f(1,1,0)$ 的方向增加最快，沿 $-\nabla f(1,1,0)$ 的方向减少最快，在这两个方向的变化率分别是

$$|\nabla f(1,1,0)|=\sqrt{2^2+(-2)^2+1}=3,$$

$$-|\nabla f(1,1,0)|=-3.$$

例题精讲 9-3

例 6　求曲面 $x^2+y^2+z=9$ 在点 $P_0(1,2,4)$ 的切平面和法线方程.

解　设 $f(x,y,z)=x^2+y^2+z$. 由梯度与等值面的关系可知，梯度

$$\nabla f\Big|_{P_0}=(2x\boldsymbol{i}+2y\boldsymbol{j}+\boldsymbol{k})\Big|_{(1,2,4)}=2\boldsymbol{i}+4\boldsymbol{j}+\boldsymbol{k}$$

的方向是等值面 $f(x,y,z)=9$ 在点 P_0 的法线方向，因此切平面方程是

$$2(x-1)+4(y-2)+(z-4)=0,$$

即

$$2x+4y+z=14,$$

曲面在点 P_0 处的法线方程是

$$x=1+2t,\quad y=2+4t,\quad z=4+t\quad (t\text{ 为任意常数}).$$

下面我们简单地介绍数量场与向量场的概念.

如果对于空间区域 G 内的任一点 M，都有一个确定的数量 $f(M)$，那么称在这空间区域 G 内确定了一个数量场（例如温度场、密度场等）. 一个数量场可用一个数量函数 $f(M)$ 来确定. 如果与点 M 相对应的是一个向量 $\boldsymbol{F}(M)$，那么称在这空间区域 G 内确定了一个向量场（例如力场、速度场等）. 一个向量场可用一个向量值函数 $\boldsymbol{F}(M)$ 来确定，而

$$\boldsymbol{F}(M)=P(M)\boldsymbol{i}+Q(M)\boldsymbol{j}+R(M)\boldsymbol{k},$$

其中 $P(M)$，$Q(M)$，$R(M)$ 是点 M 的数量函数.

若向量场 $\boldsymbol{F}(M)$ 是某个数量函数 $f(M)$ 的梯度，则称 $f(M)$ 是向量场 $\boldsymbol{F}(M)$ 的一个势函数，并称向量场 $\boldsymbol{F}(M)$ 为势场. 由此可知，由数量函数 $f(M)$ 产生的梯度场 **grad** $f(M)$ 是一个势场. 但需注意，任意一个向量场并不一定都是势场，因为它不一定是某个数量函数的梯度.

例 7　试求数量场 $\dfrac{m}{r}$ 所产生的梯度场，其中常数 $m>0$，$r=\sqrt{x^2+y^2+z^2}$ 为原点 O 与点 $M(x,y,z)$ 间的距离.

解

$$\frac{\partial}{\partial x}\left(\frac{m}{r}\right)=-\frac{m}{r^2}\frac{\partial r}{\partial x}=-\frac{mx}{r^3},$$

同理

$$\frac{\partial}{\partial y}\left(\frac{m}{r}\right)=-\frac{my}{r^3},\quad \frac{\partial}{\partial z}\left(\frac{m}{r}\right)=-\frac{mz}{r^3}.$$

从而

$$\mathbf{grad}\ \frac{m}{r}=-\frac{m}{r^2}\left(\frac{x}{r}\boldsymbol{i}+\frac{y}{r}\boldsymbol{j}+\frac{z}{r}\boldsymbol{k}\right).$$

如果用 $\boldsymbol{e}_r$ 表示与 $\overrightarrow{OM}$ 同方向的单位向量，那么

$$\boldsymbol{e}_r=\frac{x}{r}\boldsymbol{i}+\frac{y}{r}\boldsymbol{j}+\frac{z}{r}\boldsymbol{k},$$

因此

$$\mathbf{grad}\ \frac{m}{r}=-\frac{m}{r^2}\boldsymbol{e}_r.$$

上式右端在力学上可解释为，位于原点 O 而质量为 m 的质点对位于点 M 而质量为 1 的质点的引力. 这引力的大小与两质点的质量的乘积成正比、而与它们的距离平方成反比，这引力的方向由点 M 指向原点. 因此数量场 $\frac{m}{r}$ 的势场，即梯度场 $\mathbf{grad}\ \frac{m}{r}$，称为引力场，而函数 $\frac{m}{r}$ 称为引力势.

习题 9-7

1. 求函数 $z=x^2+y^2$ 在点 $(1,2)$ 处沿从点 $(1,2)$ 到点 $(2,2+\sqrt{3})$ 的方向的方向导数.

2. 求函数 $z=\ln(x+y)$ 在抛物线 $y^2=4x$ 上点 $(1,2)$ 处，沿着这抛物线在该点处偏向 x 轴正向的切线方向的方向导数.

3. 求函数 $z=1-\left(\frac{x^2}{a^2}+\frac{y^2}{b^2}\right)$ 在点 $\left(\frac{a}{\sqrt{2}},\frac{b}{\sqrt{2}}\right)$ 处沿曲线 $\frac{x^2}{a^2}+\frac{y^2}{b^2}=1$ 在该点的内法线方向的方向导数.

4. 求函数 $u=xy^2+z^3-xyz$ 在点 $(1,1,2)$ 处沿方向角为 $\alpha=\frac{\pi}{3},\beta=\frac{\pi}{4},\gamma=\frac{\pi}{3}$ 的方向的方向导数.

5. 求函数 $u=xyz$ 在点 $(5,1,2)$ 处沿从点 $(5,1,2)$ 到点 $(9,4,14)$ 的方向的方向导数.

6. 求函数 $u=x^2+y^2+z^2$ 在曲线 $x=t,y=t^2,z=t^3$ 上点 $(1,1,1)$ 处，沿曲线在该点的切线正方向（对应于 t 增大的方向）的方向导数.

7. 求函数 $u=x+y+z$ 在球面 $x^2+y^2+z^2=1$ 上点 (x_0,y_0,z_0) 处，沿球面在该点的外法线方向的方向导数.

8. 设 $f(x,y,z)=x^2+2y^2+3z^2+xy+3x-2y-6z$，求

$$\mathbf{grad}\,f(0,0,0)\quad 及\quad \mathbf{grad}\,f(1,1,1).$$

9. 设函数 $u(x,y,z),v(x,y,z)$ 的各个偏导数都存在且连续，证明：

(1) $\nabla(cu)=c\nabla u$（其中 c 为常数）；　　(2) $\nabla(u\pm v)=\nabla u\pm\nabla v$；

(3) $\nabla(uv)=v\nabla u+u\nabla v$;　　　　(4) $\nabla\left(\dfrac{u}{v}\right)=\dfrac{v\nabla u-u\nabla v}{v^2}\quad(v\neq 0)$.

10. 求函数 $u=xy^2z$ 在点 $P_0(1,-1,2)$ 处变化最快的方向,并求沿这个方向的方向导数.

第八节　多元函数的极值及其求法

一、多元函数的极值及最大值与最小值

在实际问题中,往往会遇到多元函数的最大值与最小值问题.与一元函数相类似,多元函数的最大值、最小值与极大值、极小值有密切联系,因此我们以二元函数为例,先来讨论多元函数的极值问题.

定义　设函数 $z=f(x,y)$ 的定义域为 D,$P_0(x_0,y_0)$ 为 D 的内点.若存在 P_0 的某个邻域 $U(P_0)\subset D$,使得对于该邻域内异于 P_0 的任何点 (x,y),都有

$$f(x,y)<f(x_0,y_0),$$

则称函数 $f(x,y)$ 在点 (x_0,y_0) 有极大值 $f(x_0,y_0)$,点 (x_0,y_0) 称为函数 $f(x,y)$ 的极大值点;若对于该邻域内异于 P_0 的任何点 (x,y),都有

$$f(x,y)>f(x_0,y_0),$$

则称函数 $f(x,y)$ 在点 (x_0,y_0) 有极小值 $f(x_0,y_0)$,点 (x_0,y_0) 称为函数 $f(x,y)$ 的极小值点.极大值与极小值统称为极值.使得函数取得极值的点称为极值点.

例 1　函数 $z=3x^2+4y^2$ 在点 $(0,0)$ 处有极小值.因为对于点 $(0,0)$ 的任一邻域内异于 $(0,0)$ 的点,函数值都为正,而在点 $(0,0)$ 处的函数值为零.从几何上看这是显然的,因为点 $(0,0,0)$ 是开口朝上的椭圆抛物面 $z=3x^2+4y^2$ 的顶点.

例 2　函数 $z=-\sqrt{x^2+y^2}$ 在点 $(0,0)$ 处有极大值.因为在点 $(0,0)$ 处函数值为零,而对于点 $(0,0)$ 的任一邻域内异于 $(0,0)$ 的点,函数值都为负.点 $(0,0,0)$ 是位于 xOy 平面下方的锥面 $z=-\sqrt{x^2+y^2}$ 的顶点.

例 3　函数 $z=xy$ 在点 $(0,0)$ 处既不取得极大值也不取得极小值.因为在点 $(0,0)$ 处的函数值为零,而在点 $(0,0)$ 的任一邻域内,总有使函数值为正的点,也有使函数值为负的点.

以上关于二元函数的极值概念,可推广到 n 元函数.设 n 元函数 $u=f(P)$ 的定义域为 D,P_0 为 D 的内点.若存在 P_0 的某个邻域 $U(P_0)\subset D$,使得该邻域内异于 P_0 的任何点 P,都有

$$f(P)<f(P_0)\quad(\text{或} f(P)>f(P_0)),$$

则称函数$f(P)$在点P_0有极大值(或极小值)$f(P_0)$.

二元函数的极值问题,一般可以利用偏导数来解决.下面两个定理就是关于这问题的结论.

定理 1(必要条件) **设函数$z=f(x,y)$在点(x_0,y_0)具有偏导数,且在点(x_0,y_0)处有极值,则有**

$$f_x(x_0,y_0)=0,\quad f_y(x_0,y_0)=0.$$

证 不妨设$z=f(x,y)$在点(x_0,y_0)处有极大值.依照极大值的定义,在点(x_0,y_0)的某邻域内异于(x_0,y_0)的点(x,y)都适合不等式

$$f(x,y)<f(x_0,y_0).$$

特殊地,在该邻域内取$y=y_0$而$x\neq x_0$的点,也应适合不等式

$$f(x,y_0)<f(x_0,y_0).$$

这表明一元函数$f(x,y_0)$在$x=x_0$处取得极大值,因而必有

$$f_x(x_0,y_0)=0.$$

类似可证

$$f_y(x_0,y_0)=0.$$

从几何上看,这时如果曲面$z=f(x,y)$在点(x_0,y_0,z_0)处有切平面,则切平面

$$z-z_0=f_x(x_0,y_0)(x-x_0)+f_y(x_0,y_0)(y-y_0)$$

成为平行于xOy坐标面的平面$z-z_0=0$.

类似地推得,如果三元函数$u=f(x,y,z)$在点(x_0,y_0,z_0)具有偏导数,那么它在点(x_0,y_0,z_0)具有极值的必要条件为

$$f_x(x_0,y_0,z_0)=0,\quad f_y(x_0,y_0,z_0)=0,\quad f_z(x_0,y_0,z_0)=0.$$

仿照一元函数,凡是能使$f_x(x,y)=0$, $f_y(x,y)=0$同时成立的点(x_0,y_0)称为函数$z=f(x,y)$的驻点.从定理 1 可知,具有偏导数的函数的极值点必定是驻点.但函数的驻点不一定是极值点,例如,点$(0,0)$是函数$z=xy$的驻点,但函数在该点并无极值.

怎样判定一个驻点是否是极值点呢?下面的定理回答了这个问题.

定理 2(充分条件) **设函数$z=f(x,y)$在点(x_0,y_0)的某邻域内连续且有一阶及二阶连续偏导数,又$f_x(x_0,y_0)=0$, $f_y(x_0,y_0)=0$,令**

$$f_{xx}(x_0,y_0)=A,\quad f_{xy}(x_0,y_0)=B,\quad f_{yy}(x_0,y_0)=C,$$

则$f(x,y)$在(x_0,y_0)处是否取得极值的条件如下:

(1) $AC-B^2>0$时具有极值,且当$A<0$时有极大值,当$A>0$时有极小值;

(2) $AC-B^2<0$时没有极值;

(3) $AC-B^2=0$时可能有极值,也可能没有极值,还需另作讨论.

这个定理现在不证①. 利用定理 1、定理 2, 我们把具有二阶连续偏导数的函数 $z=f(x,y)$ 的极值的求法叙述如下：

第一步　解方程组

$$f_x(x,y)=0,\quad f_y(x,y)=0,$$

求得一切实数解, 即可求得一切驻点.

第二步　对于每一个驻点 (x_0,y_0), 求出二阶偏导数的值 A,B 和 C.

第三步　定出 $AC-B^2$ 的符号, 按定理 2 的结论判定 $f(x_0,y_0)$ 是不是极值、是极大值还是极小值.

例 4　求函数 $f(x,y)=x^3-y^3+3x^2+3y^2-9x$ 的极值.

解　先解方程组

$$\begin{cases} f_x(x,y)=3x^2+6x-9=0, \\ f_y(x,y)=-3y^2+6y=0, \end{cases}$$

求得驻点为 $(1,0)$, $(1,2)$, $(-3,0)$, $(-3,2)$.

再求出二阶偏导数

$$f_{xx}(x,y)=6x+6,\quad f_{xy}(x,y)=0,\quad f_{yy}(x,y)=-6y+6.$$

在点 $(1,0)$ 处, 因为 $AC-B^2=12\times 6>0$, 又 $A>0$, 所以函数在 $(1,0)$ 处有极小值 $f(1,0)=-5$；

在点 $(1,2)$ 处, 因为 $AC-B^2=12\times(-6)<0$, 所以 $f(1,2)$ 不是极值；

在点 $(-3,0)$ 处, 因为 $AC-B^2=-12\times 6<0$, 所以 $f(-3,0)$ 不是极值；

在点 $(-3,2)$ 处, 因为 $AC-B^2=-12\times(-6)>0$, 又 $A<0$, 所以函数在 $(-3,2)$ 处有极大值 $f(-3,2)=31$.

讨论函数的极值问题时, 如果函数在所讨论的区域内具有偏导数, 那么由定理 1 可知, 极值只可能在驻点处取得. 然而, 如果函数在个别点处的偏导数不存在, 这些点当然不是驻点, 但也可能是极值点. 例如在例 2 中, 函数 $z=-\sqrt{x^2+y^2}$ 在点 $(0,0)$ 处的偏导数不存在, 但该函数在点 $(0,0)$ 处却具有极大值. 因此, 在考虑函数的极值问题时, 除了考虑函数的驻点外, 如果有偏导数不存在的点, 那么对这些点也应当考虑.

与一元函数相类似, 我们可以利用函数的极值来求函数的最大值和最小值. 在第一节中已经指出, 如果 $f(x,y)$ 在有界闭区域 D 上连续, 那么 $f(x,y)$ 在 D 上必定能取得最大值和最小值. 这种使函数取得最大值或最小值的点既可能在 D 的内部, 也可能在 D 的边界上. 我们假定, 函数在 D 上连续、在 D 内可微分且只有有限个驻点, 这时如果

① 证明见第九节第二目.

函数在 D 的内部取得最大值（最小值），那么这个最大值（最小值）也是函数的极大值（极小值）. 因此，在上述假定下，求函数的最大值和最小值的一般方法是：将函数 $f(x,y)$ 在 D 内的所有驻点处的函数值及在 D 的边界上的最大值和最小值相互比较，其中最大的就是最大值，最小的就是最小值. 但这种做法，由于要求出 $f(x,y)$ 在 D 的边界上的最大值和最小值，所以往往相当复杂. 在通常遇到的实际问题中，如果根据问题的性质，知道函数 $f(x,y)$ 的最大值（最小值）一定在 D 的内部取得，而函数在 D 内只有一个驻点，那么可以肯定该驻点处的函数值就是函数 $f(x,y)$ 在 D 上的最大值（最小值）.

例 5　某厂要用铁板做成一个体积为 2 m^3 的有盖长方体水箱. 问当长、宽和高各取怎样的尺寸时，才能使用料最省.

解　设水箱的长为 x m，宽为 y m，则其高应为$\dfrac{2}{xy}$ m. 此水箱所用材料的面积为 $A=2\left(xy+y\cdot\dfrac{2}{xy}+x\cdot\dfrac{2}{xy}\right)$，即

$$A=2\left(xy+\frac{2}{x}+\frac{2}{y}\right)\quad(x>0,y>0).$$

可见材料面积 $A=A(x,y)$ 是 x 和 y 的二元函数，这就是目标函数，下面求使这函数取得最小值的点 (x,y).

令

$$A_x=2\left(y-\frac{2}{x^2}\right)=0,\quad A_y=2\left(x-\frac{2}{y^2}\right)=0.$$

解这方程组，得

$$x=\sqrt[3]{2},\quad y=\sqrt[3]{2}.$$

根据题意可以知道，水箱所用材料面积的最小值一定存在，并在开区域 $D=\{(x,y)\mid x>0,y>0\}$ 内取得. 又函数在 D 内只有唯一的驻点 $(\sqrt[3]{2},\sqrt[3]{2})$，因此可断定当 $x=\sqrt[3]{2}$，$y=\sqrt[3]{2}$ 时，A 取得最小值. 就是说，当水箱的长为 $\sqrt[3]{2}$ m、宽为 $\sqrt[3]{2}$ m、高为 $\dfrac{2}{\sqrt[3]{2}\cdot\sqrt[3]{2}}=\sqrt[3]{2}$ m 时，水箱所用的材料最省.

从这个例子还可看出，在体积一定的长方体中，以立方体的表面积为最小.

例 6　有一宽为 24 cm 的长方形铁板，把它两边折起来做成一断面为等腰梯形的水槽. 问怎样折法才能使断面的面积最大？

解　设折起来的边长为 x cm，倾角为 α（图 9－11），则梯形断面的下底长为 $(24-2x)$ cm，上底长为 $(24-2x+2x\cos\alpha)$ cm，高为 $(x\sin\alpha)$ cm，所以断面面积

$$A=\frac{1}{2}(24-2x+2x\cos\alpha+24-2x)\cdot x\sin\alpha,$$

即

$$A=24x\sin\alpha-2x^2\sin\alpha+x^2\sin\alpha\cos\alpha\quad\left(0<x<12,0<\alpha\leqslant\frac{\pi}{2}\right).$$

可见断面面积 $A=A(x,\alpha)$，这就是目标函数，下面求使这函数取得最大值的点 (x,α). 令

$$\begin{cases}A_x=24\sin\alpha-4x\sin\alpha+2x\sin\alpha\cos\alpha=0,\\A_\alpha=24x\cos\alpha-2x^2\cos\alpha+x^2(\cos^2\alpha-\sin^2\alpha)=0.\end{cases}$$

由于 $\sin\alpha\neq0, x\neq0$，上述方程组可化为

$$\begin{cases}12-2x+x\cos\alpha=0,\\24\cos\alpha-2x\cos\alpha+x(\cos^2\alpha-\sin^2\alpha)=0.\end{cases}$$

解这方程组，得

$$\alpha=\frac{\pi}{3},\quad x=8.$$

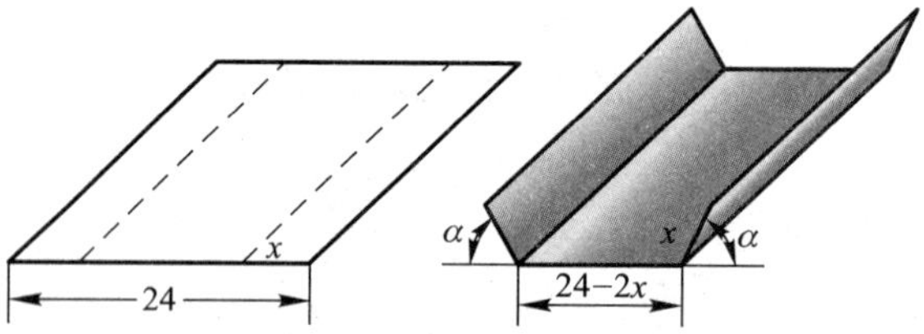

图 9–11

根据题意可知断面面积的最大值一定存在，并且在 $D=\left\{(x,\alpha)\,\middle|\,0<x<12,0<\alpha\leqslant\frac{\pi}{2}\right\}$ 内取得. 通过计算得知 $\alpha=\frac{\pi}{2}$ 时的函数值比 $\alpha=\frac{\pi}{3}, x=8$ 时的函数值小. 又函数在 D 内只有一个驻点，因此可以断定，当 $x=8, \alpha=\frac{\pi}{3}$ 时，就能使断面的面积最大.

二、条件极值　拉格朗日乘数法

上面所讨论的极值问题，对于函数的自变量，除了限制在函数的定义域内以外，并无其他条件，所以有时候称为无条件极值. 但在实际问题中，有时会遇到对函数的自变量还有附加条件的极值问题. 例如，求表面积为 a^2 而体积为最大的长方体的体积问题. 设长方体的三棱的长为 x, y 与 z，则体积 $V=xyz$. 又因假定表面积为 a^2，所以自变量 x, y 与 z 还必须满足附加条件 $2(xy+yz+xz)=a^2$. 像这种对自变量有附加条件的极值称

为条件极值.对于有些实际问题,可以把条件极值化为无条件极值,然后利用第一目中的方法加以解决.例如上述问题,可由条件 $2(xy+yz+xz)=a^2$,将 z 表示成

$$z=\frac{a^2-2xy}{2(x+y)}.$$

再把它代入 $V=xyz$ 中,于是问题就化为求

$$V=\frac{xy}{2}\left(\frac{a^2-2xy}{x+y}\right)$$

的无条件极值.例 5 也是属于把条件极值化为无条件极值的例子.

但在很多情形下,将条件极值化为无条件极值并不这样简单.另有一种直接寻求条件极值的方法,可以不必先把问题化到无条件极值的问题,这就是下面要介绍的拉格朗日乘数法.

现在先来寻求函数

$$z=f(x,y) \tag{8-1}$$

在条件

$$\varphi(x,y)=0 \tag{8-2}$$

下取得极值的必要条件.

如果函数(8-1)在(x_0,y_0)取得所求的极值,那么首先有

$$\varphi(x_0,y_0)=0. \tag{8-3}$$

我们假定在(x_0,y_0)的某一邻域内$f(x,y)$与$\varphi(x,y)$均有连续的一阶偏导数,而$\varphi_y(x_0,y_0)\neq 0$.由隐函数存在定理可知,方程(8-2)确定一个连续且具有连续导数的函数 $y=\psi(x)$,将其代入(8-1)式,结果得到一个变量 x 的函数

$$z=f[x,\psi(x)]. \tag{8-4}$$

于是函数(8-1)在(x_0,y_0)取得所求的极值,也就是相当于函数(8-4)在 $x=x_0$ 取得极值.由一元可导函数取得极值的必要条件知道

$$\left.\frac{\mathrm{d}z}{\mathrm{d}x}\right|_{x=x_0}=f_x(x_0,y_0)+f_y(x_0,y_0)\left.\frac{\mathrm{d}y}{\mathrm{d}x}\right|_{x=x_0}=0, \tag{8-5}$$

而由(8-2)用隐函数求导公式,有

$$\left.\frac{\mathrm{d}y}{\mathrm{d}x}\right|_{x=x_0}=-\frac{\varphi_x(x_0,y_0)}{\varphi_y(x_0,y_0)}.$$

把上式代入(8-5)式,得

$$f_x(x_0,y_0)-f_y(x_0,y_0)\frac{\varphi_x(x_0,y_0)}{\varphi_y(x_0,y_0)}=0. \tag{8-6}$$

(8-3)、(8-6)两式就是函数(8-1)在条件(8-2)下在(x_0,y_0)取得极值的必要条件.

设$\dfrac{f_y(x_0,y_0)}{\varphi_y(x_0,y_0)}=-\lambda$,上述必要条件就变为

$$\begin{cases}f_x(x_0,y_0)+\lambda\varphi_x(x_0,y_0)=0,\\ f_y(x_0,y_0)+\lambda\varphi_y(x_0,y_0)=0,\\ \varphi(x_0,y_0)=0.\end{cases} \tag{8-7}$$

若引进辅助函数

$$L(x,y)=f(x,y)+\lambda\varphi(x,y),$$

则不难看出,(8-7)中前两式就是

$$L_x(x_0,y_0)=0,\quad L_y(x_0,y_0)=0.$$

函数 $L(x,y)$ 称为拉格朗日函数,参数 λ 称为拉格朗日乘子.

由以上讨论,我们得到以下结论:

拉格朗日乘数法 要找函数 $z=f(x,y)$ 在附加条件 $\varphi(x,y)=0$ 下的可能极值点,可以先作拉格朗日函数

$$L(x,y)=f(x,y)+\lambda\varphi(x,y),$$

其中 λ 为参数.求其对 x 与 y 的一阶偏导数,并使之为零,然后与方程(8-2)联立起来:

$$\begin{cases}f_x(x,y)+\lambda\varphi_x(x,y)=0,\\ f_y(x,y)+\lambda\varphi_y(x,y)=0,\\ \varphi(x,y)=0.\end{cases} \tag{8-8}$$

由这方程组解出 x,y 及 λ,这样得到的 (x,y) 就是函数 $f(x,y)$ 在附加条件 $\varphi(x,y)=0$ 下的可能极值点.

这方法还可以推广到自变量多于两个而条件多于一个的情形.例如,要求函数

$$u=f(x,y,z,t)$$

在附加条件

$$\varphi(x,y,z,t)=0,\quad \psi(x,y,z,t)=0 \tag{8-9}$$

下的极值,可以先作拉格朗日函数

$$L(x,y,z,t)=f(x,y,z,t)+\lambda\varphi(x,y,z,t)+\mu\psi(x,y,z,t),$$

其中 λ,μ 均为参数,求其一阶偏导数,并使之为零,然后与(8-9)中的两个方程联立起来求解,这样得出的 (x,y,z,t) 就是函数 $f(x,y,z,t)$ 在附加条件(8-9)下的可能极值点.

至于如何确定所求得的点是不是极值点,在实际问题中往往可根据问题本身的性质来判定.

例 7 求表面积为 a^2 而体积为最大的长方体的体积.

解 设长方体的三棱长为 x,y 与 z,则问题就是在条件

$$\varphi(x,y,z)=2xy+2yz+2xz-a^2=0 \tag{8-10}$$

下,求函数

$$V=xyz \quad (x>0,y>0,z>0)$$

的最大值.作拉格朗日函数

$$L(x,y,z)=xyz+\lambda(2xy+2yz+2xz-a^2),$$

求其对 x,y 与 z 的偏导数,并使之为零,得到

$$\begin{cases} yz+2\lambda(y+z)=0, \\ xz+2\lambda(x+z)=0, \\ xy+2\lambda(y+x)=0. \end{cases} \tag{8-11}$$

再与(8-10)联立求解.

因为 x,y 与 z 都不等于零,所以由(8-11)可得

$$\frac{x}{y}=\frac{x+z}{y+z}, \quad \frac{y}{z}=\frac{x+y}{x+z}.$$

由以上两式解得

$$x=y=z.$$

将此代入(8-10)式,便得

$$x=y=z=\frac{\sqrt{6}}{6}a,$$

这是唯一可能的极值点.因为由问题本身可知最大值一定存在,所以最大值就在这个可能的极值点处取得.也就是说,表面积为 a^2 的长方体中,以棱长为$\frac{\sqrt{6}}{6}a$ 的立方体的体积为最大,最大体积 $V=\frac{\sqrt{6}}{36}a^3$.

例 8　求函数 $u=xyz$ 在附加条件

$$\frac{1}{x}+\frac{1}{y}+\frac{1}{z}=\frac{1}{a} \quad (x>0,y>0,z>0,a>0) \tag{8-12}$$

下的极值.

解　作拉格朗日函数

$$L(x,y,z)=xyz+\lambda\left(\frac{1}{x}+\frac{1}{y}+\frac{1}{z}-\frac{1}{a}\right).$$

令

$$\begin{cases} L_x=yz-\dfrac{\lambda}{x^2}=0, \\ L_y=xz-\dfrac{\lambda}{y^2}=0, \\ L_z=xy-\dfrac{\lambda}{z^2}=0. \end{cases} \tag{8-13}$$

注意到以上三个方程左端的第一项都是三个变量 x,y 与 z 中某两个变量的乘积，将各方程两端同乘相应缺少的那个变量，使各方程左端的第一项都成为 xyz，然后将所得的三个方程左、右两端相加，得

$$3xyz-\lambda\left(\frac{1}{x}+\frac{1}{y}+\frac{1}{z}\right)=0,$$

把(8-12)代入上式，得

$$xyz=\frac{\lambda}{3a}.$$

再把这个结果分别代入(8-13)中各式，便得 $x=y=z=3a$. 由此得到点$(3a,3a,3a)$是函数 $u=xyz$ 在条件(8-12)下唯一可能的极值点. 把条件(8-12)确定的隐函数记作 $z=z(x,y)$，将目标函数看做 $u=xyz(x,y)=F(x,y)$，再应用二元函数极值的充分条件判断，可知点$(3a,3a,3a)$是函数 $u=xyz$ 在条件(8-12)下的极小值点. 因此，目标函数 $u=xyz$ 在条件(8-12)下在点$(3a,3a,3a)$处取得极小值 $27a^3$.

下面的问题涉及经济学中的一个最优价格的模型.

在生产和销售商品过程中，商品销售量、生产成本与销售价格是相互影响的. 厂家要选择合理的销售价格，才能获得最大利润. 这个价格称为最优价格. 下面的例题就是讨论怎样确定电视机的最优价格.

例 9　设某电视机厂生产一台电视机的成本为 C，每台电视机的销售价格为 p，销售量为 x. 假设该厂的生产处于平衡状态，即电视机的生产量等于销售量. 根据市场预测，销售量 x 与销售价格 p 之间有下面的关系：

$$x=Me^{-ap}\quad (M>0,a>0),\tag{8-14}$$

其中 M 为市场最大需求量，a 是价格系数. 同时，生产部门根据对生产环节的分析，对每台电视机的生产成本 C 有如下测算：

$$C=C_0-k\ln x\quad (k>0,x>1),\tag{8-15}$$

其中 C_0 是只生产一台电视机时的成本，k 是规模系数.

根据上述条件，应如何确定电视机的售价 p，才能使该厂获得最大利润？

解　设厂家获得的利润为 u，每台电视机售价为 p，每台生产成本为 C，销售量为 x，则

$$u=(p-C)x.$$

于是问题化为求利润函数 $u=(p-C)x$ 在附加条件(8-14)、(8-15)下的极值问题.

作拉格朗日函数

$$L(x,p,C)=(p-C)x+\lambda(x-Me^{-ap})+\mu(C-C_0+k\ln x).$$

令

$$\begin{cases} L_x=(p-C)+\lambda+k\dfrac{\mu}{x}=0, \\ L_p=x+\lambda aMe^{-ap}=0, \\ L_C=-x+\mu=0. \end{cases}$$

将(8-14)代入(8-15),得

$$C=C_0-k(\ln M-ap). \tag{8-16}$$

由(8-14)及 $L_p=0$ 知 $\lambda a=-1$,即

$$\lambda=-\frac{1}{a}. \tag{8-17}$$

由 $L_C=0$ 知 $x=\mu$,即

$$\frac{x}{\mu}=1. \tag{8-18}$$

将(8-16)、(8-17)和(8-18)代入 $L_x=0$,得

$$p-C_0+k(\ln M-ap)-\frac{1}{a}+k=0,$$

由此得

$$p^*=\frac{C_0-k\ln M+\dfrac{1}{a}-k}{1-ak}.$$

因为由问题本身可知最优价格必定存在,所以这个 p^* 就是电视机的最优价格.只要确定了规模系数 k、价格系数 a,电视机的最优价格问题就解决了.

习题 9-8

1. 已知函数 $f(x,y)$ 在点(0,0)的某个邻域内连续,且

$$\lim_{(x,y)\to(0,0)}\frac{f(x,y)-xy}{(x^2+y^2)^2}=1,$$

则下述四个选项中正确的是(　　).

(A) 点(0,0)不是 $f(x,y)$ 的极值点

(B) 点(0,0)是 $f(x,y)$ 的极大值点

(C) 点(0,0)是 $f(x,y)$ 的极小值点

(D) 根据所给条件无法判断(0,0)是不是 $f(x,y)$ 的极值点

2. 求函数 $f(x,y)=4(x-y)-x^2-y^2$ 的极值.

3. 求函数 $f(x,y)=(6x-x^2)(4y-y^2)$ 的极值.

4. 求两直线 $\begin{cases} y=2x, \\ z=x+1 \end{cases}$ 与 $\begin{cases} y=x+3, \\ z=x \end{cases}$ 之间的最短距离.

5. 求函数 $z=xy$ 在适合附加条件 $x+y=1$ 下的极大值.

6. 从斜边长为 l 的一切直角三角形中,求有最大周长的直角三角形.

7. 要造一个体积等于定数 k 的长方体无盖水池,应如何选择水池的尺寸,方可使它的表面积最小.

8. 在平面 xOy 上求一点,使它到 $x=0,y=0$ 及 $x+2y-16=0$ 三直线的距离平方之和为最小.

9. 将周长为 $2p$ 的矩形绕它的一边旋转而构成一个圆柱体.问矩形的边长各为多少时,才可使圆柱体的体积为最大?

10. 求内接于半径为 a 的球且有最大体积的长方体.

11. 抛物面 $z=x^2+y^2$ 被平面 $x+y+z=1$ 截成一椭圆,求这椭圆上的点到原点的距离的最大值与最小值.

12. 设有一圆板占有平面闭区域 $\{(x,y)\mid x^2+y^2\leqslant 1\}$.该圆板被加热,以致在点 (x,y) 的温度是 $T=x^2+2y^2-x$.求该圆板的最热点和最冷点.

13. 形状为椭球 $4x^2+y^2+4z^2\leqslant 16$ 的空间探测器进入地球大气层,其表面开始受热,1 h 后在探测器的点 (x,y,z) 处的温度 $T=8x^2+4yz-16z+600$,求探测器表面最热的点.

*第九节　二元函数的泰勒公式

一、二元函数的泰勒公式

在上册第三章,我们已经知道:若函数 $f(x)$ 在 x_0 的某邻域内具有直到 $(n+1)$ 阶导数,则对该邻域内的任一 x,有 n 阶泰勒公式

$$f(x)=f(x_0)+f'(x_0)(x-x_0)+\frac{f''(x_0)}{2!}(x-x_0)^2+\cdots+\frac{f^{(n)}(x_0)}{n!}(x-x_0)^n+$$
$$\frac{f^{(n+1)}(x_0+\theta(x-x_0))}{(n+1)!}(x-x_0)^{n+1}\quad(0<\theta<1)$$

成立.利用一元函数的泰勒公式,我们可用 n 次多项式来近似表达函数 $f(x)$,且误差是当 $x\to x_0$ 时比 $(x-x_0)^n$ 高阶的无穷小.对于多元函数来说,无论是为了理论的或实际计算的需要,也都有必要考虑用多个变量的多项式来近似表达一个给定的多元函数,并能具体地估算出误差的大小来.今以二元函数为例,设 $z=f(x,y)$ 在点 (x_0,y_0) 的某一邻域内连续且有 $(n+1)$ 阶连续偏导数,(x_0+h,y_0+k) 为此邻域内任一点,我们的问题就是要把函数 $f(x_0+h,y_0+k)$ 近似地表达为 $h=x-x_0,k=y-y_0$ 的 n 次多项式,而由此所产生的误差是当 $\rho=\sqrt{h^2+k^2}\to 0$ 时比 ρ^n 高阶的无穷小.为了解决这个问题,就要把一元函数的泰勒中值定理推广到多元函数的情形.

定理　**设 $z=f(x,y)$ 在点 (x_0,y_0) 的某一邻域内连续且有 $(n+1)$ 阶连续偏导数,**

(x_0+h, y_0+k)为此邻域内任一点，则有

$$f(x_0+h,y_0+k)=f(x_0,y_0)+\left(h\frac{\partial}{\partial x}+k\frac{\partial}{\partial y}\right)f(x_0,y_0)+$$
$$\frac{1}{2!}\left(h\frac{\partial}{\partial x}+k\frac{\partial}{\partial y}\right)^2 f(x_0,y_0)+\cdots+\frac{1}{n!}\left(h\frac{\partial}{\partial x}+k\frac{\partial}{\partial y}\right)^n f(x_0,y_0)+$$
$$\frac{1}{(n+1)!}\left(h\frac{\partial}{\partial x}+k\frac{\partial}{\partial y}\right)^{n+1} f(x_0+\theta h,y_0+\theta k)\quad(0<\theta<1).$$

其中记号

$$\left(h\frac{\partial}{\partial x}+k\frac{\partial}{\partial y}\right)f(x_0,y_0)\text{表示 } hf_x(x_0,y_0)+kf_y(x_0,y_0),$$

$$\left(h\frac{\partial}{\partial x}+k\frac{\partial}{\partial y}\right)^2 f(x_0,y_0)\text{表示 } h^2 f_{xx}(x_0,y_0)+2hkf_{xy}(x_0,y_0)+k^2 f_{yy}(x_0,y_0),$$

一般地，记号

$$\left(h\frac{\partial}{\partial x}+k\frac{\partial}{\partial y}\right)^m f(x_0,y_0)\text{表示 } \sum_{p=0}^{m}\mathrm{C}_m^p h^p k^{m-p}\frac{\partial^m f}{\partial x^p\partial y^{m-p}}\bigg|_{(x_0,y_0)}.$$

证 为了利用一元函数的泰勒公式来进行证明，我们引入函数

$$\Phi(t)=f(x_0+ht,y_0+kt)\quad(0\leqslant t\leqslant 1).$$

显然 $\Phi(0)=f(x_0,y_0)$，$\Phi(1)=f(x_0+h,y_0+k)$. 由 $\Phi(t)$ 的定义及多元复合函数的求导法则，可得

$$\Phi'(t)=hf_x(x_0+ht,y_0+kt)+kf_y(x_0+ht,y_0+kt)=\left(h\frac{\partial}{\partial x}+k\frac{\partial}{\partial y}\right)f(x_0+ht,y_0+kt),$$

$$\Phi''(t)=h^2 f_{xx}(x_0+ht,y_0+kt)+2hkf_{xy}(x_0+ht,y_0+kt)+k^2 f_{yy}(x_0+ht,y_0+kt)$$
$$=\left(h\frac{\partial}{\partial x}+k\frac{\partial}{\partial y}\right)^2 f(x_0+ht,y_0+kt),$$

$$\cdots$$

$$\Phi^{(n+1)}(t)=\sum_{p=0}^{n+1}\mathrm{C}_{n+1}^p h^p k^{n+1-p}\frac{\partial^{n+1}f}{\partial x^p\partial y^{n+1-p}}\bigg|_{(x_0+ht,y_0+kt)}=\left(h\frac{\partial}{\partial x}+k\frac{\partial}{\partial y}\right)^{n+1} f(x_0+ht,y_0+kt).$$

利用一元函数的麦克劳林公式，得

$$\Phi(1)=\Phi(0)+\Phi'(0)+\frac{1}{2!}\Phi''(0)+\cdots+\frac{1}{n!}\Phi^{(n)}(0)+\frac{1}{(n+1)!}\Phi^{(n+1)}(\theta),\quad(0<\theta<1).$$

将 $\Phi(0)=f(x_0,y_0)$，$\Phi(1)=f(x_0+h,y_0+k)$ 及上面求得的 $\Phi(t)$ 直到 n 阶导数在 $t=0$ 的值，以及 $\Phi^{(n+1)}(t)$ 在 $t=\theta$ 的值代入上式，即得

$$f(x_0+h,y_0+k)=f(x_0,y_0)+\left(h\frac{\partial}{\partial x}+k\frac{\partial}{\partial y}\right)f(x_0,y_0)+\frac{1}{2!}\left(h\frac{\partial}{\partial x}+k\frac{\partial}{\partial y}\right)^2 f(x_0,y_0)+\cdots+$$

$$\frac{1}{n!}\left(h\frac{\partial}{\partial x}+k\frac{\partial}{\partial y}\right)^n f(x_0,y_0)+R_n, \tag{9-1}$$

其中

$$R_n=\frac{1}{(n+1)!}\left(h\frac{\partial}{\partial x}+k\frac{\partial}{\partial y}\right)^{n+1} f(x_0+\theta h,y_0+\theta k)\quad(0<\theta<1). \tag{9-2}$$

定理证毕.

公式(9-1)称为二元函数$f(x,y)$在点(x_0,y_0)的n阶泰勒公式,而R_n的表达式(9-2)称为拉格朗日余项.

由二元函数的泰勒公式可知,以(9-1)式右端h及k的n次多项式近似表达函数$f(x_0+h,y_0+k)$时,其误差为$|R_n|$.由假设,函数的各$(n+1)$阶偏导数都连续,故它们的绝对值在点(x_0,y_0)的某一邻域内都不超过某一正常数M.于是,有下面的误差估计式:

$$\begin{aligned}|R_n|&\leqslant\frac{M}{(n+1)!}(|h|+|k|)^{n+1}=\frac{M}{(n+1)!}\rho^{n+1}\left(\frac{|h|}{\rho}+\frac{|k|}{\rho}\right)^{n+1}\\&\leqslant\frac{M}{(n+1)!}(\sqrt{2})^{n+1}\rho^{n+1}①,\end{aligned} \tag{9-3}$$

其中$\rho=\sqrt{h^2+k^2}$.

由(9-3)式可知,误差$|R_n|$是当$\rho\to 0$时比ρ^n高阶的无穷小.

当$n=0$时,公式(9-1)成为

$$\begin{aligned}&f(x_0+h,y_0+k)\\&=f(x_0,y_0)+hf_x(x_0+\theta h,y_0+\theta k)+kf_y(x_0+\theta h,y_0+\theta k).\end{aligned} \tag{9-4}$$

公式(9-4)称为二元函数的拉格朗日中值公式.由(9-4)式即可推得下述结论:

推论　如果函数$f(x,y)$的偏导数$f_x(x,y)$,$f_y(x,y)$在某一区域内都恒等于零,那么函数$f(x,y)$在该区域内为一常数.

例　求函数$f(x,y)=\ln(1+x+y)$在点$(0,0)$的三阶泰勒公式.

解　因为

$$f_x(x,y)=f_y(x,y)=\frac{1}{1+x+y},$$

$$f_{xx}(x,y)=f_{xy}(x,y)=f_{yy}(x,y)=-\frac{1}{(1+x+y)^2},$$

$$\frac{\partial^3 f}{\partial x^p\partial y^{3-p}}=\frac{2!}{(1+x+y)^3}\quad(p=0,1,2,3),$$

---

① 令$\frac{|h|}{\rho}=\cos\alpha,\frac{|k|}{\rho}=\sin\alpha$,则$\cos\alpha+\sin\alpha=\sqrt{2}\sin\left(\alpha+\frac{\pi}{4}\right)\leqslant\sqrt{2}$.

$$\frac{\partial^4 f}{\partial x^p \partial y^{4-p}} = -\frac{3!}{(1+x+y)^4} \quad (p=0,1,2,3,4),$$

所以

$$\left(h\frac{\partial}{\partial x}+k\frac{\partial}{\partial y}\right)f(0,0)=hf_x(0,0)+kf_y(0,0)=h+k,$$

$$\left(h\frac{\partial}{\partial x}+k\frac{\partial}{\partial y}\right)^2 f(0,0)=h^2f_{xx}(0,0)+2hkf_{xy}(0,0)+k^2f_{yy}(0,0)=-(h+k)^2,$$

$$\left(h\frac{\partial}{\partial x}+k\frac{\partial}{\partial y}\right)^3 f(0,0)=h^3f_{xxx}(0,0)+3h^2kf_{xxy}(0,0)+3hk^2f_{xyy}(0,0)+k^3f_{yyy}(0,0)=2(h+k)^3.$$

又 $f(0,0)=0$，并将 $h=x, k=y$ 代入，由三阶泰勒公式便得

$$\ln(1+x+y)=x+y-\frac{1}{2}(x+y)^2+\frac{1}{3}(x+y)^3+R_3,$$

其中

$$R_3=\frac{1}{4!}\left[\left(h\frac{\partial}{\partial x}+k\frac{\partial}{\partial y}\right)^4 f(\theta h,\theta k)\right]_{h=x,k=y}=-\frac{1}{4}\cdot\frac{(x+y)^4}{(1+\theta x+\theta y)^4} \quad (0<\theta<1).$$

二、极值充分条件的证明

下面来证明第八节中的定理 2.

设函数 $z=f(x,y)$ 在点 $P_0(x_0,y_0)$ 的某邻域 $U_1(P_0)$ 内连续且有一阶及二阶连续偏导数，又 $f_x(x_0,y_0)=0$，$f_y(x_0,y_0)=0$.

依二元函数的泰勒公式，对于任一 $(x_0+h,y_0+k)\in U_1(P_0)$ 有

$$\Delta f=f(x_0+h,y_0+k)-f(x_0,y_0)$$
$$=\frac{1}{2}[h^2f_{xx}(x_0+\theta h,y_0+\theta k)+2hkf_{xy}(x_0+\theta h,y_0+\theta k)+k^2f_{yy}(x_0+\theta h,y_0+\theta k)] \quad (0<\theta<1). \tag{9-5}$$

（1）设 $AC-B^2>0$，即

$$f_{xx}(x_0,y_0)f_{yy}(x_0,y_0)-[f_{xy}(x_0,y_0)]^2>0. \tag{9-6}$$

因 $f(x,y)$ 的二阶偏导数在 $U_1(P_0)$ 内连续，由不等式(9-6)可知，存在点 P_0 的邻域 $U_2(P_0)\subset U_1(P_0)$，使得对任一 $(x_0+h,y_0+k)\in U_2(P_0)$ 有

$$f_{xx}(x_0+\theta h,y_0+\theta k)f_{yy}(x_0+\theta h,y_0+\theta k)-[f_{xy}(x_0+\theta h,y_0+\theta k)]^2>0. \tag{9-7}$$

为书写简便起见，把 $f_{xx}(x,y)$，$f_{xy}(x,y)$，$f_{yy}(x,y)$ 在点 $(x_0+\theta h,y_0+\theta k)$ 处的值依次记为 f_{xx}，f_{xy}，f_{yy}. 由(9-7)式可知，当 $(x_0+h,y_0+k)\in U_2(P_0)$ 时，f_{xx} 及 f_{yy} 都不等于零且两者同号. 于是(9-5)式可写成

$$\Delta f=\frac{1}{2f_{xx}}[(hf_{xx}+kf_{xy})^2+k^2(f_{xx}f_{yy}-f_{xy}^2)].$$

当 h,k 不同时为零且 $(x_0+h,y_0+k)\in U_2(P_0)$ 时，上式右端方括号内的值为正，所以 Δf 异于零且与 f_{xx} 同号. 又由 $f(x,y)$ 的二阶偏导数的连续性知 f_{xx} 与 A 同号，因此 Δf 与 A 同号. 所以，当 $A>0$ 时 $f(x_0,y_0)$ 为极小值，当 $A<0$ 时 $f(x_0,y_0)$ 为极大值.

（2）设 $AC-B^2<0$，即

$$f_{xx}(x_0,y_0)f_{yy}(x_0,y_0)-[f_{xy}(x_0,y_0)]^2<0. \tag{9-8}$$

先假定 $f_{xx}(x_0,y_0)=f_{yy}(x_0,y_0)=0$，于是由(9-8)式可知这时 $f_{xy}(x_0,y_0)\neq 0$. 现在分别令 $k=h$ 及 $k=-h$，则由(9-5)式分别得

$$\Delta f=\frac{h^2}{2}[f_{xx}(x_0+\theta_1 h,y_0+\theta_1 h)+2f_{xy}(x_0+\theta_1 h,y_0+\theta_1 h)+f_{yy}(x_0+\theta_1 h,y_0+\theta_1 h)]$$

及

$$\Delta f=\frac{h^2}{2}[f_{xx}(x_0+\theta_2 h,y_0-\theta_2 h)-2f_{xy}(x_0+\theta_2 h,y_0-\theta_2 h)+f_{yy}(x_0+\theta_2 h,y_0-\theta_2 h)],$$

其中 $0<\theta_1,\theta_2<1$. 当 $h\to 0$ 时，以上两式中右端方括号内的式子分别趋于极限

$$2f_{xy}(x_0,y_0)\quad 及\quad -2f_{xy}(x_0,y_0),$$

从而当 h 充分接近零时，两式中方括号内的值有相反的符号，因此 Δf 可取不同符号的值，所以 $f(x_0,y_0)$ 不是极值.

再证 $f_{xx}(x_0,y_0)$ 和 $f_{yy}(x_0,y_0)$ 不同时为零的情形. 不妨假定 $f_{xx}(x_0,y_0)\neq 0$. 先取 $k=0$，于是由(9-5)式得

$$\Delta f=\frac{1}{2}h^2 f_{xx}(x_0+\theta h,y_0).$$

由此看出，当 h 充分接近零时，Δf 与 $f_{xx}(x_0,y_0)$ 同号.

但如果取

$$h=-f_{xy}(x_0,y_0)s,\quad k=f_{xx}(x_0,y_0)s, \tag{9-9}$$

其中 s 是异于零但充分接近零的数，则可发现，当 $|s|$ 充分小时，Δf 与 $f_{xx}(x_0,y_0)$ 异号. 事实上，在(9-5)式中将 h 及 k 用(9-9)式给定的值代入，得

$$\Delta f=\frac{1}{2}s^2\{[f_{xy}(x_0,y_0)]^2 f_{xx}(x_0+\theta h,y_0+\theta k)-2f_{xy}(x_0,y_0)f_{xx}(x_0,y_0)f_{xy}(x_0+\theta h,y_0+\theta k)+$$

$$[f_{xx}(x_0,y_0)]^2 f_{yy}(x_0+\theta h,y_0+\theta k)\}. \tag{9-10}$$

上式右端花括号内的式子当 $s\to 0$ 时趋于极限

$$f_{xx}(x_0,y_0)\{f_{xx}(x_0,y_0)f_{yy}(x_0,y_0)-[f_{xy}(x_0,y_0)]^2\}.$$

由不等式(9-8)，上式花括号内的值为负，因此当 s 充分接近零时，(9-10)式右端（从而 Δf）与 $f_{xx}(x_0,y_0)$ 异号.

以上已经证得：在点 (x_0,y_0) 的任意邻近，Δf 可取不同符号的值，因此 $f(x_0,y_0)$ 不是极值.

(3) 考察函数

$$f(x,y)=x^2+y^4 \quad 及 \quad g(x,y)=x^2+y^3.$$

容易验证,这两个函数都以(0,0)为驻点,且在点(0,0)处都满足 $AC-B^2=0$.但 $f(x,y)$ 在点(0,0)处有极小值,而 $g(x,y)$ 在点(0,0)处却没有极值.

* 习题 9-9

1. 求函数 $f(x,y)=2x^2-xy-y^2-6x-3y+5$ 在点(1,-2)的泰勒公式.
2. 求函数 $f(x,y)=e^x\ln(1+y)$ 在点(0,0)的三阶泰勒公式.
3. 求函数 $f(x,y)=\sin x\sin y$ 在点 $\left(\frac{\pi}{4},\frac{\pi}{4}\right)$ 的二阶泰勒公式.
4. 利用函数 $f(x,y)=x^y$ 的三阶泰勒公式,计算 $1.1^{1.02}$ 的近似值.
5. 求函数 $f(x,y)=e^{x+y}$ 在点(0,0)的 n 阶泰勒公式.

* 第十节 最小二乘法

许多工程问题,常常需要根据两个变量的几组实验数值——实验数据,来找出这两个变量间的函数关系的近似表达式.通常把这样得到的函数的近似表达式叫做经验公式.经验公式建立以后,就可以把生产或实验中所积累的某些经验,提高到理论上加以分析.下面通过举例介绍常用的一种建立经验公式的方法.

例 1 为了测定刀具的磨损速度,我们做这样的实验:经过一定时间(如每隔 1 h),测量一次刀具的厚度,得到一组实验数据如下:

顺序编号 i	0	1	2	3	4	5	6	7
时间 t_i/h	0	1	2	3	4	5	6	7
刀具厚度 y_i/mm	27.0	26.8	26.5	26.3	26.1	25.7	25.3	24.8

试根据上面的实验数据建立 y 和 t 之间的经验公式 $y=f(t)$.也就是,要找出一个能使上述数据大体适合的函数关系 $y=f(t)$.

解 首先,要确定 $f(t)$ 的类型.为此,可按下面的方法处理.在直角坐标系中取 t 为横坐标,y 为纵坐标,描出上述各对数据的对应点,如图 9-12 所示.从图上可以看出,这些点的连线大致接近于一条直线.于是,就可以认为 $y=f(t)$ 是线性函数,并设

$$f(t)=at+b,$$

其中 a 和 b 是待定常数.

常数 a 和 b 如何确定呢？最理想的情形是选取这样的 a 和 b，能使直线 $y=at+b$ 经过图 9-12 中所标出的各点.但在实际上这是不可能的.因为这些点本来就不在同一条直线上.因此，只能要求选取这样的 a，b，使得 $f(t)=at+b$ 在 $t_0,t_1,t_2,\cdots,t_7$ 处的函数值与实验数据 $y_0,y_1,y_2,\cdots,y_7$ 相差都很小，就是要使偏差

$$y_i-f(t_i)\quad(i=0,1,2,\cdots,7)$$

都很小.那么如何达到这一要求呢？能否设法使偏差的和

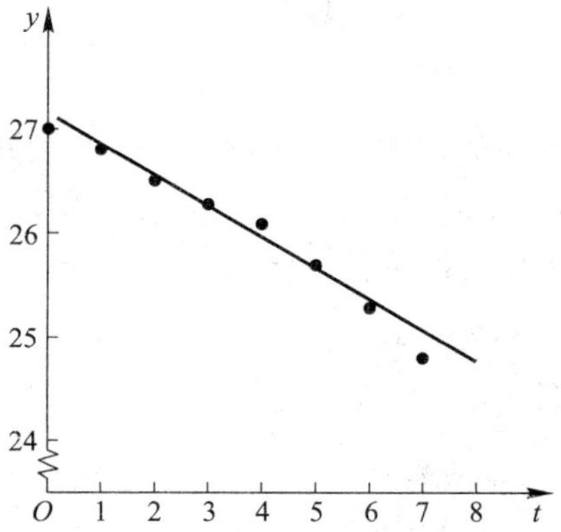

图 9-12

$$\sum_{i=0}^{7}[y_i-f(t_i)]$$

很小来保证每个偏差都很小呢？不能，因为偏差有正有负，在求和时，可能互相抵消.为了避免这种情形，可对偏差取绝对值再求和，只要

$$\sum_{i=0}^{7}|y_i-f(t_i)|=\sum_{i=0}^{7}|y_i-(at_i+b)|$$

很小，就可以保证每个偏差的绝对值都很小.但是这个式子中有绝对值符号，不便于进一步分析讨论.由于任何实数的平方都是正数或零，因此可以考虑选取常数 a 与 b，使

$$M=\sum_{i=0}^{7}[y_i-(at_i+b)]^2$$

最小来保证每个偏差的绝对值都很小.这种根据偏差的平方和为最小的条件来选择常数 a 与 b 的方法叫做最小二乘法.这种确定常数 a 与 b 的方法是通常所采用的.

现在我们来研究，经验公式 $y=at+b$ 中，a 和 b 符合什么条件时，可以使上述的 M 为最小.如果把 M 看成与自变量 a 和 b 相对应的因变量，那么问题就可归结为求函数 $M=M(a,b)$ 在哪些点处取得最小值.由第八节中的讨论可知，上述问题可以通过求方程组

$$\begin{cases}M_a(a,b)=0,\\M_b(a,b)=0\end{cases}$$

的解来解决，即令

$$\begin{cases}\dfrac{\partial M}{\partial a}=-2\sum\limits_{i=0}^{7}[y_i-(at_i+b)]t_i=0,\\[2ex]\dfrac{\partial M}{\partial b}=-2\sum\limits_{i=0}^{7}[y_i-(at_i+b)]=0,\end{cases}$$

亦即

$$\begin{cases}\sum\limits_{i=0}^{7} t_i[y_i-(at_i+b)]=0,\\ \sum\limits_{i=0}^{7}[y_i-(at_i+b)]=0.\end{cases}$$

将括号内各项进行整理合并,并把未知数 a 和 b 分离出来,便得

$$\begin{cases}a\sum\limits_{i=0}^{7} t_i^2+b\sum\limits_{i=0}^{7} t_i=\sum\limits_{i=0}^{7} y_it_i,\\ a\sum\limits_{i=0}^{7} t_i+8b=\sum\limits_{i=0}^{7} y_i.\end{cases} \tag{10-1}$$

下面通过列表来计算 $\sum\limits_{i=0}^{7} t_i$, $\sum\limits_{i=0}^{7} t_i^2$, $\sum\limits_{i=0}^{7} y_i$ 及 $\sum\limits_{i=0}^{7} y_it_i$.

	t_i	t_i^2	y_i	y_it_i
	0	0	27.0	0
	1	1	26.8	26.8
	2	4	26.5	53.0
	3	9	26.3	78.9
	4	16	26.1	104.4
	5	25	25.7	128.5
	6	36	25.3	151.8
	7	49	24.8	173.6
合计	28	140	208.5	717.0

代入方程组(10-1),得到

$$\begin{cases}140a+28b=717,\\ 28a+8b=208.5.\end{cases}$$

解此方程组,得到 $a=-0.303\,6$, $b=27.125$.这样便得到所求经验公式为

$$y=f(t)=-0.303\,6t+27.125. \tag{10-2}$$

由(10-2)式算出的函数值 $f(t_i)$ 与实测的 y_i 有一定的偏差.现列表比较如下:

t_i/h	0	1	2	3	4	5	6	7
实测的 y_i/mm	27.0	26.8	26.5	26.3	26.1	25.7	25.3	24.8
算得的 $f(t_i)$/mm	27.125	26.821	26.518	26.214	25.911	25.607	25.303	25.000
偏差/mm	−0.125	−0.021	−0.018	0.086	0.189	0.093	−0.003	−0.200

偏差的平方和 $M=0.108\,165$,它的算术平方根 $\sqrt{M}=0.329$. $\sqrt{M}$ 称为均方误差,它的大小在一定程度上反映了用经验公式来近似表达原来函数关系的近似程度的好坏.

在例 1 中，按实验数据描出的图形接近于一条直线.在这种情形下，就可认为函数关系是线性函数类型的，从而问题可化为求解一个二元一次方程组，计算比较方便.还有一些实际问题，经验公式的类型不是线性函数，但可以设法把它化成线性函数的类型来讨论.举例说明于下：

例 2　在研究某单分子化学反应速度时，得到下列数据：

i	1	2	3	4	5	6	7	8
τ_i	3	6	9	12	15	18	21	24
y_i	57.6	41.9	31.0	22.7	16.6	12.2	8.9	6.5

其中 τ 表示从实验开始算起的时间，y 表示时刻 τ 反应物的量.试根据上述数据定出经验公式 $y=f(\tau)$.

解　由化学反应速度的理论知道，$y=f(\tau)$ 应是指数函数 $y=ke^{m\tau}$，其中 k 和 m 是待定常数.对这批数据，先来验证这个结论.为此，在 $y=ke^{m\tau}$ 的两端取常用对数，得

$$\lg y=(m\lg e)\tau+\lg k.$$

记 $m\lg e$ 即 $0.434\,3m=a$，$\lg k=b$，则上式可写为

$$\lg y=a\tau+b,$$

于是 $\lg y$ 就是 τ 的线性函数.所以，把表中各对数据 (τ_i, y_i) $(i=1,2,\cdots,8)$ 所对应的点描在半对数坐标系上（半对数坐标系的横轴上各点处所标明的数字与普通的直角坐标系相同，而纵轴上各点处所标明的数字是这样的，它的常用对数就是该点到原点的距离），如图 9-13 所示.从图上看出，这些点的连线非常接近于一条直线，这说明 $y=f(\tau)$ 确实可以认为是指数函数.

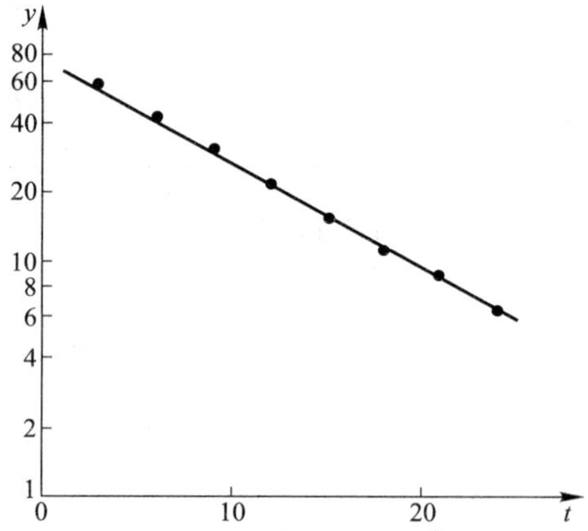

图 9-13

下面来具体定出 k 与 m 的值.由于

$$\lg y=a\tau+b,$$

所以可仿照例 1 中的讨论，通过求方程组

$$\begin{cases} a\sum_{i=1}^{8}\tau_i^2+b\sum_{i=1}^{8}\tau_i=\sum_{i=1}^{8}\tau_i\lg y_i, \\ a\sum_{i=1}^{8}\tau_i+8b=\sum_{i=1}^{8}\lg y_i \end{cases} \tag{10-3}$$

的解，把 a 与 b 确定出来.

下面通过列表来计算 $\sum_{i=1}^{8}\tau_i$，$\sum_{i=1}^{8}\tau_i^2$，$\sum_{i=1}^{8}\lg y_i$ 及 $\sum_{i=1}^{8}\tau_i\lg y_i$.

	τ_i	τ_i^2	y_i	$\lg y_i$	$\tau_i \lg y_i$
	3	9	57.6	1.760 4	5.281 2
	6	36	41.9	1.622 2	9.733 2
	9	81	31.0	1.491 4	13.422 6
	12	144	22.7	1.356 0	16.272 0
	15	225	16.6	1.220 1	18.301 5
	18	324	12.2	1.086 4	19.555 2
	21	441	8.9	0.949 4	19.937 4
	24	576	6.5	0.812 9	19.509 6
合计	108	1 836		10.298 8	122.012 7

将它们代入方程组(10 - 3)$\left(\text{其中取} \sum_{i=1}^{8} \lg y_i = 10.3, \sum_{i=1}^{8} \tau_i \lg y_i = 122\right)$,得

$$\begin{cases} 1\,836a+108b=122, \\ 108a+8b=10.3. \end{cases}$$

解这个方程组,得

$$\begin{cases} a=0.434\,3m=-0.045, \\ b=\lg k=1.896\,4, \end{cases}$$

所以

$$m=-0.103\,6, \quad k=78.78.$$

因此所求的经验公式为

$$y=78.78\mathrm{e}^{-0.103\,6\tau}.$$

*习题 9-10

1. 某种合金的含铅量百分比(%)为 p,其熔解温度(℃)为 θ,由实验测得 p 与 θ 的数据如下表:

p/%	36.9	46.7	63.7	77.8	84.0	87.5
θ/℃	181	197	235	270	283	292

试用最小二乘法建立 θ 与 p 之间的经验公式 $\theta=ap+b$.

2. 已知一组实验数据为$(x_1,y_1),(x_2,y_2),\cdots,(x_n,y_n)$.现若假定经验公式是

$$y=ax^2+bx+c.$$

试按最小二乘法建立 a,b,c 应满足的三元一次方程组.

总 习 题 九

1. 在“充分”“必要”和“充分必要”三者中选择一个正确的填入下列空格内:

（1）$f(x,y)$在点(x,y)可微分是$f(x,y)$在该点连续的________条件，$f(x,y)$在点(x,y)连续是$f(x,y)$在该点可微分的________条件；

（2）$z=f(x,y)$在点(x,y)的偏导数$\dfrac{\partial z}{\partial x}$及$\dfrac{\partial z}{\partial y}$存在是$f(x,y)$在该点可微分的________条件，$z=f(x,y)$在点$(x,y)$可微分是函数在该点的偏导数$\dfrac{\partial z}{\partial x}$及$\dfrac{\partial z}{\partial y}$存在的________条件；

（3）$z=f(x,y)$的偏导数$\dfrac{\partial z}{\partial x}$及$\dfrac{\partial z}{\partial y}$在点$(x,y)$存在且连续是$f(x,y)$在该点可微分的________条件；

（4）函数$z=f(x,y)$的两个二阶混合偏导数$\dfrac{\partial^2 z}{\partial x\partial y}$及$\dfrac{\partial^2 z}{\partial y\partial x}$在区域$D$内连续是这两个二阶混合偏导数在$D$内相等的________条件.

2. 下题中给出了四个结论，从中选出一个正确的结论：

设函数$f(x,y)$在点$(0,0)$的某邻域内有定义，且$f_x(0,0)=3$，$f_y(0,0)=-1$，则有（　　）.

（A）$\mathrm{d}z\big|_{(0,0)}=3\mathrm{d}x-\mathrm{d}y$

（B）曲面$z=f(x,y)$在点$(0,0,f(0,0))$的一个法向量为$(3,-1,1)$

（C）曲线$\begin{cases}z=f(x,y),\\ y=0\end{cases}$在点$(0,0,f(0,0))$的一个切向量为$(1,0,3)$

（D）曲线$\begin{cases}z=f(x,y),\\ y=0\end{cases}$在点$(0,0,f(0,0))$的一个切向量为$(3,0,1)$

3. 求函数$f(x,y)=\dfrac{\sqrt{4x-y^2}}{\ln(1-x^2-y^2)}$的定义域，并求$\lim\limits_{(x,y)\to\left(\frac{1}{2},0\right)}f(x,y)$.

*4. 证明极限$\lim\limits_{(x,y)\to(0,0)}\dfrac{xy^2}{x^2+y^4}$不存在.

5. 设$f(x,y)=\begin{cases}\dfrac{x^2y}{x^2+y^2}, & x^2+y^2\neq 0,\\ 0, & x^2+y^2=0.\end{cases}$求$f_x(x,y)$及$f_y(x,y)$.

6. 求下列函数的一阶和二阶偏导数：

（1）$z=\ln(x+y^2)$；　　　　（2）$z=x^y$.

7. 求函数$z=\dfrac{xy}{x^2-y^2}$当$x=2,y=1,\Delta x=0.01,\Delta y=0.03$时的全增量和全微分.

*8. 设$f(x,y)=\begin{cases}\dfrac{x^2y^2}{(x^2+y^2)^{3/2}}, & x^2+y^2\neq 0,\\ 0, & x^2+y^2=0.\end{cases}$证明：$f(x,y)$在点$(0,0)$处连续且偏导数存在，但不可微分.

9. 设$u=x^y$，而$x=\varphi(t),y=\psi(t)$都是可微函数，求$\dfrac{\mathrm{d}u}{\mathrm{d}t}$.

10. 设$z=f(u,v,w)$具有连续偏导数，而

$$u=\eta-\zeta,\quad v=\zeta-\xi,\quad w=\xi-\eta,$$

求$\dfrac{\partial z}{\partial\xi},\dfrac{\partial z}{\partial\eta},\dfrac{\partial z}{\partial\zeta}$.

11. 设$z=f(u,x,y)$,$u=x\mathrm{e}^{y}$,其中f具有连续的二阶偏导数,求$\dfrac{\partial^2 z}{\partial x\partial y}$.

12. 设$x=\mathrm{e}^{u}\cos v$,$y=\mathrm{e}^{u}\sin v$,$z=uv$.试求$\dfrac{\partial z}{\partial x}$和$\dfrac{\partial z}{\partial y}$.

13. 求螺旋线$x=a\cos\theta$,$y=a\sin\theta$,$z=b\theta$在点$(a,0,0)$处的切线及法平面方程.

14. 在曲面$z=xy$上求一点,使这点处的法线垂直于平面$x+3y+z+9=0$,并写出该法线的方程.

15. 设$\boldsymbol{e}_l=(\cos\theta,\sin\theta)$,求函数

$$f(x,y)=x^2-xy+y^2$$

在点$(1,1)$沿方向l的方向导数,并分别确定角θ,使这个方向导数

(1)有最大值;(2)有最小值;(3)等于0.

16. 求函数$u=x^2+y^2+z^2$在椭球面$\dfrac{x^2}{a^2}+\dfrac{y^2}{b^2}+\dfrac{z^2}{c^2}=1$上点$M_0(x_0,y_0,z_0)$处沿外法线方向的方向导数.

17. 求平面$\dfrac{x}{3}+\dfrac{y}{4}+\dfrac{z}{5}=1$和柱面$x^2+y^2=1$的交线上与$xOy$面距离最短的点.

18. 在第Ⅰ卦限内作椭球面$\dfrac{x^2}{a^2}+\dfrac{y^2}{b^2}+\dfrac{z^2}{c^2}=1$的切平面,使该切平面与三坐标面所围成的四面体的体积最小.求这切平面的切点,并求此最小体积.

19. 某厂家生产的一种产品同时在两个市场销售,售价分别为p_1和p_2,销售量分别为q_1和q_2,需求函数分别为

$$q_1=24-0.2p_1,\quad q_2=10-0.05p_2,$$

总成本函数为

$$C=35+40(q_1+q_2).$$

试问:厂家如何确定两个市场的售价,能使其获得的总利润最大,最大总利润为多少?

20. 设有一小山,取它的底面所在的平面为xOy坐标面,其底部所占的闭区域为$D=\{(x,y)\mid x^2+y^2-xy\leqslant 75\}$,小山的高度函数为$h=f(x,y)=75-x^2-y^2+xy$.

(1) 设$M(x_0,y_0)\in D$,问$f(x,y)$在该点沿平面上什么方向的方向导数最大,若记此方向导数的最大值为$g(x_0,y_0)$,试写出$g(x_0,y_0)$的表达式;

(2) 现欲利用此小山开展攀岩活动,为此需要在山脚找一上山坡度最大的点作为攀岩的起点.也就是说,要在D的边界线$x^2+y^2-xy=75$上找出(1)中的$g(x,y)$达到最大值的点.试确定攀岩起点的位置.

第九章释疑解难

第九章例题精讲

第十章

重　积　分

本章和下一章是多元函数积分学的内容.在一元函数积分学中我们知道,定积分是某种确定形式的和的极限.这种和的极限的概念推广到定义在区域、曲线及曲面上的多元函数的情形,便得到重积分、曲线积分及曲面积分的概念.本章将介绍重积分(包括二重积分和三重积分)的概念、计算方法以及它们的一些应用.

第一节　二重积分的概念与性质

一、二重积分的概念

1. 曲顶柱体的体积

设有一立体,它的底是 xOy 面上的闭区域 D①,它的侧面是以 D 的边界曲线为准线而母线平行于 z 轴的柱面,它的顶是曲面 $z=f(x,y)$,这里 $f(x,y)\geqslant 0$ 且在 D 上连续(图 10-1).这种立体叫做曲顶柱体.现在我们来讨论如何定义并计算上述曲顶柱体的体积 V.

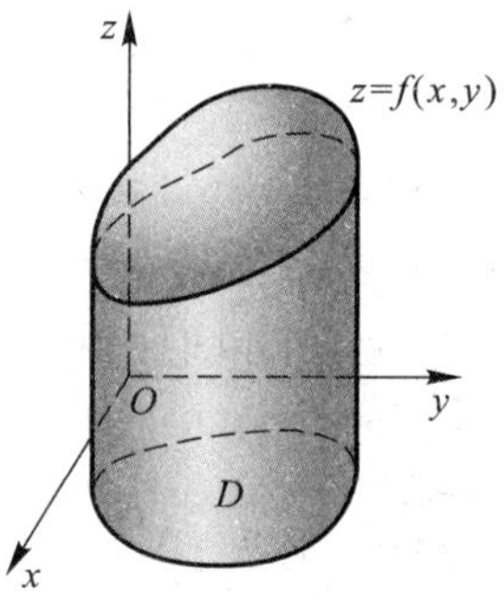

图 10-1

我们知道,平顶柱体的高是不变的,它的体积可以用公式

$$\text{体积}=\text{高}\times\text{底面积}$$

来定义和计算.关于曲顶柱体,当点 (x,y) 在区域 D 上变

① 为简便起见,本章以后除特别说明者外,都假定平面闭区域和空间闭区域是有界的,且平面闭区域有有限面积,空间闭区域有有限体积.

动时，高度 $f(x,y)$ 是个变量，因此它的体积不能直接用上式来定义和计算. 但如果回忆起第五章中求曲边梯形面积的问题，就不难想到，那里所采用的解决办法，原则上可以用来解决目前的问题.

首先，用一组曲线网把 D 分成 n 个小闭区域

$$\Delta\sigma_1,\Delta\sigma_2,\cdots,\Delta\sigma_n.$$

分别以这些小闭区域的边界曲线为准线，作母线平行于 z 轴的柱面，这些柱面把原来的曲顶柱体分为 n 个细曲顶柱体. 当这些小闭区域的直径①很小时，由于 $f(x,y)$ 连续，对同一个小闭区域来说，$f(x,y)$ 变化很小，这时细曲顶柱体可近似看做平顶柱体. 我们在每个 $\Delta\sigma_i$（这个小闭区域的面积也记作 $\Delta\sigma_i$）中任取一点 (ξ_i,η_i)，以 $f(\xi_i,\eta_i)$ 为高而底为 $\Delta\sigma_i$ 的平顶柱体（图 10-2）的体积为

$$f(\xi_i,\eta_i)\Delta\sigma_i \quad (i=1,2,\cdots,n).$$

这 n 个平顶柱体体积之和

$$\sum_{i=1}^{n} f(\xi_i,\eta_i)\Delta\sigma_i$$

可以认为是整个曲顶柱体体积的近似值. 令 n 个小闭区域的直径中的最大值（记作 λ）趋于零，取上述和的极限，所得的极限便自然地定义为所论曲顶柱体的体积 V，即

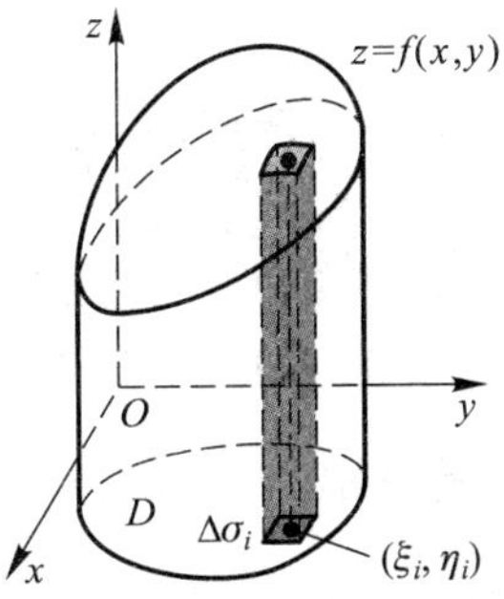

图 10-2

$$V=\lim_{\lambda\to 0}\sum_{i=1}^{n} f(\xi_i,\eta_i)\Delta\sigma_i.$$

2. 平面薄片的质量

设有一平面薄片占有 xOy 面上的闭区域 D，它在点 (x,y) 处的面密度为 $\mu(x,y)$，这里 $\mu(x,y)>0$ 且在 D 上连续. 现在要计算该薄片的质量 m.

我们知道，如果薄片是均匀的，即面密度是常数，那么薄片的质量可以用公式

质量 = 面密度×面积

来计算. 现在面密度 $\mu(x,y)$ 是变量，薄片的质量就不能直接用上式来计算. 但是上面用来处理曲顶柱体体积问题的方法完全适用于本问题.

由于 $\mu(x,y)$ 连续，把薄片分成许多小块后，只要小块所占的小闭区域 $\Delta\sigma_i$ 的直径很小，这些小块就可以近似地看做均匀薄片. 在 $\Delta\sigma_i$ 上任取一点 (ξ_i,η_i)，则

$$\mu(\xi_i,\eta_i)\Delta\sigma_i \quad (i=1,2,\cdots,n)$$

可看做第 i 个小块的质量的近似值（图 10-3）. 通过求和、取极限，便得出

① 一个闭区域的直径是指区域上任意两点间距离的最大者.

$$m=\lim_{\lambda\to 0}\sum_{i=1}^{n}\mu(\xi_i,\eta_i)\Delta\sigma_i.$$

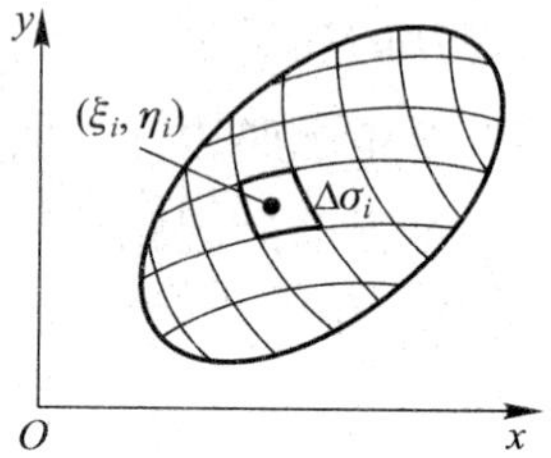

图 10-3

上面两个问题的实际意义虽然不同，但所求量都归结为同一形式的和的极限. 在物理、力学、几何和工程技术中，有许多物理量或几何量都可归结为这一形式的和的极限. 因此我们要一般地研究这种和的极限，并抽象出下述二重积分的定义：

定义　**设 $f(x,y)$ 是有界闭区域 D 上的有界函数. 将闭区域 D 任意分成 n 个小闭区域**

$$\Delta\sigma_1,\Delta\sigma_2,\cdots,\Delta\sigma_n,$$

其中 $\Delta\sigma_i$ 表示第 i 个小闭区域，也表示它的面积. 在每个 $\Delta\sigma_i$ 上任取一点 (ξ_i,η_i)，作乘积 $f(\xi_i,\eta_i)\Delta\sigma_i\ (i=1,2,\cdots,n)$，并作和 $\sum_{i=1}^{n}f(\xi_i,\eta_i)\Delta\sigma_i$. 如果当各小闭区域的直径中的最大值 $\lambda\to 0$ 时，这和的极限总存在，且与闭区域 D 的分法及点 (ξ_i,η_i) 的取法无关，那么称此极限为函数 $f(x,y)$ 在闭区域 D 上的二重积分，记作 $\iint\limits_D f(x,y)\,\mathrm{d}\sigma$，即

$$\iint\limits_D f(x,y)\,\mathrm{d}\sigma=\lim_{\lambda\to 0}\sum_{i=1}^{n}f(\xi_i,\eta_i)\Delta\sigma_i. \tag{1-1}$$

其中 $f(x,y)$ 叫做被积函数，$f(x,y)\,\mathrm{d}\sigma$ 叫做被积表达式，$\mathrm{d}\sigma$ 叫做面积元素，x 与 y 叫做积分变量，D 叫做积分区域，$\sum_{i=1}^{n}f(\xi_i,\eta_i)\Delta\sigma_i$ 叫做积分和.

在二重积分的定义中对闭区域 D 的划分是任意的，如果在直角坐标系中用平行于坐标轴的直线网来划分 D，那么除了包含边界点的一些小闭区域外①，其余的小闭区域都是矩形闭区域. 设矩形闭区域 $\Delta\sigma_i$ 的边长为 Δx_j 和 Δy_k，则 $\Delta\sigma_i=\Delta x_j\cdot\Delta y_k$. 因此在直角坐标系中，有时也把面积元素 $\mathrm{d}\sigma$ 记作 $\mathrm{d}x\mathrm{d}y$，而把二重积分记作

$$\iint\limits_D f(x,y)\,\mathrm{d}x\mathrm{d}y,$$

其中 $\mathrm{d}x\mathrm{d}y$ 叫做直角坐标系中的面积元素.

这里我们要指出，当 $f(x,y)$ 在闭区域 D 上连续时，(1-1) 式右端的和的极限必定存在，也就是说，函数 $f(x,y)$ 在 D 上的二重积分必定存在，即函数 $f(x,y)$ 在 D 上必定可积. 以后我们总假定函数 $f(x,y)$ 在闭区域 D 上可积.

由二重积分的定义可知，曲顶柱体的体积是函数 $f(x,y)$ 在底 D 上的二重积分

$$V=\iint\limits_D f(x,y)\,\mathrm{d}\sigma,$$

① 求和的极限时，这些小闭区域所对应的项的和的极限为零，因此这些小闭区域可以略去不计.

平面薄片的质量是它的面密度$\mu(x,y)$在薄片所占闭区域D上的二重积分

$$m=\iint\limits_{D}\mu(x,y)\mathrm{d}\sigma.$$

一般地，如果$f(x,y)\geqslant 0$，被积函数$f(x,y)$可以解释为曲顶柱体的顶在点(x,y)处的竖坐标，所以二重积分的几何意义就是柱体的体积. 如果$f(x,y)$是负的，柱体就在xOy面的下方，二重积分的绝对值仍等于柱体的体积，但二重积分的值是负的. 如果$f(x,y)$在D的若干部分区域上是正的，而在其他的部分区域上是负的，那么，$f(x,y)$在D上的二重积分就等于xOy面上方的柱体体积减去xOy面下方的柱体体积所得之差.

二、二重积分的性质

比较定积分与二重积分的定义可以想到，二重积分与定积分有类似的性质，现叙述于下：

性质 1　设α与β为常数，则

$$\iint\limits_{D}[\alpha f(x,y)+\beta g(x,y)]\mathrm{d}\sigma=\alpha\iint\limits_{D}f(x,y)\mathrm{d}\sigma+\beta\iint\limits_{D}g(x,y)\mathrm{d}\sigma.$$

性质 2　如果闭区域D被有限条曲线分为有限个部分闭区域，那么在D上的二重积分等于在各部分闭区域上的二重积分的和.

例如D分为两个闭区域D_1与D_2，则

$$\iint\limits_{D}f(x,y)\mathrm{d}\sigma=\iint\limits_{D_1}f(x,y)\mathrm{d}\sigma+\iint\limits_{D_2}f(x,y)\mathrm{d}\sigma.$$

这个性质表示二重积分对于积分区域具有可加性.

性质 3　如果在D上，$f(x,y)=1$，σ为D的面积，那么

$$\sigma=\iint\limits_{D}1\cdot\mathrm{d}\sigma=\iint\limits_{D}\mathrm{d}\sigma.$$

这性质的几何意义是很明显的，因为高为 1 的平顶柱体的体积在数值上就等于柱体的底面积.

性质 4　如果在D上，$f(x,y)\leqslant g(x,y)$，那么有

$$\iint\limits_{D}f(x,y)\mathrm{d}\sigma\leqslant\iint\limits_{D}g(x,y)\mathrm{d}\sigma.$$

特殊地，由于

$$-|f(x,y)|\leqslant f(x,y)\leqslant|f(x,y)|,$$

又有

$$\left|\iint\limits_{D}f(x,y)\mathrm{d}\sigma\right|\leqslant\iint\limits_{D}|f(x,y)|\mathrm{d}\sigma.$$

性质 5　设 M 和 m 分别是 $f(x,y)$ 在闭区域 D 上的最大值和最小值，σ 是 D 的面积，则有

$$m\sigma \leqslant \iint\limits_D f(x,y)\,\mathrm{d}\sigma \leqslant M\sigma.$$

上述不等式是对于二重积分估值的不等式. 因为 $m \leqslant f(x,y) \leqslant M$，所以由性质 4 有

$$\iint\limits_D m\,\mathrm{d}\sigma \leqslant \iint\limits_D f(x,y)\,\mathrm{d}\sigma \leqslant \iint\limits_D M\,\mathrm{d}\sigma,$$

再应用性质 1 和性质 3，便得此估值不等式.

性质 6（二重积分的中值定理）　设函数 $f(x,y)$ 在闭区域 D 上连续，σ 是 D 的面积，则在 D 上至少存在一点 (ξ,η)，使得

$$\iint\limits_D f(x,y)\,\mathrm{d}\sigma = f(\xi,\eta)\sigma.$$

证　显然 $\sigma \neq 0$. 把性质 5 中不等式各除以 σ，有

$$m \leqslant \frac{1}{\sigma}\iint\limits_D f(x,y)\,\mathrm{d}\sigma \leqslant M.$$

这就是说，确定的数值 $\frac{1}{\sigma}\iint\limits_D f(x,y)\,\mathrm{d}\sigma$ 是介于函数 $f(x,y)$ 的最大值 M 与最小值 m 之间的. 根据在闭区域上连续函数的介值定理，在 D 上至少存在一点 (ξ,η)，使得函数在该点的值与这个确定的数值相等，即

例题精讲 10-1

$$\frac{1}{\sigma}\iint\limits_D f(x,y)\,\mathrm{d}\sigma = f(\xi,\eta).$$

上式两端各乘 σ，就得所需要证明的公式.

例 1　估计二重积分 $I = \iint\limits_D (x+y+10)\,\mathrm{d}\sigma$ 的值，其中 $D = \{(x,y) \mid (x-2)^2 + (y-1)^2 \leqslant 2\}$.

解　按照二重积分的性质 5，估计二重积分的值，关键是要确定被积函数 $f(x,y)$ 在积分区域 D 上的最大值和最小值. 本例中，被积函数 $f(x,y) = x+y+10$ 的图形是一张平面. 容易知道，它在 D 上的最大值、最小值均在 D 的边界上取得，所以，只需考虑它在 D 的边界上的取值情形.

D 的边界曲线 L 的参数方程为

$$\begin{cases} x = 2+\sqrt{2}\cos t, \\ y = 1+\sqrt{2}\sin t, \end{cases} \quad t \in [0, 2\pi].$$

因此在 L 上，有

$$f(x,y) = \sqrt{2}(\cos t + \sin t) + 13 = 2\sin\left(t + \frac{\pi}{4}\right) + 13,$$

便得

$$11 \leqslant f(x,y) \leqslant 15.$$

区域 D 的面积 $\sigma=2\pi$，于是

$$22\pi \leqslant I \leqslant 30\pi.$$

例 2　设 $f(x,y)$ 在闭区域 D 上连续，D 关于 x 轴和 y 轴均对称，记 $D_1=\{(x,y)\mid(x,y)\in D, x\geqslant 0, y\geqslant 0\}$，二重积分 $I=\iint\limits_D f(x,y)\,\mathrm{d}\sigma = 4\iint\limits_{D_1} f(x,y)\,\mathrm{d}\sigma$ 成立的条件是下列条件中的哪一个？

(1) $f(x,y)$ 关于 x 是奇函数，关于 y 是偶函数，即

$$f(-x,y)=-f(x,y),\quad f(x,-y)=f(x,y),\quad (x,y)\in D;$$

(2) $f(-x,y)=f(x,y)$，$f(x,-y)=f(x,y)$，$(x,y)\in D$；

(3) $f(-x,y)=f(x,y)$，$f(x,-y)=-f(x,y)$，$(x,y)\in D$；

(4) $f(-x,y)=-f(x,y)$，$f(x,-y)=-f(x,y)$，$(x,y)\in D$.

解　(2) 中的函数 $f(x,y)$ 关于 x、关于 y 均是偶函数，而积分区域 D 关于 y 轴、x 轴均对称，由二重积分对于积分区域的可加性和几何意义，可知题中给出的积分等式成立，其余三种条件下，积分等式均不成立. 条件(1)和(4)，$f(x,y)$ 关于 x 是奇函数，而积分区域 D 关于 y 轴对称，即知 $I=0$；同理，条件(3)，$f(x,y)$ 关于 y 是奇函数，而积分区域 D 关于 x 轴对称，即知 $I=0$. 而对于一般的 $f(x,y)$ 而言，积分 $\iint\limits_{D_1} f(x,y)\,\mathrm{d}\sigma$ 不一定为零，故等式不成立.

释疑解难 10-1

习题 10-1

1. 设有一平面薄板（不计其厚度）占有 xOy 面上的闭区域 D，薄板上分布有面密度为 $\mu=\mu(x,y)$ 的电荷，且 $\mu(x,y)$ 在 D 上连续，试用二重积分表达该薄板上的全部电荷 Q.

2. 设 $I_1=\iint\limits_{D_1}(x^2+y^2)^3\,\mathrm{d}\sigma$，其中 $D_1=\{(x,y)\mid -1\leqslant x\leqslant 1, -2\leqslant y\leqslant 2\}$；又 $I_2=\iint\limits_{D_2}(x^2+y^2)^3\,\mathrm{d}\sigma$，其中 $D_2=\{(x,y)\mid 0\leqslant x\leqslant 1, 0\leqslant y\leqslant 2\}$. 试利用二重积分的几何意义说明 I_1 与 I_2 之间的关系.

3. 利用二重积分定义证明：

(1) $\iint\limits_D \mathrm{d}\sigma=\sigma$（其中 σ 为 D 的面积）；

(2) $\iint\limits_D kf(x,y)\,\mathrm{d}\sigma=k\iint\limits_D f(x,y)\,\mathrm{d}\sigma$（其中 k 为常数）；

(3) $\iint\limits_D f(x,y)\,\mathrm{d}\sigma=\iint\limits_{D_1} f(x,y)\,\mathrm{d}\sigma+\iint\limits_{D_2} f(x,y)\,\mathrm{d}\sigma$，其中 $D=D_1\cup D_2$，D_1，D_2 为两个无公共内点的闭区域.

4. 试确定积分区域 D，使二重积分 $\iint\limits_D (1-2x^2-y^2)\,\mathrm{d}x\mathrm{d}y$ 达到最大值.

5. 根据二重积分的性质,比较下列积分的大小:

(1) $\iint\limits_D (x+y)^2 d\sigma$ 与 $\iint\limits_D (x+y)^3 d\sigma$,其中积分区域 D 是由 x 轴、y 轴与直线 $x+y=1$ 所围成;

(2) $\iint\limits_D (x+y)^2 d\sigma$ 与 $\iint\limits_D (x+y)^3 d\sigma$,其中积分区域 D 是由圆周 $(x-2)^2+(y-1)^2=2$ 所围成;

(3) $\iint\limits_D \ln(x+y) d\sigma$ 与 $\iint\limits_D [\ln(x+y)]^2 d\sigma$,其中 D 是三角形闭区域,三顶点分别为 $(1,0)$,$(1,1)$,$(2,0)$;

(4) $\iint\limits_D \ln(x+y) d\sigma$ 与 $\iint\limits_D [\ln(x+y)]^2 d\sigma$,其中 $D=\{(x,y)\mid 3\leqslant x\leqslant 5, 0\leqslant y\leqslant 1\}$.

6. 计算 $\iint\limits_D (2+y\cos x+xy\sin y) d\sigma$,其中 $D=\{(x,y)\mid x^2+y^2\leqslant 1\}$.

7. 利用二重积分的性质估计下列积分的值:

(1) $I=\iint\limits_D xy(x+y) d\sigma$,其中 $D=\{(x,y)\mid 0\leqslant x\leqslant 1, 0\leqslant y\leqslant 1\}$;

(2) $I=\iint\limits_D \sin^2 x\sin^2 y d\sigma$,其中 $D=\{(x,y)\mid 0\leqslant x\leqslant \pi, 0\leqslant y\leqslant \pi\}$;

(3) $I=\iint\limits_D (x+y+1) d\sigma$,其中 $D=\{(x,y)\mid 0\leqslant x\leqslant 1, 0\leqslant y\leqslant 2\}$;

(4) $I=\iint\limits_D (x^2+4y^2+9) d\sigma$,其中 $D=\{(x,y)\mid x^2+y^2\leqslant 4\}$.

第二节　二重积分的计算法

按照二重积分的定义来计算二重积分,对少数特别简单的被积函数和积分区域来说是可行的,但对一般的函数和区域来说,这不是一种切实可行的方法.本节介绍一种计算二重积分的方法,这种方法是把二重积分化为两次定积分来计算.

一、利用直角坐标计算二重积分

下面用几何观点来讨论二重积分 $\iint\limits_D f(x,y) d\sigma$ 的计算问题.在讨论中我们假定 $f(x,y)\geqslant 0$.

设积分区域 D 可以用不等式

$$\varphi_1(x)\leqslant y\leqslant \varphi_2(x),\quad a\leqslant x\leqslant b$$

来表示(图 10-4),其中函数 $\varphi_1(x)$,$\varphi_2(x)$ 在区间 $[a,b]$ 上连续.

按照二重积分的几何意义,二重积分 $\iint\limits_D f(x,y) d\sigma$ 的值等于以 D 为底,曲面 $z=f(x,y)$ 为顶的曲顶柱体(图 10-5)的体积.下面我们应用第六章中计算“平行截面面积为已知的立体的体积”的方法来计算这个曲顶柱体的体积.

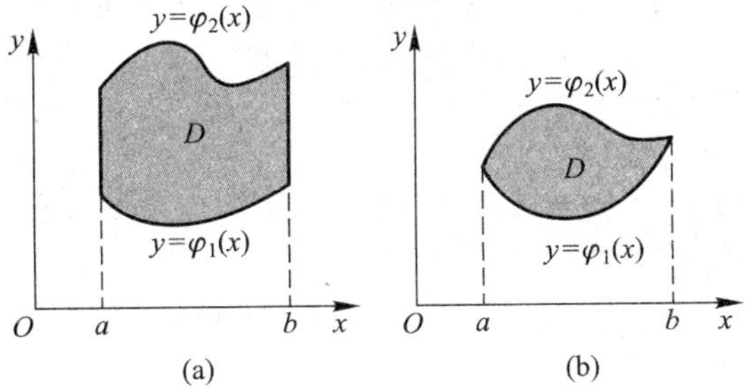

图 10-4

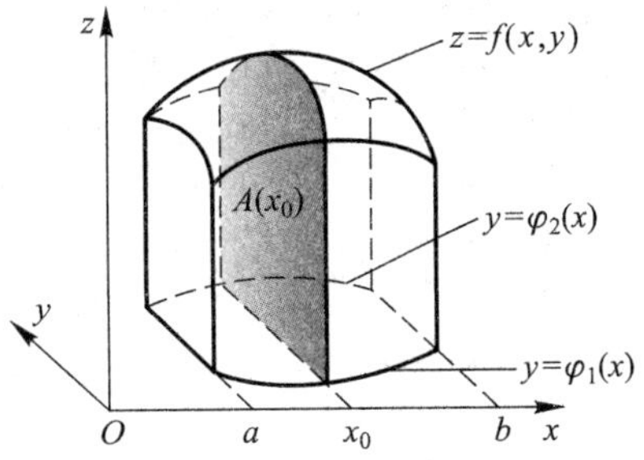

图 10-5

先计算截面面积.为此,在区间$[a,b]$上任意取定一点x_0,作平行于yOz面的平面$x=x_0$.这平面截曲顶柱体所得的截面是一个以区间$[\varphi_1(x_0),\varphi_2(x_0)]$为底、曲线$z=f(x_0,y)$为曲边的曲边梯形(图 10-5 中阴影部分),所以这截面的面积为

$$A(x_0)=\int_{\varphi_1(x_0)}^{\varphi_2(x_0)} f(x_0,y)\,\mathrm{d}y.$$

一般地,过区间$[a,b]$上任一点x且平行于yOz面的平面截曲顶柱体所得截面的面积为

$$A(x)=\int_{\varphi_1(x)}^{\varphi_2(x)} f(x,y)\,\mathrm{d}y.$$

于是,应用计算平行截面面积为已知的立体体积的方法,得曲顶柱体体积为

$$V=\int_a^b A(x)\,\mathrm{d}x=\int_a^b\left[\int_{\varphi_1(x)}^{\varphi_2(x)} f(x,y)\,\mathrm{d}y\right]\mathrm{d}x.$$

这个体积也就是所求二重积分的值,从而有等式

$$\iint_D f(x,y)\,\mathrm{d}\sigma=\int_a^b\left[\int_{\varphi_1(x)}^{\varphi_2(x)} f(x,y)\,\mathrm{d}y\right]\mathrm{d}x. \tag{2-1}$$

上式右端的积分叫做先对y、后对x的二次积分.就是说,先把x看做常数,把$f(x,y)$只看做y的函数,并对y计算从$\varphi_1(x)$到$\varphi_2(x)$的定积分;然后把算得的结果(是x的函数)再对x计算在区间$[a,b]$上的定积分.这个先对y、后对x的二次积分也常记作

$$\int_a^b \mathrm{d}x\int_{\varphi_1(x)}^{\varphi_2(x)} f(x,y)\,\mathrm{d}y.$$

因此,等式(2-1)也写成

$$\iint_D f(x,y)\,\mathrm{d}\sigma=\int_a^b \mathrm{d}x\int_{\varphi_1(x)}^{\varphi_2(x)} f(x,y)\,\mathrm{d}y, \tag{2-1'}$$

这就是把二重积分化为先对y、后对x的二次积分的公式.

在上述讨论中,我们假定$f(x,y)\geqslant 0$,但实际上公式(2-1)的成立并不受此条件限制.

类似地,如果积分区域 D 可以用不等式

$$\psi_1(y)\leqslant x\leqslant\psi_2(y),\quad c\leqslant y\leqslant d$$

来表示(图 10-6),其中函数 $\psi_1(y)$,$\psi_2(y)$ 在区间 $[c,d]$ 上连续,那么就有

$$\iint\limits_D f(x,y)\,\mathrm{d}\sigma=\int_c^d\left[\int_{\psi_1(y)}^{\psi_2(y)}f(x,y)\,\mathrm{d}x\right]\mathrm{d}y. \tag{2-2}$$

上式右端的积分叫做先对 x、后对 y 的二次积分,这个积分也常记作

$$\int_c^d\mathrm{d}y\int_{\psi_1(y)}^{\psi_2(y)}f(x,y)\,\mathrm{d}x.$$

因此,等式(2-2)也写成

$$\iint\limits_D f(x,y)\,\mathrm{d}\sigma=\int_c^d\mathrm{d}y\int_{\psi_1(y)}^{\psi_2(y)}f(x,y)\,\mathrm{d}x, \tag{2-2$'$}$$

这就是把二重积分化为先对 x、后对 y 的二次积分的公式.

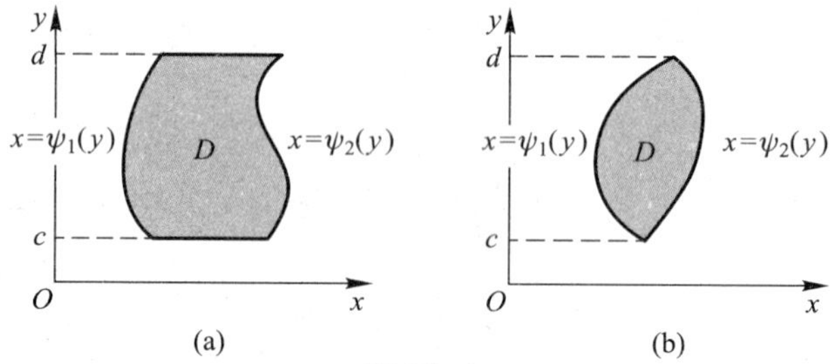

图 10-6

以后我们称图 10-4 所示的积分区域为 X 型区域,图 10-6 所示的积分区域为 Y 型区域.应用公式(2-1)时,积分区域必须是 X 型区域,X 型区域 D 的特点是:穿过 D 内部且平行于 y 轴的直线与 D 的边界相交不多于两点;而用公式(2-2)时,积分区域必须是 Y 型区域,Y 型区域 D 的特点是:穿过 D 内部且平行于 x 轴的直线与 D 的边界相交不多于两点.如果积分区域 D 如图 10-7 那样,既有一部分使穿过 D 内部且平行于 y 轴的直线与 D 的边界相交多于两点,又有一部分使穿过 D 内部且平行于 x 轴的直线与 D 的边界相交多于两点,那么 D 既不是 X 型区域,又不是 Y 型区域.对于这种情形,可以把 D 分成几部分,使每个部分是 X 型区域或是 Y 型区域.例如,在图 10-7 中,把 D 分成三部分,它们都是 X 型区域,从而在这三部分上的二重积分都可应用公式(2-1).各部分上的二重积分求得后,根据二重积分的性质 2,它们的和就是在 D 上的二重积分.

如果积分区域 D 既是 X 型的,可用不等式 $\varphi_1(x)\leqslant y\leqslant\varphi_2(x)$,$a\leqslant x\leqslant b$ 表示,又是 Y 型的,可用不等式 $\psi_1(y)\leqslant x\leqslant\psi_2(y)$,$c\leqslant y\leqslant d$ 表示(图 10-8),那么由公式(2-1$'$)及(2-2$'$)就得

$$\int_a^b \mathrm{d}x \int_{\varphi_1(x)}^{\varphi_2(x)} f(x,y)\,\mathrm{d}y = \int_c^d \mathrm{d}y \int_{\psi_1(y)}^{\psi_2(y)} f(x,y)\,\mathrm{d}x. \tag{2-3}$$

上式表明,这两个不同次序的二次积分相等,因为它们都等于同一个二重积分

$$\iint_D f(x,y)\,\mathrm{d}\sigma.$$

将二重积分化为二次积分时,确定积分限是一个关键.积分限是根据积分区域 D 来确定的,先画出积分区域 D 的图形.假如积分区域 D 是 X 型的,如图10-9所示,在区间$[a,b]$上任意取定一个 x 值,积分区域上以这个 x 值为横坐标的点在一段直线上,这段直线平行于 y 轴,该线段上点的纵坐标从 $\varphi_1(x)$ 变到$\varphi_2(x)$,这就是公式(2-1)中先把 x 看做常量而对 y 积分时的下限和上限.因为上面的 x 值是在$[a,b]$上任意取定的,所以再把 x 看做变量而对 x 积分时,积分区间就是$[a,b]$.

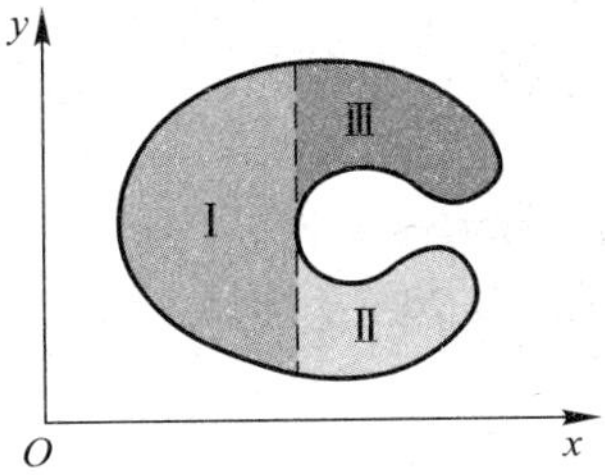

图 10-7

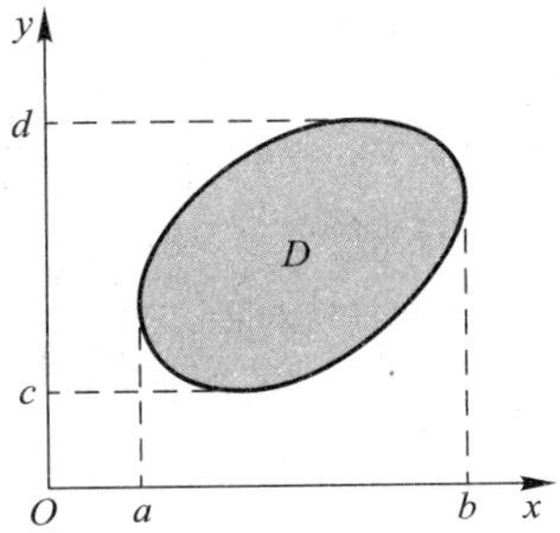

图 10-8

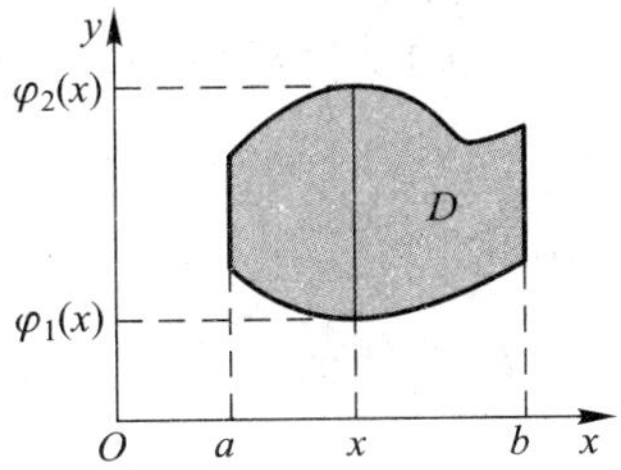

图 10-9

例 1　计算 $\iint\limits_D xy\,\mathrm{d}\sigma$,其中 D 是由直线 $y=1,x=2$ 及 $y=x$ 所围成的闭区域.

解法一　首先画出积分区域 D(图 10-10).D 是 X 型的,D 上的点的横坐标的变动范围是区间$[1,2]$.在区间$[1,2]$上任意取定一个 x 值,则 D 上以这个 x 值为横坐标的点在一段直线上,这段直线平行于 y 轴,该线段上点的纵坐标从$y=1$ 变到 $y=x$.利用公式(2-1)得

$$\iint_D xy\,\mathrm{d}\sigma = \int_1^2 \left[\int_1^x xy\,\mathrm{d}y\right]\mathrm{d}x = \int_1^2 \left[x\cdot\frac{y^2}{2}\right]_1^x \mathrm{d}x = \int_1^2 \left(\frac{x^3}{2}-\frac{x}{2}\right)\mathrm{d}x = \left[\frac{x^4}{8}-\frac{x^2}{4}\right]_1^2 = \frac{9}{8}.$$

解法二　如图 10-11,积分区域 D 是 Y 型的,D 上的点的纵坐标的变动范围是区间$[1,2]$.在区间$[1,2]$上任意取定一个 y 值,则 D 上以这个 y 值为纵坐标的点在一段直线上,这段直线平行于 x 轴,该线段上点的横坐标从 $x=y$ 变到 $x=2$.于是,利用公式(2-2)得

$$\iint_D xy\,\mathrm{d}\sigma = \int_1^2\left[\int_y^2 xy\,\mathrm{d}x\right]\mathrm{d}y = \int_1^2\left[y\cdot\frac{x^2}{2}\right]_y^2 \mathrm{d}y = \int_1^2\left(2y-\frac{y^3}{2}\right)\mathrm{d}y = \left[y^2-\frac{y^4}{8}\right]_1^2 = \frac{9}{8}.$$

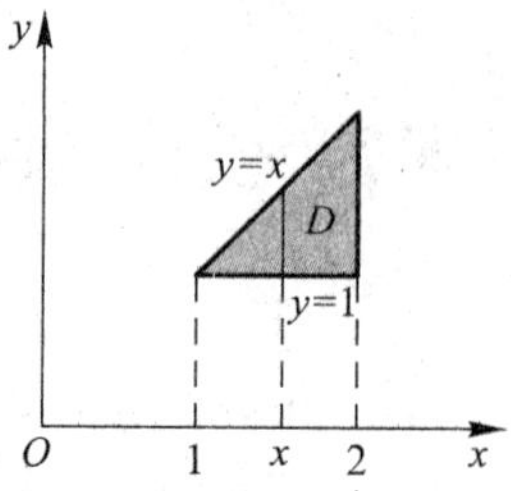

图 10-10

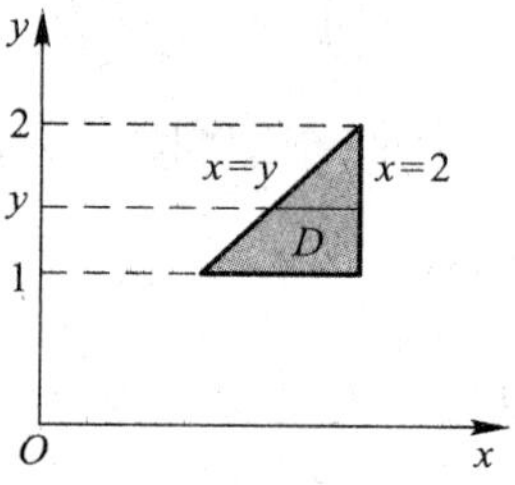

图 10-11

例 2　计算 $\iint\limits_D y\sqrt{1+x^2-y^2}\,\mathrm{d}\sigma$，其中 D 是由直线 $y=x,x=-1$ 和 $y=1$ 所围成的闭区域.

解　画出积分区域 D 如图 10-12 所示. D 既是 X 型的，又是 Y 型的. 若利用公式(2-1)，得

$$\iint\limits_D y\sqrt{1+x^2-y^2}\,\mathrm{d}\sigma=\int_{-1}^{1}\left[\int_x^1 y\sqrt{1+x^2-y^2}\,\mathrm{d}y\right]\mathrm{d}x=-\frac{1}{3}\int_{-1}^{1}\left[(1+x^2-y^2)^{\frac{3}{2}}\right]_x^1\mathrm{d}x$$

$$=-\frac{1}{3}\int_{-1}^{1}(|x|^3-1)\,\mathrm{d}x=-\frac{2}{3}\int_0^1(x^3-1)\,\mathrm{d}x=\frac{1}{2}.$$

若利用公式(2-2)(图 10-13)，就有

$$\iint\limits_D y\sqrt{1+x^2-y^2}\,\mathrm{d}\sigma=\int_{-1}^{1}y\left[\int_{-1}^{y}\sqrt{1+x^2-y^2}\,\mathrm{d}x\right]\mathrm{d}y,$$

其中关于 x 的积分计算比较麻烦. 所以这里用公式(2-1)计算较为方便.

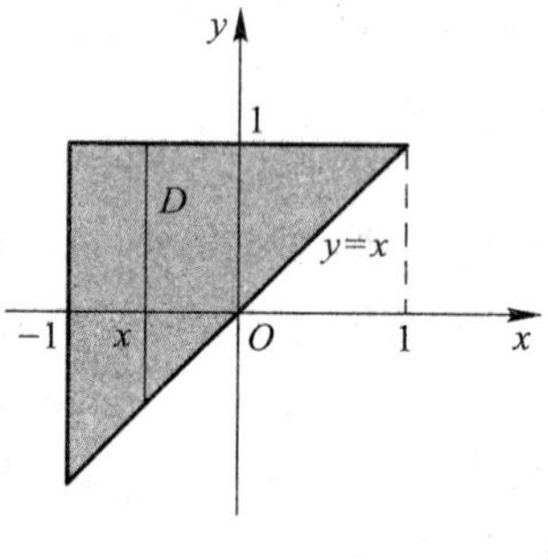

图 10-12

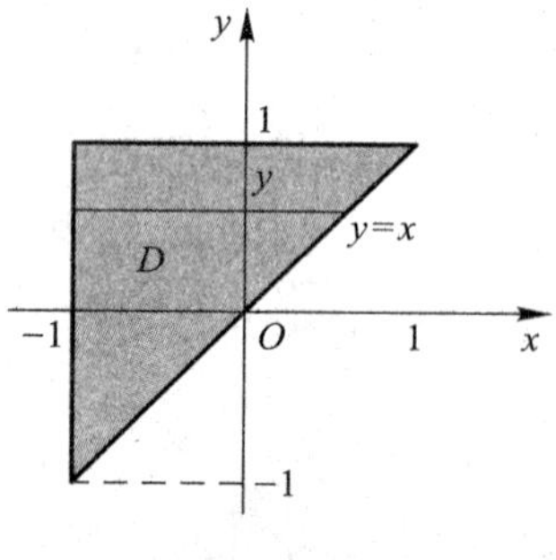

图 10-13

例 3　计算 $\iint\limits_D xy\,\mathrm{d}\sigma$，其中 D 是由抛物线 $y^2=x$ 及直线 $y=x-2$ 所围成的闭区域.

解　画出积分区域 D 如图 10-14 所示. D 既是 X 型的，又是 Y 型的. 若利用公式(2-2)，则得

$$\iint\limits_D xy\,\mathrm{d}\sigma=\int_{-1}^{2}\left[\int_{y^2}^{y+2}xy\,\mathrm{d}x\right]\mathrm{d}y=\int_{-1}^{2}\left[\frac{x^2}{2}y\right]_{y^2}^{y+2}\mathrm{d}y=\frac{1}{2}\int_{-1}^{2}\left[y(y+2)^2-y^5\right]\mathrm{d}y$$

$$=\frac{1}{2}\left[\frac{y^4}{4}+\frac{4}{3}y^3+2y^2-\frac{y^6}{6}\right]_{-1}^{2}=\frac{45}{8}.$$

若利用公式(2-1)来计算，则由于在区间[0,1]及[1,4]上表示 $\varphi_1(x)$ 的式子不同，所以要用经过交点(1,-1)且平行于 y 轴的直线 $x=1$ 把区域 D 分成 D_1 和 D_2 两部分(图 10-15)，其中

$$D_1=\{(x,y)\mid -\sqrt{x}\leqslant y\leqslant\sqrt{x},0\leqslant x\leqslant 1\},\quad D_2=\{(x,y)\mid x-2\leqslant y\leqslant\sqrt{x},1\leqslant x\leqslant 4\}.$$

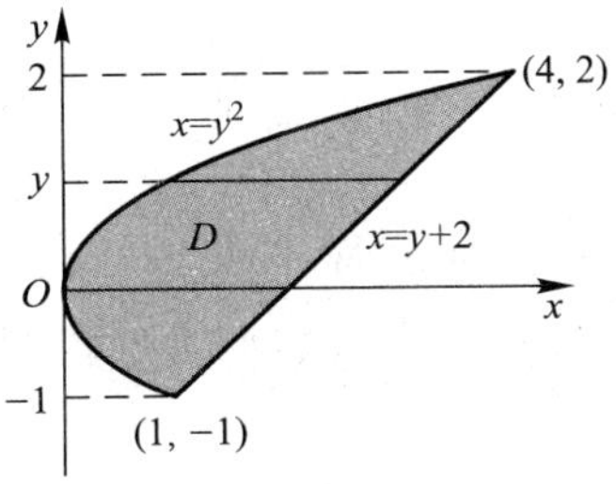

图 10-14

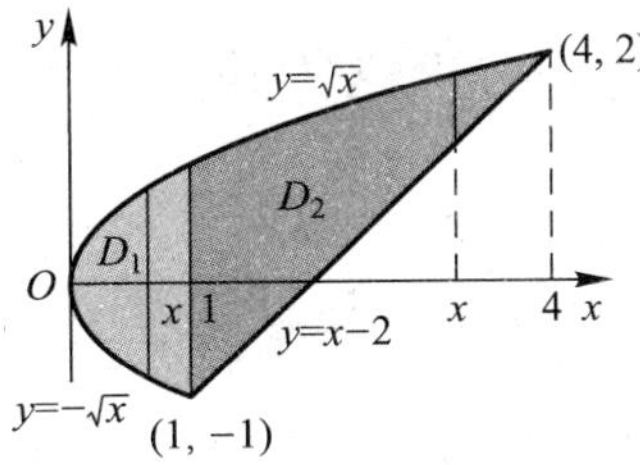

图 10-15

例题精讲
10-2

因此，根据二重积分的性质 2，就有

$$\iint_D xy\mathrm{d}\sigma=\iint_{D_1}xy\mathrm{d}\sigma+\iint_{D_2}xy\mathrm{d}\sigma=\int_0^1\left[\int_{-\sqrt{x}}^{\sqrt{x}}xy\mathrm{d}y\right]\mathrm{d}x+\int_1^4\left[\int_{x-2}^{\sqrt{x}}xy\mathrm{d}y\right]\mathrm{d}x.$$

由此可见，这里用公式(2-1)来计算需要化为两个二次积分.

上述几个例子说明，在化二重积分为二次积分时，为了计算简便，需要选择恰当的二次积分的次序.这时，既要考虑积分区域 D 的形状，又要考虑被积函数 $f(x,y)$ 的特性.

例 4　求两个底圆半径都等于 R 的直交圆柱面所围成的立体的体积.

解　设这两个圆柱面的方程分别为

$$x^2+y^2=R^2\quad 及\quad x^2+z^2=R^2.$$

利用立体关于坐标平面的对称性，只要算出它在第 I 卦限部分(图 10-16(a))的体积 V_1，然后再乘 8 就行了.

所求立体在第 I 卦限部分可以看成是一个曲顶柱体，它的底为

$$D=\{(x,y)\mid 0\leqslant y\leqslant\sqrt{R^2-x^2},0\leqslant x\leqslant R\},$$

如图 10-16(b)所示.它的顶是柱面 $z=\sqrt{R^2-x^2}$.于是，

$$V_1=\iint_D\sqrt{R^2-x^2}\,\mathrm{d}\sigma.$$

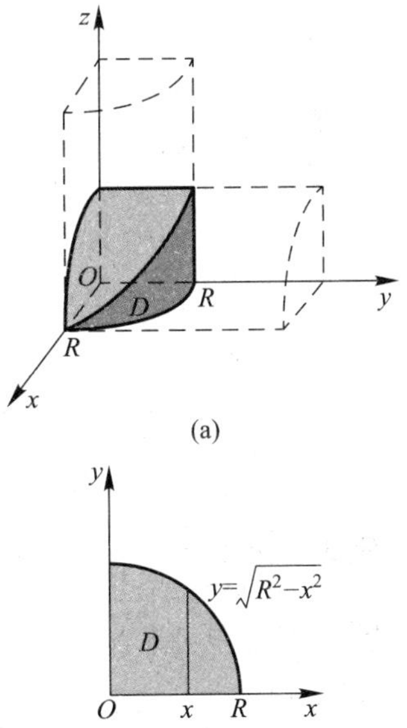

(a)　(b)

图 10-16

利用公式(2-1)，得

$$V_1=\iint_D\sqrt{R^2-x^2}\,\mathrm{d}\sigma=\int_0^R\left[\int_0^{\sqrt{R^2-x^2}}\sqrt{R^2-x^2}\,\mathrm{d}y\right]\mathrm{d}x$$

$$=\int_0^R\left[\sqrt{R^2-x^2}\,y\right]_0^{\sqrt{R^2-x^2}}\mathrm{d}x=\int_0^R(R^2-x^2)\,\mathrm{d}x=\frac{2}{3}R^3.$$

从而所求立体的体积为

$$V=8V_1=\frac{16}{3}R^3.$$

二、利用极坐标计算二重积分

有些二重积分，积分区域 D 的边界曲线用极坐标方程来表示比较方便，且被积函数用极坐标变量 ρ,θ 表达比较简单.这时，就可以考虑利用极坐标来计算二重积分 $\iint_D f(x,y)\,\mathrm{d}\sigma$.

按二重积分的定义

$$\iint_D f(x,y)\,\mathrm{d}\sigma=\lim_{\lambda\to0}\sum_{i=1}^n f(\xi_i,\eta_i)\Delta\sigma_i,$$

下面我们来研究这个和的极限在极坐标系中的形式.

假定从极点 O 出发且穿过闭区域 D 内部的射线与 D 的边界曲线相交不多于两点.我们用以极点为中心的一族同心圆：$\rho=$常数以及从极点出发的一族射线：$\theta=$常数，把 D 分成 n 个小闭区域(图10-17).除了包含边界点的一些小闭区域外，小闭区域的面积 $\Delta\sigma_i$ 可计算如下：

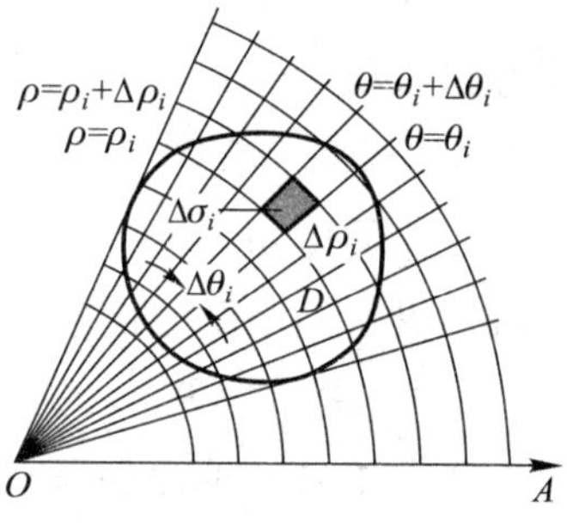

图 10-17

$$\Delta\sigma_i=\frac{1}{2}(\rho_i+\Delta\rho_i)^2\cdot\Delta\theta_i-\frac{1}{2}\rho_i^2\cdot\Delta\theta_i$$

$$=\frac{1}{2}(2\rho_i+\Delta\rho_i)\Delta\rho_i\cdot\Delta\theta_i$$

$$=\frac{\rho_i+(\rho_i+\Delta\rho_i)}{2}\cdot\Delta\rho_i\cdot\Delta\theta_i=\bar{\rho}_i\cdot\Delta\rho_i\cdot\Delta\theta_i,$$

其中 $\bar{\rho}_i$ 表示相邻两圆弧的半径的平均值.在这小闭区域内取圆周 $\rho=\bar{\rho}_i$ 上的一点 $(\bar{\rho}_i,\bar{\theta}_i)$，设该点的直角坐标为 (ξ_i,η_i)，则由直角坐标与极坐标之间的关系有 $\xi_i=\bar{\rho}_i\cos\bar{\theta}_i$，$\eta_i=\bar{\rho}_i\sin\bar{\theta}_i$.于是

$$\lim_{\lambda\to0}\sum_{i=1}^n f(\xi_i,\eta_i)\Delta\sigma_i=\lim_{\lambda\to0}\sum_{i=1}^n f(\bar{\rho}_i\cos\bar{\theta}_i,\bar{\rho}_i\sin\bar{\theta}_i)\bar{\rho}_i\cdot\Delta\rho_i\cdot\Delta\theta_i,$$

即

$$\iint_D f(x,y)\mathrm{d}\sigma=\iint_D f(\rho\cos\theta,\rho\sin\theta)\rho\mathrm{d}\rho\mathrm{d}\theta.$$

这里我们把点(ρ,θ)看做是在同一平面上的点(x,y)的极坐标表示,所以上式右端的积分区域仍然记作D.因为在直角坐标系中$\iint_D f(x,y)\mathrm{d}\sigma$也常记作$\iint_D f(x,y)\mathrm{d}x\mathrm{d}y$,所以上式又可写成

$$\iint_D f(x,y)\mathrm{d}x\mathrm{d}y=\iint_D f(\rho\cos\theta,\rho\sin\theta)\rho\mathrm{d}\rho\mathrm{d}\theta.\tag{2-4}$$

这就是二重积分的变量从直角坐标变换为极坐标的变换公式,其中$\rho\mathrm{d}\rho\mathrm{d}\theta$就是极坐标系中的面积元素.

公式(2-4)表明,要把二重积分中的变量从直角坐标变换为极坐标,只要把被积函数中的x与y分别换成$\rho\cos\theta$与$\rho\sin\theta$,并把直角坐标系中的面积元素$\mathrm{d}x\mathrm{d}y$换成极坐标系中的面积元素$\rho\mathrm{d}\rho\mathrm{d}\theta$.

极坐标系中的二重积分,同样可以化为二次积分来计算.

设积分区域D可以用不等式

$$\varphi_1(\theta)\leqslant\rho\leqslant\varphi_2(\theta),\quad\alpha\leqslant\theta\leqslant\beta$$

来表示(图10-18),其中函数$\varphi_1(\theta)$,$\varphi_2(\theta)$在区间$[\alpha,\beta]$上连续.

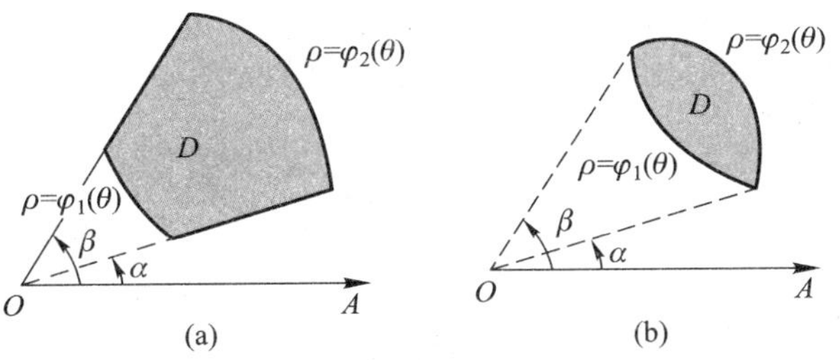

图10-18

先在区间$[\alpha,\beta]$上任意取定一个θ值.对应于这个θ值,D上的点(图10-19中这些点在线段EF上)的极径ρ从$\varphi_1(\theta)$变到$\varphi_2(\theta)$.又θ是在$[\alpha,\beta]$上任意取定的,所以θ的变化范围是区间$[\alpha,\beta]$.这样就可看出,极坐标系中的二重积分化为二次积分的公式为

$$\iint_D f(\rho\cos\theta,\rho\sin\theta)\rho\mathrm{d}\rho\mathrm{d}\theta=\int_\alpha^\beta\left[\int_{\varphi_1(\theta)}^{\varphi_2(\theta)}f(\rho\cos\theta,\rho\sin\theta)\rho\mathrm{d}\rho\right]\mathrm{d}\theta.\tag{2-5}$$

上式也写成

$$\iint_D f(\rho\cos\theta,\rho\sin\theta)\rho\mathrm{d}\rho\mathrm{d}\theta=\int_\alpha^\beta\mathrm{d}\theta\int_{\varphi_1(\theta)}^{\varphi_2(\theta)}f(\rho\cos\theta,\rho\sin\theta)\rho\mathrm{d}\rho.\tag{2-5$'$}$$

如果积分区域D是图10-20所示的曲边扇形,那么可以把它看做图10-18(a)中当$\varphi_1(\theta)\equiv0$,$\varphi_2(\theta)=\varphi(\theta)$时的特例.这时闭区域$D$可以用不等式

$$0\leqslant\rho\leqslant\varphi(\theta),\quad \alpha\leqslant\theta\leqslant\beta$$

来表示,而公式(2-5′)成为

$$\iint_D f(\rho\cos\theta,\rho\sin\theta)\rho\mathrm{d}\rho\mathrm{d}\theta=\int_\alpha^\beta \mathrm{d}\theta\int_0^{\varphi(\theta)} f(\rho\cos\theta,\rho\sin\theta)\rho\mathrm{d}\rho.$$

如果积分区域 D 如图 10-21 所示,极点在 D 的内部,那么可以把它看做图 10-20 中当 $\alpha=0$ 且 $\beta=2\pi$ 时的特例.这时闭区域 D 可以用不等式

$$0\leqslant\rho\leqslant\varphi(\theta),\quad 0\leqslant\theta\leqslant2\pi$$

来表示,而公式(2-5′)成为

$$\iint_D f(\rho\cos\theta,\rho\sin\theta)\rho\mathrm{d}\rho\mathrm{d}\theta=\int_0^{2\pi} \mathrm{d}\theta\int_0^{\varphi(\theta)} f(\rho\cos\theta,\rho\sin\theta)\rho\mathrm{d}\rho.$$

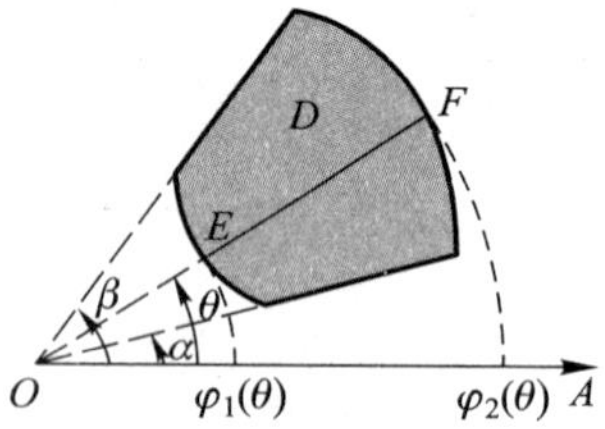

图 10-19

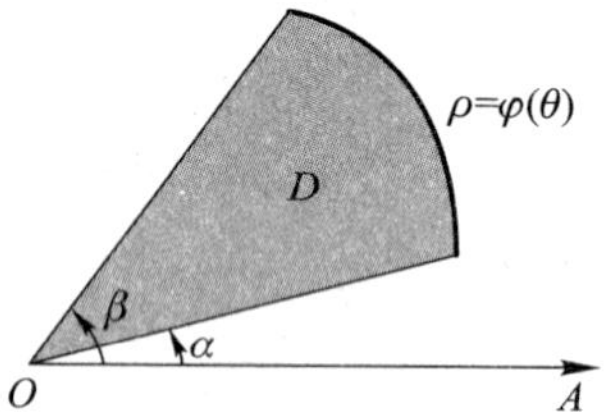

图 10-20

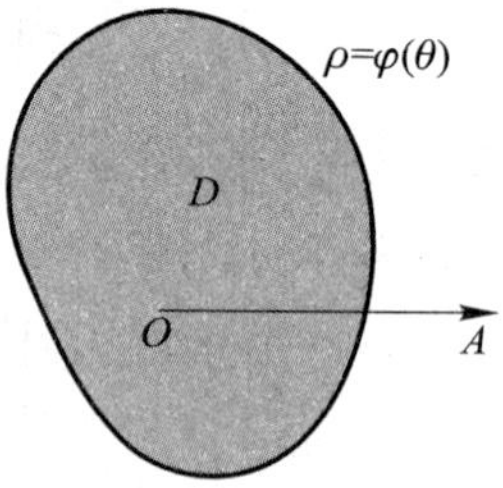

图 10-21

由二重积分的性质 3,闭区域 D 的面积 σ 可以表示为

$$\sigma=\iint_D \mathrm{d}\sigma.$$

在极坐标系中,面积元素 $\mathrm{d}\sigma=\rho\mathrm{d}\rho\mathrm{d}\theta$,上式成为

$$\sigma=\iint_D \rho\mathrm{d}\rho\mathrm{d}\theta.$$

如果闭区域 D 如图 10-18(a)所示,那么由公式(2-5′)有

$$\sigma=\iint_D \rho\mathrm{d}\rho\mathrm{d}\theta=\int_\alpha^\beta \mathrm{d}\theta\int_{\varphi_1(\theta)}^{\varphi_2(\theta)}\rho\mathrm{d}\rho=\frac{1}{2}\int_\alpha^\beta[\varphi_2^2(\theta)-\varphi_1^2(\theta)]\mathrm{d}\theta.$$

特别地,如果闭区域 D 如图 10-20 所示,那么 $\varphi_1(\theta)=0,\varphi_2(\theta)=\varphi(\theta)$.于是

$$\sigma=\frac{1}{2}\int_\alpha^\beta\varphi^2(\theta)\mathrm{d}\theta.$$

例 5　计算 $\iint\limits_D \mathrm{e}^{-x^2-y^2}\mathrm{d}x\mathrm{d}y$,其中 D 是由圆心在原点、半径为 a 的圆周所围成的闭区域.

解　在极坐标系中,闭区域 D 可表示为

$$0\leqslant\rho\leqslant a,\quad 0\leqslant\theta\leqslant2\pi.$$

由公式(2-4)及(2-5)有

$$\iint_D e^{-x^2-y^2}dxdy=\iint_D e^{-\rho^2}\rho d\rho d\theta=\int_0^{2\pi}\left[\int_0^a e^{-\rho^2}\rho d\rho\right]d\theta$$

$$=\int_0^{2\pi}\left[-\frac{1}{2}e^{-\rho^2}\right]_0^a d\theta=\frac{1}{2}(1-e^{-a^2})\int_0^{2\pi}d\theta=\pi(1-e^{-a^2}).$$

本题如果用直角坐标计算，因为积分 $\int e^{-x^2}dx$ 不能用初等函数表示，所以算不出来.现在我们利用上面的结果来计算工程上常用的反常积分 $\int_0^{+\infty}e^{-x^2}dx$.

设

$$D_1=\{(x,y)\mid x^2+y^2\leqslant R^2,x\geqslant 0,y\geqslant 0\},$$

$$D_2=\{(x,y)\mid x^2+y^2\leqslant 2R^2,x\geqslant 0,y\geqslant 0\},$$

$$S=\{(x,y)\mid 0\leqslant x\leqslant R,0\leqslant y\leqslant R\}.$$

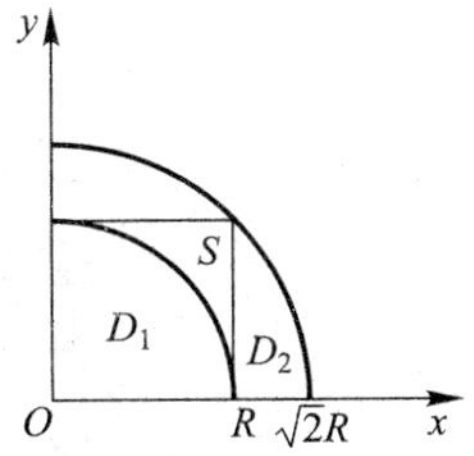

图 10-22

显然 $D_1\subset S\subset D_2$(图 10-22).由于 $e^{-x^2-y^2}>0$，从而在这些闭区域上的二重积分之间有不等式

$$\iint_{D_1}e^{-x^2-y^2}dxdy<\iint_S e^{-x^2-y^2}dxdy<\iint_{D_2}e^{-x^2-y^2}dxdy.$$

因为

$$\iint_S e^{-x^2-y^2}dxdy=\int_0^R e^{-x^2}dx\cdot\int_0^R e^{-y^2}dy=\left(\int_0^R e^{-x^2}dx\right)^2,$$

又应用上面已得的结果有

$$\iint_{D_1}e^{-x^2-y^2}dxdy=\frac{\pi}{4}(1-e^{-R^2}),\qquad \iint_{D_2}e^{-x^2-y^2}dxdy=\frac{\pi}{4}(1-e^{-2R^2}),$$

于是上面的不等式可写成

$$\frac{\pi}{4}(1-e^{-R^2})<\left(\int_0^R e^{-x^2}dx\right)^2<\frac{\pi}{4}(1-e^{-2R^2}).$$

令 $R\to+\infty$，上式两端趋于同一极限 $\frac{\pi}{4}$，从而

$$\int_0^{+\infty}e^{-x^2}dx=\frac{\sqrt{\pi}}{2}.$$

例 6　求球体 $x^2+y^2+z^2\leqslant 4a^2$ 被圆柱面 $x^2+y^2=2ax\ (a>0)$ 所截得的(含在圆柱面内的部分)立体的体积(图 10-23).

解　由对称性，

$$V=4\iint_D\sqrt{4a^2-x^2-y^2}\,dxdy,$$

其中 D 为半圆周 $y=\sqrt{2ax-x^2}$ 及 x 轴所围成的闭区域.在极坐标系中，闭区域 D 可用不

等式

$$0 \leqslant \rho \leqslant 2a\cos\theta, \quad 0 \leqslant \theta \leqslant \frac{\pi}{2}$$

来表示. 于是

$$V = 4\iint\limits_D \sqrt{4a^2-\rho^2}\,\rho\,\mathrm{d}\rho\,\mathrm{d}\theta = 4\int_0^{\frac{\pi}{2}}\mathrm{d}\theta\int_0^{2a\cos\theta}\sqrt{4a^2-\rho^2}\,\rho\,\mathrm{d}\rho$$

$$=\frac{32}{3}a^3\int_0^{\frac{\pi}{2}}(1-\sin^3\theta)\,\mathrm{d}\theta=\frac{32}{3}a^3\left(\frac{\pi}{2}-\frac{2}{3}\right).$$

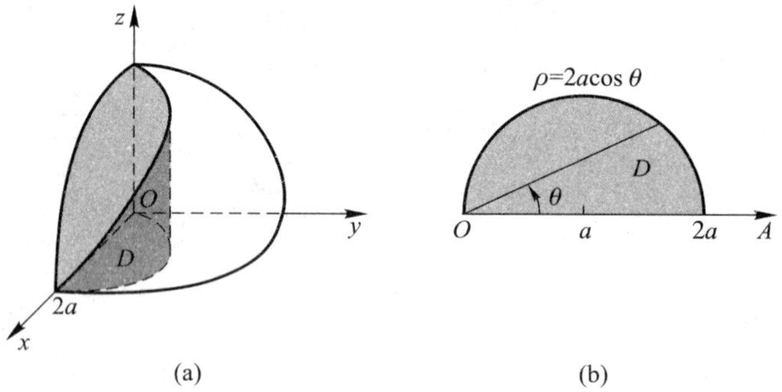

图 10-23

*三、二重积分的换元法

上一目得到的二重积分的变量从直角坐标变换为极坐标的变换公式,是二重积分换元法的一种特殊情形. 在那里,我们把平面上同一个点 M,既用直角坐标(x,y)表示,又用极坐标(ρ,θ)表示,它们间的关系为

$$\begin{cases} x=\rho\cos\theta, \\ y=\rho\sin\theta. \end{cases} \tag{2-6}$$

也就是说,由(2-6)式联系的点(x,y)和点(ρ,θ)看成是同一个平面上的同一个点,只是采用不同的坐标罢了. 现在,我们采用另一种观点来加以解释. 把(2-6)式看成是从直角坐标平面 $\rho O\theta$ 到直角坐标平面 xOy 的一种变换,即对于 $\rho O\theta$ 平面上的一点 $M'(\rho,\theta)$,通过变换(2-6),变成 xOy 平面上的一点 $M(x,y)$. 在两个平面各自限定的某个范围内,这种变换还是一对一的(即是一一映射). 下面就采用这种观点来讨论二重积分换元法的一般情形.

定理　设 $f(x,y)$ 在 xOy 平面上的闭区域 D 上连续,若变换

$$T: x=x(u,v),\ y=y(u,v) \tag{2-7}$$

将 uOv 平面上的闭区域 D' 变为 xOy 平面上的 D,且满足

(1) $x(u,v)$, $y(u,v)$ 在 D' 上具有一阶连续偏导数;

（2）在 D' 上雅可比式 $J(u,v)=\dfrac{\partial(x,y)}{\partial(u,v)}\neq 0$；

（3）变换 $T:D'\to D$ 是一对一的，

则有

$$\iint_D f(x,y)\mathrm{d}x\mathrm{d}y=\iint_{D'} f[x(u,v),y(u,v)]\,|J(u,v)|\,\mathrm{d}u\mathrm{d}v. \tag{2-8}$$

公式(2-8)称为二重积分的换元公式.

证　显然,在定理的假设下,(2-8)式两端的二重积分都存在.由于二重积分与积分区域的分法无关,我们用平行于坐标轴的直线网来分割 D',使得除去包含边界点的小闭区域外,其余的小闭区域都为边长是 h 的正方形闭区域.任取一个这样得到的正方形闭区域,设其顶点为 $M_1'(u,v)$,$M_2'(u+h,v)$,$M_3'(u+h,v+h)$,$M_4'(u,v+h)$,其面积为 $\Delta\sigma'=h^2$（图 10-24(a)）.正方形闭区域 $M_1'M_2'M_3'M_4'$ 经变换(2-7)变成 xOy 平面上的一个曲边四边形 $M_1M_2M_3M_4$,它的四个顶点的坐标是

$$M_1: x_1=x(u,v),\ y_1=y(u,v);$$

$$M_2: x_2=x(u+h,v)=x(u,v)+x_u(u,v)h+o(h),$$

$$y_2=y(u+h,v)=y(u,v)+y_u(u,v)h+o(h);$$

$$M_3: x_3=x(u+h,v+h)=x(u,v)+x_u(u,v)h+x_v(u,v)h+o(h),$$

$$y_3=y(u+h,v+h)=y(u,v)+y_u(u,v)h+y_v(u,v)h+o(h);$$

$$M_4: x_4=x(u,v+h)=x(u,v)+x_v(u,v)h+o(h),$$

$$y_4=y(u,v+h)=y(u,v)+y_v(u,v)h+o(h),$$

其面积为 $\Delta\sigma$（图 10-24(b)）.可以证明,曲边四边形 $M_1M_2M_3M_4$ 的面积与直边四边形 $M_1M_2M_3M_4$（四个顶点用直线相连）的面积当 $h\to 0$ 时只相差高阶无穷小.又由上面这些坐标表示式可知,若不计高阶无穷小,则有

$$x_2-x_1=x_3-x_4,\quad y_2-y_1=y_3-y_4,\quad x_4-x_1=x_3-x_2,\quad y_4-y_1=y_3-y_2,$$

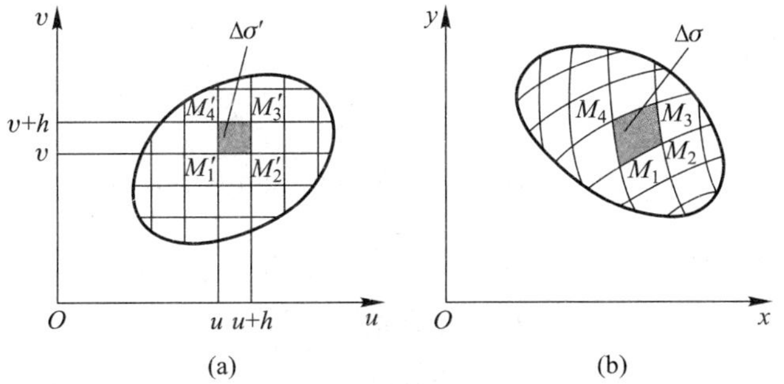

图 10-24

这表示，直边四边形 $M_1M_2M_3M_4$ 的对边的长度可看做两两相等.因此，若不计高阶无穷小，曲边四边形 $M_1M_2M_3M_4$ 可看做平行四边形，于是它的面积 $\Delta\sigma$ 近似等于 $\triangle M_1M_2M_3$ 的面积的 2 倍.根据解析几何，$\triangle M_1M_2M_3$ 的面积的 2 倍等于行列式

$$\begin{vmatrix} x_2-x_1 & x_3-x_2 \\ y_2-y_1 & y_3-y_2 \end{vmatrix}$$

的绝对值，由于

$$x_2-x_1=x_u(u,v)h+o(h),\quad x_3-x_2=x_v(u,v)h+o(h),$$

$$y_2-y_1=y_u(u,v)h+o(h),\quad y_3-y_2=y_v(u,v)h+o(h),$$

因此上面的行列式与行列式

$$\begin{vmatrix} x_u(u,v)h & x_v(u,v)h \\ y_u(u,v)h & y_v(u,v)h \end{vmatrix}=\begin{vmatrix} x_u(u,v) & x_v(u,v) \\ y_u(u,v) & y_v(u,v) \end{vmatrix}h^2$$

只相差一个比 h^2 高阶的无穷小.于是

$$\Delta\sigma=\left|\frac{\partial(x,y)}{\partial(u,v)}\right|\Delta\sigma'+o(\Delta\sigma')\quad(h\to0).$$

把 $f(x,y)=f[x(u,v),y(u,v)]$ 的两端分别与上式两端相乘，得

$$f(x,y)\Delta\sigma=f[x(u,v),y(u,v)]\left|\frac{\partial(x,y)}{\partial(u,v)}\right|\Delta\sigma'+f[x(u,v),y(u,v)]\cdot o(\Delta\sigma').$$

上式对一切小正方形闭区域取和并令 $h\to0$ 求极限，由于上式右端第二项的和的极限为零，于是得公式(2-8).定理证毕.

这里我们指出，如果雅可比式 $J(u,v)$ 只在 D' 内个别点上，或一条曲线上为零，而在其他点上不为零，那么换元公式(2-8)仍成立.

在变换为极坐标 $x=\rho\cos\theta,y=\rho\sin\theta$ 的特殊情形下，雅可比式

$$J=\begin{vmatrix} \dfrac{\partial x}{\partial\rho} & \dfrac{\partial x}{\partial\theta} \\ \dfrac{\partial y}{\partial\rho} & \dfrac{\partial y}{\partial\theta} \end{vmatrix}=\begin{vmatrix} \cos\theta & -\rho\sin\theta \\ \sin\theta & \rho\cos\theta \end{vmatrix}=\rho,$$

它仅在 $\rho=0$ 处为零，故不论闭区域 D' 是否含有极点，换元公式仍成立.即有

$$\iint\limits_D f(x,y)\mathrm{d}x\mathrm{d}y=\iint\limits_{D'} f(\rho\cos\theta,\rho\sin\theta)\rho\mathrm{d}\rho\mathrm{d}\theta,$$

这里 D' 是 D 在直角坐标平面 $\rho O\theta$ 上的对应区域.在上一目内所证得的相同的公式中用的是 D 而不是 D'，当积分区域 D 用极坐标表示时，其形式就与上式右端的形式完全等同了.

例 7　计算 $\iint\limits_D \mathrm{e}^{\frac{y-x}{y+x}}\mathrm{d}x\mathrm{d}y$，其中 D 是由 x 轴、y 轴和直线 $x+y=2$ 所围成的闭区域.

解　令 $u=y-x, v=y+x$,则 $x=\dfrac{v-u}{2}, y=\dfrac{v+u}{2}$.

作变换 $x=\dfrac{v-u}{2}, y=\dfrac{v+u}{2}$,则 xOy 平面上的闭区域 D 和它在 uOv 平面上的对应区域 D'如图 10-25 所示.

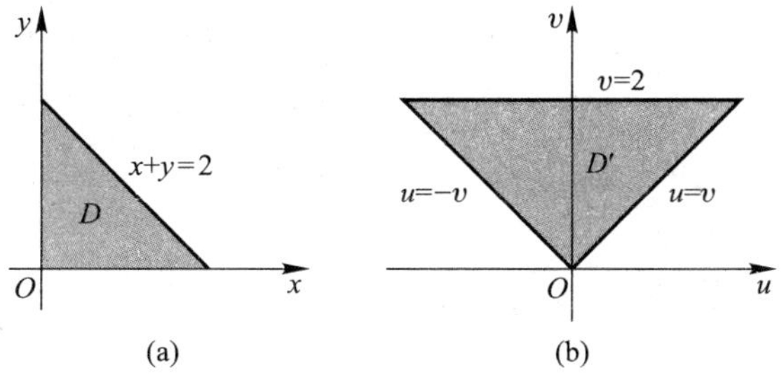

图 10-25

雅可比式为

$$J=\frac{\partial(x,y)}{\partial(u,v)}=\begin{vmatrix}-\dfrac{1}{2} & \dfrac{1}{2}\\ \dfrac{1}{2} & \dfrac{1}{2}\end{vmatrix}=-\frac{1}{2}.$$

利用公式(2-8),得

$$\iint_D e^{\frac{y-x}{y+x}}dxdy=\iint_{D'}e^{\frac{u}{v}}\left|-\frac{1}{2}\right|dudv=\frac{1}{2}\int_0^2 dv\int_{-v}^{v}e^{\frac{u}{v}}du=\frac{1}{2}\int_0^2(e-e^{-1})vdv=e-e^{-1}.$$

例 8　求由直线 $x+y=c, x+y=d, y=ax, y=bx$ $(0<c<d, 0<a<b)$ 所围成的闭区域 D(图 10-26(a))的面积.

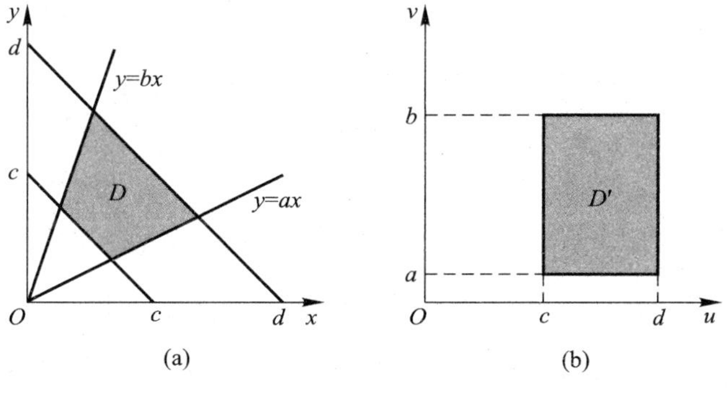

图 10-26

解　所求面积为

$$\iint\limits_D \mathrm{d}x\mathrm{d}y.$$

上述二重积分直接化为二次积分计算比较麻烦.现采用换元法.令 $u=x+y, v=\dfrac{y}{x}$,则 $x=\dfrac{u}{1+v}, y=\dfrac{uv}{1+v}$.在这变换下,$D$ 的边界 $x+y=c, x+y=d, y=ax, y=bx$ 依次与 $u=c, u=d, v=a, v=b$ 对应.后者构成与 D 对应的闭区域 D'的边界.于是

$$D'=\{(u,v)\mid c\leqslant u\leqslant d, a\leqslant v\leqslant b\},$$

如图 10-26(b)所示.又雅可比式

$$J=\frac{\partial(x,y)}{\partial(u,v)}=\frac{u}{(1+v)^2}\neq 0,\quad (u,v)\in D'.$$

从而所求面积为

$$\iint\limits_D \mathrm{d}x\mathrm{d}y=\iint\limits_{D'}\frac{u}{(1+v)^2}\mathrm{d}u\mathrm{d}v=\int_a^b\frac{\mathrm{d}v}{(1+v)^2}\int_c^d u\mathrm{d}u=\frac{(b-a)(d^2-c^2)}{2(1+a)(1+b)}.$$

例 9　计算 $\iint\limits_D\sqrt{1-\dfrac{x^2}{a^2}-\dfrac{y^2}{b^2}}\mathrm{d}x\mathrm{d}y$,其中 D 为椭圆$\dfrac{x^2}{a^2}+\dfrac{y^2}{b^2}=1$ 所围成的闭区域.

解　作广义极坐标变换

$$\begin{cases}x=a\rho\cos\theta,\\ y=b\rho\sin\theta,\end{cases}$$

其中 $a>0, b>0, \rho\geqslant 0, 0\leqslant\theta\leqslant 2\pi$.在这个变换下,与 D 对应的闭区域为 $D'=\{(\rho,\theta)\mid 0\leqslant\rho\leqslant 1, 0\leqslant\theta\leqslant 2\pi\}$,雅可比式

$$J=\frac{\partial(x,y)}{\partial(\rho,\theta)}=ab\rho.$$

J 在 D'内仅在 $\rho=0$ 处为零,故换元公式仍成立,从而有

$$\iint\limits_D\sqrt{1-\frac{x^2}{a^2}-\frac{y^2}{b^2}}\mathrm{d}x\mathrm{d}y=\iint\limits_{D'}\sqrt{1-\rho^2}\,ab\rho\mathrm{d}\rho\mathrm{d}\theta=\frac{2}{3}\pi ab.$$

习题 10-2

1. 计算下列二重积分:

(1) $\iint\limits_D(x^2+y^2)\mathrm{d}\sigma$,其中 $D=\{(x,y)\mid |x|\leqslant 1, |y|\leqslant 1\}$;

(2) $\iint\limits_D(3x+2y)\mathrm{d}\sigma$,其中 D 是由两坐标轴及直线 $x+y=2$ 所围成的闭区域;

(3) $\iint\limits_D(x^3+3x^2y+y^3)\mathrm{d}\sigma$,其中 $D=\{(x,y)\mid 0\leqslant x\leqslant 1, 0\leqslant y\leqslant 1\}$;

(4) $\iint\limits_D x\cos(x+y)\,\mathrm{d}\sigma$,其中 D 是顶点分别为 $(0,0)$,$(\pi,0)$ 和 (π,π) 的三角形闭区域;

(5) $\iint\limits_D \sqrt{|y-x^2|}\,\mathrm{d}x\mathrm{d}y$,其中 $D=\{(x,y)\mid 0\leqslant x\leqslant 1,0\leqslant y\leqslant 1\}$.

2. 画出积分区域,并计算下列二重积分:

(1) $\iint\limits_D x\sqrt{y}\,\mathrm{d}\sigma$,其中 D 是由两条抛物线 $y=\sqrt{x}$,$y=x^2$ 所围成的闭区域;

(2) $\iint\limits_D xy^2\,\mathrm{d}\sigma$,其中 D 是由圆周 $x^2+y^2=4$ 及 y 轴所围成的右半闭区域;

(3) $\iint\limits_D \mathrm{e}^{x+y}\,\mathrm{d}\sigma$,其中 $D=\{(x,y)\mid |x|+|y|\leqslant 1\}$;

(4) $\iint\limits_D (x^2+y^2-x)\,\mathrm{d}\sigma$,其中 D 是由直线 $y=2$,$y=x$ 及 $y=2x$ 所围成的闭区域.

3. 如果二重积分 $\iint\limits_D f(x,y)\,\mathrm{d}x\mathrm{d}y$ 的被积函数 $f(x,y)$ 是两个函数 $f_1(x)$ 及 $f_2(y)$ 的乘积,即 $f(x,y)=f_1(x)\cdot f_2(y)$,积分区域 $D=\{(x,y)\mid a\leqslant x\leqslant b,c\leqslant y\leqslant d\}$,证明这个二重积分等于两个定积分的乘积,即

$$\iint\limits_D f_1(x)\cdot f_2(y)\,\mathrm{d}x\mathrm{d}y=\left[\int_a^b f_1(x)\,\mathrm{d}x\right]\cdot\left[\int_c^d f_2(y)\,\mathrm{d}y\right].$$

4. 化二重积分

$$I=\iint\limits_D f(x,y)\,\mathrm{d}\sigma$$

为二次积分(分别列出对两个变量先后次序不同的两个二次积分),其中积分区域 D 是

(1) 由直线 $y=x$ 及抛物线 $y^2=4x$ 所围成的闭区域;

(2) 由 x 轴及半圆周 $x^2+y^2=r^2$ $(y\geqslant 0)$ 所围成的闭区域;

(3) 由直线 $y=x$,$x=2$ 及双曲线 $y=\dfrac{1}{x}$ $(x>0)$ 所围成的闭区域;

(4) 环形闭区域 $\{(x,y)\mid 1\leqslant x^2+y^2\leqslant 4\}$.

5. 设 $f(x,y)$ 在 D 上连续,其中 D 是由直线 $y=x$,$y=a$ 及 $x=b$ $(b>a)$ 所围成的闭区域,证明

$$\int_a^b \mathrm{d}x\int_a^x f(x,y)\,\mathrm{d}y=\int_a^b \mathrm{d}y\int_y^b f(x,y)\,\mathrm{d}x.$$

6. 交换下列二次积分的积分次序:

(1) $\int_0^1 \mathrm{d}y\int_0^y f(x,y)\,\mathrm{d}x$;　　(2) $\int_0^2 \mathrm{d}y\int_{y^2}^{2y} f(x,y)\,\mathrm{d}x$;

(3) $\int_0^1 \mathrm{d}y\int_{-\sqrt{1-y^2}}^{\sqrt{1-y^2}} f(x,y)\,\mathrm{d}x$;　　(4) $\int_1^2 \mathrm{d}x\int_{2-x}^{\sqrt{2x-x^2}} f(x,y)\,\mathrm{d}y$;

(5) $\int_1^{\mathrm{e}} \mathrm{d}x\int_0^{\ln x} f(x,y)\,\mathrm{d}y$;　　(6) $\int_0^{\pi} \mathrm{d}x\int_{-\sin\frac{x}{2}}^{\sin x} f(x,y)\,\mathrm{d}y$.

7. 设平面薄片所占的闭区域 D 由直线 $x+y=2$,$y=x$ 和 x 轴所围成,它的面密度 $\mu(x,y)=x^2+y^2$,求该薄片的质量.

8. 计算由四个平面 $x=0$,$y=0$,$x=1$,$y=1$ 所围成的柱体被平面 $z=0$ 及 $2x+3y+z=6$ 截得的立体

的体积.

9. 求由平面 $x=0,y=0,x+y=1$ 所围成的柱体被平面 $z=0$ 及抛物面 $x^2+y^2=6-z$ 截得的立体的体积.

10. 求由曲面 $z=x^2+2y^2$ 及 $z=6-2x^2-y^2$ 所围成的立体的体积.

11. 画出积分区域,把积分 $\iint\limits_D f(x,y)\mathrm{d}x\mathrm{d}y$ 表示为极坐标形式的二次积分,其中积分区域 D 是

(1) $\{(x,y)\mid x^2+y^2\leqslant a^2\}\ (a>0)$;　　(2) $\{(x,y)\mid x^2+y^2\leqslant 2x\}$;

(3) $\{(x,y)\mid a^2\leqslant x^2+y^2\leqslant b^2\}$,其中 $0<a<b$;　　(4) $\{(x,y)\mid 0\leqslant y\leqslant 1-x,0\leqslant x\leqslant 1\}$.

12. 化下列二次积分为极坐标形式的二次积分:

(1) $\int_0^1\mathrm{d}x\int_0^1 f(x,y)\mathrm{d}y$;　　(2) $\int_0^2\mathrm{d}x\int_x^{\sqrt{3}x} f(\sqrt{x^2+y^2})\mathrm{d}y$;

(3) $\int_0^1\mathrm{d}x\int_{1-x}^{\sqrt{1-x^2}} f(x,y)\mathrm{d}y$;　　(4) $\int_0^1\mathrm{d}x\int_0^{x^2} f(x,y)\mathrm{d}y$.

13. 把下列积分化为极坐标形式,并计算积分值:

(1) $\int_0^{2a}\mathrm{d}x\int_0^{\sqrt{2ax-x^2}}(x^2+y^2)\mathrm{d}y$;　　(2) $\int_0^a\mathrm{d}x\int_0^x\sqrt{x^2+y^2}\,\mathrm{d}y$;

(3) $\int_0^1\mathrm{d}x\int_{x^2}^x(x^2+y^2)^{-\frac{1}{2}}\mathrm{d}y$;　　(4) $\int_0^a\mathrm{d}y\int_0^{\sqrt{a^2-y^2}}(x^2+y^2)\mathrm{d}x$.

14. 利用极坐标计算下列各题:

(1) $\iint\limits_D \mathrm{e}^{x^2+y^2}\mathrm{d}\sigma$,其中 D 是由圆周 $x^2+y^2=4$ 所围成的闭区域;

(2) $\iint\limits_D \ln(1+x^2+y^2)\mathrm{d}\sigma$,其中 D 是由圆周 $x^2+y^2=1$ 及坐标轴所围成的在第一象限内的闭区域;

(3) $\iint\limits_D \arctan\frac{y}{x}\mathrm{d}\sigma$,其中 D 是由圆周 $x^2+y^2=4,x^2+y^2=1$ 及直线 $y=0,y=x$ 所围成的在第一象限内的闭区域.

15. 选用适当的坐标计算下列各题:

(1) $\iint\limits_D\frac{x^2}{y^2}\mathrm{d}\sigma$,其中 D 是由直线 $x=2,y=x$ 及曲线 $xy=1$ 所围成的闭区域;

(2) $\iint\limits_D\sqrt{\frac{1-x^2-y^2}{1+x^2+y^2}}\mathrm{d}\sigma$,其中 D 是由圆周 $x^2+y^2=1$ 及坐标轴所围成的在第一象限内的闭区域;

(3) $\iint\limits_D(x^2+y^2)\mathrm{d}\sigma$,其中 D 是由直线 $y=x,y=x+a,y=a,y=3a\ (a>0)$ 所围成的闭区域;

(4) $\iint\limits_D\sqrt{x^2+y^2}\mathrm{d}\sigma$,其中 D 是圆环形闭区域 $\{(x,y)\mid a^2\leqslant x^2+y^2\leqslant b^2\}$;

(5) $\iint\limits_D\sqrt{a^2-x^2-y^2}\mathrm{d}\sigma$,其中 D 是圆形闭区域 $\{(x,y)\mid x^2+y^2\leqslant ax\}\ (a>0)$.

16. 设平面薄片所占的闭区域 D 由螺线 $\rho=2\theta$ 上一段弧 $\left(0\leqslant\theta\leqslant\frac{\pi}{2}\right)$ 与直线 $\theta=\frac{\pi}{2}$ 所围成,它的

面密度为$\mu(x,y)=x^2+y^2$.求这薄片的质量(图 10-27).

17. 求由平面$y=0,y=kx\ (k>0),z=0$以及球心在原点、半径为R的上半球面所围成的在第Ⅰ卦限内的立体的体积(图 10-28).

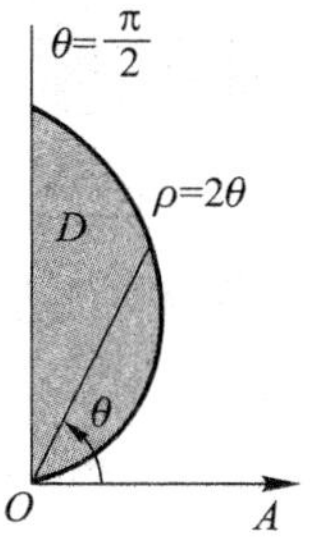

图 10-27

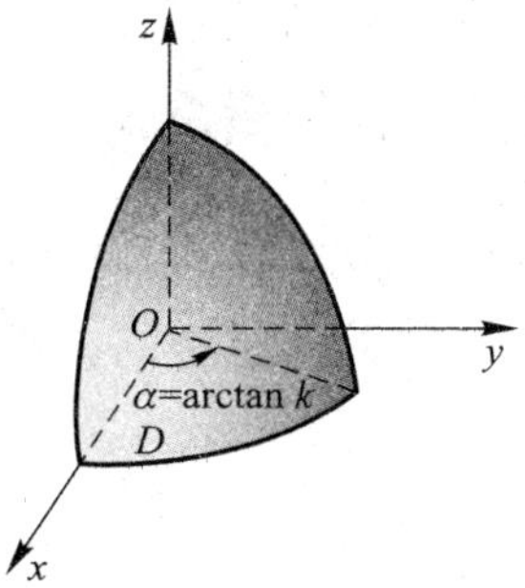

图 10-28

18. 计算以xOy面上的圆周$x^2+y^2=ax(a>0)$围成的闭区域为底,而以曲面$z=x^2+y^2$为顶的曲顶柱体的体积.

*19. 作适当的变换,计算下列二重积分:

(1) $\iint\limits_D (x-y)^2\sin^2(x+y)\,dxdy$,其中$D$是平行四边形闭区域,它的四个顶点是$(\pi,0),(2\pi,\pi),(\pi,2\pi)$和$(0,\pi)$;

(2) $\iint\limits_D x^2y^2\,dxdy$,其中$D$是由两条双曲线$xy=1$和$xy=2$,直线$y=x$和$y=4x$所围成的在第一象限内的闭区域;

(3) $\iint\limits_D e^{\frac{y}{x+y}}\,dxdy$,其中$D$是由$x$轴、$y$轴和直线$x+y=1$所围成的闭区域;

(4) $\iint\limits_D \left(\frac{x^2}{a^2}+\frac{y^2}{b^2}\right)dxdy$,其中$D=\left\{(x,y)\ \middle|\ \frac{x^2}{a^2}+\frac{y^2}{b^2}\leqslant 1\right\}$.

*20. 求由下列曲线所围成的闭区域D的面积:

(1) D是由曲线$xy=4,xy=8,xy^3=5,xy^3=15$所围成的第一象限部分的闭区域;

(2) D是由曲线$y=x^3,y=4x^3,x=y^3,x=4y^3$所围成的第一象限部分的闭区域.

*21. 设闭区域D是由直线$x+y=1,x=0,y=0$所围成,求证$\iint\limits_D \cos\left(\frac{x-y}{x+y}\right)dxdy=\frac{1}{2}\sin 1$.

*22. 选取适当的变换,证明下列等式:

(1) $\iint\limits_D f(x+y)\,dxdy=\int_{-1}^{1} f(u)\,du$,其中闭区域$D=\{(x,y)\mid |x|+|y|\leqslant 1\}$;

(2) $\iint\limits_D f(ax+by+c)\,dxdy=2\int_{-1}^{1}\sqrt{1-u^2}\,f(u\sqrt{a^2+b^2}+c)\,du$,其中$D=\{(x,y)\mid x^2+y^2\leqslant 1\}$,且$a^2+b^2\neq 0$.

第三节 三重积分

一、三重积分的概念

定积分及二重积分作为和的极限的概念,可以很自然地推广到三重积分.

定义 设$f(x,y,z)$是空间有界闭区域Ω上的有界函数.将Ω任意分成n个小闭区域

$$\Delta V_1,\Delta V_2,\cdots,\Delta V_n,$$

其中ΔV_i表示第i个小闭区域,也表示它的体积.在每个ΔV_i上任取一点(ξ_i,η_i,ζ_i),作乘积$f(\xi_i,\eta_i,\zeta_i)\Delta V_i \quad (i=1,2,\cdots,n)$,并作和$\sum\limits_{i=1}^{n}f(\xi_i,\eta_i,\zeta_i)\Delta V_i$.如果当各小闭区域直径中的最大值$\lambda\to 0$时,这和的极限总存在,且与闭区域$\Omega$的分法及点$(\xi_i,\eta_i,\zeta_i)$的取法无关,那么称此极限为函数$f(x,y,z)$在闭区域$\Omega$上的三重积分.记作$\iiint\limits_{\Omega}f(x,y,z)\mathrm{d}V$,即

$$\iiint\limits_{\Omega}f(x,y,z)\mathrm{d}V=\lim_{\lambda\to 0}\sum_{i=1}^{n}f(\xi_i,\eta_i,\zeta_i)\Delta V_i, \tag{3-1}$$

其中$f(x,y,z)$叫做被积函数,$\mathrm{d}V$叫做体积元素,Ω叫做积分区域.

在直角坐标系中,如果用平行于坐标面的平面来划分Ω,那么除了包含Ω的边界点的一些不规则小闭区域外,得到的小闭区域ΔV_i为长方体.设长方体小闭区域ΔV_i的边长为$\Delta x_j,\Delta y_k$与Δz_l,则$\Delta V_i=\Delta x_j\Delta y_k\Delta z_l$.因此在直角坐标系中,有时也把体积元素$\mathrm{d}V$记作$\mathrm{d}x\mathrm{d}y\mathrm{d}z$,而把三重积分记作

$$\iiint\limits_{\Omega}f(x,y,z)\mathrm{d}x\mathrm{d}y\mathrm{d}z,$$

其中$\mathrm{d}x\mathrm{d}y\mathrm{d}z$叫做直角坐标系中的体积元素.

当函数$f(x,y,z)$在闭区域Ω上连续时,(3-1)式右端的和的极限必定存在,也就是函数$f(x,y,z)$在闭区域Ω上的三重积分必定存在,即函数$f(x,y,z)$在Ω上必定可积.以后我们总假定函数$f(x,y,z)$在闭区域Ω上是可积的.三重积分的性质与第一节中所叙述的二重积分的性质类似,这里不再重复了.

如果$f(x,y,z)$表示某物体在点(x,y,z)处的密度,Ω是该物体所占有的空间闭区域,$f(x,y,z)$在Ω上连续,那么$\sum\limits_{i=1}^{n}f(\xi_i,\eta_i,\zeta_i)\Delta V_i$是该物体的质量$m$的近似值,这个和当$\lambda\to 0$时的极限就是该物体的质量$m$,所以

$$m=\iiint\limits_{\Omega} f(x,y,z)\,\mathrm{d}V.$$

二、三重积分的计算

计算三重积分的基本方法是将三重积分化为三次积分来计算.下面按利用不同的坐标来分别讨论将三重积分化为三次积分的方法,且只限于叙述方法.

1. 利用直角坐标计算三重积分

假设平行于 z 轴且穿过闭区域 Ω 内部的直线与闭区域 Ω 的边界曲面 S 相交不多于两点.把闭区域 Ω 投影到 xOy 面上,得一平面闭区域 D_{xy}(图 10-29).以 D_{xy} 的边界为准线作母线平行于 z 轴的柱面.这柱面与曲面 S 的交线从 S 中分出上、下两部分,它们的方程分别为

$$S_1:z=z_1(x,y),\quad S_2:z=z_2(x,y),$$

其中 $z_1(x,y)$ 与 $z_2(x,y)$ 都是 D_{xy} 上的连续函数,且 $z_1(x,y)\leqslant z_2(x,y)$.过 D_{xy} 内任一点 (x,y) 作平行于 z 轴的直线,这直线通过曲面 S_1 穿入 Ω 内,然后通过曲面 S_2 穿出 Ω 外,穿入点与穿出点的竖坐标分别为 $z_1(x,y)$ 与 $z_2(x,y)$.

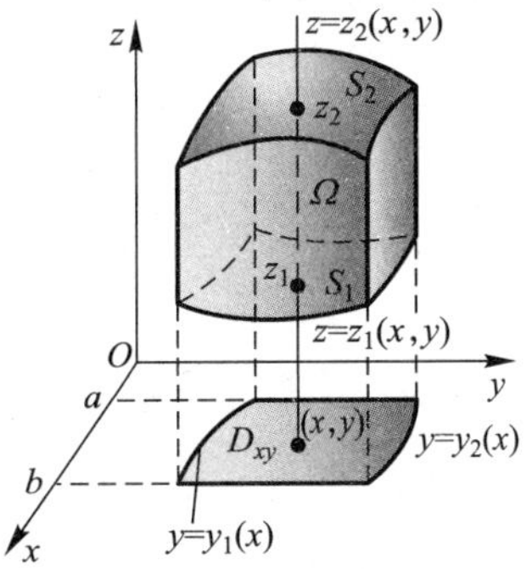

图 10-29

在这种情形下,积分区域 Ω 可表示为

$$\Omega=\{(x,y,z)\mid z_1(x,y)\leqslant z\leqslant z_2(x,y),(x,y)\in D_{xy}\}.$$

先将 x,y 看做定值,将 $f(x,y,z)$ 只看做 z 的函数,在区间 $[z_1(x,y),z_2(x,y)]$ 上对 z 积分.积分的结果是 x,y 的函数,记为 $F(x,y)$,即

$$F(x,y)=\int_{z_1(x,y)}^{z_2(x,y)} f(x,y,z)\,\mathrm{d}z.$$

然后计算 $F(x,y)$ 在闭区域 D_{xy} 上的二重积分

$$\iint\limits_{D_{xy}} F(x,y)\,\mathrm{d}\sigma=\iint\limits_{D_{xy}}\left[\int_{z_1(x,y)}^{z_2(x,y)} f(x,y,z)\,\mathrm{d}z\right]\mathrm{d}\sigma.$$

假如闭区域

$$D_{xy}=\{(x,y)\mid y_1(x)\leqslant y\leqslant y_2(x),a\leqslant x\leqslant b\},$$

把这个二重积分化为二次积分,于是得到三重积分的计算公式

$$\iiint\limits_{\Omega} f(x,y,z)\,\mathrm{d}V=\int_a^b \mathrm{d}x\int_{y_1(x)}^{y_2(x)}\mathrm{d}y\int_{z_1(x,y)}^{z_2(x,y)} f(x,y,z)\,\mathrm{d}z. \tag{3-2}$$

公式(3-2)把三重积分化为先对 z、次对 y、最后对 x 的三次积分.

如果平行于 x 轴或 y 轴且穿过闭区域 Ω 内部的直线与 Ω 的边界曲面 S 相交不多

于两点，也可把闭区域 Ω 投影到 yOz 面上或 zOx 面上，这样便可把三重积分化为按其他顺序的三次积分. 如果平行于坐标轴且穿过闭区域 Ω 内部的直线与边界曲面 S 的交点多于两个，也可像处理二重积分那样，把 Ω 分成若干部分，使 Ω 上的三重积分化为各部分闭区域上的三重积分的和.

例 1 计算三重积分 $\iiint\limits_{\Omega} x\mathrm{d}x\mathrm{d}y\mathrm{d}z$，其中 Ω 为三个坐标面及平面 $x+2y+z=1$ 所围成的闭区域.

解 作闭区域 Ω 如图 10-30 所示.

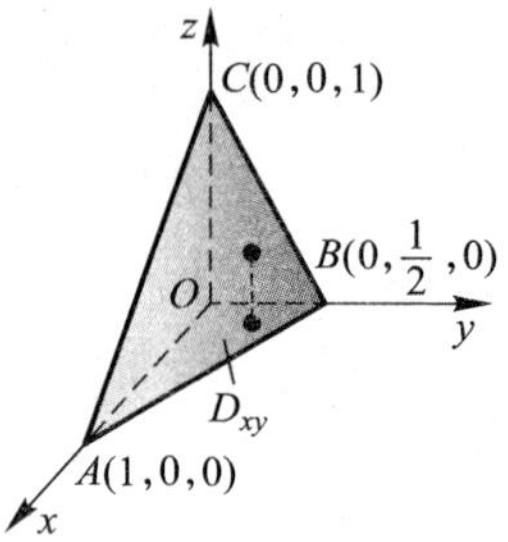

图 10-30

将 Ω 投影到 xOy 面上，得投影区域 D_{xy} 为三角形闭区域 OAB. 直线 OA，OB 及 AB 的方程依次为 $y=0$，$x=0$ 及 $x+2y=1$，所以

$$D_{xy}=\left\{(x,y)\ \middle|\ 0\leqslant y\leqslant\frac{1-x}{2},0\leqslant x\leqslant 1\right\}.$$

在 D_{xy} 内任取一点 (x,y)，过此点作平行于 z 轴的直线，该直线通过平面 $z=0$ 穿入 Ω 内，然后通过平面 $z=1-x-2y$ 穿出 Ω 外.

于是，由公式(3-2)得

$$\begin{aligned}\iiint\limits_{\Omega} x\mathrm{d}x\mathrm{d}y\mathrm{d}z &= \int_0^1\mathrm{d}x\int_0^{\frac{1-x}{2}}\mathrm{d}y\int_0^{1-x-2y}x\mathrm{d}z=\int_0^1 x\mathrm{d}x\int_0^{\frac{1-x}{2}}(1-x-2y)\mathrm{d}y\\&=\frac{1}{4}\int_0^1(x-2x^2+x^3)\mathrm{d}x=\frac{1}{48}.\end{aligned}$$

有时，我们计算一个三重积分也可以化为先计算一个二重积分、再计算一个定积分，即有下述计算公式.

设空间闭区域

$$\Omega=\{(x,y,z)\mid(x,y)\in D_z,c_1\leqslant z\leqslant c_2\},$$

其中 D_z 是竖坐标为 z 的平面截闭区域 Ω 所得到的一个平面闭区域(图 10-31)，则有

$$\iiint\limits_{\Omega} f(x,y,z)\mathrm{d}V=\int_{c_1}^{c_2}\mathrm{d}z\iint\limits_{D_z} f(x,y,z)\mathrm{d}x\mathrm{d}y.\qquad(3-3)$$

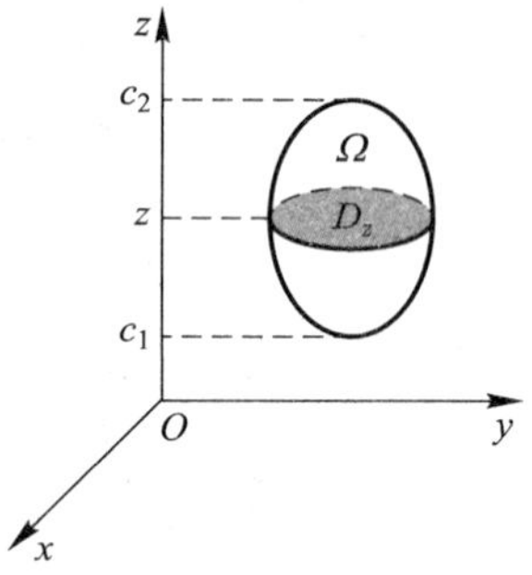

图 10-31

例 2 计算三重积分 $\iiint\limits_{\Omega} z^2\mathrm{d}x\mathrm{d}y\mathrm{d}z$，其中 Ω 是由椭球面 $\dfrac{x^2}{a^2}+\dfrac{y^2}{b^2}+\dfrac{z^2}{c^2}=1$ 所围成的空间闭区域.

解 空间闭区域 Ω 可表示为

$$\left\{(x,y,z)\left|\frac{x^2}{a^2}+\frac{y^2}{b^2}\leqslant 1-\frac{z^2}{c^2},-c\leqslant z\leqslant c\right.\right\},$$

如图 10-32 所示. 由公式(3-3)得

$$\iiint_{\Omega} z^2\mathrm{d}x\mathrm{d}y\mathrm{d}z=\int_{-c}^{c}z^2\mathrm{d}z\iint_{D_z}\mathrm{d}x\mathrm{d}y$$

$$=\pi ab\int_{-c}^{c}\left(1-\frac{z^2}{c^2}\right)z^2\mathrm{d}z=\frac{4}{15}\pi abc^3.$$

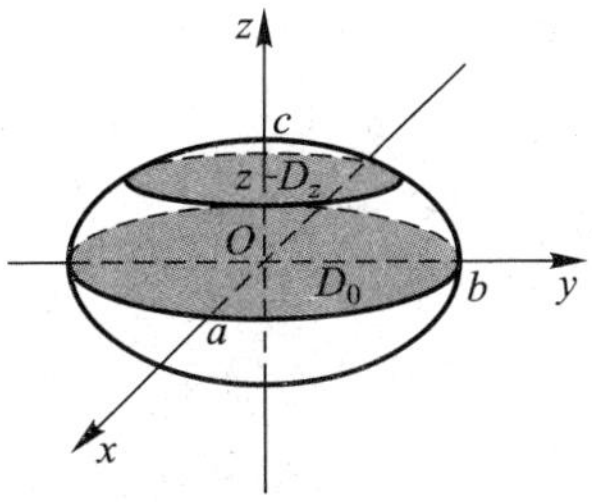

图 10-32

2. 利用柱面坐标计算三重积分

设 $M(x,y,z)$ 为空间内一点，并设点 M 在 xOy 面上的投影 P 的极坐标为 (ρ,θ)，则这样的三个数 ρ,θ,z 就叫做点 M 的柱面坐标(图 10-33)，这里规定 ρ,θ,z 的变化范围为

$$0\leqslant\rho<+\infty,$$
$$0\leqslant\theta\leqslant 2\pi,$$
$$-\infty<z<+\infty.$$

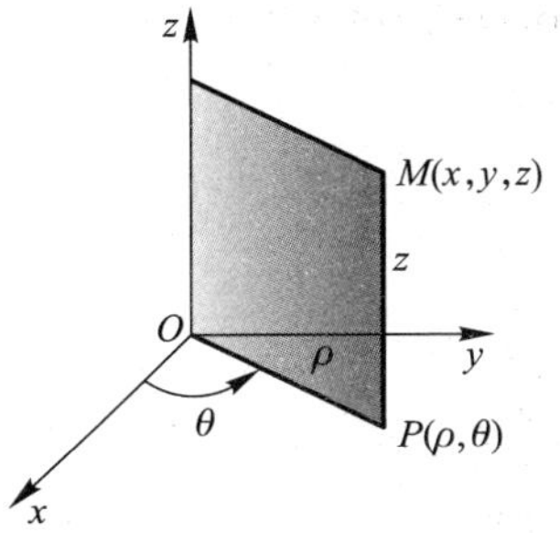

图 10-33

三组坐标面分别为

$\rho=$ 常数，即以 z 轴为轴的圆柱面；

$\theta=$ 常数，即过 z 轴的半平面；

$z=$ 常数，即与 xOy 面平行的平面.

显然，点 M 的直角坐标与柱面坐标的关系为

$$\begin{cases}x=\rho\cos\theta,\\ y=\rho\sin\theta,\\ z=z.\end{cases}\tag{3-4}$$

现在要把三重积分 $\iiint\limits_{\Omega}f(x,y,z)\mathrm{d}V$ 中的变量变换为柱面坐标. 为此，用三组坐标面 $\rho=$ 常数，$\theta=$ 常数，$z=$ 常数把 Ω 分成许多小闭区域，除了含 Ω 的边界点的一些不规则小闭区域外，这种小闭区域都是柱体. 今考虑由 ρ,θ 和 z 各取得微小增量 $\mathrm{d}\rho,\mathrm{d}\theta$ 和 $\mathrm{d}z$ 所成的柱体的体积(图 10-34). 这个体积等于高与底面积的乘积. 现在高为 $\mathrm{d}z$、底面积在不计高阶无穷小时为 $\rho\mathrm{d}\rho\mathrm{d}\theta$（即极坐标系中的面积元素），于是得

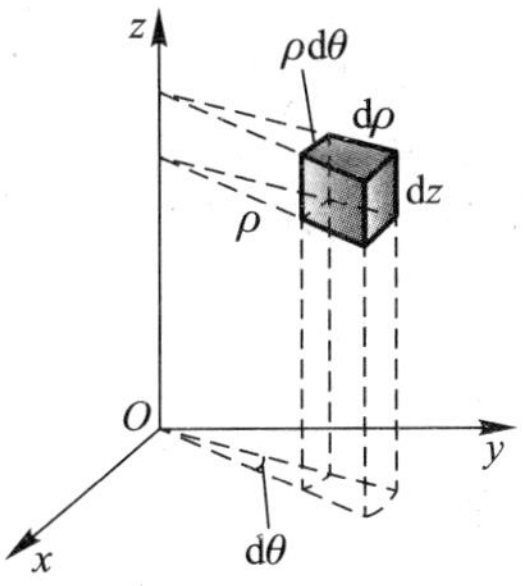

图 10-34

$$\mathrm{d}V=\rho\mathrm{d}\rho\mathrm{d}\theta\mathrm{d}z,$$

这就是柱面坐标系中的体积元素. 再注意到关系式(3-4)，就有

$$\iiint_{\Omega} f(x,y,z)\mathrm{d}x\mathrm{d}y\mathrm{d}z=\iiint_{\Omega} F(\rho,\theta,z)\rho\mathrm{d}\rho\mathrm{d}\theta\mathrm{d}z, \tag{3-5}$$

其中 $F(\rho,\theta,z)=f(\rho\cos\theta,\rho\sin\theta,z)$.(3-5)式就是把三重积分的变量从直角坐标变换为柱面坐标的公式.至于变量变换为柱面坐标后的三重积分的计算,则可化为三次积分来进行.化为三次积分时,积分限是根据 ρ,θ 和 z 在积分区域 Ω 中的变化范围来确定的,下面通过例子来说明.

例 3　利用柱面坐标计算三重积分 $\iiint_{\Omega} z\mathrm{d}x\mathrm{d}y\mathrm{d}z$,其中 Ω 是由曲面 $z=x^2+y^2$ 与平面 $z=4$ 所围成的闭区域.

释疑解难 10-2

解　把闭区域 Ω 投影到 xOy 面上,得半径为 2 的圆形闭区域

$$D_{xy}=\{(\rho,\theta)\mid 0\leqslant\rho\leqslant 2,0\leqslant\theta\leqslant 2\pi\}.$$

在 D_{xy} 内任取一点 (ρ,θ),过此点作平行于 z 轴的直线,此直线通过曲面 $z=x^2+y^2$ 穿入 Ω 内,然后通过平面 $z=4$ 穿出 Ω 外.因此闭区域 Ω 可用不等式

$$\rho^2\leqslant z\leqslant 4,\quad 0\leqslant\rho\leqslant 2,\quad 0\leqslant\theta\leqslant 2\pi$$

来表示.于是

例题精讲 10-3

$$\iiint_{\Omega} z\mathrm{d}x\mathrm{d}y\mathrm{d}z=\iiint_{\Omega} z\rho\mathrm{d}\rho\mathrm{d}\theta\mathrm{d}z=\int_0^{2\pi}\mathrm{d}\theta\int_0^2\rho\mathrm{d}\rho\int_{\rho^2}^4 z\mathrm{d}z$$

$$=\frac{1}{2}\int_0^{2\pi}\mathrm{d}\theta\int_0^2\rho(16-\rho^4)\mathrm{d}\rho=\frac{1}{2}\cdot 2\pi\left[8\rho^2-\frac{1}{6}\rho^6\right]_0^2=\frac{64}{3}\pi.$$

*3. 利用球面坐标计算三重积分

设 $M(x,y,z)$ 为空间内一点,则点 M 也可用这样三个有次序的数 r,φ 和 θ 来确定,其中 r 为原点 O 与点 M 间的距离,φ 为有向线段 $\overrightarrow{OM}$ 与 z 轴正向所夹的角,θ 为从 z 轴正向来看自 x 轴按逆时针方向转到有向线段 $\overrightarrow{OP}$ 的角,这里 P 为点 M 在 xOy 面上的投影(图 10-35).这样的三个数 r,φ 和 θ 叫做点 M 的球面坐标,这里 r,φ 和 θ 的变化范围为

$$0\leqslant r<+\infty,$$
$$0\leqslant\varphi\leqslant\pi,$$
$$0\leqslant\theta\leqslant 2\pi.$$

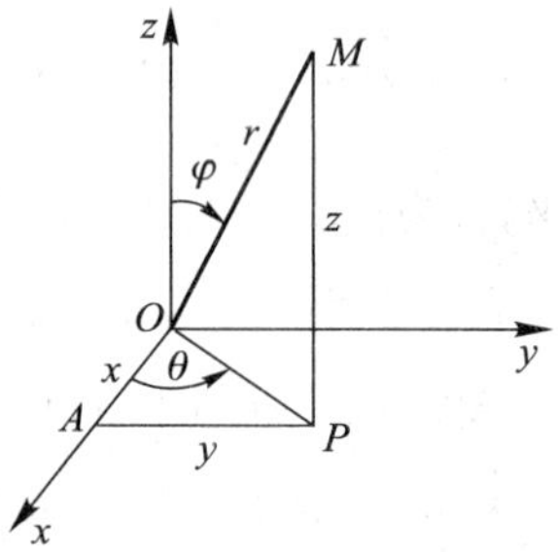

图 10-35

三组坐标面分别为

$r=$常数,即以原点为球心的球面;

$\varphi=$常数,即以原点为顶点、z 轴为轴的圆锥面;

$\theta=$常数,即过 z 轴的半平面.

设点 M 在 xOy 面上的投影为 P,点 P 在 x 轴上的投影为 A,则 $OA=x,AP=y,PM=z$.又

$$OP=r\sin\varphi,\quad z=r\cos\varphi.$$

因此,点 M 的直角坐标与球面坐标的关系为

$$\begin{cases}x=OP\cos\theta=r\sin\varphi\cos\theta,\\ y=OP\sin\theta=r\sin\varphi\sin\theta,\\ z=r\cos\varphi.\end{cases}\tag{3-6}$$

为了把三重积分中的变量从直角坐标变换为球面坐标,用三组坐标面 $r=$常数,$\varphi=$常数,$\theta=$常数把积分区域 Ω 分成许多小闭区域.考虑由 r,φ 和 θ 各取得微小增量 $\mathrm{d}r,\mathrm{d}\varphi$ 和 $\mathrm{d}\theta$ 所成的六面体的体积(图 10-36).不计高阶无穷小,可把这个六面体看做长方体,其经线方向的长为 $r\mathrm{d}\varphi$,纬线方向的宽为 $r\sin\varphi\mathrm{d}\theta$,向径方向的高为 $\mathrm{d}r$,于是得

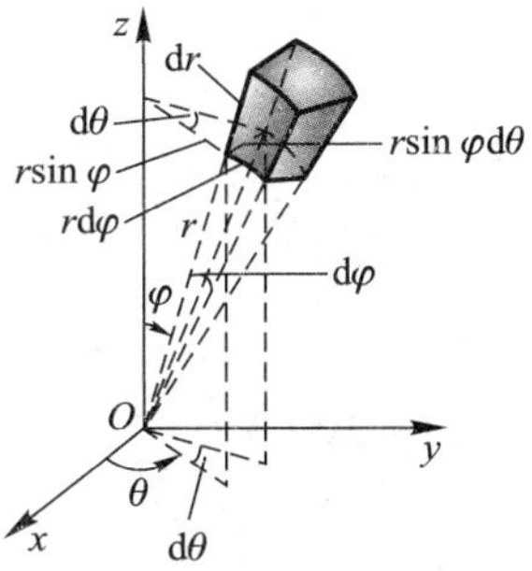

图 10-36

$$\mathrm{d}V=r^2\sin\varphi\,\mathrm{d}r\mathrm{d}\varphi\mathrm{d}\theta,$$

这就是球面坐标系中的体积元素.再注意到关系式(3-6),就有

$$\iiint\limits_{\Omega}f(x,y,z)\mathrm{d}x\mathrm{d}y\mathrm{d}z=\iiint\limits_{\Omega}F(r,\varphi,\theta)r^2\sin\varphi\mathrm{d}r\mathrm{d}\varphi\mathrm{d}\theta,\tag{3-7}$$

其中 $F(r,\varphi,\theta)=f(r\sin\varphi\cos\theta,r\sin\varphi\sin\theta,r\cos\varphi)$.(3-7)式就是把三重积分的变量从直角坐标变换为球面坐标的公式.

要计算变量变换为球面坐标后的三重积分,可把它化为对 r、对 φ 及对 θ 的三次积分.

若积分区域 Ω 的边界曲面是一个包围原点在内的闭曲面,其球面坐标方程为 $r=r(\varphi,\theta)$,则

$$I=\iiint\limits_{\Omega}F(r,\varphi,\theta)r^2\sin\varphi\,\mathrm{d}r\mathrm{d}\varphi\mathrm{d}\theta=\int_0^{2\pi}\mathrm{d}\theta\int_0^{\pi}\mathrm{d}\varphi\int_0^{r(\varphi,\theta)}F(r,\varphi,\theta)r^2\sin\varphi\,\mathrm{d}r.$$

当积分区域 Ω 为球面 $r=a$ 所围成时,则

$$I=\int_0^{2\pi}\mathrm{d}\theta\int_0^{\pi}\mathrm{d}\varphi\int_0^{a}F(r,\varphi,\theta)r^2\sin\varphi\,\mathrm{d}r.$$

特别地,当 $F(r,\varphi,\theta)=1$ 时,由上式即得球的体积

$$V=\int_0^{2\pi}\mathrm{d}\theta\int_0^{\pi}\sin\varphi\mathrm{d}\varphi\int_0^{a}r^2\mathrm{d}r=2\pi\cdot2\cdot\frac{a^3}{3}=\frac{4}{3}\pi a^3,$$

这是我们所熟知的结果.

例 4　求半径为 a 的球面与半顶角为 α 的内接锥面所围成的立体(图 10-37)的体积.

解　设球面通过原点 O,球心在 z 轴上,又内接锥面的顶点在原点 O,其轴与 z 轴

重合,则球面方程为 $r=2a\cos\varphi$,锥面方程为 $\varphi=\alpha$.因为立体所占有的空间闭区域 Ω 可用不等式

$$0\leqslant r\leqslant 2a\cos\varphi,\quad 0\leqslant\varphi\leqslant\alpha,\quad 0\leqslant\theta\leqslant 2\pi$$

来表示,所以

$$V=\iiint\limits_{\Omega} r^2\sin\varphi\,\mathrm{d}r\mathrm{d}\varphi\mathrm{d}\theta=\int_0^{2\pi}\mathrm{d}\theta\int_0^{\alpha}\mathrm{d}\varphi\int_0^{2a\cos\varphi}r^2\sin\varphi\mathrm{d}r$$

$$=2\pi\int_0^{\alpha}\sin\varphi\mathrm{d}\varphi\int_0^{2a\cos\varphi}r^2\,\mathrm{d}r=\frac{16\pi a^3}{3}\int_0^{\alpha}\cos^3\varphi\sin\varphi\mathrm{d}\varphi$$

$$=\frac{4\pi a^3}{3}(1-\cos^4\alpha).$$

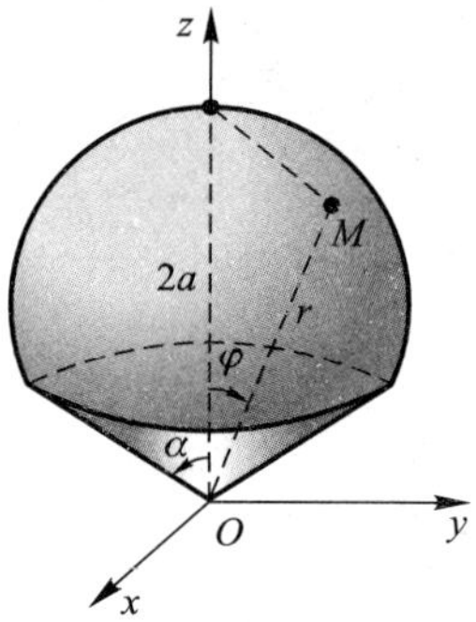

图 10-37

习题 10-3

1. 化三重积分 $I=\iiint\limits_{\Omega}f(x,y,z)\mathrm{d}x\mathrm{d}y\mathrm{d}z$ 为三次积分,其中积分区域 Ω 分别是

(1) 由双曲抛物面 $xy=z$ 及平面 $x+y-1=0,z=0$ 所围成的闭区域;

(2) 由曲面 $z=x^2+y^2$ 及平面 $z=1$ 所围成的闭区域;

(3) 由曲面 $z=x^2+2y^2$ 及 $z=2-x^2$ 所围成的闭区域;

(4) 由曲面 $cz=xy\ (c>0)$, $\dfrac{x^2}{a^2}+\dfrac{y^2}{b^2}=1$, $z=0$ 所围成的在第Ⅰ卦限内的闭区域.

2. 设有一物体占有空间闭区域 $\Omega=\{(x,y,z)\mid 0\leqslant x\leqslant 1,0\leqslant y\leqslant 1,0\leqslant z\leqslant 1\}$,在点 (x,y,z) 处的密度为 $\rho(x,y,z)=x+y+z$,计算该物体的质量.

3. 如果三重积分 $\iiint\limits_{\Omega}f(x,y,z)\mathrm{d}x\mathrm{d}y\mathrm{d}z$ 的被积函数 $f(x,y,z)$ 是三个函数 $f_1(x)$, $f_2(y)$, $f_3(z)$ 的乘积,即 $f(x,y,z)=f_1(x)f_2(y)f_3(z)$,积分区域 $\Omega=\{(x,y,z)\mid a\leqslant x\leqslant b,c\leqslant y\leqslant d,l\leqslant z\leqslant m\}$,证明这个三重积分等于三个定积分的乘积,即

$$\iiint\limits_{\Omega}f_1(x)f_2(y)f_3(z)\mathrm{d}x\mathrm{d}y\mathrm{d}z=\int_a^b f_1(x)\mathrm{d}x\int_c^d f_2(y)\mathrm{d}y\int_l^m f_3(z)\mathrm{d}z.$$

4. 计算 $\iiint\limits_{\Omega}xy^2z^3\mathrm{d}x\mathrm{d}y\mathrm{d}z$,其中 Ω 是由曲面 $z=xy$ 与平面 $y=x,x=1$ 和 $z=0$ 所围成的闭区域.

5. 计算 $\iiint\limits_{\Omega}\dfrac{\mathrm{d}x\mathrm{d}y\mathrm{d}z}{(1+x+y+z)^3}$,其中 Ω 为平面 $x=0,y=0,z=0,x+y+z=1$ 所围成的四面体.

6. 计算 $\iiint\limits_{\Omega}xyz\mathrm{d}x\mathrm{d}y\mathrm{d}z$,其中 Ω 为球面 $x^2+y^2+z^2=1$ 及三个坐标面所围成的在第Ⅰ卦限内的闭区域.

7. 计算 $\iiint\limits_{\Omega}xz\mathrm{d}x\mathrm{d}y\mathrm{d}z$,其中 Ω 是由平面 $z=0,z=y,y=1$ 以及抛物柱面 $y=x^2$ 所围成的闭区域.

8. 计算 $\iiint\limits_{\Omega}z\mathrm{d}x\mathrm{d}y\mathrm{d}z$,其中 Ω 是由锥面 $z=\dfrac{h}{R}\sqrt{x^2+y^2}$ 与平面 $z=h\ (R>0,h>0)$ 所围成的闭区域.

9. 利用柱面坐标计算下列三重积分：

(1) $\iiint\limits_{\Omega} z\mathrm{d}V$，其中 Ω 是由曲面 $z=\sqrt{2-x^2-y^2}$ 及 $z=x^2+y^2$ 所围成的闭区域；

(2) $\iiint\limits_{\Omega}(x^2+y^2)\mathrm{d}V$，其中 Ω 是由曲面 $x^2+y^2=2z$ 及平面 $z=2$ 所围成的闭区域.

*10. 利用球面坐标计算下列三重积分：

(1) $\iiint\limits_{\Omega}(x^2+y^2+z^2)\mathrm{d}V$，其中 Ω 是由球面 $x^2+y^2+z^2=1$ 所围成的闭区域；

(2) $\iiint\limits_{\Omega} z\mathrm{d}V$，其中闭区域 $\Omega=\{(x,y,z)\mid x^2+y^2+(z-a)^2\leqslant a^2, x^2+y^2\leqslant z^2\}$.

11. 选用适当的坐标计算下列三重积分：

(1) $\iiint\limits_{\Omega} xy\mathrm{d}V$，其中 Ω 为柱面 $x^2+y^2=1$ 及平面 $z=1, z=0, x=0, y=0$ 所围成的在第 I 卦限内的闭区域；

*(2) $\iiint\limits_{\Omega}\sqrt{x^2+y^2+z^2}\,\mathrm{d}V$，其中 Ω 是由球面 $x^2+y^2+z^2=z$ 所围成的闭区域；

(3) $\iiint\limits_{\Omega}(x^2+y^2)\mathrm{d}V$，其中 Ω 是由曲面 $4z^2=25(x^2+y^2)$ 及平面 $z=5$ 所围成的闭区域；

*(4) $\iiint\limits_{\Omega}(x^2+y^2)\mathrm{d}V$，其中闭区域 $\Omega=\{(x,y,z)\mid 0<a\leqslant\sqrt{x^2+y^2+z^2}\leqslant A, z\geqslant 0\}$；

(5) $\iiint\limits_{\Omega}(y^2+z^2)\mathrm{d}V$，其中 Ω 是由抛物面 $x=y^2+z^2$ 与圆锥面 $x=2-\sqrt{y^2+z^2}$ 所围成的闭区域.

12. 利用三重积分计算下列由曲面所围成的立体的体积：

(1) $z=6-x^2-y^2$ 及 $z=\sqrt{x^2+y^2}$；

*(2) $x^2+y^2+z^2=2az\ (a>0)$ 及 $x^2+y^2=z^2$（含有 z 轴的部分）；

(3) $z=\sqrt{x^2+y^2}$ 及 $z=x^2+y^2$；

(4) $z=\sqrt{5-x^2-y^2}$ 及 $x^2+y^2=4z$.

*13. 求球体 $r\leqslant a$ 位于锥面 $\varphi=\dfrac{\pi}{3}$ 和 $\varphi=\dfrac{2}{3}\pi$ 之间的部分的体积.

14. 求上、下分别为球面 $x^2+y^2+z^2=2$ 和抛物面 $z=x^2+y^2$ 所围立体的体积.

*15. 球心在原点、半径为 R 的球，在其上任意一点的密度的大小与这点到球心的距离成正比，求这球的质量.

第四节　重积分的应用

由前面的讨论可知，曲顶柱体的体积、平面薄片的质量可用二重积分计算，空间物体的质量可用三重积分计算. 本节中我们将把定积分应用中的元素法推广到重积分的应用中，利用重积分的元素法来讨论重积分在几何、物理上的一些其他应用.

一、曲面的面积

设曲面 S 由方程

$$z=f(x,y)$$

给出，D 为曲面 S 在 xOy 面上的投影区域，函数 $f(x,y)$ 在 D 上具有连续偏导数 $f_x(x,y)$ 和 $f_y(x,y)$. 要计算曲面 S 的面积 A.

在闭区域 D 上任取一直径很小的闭区域 $\mathrm{d}\sigma$（这小闭区域的面积也记作 $\mathrm{d}\sigma$）. 在 $\mathrm{d}\sigma$ 上取一点 $P(x,y)$，曲面 S 上对应地有一点 $M(x,y,f(x,y))$，点 M 在 xOy 面上的投影即点 P. 点 M 处曲面 S 的切平面设为 T（图 10-38）. 以小闭区域 $\mathrm{d}\sigma$ 的边界为准线作母线平行于 z 轴的柱面，这柱面在曲面 S 上截下一小片曲面，在切平面 T 上截下一小片平面. 由于 $\mathrm{d}\sigma$ 的直径很小，切平面 T 上的那一小片平面的面积 $\mathrm{d}A$ 可以近似代替相应的那小片曲面的面积. 设点 M 处曲面 S 上的法线（方向朝上）与 z 轴所成的角为 γ，则

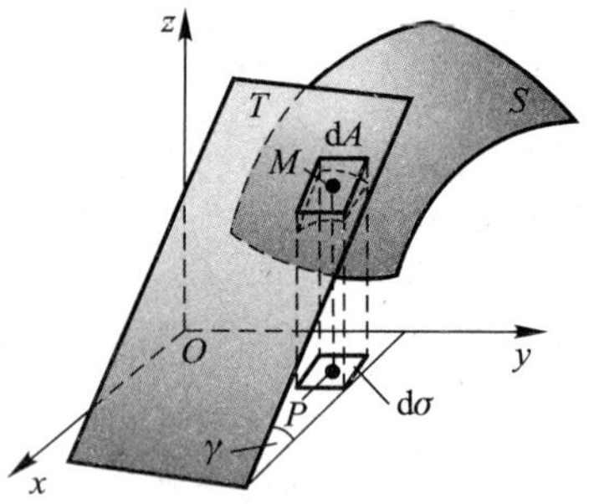

图 10-38

$$\mathrm{d}A=\frac{\mathrm{d}\sigma}{\cos\gamma}①.$$

因为

---

① 设两平面 Π_1,Π_2 的夹角为 θ（取锐角），Π_1 上的闭区域 D 在 Π_2 上的投影区域为 D_0，则 D 的面积 A 与 D_0 的面积 σ 之间有关系

$$A=\frac{\sigma}{\cos\theta}.$$

事实上，先假定 D 是矩形闭区域，且其一边平行于平面 Π_1,Π_2 的交线 l，边长为 a，另一边长为 b（图10-39），则 D_0 也是矩形闭区域，且边长分别为 a 及 $b\cos\theta$，从而

$$\sigma=ab\cos\theta=A\cos\theta,$$

即

$$A=\frac{\sigma}{\cos\theta}.$$

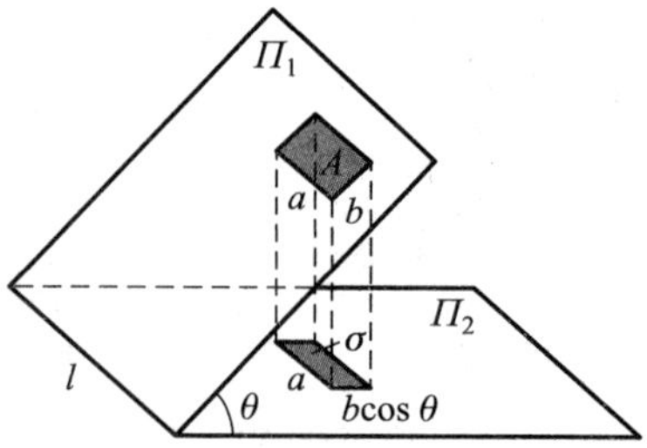

图 10-39

在一般情况，可把 D 分成上述类型的 m 个小矩形闭区域（不计含边界点的不规则部分），则小矩形闭区域的面积 A_k 及其投影区域的面积 σ_k 之间符合 $A_k=\dfrac{\sigma_k}{\cos\theta}$ $(k=1,2,\cdots,m)$，从而 $\sum\limits_{k=1}^{m}A_k=\dfrac{\sum\limits_{k=1}^{m}\sigma_k}{\cos\theta}$. 使各小闭区域的直径中的最大者趋于零，取极限便得 $A=\dfrac{\sigma}{\cos\theta}$.

$$\cos\gamma=\frac{1}{\sqrt{1+f_x^2(x,y)+f_y^2(x,y)}},$$

所以

$$\mathrm{d}A=\sqrt{1+f_x^2(x,y)+f_y^2(x,y)}\,\mathrm{d}\sigma.$$

这就是曲面 S 的面积元素，以它为被积表达式在闭区域 D 上积分，得

$$A=\iint_D\sqrt{1+f_x^2(x,y)+f_y^2(x,y)}\,\mathrm{d}\sigma.$$

上式也可写成

$$A=\iint_D\sqrt{1+\left(\frac{\partial z}{\partial x}\right)^2+\left(\frac{\partial z}{\partial y}\right)^2}\,\mathrm{d}x\mathrm{d}y.$$

这就是计算曲面面积的公式.

设曲面的方程为 $x=g(y,z)$ 或 $y=h(z,x)$，可分别把曲面投影到 yOz 面上（投影区域记作 D_{yz}）或 zOx 面上（投影区域记作 D_{zx}），类似地可得

$$A=\iint_{D_{yz}}\sqrt{1+\left(\frac{\partial x}{\partial y}\right)^2+\left(\frac{\partial x}{\partial z}\right)^2}\,\mathrm{d}y\mathrm{d}z,$$

或

$$A=\iint_{D_{zx}}\sqrt{1+\left(\frac{\partial y}{\partial z}\right)^2+\left(\frac{\partial y}{\partial x}\right)^2}\,\mathrm{d}z\mathrm{d}x.$$

例 1　求半径为 a 的球的表面积.

解　取上半球面方程为 $z=\sqrt{a^2-x^2-y^2}$，则它在 xOy 面上的投影区域 $D=\{(x,y)\mid x^2+y^2\leqslant a^2\}$.

例题精讲 10-4

由 $\dfrac{\partial z}{\partial x}=\dfrac{-x}{\sqrt{a^2-x^2-y^2}}$，$\dfrac{\partial z}{\partial y}=\dfrac{-y}{\sqrt{a^2-x^2-y^2}}$，得

$$\sqrt{1+\left(\frac{\partial z}{\partial x}\right)^2+\left(\frac{\partial z}{\partial y}\right)^2}=\frac{a}{\sqrt{a^2-x^2-y^2}}.$$

因为这函数在闭区域 D 上无界，我们不能直接应用曲面面积公式. 所以先取区域 $D_1=\{(x,y)\mid x^2+y^2\leqslant b^2\}\ (0<b<a)$ 为积分区域，算出相应于 D_1 上的球面面积 A_1 后，令 $b\to a$ 取 A_1 的极限①就得半球面的面积.

$$A_1=\iint_{D_1}\frac{a}{\sqrt{a^2-x^2-y^2}}\mathrm{d}x\mathrm{d}y,$$

---

①　这极限就是函数 $\dfrac{a}{\sqrt{a^2-x^2-y^2}}$ 在闭区域 D 上的所谓反常二重积分.

利用极坐标，得

$$A_1=\iint_{D_1}\frac{a}{\sqrt{a^2-\rho^2}}\rho\mathrm{d}\rho\mathrm{d}\theta=a\int_0^{2\pi}\mathrm{d}\theta\int_0^b\frac{\rho\mathrm{d}\rho}{\sqrt{a^2-\rho^2}}=2\pi a\int_0^b\frac{\rho\mathrm{d}\rho}{\sqrt{a^2-\rho^2}}=2\pi a(a-\sqrt{a^2-b^2}).$$

于是

释疑解难
10-3

$$\lim_{b\to a}A_1=\lim_{b\to a}2\pi a(a-\sqrt{a^2-b^2})=2\pi a^2.$$

这就是半个球面的面积，因此整个球面的面积为

$$A=4\pi a^2.$$

例 2　设有一颗地球同步轨道通信卫星，距地面的高度为 $h=36\ 000$ km，运行的角速度与地球自转的角速度相同.试计算该通信卫星的覆盖面积与地球表面积的比值（地球半径 $R=6\ 400$ km）.

解　取地心为坐标原点，地心到通信卫星中心的连线为 z 轴，建立坐标系，如图 10-40 所示.

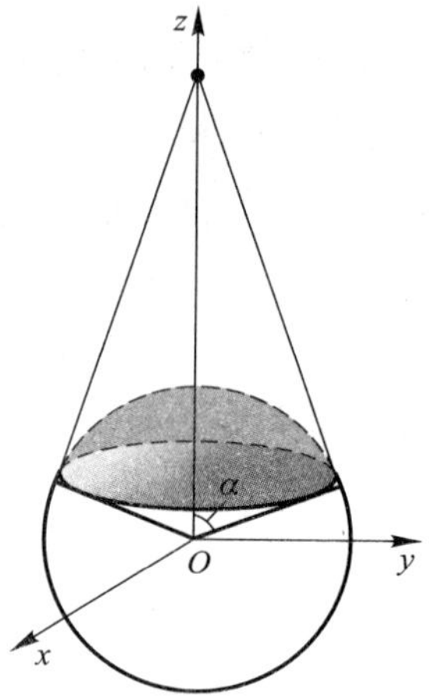

图 10-40

通信卫星覆盖的曲面 Σ 是上半球面被半顶角为 α 的圆锥面所截得的部分.Σ 的方程为

$$z=\sqrt{R^2-x^2-y^2},\quad x^2+y^2\leqslant R^2\sin^2\alpha.$$

于是通信卫星的覆盖面积为

$$A=\iint_{D_{xy}}\sqrt{1+\left(\frac{\partial z}{\partial x}\right)^2+\left(\frac{\partial z}{\partial y}\right)^2}\mathrm{d}x\mathrm{d}y$$

$$=\iint_{D_{xy}}\frac{R}{\sqrt{R^2-x^2-y^2}}\mathrm{d}x\mathrm{d}y.$$

其中 D_{xy} 是曲面 Σ 在 xOy 面上的投影区域，$D_{xy}=\{(x,y)\,|\,x^2+y^2\leqslant R^2\sin^2\alpha\}$.

利用极坐标，得

$$A=\int_0^{2\pi}\mathrm{d}\theta\int_0^{R\sin\alpha}\frac{R}{\sqrt{R^2-\rho^2}}\rho\mathrm{d}\rho=2\pi R\int_0^{R\sin\alpha}\frac{\rho}{\sqrt{R^2-\rho^2}}\mathrm{d}\rho=2\pi R^2(1-\cos\alpha).$$

由于 $\cos\alpha=\dfrac{R}{R+h}$，代入上式得

$$A=2\pi R^2\left(1-\frac{R}{R+h}\right)=2\pi R^2\cdot\frac{h}{R+h}.$$

由此得这颗通信卫星的覆盖面积与地球表面积之比为

$$\frac{A}{4\pi R^2}=\frac{h}{2(R+h)}=\frac{36\times10^3}{2(36+6.4)\times10^3}\approx42.5\%.$$

由以上结果可知，卫星覆盖了全球三分之一以上的面积，故使用三颗相隔 $\dfrac{2}{3}\pi$ 角度的通信卫星就可以覆盖几乎地球全部表面.

*利用曲面的参数方程求曲面的面积

若曲面 S 由参数方程

$$\begin{cases} x=x(u,v), \\ y=y(u,v), \quad (u,v)\in D \\ z=z(u,v) \end{cases}$$

给出,其中 D 是一个平面有界闭区域,又 $x(u,v)$,$y(u,v)$,$z(u,v)$ 在 D 上具有连续的一阶偏导数,且

$$\frac{\partial(x,y)}{\partial(u,v)},\quad \frac{\partial(y,z)}{\partial(u,v)},\quad \frac{\partial(z,x)}{\partial(u,v)}$$

不全为零,则曲面 S 的面积

$$A=\iint\limits_{D}\sqrt{EG-F^2}\,\mathrm{d}u\mathrm{d}v,$$

其中

$$E=x_u^2+y_u^2+z_u^2,\quad F=x_ux_v+y_uy_v+z_uz_v,\quad G=x_v^2+y_v^2+z_v^2.$$

下面我们对例 2 用球面的参数方程按上述公式来进行计算.

Σ 的参数方程为

$$\begin{cases} x=R\sin\varphi\cos\theta, \\ y=R\sin\varphi\sin\theta, \quad (\varphi,\theta)\in D_{\varphi\theta}. \\ z=R\cos\varphi, \end{cases}$$

这里 $D_{\varphi\theta}=\{(\varphi,\theta)\mid 0\leqslant\varphi\leqslant\alpha,0\leqslant\theta\leqslant 2\pi\}$.

由于 $\sqrt{EG-F^2}=R^2\sin\varphi$,于是

$$\begin{aligned} A &= \iint\limits_{D_{\varphi\theta}}\sqrt{EG-F^2}\,\mathrm{d}\varphi\mathrm{d}\theta=\iint\limits_{D_{\varphi\theta}}R^2\sin\varphi\mathrm{d}\varphi\mathrm{d}\theta \\ &=R^2\int_0^{2\pi}\mathrm{d}\theta\int_0^{\alpha}\sin\varphi\mathrm{d}\varphi=2\pi R^2(1-\cos\alpha)=2\pi R^2\frac{h}{R+h}. \end{aligned}$$

二、质心

先讨论平面薄片的质心.

设在 xOy 平面上有 n 个质点,它们分别位于点 (x_1,y_1),(x_2,y_2),$\cdots$,(x_n,y_n) 处,质量分别为 $m_1,m_2,\cdots,m_n$. 由力学知道,该质点系的质心的坐标为

$$\bar{x}=\frac{M_y}{M}=\frac{\sum\limits_{i=1}^{n}m_ix_i}{\sum\limits_{i=1}^{n}m_i},\quad \bar{y}=\frac{M_x}{M}=\frac{\sum\limits_{i=1}^{n}m_iy_i}{\sum\limits_{i=1}^{n}m_i},$$

其中 $M=\sum_{i=1}^{n} m_i$ 为该质点系的总质量，

$$M_y=\sum_{i=1}^{n} m_i x_i,\quad M_x=\sum_{i=1}^{n} m_i y_i,$$

分别为该质点系对 y 轴和 x 轴的静矩.

设有一平面薄片，占有 xOy 面上的闭区域 D，在点 (x,y) 处的面密度为 $\mu(x,y)$，假定 $\mu(x,y)$ 在 D 上连续. 现在要找该薄片的质心的坐标.

在闭区域 D 上任取一直径很小的闭区域 $\mathrm{d}\sigma$（这小闭区域的面积也记作 $\mathrm{d}\sigma$），(x,y) 是这小闭区域上的一个点. 因为 $\mathrm{d}\sigma$ 的直径很小，且 $\mu(x,y)$ 在 D 上连续，所以薄片中相应于 $\mathrm{d}\sigma$ 的部分的质量近似等于 $\mu(x,y)\mathrm{d}\sigma$，这部分质量可近似看做集中在点 (x,y) 上，于是可写出静矩元素 $\mathrm{d}M_y$ 及 $\mathrm{d}M_x$：

$$\mathrm{d}M_y=x\mu(x,y)\mathrm{d}\sigma,\quad \mathrm{d}M_x=y\mu(x,y)\mathrm{d}\sigma.$$

以这些元素为被积表达式，在闭区域 D 上积分，便得

$$M_y=\iint_D x\mu(x,y)\mathrm{d}\sigma,\quad M_x=\iint_D y\mu(x,y)\mathrm{d}\sigma.$$

又由第一节知道，薄片的质量为

$$M=\iint_D \mu(x,y)\mathrm{d}\sigma.$$

所以，薄片的质心的坐标为

$$\bar{x}=\frac{M_y}{M}=\frac{\iint\limits_D x\mu(x,y)\mathrm{d}\sigma}{\iint\limits_D \mu(x,y)\mathrm{d}\sigma},\quad \bar{y}=\frac{M_x}{M}=\frac{\iint\limits_D y\mu(x,y)\mathrm{d}\sigma}{\iint\limits_D \mu(x,y)\mathrm{d}\sigma}.$$

如果薄片是均匀的，即面密度为常量，那么上式中可把 μ 提到积分记号外面，并从分子、分母中约去，这样便得均匀薄片的质心的坐标为

$$\bar{x}=\frac{1}{A}\iint_D x\mathrm{d}\sigma,\quad \bar{y}=\frac{1}{A}\iint_D y\mathrm{d}\sigma, \tag{4-1}$$

其中 $A=\iint\limits_D \mathrm{d}\sigma$ 为闭区域 D 的面积. 这时薄片的质心完全由闭区域 D 的形状所决定. 我们把均匀平面薄片的质心叫做这平面薄片所占的平面图形的形心. 因此，平面图形 D 的形心的坐标，就可用公式(4-1)计算.

例 3　求位于两圆 $\rho=2\sin\theta$ 和 $\rho=4\sin\theta$ 之间的均匀薄片的质心(图10-41).

解　因为闭区域 D 关于 y 轴对称，所以质心 $C(\bar{x},\bar{y})$ 必位于 y 轴上，于是 $\bar{x}=0$.

再按公式

$$\bar{y}=\frac{1}{A}\iint_D y\mathrm{d}\sigma$$

计算 $\bar{y}$.由于闭区域 D 位于半径为 1 与半径为 2 的两圆之间,所以它的面积等于这两个圆的面积之差,即 $A=3\pi$.再利用极坐标计算积分

$$\iint_D y\mathrm{d}\sigma = \iint_D \rho^2\sin\theta\mathrm{d}\rho\mathrm{d}\theta = \int_0^{\pi}\sin\theta\mathrm{d}\theta\int_{2\sin\theta}^{4\sin\theta}\rho^2\mathrm{d}\rho$$

$$=\frac{56}{3}\int_0^{\pi}\sin^4\theta\mathrm{d}\theta=7\pi.$$

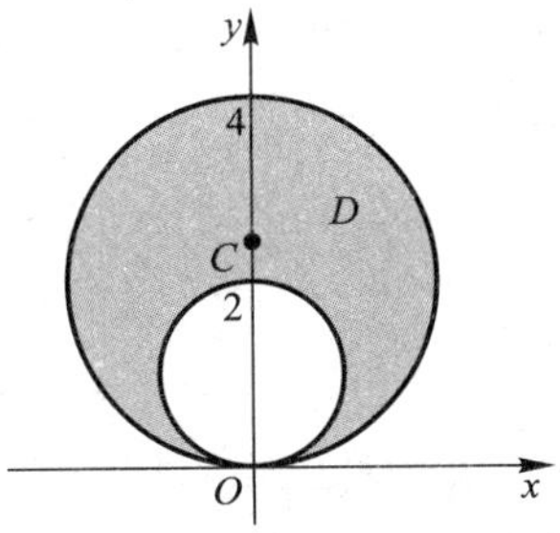

图 10-41

因此 $\bar{y}=\dfrac{7\pi}{3\pi}=\dfrac{7}{3}$,所求质心是 $C\left(0,\dfrac{7}{3}\right)$.

类似地,占有空间有界闭区域 Ω、在点 (x,y,z) 处的密度为 $\rho(x,y,z)$(假定 $\rho(x,y,z)$ 在 Ω 上连续)的物体的质心坐标是

$$\bar{x}=\frac{1}{M}\iiint_{\Omega}x\rho(x,y,z)\mathrm{d}V,\quad \bar{y}=\frac{1}{M}\iiint_{\Omega}y\rho(x,y,z)\mathrm{d}V,\quad \bar{z}=\frac{1}{M}\iiint_{\Omega}z\rho(x,y,z)\mathrm{d}V,$$

其中 $M=\iiint_{\Omega}\rho(x,y,z)\mathrm{d}V$.

*__例 4__ 求均匀半球体的质心.

解 取半球体的对称轴为 z 轴,取球心为坐标原点,又设球半径为 a,则半球体所占空间闭区域

$$\Omega=\{(x,y,z)\mid x^2+y^2+z^2\leqslant a^2,z\geqslant 0\}.$$

显然,质心在 z 轴上,故 $\bar{x}=\bar{y}=0$.

$$\bar{z}=\frac{1}{M}\iiint_{\Omega}z\rho\mathrm{d}V=\frac{1}{V}\iiint_{\Omega}z\mathrm{d}V,$$

其中 $V=\dfrac{2}{3}\pi a^3$ 为半球体的体积.

$$\iiint_{\Omega}z\mathrm{d}V=\iiint_{\Omega}r\cos\varphi\cdot r^2\sin\varphi\mathrm{d}r\mathrm{d}\varphi\mathrm{d}\theta=\int_0^{2\pi}\mathrm{d}\theta\int_0^{\frac{\pi}{2}}\cos\varphi\sin\varphi\mathrm{d}\varphi\int_0^a r^3\mathrm{d}r$$

$$=2\pi\cdot\left[\frac{\sin^2\varphi}{2}\right]_0^{\frac{\pi}{2}}\cdot\frac{a^4}{4}=\frac{\pi a^4}{4}.$$

因此,$\bar{z}=\dfrac{3}{8}a$,质心为 $\left(0,0,\dfrac{3}{8}a\right)$.

三、转动惯量

先讨论平面薄片的转动惯量.

设在 xOy 平面上有 n 个质点,它们分别位于点

$$(x_1,y_1),\quad(x_2,y_2),\quad\cdots,\quad(x_n,y_n)$$

处，质量分别为 $m_1, m_2, \cdots, m_n$. 由力学知道，该质点系对于 x 轴以及对于 y 轴的转动惯量依次为

$$I_x = \sum_{i=1}^{n} y_i^2 m_i, \quad I_y = \sum_{i=1}^{n} x_i^2 m_i.$$

设有一薄片，占有 xOy 面上的闭区域 D，在点 (x,y) 处的面密度为 $\mu(x,y)$，假定 $\mu(x,y)$ 在 D 上连续. 现在要求该薄片对于 x 轴的转动惯量 I_x 以及对于 y 轴的转动惯量 I_y.

应用元素法. 在闭区域 D 上任取一直径很小的闭区域 $\mathrm{d}\sigma$（这小闭区域的面积也记作 $\mathrm{d}\sigma$），(x,y) 是该小闭区域上的一个点. 因为 $\mathrm{d}\sigma$ 的直径很小，且 $\mu(x,y)$ 在 D 上连续，所以薄片中相应于 $\mathrm{d}\sigma$ 部分的质量近似等于 $\mu(x,y)\mathrm{d}\sigma$，这部分质量可近似看做集中在点 (x,y) 上，于是可写出薄片对于 x 轴以及对于 y 轴的转动惯量元素

$$\mathrm{d}I_x = y^2\mu(x,y)\mathrm{d}\sigma, \quad \mathrm{d}I_y = x^2\mu(x,y)\mathrm{d}\sigma.$$

以这些元素为被积表达式，在闭区域 D 上积分，便得

$$I_x = \iint_D y^2\mu(x,y)\mathrm{d}\sigma, \quad I_y = \iint_D x^2\mu(x,y)\mathrm{d}\sigma.$$

例 5　求半径为 a 的均匀半圆薄片（面密度为常量 μ）对于其直径边的转动惯量.

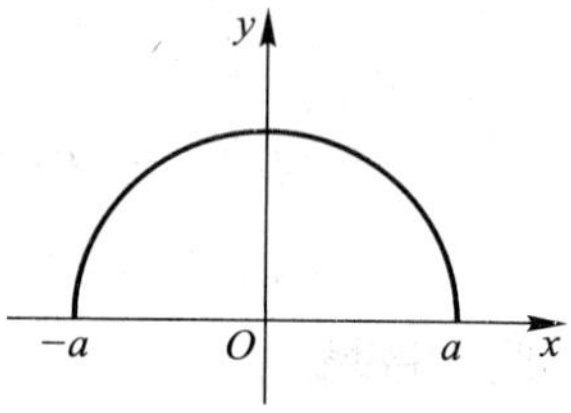

图 10-42

解　取坐标系如图 10-42 所示，则薄片所占闭区域

$$D = \{(x,y) \mid x^2+y^2 \leqslant a^2, y \geqslant 0\},$$

而所求转动惯量即半圆薄片对于 x 轴的转动惯量 I_x.

$$\begin{aligned} I_x &= \iint_D \mu y^2 \mathrm{d}\sigma = \mu \iint_D \rho^3 \sin^2\theta \mathrm{d}\rho \mathrm{d}\theta = \mu \int_0^{\pi} \mathrm{d}\theta \int_0^a \rho^3 \sin^2\theta \mathrm{d}\rho \\ &= \mu \cdot \frac{a^4}{4} \int_0^{\pi} \sin^2\theta \mathrm{d}\theta = \frac{1}{4}\mu a^4 \cdot \frac{\pi}{2} = \frac{1}{4}Ma^2, \end{aligned}$$

其中 $M = \frac{1}{2}\pi a^2 \mu$ 为半圆薄片的质量.

类似地，占有空间有界闭区域 Ω、在点 (x,y,z) 处的密度为 $\rho(x,y,z)$（假定 $\rho(x,y,z)$ 在 Ω 上连续）的物体对于 x 轴、y 轴和 z 轴的转动惯量为

$$I_x = \iiint_\Omega (y^2+z^2)\rho(x,y,z)\mathrm{d}V,$$

$$I_y = \iiint_\Omega (z^2+x^2)\rho(x,y,z)\mathrm{d}V,$$

$$I_z = \iiint_\Omega (x^2+y^2)\rho(x,y,z)\mathrm{d}V.$$

***例 6**　求密度为 ρ 的均匀球对于过球心的一条轴 l 的转动惯量.

解　取球心为坐标原点，z 轴与轴 l 重合，又设球的半径为 a，则球所占空间闭区域

$$\Omega=\{(x,y,z)\mid x^2+y^2+z^2\leqslant a^2\}.$$

所求转动惯量即球对于 z 轴的转动惯量为

$$\begin{aligned}I_z&=\iiint\limits_{\Omega}(x^2+y^2)\rho\mathrm{d}V\\&=\rho\iiint\limits_{\Omega}(r^2\sin^2\varphi\cos^2\theta+r^2\sin^2\varphi\sin^2\theta)r^2\sin\varphi\mathrm{d}r\mathrm{d}\varphi\mathrm{d}\theta\\&=\rho\iiint\limits_{\Omega}r^4\sin^3\varphi\mathrm{d}r\mathrm{d}\varphi\mathrm{d}\theta=\rho\int_0^{2\pi}\mathrm{d}\theta\int_0^{\pi}\sin^3\varphi\mathrm{d}\varphi\int_0^a r^4\mathrm{d}r\\&=\rho\cdot 2\pi\cdot\frac{a^5}{5}\int_0^{\pi}\sin^3\varphi\mathrm{d}\varphi=\frac{2}{5}\pi a^5\rho\cdot\frac{4}{3}=\frac{2}{5}a^2M,\end{aligned}$$

其中 $M=\dfrac{4}{3}\pi a^3\rho$ 为球的质量.

四、引力

下面讨论空间一物体对于物体外一点 $P_0(x_0,y_0,z_0)$ 处单位质量的质点的引力问题.

设物体占有空间有界闭区域 Ω，它在点 (x,y,z) 处的密度为 $\rho(x,y,z)$，并假定 $\rho(x,y,z)$ 在 Ω 上连续. 在物体内任取一直径很小的闭区域 $\mathrm{d}V$（这闭区域的体积也记作 $\mathrm{d}V$），(x,y,z) 为这一小块中的一点. 把这一小块物体的质量 $\rho\mathrm{d}V$ 近似地看做集中在点 (x,y,z) 处. 于是按两质点间的引力公式，可得这一小块物体对位于 $P_0(x_0,y_0,z_0)$ 处的单位质量的质点的引力近似地为

$$\begin{aligned}\mathrm{d}\boldsymbol{F}&=(\mathrm{d}F_x,\mathrm{d}F_y,\mathrm{d}F_z)\\&=\left(G\frac{\rho(x,y,z)(x-x_0)}{r^3}\mathrm{d}V,G\frac{\rho(x,y,z)(y-y_0)}{r^3}\mathrm{d}V,G\frac{\rho(x,y,z)(z-z_0)}{r^3}\mathrm{d}V\right),\end{aligned}$$

其中 $\mathrm{d}F_x$，$\mathrm{d}F_y$，$\mathrm{d}F_z$ 为引力元素 $\mathrm{d}\boldsymbol{F}$ 在三个坐标轴上的分量，$r=\sqrt{(x-x_0)^2+(y-y_0)^2+(z-z_0)^2}$，$G$ 为引力常量. 将 $\mathrm{d}F_x,\mathrm{d}F_y,\mathrm{d}F_z$ 在 Ω 上分别积分，即得

$$\begin{aligned}\boldsymbol{F}&=(F_x,F_y,F_z)\\&=\left(\iiint\limits_{\Omega}\frac{G\rho(x,y,z)(x-x_0)}{r^3}\mathrm{d}V,\iiint\limits_{\Omega}\frac{G\rho(x,y,z)(y-y_0)}{r^3}\mathrm{d}V,\iiint\limits_{\Omega}\frac{G\rho(x,y,z)(z-z_0)}{r^3}\mathrm{d}V\right).\end{aligned}$$

如果考虑平面薄片对薄片外一点 $P_0(x_0,y_0,z_0)$ 处单位质量的质点的引力，设平面薄片占有 xOy 平面上的有界闭区域 D，其面密度为 $\mu(x,y)$，那么只要将上式中的密度 $\rho(x,y,z)$ 换成面密度 $\mu(x,y)$，将 Ω 上的三重积分换成 D 上的二重积分，就可得到相

应的计算公式.

例 7　设半径为 R 的质量均匀的球占有空间闭区域 $\Omega=\{(x,y,z)\mid x^2+y^2+z^2\leqslant R^2\}$.求它对位于 $M_0(0,0,a)$ $(a>R)$ 处的单位质量的质点的引力.

解　设球的密度为 ρ_0,由球的对称性及质量分布的均匀性知 $F_x=F_y=0$,所求引力沿 z 轴的分量为

$$\begin{aligned}F_z&=\iiint_\Omega G\rho_0\frac{z-a}{[x^2+y^2+(z-a)^2]^{\frac{3}{2}}}\mathrm{d}V\\&=G\rho_0\int_{-R}^{R}(z-a)\mathrm{d}z\iint_{x^2+y^2\leqslant R^2-z^2}\frac{\mathrm{d}x\mathrm{d}y}{[x^2+y^2+(z-a)^2]^{\frac{3}{2}}}\\&=G\rho_0\int_{-R}^{R}(z-a)\mathrm{d}z\int_0^{2\pi}\mathrm{d}\theta\int_0^{\sqrt{R^2-z^2}}\frac{\rho\mathrm{d}\rho}{[\rho^2+(z-a)^2]^{\frac{3}{2}}}\\&=2\pi G\rho_0\int_{-R}^{R}(z-a)\left(\frac{1}{a-z}-\frac{1}{\sqrt{R^2-2az+a^2}}\right)\mathrm{d}z\\&=2\pi G\rho_0\left[-2R+\frac{1}{a}\int_{-R}^{R}(z-a)\mathrm{d}\sqrt{R^2-2az+a^2}\right]\\&=2\pi G\rho_0\left(-2R+2R-\frac{2R^3}{3a^2}\right)=-G\cdot\frac{4\pi R^3}{3}\rho_0\cdot\frac{1}{a^2}=-G\frac{M}{a^2},\end{aligned}$$

其中 $M=\dfrac{4\pi R^3}{3}\rho_0$ 为球的质量.上述结果表明:质量均匀的球对球外一质点的引力如同球的质量集中于球心时两质点间的引力.

习题 10-4

1. 求球面 $x^2+y^2+z^2=a^2$ 含在圆柱面 $x^2+y^2=ax$ 内部的那部分面积.

2. 求锥面 $z=\sqrt{x^2+y^2}$ 被柱面 $z^2=2x$ 所割下部分的曲面面积.

3. 求底圆半径相等的两个直交圆柱面 $x^2+y^2=R^2$ 及 $x^2+z^2=R^2$ 所围立体的表面积.

4. 设 Σ 为一确定球面 $x^2+y^2+z^2=R^2$（R 为正的常数）,另有一球心在 Σ 上、半径为 r 的球面 Σ_1,问 r 取何值时,球面 Σ_1 在球面 Σ 内部的那部分面积最大?

5. 设薄片所占的闭区域 D 如下,求均匀薄片的质心:

(1) D 由 $y=\sqrt{2px}$, $x=x_0$, $y=0$ 所围成;

(2) D 是半椭圆形闭区域 $\left\{(x,y)\,\middle|\,\dfrac{x^2}{a^2}+\dfrac{y^2}{b^2}\leqslant1,y\geqslant0\right\}$;

(3) D 是界于两个圆 $\rho=a\cos\theta$, $\rho=b\cos\theta$ $(0<a<b)$ 之间的闭区域.

6. 设平面薄片所占的闭区域 D 由抛物线 $y=x^2$ 及直线 $y=x$ 所围成，它在点 (x,y) 处的面密度 $\mu(x,y)=x^2y$，求该薄片的质心.

7. 设有一等腰直角三角形薄片，腰长为 a，各点处的面密度等于该点到直角顶点的距离的平方，求这薄片的质心.

8. 利用三重积分计算下列由曲面所围立体的质心（设密度 $\rho=1$）：

(1) $z^2=x^2+y^2, z=1$；

*(2) $z=\sqrt{A^2-x^2-y^2}, z=\sqrt{a^2-x^2-y^2}$ $(A>a>0)$, $z=0$；

(3) $z=x^2+y^2, x+y=a, x=0, y=0, z=0$.

*9. 设球占有闭区域 $\Omega=\{(x,y,z)\mid x^2+y^2+z^2\leqslant 2Rz\}$，它在内部各点处的密度的大小等于该点到坐标原点的距离的平方. 试求这球的质心.

10. 设均匀薄片（面密度为常数 1）所占闭区域 D 如下，求指定的转动惯量：

(1) $D=\left\{(x,y)\,\middle|\,\dfrac{x^2}{a^2}+\dfrac{y^2}{b^2}\leqslant 1\right\}$，求 I_y；

(2) D 由抛物线 $y^2=\dfrac{9}{2}x$ 与直线 $x=2$ 所围成，求 I_x 和 I_y；

(3) D 为矩形闭区域 $\{(x,y)\mid 0\leqslant x\leqslant a, 0\leqslant y\leqslant b\}$，求 I_x 和 I_y.

11. 已知均匀矩形板（面密度为常量 μ）的长和宽分别为 b 和 h，计算此矩形板对于通过其形心且分别与一边平行的两轴的转动惯量.

12. 一均匀物体（密度 ρ 为常量）占有的闭区域 Ω 由曲面 $z=x^2+y^2$ 和平面 $z=0$, $|x|=a$, $|y|=a$ 所围成，

(1) 求物体的体积；

(2) 求物体的质心；

(3) 求物体关于 z 轴的转动惯量.

13. 求半径为 a、高为 h 的均匀圆柱体对于过中心而平行于母线的轴的转动惯量（设密度 $\rho=1$）.

14. 设面密度为常量 μ 的质量均匀的半圆环形薄片占有闭区域 $D=\{(x,y,0)\mid R_1\leqslant\sqrt{x^2+y^2}\leqslant R_2, x\geqslant 0\}$，求它对位于 z 轴上点 $M_0(0,0,a)$ $(a>0)$ 处单位质量的质点的引力 $\boldsymbol{F}$.

15. 设均匀柱体密度为 ρ_0，占有闭区域 $\Omega=\{(x,y,z)\mid x^2+y^2\leqslant R^2, 0\leqslant z\leqslant h\}$，求它对位于点 $M_0(0,0,a)$ $(a>h)$ 处的单位质量的质点的引力.

* 第五节　含参变量的积分

设 $f(x,y)$ 是矩形（闭区域）$R=[a,b]\times[c,d]$①上的连续函数. 在 $[a,b]$ 上任意取定 x 的一个值，于是 $f(x,y)$ 是变量 y 在 $[c,d]$ 上的一个一元连续函数，从而积分

① $[a,b]\times[c,d]=\{(x,y)\mid x\in[a,b], y\in[c,d]\}$，称为 $[a,b]$ 和 $[c,d]$ 的直积.

$$\int_{c}^{d} f(x,y)\,\mathrm{d}y$$

存在，这个积分的值依赖于取定的 x 值.当 x 的值改变时，一般说来这个积分的值也跟着改变.这个积分确定一个定义在 $[a,b]$ 上的 x 的函数，把它记作 $\varphi(x)$，即

$$\varphi(x)=\int_{c}^{d} f(x,y)\,\mathrm{d}y \quad (a\leqslant x\leqslant b). \tag{5-1}$$

这里变量 x 在积分过程中是一个常量，通常称它为参变量，因此(5-1)式右端是一个含参变量 x 的积分，这积分确定 x 的一个函数 $\varphi(x)$，下面讨论关于 $\varphi(x)$ 的一些性质.

定理 1　如果函数 $f(x,y)$ 在矩形 $R=[a,b]\times[c,d]$ 上连续，那么由积分(5-1)确定的函数 $\varphi(x)$ 在 $[a,b]$ 上也连续.

证　设 x 和 $x+\Delta x$ 是 $[a,b]$ 上的两点，则

$$\varphi(x+\Delta x)-\varphi(x)=\int_{c}^{d}[f(x+\Delta x,y)-f(x,y)]\,\mathrm{d}y. \tag{5-2}$$

由于 $f(x,y)$ 在闭区域 R 上连续，从而一致连续.因此对于任意取定的 $\varepsilon>0$，存在 $\delta>0$，使得对于 R 内的任意两点 (x_1,y_1) 及 (x_2,y_2)，只要它们之间的距离小于 δ，即

$$\sqrt{(x_2-x_1)^2+(y_2-y_1)^2}<\delta,$$

就有

$$|f(x_2,y_2)-f(x_1,y_1)|<\varepsilon.$$

因为点 $(x+\Delta x,y)$ 与 (x,y) 的距离等于 $|\Delta x|$，所以当 $|\Delta x|<\delta$ 时，就有

$$|f(x+\Delta x,y)-f(x,y)|<\varepsilon,$$

于是由(5-2)式有

$$|\varphi(x+\Delta x)-\varphi(x)|\leqslant\int_{c}^{d}|f(x+\Delta x,y)-f(x,y)|\,\mathrm{d}y<\varepsilon(d-c).$$

所以 $\varphi(x)$ 在 $[a,b]$ 上连续.

既然函数 $\varphi(x)$ 在 $[a,b]$ 上连续，那么它在 $[a,b]$ 上的积分存在，这个积分可以写为

$$\int_{a}^{b}\varphi(x)\,\mathrm{d}x=\int_{a}^{b}\left[\int_{c}^{d}f(x,y)\,\mathrm{d}y\right]\mathrm{d}x=\int_{a}^{b}\mathrm{d}x\int_{c}^{d}f(x,y)\,\mathrm{d}y.$$

右端积分是函数 $f(x,y)$ 先对 y 后对 x 的二次积分.当 $f(x,y)$ 在矩形 R 上连续时，$f(x,y)$ 在 R 上的二重积分 $\iint\limits_{R} f(x,y)\,\mathrm{d}x\mathrm{d}y$ 是存在的，这个二重积分化为二次积分来计算时，如果先对 y 后对 x 积分，就是上面的这个二次积分.但二重积分 $\iint\limits_{R} f(x,y)\,\mathrm{d}x\mathrm{d}y$ 也可化为先对 x 后对 y 的二次积分 $\int_{c}^{d}\left[\int_{a}^{b}f(x,y)\,\mathrm{d}x\right]\mathrm{d}y$，因此有下面的定理 2.

定理 2　**如果函数** $f(x,y)$ **在矩形** $R=[a,b]\times[c,d]$ **上连续，那么**

$$\int_a^b\left[\int_c^d f(x,y)\,\mathrm{d}y\right]\mathrm{d}x=\int_c^d\left[\int_a^b f(x,y)\,\mathrm{d}x\right]\mathrm{d}y. \tag{5-3}$$

公式(5-3)也可写成

$$\int_a^b \mathrm{d}x\int_c^d f(x,y)\,\mathrm{d}y=\int_c^d \mathrm{d}y\int_a^b f(x,y)\,\mathrm{d}x. \tag{5-3'}$$

下面考虑由积分(5-1)确定的函数 $\varphi(x)$ 的微分问题.

定理 3　**如果函数** $f(x,y)$ **及其偏导数** $f_x(x,y)$ **都在矩形** $R=[a,b]\times[c,d]$ **上连续，那么由积分(5-1)确定的函数** $\varphi(x)$ **在** $[a,b]$ **上可微分，并且**

$$\varphi'(x)=\frac{\mathrm{d}}{\mathrm{d}x}\int_c^d f(x,y)\,\mathrm{d}y=\int_c^d f_x(x,y)\,\mathrm{d}y. \tag{5-4}$$

证　因为 $\varphi'(x)=\lim\limits_{\Delta x\to 0}\dfrac{\varphi(x+\Delta x)-\varphi(x)}{\Delta x}$，为了求 $\varphi'(x)$，先利用公式(5-2)作出增量之比

$$\frac{\varphi(x+\Delta x)-\varphi(x)}{\Delta x}=\int_c^d\frac{f(x+\Delta x,y)-f(x,y)}{\Delta x}\mathrm{d}y. \tag{5-5}$$

由拉格朗日中值定理以及 $f_x(x,y)$ 的一致连续性，可得

$$\frac{f(x+\Delta x,y)-f(x,y)}{\Delta x}=f_x(x+\theta\Delta x,y)=f_x(x,y)+\eta(x,y,\Delta x), \tag{5-6}$$

其中 $0<\theta<1$，$|\eta|$ 可小于任意给定的正数 ε，只要 $|\Delta x|$ 小于某个正数 δ. 因此

$$\left|\int_c^d\eta(x,y,\Delta x)\,\mathrm{d}y\right|<\int_c^d\varepsilon\,\mathrm{d}y=\varepsilon(d-c)\quad(|\Delta x|<\delta),$$

这就是说

$$\lim_{\Delta x\to 0}\int_c^d\eta(x,y,\Delta x)\,\mathrm{d}y=0.$$

由(5-5)及(5-6)有

$$\frac{\varphi(x+\Delta x)-\varphi(x)}{\Delta x}=\int_c^d f_x(x,y)\,\mathrm{d}y+\int_c^d\eta(x,y,\Delta x)\,\mathrm{d}y,$$

令 $\Delta x\to 0$ 取上式的极限，即得公式(5-4).

在积分(5-1)中积分限 c 与 d 都是常数. 但在实际应用中还会遇到对于参变量 x 的不同的值，积分限也不同的情形，即以下的积分

$$\Phi(x)=\int_{\alpha(x)}^{\beta(x)}f(x,y)\,\mathrm{d}y. \tag{5-7}$$

下面我们考虑这种更为广泛地依赖于参变量的积分的某些性质.

定理 4　**如果函数** $f(x,y)$ **在矩形** $R=[a,b]\times[c,d]$ **上连续，函数** $\alpha(x)$ **与** $\beta(x)$ **在区间** $[a,b]$ **上连续，且**

$$c\leqslant\alpha(x)\leqslant d,\quad c\leqslant\beta(x)\leqslant d\quad(a\leqslant x\leqslant b),$$

那么由积分(5-7)确定的函数 $\Phi(x)$ 在 $[a,b]$ 上也连续.

证　设 x 和 $x+\Delta x$ 是 $[a,b]$ 上的两点,则

$$\Phi(x+\Delta x)-\Phi(x)=\int_{\alpha(x+\Delta x)}^{\beta(x+\Delta x)} f(x+\Delta x,y)\,\mathrm{d}y-\int_{\alpha(x)}^{\beta(x)} f(x,y)\,\mathrm{d}y.$$

因为

$$\begin{aligned}&\int_{\alpha(x+\Delta x)}^{\beta(x+\Delta x)} f(x+\Delta x,y)\,\mathrm{d}y\\&=\int_{\alpha(x+\Delta x)}^{\alpha(x)} f(x+\Delta x,y)\,\mathrm{d}y+\int_{\alpha(x)}^{\beta(x)} f(x+\Delta x,y)\,\mathrm{d}y+\int_{\beta(x)}^{\beta(x+\Delta x)} f(x+\Delta x,y)\,\mathrm{d}y,\end{aligned}$$

所以

$$\begin{aligned}&\Phi(x+\Delta x)-\Phi(x)\\&=\int_{\alpha(x+\Delta x)}^{\alpha(x)} f(x+\Delta x,y)\,\mathrm{d}y+\int_{\beta(x)}^{\beta(x+\Delta x)} f(x+\Delta x,y)\,\mathrm{d}y+\int_{\alpha(x)}^{\beta(x)} [f(x+\Delta x,y)-f(x,y)]\,\mathrm{d}y.\end{aligned}\tag{5-8}$$

当 $\Delta x\to 0$ 时,上式右端最后一个积分的积分限不变,根据证明定理 1 时同样的理由,这个积分趋于零. 又

$$\left|\int_{\alpha(x+\Delta x)}^{\alpha(x)} f(x+\Delta x,y)\,\mathrm{d}y\right|\leqslant M|\alpha(x+\Delta x)-\alpha(x)|,$$

$$\left|\int_{\beta(x)}^{\beta(x+\Delta x)} f(x+\Delta x,y)\,\mathrm{d}y\right|\leqslant M|\beta(x+\Delta x)-\beta(x)|,$$

其中 M 是 $|f(x,y)|$ 在矩形 R 上的最大值. 根据 $\alpha(x)$ 与 $\beta(x)$ 在 $[a,b]$ 上连续的假定,由以上两式可见,当 $\Delta x\to 0$ 时,(5-8)式右端的前两个积分都趋于零. 于是,当 $\Delta x\to 0$ 时,

$$\Phi(x+\Delta x)-\Phi(x)\to 0\quad(a\leqslant x\leqslant b),$$

所以函数 $\Phi(x)$ 在 $[a,b]$ 上连续.

关于函数 $\Phi(x)$ 的微分,有下述定理:

定理 5　**如果函数 $f(x,y)$ 及其偏导数 $f_x(x,y)$ 都在矩形 $R=[a,b]\times[c,d]$ 上连续,函数 $\alpha(x)$ 与 $\beta(x)$ 都在区间 $[a,b]$ 上可微,且**

$$c\leqslant\alpha(x)\leqslant d,\quad c\leqslant\beta(x)\leqslant d\quad(a\leqslant x\leqslant b),$$

那么由积分(5-7)确定的函数 $\Phi(x)$ 在 $[a,b]$ 上可微,且

$$\begin{aligned}\Phi'(x)&=\frac{\mathrm{d}}{\mathrm{d}x}\int_{\alpha(x)}^{\beta(x)} f(x,y)\,\mathrm{d}y\\&=\int_{\alpha(x)}^{\beta(x)} f_x(x,y)\,\mathrm{d}y+f[x,\beta(x)]\beta'(x)-f[x,\alpha(x)]\alpha'(x).\end{aligned}\tag{5-9}$$

证　由(5-8)式有

$$\frac{\Phi(x+\Delta x)-\Phi(x)}{\Delta x}$$

$$= \int_{\alpha(x)}^{\beta(x)} \frac{f(x+\Delta x, y)-f(x, y)}{\Delta x} \mathrm{d}y + \frac{1}{\Delta x} \int_{\beta(x)}^{\beta(x+\Delta x)} f(x+\Delta x, y) \mathrm{d}y - \frac{1}{\Delta x} \int_{\alpha(x)}^{\alpha(x+\Delta x)} f(x+\Delta x, y) \mathrm{d}y. \tag{5-10}$$

当 $\Delta x \to 0$ 时，上式右端的第一个积分的积分限不变，根据证明定理 3 时同样的理由，有

$$\int_{\alpha(x)}^{\beta(x)} \frac{f(x+\Delta x, y)-f(x, y)}{\Delta x} \mathrm{d}y \to \int_{\alpha(x)}^{\beta(x)} f_x(x, y) \mathrm{d}y.$$

对于(5-10)式右端的第二项，应用积分中值定理得

$$\frac{1}{\Delta x} \int_{\beta(x)}^{\beta(x+\Delta x)} f(x+\Delta x, y) \mathrm{d}y = \frac{1}{\Delta x}[\beta(x+\Delta x)-\beta(x)] f(x+\Delta x, \eta),$$

其中 η 在 $\beta(x)$ 与 $\beta(x+\Delta x)$ 之间. 当 $\Delta x \to 0$ 时，

$$\frac{1}{\Delta x}[\beta(x+\Delta x)-\beta(x)] \to \beta'(x), \quad f(x+\Delta x, \eta) \to f[x, \beta(x)].$$

于是

$$\frac{1}{\Delta x} \int_{\beta(x)}^{\beta(x+\Delta x)} f(x+\Delta x, y) \mathrm{d}y \to f[x, \beta(x)] \beta'(x).$$

类似地可证，当 $\Delta x \to 0$ 时，

$$\frac{1}{\Delta x} \int_{\alpha(x)}^{\alpha(x+\Delta x)} f(x+\Delta x, y) \mathrm{d}y \to f[x, \alpha(x)] \alpha'(x).$$

因此，令 $\Delta x \to 0$，取(5-10)式的极限便得公式(5-9).

公式(5-9)称为莱布尼茨公式.

例 1　设 $\Phi(x)=\int_x^{x^2} \frac{\sin(xy)}{y} \mathrm{d}y$，求 $\Phi'(x)$.

解　应用莱布尼茨公式，得

$$\begin{aligned} \Phi'(x) &= \int_x^{x^2} \cos(xy) \mathrm{d}y + \frac{\sin x^3}{x^2} \cdot 2x - \frac{\sin x^2}{x} \cdot 1 \\ &= \left[\frac{\sin(xy)}{x}\right]_x^{x^2} + \frac{2\sin x^3}{x} - \frac{\sin x^2}{x} = \frac{3\sin x^3 - 2\sin x^2}{x}. \end{aligned}$$

例 2　求 $I=\int_0^1 \frac{x^b-x^a}{\ln x} \mathrm{d}x \ (0<a<b)$.

解　因为

$$\int_a^b x^y \mathrm{d}y = \left[\frac{x^y}{\ln x}\right]_a^b = \frac{x^b-x^a}{\ln x},$$

所以

$$I = \int_0^1 \mathrm{d}x \int_a^b x^y \mathrm{d}y.$$

这里函数$f(x,y)=x^y$在矩形$R=[0,1]\times[a,b]$上连续，根据定理 2，可交换积分次序，由此有

$$I=\int_a^b \mathrm{d}y\int_0^1 x^y\mathrm{d}x=\int_a^b\left[\frac{x^{y+1}}{y+1}\right]_0^1\mathrm{d}y=\int_a^b\frac{1}{y+1}\mathrm{d}y=\ln\frac{b+1}{a+1}.$$

例 3　计算定积分$I=\int_0^1\frac{\ln(1+x)}{1+x^2}\mathrm{d}x.$

解　考虑含参变量α的积分所确定的函数

$$\varphi(\alpha)=\int_0^1\frac{\ln(1+\alpha x)}{1+x^2}\mathrm{d}x.$$

显然，$\varphi(0)=0,\varphi(1)=I.$根据公式(5-4)得

$$\varphi'(\alpha)=\int_0^1\frac{x}{(1+\alpha x)(1+x^2)}\mathrm{d}x.$$

把被积函数分解为部分分式，得到

$$\frac{x}{(1+\alpha x)(1+x^2)}=\frac{1}{1+\alpha^2}\left(\frac{-\alpha}{1+\alpha x}+\frac{x}{1+x^2}+\frac{\alpha}{1+x^2}\right).$$

于是

$$\begin{aligned}\varphi'(\alpha)&=\frac{1}{1+\alpha^2}\left(\int_0^1\frac{-\alpha\mathrm{d}x}{1+\alpha x}+\int_0^1\frac{x\mathrm{d}x}{1+x^2}+\int_0^1\frac{\alpha\mathrm{d}x}{1+x^2}\right)\\&=\frac{1}{1+\alpha^2}\left[-\ln(1+\alpha)+\frac{1}{2}\ln 2+\alpha\cdot\frac{\pi}{4}\right],\end{aligned}$$

上式在$[0,1]$上对α积分，得到

$$\varphi(1)-\varphi(0)=-\int_0^1\frac{\ln(1+\alpha)}{1+\alpha^2}\mathrm{d}\alpha+\frac{1}{2}\ln 2\int_0^1\frac{\mathrm{d}\alpha}{1+\alpha^2}+\frac{\pi}{4}\int_0^1\frac{\alpha}{1+\alpha^2}\mathrm{d}\alpha,$$

即

$$I=-I+\frac{\ln 2}{2}\cdot\frac{\pi}{4}+\frac{\pi}{4}\cdot\frac{\ln 2}{2}=-I+\frac{\pi}{4}\ln 2.$$

从而

$$I=\frac{\pi}{8}\ln 2.$$

*习题 10-5

1. 求下列含参变量的积分所确定的函数的极限：

(1) $\lim\limits_{x\to 0}\int_x^{1+x}\frac{\mathrm{d}y}{1+x^2+y^2}$；　(2) $\lim\limits_{x\to 0}\int_{-1}^1\sqrt{x^2+y^2}\,\mathrm{d}y$；　(3) $\lim\limits_{x\to 0}\int_0^2 y^2\cos(xy)\,\mathrm{d}y.$

2. 求下列函数的导数：

（1）$\varphi(x)=\int_{\sin x}^{\cos x}(y^2\sin x-y^3)\,\mathrm{d}y$；　　（2）$\varphi(x)=\int_0^x\frac{\ln(1+xy)}{y}\mathrm{d}y$；

（3）$\varphi(x)=\int_{x^2}^{x^3}\arctan\frac{y}{x}\mathrm{d}y$；　　（4）$\varphi(x)=\int_x^{x^2}\mathrm{e}^{-xy^2}\mathrm{d}y$.

3. 设 $F(x)=\int_0^x(x+y)f(y)\,\mathrm{d}y$，其中 $f(y)$ 为可微的函数，求 $F''(x)$.

4. 应用对参数的微分法，计算下列积分：

（1）$I=\int_0^{\frac{\pi}{2}}\ln\frac{1+a\cos x}{1-a\cos x}\cdot\frac{\mathrm{d}x}{\cos x}$ （$|a|<1$）；　　（2）$I=\int_0^{\frac{\pi}{2}}\ln(\cos^2x+a^2\sin^2x)\,\mathrm{d}x$ （$a>0$）.

5. 计算下列积分：

（1）$\int_0^1\frac{\arctan x}{x}\frac{\mathrm{d}x}{\sqrt{1-x^2}}$；　　（2）$\int_0^1\sin\left(\ln\frac{1}{x}\right)\frac{x^b-x^a}{\ln x}\mathrm{d}x$ （$0<a<b$）.

总 习 题 十

1. 填空：

（1）积分 $\int_0^2\mathrm{d}x\int_x^2\mathrm{e}^{-y^2}\mathrm{d}y$ 的值是 __________；

（2）设闭区域 $D=\{(x,y)\mid x^2+y^2\leqslant R^2\}$，则 $\iint\limits_D\left(\frac{x^2}{a^2}+\frac{y^2}{b^2}\right)\mathrm{d}x\mathrm{d}y=$ __________.

2. 以下各题中给出了四个结论，从中选出一个正确的结论：

（1）设有空间闭区域 $\Omega_1=\{(x,y,z)\mid x^2+y^2+z^2\leqslant R^2,z\geqslant 0\}$，$\Omega_2=\{(x,y,z)\mid x^2+y^2+z^2\leqslant R^2,x\geqslant 0,y\geqslant 0,z\geqslant 0\}$，则有（　　）；

（A）$\iiint\limits_{\Omega_1}x\mathrm{d}V=4\iiint\limits_{\Omega_2}x\mathrm{d}V$　　（B）$\iiint\limits_{\Omega_1}y\mathrm{d}V=4\iiint\limits_{\Omega_2}y\mathrm{d}V$

（C）$\iiint\limits_{\Omega_1}z\mathrm{d}V=4\iiint\limits_{\Omega_2}z\mathrm{d}V$　　（D）$\iiint\limits_{\Omega_1}xyz\mathrm{d}V=4\iiint\limits_{\Omega_2}xyz\mathrm{d}V$

（2）设有平面闭区域 $D=\{(x,y)\mid -a\leqslant x\leqslant a,x\leqslant y\leqslant a\}$，$D_1=\{(x,y)\mid 0\leqslant x\leqslant a,x\leqslant y\leqslant a\}$，则 $\iint\limits_D(xy+\cos x\sin y)\,\mathrm{d}x\mathrm{d}y=$（　　）；

（A）$2\iint\limits_{D_1}\cos x\sin y\mathrm{d}x\mathrm{d}y$　　（B）$2\iint\limits_{D_1}xy\mathrm{d}x\mathrm{d}y$　　（C）$4\iint\limits_{D_1}(xy+\cos x\sin y)\,\mathrm{d}x\mathrm{d}y$　　（D）0

（3）设 $f(x)$ 为连续函数，$F(t)=\int_1^t\mathrm{d}y\int_y^tf(x)\,\mathrm{d}x$，则 $F'(2)=$（　　）.

（A）$2f(2)$　　（B）$f(2)$　　（C）$-f(2)$　　（D）0

3. 计算下列二重积分：

（1）$\iint\limits_D(1+x)\sin y\mathrm{d}\sigma$，其中 D 是顶点分别为 $(0,0)$，$(1,0)$，$(1,2)$ 和 $(0,1)$ 的梯形闭区域；

（2）$\iint\limits_D (x^2-y^2)\mathrm{d}\sigma$，其中 $D=\{(x,y)\mid 0\leqslant y\leqslant \sin x, 0\leqslant x\leqslant \pi\}$；

（3）$\iint\limits_D \sqrt{R^2-x^2-y^2}\,\mathrm{d}\sigma$，其中 D 是圆周 $x^2+y^2=Rx$ 所围成的闭区域；

（4）$\iint\limits_D (y^2+3x-6y+9)\mathrm{d}\sigma$，其中 $D=\{(x,y)\mid x^2+y^2\leqslant R^2\}$.

4. 交换下列二次积分的次序：

（1）$\int_0^4 \mathrm{d}y\int_{-\sqrt{4-y}}^{\frac{1}{2}(y-4)} f(x,y)\mathrm{d}x$；

（2）$\int_0^1 \mathrm{d}y\int_0^{2y} f(x,y)\mathrm{d}x+\int_1^3 \mathrm{d}y\int_0^{3-y} f(x,y)\mathrm{d}x$；

（3）$\int_0^1 \mathrm{d}x\int_{\sqrt{x}}^{1+\sqrt{1-x^2}} f(x,y)\mathrm{d}y$.

5. 证明：

$$\int_0^a \mathrm{d}y\int_0^y \mathrm{e}^{m(a-x)}f(x)\mathrm{d}x=\int_0^a (a-x)\mathrm{e}^{m(a-x)}f(x)\mathrm{d}x.$$

6. 把积分 $\iint\limits_D f(x,y)\mathrm{d}x\mathrm{d}y$ 表示为极坐标形式的二次积分，其中积分区域 $D=\{(x,y)\mid x^2\leqslant y\leqslant 1, -1\leqslant x\leqslant 1\}$.

7. 设 $f(x,y)$ 在闭区域 $D=\{(x,y)\mid x^2+y^2\leqslant y, x\geqslant 0\}$ 上连续，且

$$f(x,y)=\sqrt{1-x^2-y^2}-\frac{8}{\pi}\iint\limits_D f(x,y)\mathrm{d}x\mathrm{d}y,$$

求 $f(x,y)$.

8. 把积分 $\iiint\limits_\Omega f(x,y,z)\mathrm{d}x\mathrm{d}y\mathrm{d}z$ 化为三次积分，其中积分区域 Ω 是由曲面 $z=x^2+y^2$，$y=x^2$ 及平面 $y=1$，$z=0$ 所围成的闭区域.

9. 计算下列三重积分：

（1）$\iiint\limits_\Omega xy^2\mathrm{d}V$，其中 Ω 是由 $z=0$，$x+y-z=0$，$x-y-z=0$ 和 $x=1$ 所围成的闭区域；

（2）$\iiint\limits_\Omega z^2\mathrm{d}x\mathrm{d}y\mathrm{d}z$，其中 Ω 是两个球：$x^2+y^2+z^2\leqslant R^2$ 和 $x^2+y^2+z^2\leqslant 2Rz$（$R>0$）的公共部分；

（3）$\iiint\limits_\Omega \dfrac{z\ln(x^2+y^2+z^2+1)}{x^2+y^2+z^2+1}\mathrm{d}V$，其中 Ω 是由球面 $x^2+y^2+z^2=1$ 所围成的闭区域；

（4）$\iiint\limits_\Omega (y^2+z^2)\mathrm{d}V$，其中 Ω 是由 xOy 面上曲线 $y^2=2x$ 绕 x 轴旋转而成的曲面与平面 $x=5$ 所围成的闭区域.

*10. 设函数 $f(x)$ 连续且恒大于零，

$$F(t)=\frac{\iiint\limits_{\Omega(t)} f(x^2+y^2+z^2)\mathrm{d}V}{\iint\limits_{D(t)} f(x^2+y^2)\mathrm{d}\sigma},\quad G(t)=\frac{\iint\limits_{D(t)} f(x^2+y^2)\mathrm{d}\sigma}{\int_{-t}^{t} f(x^2)\mathrm{d}x},$$

其中 $\Omega(t)=\{(x,y,z)\mid x^2+y^2+z^2\leqslant t^2\}$，$D(t)=\{(x,y)\mid x^2+y^2\leqslant t^2\}$.

（1）讨论 $F(t)$ 在区间 $(0,+\infty)$ 内的单调性；

（2）证明当 $t>0$ 时，$F(t)>\dfrac{2}{\pi}G(t)$.

11. 求平面 $\dfrac{x}{a}+\dfrac{y}{b}+\dfrac{z}{c}=1$ 被三坐标面所割出的有限部分的面积.

12. 在均匀的半径为 R 的半圆形薄片的直径上，要接上一个一边与直径等长的同样材料的均匀矩形薄片，为了使整个均匀薄片的质心恰好落在圆心上，问接上去的均匀矩形薄片另一边的长度应是多少？

13. 求由抛物线 $y=x^2$ 及直线 $y=1$ 所围成的均匀薄片（面密度为常数 μ）对于直线 $y=-1$ 的转动惯量.

14. 设在 xOy 面上有一质量为 M 的质量均匀的半圆形薄片，占有平面闭区域 $D=\{(x,y)\mid x^2+y^2\leqslant R^2,y\geqslant 0\}$，过圆心 O 垂直于薄片的直线上有一质量为 m 的质点 P，$OP=a$. 求半圆形薄片对质点 P 的引力.

15. 求质量分布均匀的半个旋转椭球体 $\Omega=\left\{(x,y,z)\,\middle|\,\dfrac{x^2+y^2}{a^2}+\dfrac{z^2}{b^2}\leqslant 1,z\geqslant 0\right\}$ 的质心.

*16. 一球形行星的半径为 R，其质量为 M，其密度呈球对称分布，并向着球心线性增加. 若行星表面的密度为零，则行星中心的密度是多少？

第十章释疑解难

第十章例题精讲

第十一章

曲线积分与曲面积分

上一章已经把积分概念从积分范围为数轴上一个区间的情形推广到积分范围为平面或空间内的一个闭区域的情形.本章将把积分概念推广到积分范围为一段曲线弧或一片曲面①的情形(这样推广后的积分称为曲线积分和曲面积分),并阐明有关这两种积分的一些基本内容.

第一节　对弧长的曲线积分

一、对弧长的曲线积分的概念与性质

曲线形构件的质量　在设计曲线形构件时,为了合理使用材料,应该根据构件各部分受力情况,把构件上各点处的粗细程度设计得不完全一样.因此,可以认为这构件的线密度(单位长度的质量)是变量.假设这构件所处的位置在直角坐标 xOy 面内的一段曲线弧 L 上,它的端点是 A,B,在 L 上任一点 (x,y) 处,它的线密度为 $\mu(x,y)$.现在要计算这构件的质量 m (图 11-1).

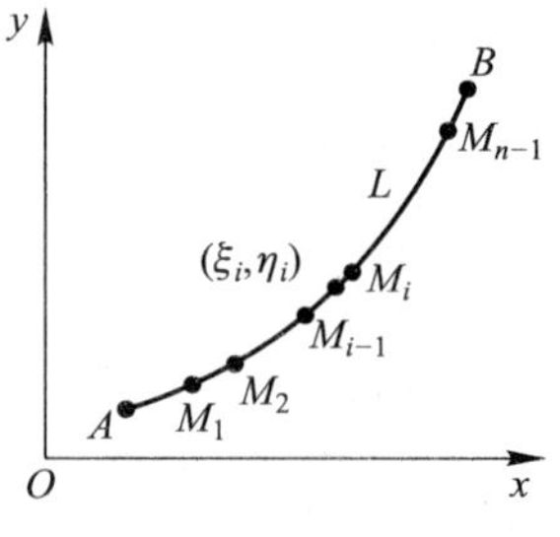

图 11-1

如果构件的线密度为常量,那么这构件的质量就等于它的线密度与长度的乘积.现在构件上各点处的线密度是变量,就不能直接用上述方法来计算.为了克服这个困难,可以用 L 上的点 $M_1,M_2,\cdots,M_{n-1}$ 把 L 分成 n 个小段,取其中一小段构件 $\widehat{M_{i-1}M_i}$ 来分析.在线密度连续变化的前提下,只要这小段很短,

---

① 本章讨论的都是具有有限长度的曲线和具有有限面积的曲面.

就可以用这小段上任一点(ξ_i,η_i)处的线密度代替这小段上其他各点处的线密度，从而得到这小段构件的质量的近似值为

$$\mu(\xi_i,\eta_i)\Delta s_i,$$

其中Δs_i表示$\widehat{M_{i-1}M_i}$的长度，于是整个曲线形构件的质量

$$m\approx\sum_{i=1}^{n}\mu(\xi_i,\eta_i)\Delta s_i.$$

用λ表示n个小弧段的最大长度.为了计算m的精确值，取上式右端之和当$\lambda\to0$时的极限，从而得到

$$m=\lim_{\lambda\to0}\sum_{i=1}^{n}\mu(\xi_i,\eta_i)\Delta s_i.$$

这种和的极限在研究其他问题时也会遇到.现在引进下面的定义：

定义　设L为xOy面内的一条光滑曲线弧，函数$f(x,y)$在L上有界.在L上任意插入一点列$M_1,M_2,\cdots,M_{n-1}$把L分成n个小段.设第i个小段的长度为Δs_i.又(ξ_i,η_i)为第i个小段上任意取定的一点，作乘积$f(\xi_i,\eta_i)\Delta s_i\ (i=1,2,\cdots,n)$，并作和$\sum_{i=1}^{n}f(\xi_i,\eta_i)\Delta s_i$，如果当各小弧段的长度的最大值$\lambda\to0$时，这和的极限总存在，且与曲线弧$L$的分法及点$(\xi_i,\eta_i)$的取法无关，那么称此极限为函数$f(x,y)$在曲线弧$L$上对弧长的曲线积分或第一类曲线积分，记作$\int_L f(x,y)\mathrm{d}s$，即

$$\int_L f(x,y)\mathrm{d}s=\lim_{\lambda\to0}\sum_{i=1}^{n}f(\xi_i,\eta_i)\Delta s_i,$$

其中$f(x,y)$叫做被积函数，L叫做积分弧段.

在第二目中我们将看到，当$f(x,y)$在光滑曲线弧L上连续时，对弧长的曲线积分$\int_L f(x,y)\mathrm{d}s$是存在的.以后我们总假定$f(x,y)$在L上是连续的.

根据这个定义，前述曲线形构件的质量m当线密度$\mu(x,y)$在L上连续时，就等于$\mu(x,y)$对弧长的曲线积分，即

$$m=\int_L\mu(x,y)\mathrm{d}s.$$

上述定义可以类似地推广到积分弧段为空间曲线弧Γ的情形，即函数$f(x,y,z)$在曲线弧Γ上对弧长的曲线积分

$$\int_\Gamma f(x,y,z)\mathrm{d}s=\lim_{\lambda\to0}\sum_{i=1}^{n}f(\xi_i,\eta_i,\zeta_i)\Delta s_i.$$

如果L（或Γ）是分段光滑的①，我们规定函数在L（或Γ）上的曲线积分等于函数

① 就是说，L（或Γ）可以分成有限段，而每一段都是光滑的.以后我们总假定L（或Γ）是光滑的或分段光滑的.

在光滑的各段上的曲线积分之和.例如,设 L 可分成两段光滑曲线弧 L_1 及 L_2(记作 $L=L_1+L_2$),就规定

$$\int_{L_1+L_2} f(x,y)\,\mathrm{d}s=\int_{L_1} f(x,y)\,\mathrm{d}s+\int_{L_2} f(x,y)\,\mathrm{d}s.$$

如果 L 是闭曲线,那么函数 $f(x,y)$ 在闭曲线 L 上对弧长的曲线积分记为 $\oint_L f(x,y)\,\mathrm{d}s$.

由对弧长的曲线积分的定义可知,它有以下性质:

性质 1　设 α,β 为常数,则

$$\int_L [\alpha f(x,y)+\beta g(x,y)]\,\mathrm{d}s=\alpha\int_L f(x,y)\,\mathrm{d}s+\beta\int_L g(x,y)\,\mathrm{d}s.$$

性质 2　若积分弧段 L 可分成两段光滑曲线弧 L_1 和 L_2,则

$$\int_L f(x,y)\,\mathrm{d}s=\int_{L_1} f(x,y)\,\mathrm{d}s+\int_{L_2} f(x,y)\,\mathrm{d}s.$$

性质 3　设在 L 上 $f(x,y)\leqslant g(x,y)$,则

$$\int_L f(x,y)\,\mathrm{d}s\leqslant\int_L g(x,y)\,\mathrm{d}s.$$

特别地,有

$$\left|\int_L f(x,y)\,\mathrm{d}s\right|\leqslant\int_L |f(x,y)|\,\mathrm{d}s.$$

二、对弧长的曲线积分的计算法

定理　设 $f(x,y)$ 在曲线弧 L 上有定义且连续,L 的参数方程为

$$\begin{cases}x=\varphi(t),\\ y=\psi(t)\end{cases}\quad(\alpha\leqslant t\leqslant\beta),$$

若 $\varphi(t),\psi(t)$ 在 $[\alpha,\beta]$ 上具有一阶连续导数,且 $\varphi'^2(t)+\psi'^2(t)\neq 0$,则曲线积分 $\int_L f(x,y)\,\mathrm{d}s$ 存在,且

$$\int_L f(x,y)\,\mathrm{d}s=\int_\alpha^\beta f[\varphi(t),\psi(t)]\sqrt{\varphi'^2(t)+\psi'^2(t)}\,\mathrm{d}t\quad(\alpha<\beta).\tag{1-1}$$

证　假定当参数 t 由 α 变至 β 时,L 上的点 $M(x,y)$ 依点 A 至点 B 的方向描出曲线弧 L.在 L 上取一列点

$$A=M_0,M_1,M_2,\cdots,M_{n-1},M_n=B,$$

它们对应于一列单调增加的参数值

$$\alpha=t_0<t_1<t_2<\cdots<t_{n-1}<t_n=\beta.$$

根据对弧长的曲线积分的定义,有

$$\int_L f(x,y)\,\mathrm{d}s=\lim_{\lambda\to 0}\sum_{i=1}^{n} f(\xi_i,\eta_i)\Delta s_i.$$

设点(ξ_i,η_i)对应于参数值τ_i，即$\xi_i=\varphi(\tau_i),\eta_i=\psi(\tau_i)$，这里$t_{i-1}\leqslant\tau_i\leqslant t_i$.由于

$$\Delta s_i=\int_{t_{i-1}}^{t_i}\sqrt{\varphi'^2(t)+\psi'^2(t)}\,\mathrm{d}t,$$

应用积分中值定理，有

$$\Delta s_i=\sqrt{\varphi'^2(\tau_i')+\psi'^2(\tau_i')}\,\Delta t_i,$$

其中$\Delta t_i=t_i-t_{i-1},t_{i-1}\leqslant\tau_i'\leqslant t_i$.于是

$$\int_L f(x,y)\,\mathrm{d}s=\lim_{\lambda\to 0}\sum_{i=1}^{n} f[\varphi(\tau_i),\psi(\tau_i)]\sqrt{\varphi'^2(\tau_i')+\psi'^2(\tau_i')}\,\Delta t_i.$$

由于函数$\sqrt{\varphi'^2(t)+\psi'^2(t)}$在闭区间$[\alpha,\beta]$上连续，我们可以把上式中的$\tau_i'$换成$\tau_i$①，从而

$$\int_L f(x,y)\,\mathrm{d}s=\lim_{\lambda\to 0}\sum_{i=1}^{n} f[\varphi(\tau_i),\psi(\tau_i)]\sqrt{\varphi'^2(\tau_i)+\psi'^2(\tau_i)}\,\Delta t_i.$$

上式右端的和的极限就是函数$f[\varphi(t),\psi(t)]\sqrt{\varphi'^2(t)+\psi'^2(t)}$在区间$[\alpha,\beta]$上的定积分，因为这个函数在$[\alpha,\beta]$上连续，所以这个定积分是存在的，因此上式左端的曲线积分$\int_L f(x,y)\,\mathrm{d}s$也存在，并且有

$$\int_L f(x,y)\,\mathrm{d}s=\int_\alpha^\beta f[\varphi(t),\psi(t)]\sqrt{\varphi'^2(t)+\psi'^2(t)}\,\mathrm{d}t\quad(\alpha<\beta).\tag{1-1}$$

公式(1-1)表明，计算对弧长的曲线积分$\int_L f(x,y)\,\mathrm{d}s$时，只要把$x,y,\mathrm{d}s$依次换为$\varphi(t),\psi(t),\sqrt{\varphi'^2(t)+\psi'^2(t)}\,\mathrm{d}t$，然后从$\alpha$到$\beta$作定积分就行了，这里必须注意，**定积分的下限$\alpha$一定要小于上限$\beta$.** 这是因为，从上述推导中可以看出，由于小弧段的长度Δs_i总是正的，从而$\Delta t_i>0$，所以定积分的下限α一定小于上限β.

如果曲线弧L由方程

$$y=\psi(x)\quad(x_0\leqslant x\leqslant X)$$

给出，那么可以把这种情形看做是特殊的参数方程

$$x=t,\quad y=\psi(t)\quad(x_0\leqslant t\leqslant X)$$

的情形，从而由公式(1-1)得出

$$\int_L f(x,y)\,\mathrm{d}s=\int_{x_0}^{X} f[x,\psi(x)]\sqrt{1+\psi'^2(x)}\,\mathrm{d}x\quad(x_0<X).\tag{1-2}$$

类似地，如果曲线弧L由方程

---

① 它的证明要用到函数$\sqrt{\varphi'^2(t)+\psi'^2(t)}$在闭区间$[\alpha,\beta]$上的一致连续性，这里从略.

$$x=\varphi(y)\quad(y_0\leqslant y\leqslant Y)$$

给出,那么有

$$\int_L f(x,y)\,\mathrm{d}s=\int_{y_0}^{Y} f[\varphi(y),y]\sqrt{1+\varphi'^2(y)}\,\mathrm{d}y\quad(y_0<Y).\tag{1-3}$$

公式(1-1)可推广到空间曲线弧 Γ 由参数方程

$$x=\varphi(t),\quad y=\psi(t),\quad z=\omega(t)\quad(\alpha\leqslant t\leqslant\beta)$$

给出的情形,这时有

$$\int_\Gamma f(x,y,z)\,\mathrm{d}s=\int_\alpha^\beta f[\varphi(t),\psi(t),\omega(t)]\sqrt{\varphi'^2(t)+\psi'^2(t)+\omega'^2(t)}\,\mathrm{d}t\quad(\alpha<\beta).\tag{1-4}$$

例 1　计算 $\int_L\sqrt{y}\,\mathrm{d}s$,其中 L 是抛物线 $y=x^2$ 上点 $O(0,0)$ 与点 $B(1,1)$ 之间的一段弧(图 11-2).

解　由于 L 由方程 $y=x^2\ (0\leqslant x\leqslant1)$ 给出,因此

$$\int_L\sqrt{y}\,\mathrm{d}s=\int_0^1\sqrt{x^2}\sqrt{1+(x^2)'^2}\,\mathrm{d}x=\int_0^1 x\sqrt{1+4x^2}\,\mathrm{d}x=\left[\frac{1}{12}(1+4x^2)^{3/2}\right]_0^1=\frac{1}{12}(5\sqrt5-1).$$

例 2　计算半径为 R、中心角为 2α 的圆弧 L 对于它的对称轴的转动惯量 I(设线密度 $\mu=1$).

解　取坐标系如图 11-3 所示,则

$$I=\int_L y^2\,\mathrm{d}s.$$

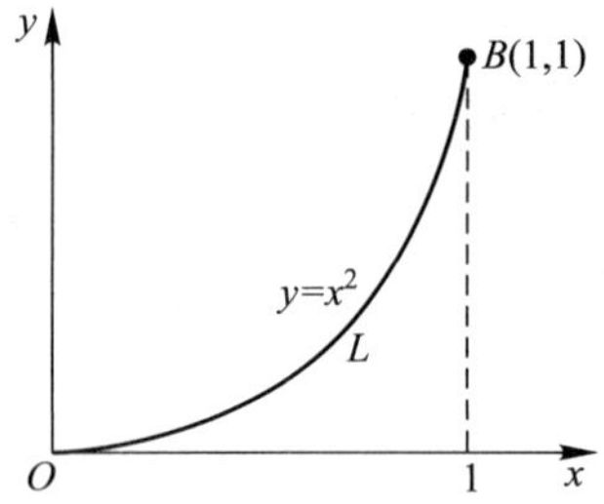

图 11-2

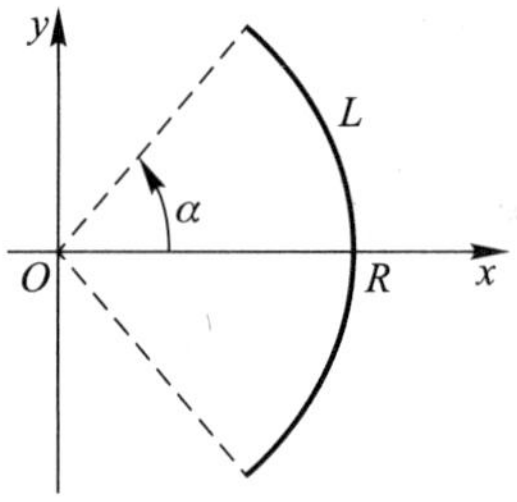

图 11-3

为了便于计算,利用 L 的参数方程

$$x=R\cos\theta,\quad y=R\sin\theta\quad(-\alpha\leqslant\theta\leqslant\alpha).$$

于是

$$\begin{aligned}I&=\int_L y^2\,\mathrm{d}s=\int_{-\alpha}^{\alpha}R^2\sin^2\theta\sqrt{(-R\sin\theta)^2+(R\cos\theta)^2}\,\mathrm{d}\theta\\&=R^3\int_{-\alpha}^{\alpha}\sin^2\theta\,\mathrm{d}\theta=\frac{R^3}{2}\left[\theta-\frac{\sin2\theta}{2}\right]_{-\alpha}^{\alpha}=\frac{R^3}{2}(2\alpha-\sin2\alpha)=R^3(\alpha-\sin\alpha\cos\alpha).\end{aligned}$$

例 3　计算曲线积分 $\int_{\Gamma}(x^2+y^2+z^2)\mathrm{d}s$，其中 Γ 为螺旋线 $x=a\cos t, y=a\sin t, z=kt$ 上相应于 t 从 0 到 2π 的一段弧.

解

$$\int_{\Gamma}(x^2+y^2+z^2)\mathrm{d}s$$

$$=\int_0^{2\pi}[(a\cos t)^2+(a\sin t)^2+(kt)^2]\sqrt{(-a\sin t)^2+(a\cos t)^2+k^2}\,\mathrm{d}t$$

$$=\int_0^{2\pi}(a^2+k^2t^2)\sqrt{a^2+k^2}\,\mathrm{d}t=\sqrt{a^2+k^2}\left[a^2t+\frac{k^2}{3}t^3\right]_0^{2\pi}$$

$$=\frac{2}{3}\pi\sqrt{a^2+k^2}(3a^2+4\pi^2k^2).$$

释疑解难
11-1

例题精讲
11-1

习题 11-1

1. 设在 xOy 面内有一分布着质量的曲线弧 L，在点 (x,y) 处它的线密度为 $\mu(x,y)$. 用对弧长的曲线积分分别表达：

(1) 这曲线弧对 x 轴、对 y 轴的转动惯量 I_x, I_y；

(2) 这曲线弧的质心坐标 $\bar{x},\bar{y}$.

2. 利用对弧长的曲线积分的定义证明性质 3.

3. 计算下列对弧长的曲线积分：

(1) $\oint_L(x^2+y^2)^n\mathrm{d}s$，其中 L 为圆周 $x=a\cos t, y=a\sin t$ $(0\leqslant t\leqslant 2\pi)$；

(2) $\int_L(x+y)\mathrm{d}s$，其中 L 为连接 $(1,0)$ 及 $(0,1)$ 两点的直线段；

(3) $\oint_L x\mathrm{d}s$，其中 L 为由直线 $y=x$ 及抛物线 $y=x^2$ 所围成的区域的整个边界；

(4) $\oint_L \mathrm{e}^{\sqrt{x^2+y^2}}\mathrm{d}s$，其中 L 为圆周 $x^2+y^2=a^2$，直线 $y=x$ 及 x 轴在第一象限内所围成的扇形的整个边界；

(5) $\int_{\Gamma}\frac{1}{x^2+y^2+z^2}\mathrm{d}s$，其中 Γ 为曲线 $x=\mathrm{e}^t\cos t, y=\mathrm{e}^t\sin t, z=\mathrm{e}^t$ 上相应于 t 从 0 变到 2 的这段弧；

(6) $\int_{\Gamma}x^2yz\mathrm{d}s$，其中 Γ 为折线 $ABCD$，这里 A,B,C,D 依次为点 $(0,0,0)$，$(0,0,2)$，$(1,0,2)$，$(1,3,2)$；

(7) $\int_L y^2\mathrm{d}s$，其中 L 为摆线的一拱 $x=a(t-\sin t), y=a(1-\cos t)$ $(0\leqslant t\leqslant 2\pi)$；

(8) $\int_L(x^2+y^2)\mathrm{d}s$，其中 L 为曲线 $x=a(\cos t+t\sin t), y=a(\sin t-t\cos t)$ $(0\leqslant t\leqslant 2\pi)$.

4. 求半径为 a、圆心角为 2φ 的均匀圆弧（线密度 $\mu=1$）的质心.

5. 设螺旋形弹簧一圈的方程为 $x=a\cos t, y=a\sin t, z=kt$，其中 $0\leqslant t\leqslant 2\pi$，它的线密度 $\rho(x,y,z)=x^2+y^2+z^2$. 求：

（1）它关于 z 轴的转动惯量 I_z；

（2）它的质心.

第二节　对坐标的曲线积分

一、对坐标的曲线积分的概念与性质

变力沿曲线所做的功　设一个质点在 xOy 面内受到力

$$\boldsymbol{F}(x,y)=P(x,y)\boldsymbol{i}+Q(x,y)\boldsymbol{j}$$

的作用，从点 A 沿光滑曲线弧 L 移动到点 B，其中函数 $P(x,y)$ 与 $Q(x,y)$ 在 L 上连续.要计算在上述移动过程中变力 $\boldsymbol{F}(x,y)$ 所做的功（图 11-4）.

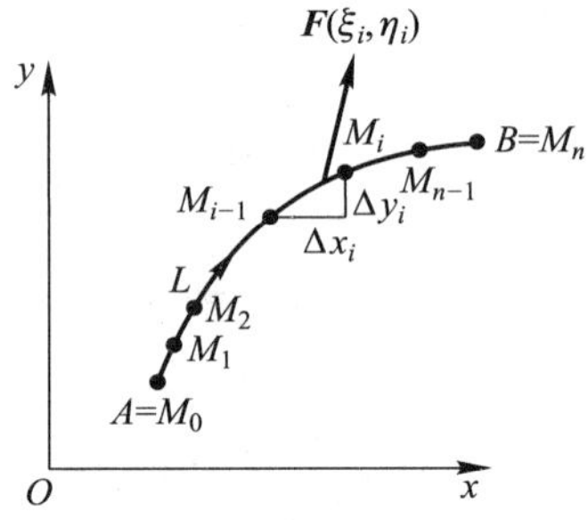

图 11-4

我们知道，如果力 $\boldsymbol{F}$ 是恒力，且质点从 A 沿直线移动到 B，那么恒力 $\boldsymbol{F}$ 所做的功 W 等于向量 $\boldsymbol{F}$ 与向量$\overrightarrow{AB}$的数量积，即

$$W=\boldsymbol{F}\cdot\overrightarrow{AB}.$$

现在 $\boldsymbol{F}(x,y)$ 是变力，且质点沿曲线 L 移动，功 W 不能直接按以上公式计算.然而第一节中用来处理曲线形构件质量问题的方法，原则上也适用于目前的问题.

先用曲线弧 L 上的点 $M_1(x_1,y_1),M_2(x_2,y_2),\cdots,M_{n-1}(x_{n-1},y_{n-1})$ 把 L 分成 n 个小弧段，取其中一个有向小弧段 $\widehat{M_{i-1}M_i}$ 来分析：由于 $\widehat{M_{i-1}M_i}$ 光滑而且很短，可以用有向线段

$$\overrightarrow{M_{i-1}M_i}=(\Delta x_i)\boldsymbol{i}+(\Delta y_i)\boldsymbol{j}$$

来近似代替它，其中 $\Delta x_i=x_i-x_{i-1},\Delta y_i=y_i-y_{i-1}$.又由于函数 $P(x,y)$ 与 $Q(x,y)$ 在 L 上连续，可以用 $\widehat{M_{i-1}M_i}$ 上任意取定的一点 (ξ_i,η_i) 处的力

$$\boldsymbol{F}(\xi_i,\eta_i)=P(\xi_i,\eta_i)\boldsymbol{i}+Q(\xi_i,\eta_i)\boldsymbol{j}$$

来近似代替这小弧段上各点处的力.这样，变力 $\boldsymbol{F}(x,y)$ 沿有向小弧段 $\widehat{M_{i-1}M_i}$ 所做的功 ΔW_i 可以认为近似地等于恒力 $\boldsymbol{F}(\xi_i,\eta_i)$ 沿$\overrightarrow{M_{i-1}M_i}$所做的功：

$$\Delta W_i\approx\boldsymbol{F}(\xi_i,\eta_i)\cdot\overrightarrow{M_{i-1}M_i},$$

即

$$\Delta W_i\approx P(\xi_i,\eta_i)\Delta x_i+Q(\xi_i,\eta_i)\Delta y_i.$$

于是

$$W=\sum_{i=1}^{n}\Delta W_i\approx\sum_{i=1}^{n}\left[P(\xi_i,\eta_i)\Delta x_i+Q(\xi_i,\eta_i)\Delta y_i\right].$$

用 λ 表示 n 个小弧段的最大长度，令 $\lambda\to 0$ 取上述和的极限，所得到的极限自然地被认作变力 $\boldsymbol{F}$ 沿有向曲线弧所做的功，即

$$W=\lim_{\lambda\to 0}\sum_{i=1}^{n}\left[P(\xi_i,\eta_i)\Delta x_i+Q(\xi_i,\eta_i)\Delta y_i\right].$$

这种和的极限在研究其他问题时也会遇到.现在引进下面的定义：

定义　设 L 为 xOy 面内从点 A 到点 B 的一条有向光滑曲线弧，函数 $P(x,y)$ 与 $Q(x,y)$ 在 L 上有界.在 L 上沿 L 的方向任意插入一点列 $M_1(x_1,y_1)$，$M_2(x_2,y_2)$，$\cdots$，$M_{n-1}(x_{n-1},y_{n-1})$，把 L 分成 n 个有向小弧段

$$\overset{\frown}{M_{i-1}M_i}\quad(i=1,2,\cdots,n;M_0=A,M_n=B).$$

设 $\Delta x_i=x_i-x_{i-1}$，$\Delta y_i=y_i-y_{i-1}$，点 (ξ_i,η_i) 为 $\overset{\frown}{M_{i-1}M_i}$ 上任意取定的点，作乘积 $P(\xi_i,\eta_i)\Delta x_i$ $(i=1,2,\cdots,n)$，并作和 $\sum\limits_{i=1}^{n}P(\xi_i,\eta_i)\Delta x_i$，如果当各小弧段长度的最大值 $\lambda\to 0$ 时，这和的极限总存在，且与曲线弧 L 的分法及点 (ξ_i,η_i) 的取法无关，那么称此极限为函数 $P(x,y)$ 在有向曲线弧 L 上对坐标 x 的曲线积分，记作 $\int_L P(x,y)\,\mathrm{d}x$.类似地，如果 $\lim\limits_{\lambda\to 0}\sum\limits_{i=1}^{n}Q(\xi_i,\eta_i)\Delta y_i$ 总存在，且与曲线弧 L 的分法及点 (ξ_i,η_i) 的取法无关，那么称此极限为函数 $Q(x,y)$ 在有向曲线弧 L 上对坐标 y 的曲线积分，记作 $\int_L Q(x,y)\,\mathrm{d}y$.即

$$\int_L P(x,y)\,\mathrm{d}x=\lim_{\lambda\to 0}\sum_{i=1}^{n}P(\xi_i,\eta_i)\Delta x_i,$$

$$\int_L Q(x,y)\,\mathrm{d}y=\lim_{\lambda\to 0}\sum_{i=1}^{n}Q(\xi_i,\eta_i)\Delta y_i,$$

其中 $P(x,y)$，$Q(x,y)$ 叫做被积函数，L 叫做积分弧段.

以上两个积分也称为第二类曲线积分.

在第二目中我们将看到，当 $P(x,y)$ 与 $Q(x,y)$ 在有向光滑曲线弧 L 上连续时，对坐标的曲线积分 $\int_L P(x,y)\,\mathrm{d}x$ 及 $\int_L Q(x,y)\,\mathrm{d}y$ 都存在.以后我们总假定 $P(x,y)$ 与 $Q(x,y)$ 在 L 上连续.

上述定义可以类似地推广到积分弧段为空间有向曲线弧 Γ 的情形：

$$\int_\Gamma P(x,y,z)\,\mathrm{d}x=\lim_{\lambda\to 0}\sum_{i=1}^{n}P(\xi_i,\eta_i,\zeta_i)\Delta x_i,$$

$$\int_\Gamma Q(x,y,z)\,\mathrm{d}y=\lim_{\lambda\to 0}\sum_{i=1}^{n}Q(\xi_i,\eta_i,\zeta_i)\Delta y_i,$$

$$\int_{\Gamma} R(x,y,z)\,\mathrm{d}z=\lim_{\lambda\to 0}\sum_{i=1}^{n} R(\xi_i,\eta_i,\zeta_i)\Delta z_i.$$

应用上经常出现的是

$$\int_L P(x,y)\,\mathrm{d}x+\int_L Q(x,y)\,\mathrm{d}y$$

这种合并起来的形式,为简便起见,把上式写成

$$\int_L P(x,y)\,\mathrm{d}x+Q(x,y)\,\mathrm{d}y,$$

也可写成向量形式

$$\int_L \boldsymbol{F}(x,y)\cdot \mathrm{d}\boldsymbol{r},$$

其中 $\boldsymbol{F}(x,y)=P(x,y)\boldsymbol{i}+Q(x,y)\boldsymbol{j}$ 为向量值函数,$\mathrm{d}\boldsymbol{r}=\mathrm{d}x\boldsymbol{i}+\mathrm{d}y\boldsymbol{j}$.

例如,本目开始时讨论过的变力 $\boldsymbol{F}$ 所做的功可以表达成

$$W=\int_L P(x,y)\,\mathrm{d}x+Q(x,y)\,\mathrm{d}y,$$

或

$$W=\int_L \boldsymbol{F}(x,y)\cdot \mathrm{d}\boldsymbol{r}.$$

类似地,把

$$\int_{\Gamma} P(x,y,z)\,\mathrm{d}x+\int_{\Gamma} Q(x,y,z)\,\mathrm{d}y+\int_{\Gamma} R(x,y,z)\,\mathrm{d}z$$

简写成

$$\int_{\Gamma} P(x,y,z)\,\mathrm{d}x+Q(x,y,z)\,\mathrm{d}y+R(x,y,z)\,\mathrm{d}z,$$

或

$$\int_{\Gamma} \boldsymbol{A}(x,y,z)\cdot \mathrm{d}\boldsymbol{r},$$

其中 $\boldsymbol{A}(x,y,z)=P(x,y,z)\boldsymbol{i}+Q(x,y,z)\boldsymbol{j}+R(x,y,z)\boldsymbol{k}$,$\mathrm{d}\boldsymbol{r}=\mathrm{d}x\boldsymbol{i}+\mathrm{d}y\boldsymbol{j}+\mathrm{d}z\boldsymbol{k}$.

如果 L(或 Γ)是分段光滑的,我们规定函数在有向曲线弧 L(或 Γ)上对坐标的曲线积分等于在光滑的各段上对坐标的曲线积分之和.

根据上述曲线积分的定义,可以导出对坐标的曲线积分的一些性质.为了表达简便起见,我们用向量形式表达,并假定其中的向量值函数在曲线 L 上连续①.

性质 1　设 α 与 β 为常数,则

---

① 向量值函数 $\boldsymbol{F}(x,y)$ 在曲线 L 上连续是指:对 L 上任意点 $M_0(x_0,y_0)$,当 L 上的动点 $M(x,y)$ 沿 L 趋于 M_0 时,有 $|\boldsymbol{F}(x,y)-\boldsymbol{F}(x_0,y_0)|\to 0$.若 $\boldsymbol{F}(x,y)=P(x,y)\boldsymbol{i}+Q(x,y)\boldsymbol{j}$,则 $\boldsymbol{F}(x,y)$ 在 L 上连续等价于 $P(x,y)$ 与 $Q(x,y)$ 均在 L 上连续.

$$\int_L [\alpha \boldsymbol{F}_1(x,y)+\beta \boldsymbol{F}_2(x,y)]\cdot \mathrm{d}\boldsymbol{r}=\alpha\int_L \boldsymbol{F}_1(x,y)\cdot \mathrm{d}\boldsymbol{r}+\beta\int_L \boldsymbol{F}_2(x,y)\cdot \mathrm{d}\boldsymbol{r}.$$

性质 2　若有向曲线弧 L 可分成两段光滑的有向曲线弧 L_1 和 L_2，则

$$\int_L \boldsymbol{F}(x,y)\cdot \mathrm{d}\boldsymbol{r}=\int_{L_1} \boldsymbol{F}(x,y)\cdot \mathrm{d}\boldsymbol{r}+\int_{L_2} \boldsymbol{F}(x,y)\cdot \mathrm{d}\boldsymbol{r}.$$

性质 3　设 L 是有向光滑曲线弧，L^- 是 L 的反向曲线弧，则

$$\int_{L^-} \boldsymbol{F}(x,y)\cdot \mathrm{d}\boldsymbol{r}=-\int_L \boldsymbol{F}(x,y)\cdot \mathrm{d}\boldsymbol{r}.$$

证　把 L 分成 n 小段，相应的 L^- 也分成 n 小段. 对于每一个小弧段来说，当曲线弧的方向改变时，有向弧段在坐标轴上的投影，其绝对值不变，但要改变符号，因此性质 3 成立.

性质 3 表示，当积分弧段的方向改变时，对坐标的曲线积分要改变符号. 因此关于**对坐标的曲线积分，我们必须注意积分弧段的方向.**

这一性质是对坐标的曲线积分所特有的，对弧长的曲线积分不具有这一性质. 而对弧长的曲线积分所具有的性质 3，对坐标的曲线积分也不具有类似的性质.

二、对坐标的曲线积分的计算法

定理　设 $P(x,y)$ 与 $Q(x,y)$ 在有向曲线弧 L 上有定义且连续，L 的参数方程为

$$\begin{cases} x=\varphi(t), \\ y=\psi(t), \end{cases}$$

当参数 t 单调地由 α 变到 β 时，点 $M(x,y)$ 从 L 的起点 A 沿 L 运动到终点 B，若 $\varphi(t)$ 与 $\psi(t)$ 在以 α 及 β 为端点的闭区间上具有一阶连续导数，且 $\varphi'^2(t)+\psi'^2(t)\neq 0$，则曲线积分 $\int_L P(x,y)\mathrm{d}x+Q(x,y)\mathrm{d}y$ 存在，且

$$\begin{aligned}&\int_L P(x,y)\mathrm{d}x+Q(x,y)\mathrm{d}y\\ =&\int_\alpha^\beta \{P[\varphi(t),\psi(t)]\varphi'(t)+Q[\varphi(t),\psi(t)]\psi'(t)\}\mathrm{d}t.\end{aligned} \tag{2-1}$$

证　在 L 上取一点列

$$A=M_0, M_1, M_2, \cdots, M_{n-1}, M_n=B,$$

它们对应于一列单调变化的参数值

$$\alpha=t_0, t_1, t_2, \cdots, t_{n-1}, t_n=\beta.$$

根据对坐标的曲线积分的定义，有

$$\int_L P(x,y)\mathrm{d}x=\lim_{\lambda\to 0}\sum_{i=1}^n P(\xi_i,\eta_i)\Delta x_i.$$

设点 (ξ_i,η_i) 对应于参数值 τ_i，即 $\xi_i=\varphi(\tau_i)$，$\eta_i=\psi(\tau_i)$，这里 τ_i 在 t_{i-1} 与 t_i 之间. 由于

$$\Delta x_i = x_i - x_{i-1} = \varphi(t_i) - \varphi(t_{i-1}),$$

应用微分中值定理，有

$$\Delta x_i = \varphi'(\tau_i')\Delta t_i,$$

其中 $\Delta t_i = t_i - t_{i-1}$，$\tau_i'$ 在 t_{i-1} 与 t_i 之间. 于是

$$\int_L P(x,y)\,\mathrm{d}x = \lim_{\lambda\to 0}\sum_{i=1}^{n} P[\varphi(\tau_i),\psi(\tau_i)]\varphi'(\tau_i')\Delta t_i.$$

因为函数 $\varphi'(t)$ 在闭区间 $[\alpha,\beta]$（或 $[\beta,\alpha]$）上连续，我们可以把上式中的 τ_i' 换成 τ_i①，从而

$$\int_L P(x,y)\,\mathrm{d}x = \lim_{\lambda\to 0}\sum_{i=1}^{n} P[\varphi(\tau_i),\psi(\tau_i)]\varphi'(\tau_i)\Delta t_i.$$

上式右端的和的极限就是定积分 $\int_\alpha^\beta P[\varphi(t),\psi(t)]\varphi'(t)\,\mathrm{d}t$，由于函数 $P[\varphi(t),\psi(t)]\varphi'(t)$ 连续，这个定积分是存在的，因此上式左端的曲线积分 $\int_L P(x,y)\,\mathrm{d}x$ 也存在，并且有

$$\int_L P(x,y)\,\mathrm{d}x = \int_\alpha^\beta P[\varphi(t),\psi(t)]\varphi'(t)\,\mathrm{d}t.$$

同理可证

$$\int_L Q(x,y)\,\mathrm{d}y = \int_\alpha^\beta Q[\varphi(t),\psi(t)]\psi'(t)\,\mathrm{d}t,$$

把以上两式相加，得

$$\int_L P(x,y)\,\mathrm{d}x + Q(x,y)\,\mathrm{d}y = \int_\alpha^\beta \{P[\varphi(t),\psi(t)]\varphi'(t) + Q[\varphi(t),\psi(t)]\psi'(t)\}\,\mathrm{d}t,$$

这里下限 α 对应于 L 的起点，上限 β 对应于 L 的终点.

公式(2-1)表明，计算对坐标的曲线积分

$$\int_L P(x,y)\,\mathrm{d}x + Q(x,y)\,\mathrm{d}y$$

时，只要把 $x,y,\mathrm{d}x,\mathrm{d}y$ 依次换为 $\varphi(t),\psi(t),\varphi'(t)\mathrm{d}t,\psi'(t)\mathrm{d}t$，然后从 L 的起点所对应的参数值 α 到 L 的终点所对应的参数值 β 作定积分就行了，这里必须注意，**下限 α 对应于 L 的起点，上限 β 对应于 L 的终点，α 不一定小于 β.**

如果 L 由方程 $y=\psi(x)$ 或 $x=\varphi(y)$ 给出，可以看做参数方程的特殊情形，例如，当 L 由 $y=\psi(x)$ 给出时，公式(2-1)成为

$$\int_L P(x,y)\,\mathrm{d}x + Q(x,y)\,\mathrm{d}y = \int_a^b \{P[x,\psi(x)] + Q[x,\psi(x)]\psi'(x)\}\,\mathrm{d}x,$$

这里下限 a 对应 L 的起点，上限 b 对应 L 的终点.

公式(2-1)可推广到空间曲线 Γ 由参数方程

① 它的证明要用到函数 $\varphi'(t)$ 在闭区间上的一致连续性，这里从略.

$$x=\varphi(t),\quad y=\psi(t),\quad z=\omega(t)$$

给出的情形，这样便得到

$$\begin{aligned}&\int_\Gamma P(x,y,z)\mathrm{d}x+Q(x,y,z)\mathrm{d}y+R(x,y,z)\mathrm{d}z\\=&\int_\alpha^\beta\{P[\varphi(t),\psi(t),\omega(t)]\varphi'(t)+Q[\varphi(t),\psi(t),\omega(t)]\psi'(t)+\\&R[\varphi(t),\psi(t),\omega(t)]\omega'(t)\}\mathrm{d}t,\end{aligned}$$

这里下限 α 对应 Γ 的起点，上限 β 对应 Γ 的终点.

例 1　计算 $\int_L xy\mathrm{d}x$，其中 L 为抛物线 $y^2=x$ 上从点 $A(1,-1)$ 到点 $B(1,1)$ 的一段弧（图 11-5）.

解法一　将所给积分化为对 x 的定积分来计算. 由于 $y=\pm\sqrt{x}$ 不是单值函数，所以要把 L 分为 AO 和 OB 两部分. 在 AO 上，$y=-\sqrt{x}$，x 从 1 变到 0；在 OB 上，$y=\sqrt{x}$，x 从 0 变到 1. 因此

$$\begin{aligned}\int_L xy\mathrm{d}x&=\int_{AO}xy\mathrm{d}x+\int_{OB}xy\mathrm{d}x\\&=\int_1^0 x(-\sqrt{x})\mathrm{d}x+\int_0^1 x\sqrt{x}\mathrm{d}x=2\int_0^1 x^{\frac{3}{2}}\mathrm{d}x=\frac{4}{5}.\end{aligned}$$

解法二　将所给积分化为对 y 的定积分来计算，现在 $x=y^2$，y 从 -1 变到 1. 因此

$$\int_L xy\mathrm{d}x=\int_{-1}^1 y^2y(y^2)'\mathrm{d}y=2\int_{-1}^1 y^4\mathrm{d}y=2\left[\frac{y^5}{5}\right]_{-1}^1=\frac{4}{5}.$$

例 2　计算 $\int_L y^2\mathrm{d}x$ 其中 L 为（图 11-6）：

（1）半径为 a、圆心为原点、按逆时针方向绕行的上半圆周；

（2）从点 $A(a,0)$ 沿 x 轴到点 $B(-a,0)$ 的直线段.

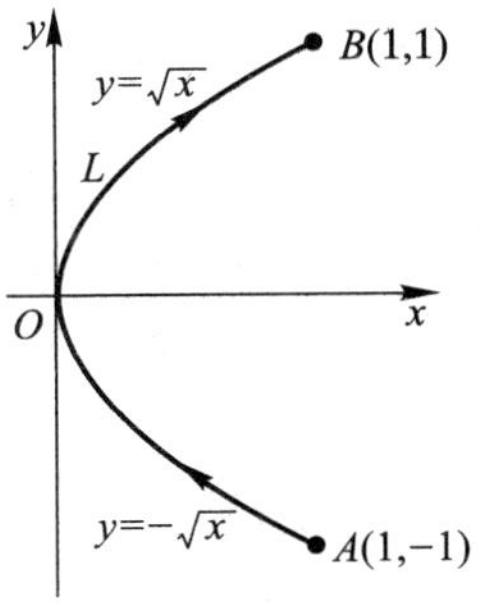

图 11-5

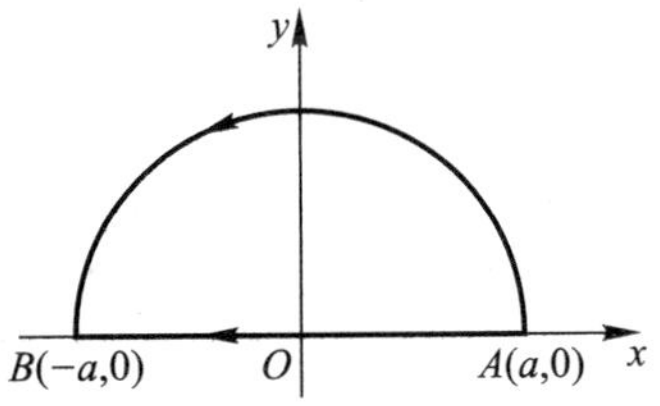

图 11-6

解　（1）L 是参数方程

$$x=a\cos\theta,\quad y=a\sin\theta$$

当参数 θ 从 0 变到 π 的曲线弧.因此

$$\int_L y^2\mathrm{d}x=\int_0^{\pi}a^2\sin^2\theta(-a\sin\theta)\mathrm{d}\theta=a^3\int_0^{\pi}(1-\cos^2\theta)\mathrm{d}(\cos\theta)$$

$$=a^3\left[\cos\theta-\frac{\cos^3\theta}{3}\right]_0^{\pi}=-\frac{4}{3}a^3.$$

（2）L 的方程为 $y=0$，x 从 a 变到 $-a$.所以

$$\int_L y^2\mathrm{d}x=\int_a^{-a}0\mathrm{d}x=0.$$

从例 2 看出，虽然两个曲线积分的被积函数相同，起点和终点也相同，但沿不同路径得出的积分值并不相等.

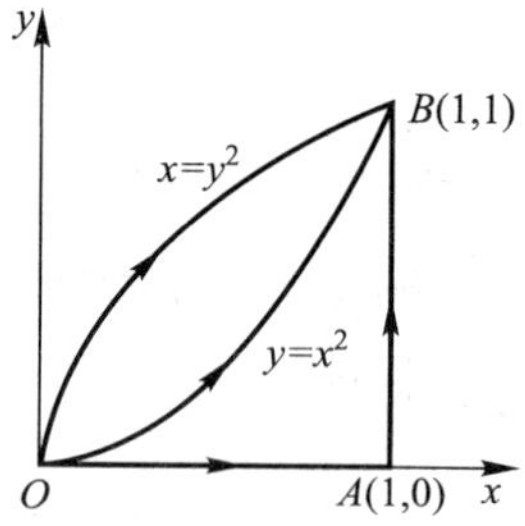

图 11-7

例 3　计算 $\int_L 2xy\mathrm{d}x+x^2\mathrm{d}y$，其中 L 为（图11-7）：

（1）抛物线 $y=x^2$ 上从 $O(0,0)$ 到 $B(1,1)$ 的一段弧；

（2）抛物线 $x=y^2$ 上从 $O(0,0)$ 到 $B(1,1)$ 的一段弧；

（3）有向折线 OAB，这里 O,A,B 依次是点 $(0,0)$，$(1,0)$，$(1,1)$.

解　（1）化为对 x 的定积分.L：$y=x^2$，x 从 0 变到 1.所以

$$\int_L 2xy\mathrm{d}x+x^2\mathrm{d}y=\int_0^1(2x\cdot x^2+x^2\cdot 2x)\mathrm{d}x=4\int_0^1 x^3\mathrm{d}x=1.$$

（2）化为对 y 的定积分.L：$x=y^2$，y 从 0 变到 1.所以

$$\int_L 2xy\mathrm{d}x+x^2\mathrm{d}y=\int_0^1(2y^2\cdot y\cdot 2y+y^4)\mathrm{d}y=5\int_0^1 y^4\mathrm{d}y=1.$$

（3）$\int_L 2xy\mathrm{d}x+x^2\mathrm{d}y=\int_{OA}2xy\mathrm{d}x+x^2\mathrm{d}y+\int_{AB}2xy\mathrm{d}x+x^2\mathrm{d}y$，

在 OA 上，$y=0$，x 从 0 变到 1，所以

$$\int_{OA}2xy\mathrm{d}x+x^2\mathrm{d}y=\int_0^1(2x\cdot 0+x^2\cdot 0)\mathrm{d}x=0.$$

在 AB 上，$x=1$，y 从 0 变到 1，所以

$$\int_{AB}2xy\mathrm{d}x+x^2\mathrm{d}y=\int_0^1(2y\cdot 0+1)\mathrm{d}y=1.$$

从而

$$\int_L 2xy\mathrm{d}x+x^2\mathrm{d}y=0+1=1.$$

释疑解难
11-2

从例 3 可以看出，虽然沿不同路径，曲线积分的值可以相等.

例 4　计算 $\int_\Gamma x^3\mathrm{d}x+3zy^2\mathrm{d}y-x^2y\mathrm{d}z$，其中 Γ 是从点 $A(3,2,1)$ 到点 $B(0,0,0)$ 的直线段 AB.

解　直线段 AB 的方程是

$$\frac{x}{3}=\frac{y}{2}=\frac{z}{1},$$

化为参数方程得

$$x=3t,\quad y=2t,\quad z=t,\quad t\text{ 从 }1\text{ 变到 }0.$$

所以

$$\int_{\Gamma} x^3\mathrm{d}x+3zy^2\mathrm{d}y-x^2y\mathrm{d}z$$

$$=\int_1^0[(3t)^3\cdot 3+3t(2t)^2\cdot 2-(3t)^2\cdot 2t]\mathrm{d}t=87\int_1^0 t^3\mathrm{d}t=-\frac{87}{4}.$$

例题精讲
11-2

例 5　设一个质点在点 $M(x,y)$ 处受到力 $\boldsymbol{F}$ 的作用，$\boldsymbol{F}$ 的大小与点 M 到原点 O 的距离成正比，$\boldsymbol{F}$ 的方向恒指向原点. 此质点由点 $A(a,0)$ 沿椭圆 $\dfrac{x^2}{a^2}+\dfrac{y^2}{b^2}=1$ 按逆时针方向移动到点 $B(0,b)$，求力 $\boldsymbol{F}$ 所做的功 W.

解

$$\overrightarrow{OM}=x\boldsymbol{i}+y\boldsymbol{j},\quad |\overrightarrow{OM}|=\sqrt{x^2+y^2}.$$

由假设有 $\boldsymbol{F}=-k(x\boldsymbol{i}+y\boldsymbol{j})$，其中 $k>0$ 是比例常数. 于是

$$W=\int_{\overset{\frown}{AB}}\boldsymbol{F}\cdot\mathrm{d}\boldsymbol{r}=\int_{\overset{\frown}{AB}}-kx\mathrm{d}x-ky\mathrm{d}y=-k\int_{\overset{\frown}{AB}}x\mathrm{d}x+y\mathrm{d}y.$$

利用椭圆的参数方程 $\begin{cases}x=a\cos t,\\ y=b\sin t,\end{cases}$ 起点 A、终点 B 分别对应参数 $t=0,t=\dfrac{\pi}{2}$. 于是

$$W=-k\int_0^{\frac{\pi}{2}}(-a^2\cos t\sin t+b^2\sin t\cos t)\mathrm{d}t$$

$$=k(a^2-b^2)\int_0^{\frac{\pi}{2}}\sin t\cos t\mathrm{d}t=\frac{k}{2}(a^2-b^2).$$

三、两类曲线积分之间的联系

设有向曲线弧 L 的起点为 A，终点为 B. 曲线弧 L 由参数方程

$$\begin{cases}x=\varphi(t),\\ y=\psi(t)\end{cases}$$

给出，起点 A 与终点 B 分别对应参数 α 与 β. 不妨设 $\alpha<\beta$（若 $\alpha>\beta$，可令 $s=-t$，A,B 对应 $s=-\alpha,s=-\beta$，就有 $(-\alpha)<(-\beta)$，把下面的讨论对参数 s 进行即可），并设函数 $\varphi(t)$ 与 $\psi(t)$ 在闭区间 $[\alpha,\beta]$ 上具有一阶连续导数，且 $\varphi'^2(t)+\psi'^2(t)\neq 0$，又函数 $P(x,y)$ 与 $Q(x,y)$ 在 L 上连续. 于是，由对坐标的曲线积分计算公式(2-1)有

$$\int_L P(x,y)\mathrm{d}x+Q(x,y)\mathrm{d}y=\int_\alpha^\beta\{P[\varphi(t),\psi(t)]\varphi'(t)+Q[\varphi(t),\psi(t)]\psi'(t)\}\mathrm{d}t.$$

我们知道,向量 $\boldsymbol{\tau}=\varphi'(t)\boldsymbol{i}+\psi'(t)\boldsymbol{j}$ 是曲线弧 L 在点 $M(\varphi(t),\psi(t))$ 处的一个切向量,它的方向与参数 t 的增长方向一致,当 $\alpha<\beta$ 时,这个方向就是有向曲线弧 L 的方向.以后,我们称这种方向与有向曲线弧的方向一致的切向量为有向曲线弧的切向量.于是,有向曲线弧 L 的切向量为

$$\boldsymbol{\tau}=\varphi'(t)\boldsymbol{i}+\psi'(t)\boldsymbol{j},$$

它的方向余弦为

$$\cos\alpha=\frac{\varphi'(t)}{\sqrt{\varphi'^2(t)+\psi'^2(t)}},\quad \cos\beta=\frac{\psi'(t)}{\sqrt{\varphi'^2(t)+\psi'^2(t)}}.$$

由对弧长的曲线积分的计算公式可得

$$\begin{aligned}&\int_L[P(x,y)\cos\alpha+Q(x,y)\cos\beta]\mathrm{d}s\\&=\int_\alpha^\beta\left\{P[\varphi(t),\psi(t)]\frac{\varphi'(t)}{\sqrt{\varphi'^2(t)+\psi'^2(t)}}+\right.\\&\quad\left.Q[\varphi(t),\psi(t)]\frac{\psi'(t)}{\sqrt{\varphi'^2(t)+\psi'^2(t)}}\right\}\sqrt{\varphi'^2(t)+\psi'^2(t)}\,\mathrm{d}t\\&=\int_\alpha^\beta\{P[\varphi(t),\psi(t)]\varphi'(t)+Q[\varphi(t),\psi(t)]\psi'(t)\}\mathrm{d}t.\end{aligned}$$

由此可见,平面曲线弧 L 上的两类曲线积分之间有如下联系:

$$\int_L P\mathrm{d}x+Q\mathrm{d}y=\int_L(P\cos\alpha+Q\cos\beta)\mathrm{d}s,\tag{2-2}$$

其中 $\alpha(x,y)$ 与 $\beta(x,y)$ 为有向曲线弧 L 在点 (x,y) 处的切向量的方向角.

类似地可知,空间曲线弧 Γ 上的两类曲线积分之间有如下联系:

$$\int_\Gamma P\mathrm{d}x+Q\mathrm{d}y+R\mathrm{d}z=\int_\Gamma(P\cos\alpha+Q\cos\beta+R\cos\gamma)\mathrm{d}s,\tag{2-3}$$

其中 $\alpha(x,y,z),\beta(x,y,z),\gamma(x,y,z)$ 为有向曲线弧 Γ 在点 (x,y,z) 处的切向量的方向角.

两类曲线积分之间的联系也可用向量的形式表达.例如,空间曲线弧 Γ 上的两类曲线积分之间的联系可写成如下形式:

$$\int_\Gamma \boldsymbol{A}\cdot\mathrm{d}\boldsymbol{r}=\int_\Gamma \boldsymbol{A}\cdot\boldsymbol{\tau}\mathrm{d}s\tag{2-4}$$

或

$$\int_\Gamma \boldsymbol{A}\cdot\mathrm{d}\boldsymbol{r}=\int_\Gamma A_\tau\mathrm{d}s,\tag{2-4'}$$

其中 $\boldsymbol{A}=(P,Q,R)$,$\boldsymbol{\tau}=(\cos\alpha,\cos\beta,\cos\gamma)$ 为有向曲线弧 Γ 在点 (x,y,z) 处的单位切向量,$\mathrm{d}\boldsymbol{r}=\boldsymbol{\tau}\mathrm{d}s=(\mathrm{d}x,\mathrm{d}y,\mathrm{d}z)$,称为有向曲线元,$A_\tau$ 为向量 $\boldsymbol{A}$ 在向量 $\boldsymbol{\tau}$ 上的投影.

习题 11-2

1. 设 L 为 xOy 面内直线 $x=a$ 上的一段,证明:$\int_L P(x,y)\,\mathrm{d}x=0$.

2. 设 L 为 xOy 面内 x 轴上从点$(a,0)$到点$(b,0)$的线段,证明:$\int_L P(x,y)\,\mathrm{d}x=\int_a^b P(x,0)\,\mathrm{d}x$.

3. 计算下列对坐标的曲线积分:

(1) $\int_L (x^2-y^2)\,\mathrm{d}x$,其中 L 是抛物线 $y=x^2$ 上从点$(0,0)$到点$(2,4)$的一段弧;

(2) $\oint_L xy\,\mathrm{d}x$,其中 L 为圆周$(x-a)^2+y^2=a^2\ (a>0)$及 x 轴所围成的在第一象限内的区域的整个边界(按逆时针方向绕行);

(3) $\int_L y\,\mathrm{d}x+x\,\mathrm{d}y$,其中 L 为圆周 $x=R\cos t,y=R\sin t$ 上对应 t 从 0 到$\frac{\pi}{2}$的一段弧;

(4) $\oint_L \frac{(x+y)\,\mathrm{d}x-(x-y)\,\mathrm{d}y}{x^2+y^2}$,其中 L 为圆周 $x^2+y^2=a^2$ (按逆时针方向绕行);

(5) $\int_\Gamma x^2\,\mathrm{d}x+z\,\mathrm{d}y-y\,\mathrm{d}z$,其中 Γ 为曲线 $x=k\theta,y=a\cos\theta,z=a\sin\theta$ 上对应 θ 从 0 到 π 的一段弧;

(6) $\int_\Gamma x\,\mathrm{d}x+y\,\mathrm{d}y+(x+y-1)\,\mathrm{d}z$,其中 Γ 是从点$(1,1,1)$到点$(2,3,4)$的一段直线;

(7) $\oint_\Gamma \mathrm{d}x-\mathrm{d}y+y\,\mathrm{d}z$,其中 Γ 为有向闭折线 $ABCA$,这里的 A,B,C 依次为点$(1,0,0)$,$(0,1,0)$,$(0,0,1)$;

(8) $\int_L (x^2-2xy)\,\mathrm{d}x+(y^2-2xy)\,\mathrm{d}y$,其中 L 是抛物线 $y=x^2$ 上从点$(-1,1)$到点$(1,1)$的一段弧.

4. 计算 $\int_L (x+y)\,\mathrm{d}x+(y-x)\,\mathrm{d}y$,其中 L 是

(1) 抛物线 $y^2=x$ 上从点$(1,1)$到点$(4,2)$的一段弧;

(2) 从点$(1,1)$到点$(4,2)$的直线段;

(3) 先沿直线从点$(1,1)$到点$(1,2)$,然后再沿直线到点$(4,2)$的折线;

(4) 曲线 $x=2t^2+t+1,y=t^2+1$ 上从点$(1,1)$到点$(4,2)$的一段弧.

5. 一力场由沿横轴正方向的恒力 $\boldsymbol{F}$ 所构成.试求当一质量为 m 的质点沿圆周 $x^2+y^2=R^2$ 按逆时针方向移过位于第一象限的那一段弧时场力所做的功.

6. 设 z 轴与重力的方向一致,求质量为 m 的质点从位置(x_1,y_1,z_1)沿直线移到(x_2,y_2,z_2)时重力所做的功.

7. 把对坐标的曲线积分 $\int_L P(x,y)\,\mathrm{d}x+Q(x,y)\,\mathrm{d}y$ 化成对弧长的曲线积分,其中 L 为

(1) 在 xOy 面内沿直线从点$(0,0)$到点$(1,1)$;

(2) 沿抛物线 $y=x^2$ 从点$(0,0)$到点$(1,1)$;

(3) 沿上半圆周 $x^2+y^2=2x$ 从点$(0,0)$到点$(1,1)$.

8. 设 Γ 为曲线 $x=t,y=t^2,z=t^3$ 上相应于 t 从 0 变到 1 的曲线弧,把对坐标的曲线积分 $\int_\Gamma P\,\mathrm{d}x+$

$Q\mathrm{d}y+R\mathrm{d}z$ 化成对弧长的曲线积分.

9. 设曲线 Γ 为球面 $x^2+y^2+z^2=a^2$ 与平面 $x+y+z=0$ 的交线，从 z 轴的正向看取逆时针方向，

$$I=\oint_{\Gamma} z\mathrm{d}x+x\mathrm{d}y+y\mathrm{d}z,$$

试利用两类曲线积分之间的关系证明：$|I|\leqslant 2\pi a^2$.

第三节　格林公式及其应用

一、格林公式

在一元函数积分学中，牛顿-莱布尼茨公式

$$\int_a^b F'(x)\mathrm{d}x=F(b)-F(a)$$

表示：$F'(x)$ 在区间 $[a,b]$ 上的积分可以通过它的原函数 $F(x)$ 在这个区间端点上的值来表达.

下面要介绍的格林(Green)公式告诉我们，在平面闭区域 D 上的二重积分可以通过沿闭区域 D 的边界曲线 L 上的曲线积分来表达.

现在先介绍平面单连通区域的概念.设 D 为平面区域，若 D 内任一闭曲线所围的部分都属于 D，则称 D 为平面单连通区域，否则称为复连通区域.通俗地说，平面单连通区域就是不含有“洞”(包括点“洞”)的区域，复连通区域是含有“洞”(包括点“洞”)的区域.例如，平面上的圆形区域 $\{(x,y)\mid x^2+y^2<1\}$、上半平面 $\{(x,y)\mid y>0\}$ 都是单连通区域，圆环形区域 $\{(x,y)\mid 1<x^2+y^2<4\}$，$\{(x,y)\mid 0<x^2+y^2<2\}$ 都是复连通区域.

对平面区域 D 的边界曲线 L，我们规定 L 的正向如下：当观察者沿 L 的这个方向行走时，D 内在他近处的那一部分总在他的左边.例如，D 是边界曲线 L 及 l 所围成的复连通区域(图 11-8)，作为 D 的正向边界，L 的正向是逆时针方向，而 l 的正向是顺时针方向.

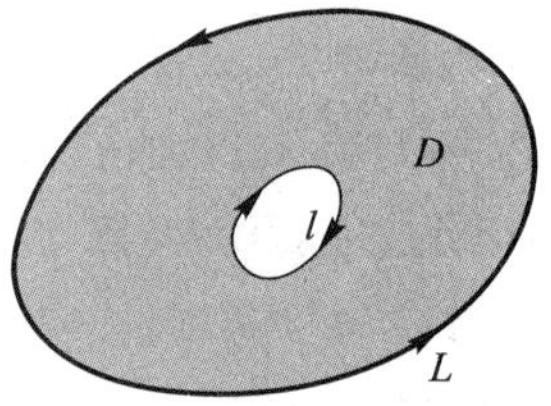

图 11-8

定理 1　设闭区域 D 由分段光滑的曲线 L 围成，若函数 $P(x,y)$ 及 $Q(x,y)$ 在 D 上具有一阶连续偏导数，则有

$$\iint_D\left(\frac{\partial Q}{\partial x}-\frac{\partial P}{\partial y}\right)\mathrm{d}x\mathrm{d}y=\oint_L P\mathrm{d}x+Q\mathrm{d}y, \tag{3-1}$$

其中 L 是 D 的取正向的边界曲线.

公式(3-1)叫做格林公式.

证　先假设穿过区域 D 内部且平行于坐标轴的直线与 D 的边界曲线 L 的交点恰好为两点，即区域 D 既是 X 型又是 Y 型的情形.

图 11-9、图 11-10 所示的区域都属于这种情形. 例如，图 11-9 所示的区域 D 显然是 X 型的，事实上 D 又是 Y 型的. 若设有向曲线弧 $\overset{\frown}{FGAE}$ 为 L_1'：$x=\psi_1(y)$，$\overset{\frown}{EBCF}$ 为 L_2'：$x=\psi_2(y)$，则 D 可表达成

$$D=\{(x,y)\mid\psi_1(y)\leqslant x\leqslant\psi_2(y),c\leqslant y\leqslant d\},$$

即 D 又是 Y 型的.

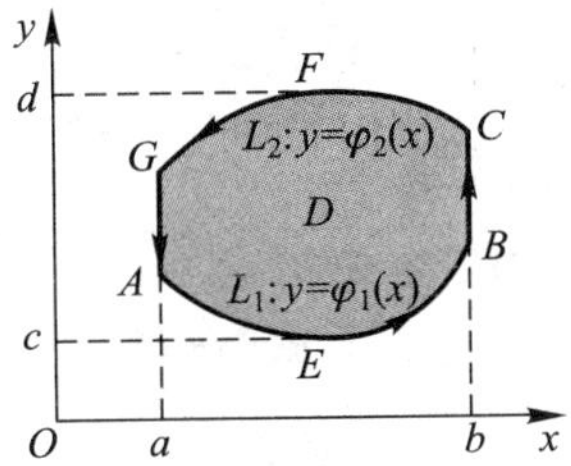

图 11-9

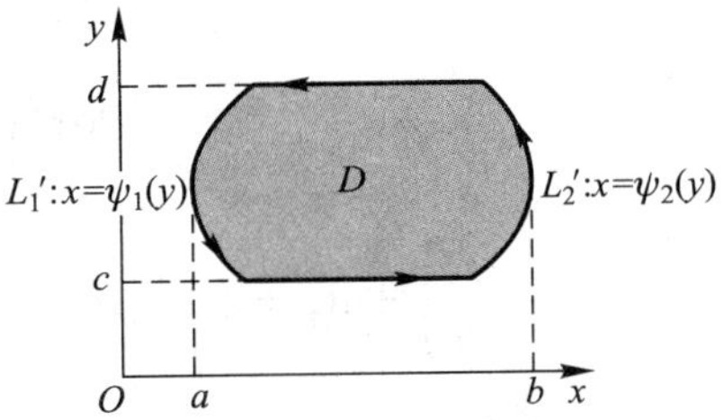

图 11-10

设 D 如图 11-9 所示，于是 $D=\{(x,y)\mid\varphi_1(x)\leqslant y\leqslant\varphi_2(x),a\leqslant x\leqslant b\}$. 因为 $\dfrac{\partial P}{\partial y}$ 连续，所以由二重积分的计算法有

$$\iint_D\frac{\partial P}{\partial y}\mathrm{d}x\mathrm{d}y=\int_a^b\left\{\int_{\varphi_1(x)}^{\varphi_2(x)}\frac{\partial P(x,y)}{\partial y}\mathrm{d}y\right\}\mathrm{d}x=\int_a^b\{P[x,\varphi_2(x)]-P[x,\varphi_1(x)]\}\mathrm{d}x.$$

另一方面，由对坐标的曲线积分的性质及计算法有

$$\begin{aligned}\oint_L P\mathrm{d}x&=\int_{L_1}P\mathrm{d}x+\int_{BC}P\mathrm{d}x+\int_{L_2}P\mathrm{d}x+\int_{GA}P\mathrm{d}x\\&=\int_{L_1}P\mathrm{d}x+\int_{L_2}P\mathrm{d}x=\int_a^b P[x,\varphi_1(x)]\mathrm{d}x+\int_b^a P[x,\varphi_2(x)]\mathrm{d}x\\&=\int_a^b\{P[x,\varphi_1(x)]-P[x,\varphi_2(x)]\}\mathrm{d}x,\end{aligned}$$

因此，

$$-\iint_D\frac{\partial P}{\partial y}\mathrm{d}x\mathrm{d}y=\oint_L P\mathrm{d}x. \tag{3-2}$$

又由于 $D=\{(x,y)\mid\psi_1(y)\leqslant x\leqslant\psi_2(y),c\leqslant y\leqslant d\}$，故有

$$\begin{aligned}\iint_D\frac{\partial Q}{\partial x}\mathrm{d}x\mathrm{d}y&=\int_c^d\left[\int_{\psi_1(y)}^{\psi_2(y)}\frac{\partial Q}{\partial x}\mathrm{d}x\right]\mathrm{d}y=\int_c^d\{Q[\psi_2(y),y]-Q[\psi_1(y),y]\}\mathrm{d}y\\&=\int_{L_2'}Q\mathrm{d}y+\int_{L_1'}Q\mathrm{d}y=\oint_L Q\mathrm{d}y.\end{aligned} \tag{3-3}$$

由于对区域 D，式(3-2)与(3-3)同时成立，合并后即得公式(3-1). 对于如图 11-10

所示的区域 D,完全类似地可证(3-1)成立.

再考虑一般情形.如果闭区域 D 不满足以上条件,那么可以在 D 内引进一条或几条辅助曲线把 D 分成有限个部分闭区域,使得每个部分闭区域都满足上述条件.例如,就图 11-11 所示的闭区域 D 来说,它的边界曲线 L 为 $\overset{\frown}{MNPM}$,引进一条辅助线 ABC,把 D 分成 D_1, D_2, D_3 三部分.应用公式(3-1)于每个部分,得

$$\iint_{D_1}\left(\frac{\partial Q}{\partial x}-\frac{\partial P}{\partial y}\right)\mathrm{d}x\mathrm{d}y=\oint_{\overset{\frown}{MCBAM}}P\mathrm{d}x+Q\mathrm{d}y,$$

$$\iint_{D_2}\left(\frac{\partial Q}{\partial x}-\frac{\partial P}{\partial y}\right)\mathrm{d}x\mathrm{d}y=\oint_{\overset{\frown}{ABPA}}P\mathrm{d}x+Q\mathrm{d}y,$$

$$\iint_{D_3}\left(\frac{\partial Q}{\partial x}-\frac{\partial P}{\partial y}\right)\mathrm{d}x\mathrm{d}y=\oint_{\overset{\frown}{BCNB}}P\mathrm{d}x+Q\mathrm{d}y.$$

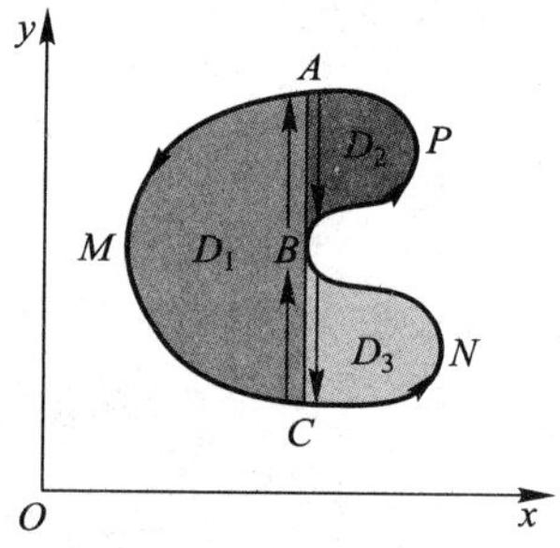

图 11-11

把这三个等式相加,注意到相加时沿辅助线来回的曲线积分相互抵消,便得

$$\iint_{D}\left(\frac{\partial Q}{\partial x}-\frac{\partial P}{\partial y}\right)\mathrm{d}x\mathrm{d}y=\oint_{L}P\mathrm{d}x+Q\mathrm{d}y,$$

其中 L 的方向对 D 来说为正方向.一般地,公式(3-1)对于由分段光滑曲线围成的闭区域都成立.证毕.

注意,对于复连通区域 D,格林公式(3-1)右端应包括沿区域 D 的全部边界的曲线积分,且边界的方向对区域 D 来说都是正向.

下面说明格林公式的一个简单应用.

在公式(3-1)中取 $P=-y, Q=x$,即得

$$2\iint_{D}\mathrm{d}x\mathrm{d}y=\oint_{L}x\mathrm{d}y-y\mathrm{d}x.$$

上式左端是闭区域 D 的面积 A 的 2 倍,因此有

$$A=\frac{1}{2}\oint_{L}x\mathrm{d}y-y\mathrm{d}x. \tag{3-4}$$

例 1　计算 $\oint_{L}x^2y\mathrm{d}x-xy^2\mathrm{d}y$,其中 L 为正向圆周 $x^2+y^2=a^2$.

解　令 $P=x^2y, Q=-xy^2$,则

$$\frac{\partial Q}{\partial x}-\frac{\partial P}{\partial y}=-y^2-x^2.$$

因此,由公式(3-1)有

$$\oint_{L}x^2y\mathrm{d}x-xy^2\mathrm{d}y=-\iint_{D}(x^2+y^2)\mathrm{d}x\mathrm{d}y=-\int_0^{2\pi}\mathrm{d}\theta\int_0^a\rho^3\mathrm{d}\rho=-\frac{\pi}{2}a^4.$$

例 2　计算 $\iint\limits_D \mathrm{e}^{-y^2}\mathrm{d}x\mathrm{d}y$，其中 D 是以 $O(0,0)$，$A(1,1)$，$B(0,1)$ 为顶点的三角形闭区域(图 11-12).

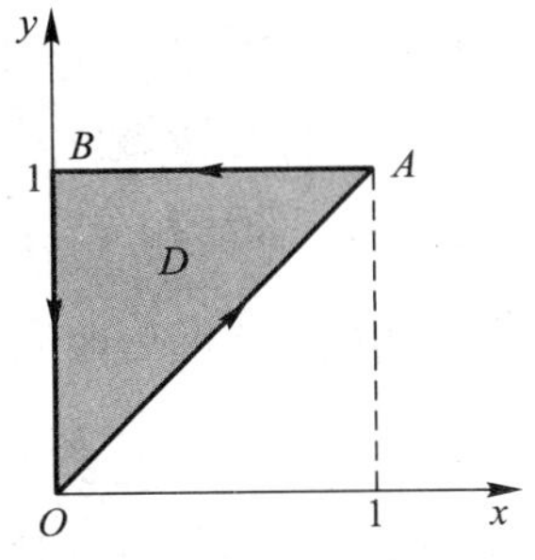

图 11-12

解　令 $P=0, Q=x\mathrm{e}^{-y^2}$，则

$$\frac{\partial Q}{\partial x}-\frac{\partial P}{\partial y}=\mathrm{e}^{-y^2}.$$

因此，由公式(3-1)有

$$\iint\limits_D \mathrm{e}^{-y^2}\mathrm{d}x\mathrm{d}y=\int_{OA+AB+BO} x\mathrm{e}^{-y^2}\mathrm{d}y=\int_{OA} x\mathrm{e}^{-y^2}\mathrm{d}y$$

$$=\int_0^1 x\mathrm{e}^{-x^2}\mathrm{d}x=\frac{1}{2}(1-\mathrm{e}^{-1}).$$

例 3　求椭圆 $x=a\cos\theta, y=b\sin\theta$ 所围成图形的面积 A.

解　根据公式(3-4)有

$$A=\frac{1}{2}\oint_L x\mathrm{d}y-y\mathrm{d}x=\frac{1}{2}\int_0^{2\pi}(ab\cos^2\theta+ab\sin^2\theta)\,\mathrm{d}\theta=\frac{1}{2}ab\int_0^{2\pi}\mathrm{d}\theta=\pi ab.$$

例 4　计算 $\oint_L \frac{x\mathrm{d}y-y\mathrm{d}x}{x^2+y^2}$，其中 L 为一条不自相交①、分段光滑且不经过原点的连续闭曲线，L 的方向为逆时针方向.

释疑解难
11-3

解　令 $P=\frac{-y}{x^2+y^2}, Q=\frac{x}{x^2+y^2}$. 则当 $x^2+y^2\neq 0$ 时，有

$$\frac{\partial Q}{\partial x}=\frac{y^2-x^2}{(x^2+y^2)^2}=\frac{\partial P}{\partial y}.$$

记 L 所围成的闭区域为 D. 当 $(0,0)\notin D$ 时，由公式(3-1)便得

$$\oint_L \frac{x\mathrm{d}y-y\mathrm{d}x}{x^2+y^2}=0;$$

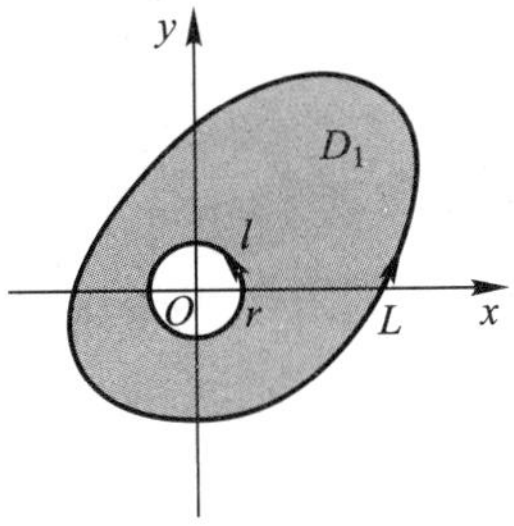

图 11-13

当 $(0,0)\in D$ 时，选取适当小的 $r>0$，作位于 D 内的圆周 l：$x^2+y^2=r^2$. 记 L 和 l 所围成的闭区域为 D_1(图 11-13). 对复连通区域 D_1 应用格林公式，得

$$\oint_L \frac{x\mathrm{d}y-y\mathrm{d}x}{x^2+y^2}-\oint_l \frac{x\mathrm{d}y-y\mathrm{d}x}{x^2+y^2}=0,$$

其中 l 的方向取逆时针方向. 于是

例题精讲
11-3

$$\oint_L \frac{x\mathrm{d}y-y\mathrm{d}x}{x^2+y^2}=\oint_l \frac{x\mathrm{d}y-y\mathrm{d}x}{x^2+y^2}=\int_0^{2\pi}\frac{r^2\cos^2\theta+r^2\sin^2\theta}{r^2}\mathrm{d}\theta=2\pi.$$

① 对于连续曲线 L：$x=\varphi(t), y=\psi(t), \alpha\leqslant t\leqslant\beta$，如果除了 $t=\alpha, t=\beta$ 外，当 $t_1\neq t_2$ 时，$(\varphi(t_1),\psi(t_1))$ 与 $(\varphi(t_2),\psi(t_2))$ 总是相异的，那么称 L 是不自相交的曲线.

二、平面上曲线积分与路径无关的条件

在物理、力学中要研究所谓势场，就是要研究场力所做的功与路径无关的情形.在什么条件下场力所做的功与路径无关？这个问题在数学上就是要研究曲线积分与路径无关的条件.为了研究这个问题，先要明确什么叫做曲线积分 $\int_L P\mathrm{d}x+Q\mathrm{d}y$ 与路径无关.

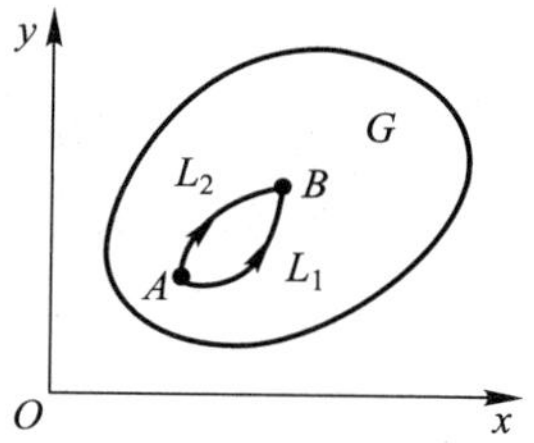

图 11-14

设 G 是一个区域，$P(x,y)$ 以及 $Q(x,y)$ 在区域 G 内具有一阶连续偏导数.如果对于 G 内任意指定的两个点 A,B 以及 G 内从点 A 到点 B 的任意两条曲线 L_1,L_2（图 11-14），等式

$$\int_{L_1} P\mathrm{d}x+Q\mathrm{d}y=\int_{L_2} P\mathrm{d}x+Q\mathrm{d}y$$

恒成立，就说曲线积分 $\int_L P\mathrm{d}x+Q\mathrm{d}y$ 在 G 内与路径无关，否则便说与路径有关.

在以上叙述中注意到，如果曲线积分与路径无关，那么

$$\int_{L_1} P\mathrm{d}x+Q\mathrm{d}y=\int_{L_2} P\mathrm{d}x+Q\mathrm{d}y.$$

由于

$$\int_{L_2} P\mathrm{d}x+Q\mathrm{d}y=-\int_{L_2^-} P\mathrm{d}x+Q\mathrm{d}y,$$

所以

$$\int_{L_1} P\mathrm{d}x+Q\mathrm{d}y+\int_{L_2^-} P\mathrm{d}x+Q\mathrm{d}y=0,$$

从而

$$\oint_{L_1+L_2^-} P\mathrm{d}x+Q\mathrm{d}y=0,$$

这里 $L_1+L_2^-$ 是一条有向闭曲线.因此，在区域 G 内由曲线积分与路径无关可推得在 G 内沿闭曲线的曲线积分为零.反过来，如果在区域 G 内沿任意闭曲线的曲线积分为零，也可推得在 G 内曲线积分与路径无关.由此得出结论：曲线积分 $\int_L P\mathrm{d}x+Q\mathrm{d}y$ 在 G 内与路径无关相当于沿 G 内任意闭曲线 C 的曲线积分 $\oint_C P\mathrm{d}x+Q\mathrm{d}y$ 等于零.

定理 2　**设区域 G 是一个单连通区域，若函数 $P(x,y)$ 与 $Q(x,y)$ 在 G 内具有一阶连续偏导数，则曲线积分 $\int_L P\mathrm{d}x+Q\mathrm{d}y$ 在 G 内与路径无关（或沿 G 内任意闭曲线的曲线积分为零）的充分必要条件是**

$$\frac{\partial P}{\partial y}=\frac{\partial Q}{\partial x} \tag{3-5}$$

在 G 内恒成立.

证　先证条件(3-5)是充分的.在 G 内任取一条闭曲线 C,要证当条件(3-5)成立时有 $\oint_C P\mathrm{d}x+Q\mathrm{d}y=0$.因为 G 是单连通的,所以闭曲线 C 所围成的闭区域 D 全部在 G 内,于是(3-5)式在 D 上恒成立.应用格林公式,有

$$\iint_D\left(\frac{\partial Q}{\partial x}-\frac{\partial P}{\partial y}\right)\mathrm{d}x\mathrm{d}y=\oint_C P\mathrm{d}x+Q\mathrm{d}y.$$

上式左端的二重积分等于零$\left(\text{因为被积函数}\frac{\partial Q}{\partial x}-\frac{\partial P}{\partial y}\text{在 } D \text{ 上恒为零}\right)$,从而右端的曲线积分也等于零.

再证条件(3-5)是必要的.现在要证的是:如果沿 G 内任意闭曲线的曲线积分为零,那么(3-5)式在 G 内恒成立.用反证法来证.假设上述论断不成立,那么 G 内至少有一点 M_0,使

$$\left(\frac{\partial Q}{\partial x}-\frac{\partial P}{\partial y}\right)_{M_0}\neq 0.$$

不妨假定

$$\left(\frac{\partial Q}{\partial x}-\frac{\partial P}{\partial y}\right)_{M_0}=\eta>0.$$

由于$\frac{\partial P}{\partial y}$与$\frac{\partial Q}{\partial x}$在 G 内连续,可以在 G 内取得一个以 M_0 为圆心、半径足够小的圆形闭区域 K,使得在 K 上恒有

$$\frac{\partial Q}{\partial x}-\frac{\partial P}{\partial y}\geqslant\frac{\eta}{2}.$$

于是由格林公式及二重积分的性质就有

$$\oint_\gamma P\mathrm{d}x+Q\mathrm{d}y=\iint_K\left(\frac{\partial Q}{\partial x}-\frac{\partial P}{\partial y}\right)\mathrm{d}x\mathrm{d}y\geqslant\frac{\eta}{2}\cdot\sigma,$$

这里 γ 是 K 的正向边界曲线,σ 是 K 的面积.因为 $\eta>0,\sigma>0$,从而

$$\oint_\gamma P\mathrm{d}x+Q\mathrm{d}y>0.$$

这结果与沿 G 内任意闭曲线的曲线积分为零的假定相矛盾,可见 G 内使(3-5)式不成立的点不可能存在,即(3-5)式在 G 内处处成立.证毕.

在第二节第二目例 3 中我们看到,起点与终点相同的三个曲线积分 $\int_L 2xy\mathrm{d}x+x^2\mathrm{d}y$

相等.由定理 2 来看,这不是偶然的,因为这里$\frac{\partial Q}{\partial x}=\frac{\partial P}{\partial y}=2x$ 在整个 xOy 面内恒成立,而整个 xOy 面是单连通区域,因此曲线积分$\int_L 2xy\mathrm{d}x+x^2\mathrm{d}y$ 与路径无关.

在定理 2 中,要求区域 G 是单连通区域,且函数 $P(x,y)$ 与 $Q(x,y)$ 在 G 内具有一阶连续偏导数.如果这两个条件之一不能满足,那么定理的结论不能保证成立.例如,在例 4 中我们已经看到,当 L 所围成的区域含有原点时,虽然除去原点外,恒有$\frac{\partial Q}{\partial x}=\frac{\partial P}{\partial y}$,但沿闭曲线的积分$\oint_L P\mathrm{d}x+Q\mathrm{d}y\neq 0$,其原因在于区域内含有破坏函数 P,Q 及$\frac{\partial Q}{\partial x}$,$\frac{\partial P}{\partial y}$连续性条件的点 O,这种点通常称为奇点.

三、二元函数的全微分求积

现在要讨论:函数 $P(x,y)$ 与 $Q(x,y)$ 满足什么条件时,表达式 $P(x,y)\mathrm{d}x+Q(x,y)\mathrm{d}y$ 才是某个二元函数 $u(x,y)$ 的全微分;当这样的二元函数存在时把它求出来.

定理 3　**设区域 G 是一个单连通区域,若函数 $P(x,y)$ 与 $Q(x,y)$ 在 G 内具有一阶连续偏导数,则 $P(x,y)\mathrm{d}x+Q(x,y)\mathrm{d}y$ 在 G 内为某一函数 $u(x,y)$ 的全微分的充分必要条件是**

$$\frac{\partial P}{\partial y}=\frac{\partial Q}{\partial x} \tag{3-5}$$

在 G 内恒成立.

证　先证必要性.假设存在着某一函数 $u(x,y)$,使得

$$\mathrm{d}u=P(x,y)\mathrm{d}x+Q(x,y)\mathrm{d}y,$$

则必有

$$\frac{\partial u}{\partial x}=P(x,y),\quad \frac{\partial u}{\partial y}=Q(x,y).$$

从而

$$\frac{\partial^2 u}{\partial x\partial y}=\frac{\partial P}{\partial y},\quad \frac{\partial^2 u}{\partial y\partial x}=\frac{\partial Q}{\partial x}.$$

由于 P 与 Q 具有一阶连续偏导数,所以$\frac{\partial^2 u}{\partial x\partial y}$与$\frac{\partial^2 u}{\partial y\partial x}$连续,因此$\frac{\partial^2 u}{\partial x\partial y}=\frac{\partial^2 u}{\partial y\partial x}$,即$\frac{\partial P}{\partial y}=\frac{\partial Q}{\partial x}$.这就证明了条件(3-5)是必要的.

再证充分性.设已知条件(3-5)在 G 内恒成立,则由定理 2 可知,起点为 $M_0(x_0,y_0)$,终点为 $M(x,y)$ 的曲线积分在区域 G 内与路径无关,于是可把这条曲线积

分写作

$$\int_{(x_0,y_0)}^{(x,y)} P(x,y)\mathrm{d}x + Q(x,y)\mathrm{d}y.$$

当起点 $M_0(x_0,y_0)$ 固定时,这个积分的值取决于终点 $M(x,y)$,因此,它与 x 及 y 构成函数关系,把这个函数记作 $u(x,y)$,即

$$u(x,y)=\int_{(x_0,y_0)}^{(x,y)} P(x,y)\mathrm{d}x + Q(x,y)\mathrm{d}y\text{①}. \tag{3-6}$$

下面来证明这个函数 $u(x,y)$ 的全微分就是 $P(x,y)\mathrm{d}x+Q(x,y)\mathrm{d}y$.因为 $P(x,y)$ 与 $Q(x,y)$ 都是连续的,因此只要证明

$$\frac{\partial u}{\partial x}=P(x,y),\quad \frac{\partial u}{\partial y}=Q(x,y).$$

按偏导数的定义,有

$$\frac{\partial u}{\partial x}=\lim_{\Delta x\to 0}\frac{u(x+\Delta x,y)-u(x,y)}{\Delta x}.$$

由(3-6)式,得

$$u(x+\Delta x,y)=\int_{(x_0,y_0)}^{(x+\Delta x,y)} P(x,y)\mathrm{d}x + Q(x,y)\mathrm{d}y.$$

由于这里的曲线积分与路径无关,可以取先从点 M_0 到点 M,然后沿平行于 x 轴的直线段从点 M 到点 N 作为上式右端曲线积分的路径(图 11-15).这样就有

$$u(x+\Delta x,y)=u(x,y)+\int_{(x,y)}^{(x+\Delta x,y)} P(x,y)\mathrm{d}x + Q(x,y)\mathrm{d}y.$$

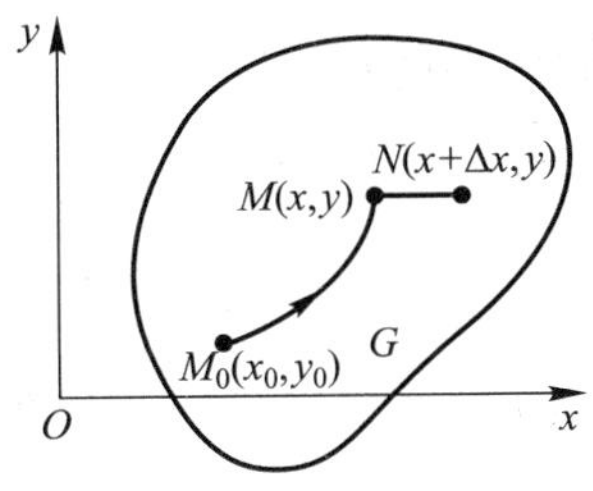

图 11-15

从而

$$u(x+\Delta x,y)-u(x,y)=\int_{(x,y)}^{(x+\Delta x,y)} P(x,y)\mathrm{d}x + Q(x,y)\mathrm{d}y.$$

因为直线段 MN 的方程为 $y=$常数,按对坐标的曲线积分的计算法,上式成为

$$u(x+\Delta x,y)-u(x,y)=\int_{x}^{x+\Delta x} P(x,y)\mathrm{d}x.$$

应用定积分中值定理,得

$$u(x+\Delta x,y)-u(x,y)=P(x+\theta\Delta x,y)\Delta x\quad(0\leqslant\theta\leqslant 1).$$

上式两端除以 Δx,并令 $\Delta x\to 0$ 取极限.由于 $P(x,y)$ 的偏导数在 G 内连续,$P(x,y)$ 本身也一定连续,于是得

---

① 为区别函数的自变量与积分变量,可记

$$u(x,y)=\int_{(x_0,y_0)}^{(x,y)} P(s,t)\mathrm{d}s + Q(s,t)\mathrm{d}t.$$

$$\frac{\partial u}{\partial x}=P(x,y).$$

同理可证

$$\frac{\partial u}{\partial y}=Q(x,y).$$

这就证明了条件(3-5)是充分的.证毕.

由定理2及定理3,立即可得如下推论:

推论　设区域 G 是一个单连通区域,若函数 $P(x,y)$ 与 $Q(x,y)$ 在 G 内具有一阶连续偏导数,则曲线积分 $\int_L P\mathrm{d}x+Q\mathrm{d}y$ 在 G 内与路径无关的充分必要条件是:在 G 内存在函数 $u(x,y)$,使 $\mathrm{d}u=P\mathrm{d}x+Q\mathrm{d}y$.

根据上述定理,如果函数 $P(x,y)$ 与 $Q(x,y)$ 在单连通区域 G 内具有一阶连续偏导数,且满足条件(3-5),那么 $P\mathrm{d}x+Q\mathrm{d}y$ 是某个函数的全微分,这函数可用公式(3-6)来求出.因为公式(3-6)中的曲线积分与路径无关,为计算简便起见,可以选择平行于坐标轴的直线段连成的折线 M_0RM 或 M_0SM 作为积分路线(图11-16),当然要假定这些折线完全位于 G 内.

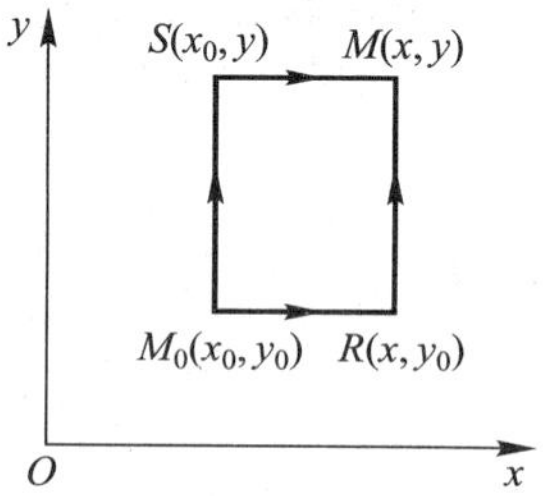

图 11-16

在公式(3-6)中取 M_0RM 为积分路线,得

$$u(x,y)=\int_{x_0}^{x}P(x,y_0)\mathrm{d}x+\int_{y_0}^{y}Q(x,y)\mathrm{d}y.$$

在公式(3-6)中取 M_0SM 为积分路线,则函数 u 也可表为

$$u(x,y)=\int_{y_0}^{y}Q(x_0,y)\mathrm{d}y+\int_{x_0}^{x}P(x,y)\mathrm{d}x.$$

例 5　验证:$\dfrac{x\mathrm{d}y-y\mathrm{d}x}{x^2+y^2}$在右半平面($x>0$)内是某个函数的全微分,并求出一个这样的函数.

解　在例4中已经知道,令

$$P=\frac{-y}{x^2+y^2},\quad Q=\frac{x}{x^2+y^2},$$

就有

$$\frac{\partial P}{\partial y}=\frac{y^2-x^2}{(x^2+y^2)^2}=\frac{\partial Q}{\partial x}$$

在右半平面内恒成立,因此在右半平面内,$\dfrac{x\mathrm{d}y-y\mathrm{d}x}{x^2+y^2}$是某个函数的全微分.

取积分路线如图11-17所示,利用公式(3-6)得所求函数为

$$u(x,y)=\int_{(1,0)}^{(x,y)}\frac{x\mathrm{d}y-y\mathrm{d}x}{x^2+y^2}=\int_{AB}\frac{x\mathrm{d}y-y\mathrm{d}x}{x^2+y^2}+\int_{BC}\frac{x\mathrm{d}y-y\mathrm{d}x}{x^2+y^2}$$

$$=0+\int_0^y\frac{x\mathrm{d}y}{x^2+y^2}=\left[\arctan\frac{y}{x}\right]_0^y=\arctan\frac{y}{x}.$$

例 6　验证：在整个 xOy 面内，$xy^2\mathrm{d}x+x^2y\mathrm{d}y$ 是某个函数的全微分，并求出一个这样的函数.

解　现在 $P=xy^2$，$Q=x^2y$，且

$$\frac{\partial P}{\partial y}=2xy=\frac{\partial Q}{\partial x}$$

在整个 xOy 面内恒成立，因此在整个 xOy 面内，$xy^2\mathrm{d}x+x^2y\mathrm{d}y$ 是某个函数的全微分. 取积分路线如图 11-18 所示，利用公式(3-6)得所求函数为

$$u(x,y)=\int_{(0,0)}^{(x,y)}xy^2\mathrm{d}x+x^2y\mathrm{d}y=\int_{OA}xy^2\mathrm{d}x+x^2y\mathrm{d}y+\int_{AB}xy^2\mathrm{d}x+x^2y\mathrm{d}y$$

$$=0+\int_0^y x^2y\mathrm{d}y=x^2\int_0^y y\mathrm{d}y=\frac{x^2y^2}{2}.$$

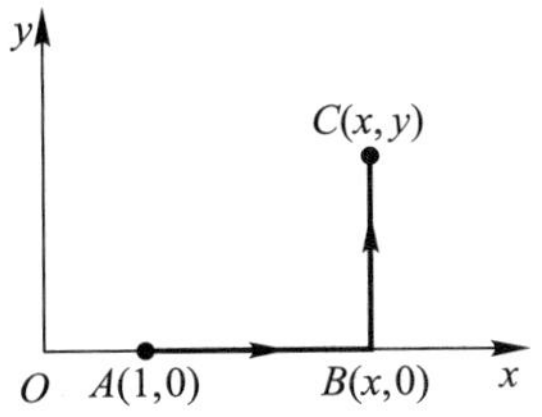

图 11-17

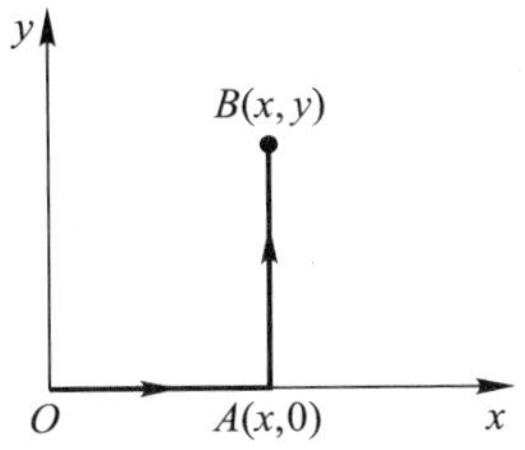

图 11-18

*全微分方程

利用二元函数的全微分求积，还可以用来求解下面一类一阶微分方程.

一个微分方程写成

$$P(x,y)\mathrm{d}x+Q(x,y)\mathrm{d}y=0 \tag{3-7}$$

的形式后，如果它的左端恰好是某一个函数 $u(x,y)$ 的全微分：

$$\mathrm{d}u(x,y)=P(x,y)\mathrm{d}x+Q(x,y)\mathrm{d}y,$$

那么方程(3-7)就叫做全微分方程.

容易知道，如果方程(3-7)的左端是函数 $u(x,y)$ 的全微分，那么

$$u(x,y)=C$$

就是全微分方程(3-7)的隐式通解，其中 C 是任意常数.

由定理 3 及公式(3-6)可知，当 $P(x,y)$ 与 $Q(x,y)$ 在单连通区域 G 内具有一阶连续偏导数时，方程(3-7)成为全微分方程的充分必要条件是

$$\frac{\partial P}{\partial y}=\frac{\partial Q}{\partial x}$$

在区域 G 内恒成立，且当此条件满足时，全微分方程(3-7)的通解为

$$u(x,y)\equiv\int_{(x_0,y_0)}^{(x,y)}P(x,y)\,dx+Q(x,y)\,dy=C,\tag{3-8}$$

其中 x_0 与 y_0 是在区域 G 内适当选定的点 M_0 的坐标.

例 7　求解方程

$$(5x^4+3xy^2-y^3)\,dx+(3x^2y-3xy^2+y^2)\,dy=0.$$

解　设 $P(x,y)=5x^4+3xy^2-y^3$，$Q(x,y)=3x^2y-3xy^2+y^2$，则

$$\frac{\partial P}{\partial y}=6xy-3y^2=\frac{\partial Q}{\partial x},$$

因此，所给方程是全微分方程.

取 $x_0=0$，$y_0=0$，根据公式(3-8)，有

$$u(x,y)=\int_{(0,0)}^{(x,y)}(5x^4+3xy^2-y^3)\,dx+(3x^2y-3xy^2+y^2)\,dy$$

$$=\int_0^x 5x^4\,dx+\int_0^y(3x^2y-3xy^2+y^2)\,dy=x^5+\frac{3}{2}x^2y^2-xy^3+\frac{1}{3}y^3.$$

于是，方程的通解为

$$x^5+\frac{3}{2}x^2y^2-xy^3+\frac{1}{3}y^3=C.$$

除了利用公式(3-8)以外，还可以用下面的方法求解全微分方程.

以上面的方程为例.因为要求的方程通解为 $u(x,y)=C$，其中 $u(x,y)$ 满足

$$\frac{\partial u}{\partial x}=5x^4+3xy^2-y^3,$$

故

$$u(x,y)=\int(5x^4+3xy^2-y^3)\,dx=x^5+\frac{3}{2}x^2y^2-xy^3+\varphi(y),$$

这里 $\varphi(y)$ 是以 y 为自变量的待定函数.由此，得

$$\frac{\partial u}{\partial y}=3x^2y-3xy^2+\varphi'(y).$$

又 $u(x,y)$ 必须满足

$$\frac{\partial u}{\partial y}=3x^2y-3xy^2+y^2.$$

故

$$3x^2y-3xy^2+\varphi'(y)=3x^2y-3xy^2+y^2.$$

从而

$$\varphi'(y)=y^2,\quad \varphi(y)=\frac{1}{3}y^3+C.$$

所以,所给方程的通解为

$$x^5+\frac{3}{2}x^2y^2-xy^3+\frac{1}{3}y^3=C.$$

*四、曲线积分的基本定理

若曲线积分 $\int_L \boldsymbol{F}\cdot \mathrm{d}\boldsymbol{r}$ 在区域 G 内与积分路径无关,则称向量场 $\boldsymbol{F}$ 为保守场.

下面的定理给出了平面曲线积分与路径无关的另一种形式的条件,并为计算保守场中的曲线积分提供了一种简便的方法.

定理 4(曲线积分的基本定理)　设 $\boldsymbol{F}(x,y)=P(x,y)\boldsymbol{i}+Q(x,y)\boldsymbol{j}$ 是平面区域 G 内的一个向量场,若 $P(x,y)$ 与 $Q(x,y)$ 都在 G 内连续,且存在一个数量函数 $f(x,y)$,使得 $\boldsymbol{F}=\nabla f$,则曲线积分 $\int_L \boldsymbol{F}\cdot \mathrm{d}\boldsymbol{r}$ 在 G 内与路径无关,且

$$\int_L \boldsymbol{F}\cdot \mathrm{d}\boldsymbol{r}=f(B)-f(A), \tag{3-9}$$

其中 L 是位于 G 内起点为 A、终点为 B 的任一分段光滑曲线.

证　设 L 的向量方程为

$$\boldsymbol{r}=\varphi(t)\boldsymbol{i}+\psi(t)\boldsymbol{j},\quad t\in[\alpha,\beta],$$

起点 A 对应参数 $t=\alpha$,终点 B 对应参数 $t=\beta$.

由假设,$f_x=P,f_y=Q,P,Q$ 连续,从而 f 可微,且

$$\frac{\mathrm{d}f}{\mathrm{d}t}=f_x\frac{\mathrm{d}x}{\mathrm{d}t}+f_y\frac{\mathrm{d}y}{\mathrm{d}t}=\nabla f\cdot\left(\frac{\mathrm{d}x}{\mathrm{d}t}\boldsymbol{i}+\frac{\mathrm{d}y}{\mathrm{d}t}\boldsymbol{j}\right)=\boldsymbol{F}\cdot\frac{\mathrm{d}\boldsymbol{r}}{\mathrm{d}t},$$

于是

$$\int_L \boldsymbol{F}\cdot \mathrm{d}\boldsymbol{r}=\int_\alpha^\beta \boldsymbol{F}\cdot\frac{\mathrm{d}\boldsymbol{r}}{\mathrm{d}t}\mathrm{d}t=\int_\alpha^\beta \frac{\mathrm{d}f}{\mathrm{d}t}\mathrm{d}t=f[\varphi(t),\psi(t)]\Big|_\alpha^\beta=f(B)-f(A),$$

证毕.

定理 4 表明,对于势场 $\boldsymbol{F}$,曲线积分 $\int_L \boldsymbol{F}\cdot \mathrm{d}\boldsymbol{r}$ 的值仅依赖于它的势函数 f 在路径 L 的两端点的值,而不依赖于两点间的路径,即积分 $\int_L \boldsymbol{F}\cdot \mathrm{d}\boldsymbol{r}$ 在 G 内与路径无关.也就是说:势场是保守场.

公式(3-9)是与微积分基本公式

$$\int_a^b f(x)\mathrm{d}x=F(b)-F(a)$$

(其中 $F'(x)=f(x)$)完全类似的向量微积分的相应公式,称为曲线积分的基本公式.

习题 11-3

1. 计算下列曲线积分，并验证格林公式的正确性：

（1）$\oint_L (2xy-x^2)\mathrm{d}x+(x+y^2)\mathrm{d}y$，其中 L 是由抛物线 $y=x^2$ 和 $y^2=x$ 所围成的区域的正向边界曲线；

（2）$\oint_L (x^2-xy^3)\mathrm{d}x+(y^2-2xy)\mathrm{d}y$，其中 L 是四个顶点分别为 $(0,0)$，$(2,0)$，$(2,2)$ 和 $(0,2)$ 的正方形区域的正向边界.

2. 利用曲线积分，求下列曲线所围成的图形的面积：

（1）星形线 $x=a\cos^3 t, y=a\sin^3 t$；

（2）椭圆 $9x^2+16y^2=144$；

（3）圆 $x^2+y^2=2ax$.

3. 计算曲线积分 $\oint_L \dfrac{y\mathrm{d}x-x\mathrm{d}y}{2(x^2+y^2)}$，其中 L 为圆周 $(x-1)^2+y^2=2$，L 的方向为逆时针方向.

4. 确定正向闭曲线 C，使曲线积分 $\oint_C \left(x+\dfrac{y^3}{3}\right)\mathrm{d}x+\left(y+x-\dfrac{2}{3}x^3\right)\mathrm{d}y$ 达到最大值.

5. 设 n 边形的 n 个顶点按逆时针方向依次为 $M_1(x_1,y_1)$，$M_2(x_2,y_2)$，$\cdots$，$M_n(x_n,y_n)$. 试利用曲线积分证明此 n 边形的面积为

$$A=\frac{1}{2}[(x_1y_2-x_2y_1)+(x_2y_3-x_3y_2)+\cdots+(x_{n-1}y_n-x_ny_{n-1})+(x_ny_1-x_1y_n)].$$

6. 证明下列曲线积分在整个 xOy 面内与路径无关，并计算积分值：

（1）$\int_{(1,1)}^{(2,3)}(x+y)\mathrm{d}x+(x-y)\mathrm{d}y$；

（2）$\int_{(1,2)}^{(3,4)}(6xy^2-y^3)\mathrm{d}x+(6x^2y-3xy^2)\mathrm{d}y$；

（3）$\int_{(1,0)}^{(2,1)}(2xy-y^4+3)\mathrm{d}x+(x^2-4xy^3)\mathrm{d}y$.

7. 利用格林公式，计算下列曲线积分：

（1）$\oint_L (2x-y+4)\mathrm{d}x+(5y+3x-6)\mathrm{d}y$，其中 L 是三顶点分别为 $(0,0)$，$(3,0)$ 和 $(3,2)$ 的三角形正向边界；

（2）$\oint_L (x^2y\cos x+2xy\sin x-y^2\mathrm{e}^x)\mathrm{d}x+(x^2\sin x-2y\mathrm{e}^x)\mathrm{d}y$，其中 L 为正向星形线 $x^{\frac{2}{3}}+y^{\frac{2}{3}}=a^{\frac{2}{3}}$ $(a>0)$；

（3）$\int_L (2xy^3-y^2\cos x)\mathrm{d}x+(1-2y\sin x+3x^2y^2)\mathrm{d}y$，其中 L 为在抛物线 $2x=\pi y^2$ 上由点 $(0,0)$ 到 $\left(\dfrac{\pi}{2},1\right)$ 的一段弧；

（4）$\int_L (x^2-y)\mathrm{d}x-(x+\sin^2 y)\mathrm{d}y$，其中 L 是在圆周 $y=\sqrt{2x-x^2}$ 上由点 $(0,0)$ 到点 $(1,1)$ 的一段弧.

8. 设有界闭区域 D 由 xOy 面上的分段光滑曲线 L 所围成，函数 $u=u(x,y)$ 在 D 上具有连续的二

阶偏导数，$\frac{\partial u}{\partial n}$表示 $u(x,y)$ 沿 L 的外法向量的方向导数，证明

$$\oint_L \frac{\partial u}{\partial n}\mathrm{d}s = \iint_D \left(\frac{\partial^2 u}{\partial x^2} + \frac{\partial^2 u}{\partial y^2}\right)\mathrm{d}\sigma,$$

其中 L 取正向.

9. 验证下列 $P(x,y)\mathrm{d}x+Q(x,y)\mathrm{d}y$ 在整个 xOy 面内是某一函数 $u(x,y)$ 的全微分，并求这样的一个$u(x,y)$：

(1) $(x+2y)\mathrm{d}x+(2x+y)\mathrm{d}y$；

(2) $2xy\mathrm{d}x+x^2\mathrm{d}y$；

(3) $4\sin x\sin 3y\cos x\mathrm{d}x-3\cos 3y\cos 2x\mathrm{d}y$；

(4) $(3x^2y+8xy^2)\mathrm{d}x+(x^3+8x^2y+12y\mathrm{e}^y)\mathrm{d}y$；

(5) $(2x\cos y+y^2\cos x)\mathrm{d}x+(2y\sin x-x^2\sin y)\mathrm{d}y$.

10. 设有一变力在坐标轴上的投影为 $X=x^2+y^2$，$Y=2xy-8$，这变力确定了一个力场.证明质点在此场内移动时，场力所做的功与路径无关.

*11. 判别下列方程中哪些是全微分方程？对于全微分方程，求出它的通解.

(1) $(3x^2+6xy^2)\mathrm{d}x+(6x^2y+4y^2)\mathrm{d}y=0$；

(2) $(a^2-2xy-y^2)\mathrm{d}x-(x+y)^2\mathrm{d}y=0$ （a 为常数）；

(3) $\mathrm{e}^y\mathrm{d}x+(x\mathrm{e}^y-2y)\mathrm{d}y=0$；

(4) $(x\cos y+\cos x)y'-y\sin x+\sin y=0$；

(5) $(x^2-y)\mathrm{d}x-x\mathrm{d}y=0$；

(6) $y(x-2y)\mathrm{d}x-x^2\mathrm{d}y=0$；

(7) $(1+\mathrm{e}^{2\theta})\mathrm{d}\rho+2\rho\mathrm{e}^{2\theta}\mathrm{d}\theta=0$；

(8) $(x^2+y^2)\mathrm{d}x+xy\mathrm{d}y=0$.

12. 确定常数 λ，使在右半平面 $x>0$ 上的向量 $\boldsymbol{A}(x,y)=2xy(x^4+y^2)^{\lambda}\boldsymbol{i}-x^2(x^4+y^2)^{\lambda}\boldsymbol{j}$ 为某二元函数$u(x,y)$的梯度，并求 $u(x,y)$.

第四节　对面积的曲面积分

一、对面积的曲面积分的概念与性质

在本章第一节第一目的质量问题中，如果把曲线改为曲面①，并相应地把线密度 $\mu(x,y)$ 改为面密度 $\mu(x,y,z)$，小段曲线的弧长 Δs_i 改为小块曲面的面积 ΔS_i，而第 i 小段曲线上的一点 (ξ_i,η_i) 改为第 i 小块曲面上的一点 (ξ_i,η_i,ζ_i)，那么，在面密度 $\mu(x,y,z)$ 连续的前提下，所求的质量 m 就是下列和的极限：

$$m=\lim_{\lambda\to 0}\sum_{i=1}^{n}\mu(\xi_i,\eta_i,\zeta_i)\Delta S_i,$$

其中 λ 表示 n 小块曲面的直径②的最大值.

这样的极限还会在其他问题中遇到.抽去它们的具体意义，就得出对面积的曲面

① 以后都假定曲面的边界曲线是分段光滑的闭曲线，且曲面有界.

② 曲面的直径是指曲面上任意两点间距离的最大者.

积分的概念.

定义　设曲面 Σ 是光滑的①，函数 $f(x,y,z)$ 在 Σ 上有界.把 Σ 任意分成 n 小块 ΔS_i（ΔS_i 同时也代表第 i 小块曲面的面积），设 (ξ_i,η_i,ζ_i) 是 ΔS_i 上任意取定的一点，作乘积 $f(\xi_i,\eta_i,\zeta_i)\Delta S_i$ $(i=1,2,3,\cdots,n)$，并作和 $\sum\limits_{i=1}^{n}f(\xi_i,\eta_i,\zeta_i)\Delta S_i$，如果当各小块曲面的直径的最大值 $\lambda\to 0$ 时，这和的极限总存在，且与曲面 Σ 的分法及点 (ξ_i,η_i,ζ_i) 的取法无关，那么称此极限为函数 $f(x,y,z)$ 在曲面 Σ 上**对面积的曲面积分**或**第一类曲面积分**，记作 $\iint\limits_{\Sigma}f(x,y,z)\mathrm{d}S$，即

$$\iint\limits_{\Sigma}f(x,y,z)\mathrm{d}S=\lim_{\lambda\to 0}\sum_{i=1}^{n}f(\xi_i,\eta_i,\zeta_i)\Delta S_i,$$

其中 $f(x,y,z)$ 叫做**被积函数**，Σ 叫做**积分曲面**.

我们指出，当 $f(x,y,z)$ 在光滑曲面 Σ 上连续时，对面积的曲面积分是存在的.今后总假定 $f(x,y,z)$ 在 Σ 上连续.

根据上述定义，面密度为连续函数 $\mu(x,y,z)$ 的光滑曲面 Σ 的质量 m，可表示为 $\mu(x,y,z)$ 在 Σ 上对面积的曲面积分

$$m=\iint\limits_{\Sigma}\mu(x,y,z)\mathrm{d}S.$$

如果 Σ 是分片光滑的②，我们规定函数在 Σ 上对面积的曲面积分等于函数在光滑的各片曲面上对面积的曲面积分之和.例如，设 Σ 可分成两片光滑曲面 Σ_1 及 Σ_2（记作 $\Sigma=\Sigma_1+\Sigma_2$），就规定

$$\iint\limits_{\Sigma_1+\Sigma_2}f(x,y,z)\mathrm{d}S=\iint\limits_{\Sigma_1}f(x,y,z)\mathrm{d}S+\iint\limits_{\Sigma_2}f(x,y,z)\mathrm{d}S.$$

由对面积的曲面积分的定义可知，它具有与对弧长的曲线积分相类似的性质，这里不再赘述.

二、对面积的曲面积分的计算法

设积分曲面 Σ 由方程 $z=z(x,y)$ 给出，Σ 在 xOy 面上的投影区域为 D_{xy}（图 11-19），函数 $z=z(x,y)$ 在 D_{xy} 上具有连续偏导数，被积函数 $f(x,y,z)$ 在 Σ 上连续.

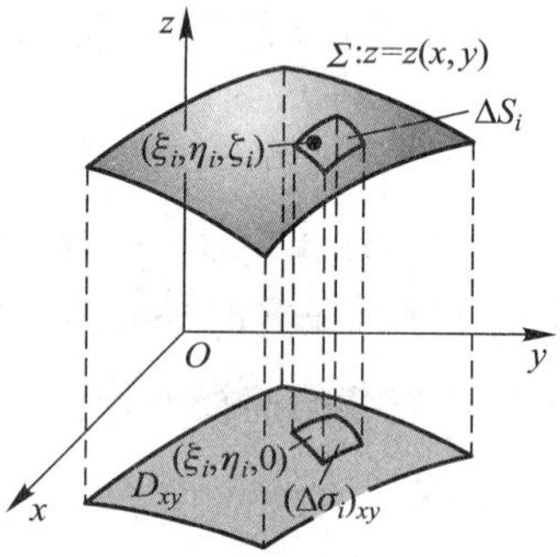

图 11-19

按对面积的曲面积分的定义，有

① 所谓曲面是光滑的，就是说，曲面上各点处都具有切平面，且当点在曲面上连续移动时，切平面也连续转动.

② 分片光滑的曲面是指由有限个光滑曲面所组成的曲面.以后我们总假定曲面是光滑的或分片光滑的.

$$\iint_{\Sigma} f(x,y,z)\,\mathrm{d}S=\lim_{\lambda\to 0}\sum_{i=1}^{n} f(\xi_i,\eta_i,\zeta_i)\Delta S_i. \tag{4-1}$$

设 Σ 上第 i 小块曲面 ΔS_i（它的面积也记作 ΔS_i）在 xOy 面上的投影区域为 $(\Delta\sigma_i)_{xy}$（它的面积也记作 $(\Delta\sigma_i)_{xy}$），则(4-1)式中的 ΔS_i 可表示为二重积分

$$\Delta S_i=\iint_{(\Delta\sigma_i)_{xy}}\sqrt{1+z_x^2(x,y)+z_y^2(x,y)}\,\mathrm{d}x\mathrm{d}y.$$

利用二重积分的中值定理，上式又可写成

$$\Delta S_i=\sqrt{1+z_x^2(\xi_i',\eta_i')+z_y^2(\xi_i',\eta_i')}\,(\Delta\sigma_i)_{xy},$$

其中 $(\xi_i',\eta_i',0)$ 是小闭区域 $(\Delta\sigma_i)_{xy}$ 上的一点. 又因 (ξ_i,η_i,ζ_i) 是 Σ 上的一点，故 $\zeta_i=z(\xi_i,\eta_i)$，这里 $(\xi_i,\eta_i,0)$ 也是小闭区域 $(\Delta\sigma_i)_{xy}$ 上的点. 于是

$$\sum_{i=1}^{n} f(\xi_i,\eta_i,\zeta_i)\Delta S_i=\sum_{i=1}^{n} f[\xi_i,\eta_i,z(\xi_i,\eta_i)]\sqrt{1+z_x^2(\xi_i',\eta_i')+z_y^2(\xi_i',\eta_i')}\,(\Delta\sigma_i)_{xy}.$$

由于函数 $f[x,y,z(x,y)]$ 以及函数 $\sqrt{1+z_x^2(x,y)+z_y^2(x,y)}$ 都在闭区域 D_{xy} 上连续，可以证明，当 $\lambda\to 0$ 时，上式右端的极限与

$$\sum_{i=1}^{n} f[\xi_i,\eta_i,z(\xi_i,\eta_i)]\sqrt{1+z_x^2(\xi_i,\eta_i)+z_y^2(\xi_i,\eta_i)}\,(\Delta\sigma_i)_{xy}$$

的极限相等. 这个极限在本目开始所给的条件下是存在的，它等于二重积分

$$\iint_{D_{xy}} f[x,y,z(x,y)]\sqrt{1+z_x^2(x,y)+z_y^2(x,y)}\,\mathrm{d}x\mathrm{d}y,$$

因此左端的极限即曲面积分 $\iint\limits_{\Sigma} f(x,y,z)\,\mathrm{d}S$ 也存在，且有

$$\iint_{\Sigma} f(x,y,z)\,\mathrm{d}S=\iint_{D_{xy}} f[x,y,z(x,y)]\sqrt{1+z_x^2(x,y)+z_y^2(x,y)}\,\mathrm{d}x\mathrm{d}y. \tag{4-2}$$

这就是把对面积的曲面积分化为二重积分的公式. 这公式是容易记忆的，因为曲面 Σ 的方程是 $z=z(x,y)$，而曲面积分记号中的 $\mathrm{d}S$ 就是 $\sqrt{1+z_x^2(x,y)+z_y^2(x,y)}\,\mathrm{d}x\mathrm{d}y$. 在计算时，只要把变量 z 换为 $z(x,y)$，$\mathrm{d}S$ 换为 $\sqrt{1+z_x^2+z_y^2}\,\mathrm{d}x\mathrm{d}y$，再确定 Σ 在 xOy 面上的投影区域 D_{xy}，这样就把对面积的曲面积分化为二重积分了.

如果积分曲面 Σ 由方程 $x=x(y,z)$ 或 $y=y(z,x)$ 给出，也可类似地把对面积的曲面积分化为相应的二重积分.

例 1　计算曲面积分 $\iint\limits_{\Sigma}\dfrac{\mathrm{d}S}{z}$，其中 Σ 是球面 $x^2+y^2+z^2=a^2$ 被平面 $z=h\ (0<h<a)$ 截出的顶部(图 11-20).

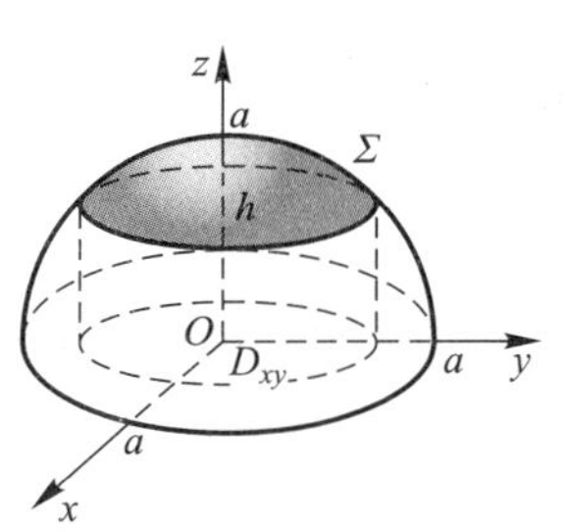

图 11-20

解　Σ 的方程为

$$z=\sqrt{a^2-x^2-y^2},$$

Σ 在 xOy 面上的投影区域 D_{xy} 为圆形闭区域 $\{(x,y)\mid x^2+y^2\leqslant a^2-h^2\}$. 又

$$\sqrt{1+z_x^2+z_y^2}=\frac{a}{\sqrt{a^2-x^2-y^2}}.$$

根据公式(4-2),有

$$\iint_{\Sigma}\frac{\mathrm{d}S}{z}=\iint_{D_{xy}}\frac{a\mathrm{d}x\mathrm{d}y}{a^2-x^2-y^2}.$$

利用极坐标,得

$$\iint_{\Sigma}\frac{\mathrm{d}S}{z}=\iint_{D_{xy}}\frac{a\rho\mathrm{d}\rho\mathrm{d}\theta}{a^2-\rho^2}=a\int_0^{2\pi}\mathrm{d}\theta\int_0^{\sqrt{a^2-h^2}}\frac{\rho\mathrm{d}\rho}{a^2-\rho^2}=2\pi a\left[-\frac{1}{2}\ln(a^2-\rho^2)\right]_0^{\sqrt{a^2-h^2}}=2\pi a\ln\frac{a}{h}.$$

例 2　计算 $\oiint_{\Sigma}xyz\mathrm{d}S$①,其中 Σ 是由平面 $x=0,y=0,z=0$ 及 $x+y+z=1$ 所围成的四面体的整个边界曲面(图 11-21).

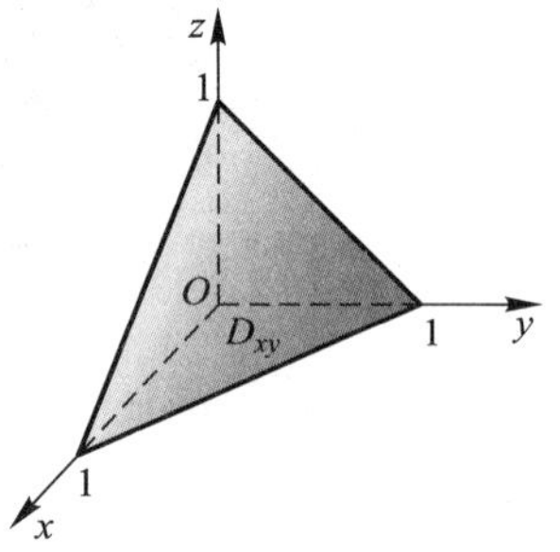

图 11-21

解　整个边界曲面 Σ 在平面 $x=0,y=0,z=0$ 及 $x+y+z=1$ 上的部分依次记为 $\Sigma_1,\Sigma_2,\Sigma_3$ 及 Σ_4,于是

$$\oiint_{\Sigma}xyz\mathrm{d}S=\iint_{\Sigma_1}xyz\mathrm{d}S+\iint_{\Sigma_2}xyz\mathrm{d}S+\iint_{\Sigma_3}xyz\mathrm{d}S+\iint_{\Sigma_4}xyz\mathrm{d}S.$$

因为在 $\Sigma_1,\Sigma_2,\Sigma_3$ 上,被积函数 $f(x,y,z)=xyz$ 均为零,所以

例题精讲
11-4

$$\iint_{\Sigma_1}xyz\mathrm{d}S=\iint_{\Sigma_2}xyz\mathrm{d}S=\iint_{\Sigma_3}xyz\mathrm{d}S=0.$$

在 Σ_4 上,$z=1-x-y$,所以

$$\sqrt{1+z_x^2+z_y^2}=\sqrt{1+(-1)^2+(-1)^2}=\sqrt{3},$$

从而

$$\oiint_{\Sigma}xyz\mathrm{d}S=\iint_{\Sigma_4}xyz\mathrm{d}S=\iint_{D_{xy}}\sqrt{3}xy(1-x-y)\mathrm{d}x\mathrm{d}y,$$

其中 D_{xy} 是 Σ_4 在 xOy 面上的投影区域,即由直线 $x=0,y=0$ 及 $x+y=1$ 所围成的闭区域. 因此

$$\oiint_{\Sigma}xyz\mathrm{d}S=\sqrt{3}\int_0^1 x\mathrm{d}x\int_0^{1-x}y(1-x-y)\mathrm{d}y=\sqrt{3}\int_0^1 x\left[(1-x)\frac{y^2}{2}-\frac{y^3}{3}\right]_0^{1-x}\mathrm{d}x$$

---

① 记号 $\oiint_{\Sigma}$ 表示在闭曲面 Σ 上积分.

$$=\sqrt{3}\int_0^1 x\cdot\frac{(1-x)^3}{6}\mathrm{d}x=\frac{\sqrt{3}}{6}\int_0^1(x-3x^2+3x^3-x^4)\mathrm{d}x=\frac{\sqrt{3}}{120}.$$

习题 11-4

1. 设有一分布着质量的曲面 Σ,在点(x,y,z)处它的面密度为$\mu(x,y,z)$,用对面积的曲面积分表示这曲面对于 x 轴的转动惯量.

2. 按对面积的曲面积分的定义证明公式

$$\iint_{\Sigma}f(x,y,z)\mathrm{d}S=\iint_{\Sigma_1}f(x,y,z)\mathrm{d}S+\iint_{\Sigma_2}f(x,y,z)\mathrm{d}S,$$

其中 Σ 是由 Σ_1 和 Σ_2 组成的.

3. 当 Σ 是 xOy 面内的一个闭区域时,曲面积分 $\iint\limits_{\Sigma}f(x,y,z)\mathrm{d}S$ 与二重积分有什么关系?

4. 计算曲面积分 $\iint\limits_{\Sigma}f(x,y,z)\mathrm{d}S$,其中 Σ 为抛物面 $z=2-(x^2+y^2)$ 在 xOy 面上方的部分,$f(x,y,z)$ 分别如下:

(1) $f(x,y,z)=1$;　　(2) $f(x,y,z)=x^2+y^2$;　　(3) $f(x,y,z)=3z$.

5. 计算 $\iint\limits_{\Sigma}(x^2+y^2)\mathrm{d}S$,其中 Σ 是

(1) 锥面 $z=\sqrt{x^2+y^2}$ 及平面 $z=1$ 所围成的区域的整个边界曲面;

(2) 锥面 $z^2=3(x^2+y^2)$ 被平面 $z=0$ 和 $z=3$ 所截得的部分.

6. 计算下列对面积的曲面积分:

(1) $\iint\limits_{\Sigma}\left(z+2x+\frac{4}{3}y\right)\mathrm{d}S$,其中 Σ 为平面$\frac{x}{2}+\frac{y}{3}+\frac{z}{4}=1$ 在第 Ⅰ 卦限中的部分;

(2) $\iint\limits_{\Sigma}(2xy-2x^2-x+z)\mathrm{d}S$,其中 Σ 为平面 $2x+2y+z=6$ 在第 Ⅰ 卦限中的部分;

(3) $\iint\limits_{\Sigma}(x+y+z)\mathrm{d}S$,其中 Σ 为球面 $x^2+y^2+z^2=a^2$ 上 $z\geqslant h$ $(0<h<a)$的部分;

(4) $\iint\limits_{\Sigma}(xy+yz+zx)\mathrm{d}S$,其中 Σ 为锥面 $z=\sqrt{x^2+y^2}$ 被柱面 $x^2+y^2=2ax$ 所截得的有限部分.

7. 求抛物面壳 $z=\frac{1}{2}(x^2+y^2)$ $(0\leqslant z\leqslant 1)$的质量,此壳的面密度为 $\mu=z$.

8. 求面密度为 μ_0 的均匀半球壳 $x^2+y^2+z^2=a^2$ $(z\geqslant 0)$对于 z 轴的转动惯量.

第五节　对坐标的曲面积分

一、对坐标的曲面积分的概念与性质

我们对曲面作一些说明,这里假定曲面是光滑的.

通常我们遇到的曲面都是双侧的.例如由方程 $z=z(x,y)$ 表示的曲面,有上侧与下侧之分①;又例如,一张包围某一空间区域的闭曲面,有外侧与内侧之分.以后我们总假定所考虑的曲面是双侧的.

在讨论对坐标的曲面积分时,需要指定曲面的侧.我们可以通过曲面上法向量的方向来定出曲面的侧.例如,对于曲面 $z=z(x,y)$,如果取它的法向量 $\boldsymbol{n}$ 的方向朝上,我们就认为取定曲面的上侧;又如,对于闭曲面如果取它的法向量的方向朝外,我们就认为取定曲面的外侧.这种取定了法向量亦即选定了侧的曲面,就称为有向曲面.

设 Σ 是有向曲面.在 Σ 上取一小块曲面 ΔS,把 ΔS 投影到 xOy 面上得一投影区域,这投影区域的面积记为 $(\Delta\sigma)_{xy}$.假定 ΔS 上各点处的法向量与 z 轴的夹角 γ 的余弦 $\cos\gamma$ 有相同的符号(即 $\cos\gamma$ 都是正的或都是负的).我们规定 ΔS 在 xOy 面上的投影 $(\Delta S)_{xy}$ 为

$$(\Delta S)_{xy}=\begin{cases}(\Delta\sigma)_{xy}, & \cos\gamma>0,\\ -(\Delta\sigma)_{xy}, & \cos\gamma<0,\\ 0, & \cos\gamma\equiv 0.\end{cases}$$

其中 $\cos\gamma\equiv 0$ 也就是 $(\Delta\sigma)_{xy}=0$ 的情形.ΔS 在 xOy 面上的投影 $(\Delta S)_{xy}$ 实际就是 ΔS 在 xOy 面上的投影区域的面积附以一定的正负号.类似地可以定义 ΔS 在 yOz 面及 zOx 面上的投影 $(\Delta S)_{yz}$ 及 $(\Delta S)_{zx}$.

下面讨论一个例子,然后引进对坐标的曲面积分的概念.

流向曲面一侧的流量　设稳定流动②的不可压缩流体(假定密度为 1)的速度场由

$$\boldsymbol{v}(x,y,z)=P(x,y,z)\boldsymbol{i}+Q(x,y,z)\boldsymbol{j}+R(x,y,z)\boldsymbol{k}$$

给出,Σ 是速度场中的一片有向曲面,函数 $P(x,y,z)$,$Q(x,y,z)$ 与 $R(x,y,z)$ 都在 Σ 上连续,求在单位时间内流向 Σ 指定侧的流体的质量,即流量 Φ.

如果流体流过平面上面积为 A 的一个闭区域,且流体在这闭区域上各点处的流速为(常向量)$\boldsymbol{v}$,又设 $\boldsymbol{n}$ 为该平面的单位法向量(图 11-22(a)),那么在单位时间内流过这个闭区域的流体组成一个底面积为 A、斜高为 $|\boldsymbol{v}|$ 的斜柱体(图11-22(b)).

当 $(\widehat{\boldsymbol{v},\boldsymbol{n}})=\theta<\dfrac{\pi}{2}$ 时,斜柱体的体积为

$$A|\boldsymbol{v}|\cos\theta=A\boldsymbol{v}\cdot\boldsymbol{n}.$$

这也就是通过闭区域 A 流向 $\boldsymbol{n}$ 所指一侧的流量 Φ;

当 $(\widehat{\boldsymbol{v},\boldsymbol{n}})=\dfrac{\pi}{2}$ 时,显然流体通过闭区域 A 流向 $\boldsymbol{n}$ 所指一侧的流量 Φ 为零,而 $A\boldsymbol{v}\cdot$

---

① 按惯例,这里假定 z 轴铅直向上.

② 所谓稳定流动,就是说流速与时间 t 无关.

$\boldsymbol{n}=0$,故 $\Phi=A\boldsymbol{v}\cdot\boldsymbol{n}=0$;

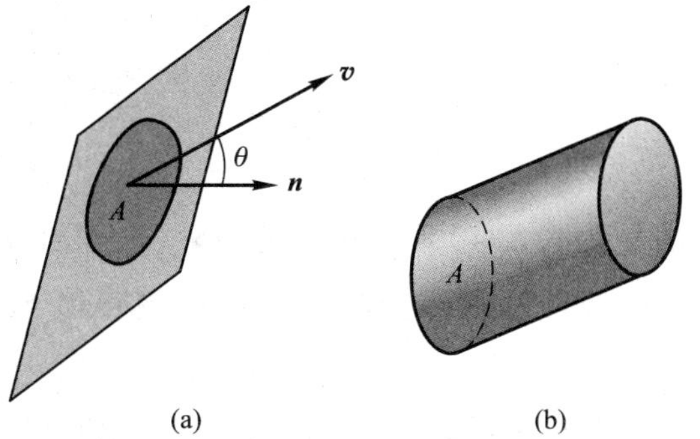

图 11-22

当 $(\widehat{\boldsymbol{v},\boldsymbol{n}})>\frac{\pi}{2}$ 时,$A\boldsymbol{v}\cdot\boldsymbol{n}<0$,这时我们仍把 $A\boldsymbol{v}\cdot\boldsymbol{n}$ 称为流体通过闭区域 A 流向 $\boldsymbol{n}$ 所指一侧的流量,它表示流体通过闭区域 A 实际上流向 $-\boldsymbol{n}$ 所指一侧,且流向 $-\boldsymbol{n}$ 所指一侧的流量为 $-A\boldsymbol{v}\cdot\boldsymbol{n}$.因此,不论 $(\widehat{\boldsymbol{v},\boldsymbol{n}})$ 为何值,流体通过闭区域 A 流向 $\boldsymbol{n}$ 所指一侧的流量 Φ 均为 $A\boldsymbol{v}\cdot\boldsymbol{n}$.

由于现在所考虑的不是平面闭区域而是一片曲面,且流速 $\boldsymbol{v}$ 也不是常向量,因此所求流量不能直接用上述方法计算.然而过去在引出各类积分概念的例子中一再使用过的方法,也可用来解决目前的问题.

把曲面 Σ 分成 n 小块 ΔS_i(ΔS_i 同时也代表第 i 小块曲面的面积).在 Σ 是光滑的和 $\boldsymbol{v}$ 是连续的前提下,只要 ΔS_i 的直径很小,我们就可以用 ΔS_i 上任一点 (ξ_i,η_i,ζ_i) 处的流速

$$\boldsymbol{v}_i=\boldsymbol{v}(\xi_i,\eta_i,\zeta_i)=P(\xi_i,\eta_i,\zeta_i)\boldsymbol{i}+Q(\xi_i,\eta_i,\zeta_i)\boldsymbol{j}+R(\xi_i,\eta_i,\zeta_i)\boldsymbol{k}$$

代替 ΔS_i 上其他各点处的流速,以该点 (ξ_i,η_i,ζ_i) 处曲面 Σ 的单位法向量

$$\boldsymbol{n}_i=\cos\alpha_i\boldsymbol{i}+\cos\beta_i\boldsymbol{j}+\cos\gamma_i\boldsymbol{k}$$

代替 ΔS_i 上其他各点处的单位法向量(图 11-23).从而得到通过 ΔS_i 流向指定侧的流量的近似值为

$$\boldsymbol{v}_i\cdot\boldsymbol{n}_i\Delta S_i\quad(i=1,2,\cdots,n).$$

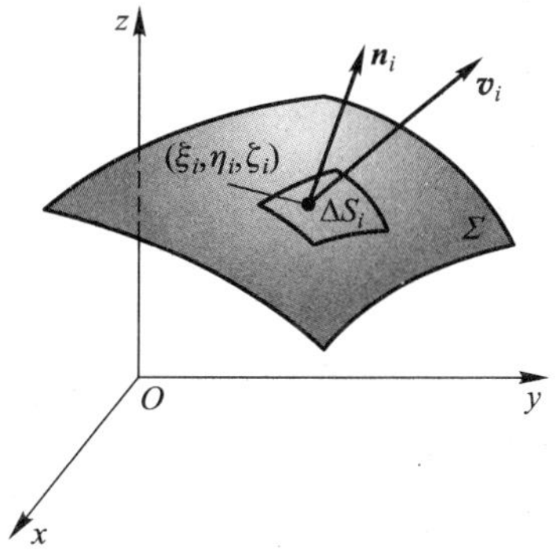

图 11-23

于是,通过 Σ 流向指定侧的流量

$$\begin{aligned}\Phi&\approx\sum_{i=1}^{n}\boldsymbol{v}_i\cdot\boldsymbol{n}_i\Delta S_i\\&=\sum_{i=1}^{n}[P(\xi_i,\eta_i,\zeta_i)\cos\alpha_i+Q(\xi_i,\eta_i,\zeta_i)\cos\beta_i+R(\xi_i,\eta_i,\zeta_i)\cos\gamma_i]\Delta S_i,\end{aligned}$$

但

$$\cos\alpha_i\cdot\Delta S_i\approx(\Delta S_i)_{yz},\quad \cos\beta_i\cdot\Delta S_i\approx(\Delta S_i)_{zx},\quad \cos\gamma_i\cdot\Delta S_i\approx(\Delta S_i)_{xy},$$

因此上式可以写成

$$\Phi\approx\sum_{i=1}^{n}[P(\xi_i,\eta_i,\zeta_i)(\Delta S_i)_{yz}+Q(\xi_i,\eta_i,\zeta_i)(\Delta S_i)_{zx}+R(\xi_i,\eta_i,\zeta_i)(\Delta S_i)_{xy}].$$

当各小块曲面的直径的最大值 $\lambda\to0$ 取上述和的极限，就得到流量 Φ 的精确值.这样的极限还会在其他问题中遇到.抽去它们的具体意义，就得出下列对坐标的曲面积分的概念：

定义　设 Σ 为光滑的有向曲面，函数 $R(x,y,z)$ 在 Σ 上有界.把 Σ 任意分成 n 块小曲面 ΔS_i（ΔS_i 同时又表示第 i 块小曲面的面积），ΔS_i 在 xOy 面上的投影为 $(\Delta S_i)_{xy}$，(ξ_i,η_i,ζ_i) 是 ΔS_i 上任意取定的一点，作乘积 $R(\xi_i,\eta_i,\zeta_i)(\Delta S_i)_{xy}$ $(i=1,2,\cdots,n)$，并作和 $\sum\limits_{i=1}^{n}R(\xi_i,\eta_i,\zeta_i)(\Delta S_i)_{xy}$，如果当各小块曲面的直径的最大值 $\lambda\to0$ 时，这和的极限总存在，且与曲面 Σ 的分法及点 (ξ_i,η_i,ζ_i) 的取法无关，那么称此极限为函数 $R(x,y,z)$ 在有向曲面 Σ 上对坐标 x,y 的曲面积分，记作 $\iint\limits_{\Sigma}R(x,y,z)\,\mathrm{d}x\mathrm{d}y$，即

$$\iint\limits_{\Sigma}R(x,y,z)\,\mathrm{d}x\mathrm{d}y=\lim_{\lambda\to0}\sum_{i=1}^{n}R(\xi_i,\eta_i,\zeta_i)(\Delta S_i)_{xy},$$

其中 $R(x,y,z)$ 叫做被积函数，Σ 叫做积分曲面.

类似地可以定义函数 $P(x,y,z)$ 在有向曲面 Σ 上对坐标 y,z 的曲面积分 $\iint\limits_{\Sigma}P(x,y,z)\,\mathrm{d}y\mathrm{d}z$ 及函数 $Q(x,y,z)$ 在有向曲面 Σ 上对坐标 z,x 的曲面积分 $\iint\limits_{\Sigma}Q(x,y,z)\,\mathrm{d}z\mathrm{d}x$ 分别为

$$\iint\limits_{\Sigma}P(x,y,z)\,\mathrm{d}y\mathrm{d}z=\lim_{\lambda\to0}\sum_{i=1}^{n}P(\xi_i,\eta_i,\zeta_i)(\Delta S_i)_{yz},$$

$$\iint\limits_{\Sigma}Q(x,y,z)\,\mathrm{d}z\mathrm{d}x=\lim_{\lambda\to0}\sum_{i=1}^{n}Q(\xi_i,\eta_i,\zeta_i)(\Delta S_i)_{zx}.$$

以上三个曲面积分也称为第二类曲面积分.

我们指出，当 $P(x,y,z)$，$Q(x,y,z)$ 与 $R(x,y,z)$ 在有向光滑曲面 Σ 上连续时，对坐标的曲面积分是存在的，以后总假定 P,Q 与 R 在 Σ 上连续.

在应用上出现较多的是

$$\iint\limits_{\Sigma}P(x,y,z)\,\mathrm{d}y\mathrm{d}z+\iint\limits_{\Sigma}Q(x,y,z)\,\mathrm{d}z\mathrm{d}x+\iint\limits_{\Sigma}R(x,y,z)\,\mathrm{d}x\mathrm{d}y$$

这种合并起来的形式.为简便起见，我们把它写成

$$\iint_{\Sigma} P(x,y,z)\,\mathrm{d}y\mathrm{d}z+Q(x,y,z)\,\mathrm{d}z\mathrm{d}x+R(x,y,z)\,\mathrm{d}x\mathrm{d}y.$$

例如,上述流向 Σ 指定侧的流量 Φ 可表示为

$$\Phi=\iint_{\Sigma} P(x,y,z)\,\mathrm{d}y\mathrm{d}z+Q(x,y,z)\,\mathrm{d}z\mathrm{d}x+R(x,y,z)\,\mathrm{d}x\mathrm{d}y.$$

如果 Σ 是分片光滑的有向曲面,我们规定函数在 Σ 上对坐标的曲面积分等于函数在各片光滑曲面上对坐标的曲面积分之和.

对坐标的曲面积分具有与对坐标的曲线积分相类似的一些**性质**.例如:

(1) **如果把 Σ 分成 Σ_1 和 Σ_2,那么**

$$\begin{aligned}&\iint_{\Sigma} P\mathrm{d}y\mathrm{d}z+Q\mathrm{d}z\mathrm{d}x+R\mathrm{d}x\mathrm{d}y\\=&\iint_{\Sigma_1} P\mathrm{d}y\mathrm{d}z+Q\mathrm{d}z\mathrm{d}x+R\mathrm{d}x\mathrm{d}y+\iint_{\Sigma_2} P\mathrm{d}y\mathrm{d}z+Q\mathrm{d}z\mathrm{d}x+R\mathrm{d}x\mathrm{d}y.\end{aligned}\tag{5-1}$$

公式(5-1)可以推广到 Σ 分成 $\Sigma_1,\Sigma_2,\cdots,\Sigma_n$ 几部分的情形.

(2) **设 Σ 是有向曲面,Σ^- 表示与 Σ 取相反侧的有向曲面,则**

$$\begin{aligned}\iint_{\Sigma^-} P(x,y,z)\,\mathrm{d}y\mathrm{d}z&=-\iint_{\Sigma} P(x,y,z)\,\mathrm{d}y\mathrm{d}z,\\ \iint_{\Sigma^-} Q(x,y,z)\,\mathrm{d}z\mathrm{d}x&=-\iint_{\Sigma} Q(x,y,z)\,\mathrm{d}z\mathrm{d}x,\\ \iint_{\Sigma^-} R(x,y,z)\,\mathrm{d}x\mathrm{d}y&=-\iint_{\Sigma} R(x,y,z)\,\mathrm{d}x\mathrm{d}y.\end{aligned}\tag{5-2}$$

(5-2)式表示,当积分曲面改变为相反侧时,对坐标的曲面积分要改变符号.因此**关于对坐标的曲面积分,我们必须注意积分曲面所取的侧**.

这些性质的证明从略.

二、对坐标的曲面积分的计算法

设积分曲面 Σ 是由方程 $z=z(x,y)$ 所给出的曲面上侧,Σ 在 xOy 面上的投影区域为 D_{xy},函数 $z=z(x,y)$ 在 D_{xy} 上具有一阶连续偏导数,被积函数 $R(x,y,z)$ 在 Σ 上连续.

按对坐标的曲面积分的定义,有

$$\iint_{\Sigma} R(x,y,z)\,\mathrm{d}x\mathrm{d}y=\lim_{\lambda\to 0}\sum_{i=1}^{n} R(\xi_i,\eta_i,\zeta_i)(\Delta S_i)_{xy}.$$

因为 Σ 取上侧,$\cos\gamma>0$,所以

$$(\Delta S_i)_{xy}=(\Delta\sigma_i)_{xy}.$$

又因 (ξ_i,η_i,ζ_i) 是 Σ 上的一点,故 $\zeta_i=z(\xi_i,\eta_i)$.从而有

$$\sum_{i=1}^{n} R(\xi_i,\eta_i,\zeta_i)(\Delta S_i)_{xy}=\sum_{i=1}^{n} R[\xi_i,\eta_i,z(\xi_i,\eta_i)](\Delta\sigma_i)_{xy}.$$

令各小块曲面的直径的最大值 $\lambda\to 0$ 取上式两端的极限,就得到

$$\iint_{\Sigma} R(x,y,z)\,\mathrm{d}x\mathrm{d}y=\iint_{D_{xy}} R[x,y,z(x,y)]\,\mathrm{d}x\mathrm{d}y. \tag{5-3}$$

这就是把对坐标的曲面积分化为二重积分的公式.公式(5-3)表明,计算曲面积分 $\iint\limits_{\Sigma} R(x,y,z)\,\mathrm{d}x\mathrm{d}y$ 时,只需将其中变量 z 换为表示 Σ 的函数 $z(x,y)$,然后在 Σ 的投影区域 D_{xy} 上计算二重积分即可.

必须注意,公式(5-3)的曲面积分是取在曲面 Σ 上侧的,如果曲面积分取在 Σ 的下侧,这时 $\cos\gamma<0$,那么

$$(\Delta S_i)_{xy}=-(\Delta\sigma_i)_{xy},$$

从而有

$$\iint_{\Sigma} R(x,y,z)\,\mathrm{d}x\mathrm{d}y=-\iint_{D_{xy}} R[x,y,z(x,y)]\,\mathrm{d}x\mathrm{d}y. \tag{5-3$'$}$$

类似地,如果 Σ 由 $x=x(y,z)$ 给出,那么有

$$\iint_{\Sigma} P(x,y,z)\,\mathrm{d}y\mathrm{d}z=\pm\iint_{D_{yz}} P[x(y,z),y,z]\,\mathrm{d}y\mathrm{d}z, \tag{5-4}$$

等式右端的符号这样决定:积分曲面 Σ 是由方程 $x=x(y,z)$ 所给出的曲面前侧,即 $\cos\alpha>0$,应取正号;反之,Σ 取后侧,即 $\cos\alpha<0$,应取负号.

如果 Σ 由 $y=y(z,x)$ 给出,那么有

$$\iint_{\Sigma} Q(x,y,z)\,\mathrm{d}z\mathrm{d}x=\pm\iint_{D_{zx}} Q[x,y(z,x),z]\,\mathrm{d}z\mathrm{d}x, \tag{5-5}$$

等式右端的符号这样决定:积分曲面 Σ 是由方程 $y=y(z,x)$ 所给出的曲面右侧,即 $\cos\beta>0$,应取正号;反之,Σ 取左侧,即 $\cos\beta<0$,应取负号.

例 1　计算曲面积分

$$\iint_{\Sigma} x^2\mathrm{d}y\mathrm{d}z+y^2\mathrm{d}z\mathrm{d}x+z^2\mathrm{d}x\mathrm{d}y,$$

其中 Σ 是长方体 Ω 的整个表面的外侧,$\Omega=\{(x,y,z)\mid 0\leqslant x\leqslant a,0\leqslant y\leqslant b,0\leqslant z\leqslant c\}$.

解　把有向曲面 Σ 分成以下六部分:

$\Sigma_1: z=c\ (0\leqslant x\leqslant a,0\leqslant y\leqslant b)$ 的上侧,

$\Sigma_2: z=0\ (0\leqslant x\leqslant a,0\leqslant y\leqslant b)$ 的下侧,

$\Sigma_3: x=a\ (0\leqslant y\leqslant b,0\leqslant z\leqslant c)$ 的前侧,

$\Sigma_4: x=0\ (0\leqslant y\leqslant b,0\leqslant z\leqslant c)$ 的后侧,

$\Sigma_5: y=b\ (0\leqslant x\leqslant a,0\leqslant z\leqslant c)$ 的右侧,

$\Sigma_6: y=0\ (0\leqslant x\leqslant a,0\leqslant z\leqslant c)$ 的左侧.

除 Σ_3,Σ_4 外，其余四片曲面在 yOz 面上的投影为零，因此

$$\iint_{\Sigma} x^2\mathrm{d}y\mathrm{d}z=\iint_{\Sigma_3} x^2\mathrm{d}y\mathrm{d}z+\iint_{\Sigma_4} x^2\mathrm{d}y\mathrm{d}z.$$

应用公式（5-4）就有

$$\iint_{\Sigma} x^2\mathrm{d}y\mathrm{d}z=\iint_{D_{yz}} a^2\mathrm{d}y\mathrm{d}z-\iint_{D_{yz}} 0^2\mathrm{d}y\mathrm{d}z=a^2bc.$$

类似地可得

$$\iint_{\Sigma} y^2\mathrm{d}z\mathrm{d}x=b^2ac,\ \iint_{\Sigma} z^2\mathrm{d}x\mathrm{d}y=c^2ab.$$

于是所求曲面积分为 $(a+b+c)abc$.

例 2　计算曲面积分 $\iint\limits_{\Sigma} xyz\mathrm{d}x\mathrm{d}y$，其中 Σ 是球面 $x^2+y^2+z^2=1$ 外侧在 $x\geqslant 0,y\geqslant 0$ 的部分.

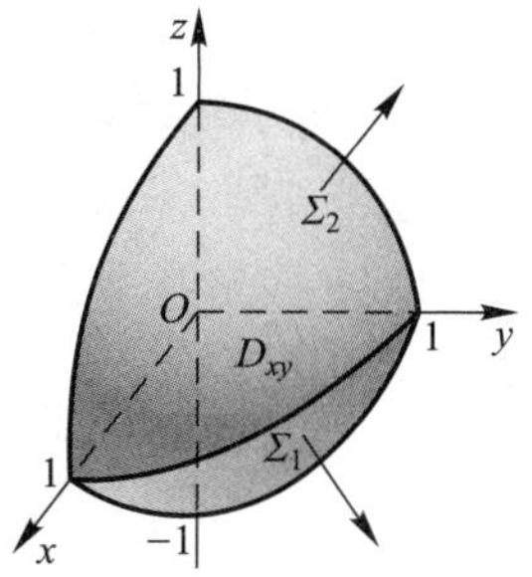

图 11-24

解　把 Σ 分为 Σ_1 和 Σ_2 两部分（图 11-24），Σ_1 的方程为

$$z_1=-\sqrt{1-x^2-y^2},$$

Σ_2 的方程为

$$z_2=\sqrt{1-x^2-y^2}.$$

$$\iint_{\Sigma} xyz\mathrm{d}x\mathrm{d}y=\iint_{\Sigma_2} xyz\mathrm{d}x\mathrm{d}y+\iint_{\Sigma_1} xyz\mathrm{d}x\mathrm{d}y.$$

上式右端的第一个积分的积分曲面 Σ_2 取上侧，第二个积分的积分曲面 Σ_1 取下侧，因此分别应用公式（5-3）及（5-3′），就有

$$\begin{aligned}\iint_{\Sigma} xyz\mathrm{d}x\mathrm{d}y &= \iint_{D_{xy}} xy\sqrt{1-x^2-y^2}\,\mathrm{d}x\mathrm{d}y-\iint_{D_{xy}} xy(-\sqrt{1-x^2-y^2})\,\mathrm{d}x\mathrm{d}y\\ &=2\iint_{D_{xy}} xy\sqrt{1-x^2-y^2}\,\mathrm{d}x\mathrm{d}y.\end{aligned}$$

其中 D_{xy} 是 Σ_1 及 Σ_2 在 xOy 面上的投影区域，就是位于第一象限内的扇形 $x^2+y^2\leqslant 1$ $(x\geqslant 0,y\geqslant 0)$. 利用极坐标计算这个二重积分如下：

$$\begin{aligned}2\iint_{D_{xy}} xy\sqrt{1-x^2-y^2}\,\mathrm{d}x\mathrm{d}y &=2\iint_{D_{xy}} \rho^2\sin\theta\cos\theta\sqrt{1-\rho^2}\,\rho\mathrm{d}\rho\mathrm{d}\theta\\ &=\int_0^{\frac{\pi}{2}}\sin 2\theta\mathrm{d}\theta\int_0^1\rho^3\sqrt{1-\rho^2}\,\mathrm{d}\rho=1\times\frac{2}{15}=\frac{2}{15},\end{aligned}$$

从而

$$\iint_{\Sigma} xyz\mathrm{d}x\mathrm{d}y=\frac{2}{15}.$$

三、两类曲面积分之间的联系

设有向曲面 Σ 由方程 $z=z(x,y)$ 给出，Σ 在 xOy 面上的投影区域为 D_{xy}，函数 $z=z(x,y)$ 在 D_{xy} 上具有一阶连续偏导数，$R(x,y,z)$ 在 Σ 上连续. 如果 Σ 取上侧，那么由对坐标的曲面积分计算公式(5-3)有

$$\iint_{\Sigma} R(x,y,z)\,\mathrm{d}x\mathrm{d}y=\iint_{D_{xy}} R[x,y,z(x,y)]\,\mathrm{d}x\mathrm{d}y.$$

另一方面，因上述有向曲面 Σ 的法向量的方向余弦为

$$\cos\alpha=\frac{-z_x}{\sqrt{1+z_x^2+z_y^2}},\quad \cos\beta=\frac{-z_y}{\sqrt{1+z_x^2+z_y^2}},\quad \cos\gamma=\frac{1}{\sqrt{1+z_x^2+z_y^2}},$$

故由对面积的曲面积分计算公式有

$$\iint_{\Sigma} R(x,y,z)\cos\gamma\,\mathrm{d}S=\iint_{D_{xy}} R[x,y,z(x,y)]\,\mathrm{d}x\mathrm{d}y.$$

由此可见，有

$$\iint_{\Sigma} R(x,y,z)\,\mathrm{d}x\mathrm{d}y=\iint_{\Sigma} R(x,y,z)\cos\gamma\,\mathrm{d}S. \tag{5-6}$$

如果 Σ 取下侧，那么由式(5-3′)有

$$\iint_{\Sigma} R(x,y,z)\,\mathrm{d}x\mathrm{d}y=-\iint_{D_{xy}} R[x,y,z(x,y)]\,\mathrm{d}x\mathrm{d}y.$$

但这时 $\cos\gamma=\dfrac{-1}{\sqrt{1+z_x^2+z_y^2}}$，因此(5-6)式仍成立.

类似地可推得

$$\iint_{\Sigma} P(x,y,z)\,\mathrm{d}y\mathrm{d}z=\iint_{\Sigma} P(x,y,z)\cos\alpha\,\mathrm{d}S, \tag{5-7}$$

$$\iint_{\Sigma} Q(x,y,z)\,\mathrm{d}z\mathrm{d}x=\iint_{\Sigma} Q(x,y,z)\cos\beta\,\mathrm{d}S. \tag{5-8}$$

合并(5-6)、(5-7)、(5-8)三式，得两类曲面积分之间的如下联系：

$$\iint_{\Sigma} P\mathrm{d}y\mathrm{d}z+Q\mathrm{d}z\mathrm{d}x+R\mathrm{d}x\mathrm{d}y=\iint_{\Sigma}(P\cos\alpha+Q\cos\beta+R\cos\gamma)\,\mathrm{d}S, \tag{5-9}$$

其中 $\cos\alpha,\cos\beta$ 与 $\cos\gamma$ 是有向曲面 Σ 在点 (x,y,z) 处的法向量的方向余弦.

两类曲面积分之间的联系也可写成如下的向量形式：

$$\iint_{\Sigma} \boldsymbol{A}\cdot\mathrm{d}\boldsymbol{S}=\iint_{\Sigma} \boldsymbol{A}\cdot\boldsymbol{n}\,\mathrm{d}S \tag{5-10}$$

或

$$\iint_{\Sigma} \boldsymbol{A} \cdot d\boldsymbol{S} = \iint_{\Sigma} A_n dS, \tag{5-10'}$$

其中 $\boldsymbol{A}=(P,Q,R)$，$\boldsymbol{n}=(\cos\alpha,\cos\beta,\cos\gamma)$ 为有向曲面 Σ 在点 (x,y,z) 处的单位法向量，$d\boldsymbol{S}=\boldsymbol{n}dS=(dydz,dzdx,dxdy)$ 称为有向曲面元，A_n 为向量 $\boldsymbol{A}$ 在向量 $\boldsymbol{n}$ 上的投影.

例 3 计算曲面积分 $\iint_{\Sigma}(z^2+x)dydz-zdxdy$，其中 Σ 是旋转抛物面 $z=\frac{1}{2}(x^2+y^2)$ 介于平面 $z=0$ 及 $z=2$ 之间的部分的下侧.

解法一 把 Σ 分为 $\Sigma_{前}$，$\Sigma_{后}$ 两部分，它们在 yOz 面上的投影区域为 D_{yz}，

$$\begin{aligned}\iint_{\Sigma}(z^2+x)dydz &= \iint_{\Sigma_{前}}(z^2+x)dydz+\iint_{\Sigma_{后}}(z^2+x)dydz\\ &= \iint_{D_{yz}}(z^2+\sqrt{2z-y^2})dydz-\iint_{D_{yz}}(z^2-\sqrt{2z-y^2})dydz\\ &= 2\iint_{D_{yz}}\sqrt{2z-y^2}dydz=2\int_{-2}^{2}dy\int_{\frac{1}{2}y^2}^{2}\sqrt{2z-y^2}dz=4\pi.\end{aligned}$$

$$\iint_{\Sigma}zdxdy=-\iint_{D_{xy}}\frac{1}{2}(x^2+y^2)dxdy=-\int_0^{2\pi}d\theta\int_0^2\frac{1}{2}\rho^2\cdot\rho d\rho=-4\pi.$$

故

$$\iint_{\Sigma}(z^2+x)dydz-zdxdy=4\pi-(-4\pi)=8\pi.$$

解法二 利用两类曲面积分之间的联系(5-9)，将对坐标 y,z 的曲面积分转化为对坐标 x,y 的曲面积分

$$\iint_{\Sigma}(z^2+x)dydz=\iint_{\Sigma}(z^2+x)\cos\alpha dS=\iint_{\Sigma}(z^2+x)\frac{\cos\alpha}{\cos\gamma}dxdy.$$

在曲面 Σ 上，有

$$\cos\alpha=\frac{x}{\sqrt{1+x^2+y^2}},\quad \cos\gamma=\frac{-1}{\sqrt{1+x^2+y^2}}.$$

故

$$\iint_{\Sigma}(z^2+x)dydz-zdxdy=\iint_{\Sigma}[(z^2+x)(-x)-z]dxdy.$$

再按对坐标的曲面积分的计算法，便得

$$\iint_{\Sigma}(z^2+x)dydz-zdxdy=-\iint_{D_{xy}}\left\{\left[\frac{1}{4}(x^2+y^2)^2+x\right]\cdot(-x)-\frac{1}{2}(x^2+y^2)\right\}dxdy.$$

利用积分区域及被积函数的对称性可知

$$\iint_{D_{xy}}\frac{1}{4}x(x^2+y^2)^2dxdy=0,$$

故

$$\iint\limits_{\Sigma}(z^2+x)\mathrm{d}y\mathrm{d}z-z\mathrm{d}x\mathrm{d}y=\iint\limits_{D_{xy}}\left[x^2+\frac{1}{2}(x^2+y^2)\right]\mathrm{d}x\mathrm{d}y$$

$$=\int_0^{2\pi}\mathrm{d}\theta\int_0^2\left(\rho^2\cos^2\theta+\frac{1}{2}\rho^2\right)\rho\mathrm{d}\rho=8\pi.$$

例题精讲
11-5

习题 11-5

1. 按对坐标的曲面积分的定义证明公式

$$\iint\limits_{\Sigma}[P_1(x,y,z)\pm P_2(x,y,z)]\mathrm{d}y\mathrm{d}z=\iint\limits_{\Sigma}P_1(x,y,z)\mathrm{d}y\mathrm{d}z\pm\iint\limits_{\Sigma}P_2(x,y,z)\mathrm{d}y\mathrm{d}z.$$

2. 当 Σ 为 xOy 面内的一个闭区域时，曲面积分 $\iint\limits_{\Sigma}R(x,y,z)\mathrm{d}x\mathrm{d}y$ 与二重积分有什么关系？

3. 计算下列对坐标的曲面积分：

(1) $\iint\limits_{\Sigma}x^2y^2z\mathrm{d}x\mathrm{d}y$，其中 Σ 是球面 $x^2+y^2+z^2=R^2$ 的下半部分的下侧；

(2) $\iint\limits_{\Sigma}z\mathrm{d}x\mathrm{d}y+x\mathrm{d}y\mathrm{d}z+y\mathrm{d}z\mathrm{d}x$，其中 Σ 是柱面 $x^2+y^2=1$ 被平面 $z=0$ 及 $z=3$ 所截得的在第Ⅰ卦限内的部分的前侧；

(3) $\iint\limits_{\Sigma}[f(x,y,z)+x]\mathrm{d}y\mathrm{d}z+[2f(x,y,z)+y]\mathrm{d}z\mathrm{d}x+[f(x,y,z)+z]\mathrm{d}x\mathrm{d}y$，其中 $f(x,y,z)$ 为连续函数，Σ 是平面 $x-y+z=1$ 在第Ⅳ卦限部分的上侧；

(4) $\oiint\limits_{\Sigma}xz\mathrm{d}x\mathrm{d}y+xy\mathrm{d}y\mathrm{d}z+yz\mathrm{d}z\mathrm{d}x$，其中 Σ 是平面 $x=0,y=0,z=0,x+y+z=1$ 所围成的空间区域的整个边界曲面的外侧.

4. 把对坐标的曲面积分

$$\iint\limits_{\Sigma}P(x,y,z)\mathrm{d}y\mathrm{d}z+Q(x,y,z)\mathrm{d}z\mathrm{d}x+R(x,y,z)\mathrm{d}x\mathrm{d}y$$

化成对面积的曲面积分，其中

(1) Σ 是平面 $3x+2y+2\sqrt{3}z=6$ 在第Ⅰ卦限的部分的上侧；

(2) Σ 是抛物面 $z=8-(x^2+y^2)$ 在 xOy 面上方的部分的上侧.

5. 计算

$$\iint\limits_{\Sigma}(3z+1)x\mathrm{d}y\mathrm{d}z-\mathrm{d}z\mathrm{d}x+z\mathrm{d}x\mathrm{d}y,$$

其中 Σ 是由曲线 $\begin{cases}z=\sqrt{y-1},\\x=0\end{cases}$ $(1\leqslant y\leqslant 3)$ 绕 y 轴旋转一周所成的旋转曲面的左侧.

第六节　高斯公式　*通量与散度

一、高斯公式

格林公式表达了平面闭区域上的二重积分与其边界曲线上的曲线积分之间的关系，而高斯(Gauss)公式表达了空间闭区域上的三重积分与其边界曲面上的曲面积分之间的关系，这个关系可陈述如下：

定理 1　设空间闭区域 Ω 是由分片光滑的闭曲面 Σ 所围成，若函数 $P(x,y,z)$，$Q(x,y,z)$ 与 $R(x,y,z)$ 在 Ω 上具有一阶连续偏导数，则有

$$\iiint\limits_{\Omega}\left(\frac{\partial P}{\partial x}+\frac{\partial Q}{\partial y}+\frac{\partial R}{\partial z}\right)\mathrm{d}V=\oiint\limits_{\Sigma}P\mathrm{d}y\mathrm{d}z+Q\mathrm{d}z\mathrm{d}x+R\mathrm{d}x\mathrm{d}y,\tag{6-1}$$

或

$$\iiint\limits_{\Omega}\left(\frac{\partial P}{\partial x}+\frac{\partial Q}{\partial y}+\frac{\partial R}{\partial z}\right)\mathrm{d}V=\oiint\limits_{\Sigma}(P\cos\alpha+Q\cos\beta+R\cos\gamma)\mathrm{d}S,\tag{6-1'}$$

这里 Σ 是 Ω 的整个边界曲面的外侧，$\cos\alpha$，$\cos\beta$ 与 $\cos\gamma$ 是 Σ 在点 (x,y,z) 处的法向量的方向余弦. 公式(6-1)或(6-1′)叫做高斯公式.

证　由公式(5-9)可知，公式(6-1)及(6-1′)的右端是相等的，因此这里只要证明公式(6-1)就可以了.

设闭区域 Ω 在 xOy 面上的投影区域为 D_{xy}. 假定穿过 Ω 内部且平行于 z 轴的直线与 Ω 的边界曲面 Σ 的交点恰好是两个. 这样，可设 Σ 由 Σ_1，Σ_2 和 Σ_3 三部分组成(图11-25)，其中 Σ_1 和 Σ_2 分别由方程 $z=z_1(x,y)$ 和 $z=z_2(x,y)$ 给定，这里 $z_1(x,y)\leqslant z_2(x,y)$，$\Sigma_1$ 取下侧，Σ_2 取上侧，Σ_3 是以 D_{xy} 的边界曲线为准线而母线平行于 z 轴的柱面上的一部分，取外侧.

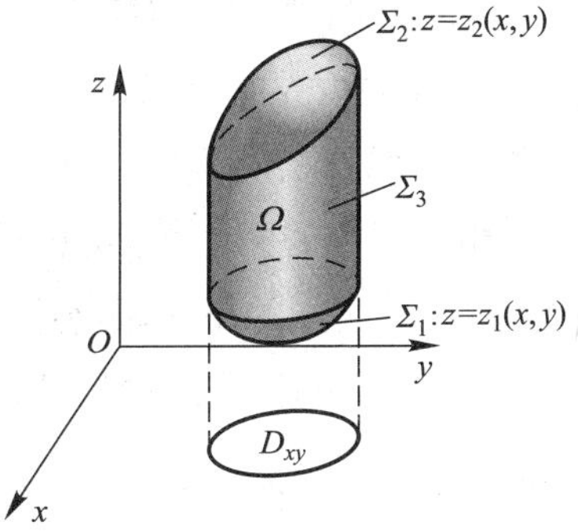

图 11-25

根据三重积分的计算法，有

$$\begin{aligned}\iiint\limits_{\Omega}\frac{\partial R}{\partial z}\mathrm{d}V&=\iint\limits_{D_{xy}}\left\{\int_{z_1(x,y)}^{z_2(x,y)}\frac{\partial R}{\partial z}\mathrm{d}z\right\}\mathrm{d}x\mathrm{d}y\\&=\iint\limits_{D_{xy}}\{R[x,y,z_2(x,y)]-R[x,y,z_1(x,y)]\}\mathrm{d}x\mathrm{d}y.\end{aligned}\tag{6-2}$$

根据曲面积分的计算法，有

$$\iint_{\Sigma_1} R(x,y,z)\,\mathrm{d}x\mathrm{d}y = -\iint_{D_{xy}} R[x,y,z_1(x,y)]\,\mathrm{d}x\mathrm{d}y.$$

$$\iint_{\Sigma_2} R(x,y,z)\,\mathrm{d}x\mathrm{d}y = \iint_{D_{xy}} R[x,y,z_2(x,y)]\,\mathrm{d}x\mathrm{d}y.$$

因为 Σ_3 上任意一块曲面在 xOy 面上的投影为零，所以直接根据对坐标的曲面积分的定义可知

$$\iint_{\Sigma_3} R(x,y,z)\,\mathrm{d}x\mathrm{d}y = 0.$$

把以上三式相加，得

$$\oiint_{\Sigma} R(x,y,z)\,\mathrm{d}x\mathrm{d}y = \iint_{D_{xy}} \{R[x,y,z_2(x,y)] - R[x,y,z_1(x,y)]\}\,\mathrm{d}x\mathrm{d}y. \tag{6-3}$$

比较(6-2)与(6-3)两式，得

$$\iiint_{\Omega} \frac{\partial R}{\partial z}\mathrm{d}V = \oiint_{\Sigma} R(x,y,z)\,\mathrm{d}x\mathrm{d}y.$$

如果穿过 Ω 内部且平行于 x 轴的直线以及平行于 y 轴的直线与 Ω 的边界曲面 Σ 的交点也都恰好是两个，那么类似地可得

$$\iiint_{\Omega} \frac{\partial P}{\partial x}\mathrm{d}V = \oiint_{\Sigma} P(x,y,z)\,\mathrm{d}y\mathrm{d}z, \quad \iiint_{\Omega} \frac{\partial Q}{\partial y}\mathrm{d}V = \oiint_{\Sigma} Q(x,y,z)\,\mathrm{d}z\mathrm{d}x,$$

把以上三式两端分别相加，即得高斯公式(6-1).

在上述证明中，我们对闭区域 Ω 作了这样的限制，即穿过 Ω 内部且平行于坐标轴的直线与 Ω 的边界曲面 Σ 的交点恰好是两点. 如果 Ω 不满足这样的条件，可以引进几张辅助曲面把 Ω 分为有限个闭区域，使得每个闭区域满足这样的条件，并注意到沿辅助曲面相反两侧的两个曲面积分的绝对值相等而符号相反，相加时正好抵消，因此公式(6-1)对于这样的闭区域仍然是正确的.

例 1　利用高斯公式计算曲面积分

$$\oiint_{\Sigma} (x-y)\,\mathrm{d}x\mathrm{d}y + (y-z)x\,\mathrm{d}y\mathrm{d}z,$$

其中 Σ 为柱面 $x^2+y^2=1$ 及平面 $z=0, z=3$ 所围成的空间闭区域 Ω 的整个边界曲面的外侧(图 11-26).

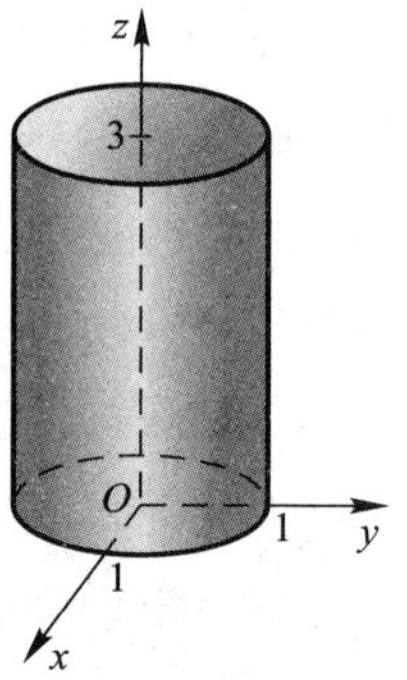

图 11-26

解　因 $P=(y-z)x, Q=0, R=x-y$,

$$\frac{\partial P}{\partial x} = y-z, \quad \frac{\partial Q}{\partial y} = 0, \quad \frac{\partial R}{\partial z} = 0,$$

利用高斯公式把所给曲面积分化为三重积分，得

$$\oiint_{\Sigma} (x-y)\,\mathrm{d}x\mathrm{d}y + (y-z)x\,\mathrm{d}y\mathrm{d}z = \iiint_{\Omega} (y-z)\,\mathrm{d}x\mathrm{d}y\mathrm{d}z = 0 - \iiint_{\Omega} z\,\mathrm{d}x\mathrm{d}y\mathrm{d}z = -\frac{9\pi}{2},$$

其中 $\iiint\limits_{\Omega} y\mathrm{d}x\mathrm{d}y\mathrm{d}z=0$ 由积分区域及被积函数的对称性得出.

例 2　利用高斯公式计算曲面积分

$$\iint\limits_{\Sigma}(x^2\cos\alpha+y^2\cos\beta+z^2\cos\gamma)\mathrm{d}S,$$

其中 Σ 为锥面 $x^2+y^2=z^2$ 介于平面 $z=0$ 及平面 $z=h\ (h>0)$ 之间的部分的下侧，$\cos\alpha$，$\cos\beta$ 与 $\cos\gamma$ 是 Σ 在点 (x,y,z) 处的法向量的方向余弦.

解　因曲面 Σ 不是封闭曲面，故不能直接利用高斯公式. 若设 Σ_1 为 $z=h\ (x^2+y^2\leqslant h^2)$ 的上侧，则 Σ 与 Σ_1 一起构成一个封闭曲面，记它们围成的空间闭区域为 Ω，利用高斯公式，便得

$$\begin{aligned}&\oiint\limits_{\Sigma+\Sigma_1}(x^2\cos\alpha+y^2\cos\beta+z^2\cos\gamma)\mathrm{d}S\\=\ &2\iiint\limits_{\Omega}(x+y+z)\mathrm{d}V=2\iint\limits_{D_{xy}}\mathrm{d}x\mathrm{d}y\int_{\sqrt{x^2+y^2}}^{h}(x+y+z)\mathrm{d}z,\end{aligned}$$

其中 $D_{xy}=\{(x,y)\mid x^2+y^2\leqslant h^2\}$. 注意到

$$\iint\limits_{D_{xy}}\mathrm{d}x\mathrm{d}y\int_{\sqrt{x^2+y^2}}^{h}(x+y)\mathrm{d}z=0,$$

即得

$$\oiint\limits_{\Sigma+\Sigma_1}(x^2\cos\alpha+y^2\cos\beta+z^2\cos\gamma)\mathrm{d}S=\iint\limits_{D_{xy}}(h^2-x^2-y^2)\mathrm{d}x\mathrm{d}y=\frac{1}{2}\pi h^4.$$

而

$$\iint\limits_{\Sigma_1}(x^2\cos\alpha+y^2\cos\beta+z^2\cos\gamma)\mathrm{d}S=\iint\limits_{\Sigma_1}z^2\mathrm{d}S=\iint\limits_{D_{xy}}h^2\mathrm{d}x\mathrm{d}y=\pi h^4.$$

因此

$$\iint\limits_{\Sigma}(x^2\cos\alpha+y^2\cos\beta+z^2\cos\gamma)\mathrm{d}S=\frac{1}{2}\pi h^4-\pi h^4=-\frac{1}{2}\pi h^4.$$

释疑解难 11-4

例 3　设函数 $u(x,y,z)$ 和 $v(x,y,z)$ 在闭区域 Ω 上具有一阶及二阶连续偏导数，证明

$$\iiint\limits_{\Omega}u\Delta v\mathrm{d}x\mathrm{d}y\mathrm{d}z=\oiint\limits_{\Sigma}u\frac{\partial v}{\partial n}\mathrm{d}S-\iiint\limits_{\Omega}\left(\frac{\partial u}{\partial x}\frac{\partial v}{\partial x}+\frac{\partial u}{\partial y}\frac{\partial v}{\partial y}+\frac{\partial u}{\partial z}\frac{\partial v}{\partial z}\right)\mathrm{d}x\mathrm{d}y\mathrm{d}z,$$

其中 Σ 是闭区域 Ω 的整个边界曲面，$\frac{\partial v}{\partial n}$ 为函数 $v(x,y,z)$ 沿 Σ 的外法向量的方向导数，符号 $\Delta=\frac{\partial^2}{\partial x^2}+\frac{\partial^2}{\partial y^2}+\frac{\partial^2}{\partial z^2}$ 称为拉普拉斯(Laplace)算子. 这个公式叫做格林第一公式.

证　因为方向导数

$$\frac{\partial v}{\partial n}=\frac{\partial v}{\partial x}\cos\alpha+\frac{\partial v}{\partial y}\cos\beta+\frac{\partial v}{\partial z}\cos\gamma,$$

其中 $\cos\alpha,\cos\beta$ 与 $\cos\gamma$ 是 Σ 在点 (x,y,z) 处的外法向量的方向余弦. 于是曲面积分

$$\begin{aligned}\oiint_{\Sigma} u\frac{\partial v}{\partial n}\mathrm{d}S&=\oiint_{\Sigma} u\left(\frac{\partial v}{\partial x}\cos\alpha+\frac{\partial v}{\partial y}\cos\beta+\frac{\partial v}{\partial z}\cos\gamma\right)\mathrm{d}S\\&=\oiint_{\Sigma}\left[\left(u\frac{\partial v}{\partial x}\right)\cos\alpha+\left(u\frac{\partial v}{\partial y}\right)\cos\beta+\left(u\frac{\partial v}{\partial z}\right)\cos\gamma\right]\mathrm{d}S.\end{aligned}$$

利用高斯公式,即得

$$\begin{aligned}\oiint_{\Sigma} u\frac{\partial v}{\partial n}\mathrm{d}S&=\iiint_{\Omega}\left[\frac{\partial}{\partial x}\left(u\frac{\partial v}{\partial x}\right)+\frac{\partial}{\partial y}\left(u\frac{\partial v}{\partial y}\right)+\frac{\partial}{\partial z}\left(u\frac{\partial v}{\partial z}\right)\right]\mathrm{d}x\mathrm{d}y\mathrm{d}z\\&=\iiint_{\Omega} u\Delta v\mathrm{d}x\mathrm{d}y\mathrm{d}z+\iiint_{\Omega}\left(\frac{\partial u}{\partial x}\frac{\partial v}{\partial x}+\frac{\partial u}{\partial y}\frac{\partial v}{\partial y}+\frac{\partial u}{\partial z}\frac{\partial v}{\partial z}\right)\mathrm{d}x\mathrm{d}y\mathrm{d}z,\end{aligned}$$

将上式右端第二个积分移至左端便得所要证明的等式.

*二、沿任意闭曲面的曲面积分为零的条件

现在提出与第三节第二目所讨论的问题相类似的问题,这就是:在怎样的条件下,曲面积分

$$\iint_{\Sigma} P\mathrm{d}y\mathrm{d}z+Q\mathrm{d}z\mathrm{d}x+R\mathrm{d}x\mathrm{d}y$$

与曲面 Σ 无关而只取决于 Σ 的边界曲线?这问题相当于在怎样的条件下,沿任意闭曲面的曲面积分为零?这问题可用高斯公式来解决.

先介绍空间二维单连通区域及一维单连通区域的概念. 对空间区域 G,如果 G 内任一闭曲面所围成的区域全属于 G,则称 G 是空间二维单连通区域;如果 G 内任一闭曲线总可以张成一片完全属于 G 的曲面,则称 G 为空间一维单连通区域. 例如球面所围成的区域既是空间二维单连通的,又是空间一维单连通的;环面所围成的区域是空间二维单连通的,但不是空间一维单连通的;两个同心球面之间的区域是空间一维单连通的,但不是空间二维单连通的.

对于沿任意闭曲面的曲面积分为零的条件,我们有以下结论:

定理 2　设 G 是空间二维单连通区域,若 $P(x,y,z)$,$Q(x,y,z)$ 与 $R(x,y,z)$ 在 G 内具有一阶连续偏导数,则曲面积分

$$\iint_{\Sigma} P\mathrm{d}y\mathrm{d}z+Q\mathrm{d}z\mathrm{d}x+R\mathrm{d}x\mathrm{d}y$$

在 G 内与所取曲面 Σ 无关而只取决于 Σ 的边界曲线(或沿 G 内任一闭曲面的曲面积分为零)的充分必要条件是

$$\frac{\partial P}{\partial x}+\frac{\partial Q}{\partial y}+\frac{\partial R}{\partial z}=0 \tag{6-4}$$

在 G 内恒成立.

证　若等式(6-4)在 G 内恒成立,则由高斯公式(6-1)立即可看出沿 G 内的任意闭曲面的曲面积分为零,因此条件(6-4)是充分的.反之,设沿 G 内的任一闭曲面的曲面积分为零,若等式(6-4)在 G 内不恒成立,就是说在 G 内至少有一点 M_0 使得

$$\left(\frac{\partial P}{\partial x}+\frac{\partial Q}{\partial y}+\frac{\partial R}{\partial z}\right)_{M_0}\neq 0,$$

仿照第三节第二目中所用的方法,就可得出 G 内存在着闭曲面使得沿该闭曲面的曲面积分不等于零,这与假设相矛盾.因此条件(6-4)是必要的.证毕.

*三、通量与散度

设有向量场

$$\boldsymbol{A}(x,y,z)=P(x,y,z)\boldsymbol{i}+Q(x,y,z)\boldsymbol{j}+R(x,y,z)\boldsymbol{k},$$

其中函数 P,Q 与 R 均具有一阶连续偏导数,Σ 是场内的一片有向曲面,$\boldsymbol{n}$ 是 Σ 在点 (x,y,z) 处的单位法向量,则积分

$$\iint_{\Sigma}\boldsymbol{A}\cdot\boldsymbol{n}\mathrm{d}S$$

称为向量场 $\boldsymbol{A}$ 通过曲面 Σ 向着指定侧的通量(或流量).

由两类曲面积分的关系,通量又可表达为

$$\iint_{\Sigma}\boldsymbol{A}\cdot\boldsymbol{n}\mathrm{d}S=\iint_{\Sigma}\boldsymbol{A}\cdot\mathrm{d}\boldsymbol{S}=\iint_{\Sigma}P\mathrm{d}y\mathrm{d}z+Q\mathrm{d}z\mathrm{d}x+R\mathrm{d}x\mathrm{d}y.$$

例 4　求向量场 $\boldsymbol{A}=yz\boldsymbol{j}+z^2\boldsymbol{k}$ 穿过曲面 Σ 流向上侧的通量,其中 Σ 为柱面 $y^2+z^2=1\ (z\geqslant 0)$ 被平面 $x=0$ 及 $x=1$ 截下的有限部分(图 11-27).

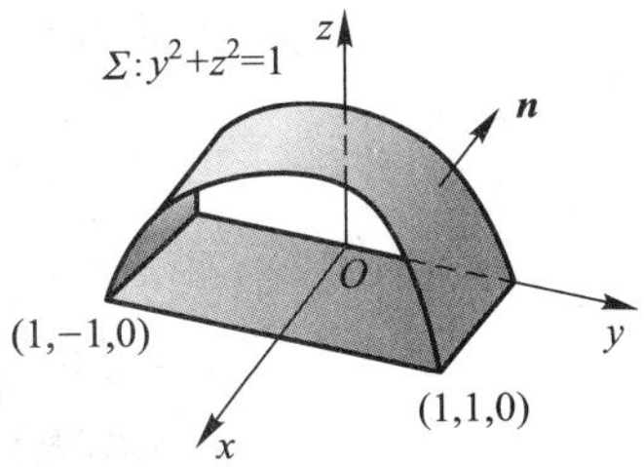

图 11-27

解　曲面 Σ 上侧的法向量可以由

$$f(x,y,z)=y^2+z^2$$

的梯度 ∇f 得出,即

$$\boldsymbol{n}=\frac{\nabla f}{|\nabla f|}=\frac{2y\boldsymbol{j}+2z\boldsymbol{k}}{\sqrt{(2y)^2+(2z)^2}}=y\boldsymbol{j}+z\boldsymbol{k}\quad(y^2+z^2=1).$$

在曲面 Σ 上,

$$\boldsymbol{A}\cdot\boldsymbol{n}=y^2z+z^3=z(y^2+z^2)=z.$$

因此,$\boldsymbol{A}$ 穿过 Σ 流向上侧的通量为

$$\iint_{\Sigma} \boldsymbol{A} \cdot \boldsymbol{n} \mathrm{d}S = \iint_{\Sigma} z \mathrm{d}S = \iint_{D_{xy}} \sqrt{1-y^2} \cdot \frac{1}{\sqrt{1-y^2}} \mathrm{d}x\mathrm{d}y = \iint_{D_{xy}} \mathrm{d}x\mathrm{d}y = 2.$$

下面我们来解释高斯公式

$$\iiint_{\Omega} \left(\frac{\partial P}{\partial x} + \frac{\partial Q}{\partial y} + \frac{\partial R}{\partial z} \right) \mathrm{d}V = \oint\!\!\!\oint_{\Sigma} P\mathrm{d}y\mathrm{d}z + Q\mathrm{d}z\mathrm{d}x + R\mathrm{d}x\mathrm{d}y \tag{6-1}$$

的物理意义.

设在闭区域 Ω 上有稳定流动的、不可压缩的流体(假定流体的密度为 1)的速度场

$$\boldsymbol{v}(x,y,z) = P(x,y,z)\boldsymbol{i} + Q(x,y,z)\boldsymbol{j} + R(x,y,z)\boldsymbol{k},$$

其中函数 P,Q 与 R 均具有一阶连续偏导数,Σ 是闭区域 Ω 的边界曲面的外侧,$\boldsymbol{n}$ 是曲面 Σ 在点 (x,y,z) 处的单位法向量,则由第五节第一目知道,单位时间内流体经过曲面 Σ 流向指定侧的流体总质量就是

$$\iint_{\Sigma} \boldsymbol{v} \cdot \boldsymbol{n} \mathrm{d}S = \iint_{\Sigma} v_n \mathrm{d}S = \iint_{\Sigma} P\mathrm{d}y\mathrm{d}z + Q\mathrm{d}z\mathrm{d}x + R\mathrm{d}x\mathrm{d}y.$$

因此,高斯公式(6-1)的右端可解释为速度场 $\boldsymbol{v}$ 通过闭曲面 Σ 流向外侧的通量,即流体在单位时间内离开闭区域 Ω 的总质量.由于我们假定流体是不可压缩且流动是稳定的,因此在流体离开 Ω 的同时,Ω 内部必须有产生流体的"源头"产生出同样多的流体来进行补充.所以高斯公式(6-1)的左端可解释为分布在 Ω 内的源头在单位时间内所产生的流体的总质量.

为简便起见,把高斯公式(6-1)改写成

$$\iiint_{\Omega} \left(\frac{\partial P}{\partial x} + \frac{\partial Q}{\partial y} + \frac{\partial R}{\partial z} \right) \mathrm{d}V = \oint\!\!\!\oint_{\Sigma} v_n \mathrm{d}S.$$

以闭区域 Ω 的体积 V 除上式两端,得

$$\frac{1}{V} \iiint_{\Omega} \left(\frac{\partial P}{\partial x} + \frac{\partial Q}{\partial y} + \frac{\partial R}{\partial z} \right) \mathrm{d}V = \frac{1}{V} \oint\!\!\!\oint_{\Sigma} v_n \mathrm{d}S.$$

上式左端表示 Ω 内的源头在单位时间单位体积内所产生的流体质量的平均值.应用积分中值定理于上式左端,得

$$\left. \left(\frac{\partial P}{\partial x} + \frac{\partial Q}{\partial y} + \frac{\partial R}{\partial z} \right) \right|_{(\xi,\eta,\zeta)} = \frac{1}{V} \oint\!\!\!\oint_{\Sigma} v_n \mathrm{d}S,$$

这里 (ξ,η,ζ) 是 Ω 内的某个点.令 Ω 缩向一点 $M(x,y,z)$,取上式的极限,得

$$\frac{\partial P}{\partial x} + \frac{\partial Q}{\partial y} + \frac{\partial R}{\partial z} = \lim_{\Omega \to M} \frac{1}{V} \oint\!\!\!\oint_{\Sigma} v_n \mathrm{d}S.$$

上式左端称为速度场 $\boldsymbol{v}$ 在点 M 的通量密度或散度,记作 $\mathrm{div}\ \boldsymbol{v}(M)$,即

$$\mathrm{div}\ \boldsymbol{v}(M) = \frac{\partial P}{\partial x} + \frac{\partial Q}{\partial y} + \frac{\partial R}{\partial z}.$$

$\mathrm{div}\ \boldsymbol{v}(M)$ 在这里可看做稳定流动的不可压缩流体在点 M 的源头强度.在 $\mathrm{div}\ \boldsymbol{v}(M)>0$

的点处，流体从该点向外发散，表示流体在该点处有正源；在div $\boldsymbol{v}(M)<0$ 的点处，流体向该点汇聚，表示流体在该点处有吸收流体的负源（又称为汇或洞）；在 div $\boldsymbol{v}(M)=0$ 的点处，表示流体在该点处无源.

对于一般的向量场

$$\boldsymbol{A}(x,y,z)=P(x,y,z)\boldsymbol{i}+Q(x,y,z)\boldsymbol{j}+R(x,y,z)\boldsymbol{k},$$

$\dfrac{\partial P}{\partial x}+\dfrac{\partial Q}{\partial y}+\dfrac{\partial R}{\partial z}$叫做向量场 $\boldsymbol{A}$ 的散度，记作 div $\boldsymbol{A}$，即

$$\operatorname{div}\boldsymbol{A}=\frac{\partial P}{\partial x}+\frac{\partial Q}{\partial y}+\frac{\partial R}{\partial z}.$$

利用向量微分算子 ∇，$\boldsymbol{A}$ 的散度 div $\boldsymbol{A}$ 也可表达为 $\nabla\cdot\boldsymbol{A}$，即

$$\operatorname{div}\boldsymbol{A}=\nabla\cdot\boldsymbol{A}.$$

如果向量场 $\boldsymbol{A}$ 的散度 div $\boldsymbol{A}$ 处处为零，那么称向量场 $\boldsymbol{A}$ 为无源场.

例 5　求例 4 中的向量场 $\boldsymbol{A}$ 的散度.

解　$\operatorname{div}\boldsymbol{A}=\nabla\cdot\boldsymbol{A}=\dfrac{\partial}{\partial y}(yz)+\dfrac{\partial}{\partial z}(z^2)=z+2z=3z.$

利用向量场的通量和散度，高斯公式可以写成下面的向量形式

$$\iiint_{\Omega}\operatorname{div}\boldsymbol{A}\,\mathrm{d}V=\iint_{\Sigma}A_n\,\mathrm{d}S \tag{6-5}$$

或

$$\iiint_{\Omega}\nabla\cdot\boldsymbol{A}\,\mathrm{d}V=\iint_{\Sigma}A_n\,\mathrm{d}S. \tag{6-5'}$$

高斯公式(6-5)表示：向量场 $\boldsymbol{A}$ 通过闭曲面 Σ 流向外侧的通量等于向量场 $\boldsymbol{A}$ 的散度在闭曲面 Σ 所围闭区域 Ω 上的积分.

习题 11-6

1. 利用高斯公式计算曲面积分：

(1) $\oint\!\!\oint_{\Sigma}x^2\mathrm{d}y\mathrm{d}z+y^2\mathrm{d}z\mathrm{d}x+z^2\mathrm{d}x\mathrm{d}y$，其中 Σ 为平面 $x=0,y=0,z=0,x=a,y=a,z=a$ 所围成的立体的表面的外侧；

*(2) $\oint\!\!\oint_{\Sigma}x^3\mathrm{d}y\mathrm{d}z+y^3\mathrm{d}z\mathrm{d}x+z^3\mathrm{d}x\mathrm{d}y$，其中 Σ 为球面 $x^2+y^2+z^2=a^2$ 的外侧；

*(3) $\oint\!\!\oint_{\Sigma}xz^2\mathrm{d}y\mathrm{d}z+(x^2y-z^3)\mathrm{d}z\mathrm{d}x+(2xy+y^2z)\mathrm{d}x\mathrm{d}y$，其中 Σ 为上半球体 $0\leqslant z\leqslant\sqrt{a^2-x^2-y^2}$，$x^2+y^2\leqslant a^2$ 的表面的外侧；

(4) $\oint\!\!\oint_{\Sigma}x\mathrm{d}y\mathrm{d}z+y\mathrm{d}z\mathrm{d}x+z\mathrm{d}x\mathrm{d}y$，其中 Σ 是界于 $z=0$ 和 $z=3$ 之间的圆柱体 $x^2+y^2\leqslant 9$ 的整个表面的

外侧；

（5）$\oiint\limits_{\Sigma} 4xz\mathrm{d}y\mathrm{d}z-y^2\mathrm{d}z\mathrm{d}x+yz\mathrm{d}x\mathrm{d}y$，其中 Σ 是平面 $x=0,y=0,z=0,x=1,y=1,z=1$ 所围成的立方体的全表面的外侧.

*2. 求下列向量 $\boldsymbol{A}$ 穿过曲面 Σ 流向指定侧的通量：

（1）$\boldsymbol{A}=yz\boldsymbol{i}+xz\boldsymbol{j}+xy\boldsymbol{k}$，$\Sigma$ 为圆柱 $x^2+y^2\leqslant a^2\ (0\leqslant z\leqslant h)$ 的全表面，流向外侧；

（2）$\boldsymbol{A}=(2x-z)\boldsymbol{i}+x^2y\boldsymbol{j}-xz^2\boldsymbol{k}$，$\Sigma$ 为立方体 $0\leqslant x\leqslant a,0\leqslant y\leqslant a,0\leqslant z\leqslant a$ 的全表面，流向外侧；

（3）$\boldsymbol{A}=(2x+3z)\boldsymbol{i}-(xz+y)\boldsymbol{j}+(y^2+2z)\boldsymbol{k}$，$\Sigma$ 是以点 $(3,-1,2)$ 为球心，半径 $R=3$ 的球面，流向外侧.

*3. 求下列向量场 $\boldsymbol{A}$ 的散度：

（1）$\boldsymbol{A}=(x^2+yz)\boldsymbol{i}+(y^2+xz)\boldsymbol{j}+(z^2+xy)\boldsymbol{k}$；

（2）$\boldsymbol{A}=\mathrm{e}^{xy}\boldsymbol{i}+\cos(xy)\boldsymbol{j}+\cos(xz^2)\boldsymbol{k}$；

（3）$\boldsymbol{A}=y^2z\boldsymbol{i}+xy\boldsymbol{j}+xz\boldsymbol{k}$.

4. 设 $u(x,y,z)$，$v(x,y,z)$ 是两个定义在闭区域 Ω 上的具有二阶连续偏导数的函数，$\dfrac{\partial u}{\partial n}$，$\dfrac{\partial v}{\partial n}$ 依次表示 $u(x,y,z)$，$v(x,y,z)$ 沿 Σ 的外法线方向的方向导数. 证明：

$$\iiint\limits_{\Omega}(u\Delta v-v\Delta u)\mathrm{d}x\mathrm{d}y\mathrm{d}z=\oiint\limits_{\Sigma}\left(u\frac{\partial v}{\partial n}-v\frac{\partial u}{\partial n}\right)\mathrm{d}S,$$

其中 Σ 是空间闭区域 Ω 的整个边界曲面. 这个公式叫做格林第二公式.

*5. 利用高斯公式推证阿基米德原理：浸没在液体中的物体所受液体的压力的合力（即浮力）的方向铅直向上，其大小等于该物体所排开的液体所受的重力.

第七节　斯托克斯公式　*环流量与旋度

一、斯托克斯公式

斯托克斯（Stokes）公式是格林公式的推广. 格林公式表达了平面闭区域上的二重积分与其边界曲线上的曲线积分间的关系，而斯托克斯公式则把曲面 Σ 上的曲面积分与沿着 Σ 的边界曲线的曲线积分联系起来. 这个联系可陈述如下：

定理 1　设 Γ 为分段光滑的空间有向闭曲线，Σ 是以 Γ 为边界的分片光滑的有向曲面，Γ 的正向与 Σ 的侧符合右手规则①，若函数 $P(x,y,z)$，$Q(x,y,z)$ 与 $R(x,y,z)$ 在曲面 Σ（连同边界 Γ）上具有一阶连续偏导数，则有

$$\iint\limits_{\Sigma}\left(\frac{\partial R}{\partial y}-\frac{\partial Q}{\partial z}\right)\mathrm{d}y\mathrm{d}z+\left(\frac{\partial P}{\partial z}-\frac{\partial R}{\partial x}\right)\mathrm{d}z\mathrm{d}x+\left(\frac{\partial Q}{\partial x}-\frac{\partial P}{\partial y}\right)\mathrm{d}x\mathrm{d}y=\oint_{\Gamma}P\mathrm{d}x+Q\mathrm{d}y+R\mathrm{d}z.\quad(7-1)$$

① 就是说，当右手除拇指外的四指依 Γ 的绕行方向时，拇指所指的方向与 Σ 上法向量的方向相同. 这时称 Γ 是有向曲面 Σ 的正向边界曲线.

公式(7-1)叫做斯托克斯公式.

证　先假定 Σ 与平行于 z 轴的直线相交不多于一点，并设 Σ 为曲面 $z=f(x,y)$ 的上侧，Σ 的正向边界曲线 Γ 在 xOy 面上的投影为平面有向曲线 C，C 所围成的闭区域为 D_{xy}（图11-28）.

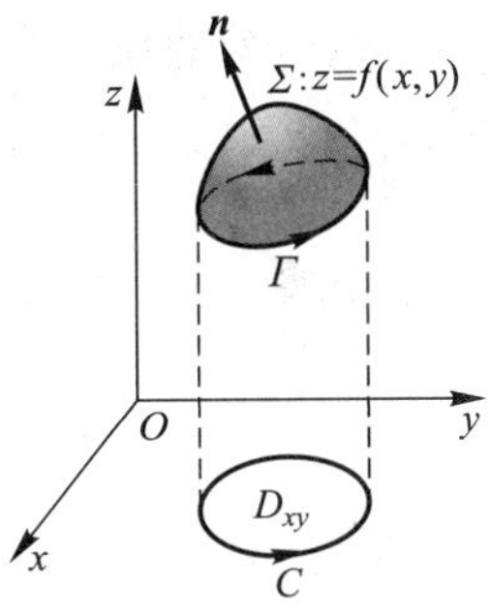

图 11-28

我们设法把曲面积分

$$\iint_{\Sigma}\frac{\partial P}{\partial z}\mathrm{d}z\mathrm{d}x-\frac{\partial P}{\partial y}\mathrm{d}x\mathrm{d}y$$

化为闭区域 D_{xy} 上的二重积分，然后通过格林公式使它与曲线积分相联系.

根据对面积的和对坐标的曲面积分间的关系，有

$$\iint_{\Sigma}\frac{\partial P}{\partial z}\mathrm{d}z\mathrm{d}x-\frac{\partial P}{\partial y}\mathrm{d}x\mathrm{d}y=\iint_{\Sigma}\left(\frac{\partial P}{\partial z}\cos\beta-\frac{\partial P}{\partial y}\cos\gamma\right)\mathrm{d}S. \tag{7-2}$$

由第九章第六节知道，有向曲面 Σ 的法向量的方向余弦为

$$\cos\alpha=\frac{-f_x}{\sqrt{1+f_x^2+f_y^2}},\quad \cos\beta=\frac{-f_y}{\sqrt{1+f_x^2+f_y^2}},\quad \cos\gamma=\frac{1}{\sqrt{1+f_x^2+f_y^2}},$$

因此 $\cos\beta=-f_y\cos\gamma$，把它代入(7-2)式得

$$\iint_{\Sigma}\frac{\partial P}{\partial z}\mathrm{d}z\mathrm{d}x-\frac{\partial P}{\partial y}\mathrm{d}x\mathrm{d}y=-\iint_{\Sigma}\left(\frac{\partial P}{\partial y}+\frac{\partial P}{\partial z}f_y\right)\cos\gamma\mathrm{d}S,$$

即

$$\iint_{\Sigma}\frac{\partial P}{\partial z}\mathrm{d}z\mathrm{d}x-\frac{\partial P}{\partial y}\mathrm{d}x\mathrm{d}y=-\iint_{\Sigma}\left(\frac{\partial P}{\partial y}+\frac{\partial P}{\partial z}f_y\right)\mathrm{d}x\mathrm{d}y. \tag{7-3}$$

上式右端的曲面积分化为二重积分时，应把 $P(x,y,z)$ 中的 z 用 $f(x,y)$ 来代替.因为由复合函数的微分法，有

$$\frac{\partial}{\partial y}P[x,y,f(x,y)]=\frac{\partial P}{\partial y}+\frac{\partial P}{\partial z}f_y.$$

所以，(7-3)式可写成

$$\iint_{\Sigma}\frac{\partial P}{\partial z}\mathrm{d}z\mathrm{d}x-\frac{\partial P}{\partial y}\mathrm{d}x\mathrm{d}y=-\iint_{D_{xy}}\frac{\partial}{\partial y}P[x,y,f(x,y)]\mathrm{d}x\mathrm{d}y.$$

根据格林公式，上式右端的二重积分可化为沿闭区域 D_{xy} 的边界 C 的曲线积分

$$-\iint_{D_{xy}}\frac{\partial}{\partial y}P[x,y,f(x,y)]\mathrm{d}x\mathrm{d}y=\oint_C P[x,y,f(x,y)]\mathrm{d}x,$$

于是

$$\iint_{\Sigma}\frac{\partial P}{\partial z}\mathrm{d}z\mathrm{d}x-\frac{\partial P}{\partial y}\mathrm{d}x\mathrm{d}y=\oint_C P[x,y,f(x,y)]\mathrm{d}x.$$

因为函数 $P[x,y,f(x,y)]$ 在曲线 C 上点 (x,y) 处的值与函数 $P(x,y,z)$ 在曲线 Γ 上对应点 (x,y,z) 处的值是一样的，并且两曲线上的对应小弧段在 x 轴上的投影也一样，根据曲线积分的定义，上式右端的曲线积分等于曲线 Γ 上的曲线积分 $\int_\Gamma P(x,y,z)\mathrm{d}x$. 因此，我们证得

$$\iint_\Sigma \frac{\partial P}{\partial z}\mathrm{d}z\mathrm{d}x-\frac{\partial P}{\partial y}\mathrm{d}x\mathrm{d}y=\oint_\Gamma P(x,y,z)\mathrm{d}x. \tag{7-4}$$

如果 Σ 取下侧，Γ 也相应地改成相反的方向，那么(7-4)式两端同时改变符号，因此(7-4)式仍成立.

其次，如果曲面与平行于 z 轴的直线的交点多于一个，那么可作辅助曲线把曲面分成几部分，然后应用公式(7-4)并相加. 因为沿辅助曲线而方向相反的两个曲线积分相加时正好抵消，所以对于这一类曲面公式(7-4)也成立.

同样可证

$$\iint_\Sigma \frac{\partial Q}{\partial x}\mathrm{d}x\mathrm{d}y-\frac{\partial Q}{\partial z}\mathrm{d}y\mathrm{d}z=\oint_\Gamma Q\mathrm{d}y,$$

$$\iint_\Sigma \frac{\partial R}{\partial y}\mathrm{d}y\mathrm{d}z-\frac{\partial R}{\partial x}\mathrm{d}z\mathrm{d}x=\oint_\Gamma R\mathrm{d}z.$$

把它们与公式(7-4)相加即得公式(7-1). 证毕.

为了便于记忆，利用行列式记号把斯托克斯公式(7-1)写成

$$\iint_\Sigma \begin{vmatrix} \mathrm{d}y\mathrm{d}z & \mathrm{d}z\mathrm{d}x & \mathrm{d}x\mathrm{d}y \\ \dfrac{\partial}{\partial x} & \dfrac{\partial}{\partial y} & \dfrac{\partial}{\partial z} \\ P & Q & R \end{vmatrix}=\oint_\Gamma P\mathrm{d}x+Q\mathrm{d}y+R\mathrm{d}z,$$

把其中的行列式按第一行展开，并把 $\dfrac{\partial}{\partial y}$ 与 R 的“积”理解为 $\dfrac{\partial R}{\partial y}$，$\dfrac{\partial}{\partial z}$ 与 Q 的“积”理解为 $\dfrac{\partial Q}{\partial z}$，等等，于是这个行列式就“等于”

$$\left(\frac{\partial R}{\partial y}-\frac{\partial Q}{\partial z}\right)\mathrm{d}y\mathrm{d}z+\left(\frac{\partial P}{\partial z}-\frac{\partial R}{\partial x}\right)\mathrm{d}z\mathrm{d}x+\left(\frac{\partial Q}{\partial x}-\frac{\partial P}{\partial y}\right)\mathrm{d}x\mathrm{d}y.$$

这恰好是公式(7-1)左端的被积表达式.

利用两类曲面积分间的联系，可得斯托克斯公式的另一形式

$$\iint_\Sigma \begin{vmatrix} \cos\alpha & \cos\beta & \cos\gamma \\ \dfrac{\partial}{\partial x} & \dfrac{\partial}{\partial y} & \dfrac{\partial}{\partial z} \\ P & Q & R \end{vmatrix}\mathrm{d}S=\oint_\Gamma P\mathrm{d}x+Q\mathrm{d}y+R\mathrm{d}z,$$

其中 $\boldsymbol{n}=(\cos\alpha,\cos\beta,\cos\gamma)$ 为有向曲面 Σ 在点 (x,y,z) 处的单位法向量.

如果 Σ 是 xOy 面上的一块平面闭区域,斯托克斯公式就变成格林公式.因此,格林公式是斯托克斯公式的一种特殊情形.

例 1　利用斯托克斯公式计算曲线积分 $\oint_\Gamma z\mathrm{d}x+x\mathrm{d}y+y\mathrm{d}z$,其中 Γ 为平面 $x+y+z=1$ 被三个坐标面所截成的三角形的整个边界,它的正向与这个平面三角形 Σ 上侧的法向量之间符合右手规则(图 11-29).

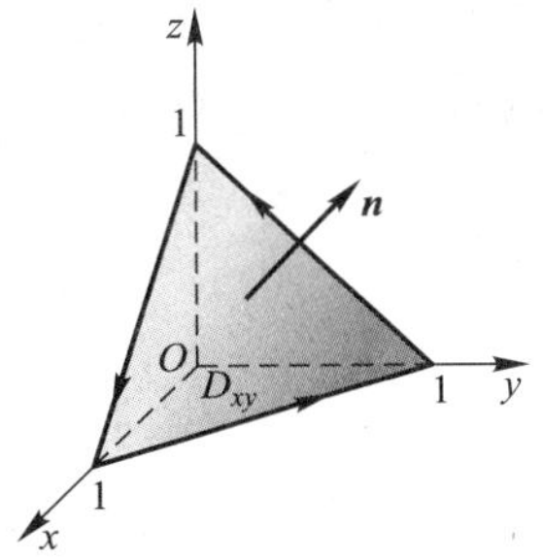

图 11-29

解　按斯托克斯公式,有

$$\oint_\Gamma z\mathrm{d}x+x\mathrm{d}y+y\mathrm{d}z=\iint_\Sigma \mathrm{d}y\mathrm{d}z+\mathrm{d}z\mathrm{d}x+\mathrm{d}x\mathrm{d}y.$$

而

$$\iint_\Sigma \mathrm{d}y\mathrm{d}z=\iint_{D_{yz}}\mathrm{d}\sigma=\frac{1}{2},$$

$$\iint_\Sigma \mathrm{d}z\mathrm{d}x=\iint_{D_{zx}}\mathrm{d}\sigma=\frac{1}{2},$$

$$\iint_\Sigma \mathrm{d}x\mathrm{d}y=\iint_{D_{xy}}\mathrm{d}\sigma=\frac{1}{2},$$

其中 D_{yz},D_{zx} 与 D_{xy} 分别为 Σ 在 yOz,zOx 与 xOy 面上的投影区域,因此

$$\oint_\Gamma z\mathrm{d}x+x\mathrm{d}y+y\mathrm{d}z=\frac{3}{2}.$$

例 2　利用斯托克斯公式计算曲线积分

$$I=\oint_\Gamma (y^2-z^2)\mathrm{d}x+(z^2-x^2)\mathrm{d}y+(x^2-y^2)\mathrm{d}z,$$

其中 Γ 是用平面 $x+y+z=\frac{3}{2}$ 截立方体 $\{(x,y,z)\mid 0\leqslant x\leqslant 1,0\leqslant y\leqslant 1,0\leqslant z\leqslant 1\}$ 的表面所得的截痕,若从 x 轴的正向看去,取逆时针方向(图 11-30(a)).

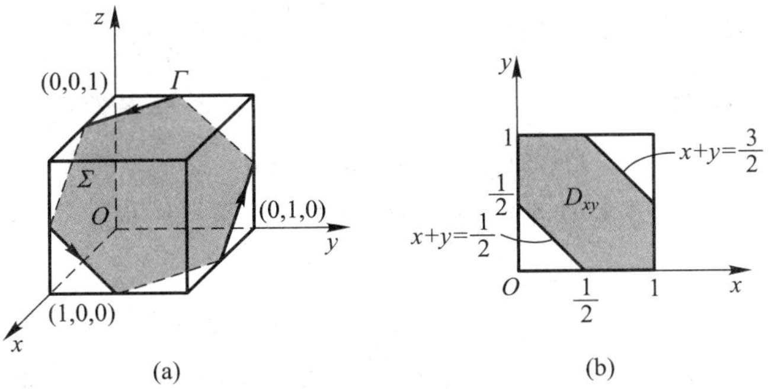

图 11-30

解　取 Σ 为平面 $x+y+z=\frac{3}{2}$ 的上侧被 Γ 所围成的部分，Σ 的单位法向量 $\boldsymbol{n}=\frac{1}{\sqrt{3}}(1,1,1)$，即 $\cos\alpha=\cos\beta=\cos\gamma=\frac{1}{\sqrt{3}}$. 按斯托克斯公式，有

$$I=\iint_{\Sigma}\begin{vmatrix}\frac{1}{\sqrt{3}} & \frac{1}{\sqrt{3}} & \frac{1}{\sqrt{3}}\\ \frac{\partial}{\partial x} & \frac{\partial}{\partial y} & \frac{\partial}{\partial z}\\ y^2-z^2 & z^2-x^2 & x^2-y^2\end{vmatrix}\mathrm{d}S=-\frac{4}{\sqrt{3}}\iint_{\Sigma}(x+y+z)\,\mathrm{d}S.$$

因为在 Σ 上 $x+y+z=\frac{3}{2}$，故

$$I=-\frac{4}{\sqrt{3}}\times\frac{3}{2}\iint_{\Sigma}\mathrm{d}S=-2\sqrt{3}\iint_{D_{xy}}\sqrt{3}\,\mathrm{d}x\mathrm{d}y=-6\sigma_{xy},$$

其中 D_{xy} 为 Σ 在 xOy 平面上的投影区域（图 11-30(b)），σ_{xy} 为 D_{xy} 的面积，因

$$\sigma_{xy}=1-2\times\frac{1}{8}=\frac{3}{4}.$$

故

$$I=-\frac{9}{2}.$$

*二、空间曲线积分与路径无关的条件

在第三节中，利用格林公式推得了平面曲线积分与路径无关的条件. 完全类似地，利用斯托克斯公式，可推得空间曲线积分与路径无关的条件.

首先我们指出，空间曲线积分与路径无关相当于沿任意闭曲线的曲线积分为零. 关于空间曲线积分在什么条件下与路径无关的问题，有以下结论：

定理 2　设空间区域 G 是一维单连通区域，若函数 $P(x,y,z)$，$Q(x,y,z)$ 与 $R(x,y,z)$ 在 G 内具有一阶连续偏导数，则空间曲线积分 $\int_{\Gamma}P\mathrm{d}x+Q\mathrm{d}y+R\mathrm{d}z$ 在 G 内与路径无关（或沿 G 内任意闭曲线的曲线积分为零）的充分必要条件是

$$\frac{\partial P}{\partial y}=\frac{\partial Q}{\partial x},\quad\frac{\partial Q}{\partial z}=\frac{\partial R}{\partial y},\quad\frac{\partial R}{\partial x}=\frac{\partial P}{\partial z}\tag{7-5}$$

在 G 内恒成立.

证　如果等式(7-5)在 G 内恒成立，那么由斯托克斯公式(7-1)立即可看出，沿闭曲线的曲线积分为零，因此条件是充分的. 反之，设沿 G 内任意闭曲线的曲线积分为零，若 G 内有一点 M_0 使(7-5)式中的三个等式不完全成立，例如 $\frac{\partial P}{\partial y}\neq\frac{\partial Q}{\partial x}$. 不妨假定

$$\left(\frac{\partial Q}{\partial x}-\frac{\partial P}{\partial y}\right)_{M_0}=\eta>0.$$

过点 $M_0(x_0,y_0,z_0)$ 作平面 $z=z_0$，并在这个平面上取一个以 M_0 为圆心、半径足够小的圆形闭区域 K，使得在 K 上恒有

$$\frac{\partial Q}{\partial x}-\frac{\partial P}{\partial y}\geqslant\frac{\eta}{2}.$$

设 γ 是 K 的正向边界曲线.因为 γ 在平面 $z=z_0$ 上，所以按定义有

$$\oint_\gamma P\mathrm{d}x+Q\mathrm{d}y+R\mathrm{d}z=\oint_\gamma P\mathrm{d}x+Q\mathrm{d}y.$$

又由(7-1)式有

$$\oint_\gamma P\mathrm{d}x+Q\mathrm{d}y+R\mathrm{d}z=\iint_K\left(\frac{\partial Q}{\partial x}-\frac{\partial P}{\partial y}\right)\mathrm{d}x\mathrm{d}y\geqslant\frac{\eta}{2}\cdot\sigma,$$

其中 σ 是 K 的面积，因为 $\eta>0,\sigma>0$，从而

$$\oint_\gamma P\mathrm{d}x+Q\mathrm{d}y+R\mathrm{d}z>0.$$

这结果与假设矛盾，从而(7-5)式在 G 内恒成立.证毕.

应用定理 2 并仿照第三节定理 3 的证法，便可以得到

定理 3　设区域 G 是空间一维单连通区域，若函数 $P(x,y,z)$，$Q(x,y,z)$ 与 $R(x,y,z)$ 在 G 内具有一阶连续偏导数，则表达式 $P\mathrm{d}x+Q\mathrm{d}y+R\mathrm{d}z$ 在 G 内成为某一函数 $u(x,y,z)$ 的全微分的充分必要条件是等式(7-5)在 G 内恒成立；当条件(7-5)满足时，这个函数(不计一常数之差)可用下式求出：

$$u(x,y,z)=\int_{(x_0,y_0,z_0)}^{(x,y,z)}P\mathrm{d}x+Q\mathrm{d}y+R\mathrm{d}z\quad(7-6)$$

或用定积分表示为(按图 11-31 取积分路径，且此积分路径在 G 内)

$$u(x,y,z)=\int_{x_0}^{x}P(x,y_0,z_0)\mathrm{d}x+\int_{y_0}^{y}Q(x,y,z_0)\mathrm{d}y+\int_{z_0}^{z}R(x,y,z)\mathrm{d}z.\quad(7-6')$$

其中 $M_0(x_0,y_0,z_0)$ 为 G 内某一定点，点 $M(x,y,z)\in G$.

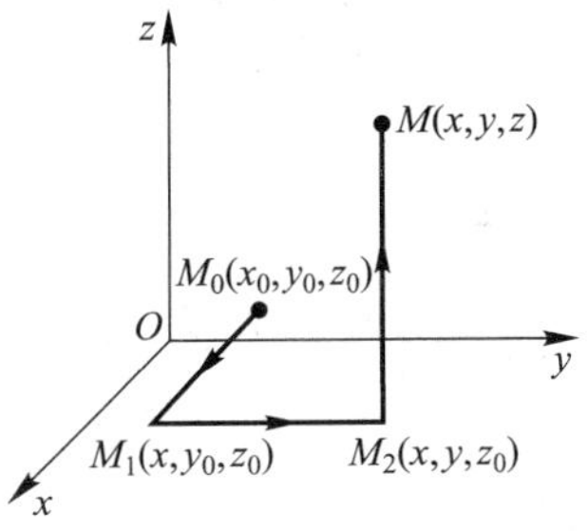

图 11-31

*三、环流量与旋度

设有向量场

$$\boldsymbol{A}(x,y,z)=P(x,y,z)\boldsymbol{i}+Q(x,y,z)\boldsymbol{j}+R(x,y,z)\boldsymbol{k},$$

其中函数 P,Q 与 R 均连续，Γ 是 $\boldsymbol{A}$ 的定义域内的一条分段光滑的有向闭曲线，$\boldsymbol{\tau}$ 是 Γ 在点(x,y,z)处的单位切向量，则积分

$$\oint_{\Gamma}\boldsymbol{A}\cdot\boldsymbol{\tau}\mathrm{d}s$$

称为向量场 $\boldsymbol{A}$ 沿有向闭曲线 Γ 的**环流量**.

由两类曲线积分的关系，环流量又可表达为

$$\oint_{\Gamma}\boldsymbol{A}\cdot\boldsymbol{\tau}\mathrm{d}s=\oint_{\Gamma}\boldsymbol{A}\cdot\mathrm{d}\boldsymbol{r}=\oint_{\Gamma}P\mathrm{d}x+Q\mathrm{d}y+R\mathrm{d}z.$$

例 3　求向量场 $\boldsymbol{A}=(x^2-y)\boldsymbol{i}+4z\boldsymbol{j}+x^2\boldsymbol{k}$ 沿闭曲线 Γ 的环流量，其中 Γ 为锥面 $z=\sqrt{x^2+y^2}$ 和平面 $z=2$ 的交线，从 z 轴正向看 Γ 为逆时针方向.

解　Γ 的向量方程为

$$\boldsymbol{r}=2\cos\theta\boldsymbol{i}+2\sin\theta\boldsymbol{j}+2\boldsymbol{k},\quad 0\leqslant\theta\leqslant2\pi.$$

于是

$$\boldsymbol{A}=(x^2-y)\boldsymbol{i}+4z\boldsymbol{j}+x^2\boldsymbol{k}=(4\cos^2\theta-2\sin\theta)\boldsymbol{i}+8\boldsymbol{j}+4\cos^2\theta\boldsymbol{k},$$

$$\mathrm{d}\boldsymbol{r}=(-2\sin\theta\mathrm{d}\theta)\boldsymbol{i}+(2\cos\theta\mathrm{d}\theta)\boldsymbol{j},$$

$$\oint_{\Gamma}\boldsymbol{A}\cdot\boldsymbol{\tau}\mathrm{d}s=\oint_{\Gamma}\boldsymbol{A}\cdot\mathrm{d}\boldsymbol{r}=\int_0^{2\pi}(-8\cos^2\theta\sin\theta+4\sin^2\theta+16\cos\theta)\mathrm{d}\theta=4\pi.$$

类似于由向量场 $\boldsymbol{A}$ 的通量可以引出向量场 $\boldsymbol{A}$ 在一点的通量密度（即散度）一样，由向量场 $\boldsymbol{A}$ 沿一闭曲线的环流量可引出向量场 $\boldsymbol{A}$ 在一点的环量密度或旋度. 它是一个向量，定义如下：

设有一向量场

$$\boldsymbol{A}(x,y,z)=P(x,y,z)\boldsymbol{i}+Q(x,y,z)\boldsymbol{j}+R(x,y,z)\boldsymbol{k},$$

其中函数 P,Q 与 R 均具有一阶连续偏导数，则向量

$$\left(\frac{\partial R}{\partial y}-\frac{\partial Q}{\partial z}\right)\boldsymbol{i}+\left(\frac{\partial P}{\partial z}-\frac{\partial R}{\partial x}\right)\boldsymbol{j}+\left(\frac{\partial Q}{\partial x}-\frac{\partial P}{\partial y}\right)\boldsymbol{k}$$

称为向量场 $\boldsymbol{A}$ 的旋度，记作 $\mathbf{rot}\,\boldsymbol{A}$，即

$$\mathbf{rot}\,\boldsymbol{A}=\left(\frac{\partial R}{\partial y}-\frac{\partial Q}{\partial z}\right)\boldsymbol{i}+\left(\frac{\partial P}{\partial z}-\frac{\partial R}{\partial x}\right)\boldsymbol{j}+\left(\frac{\partial Q}{\partial x}-\frac{\partial P}{\partial y}\right)\boldsymbol{k}.\tag{7-7}$$

利用向量微分算子 ∇，向量场 $\boldsymbol{A}$ 的旋度 $\mathbf{rot}\,\boldsymbol{A}$ 可表示为 $\nabla\times\boldsymbol{A}$，即

$$\mathbf{rot}\,\boldsymbol{A}=\nabla\times\boldsymbol{A}=\begin{vmatrix}\boldsymbol{i}&\boldsymbol{j}&\boldsymbol{k}\\\dfrac{\partial}{\partial x}&\dfrac{\partial}{\partial y}&\dfrac{\partial}{\partial z}\\P&Q&R\end{vmatrix}.$$

若向量场 $\boldsymbol{A}$ 的旋度 $\mathbf{rot}\,\boldsymbol{A}$ 处处为零，则称向量场 $\boldsymbol{A}$ 为无旋场. 而一个无源且无旋的向量场称为调和场. 调和场是物理学中另一类重要的向量场，这种场与调和函数有密切的关系.

例 4　求例 3 中的向量场 $\boldsymbol{A}$ 的旋度.

解

$$\mathbf{rot}\,\boldsymbol{A}=\nabla\times\boldsymbol{A}=\begin{vmatrix}\boldsymbol{i} & \boldsymbol{j} & \boldsymbol{k}\\ \dfrac{\partial}{\partial x} & \dfrac{\partial}{\partial y} & \dfrac{\partial}{\partial z}\\ x^2-y & 4z & x^2\end{vmatrix}=-4\boldsymbol{i}-2x\boldsymbol{j}+\boldsymbol{k}.$$

设斯托克斯公式中的有向曲面 Σ 在点(x,y,z)处的单位法向量为

$$\boldsymbol{n}=\cos\alpha\boldsymbol{i}+\cos\beta\,\boldsymbol{j}+\cos\gamma\boldsymbol{k},$$

则

$$\mathbf{rot}\,\boldsymbol{A}\cdot\boldsymbol{n}=\nabla\times\boldsymbol{A}\cdot\boldsymbol{n}=\begin{vmatrix}\cos\alpha & \cos\beta & \cos\gamma\\ \dfrac{\partial}{\partial x} & \dfrac{\partial}{\partial y} & \dfrac{\partial}{\partial z}\\ P & Q & R\end{vmatrix}.$$

于是,斯托克斯公式可以写成下面的向量形式

$$\iint_{\Sigma}\mathbf{rot}\,\boldsymbol{A}\cdot\boldsymbol{n}\mathrm{d}S=\oint_{\Gamma}\boldsymbol{A}\cdot\boldsymbol{\tau}\mathrm{d}s \tag{7-8}$$

或

$$\iint_{\Sigma}(\mathbf{rot}\,\boldsymbol{A})_{\boldsymbol{n}}\mathrm{d}S=\oint_{\Gamma}A_{\boldsymbol{\tau}}\mathrm{d}s. \tag{7-8′}$$

斯托克斯公式(7-8)表示:向量场 $\boldsymbol{A}$ 沿有向闭曲线 Γ 的环流量等于向量场 $\boldsymbol{A}$ 的旋度通过曲面 Σ 的通量,这里 Γ 的正向与 Σ 的侧应符合右手规则.

最后,我们从力学角度来对 $\mathbf{rot}\,\boldsymbol{A}$ 的含义作些解释.

设有刚体绕定轴 l 转动,角速度为 $\boldsymbol{\omega}$,M 为刚体内任意一点.在定轴 l 上任取一点 O 为坐标原点,作空间直角坐标系,使 z 轴与定轴 l 重合,则 $\boldsymbol{\omega}=\omega\boldsymbol{k}$,而点 M 可用向量 $\boldsymbol{r}=\overrightarrow{OM}=(x,y,z)$来确定.由力学知道,点 M 的线速度 $\boldsymbol{v}$ 可表示为

$$\boldsymbol{v}=\boldsymbol{\omega}\times\boldsymbol{r}.$$

由此有

$$\boldsymbol{v}=\begin{vmatrix}\boldsymbol{i} & \boldsymbol{j} & \boldsymbol{k}\\ 0 & 0 & \omega\\ x & y & z\end{vmatrix}=(-\omega y,\omega x,0),$$

而

$$\mathbf{rot}\,\boldsymbol{v}=\begin{vmatrix}\boldsymbol{i} & \boldsymbol{j} & \boldsymbol{k}\\ \dfrac{\partial}{\partial x} & \dfrac{\partial}{\partial y} & \dfrac{\partial}{\partial z}\\ -\omega y & \omega x & 0\end{vmatrix}=(0,0,2\omega)=2\boldsymbol{\omega}.$$

从速度场 $\boldsymbol{v}$ 的旋度与旋转角速度的这个关系,可见"旋度"这一名词的由来.

习题 11-7

1. 试对曲面 $\Sigma: z=x^2+y^2, x^2+y^2\leqslant 1, P=y^2, Q=x, R=z^2$ 验证斯托克斯公式.

*2. 利用斯托克斯公式,计算下列曲线积分:

(1) $\oint_\Gamma y\mathrm{d}x+z\mathrm{d}y+x\mathrm{d}z$,其中 Γ 为圆周 $x^2+y^2+z^2=a^2, x+y+z=0$,若从 x 轴的正向看去,这圆周是取逆时针方向;

(2) $\oint_\Gamma (y-z)\mathrm{d}x+(z-x)\mathrm{d}y+(x-y)\mathrm{d}z$,其中 Γ 为椭圆 $x^2+y^2=a^2, \dfrac{x}{a}+\dfrac{z}{b}=1\ (a>0,b>0)$,若从 x 轴正向看去,这椭圆取逆时针方向;

(3) $\oint_\Gamma 3y\mathrm{d}x-xz\mathrm{d}y+yz^2\mathrm{d}z$,其中 Γ 是圆周 $x^2+y^2=2z, z=2$,若从 z 轴正向看去,这圆周取逆时针方向;

(4) $\oint_\Gamma 2y\mathrm{d}x+3x\mathrm{d}y-z^2\mathrm{d}z$,其中 Γ 是圆周 $x^2+y^2+z^2=9, z=0$,若从 z 轴正向看去,这圆周取逆时针方向.

*3. 求下列向量场 $\boldsymbol{A}$ 的旋度:

(1) $\boldsymbol{A}=(2z-3y)\boldsymbol{i}+(3x-z)\boldsymbol{j}+(y-2x)\boldsymbol{k}$;

(2) $\boldsymbol{A}=(z+\sin y)\boldsymbol{i}-(z-x\cos y)\boldsymbol{j}$;

(3) $\boldsymbol{A}=x^2\sin y\boldsymbol{i}+y^2\sin(xz)\boldsymbol{j}+xy\sin(\cos z)\boldsymbol{k}$.

*4. 利用斯托克斯公式把曲面积分 $\iint\limits_\Sigma \mathbf{rot}\,\boldsymbol{A}\cdot\boldsymbol{n}\mathrm{d}S$ 化为曲线积分,并计算积分值,其中 $\boldsymbol{A}$,Σ 及 $\boldsymbol{n}$ 分别如下:

(1) $\boldsymbol{A}=y^2\boldsymbol{i}+xy\boldsymbol{j}+xz\boldsymbol{k}$,$\Sigma$ 为上半球面 $z=\sqrt{1-x^2-y^2}$ 的上侧,$\boldsymbol{n}$ 是 Σ 的单位法向量;

(2) $\boldsymbol{A}=(y-z)\boldsymbol{i}+yz\boldsymbol{j}-xz\boldsymbol{k}$,$\Sigma$ 为立方体 $\{(x,y,z)\mid 0\leqslant x\leqslant 2, 0\leqslant y\leqslant 2, 0\leqslant z\leqslant 2\}$ 的表面外侧去掉 xOy 面上的那个底面,$\boldsymbol{n}$ 是 Σ 的单位法向量.

*5. 求下列向量场 $\boldsymbol{A}$ 沿闭曲线 Γ(从 z 轴正向看 Γ 依逆时针方向)的环流量:

(1) $\boldsymbol{A}=-y\boldsymbol{i}+x\boldsymbol{j}+c\boldsymbol{k}$($c$ 为常量),Γ 为圆周 $x^2+y^2=1, z=0$;

(2) $\boldsymbol{A}=(x-z)\boldsymbol{i}+(x^3+yz)\boldsymbol{j}-3xy^2\boldsymbol{k}$,其中 Γ 为圆周 $z=2-\sqrt{x^2+y^2}, z=0$.

*6. 证明 $\mathbf{rot}(\boldsymbol{a}+\boldsymbol{b})=\mathbf{rot}\,\boldsymbol{a}+\mathbf{rot}\,\boldsymbol{b}$.

*7. 设 $u=u(x,y,z)$ 具有二阶连续偏导数,求 $\mathbf{rot}(\mathbf{grad}\,u)$.

总习题十一

1. 填空:

(1) 第二类曲线积分 $\int_\Gamma P\mathrm{d}x+Q\mathrm{d}y+R\mathrm{d}z$ 化成第一类曲线积分是__________,其中 α,β,γ 为

有向曲线弧 Γ 在点(x,y,z)处的__________的方向角；

(2) 第二类曲面积分 $\iint\limits_{\Sigma} P\mathrm{d}y\mathrm{d}z+Q\mathrm{d}z\mathrm{d}x+R\mathrm{d}x\mathrm{d}y$ 化成第一类曲面积分是____________，其中 α,β 与 γ 为有向曲面 Σ 在点(x,y,z)处的________的方向角.

2. 下题中给出了四个结论，从中选出一个正确的结论：

设曲面 Σ 是上半球面：$x^2+y^2+z^2=R^2\ (z\geqslant 0)$，曲面 Σ_1 是曲面 Σ 在第Ⅰ卦限中的部分，则有(　　).

(A) $\iint\limits_{\Sigma} x\mathrm{d}S=4\iint\limits_{\Sigma_1} x\mathrm{d}S$　　(B) $\iint\limits_{\Sigma} y\mathrm{d}S=4\iint\limits_{\Sigma_1} x\mathrm{d}S$

(C) $\iint\limits_{\Sigma} z\mathrm{d}S=4\iint\limits_{\Sigma_1} x\mathrm{d}S$　　(D) $\iint\limits_{\Sigma} xyz\mathrm{d}S=4\iint\limits_{\Sigma_1} xyz\mathrm{d}S$

3. 计算下列曲线积分：

(1) $\oint_L \sqrt{x^2+y^2}\,\mathrm{d}s$，其中 L 为圆周 $x^2+y^2=ax$；

(2) $\int_\Gamma z\mathrm{d}s$，其中 Γ 为曲线 $x=t\cos t, y=t\sin t, z=t\ (0\leqslant t\leqslant t_0)$；

(3) $\int_L (2a-y)\mathrm{d}x+x\mathrm{d}y$，其中 L 为摆线 $x=a(t-\sin t), y=a(1-\cos t)$ 上对应 t 从 0 到 2π 的一段弧；

(4) $\int_\Gamma (y^2-z^2)\mathrm{d}x+2yz\mathrm{d}y-x^2\mathrm{d}z$，其中 Γ 是曲线 $x=t, y=t^2, z=t^3$ 上由 $t_1=0$ 到 $t_2=1$ 的一段弧；

(5) $\int_L (\mathrm{e}^x\sin y-2y)\mathrm{d}x+(\mathrm{e}^x\cos y-2)\mathrm{d}y$，其中 L 为上半圆周$(x-a)^2+y^2=a^2, y\geqslant 0$，沿逆时针方向；

(6) $\oint_\Gamma xyz\mathrm{d}z$，其中 Γ 是用平面 $y=z$ 截球面 $x^2+y^2+z^2=1$ 所得的截痕，从 z 轴的正向看去，沿逆时针方向.

4. 已知函数 $f(x)$ 具有连续导数，$f(0)=1$，且曲线积分

$$\int_L [\mathrm{e}^x+f(x)]y\mathrm{d}x-f(x)\mathrm{d}y$$

与路径无关，试确定 $f(x)$，并计算 $\int_{(0,0)}^{(1,1)} [\mathrm{e}^x+f(x)]y\mathrm{d}x-f(x)\mathrm{d}y$ 的值.

5. 计算下列曲面积分：

(1) $\iint\limits_{\Sigma} \dfrac{\mathrm{d}S}{x^2+y^2+z^2}$，其中 Σ 是界于平面 $z=0$ 及 $z=H$ 之间的圆柱面 $x^2+y^2=R^2$；

(2) $\iint\limits_{\Sigma} (y^2-z)\mathrm{d}y\mathrm{d}z+(z^2-x)\mathrm{d}z\mathrm{d}x+(x^2-y)\mathrm{d}x\mathrm{d}y$，其中 Σ 为锥面 $z=\sqrt{x^2+y^2}\ (0\leqslant z\leqslant h)$ 的外侧；

(3) $\iint\limits_{\Sigma} x\mathrm{d}y\mathrm{d}z+y\mathrm{d}z\mathrm{d}x+z\mathrm{d}x\mathrm{d}y$，其中 Σ 为半球面 $z=\sqrt{R^2-x^2-y^2}$ 的上侧；

(4) $\iint\limits_{\Sigma} xyz\mathrm{d}x\mathrm{d}y$，其中 Σ 为球面 $x^2+y^2+z^2=1\ (x\geqslant 0, y\geqslant 0)$ 的外侧；

(5) $\oiint\limits_{\Sigma} f(x)\mathrm{d}y\mathrm{d}z-[2f(y)+y^2]\mathrm{d}z\mathrm{d}x+[f(z)+z^3]\mathrm{d}x\mathrm{d}y$，其中函数 $f(x)$ 具有连续导数，Σ 是立方体 Ω：

$0\leqslant x\leqslant a,0\leqslant y\leqslant a,0\leqslant z\leqslant a$ 的表面，并取外侧.

6. 证明：$\dfrac{x\mathrm{d}x+y\mathrm{d}y}{x^2+y^2}$在整个 xOy 面除去 y 轴的负半轴及原点的区域 G 内是某个二元函数的全微分，并求出一个这样的二元函数.

7. 设在半平面 $x>0$ 内有力 $\boldsymbol{F}=-\dfrac{k}{\rho^3}(x\boldsymbol{i}+y\boldsymbol{j})$ 构成力场，其中 k 为常数，$\rho=\sqrt{x^2+y^2}$. 证明在此力场中场力所做的功与所取的路径无关.

8. 设函数 $f(x)$ 在 $(-\infty,+\infty)$ 内具有一阶连续导数，L 是上半平面 $(y>0)$ 内的有向分段光滑曲线，其起点为 (a,b)，终点为 (c,d). 记

$$I=\int_L\frac{1}{y}[1+y^2f(xy)]\mathrm{d}x+\frac{x}{y^2}[y^2f(xy)-1]\mathrm{d}y,$$

(1) 证明曲线积分 I 与路径无关；

(2) 当 $ab=cd$ 时，求 I 的值.

9. 求均匀曲面 $z=\sqrt{a^2-x^2-y^2}$ 的质心的坐标.

10. 设 $u(x,y)$ 与 $v(x,y)$ 在闭区域 D 上都具有二阶连续偏导数，分段光滑的曲线 L 为 D 的正向边界曲线. 证明：

(1) $\displaystyle\iint_D v\Delta u\mathrm{d}x\mathrm{d}y=-\iint_D(\mathbf{grad}\,u\cdot\mathbf{grad}\,v)\mathrm{d}x\mathrm{d}y+\oint_L v\frac{\partial u}{\partial n}\mathrm{d}s$；

(2) $\displaystyle\iint_D(u\Delta v-v\Delta u)\mathrm{d}x\mathrm{d}y=\oint_L\left(u\frac{\partial v}{\partial n}-v\frac{\partial u}{\partial n}\right)\mathrm{d}s$，

其中$\dfrac{\partial u}{\partial n}$与$\dfrac{\partial v}{\partial n}$分别是 u 与 v 沿 L 的外法向量 $\boldsymbol{n}$ 的方向导数，符号 $\Delta=\dfrac{\partial^2}{\partial x^2}+\dfrac{\partial^2}{\partial y^2}$称为二维拉普拉斯算子.

*11. 求向量 $\boldsymbol{A}=x\boldsymbol{i}+y\boldsymbol{j}+z\boldsymbol{k}$ 通过闭区域 $\Omega=\{(x,y,z)\mid 0\leqslant x\leqslant 1,0\leqslant y\leqslant 1,0\leqslant z\leqslant 1\}$ 的边界曲面流向外侧的通量.

12. 求力 $\boldsymbol{F}=y\boldsymbol{i}+z\boldsymbol{j}+x\boldsymbol{k}$ 沿有向闭曲线 Γ 所做的功，其中 Γ 为平面 $x+y+z=1$ 被三个坐标面所截成的三角形的整个边界，从 z 轴正向看去，沿顺时针方向.

第十一章释疑解难

第十一章例题精讲

第十二章
无穷级数

无穷级数是高等数学的一个重要组成部分,它是表示函数、研究函数的性质以及进行数值计算的一种工具.本章先讨论常数项级数,介绍无穷级数的一些基本内容,然后讨论函数项级数,着重讨论如何将函数展开成幂级数和三角级数的问题.

第一节　常数项级数的概念和性质

一、常数项级数的概念

人们认识事物在数量方面的特性,往往有一个由近似到精确的过程.在这种认识过程中,会遇到由有限个数量相加到无穷多个数量相加的问题.

例如计算半径为 R 的圆面积 A,具体做法如下:作圆的内接正六边形,算出这六边形的面积 a_1,它是圆面积 A 的一个粗糙的近似值.为了比较准确地计算出 A 的值,我们以这个正六边形的每一边为底分别作一个顶点在圆周上的等腰三角形(图 12-1),算出这六个等腰三角形的面积之和 a_2.那么 a_1+a_2(即内接正十二边形的面积)就是 A 的一个较好的近似值.同样地,在这正十二边形的每一边上分别作一个顶点在圆周上的等腰三角形,算出这十二个等腰三角形的面积之和 a_3.那么 $a_1+a_2+a_3$(即内接正二十四边形的面积)是 A 的一个更好的近似值.如此继续下去,内接正 3×2^n 边形的面积就逐步逼近圆面积:

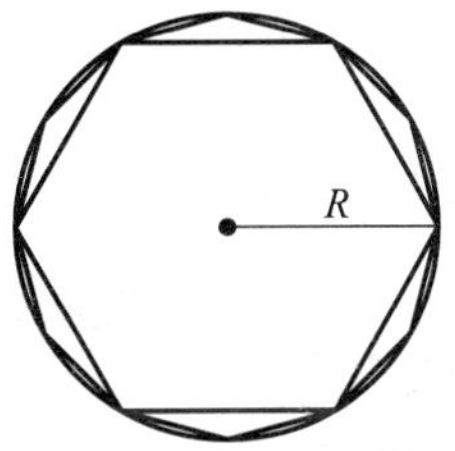

图 12-1

$$A\approx a_1,\ A\approx a_1+a_2,\ A\approx a_1+a_2+a_3,\ \cdots,\ A\approx a_1+a_2+\cdots+a_n.$$

如果内接正多边形的边数无限增多,即 n 无限增大,那么和 $a_1+a_2+\cdots+a_n$ 的极限就是所要求的圆面积 A.这时和式中的项数无限增多,于是出现了无穷多个数量依次相加的数学式子.

一般地,如果给定一个数列

$$u_1,\ u_2,\ u_3,\ \cdots,\ u_n,\ \cdots,$$

那么由这数列构成的表达式

$$u_1+u_2+u_3+\cdots+u_n+\cdots \tag{1-1}$$

叫做(常数项)无穷级数,简称(常数项)级数,记为 $\sum\limits_{i=1}^{\infty} u_i$,即

$$\sum_{i=1}^{\infty} u_i=u_1+u_2+u_3+\cdots+u_i+\cdots,$$

其中第 n 项 u_n 叫做级数的一般项.

上述级数的定义只是一个形式上的定义,怎样理解无穷级数中无穷多个数量相加呢?联系上面关于计算圆面积的例子,我们可以从有限项的和出发,观察它们的变化趋势,由此来理解无穷多个数量相加的含义.

作(常数项)级数(1-1)的前 n 项的和

$$s_n=u_1+u_2+\cdots+u_n=\sum_{i=1}^{n} u_i, \tag{1-2}$$

s_n 称为级数(1-1)的部分和.当 n 依次取 1,2,3,…时,它们构成一个新的数列

$$s_1=u_1,\ s_2=u_1+u_2,\ s_3=u_1+u_2+u_3,\ \cdots,\ s_n=u_1+u_2+\cdots+u_n,\ \cdots.$$

根据这个数列有没有极限,我们引进无穷级数(1-1)的收敛与发散的概念.

定义　如果级数 $\sum\limits_{i=1}^{\infty} u_i$ 的部分和数列 $\{s_n\}$ 有极限 s,即

$$\lim_{n\to\infty} s_n=s,$$

那么称无穷级数 $\sum\limits_{i=1}^{\infty} u_i$ 收敛,这时极限 s 叫做这级数的和,并写成

$$s=u_1+u_2+\cdots+u_i+\cdots;$$

如果 $\{s_n\}$ 没有极限,那么称无穷级数 $\sum\limits_{i=1}^{\infty} u_i$ 发散.

显然,当级数收敛时,其部分和 s_n 是级数的和 s 的近似值,它们之间的差值

$$r_n=s-s_n=u_{n+1}+u_{n+2}+\cdots$$

叫做级数的余项.用近似值 s_n 代替和 s 所产生的误差是这个余项的绝对值,即误差是 $|r_n|$.

从上述定义可知,级数与数列极限有着紧密的联系.给定级数 $\sum\limits_{i=1}^{\infty} u_i$,就有部分和数列 $\{s_n\}$;反之,给定数列 $\{s_n\}$,就有以 $\{s_n\}$ 为部分和数列的级数

$$s_1+(s_2-s_1)+\cdots+(s_i-s_{i-1})+\cdots=s_1+\sum_{i=2}^{\infty}(s_i-s_{i-1})=\sum_{i=1}^{\infty} u_i,$$

其中 $u_1=s_1, u_n=s_n-s_{n-1}(n\geqslant 2)$. 按定义,级数 $\sum\limits_{i=1}^{\infty}u_i$ 与数列 $\{s_n\}$ 同时收敛或同时发散,且在收敛时,有

$$\sum_{i=1}^{\infty}u_i=\lim_{n\to\infty}s_n,$$

即

$$\sum_{i=1}^{\infty}u_i=\lim_{n\to\infty}\sum_{i=1}^{n}u_i.$$

例 1　无穷级数

$$\sum_{i=0}^{\infty}aq^i=a+aq+aq^2+\cdots+aq^i+\cdots \tag{1-3}$$

叫做等比级数(又称为几何级数),其中 $a\neq 0$, q 叫做级数的公比.试讨论级数(1-3)的收敛性.

解　如果 $q\neq 1$,那么部分和

$$s_n=a+aq+\cdots+aq^{n-1}=\frac{a-aq^n}{1-q}=\frac{a}{1-q}-\frac{aq^n}{1-q}.$$

当 $|q|<1$ 时,由于 $\lim\limits_{n\to\infty}q^n=0$,从而 $\lim\limits_{n\to\infty}s_n=\dfrac{a}{1-q}$,因此这时级数(1-3)收敛,其和为 $\dfrac{a}{1-q}$. 当 $|q|>1$ 时,由于 $\lim\limits_{n\to\infty}q^n=\infty$,从而 $\lim\limits_{n\to\infty}s_n=\infty$,这时级数(1-3)发散.

如果 $|q|=1$,那么当 $q=1$ 时,$s_n=na\to\infty$,因此级数(1-3)发散;当 $q=-1$ 时,级数(1-3)成为

$$a-a+a-a+\cdots,$$

显然 s_n 随着 n 为奇数或为偶数而等于 a 或等于 0,从而 s_n 的极限不存在,这时级数(1-3)也发散.

综合上述结果,我们得到:如果等比级数(1-3)的公比的绝对值 $|q|<1$,那么级数收敛;如果 $|q|\geqslant 1$,那么级数发散.

例 2　证明级数 $1+2+3+\cdots+n+\cdots$ 是发散的.

证　这级数的部分和为

$$s_n=1+2+3+\cdots+n=\frac{n(n+1)}{2}.$$

显然,$\lim\limits_{n\to\infty}s_n=\infty$,因此所给级数是发散的.

例 3　判定无穷级数 $\dfrac{1}{1\times 2}+\dfrac{1}{2\times 3}+\cdots+\dfrac{1}{n(n+1)}+\cdots$ 的收敛性.

例题精讲 12-1

解　由于

$$u_n=\frac{1}{n(n+1)}=\frac{1}{n}-\frac{1}{n+1},$$

因此

$$s_n=\frac{1}{1\times2}+\frac{1}{2\times3}+\cdots+\frac{1}{n(n+1)}=\left(1-\frac{1}{2}\right)+\left(\frac{1}{2}-\frac{1}{3}\right)+\cdots+\left(\frac{1}{n}-\frac{1}{n+1}\right)=1-\frac{1}{n+1}.$$

从而

$$\lim_{n\to\infty}s_n=\lim_{n\to\infty}\left(1-\frac{1}{n+1}\right)=1,$$

所以这级数收敛,它的和是 1.

二、收敛级数的基本性质

根据无穷级数收敛、发散以及和的概念,可以得出收敛级数的几个基本性质.

性质 1　如果级数 $\sum\limits_{n=1}^{\infty}u_n$ 收敛于和 s,那么级数 $\sum\limits_{n=1}^{\infty}ku_n$ 也收敛,且其和为 ks.

证　设级数 $\sum\limits_{n=1}^{\infty}u_n$ 与级数 $\sum\limits_{n=1}^{\infty}ku_n$ 的部分和分别为 s_n 与 σ_n,则

$$\sigma_n=ku_1+ku_2+\cdots+ku_n=ks_n,$$

于是

$$\lim_{n\to\infty}\sigma_n=\lim_{n\to\infty}ks_n=k\lim_{n\to\infty}s_n=ks.$$

这就表明级数 $\sum\limits_{n=1}^{\infty}ku_n$ 收敛,且和为 ks.

由关系式 $\sigma_n=ks_n$ 知道,如果 $\{s_n\}$ 没有极限且 $k\neq0$,那么 $\{\sigma_n\}$ 也不可能有极限.因此我们得到如下结论:**级数的每一项同乘一个不为零的常数后,它的收敛性不会改变.**

性质 2　如果级数 $\sum\limits_{n=1}^{\infty}u_n$ 与 $\sum\limits_{n=1}^{\infty}v_n$ 分别收敛于和 s 与 σ,那么级数 $\sum\limits_{n=1}^{\infty}(u_n\pm v_n)$ 也收敛,且其和为 $s\pm\sigma$.

证　设级数 $\sum\limits_{n=1}^{\infty}u_n$ 与 $\sum\limits_{n=1}^{\infty}v_n$ 的部分和分别为 s_n 与 σ_n,则级数 $\sum\limits_{n=1}^{\infty}(u_n\pm v_n)$ 的部分和

$$\tau_n=(u_1\pm v_1)+(u_2\pm v_2)+\cdots+(u_n\pm v_n)=(u_1+u_2+\cdots+u_n)\pm(v_1+v_2+\cdots+v_n)=s_n\pm\sigma_n,$$

于是

$$\lim_{n\to\infty}\tau_n=\lim_{n\to\infty}(s_n\pm\sigma_n)=s\pm\sigma.$$

释疑解难
12-1

这就表明级数 $\sum\limits_{n=1}^{\infty}(u_n \pm v_n)$ 收敛,且其和为 $s \pm \sigma$.

性质 2 也说成:**两个收敛级数可以逐项相加与逐项相减.**

性质 3　在级数中去掉、加上或改变有限项,不会改变级数的收敛性.

证　我们只需证明“在级数的前面部分去掉或加上有限项,不会改变级数的收敛性”,因为其他情形(即在级数中任意去掉、加上或改变有限项的情形)都可以看成在级数的前面部分先去掉有限项,然后再加上有限项的结果.

设将级数

$$u_1+u_2+\cdots+u_k+u_{k+1}+\cdots+u_{k+n}+\cdots$$

的前 k 项去掉,则得级数

$$u_{k+1}+u_{k+2}+\cdots+u_{k+n}+\cdots,$$

于是新得的级数的部分和为

$$\sigma_n=u_{k+1}+u_{k+2}+\cdots+u_{k+n}=s_{k+n}-s_k,$$

其中 s_{k+n} 是原来级数的前 $k+n$ 项的和.因为 s_k 是常数,所以当 $n\to\infty$ 时,σ_n 与 s_{k+n} 或者同时具有极限,或者同时没有极限.

类似地,可以证明在级数的前面加上有限项,不会改变级数的收敛性.

性质 4　如果级数 $\sum\limits_{n=1}^{\infty}u_n$ 收敛,那么对这级数的项任意加括号后所成的级数

$$(u_1+u_2+\cdots+u_{n_1})+(u_{n_1+1}+u_{n_1+2}+\cdots+u_{n_2})+\cdots+(u_{n_{k-1}+1}+u_{n_{k-1}+2}+\cdots+u_{n_k})+\cdots \tag{1-4}$$

仍收敛,且其和不变.

证　设级数 $\sum\limits_{n=1}^{\infty}u_n$ 的部分和数列为 $\{s_n\}$,加括号后所成的级数(1-4)的部分和数列为 $\{A_k\}$,则

$$A_1=u_1+u_2+\cdots+u_{n_1}=s_{n_1},$$

$$A_2=(u_1+u_2+\cdots+u_{n_1})+(u_{n_1+1}+u_{n_1+2}+\cdots+u_{n_2})=s_{n_2},$$

$$\cdots$$

$$A_k=(u_1+u_2\cdots+u_{n_1})+(u_{n_1+1}+u_{n_1+2}+\cdots+u_{n_2})+\cdots+(u_{n_{k-1}+1}+u_{n_{k-1}+2}+\cdots+u_{n_k})=s_{n_k},$$

$$\cdots$$

可见,数列 $\{A_k\}$ 是数列 $\{s_n\}$ 的一个子数列.由数列 $\{s_n\}$ 的收敛性以及收敛数列与其子数列的关系可知,数列 $\{A_k\}$ 必定收敛,且有

$$\lim_{k\to\infty}A_k=\lim_{n\to\infty}s_n,$$

即加括号后所成的级数收敛,且其和不变.

注意　如果加括号后所成的级数收敛,那么不能断定去括号后原来的级数也收敛.例如,级数

$$(1-1)+(1-1)+\cdots$$

收敛于零,但级数

$$1-1+1-1+\cdots$$

却是发散的.

根据性质 4 可得如下**推论:如果加括号后所成的级数发散,那么原来级数也发散**.事实上,倘若原来级数收敛,则根据性质 4 知道,加括号后的级数就应该收敛了.

性质 5(级数收敛的必要条件)　如果级数 $\sum_{n=1}^{\infty} u_n$ 收敛,那么它的一般项 u_n 趋于零,即

$$\lim_{n\to\infty} u_n=0.$$

证　设级数 $\sum_{n=1}^{\infty} u_n$ 的部分和为 s_n,且 $s_n\to s\ (n\to\infty)$,则

$$\lim_{n\to\infty} u_n=\lim_{n\to\infty}(s_n-s_{n-1})=\lim_{n\to\infty} s_n-\lim_{n\to\infty} s_{n-1}=s-s=0.$$

由性质 5 可知,如果级数的一般项不趋于零,那么该级数必定发散.例如,级数

$$\frac{1}{2}-\frac{2}{3}+\frac{3}{4}-\cdots+(-1)^{n-1}\frac{n}{n+1}+\cdots,$$

它的一般项 $u_n=(-1)^{n-1}\dfrac{n}{n+1}$ 当 $n\to\infty$ 时不趋于零,因此该级数是发散的.

注意　级数的一般项趋于零并不是级数收敛的充分条件.有些级数虽然一般项趋于零,但仍然是发散的.例如,调和级数

$$1+\frac{1}{2}+\frac{1}{3}+\cdots+\frac{1}{n}+\cdots, \tag{1-5}$$

虽然它的一般项 $u_n=\dfrac{1}{n}\to 0\ (n\to\infty)$,但是它是发散的.现在我们用反证法证明如下:

假若级数(1-5)收敛,设它的部分和为 s_n,且 $s_n\to s\ (n\to\infty)$.显然,对级数(1-5)的部分和 s_{2n},也有 $s_{2n}\to s\ (n\to\infty)$.于是

$$s_{2n}-s_n\to s-s=0\quad (n\to\infty).$$

但另一方面

$$s_{2n}-s_n=\frac{1}{n+1}+\frac{1}{n+2}+\cdots+\frac{1}{2n}>\underbrace{\frac{1}{2n}+\frac{1}{2n}+\cdots+\frac{1}{2n}}_{n\text{项}}=\frac{1}{2},$$

故

$$s_{2n}-s_n \not\to 0\quad (n\to\infty),$$

与假设级数(1-5)收敛矛盾.这矛盾说明级数(1-5)必定发散.

*三、柯西审敛原理

怎样判定一个级数的收敛性呢？我们有下述的柯西审敛原理.

定理(柯西审敛原理)　级数 $\sum_{n=1}^{\infty} u_n$ 收敛的充分必要条件为：对于任意给定的正数 ε，总存在正整数 N，使得当 $n>N$ 时，对于任意的正整数 p，都有

$$|u_{n+1}+u_{n+2}+\cdots+u_{n+p}|<\varepsilon$$

成立.

证　设级数 $\sum_{n=1}^{\infty} u_n$ 的部分和为 s_n，因为

$$|u_{n+1}+u_{n+2}+\cdots+u_{n+p}|=|s_{n+p}-s_n|,$$

所以由数列的柯西极限存在准则(第一章第六节)，即得本定理结论.

例 4　利用柯西审敛原理判定级数 $\sum_{n=1}^{\infty}\frac{1}{n^2}$ 的收敛性.

解　因为对任何正整数 p，

$$\begin{aligned}|u_{n+1}+u_{n+2}+\cdots+u_{n+p}| &= \frac{1}{(n+1)^2}+\frac{1}{(n+2)^2}+\cdots+\frac{1}{(n+p)^2}\\ &< \frac{1}{n(n+1)}+\frac{1}{(n+1)(n+2)}+\cdots+\frac{1}{(n+p-1)(n+p)}\\ &= \left(\frac{1}{n}-\frac{1}{n+1}\right)+\left(\frac{1}{n+1}-\frac{1}{n+2}\right)+\cdots+\left(\frac{1}{n+p-1}-\frac{1}{n+p}\right)\\ &= \frac{1}{n}-\frac{1}{n+p}<\frac{1}{n},\end{aligned}$$

所以对于任意给定的正数 ε，取正整数 $N\geqslant\frac{1}{\varepsilon}$，则当 $n>N$ 时，对任何正整数 p，都有

$$|u_{n+1}+u_{n+2}+\cdots+u_{n+p}|<\varepsilon$$

成立.按柯西审敛原理，级数 $\sum_{n=1}^{\infty}\frac{1}{n^2}$ 收敛.

习题 12-1

1. 写出下列级数的前五项：

(1) $\sum_{n=1}^{\infty}\frac{1+n}{1+n^2}$；　　(2) $\sum_{n=1}^{\infty}\frac{1\times3\times\cdots\times(2n-1)}{2\times4\times\cdots\times(2n)}$；

(3) $\sum_{n=1}^{\infty}\frac{(-1)^{n-1}}{5^n}$；　　(4) $\sum_{n=1}^{\infty}\frac{n!}{n^n}$.

2. 根据级数收敛与发散的定义判定下列级数的收敛性：

(1) $\sum_{n=1}^{\infty}(\sqrt{n+1}-\sqrt{n})$；　(2) $\frac{1}{1\times3}+\frac{1}{3\times5}+\frac{1}{5\times7}+\cdots+\frac{1}{(2n-1)(2n+1)}+\cdots$；

(3) $\sin\frac{\pi}{6}+\sin\frac{2\pi}{6}+\cdots+\sin\frac{n\pi}{6}+\cdots$；　(4) $\sum_{n=1}^{\infty}\ln\left(1+\frac{1}{n}\right)$.

3. 设级数 $\sum_{n=1}^{\infty}u_n$ 满足条件：(1) $\lim_{n\to\infty}u_n=0$；(2) $\sum_{k=1}^{\infty}(u_{2k-1}+u_{2k})$ 收敛. 证明：级数 $\sum_{n=1}^{\infty}u_n$ 收敛.

4. 判定下列级数的收敛性：

(1) $-\frac{8}{9}+\frac{8^2}{9^2}-\frac{8^3}{9^3}+\cdots+(-1)^n\frac{8^n}{9^n}+\cdots$；　(2) $\frac{1}{3}+\frac{1}{6}+\frac{1}{9}+\cdots+\frac{1}{3n}+\cdots$；

(3) $\frac{1}{3}+\frac{1}{\sqrt{3}}+\frac{1}{\sqrt[3]{3}}+\cdots+\frac{1}{\sqrt[n]{3}}+\cdots$；　(4) $\frac{3}{2}+\frac{3^2}{2^2}+\frac{3^3}{2^3}+\cdots+\frac{3^n}{2^n}+\cdots$；

(5) $\left(\frac{1}{2}+\frac{1}{3}\right)+\left(\frac{1}{2^2}+\frac{1}{3^2}\right)+\left(\frac{1}{2^3}+\frac{1}{3^3}\right)+\cdots+\left(\frac{1}{2^n}+\frac{1}{3^n}\right)+\cdots$.

*5. 利用柯西审敛原理判定下列级数的收敛性：

(1) $\sum_{n=1}^{\infty}\frac{(-1)^{n+1}}{n}$；　(2) $1+\frac{1}{2}-\frac{1}{3}+\frac{1}{4}+\frac{1}{5}-\frac{1}{6}+\cdots+\frac{1}{3n-2}+\frac{1}{3n-1}-\frac{1}{3n}+\cdots$；

(3) $\sum_{n=1}^{\infty}\frac{\sin nx}{2^n}$；　(4) $\sum_{n=0}^{\infty}\left(\frac{1}{3n+1}+\frac{1}{3n+2}-\frac{1}{3n+3}\right)$.

第二节　常数项级数的审敛法

一、正项级数及其审敛法

一般的常数项级数，它的各项可以是正数、负数或零. 现在我们先讨论各项都是正数或零的级数，这种级数称为正项级数. 这种级数特别重要，以后将看到许多级数的收敛性问题可归结为正项级数的收敛性问题.

设级数

$$u_1+u_2+\cdots+u_n+\cdots \tag{2-1}$$

是一个正项级数（$u_n\geqslant0$），它的部分和为 s_n. 显然，数列 $\{s_n\}$ 是一个单调增加数列

$$s_1\leqslant s_2\leqslant\cdots\leqslant s_n\leqslant\cdots.$$

如果数列 $\{s_n\}$ 有界，即 s_n 总不大于某一常数 M，根据单调有界的数列必有极限的准则，级数（2-1）必收敛于和 s，且 $s_n\leqslant s\leqslant M$. 反之，如果正项级数（2-1）收敛于和 s，即 $\lim_{n\to\infty}s_n=s$，根据有极限的数列是有界数列的性质可知，数列 $\{s_n\}$ 有界. 因此，我们得到如下重要的结论：

定理 1　正项级数 $\sum\limits_{n=1}^{\infty} u_n$ 收敛的充分必要条件是：它的部分和数列 $\{s_n\}$ 有界.

由定理 1 可知，如果正项级数 $\sum\limits_{n=1}^{\infty} u_n$ 发散，那么它的部分和数列 $s_n \to +\infty\ (n\to\infty)$，即 $\sum\limits_{n=1}^{\infty} u_n = +\infty$.

根据定理 1，可得关于正项级数的一个基本的审敛法.

定理 2（比较审敛法）　设 $\sum\limits_{n=1}^{\infty} u_n$ 和 $\sum\limits_{n=1}^{\infty} v_n$ 都是正项级数，且 $u_n \leqslant v_n\ (n=1,2,\cdots)$. 若级数 $\sum\limits_{n=1}^{\infty} v_n$ 收敛，则级数 $\sum\limits_{n=1}^{\infty} u_n$ 收敛；反之，若级数 $\sum\limits_{n=1}^{\infty} u_n$ 发散，则级数 $\sum\limits_{n=1}^{\infty} v_n$ 发散.

证　设级数 $\sum\limits_{n=1}^{\infty} v_n$ 收敛于和 σ，则级数 $\sum\limits_{n=1}^{\infty} u_n$ 的部分和

$$s_n = u_1+u_2+\cdots+u_n \leqslant v_1+v_2+\cdots+v_n \leqslant \sigma \quad (n=1,2,\cdots),$$

即部分和数列 $\{s_n\}$ 有界，由定理 1 知级数 $\sum\limits_{n=1}^{\infty} u_n$ 收敛.

反之，设级数 $\sum\limits_{n=1}^{\infty} u_n$ 发散，则级数 $\sum\limits_{n=1}^{\infty} v_n$ 必发散. 因为若级数 $\sum\limits_{n=1}^{\infty} v_n$ 收敛，由上面已证明的结论，将有级数 $\sum\limits_{n=1}^{\infty} u_n$ 也收敛，与假设矛盾.

注意到级数的每一项同乘不为零的常数 k 以及去掉级数前面部分的有限项不会影响级数的收敛性，我们可得如下推论：

推论　设 $\sum\limits_{n=1}^{\infty} u_n$ 和 $\sum\limits_{n=1}^{\infty} v_n$ 都是正项级数，如果级数 $\sum\limits_{n=1}^{\infty} v_n$ 收敛，且存在正整数 N，使当 $n \geqslant N$ 时有 $u_n \leqslant kv_n\ (k>0)$ 成立，那么级数 $\sum\limits_{n=1}^{\infty} u_n$ 收敛；如果级数 $\sum\limits_{n=1}^{\infty} v_n$ 发散，且当 $n \geqslant N$ 时有 $u_n \geqslant kv_n\ (k>0)$ 成立，那么级数 $\sum\limits_{n=1}^{\infty} u_n$ 发散.

例 1　讨论 p 级数

$$1+\frac{1}{2^p}+\frac{1}{3^p}+\frac{1}{4^p}+\cdots+\frac{1}{n^p}+\cdots \tag{2-2}$$

的收敛性，其中常数 $p>0$.

解　设 $p \leqslant 1$. 这时级数的各项不小于调和级数的对应项，即 $\dfrac{1}{n^p} \geqslant \dfrac{1}{n}$，但调和级数发散，因此根据比较审敛法可知，当 $p \leqslant 1$ 时级数(2-2)发散.

设 $p>1$. 因为当 $k-1 \leqslant x \leqslant k$ 时，有 $\dfrac{1}{k^p} \leqslant \dfrac{1}{x^p}$，所以

$$\frac{1}{k^p}=\int_{k-1}^{k}\frac{1}{k^p}\mathrm{d}x\leqslant\int_{k-1}^{k}\frac{1}{x^p}\mathrm{d}x\quad(k=2,3,\cdots),$$

从而级数(2-2)的部分和

$$s_n=1+\sum_{k=2}^{n}\frac{1}{k^p}\leqslant1+\sum_{k=2}^{n}\int_{k-1}^{k}\frac{1}{x^p}\mathrm{d}x=1+\int_{1}^{n}\frac{1}{x^p}\mathrm{d}x$$

$$=1+\frac{1}{p-1}\left(1-\frac{1}{n^{p-1}}\right)<1+\frac{1}{p-1}\quad(n=2,3,\cdots),$$

这表明数列$\{s_n\}$有界,因此级数(2-2)收敛.

综合上述结果,我们得到:p 级数(2-2)当 $p>1$ 时收敛,当 $p\leqslant1$ 时发散.

例 2　证明级数 $\sum\limits_{n=1}^{\infty}\frac{1}{\sqrt{n(n+1)}}$是发散的.

证　因为 $n(n+1)<(n+1)^2$,所以$\frac{1}{\sqrt{n(n+1)}}>\frac{1}{n+1}$.而级数

$$\sum_{n=1}^{\infty}\frac{1}{n+1}=\frac{1}{2}+\frac{1}{3}+\cdots+\frac{1}{n+1}+\cdots$$

是发散的.根据比较审敛法可知所给级数也是发散的.

为应用上的方便,下面我们给出比较审敛法的极限形式.

定理 3(比较审敛法的极限形式)　设 $\sum\limits_{n=1}^{\infty}u_n$ 和 $\sum\limits_{n=1}^{\infty}v_n$ 都是正项级数,

(1) **如果**$\lim\limits_{n\to\infty}\frac{u_n}{v_n}=l$ $(0\leqslant l<+\infty)$,**且级数 $\sum\limits_{n=1}^{\infty}v_n$ 收敛,那么级数 $\sum\limits_{n=1}^{\infty}u_n$ 收敛;**

(2) **如果**$\lim\limits_{n\to\infty}\frac{u_n}{v_n}=l>0$ **或**$\lim\limits_{n\to\infty}\frac{u_n}{v_n}=+\infty$,**且级数 $\sum\limits_{n=1}^{\infty}v_n$ 发散,那么级数 $\sum\limits_{n=1}^{\infty}u_n$ 发散.**

证　(1) 由极限定义可知,对 $\varepsilon=1$,存在正整数 N,当 $n>N$ 时,有

$$\frac{u_n}{v_n}<l+1,$$

即 $u_n<(l+1)v_n$.而级数 $\sum\limits_{n=1}^{\infty}v_n$ 收敛,根据比较审敛法的推论,知级数 $\sum\limits_{n=1}^{\infty}u_n$ 收敛.

(2) 按已知条件知极限$\lim\limits_{n\to\infty}\frac{v_n}{u_n}$存在,如果级数 $\sum\limits_{n=1}^{\infty}u_n$ 收敛,那么由结论(1)必有级数 $\sum\limits_{n=1}^{\infty}v_n$ 收敛,但已知级数 $\sum\limits_{n=1}^{\infty}v_n$ 发散,因此级数 $\sum\limits_{n=1}^{\infty}u_n$ 不可能收敛,即级数 $\sum\limits_{n=1}^{\infty}u_n$ 发散.对于$\lim\limits_{n\to\infty}\frac{u_n}{v_n}=+\infty$ 的情形,留给读者证明.

极限形式的比较审敛法,在两个正项级数的一般项均趋于零的情况下,其实是比

较它们的一般项作为无穷小量的阶.定理表明,当 $n\to\infty$ 时,如果 u_n 是与 v_n 同阶或是比 v_n 高阶的无穷小,而级数 $\sum_{n=1}^{\infty} v_n$ 收敛,那么级数 $\sum_{n=1}^{\infty} u_n$ 收敛;如果 u_n 是与 v_n 同阶或是比 v_n 低阶的无穷小,而级数 $\sum_{n=1}^{\infty} v_n$ 发散,那么级数 $\sum_{n=1}^{\infty} u_n$ 发散.

例 3　判定级数 $\sum_{n=1}^{\infty} \sin\frac{1}{n}$ 的收敛性.

例题精讲 12-2

解　因为

$$\lim_{n\to\infty}\frac{\sin\frac{1}{n}}{\frac{1}{n}}=1>0,$$

而级数 $\sum_{n=1}^{\infty}\frac{1}{n}$ 发散,根据定理 3 知此级数发散.

用比较审敛法审敛时,需要适当地选取一个已知其收敛性的级数 $\sum_{n=1}^{\infty} v_n$ 作为比较的基准.最常选作基准级数的是等比级数和 p 级数.

将所给正项级数与等比级数比较,我们能得到在实用上很方便的比值审敛法和根值审敛法.

定理 4(比值审敛法,达朗贝尔(d' Alembert)判别法)　设 $\sum_{n=1}^{\infty} u_n$ 为正项级数,如果

$$\lim_{n\to\infty}\frac{u_{n+1}}{u_n}=\rho,$$

那么当 $\rho<1$ 时级数收敛,$\rho>1$ $\left(或\lim_{n\to\infty}\frac{u_{n+1}}{u_n}=\infty\right)$ 时级数发散,$\rho=1$ 时级数可能收敛也可能发散.

证　(1) 当 $\rho<1$ 时.取一个适当小的正数 ε,使得 $\rho+\varepsilon=r<1$,根据极限定义,存在正整数 m,当 $n\geqslant m$ 时有不等式

$$\frac{u_{n+1}}{u_n}<\rho+\varepsilon=r.$$

因此

$$u_{m+1}<ru_m,\ u_{m+2}<ru_{m+1}<r^2u_m,\ \cdots,\ u_{m+k}<r^ku_m,\ \cdots.$$

而级数 $\sum_{k=1}^{\infty} r^k u_m$ 收敛(公比 $r<1$),根据定理 2 的推论,知级数 $\sum_{n=1}^{\infty} u_n$ 收敛.

(2) 当 $\rho>1$ 时.取一个适当小的正数 ε,使得 $\rho-\varepsilon>1$.根据极限定义,当 $n\geqslant m$ 时有

不等式

$$\frac{u_{n+1}}{u_n}>\rho-\varepsilon>1,$$

也就是

$$u_{n+1}>u_n.$$

所以当 $n\geqslant m$ 时,级数的一般项 u_n 是逐渐增大的,从而 $\lim\limits_{n\to\infty}u_n\neq 0$. 根据级数收敛的必要条件可知级数 $\sum\limits_{n=1}^{\infty}u_n$ 发散.

类似地,可以证明当 $\lim\limits_{n\to\infty}\frac{u_{n+1}}{u_n}=\infty$ 时,级数 $\sum\limits_{n=1}^{\infty}u_n$ 发散.

(3) 当 $\rho=1$ 时.级数可能收敛也可能发散.例如 p 级数(2-2),不论 p 为何值都有

$$\lim_{n\to\infty}\frac{u_{n+1}}{u_n}=\lim_{n\to\infty}\frac{\dfrac{1}{(n+1)^p}}{\dfrac{1}{n^p}}=1.$$

但我们知道,当 $p>1$ 时级数收敛,当 $p\leqslant 1$ 时级数发散,因此只根据 $\rho=1$ 不能判定级数的收敛性.

例 4　证明级数

$$1+\frac{1}{1}+\frac{1}{1\times 2}+\frac{1}{1\times 2\times 3}+\cdots+\frac{1}{(n-1)!}+\cdots$$

是收敛的,并估计以级数的部分和 s_n 近似代替和 s 所产生的误差.

解　因为

$$\lim_{n\to\infty}\frac{u_{n+1}}{u_n}=\lim_{n\to\infty}\frac{(n-1)!}{n!}=\lim_{n\to\infty}\frac{1}{n}=0<1,$$

根据比值审敛法可知所给级数收敛.

以这级数的部分和 s_n 近似代替和 s 所产生的误差为

$$\begin{aligned}|r_n|&=\frac{1}{n!}+\frac{1}{(n+1)!}+\frac{1}{(n+2)!}+\cdots\\&=\frac{1}{n!}\left[1+\frac{1}{n+1}+\frac{1}{(n+1)(n+2)}+\cdots\right]\\&<\frac{1}{n!}\left(1+\frac{1}{n}+\frac{1}{n^2}+\cdots\right)\\&=\frac{1}{n!}\ \frac{1}{1-\dfrac{1}{n}}=\frac{1}{(n-1)(n-1)!}.\end{aligned}$$

例 5　判定级数

$$\frac{1}{10}+\frac{1\times 2}{10^2}+\frac{1\times 2\times 3}{10^3}+\cdots+\frac{n!}{10^n}+\cdots$$

的收敛性.

解　因为

例题精讲
12-3

$$\frac{u_{n+1}}{u_n}=\frac{(n+1)!}{10^{n+1}}\times\frac{10^n}{n!}=\frac{n+1}{10},$$

$$\lim_{n\to\infty}\frac{u_{n+1}}{u_n}=\lim_{n\to\infty}\frac{n+1}{10}=\infty.$$

根据比值审敛法可知所给级数发散.

***定理 5(根值审敛法,柯西判别法)**　**设** $\sum\limits_{n=1}^{\infty}u_n$ **为正项级数,如果**

$$\lim_{n\to\infty}\sqrt[n]{u_n}=\rho,$$

那么当 $\rho<1$ **时级数收敛,**$\rho>1$**(或** $\lim\limits_{n\to\infty}\sqrt[n]{u_n}=+\infty$**)时级数发散,**$\rho=1$ **时级数可能收敛也可能发散.**

定理 5 的证明与定理 4 相仿,这里从略.

例 6　判定级数 $\sum\limits_{n=1}^{\infty}\frac{2+(-1)^n}{2^n}$ 的收敛性.

解

$$\lim_{n\to\infty}\sqrt[n]{u_n}=\lim_{n\to\infty}\frac{1}{2}\sqrt[n]{2+(-1)^n}=\lim_{n\to\infty}\frac{1}{2}\mathrm{e}^{\frac{1}{n}\ln[2+(-1)^n]},$$

因 $\ln[2+(-1)^n]$ 有界,故 $\lim\limits_{n\to\infty}\frac{1}{n}\ln[2+(-1)^n]=0$,从而

$$\lim_{n\to\infty}\sqrt[n]{u_n}=\frac{1}{2}.$$

因此,根据根值审敛法知所给级数收敛.

将所给正项级数与 p 级数作比较,可得在实用上较方便的极限审敛法.

定理 6(极限审敛法)　**设** $\sum\limits_{n=1}^{\infty}u_n$ **为正项级数,**

(1) **如果** $\lim\limits_{n\to\infty}nu_n=l>0$ **(或** $\lim\limits_{n\to\infty}nu_n=+\infty$**),那么级数** $\sum\limits_{n=1}^{\infty}u_n$ **发散;**

(2) **如果** $p>1$**,而** $\lim\limits_{n\to\infty}n^pu_n=l\ (0\leqslant l<+\infty)$**,那么级数** $\sum\limits_{n=1}^{\infty}u_n$ **收敛.**

证　(1) 在极限形式的比较审敛法中,取 $v_n=\frac{1}{n}$,由调和级数 $\sum\limits_{n=1}^{\infty}\frac{1}{n}$ 发散,知结论成立.

（2）在极限形式的比较审敛法中，取 $v_n=\dfrac{1}{n^p}$，当 $p>1$ 时，p 级数 $\sum\limits_{n=1}^{\infty}\dfrac{1}{n^p}$ 收敛，故结论成立.

例 7　判定级数 $\sum\limits_{n=1}^{\infty}\ln\left(1+\dfrac{1}{n^2}\right)$ 的收敛性.

解　因 $\ln\left(1+\dfrac{1}{n^2}\right)\sim\dfrac{1}{n^2}\ (n\to\infty)$，故

$$\lim_{n\to\infty}n^2u_n=\lim_{n\to\infty}n^2\ln\left(1+\frac{1}{n^2}\right)=\lim_{n\to\infty}n^2\times\frac{1}{n^2}=1,$$

根据极限审敛法，知所给级数收敛.

例 8　判定级数 $\sum\limits_{n=1}^{\infty}\sqrt{n+1}\left(1-\cos\dfrac{\pi}{n}\right)$ 的收敛性.

释疑解难 12-2

解　因为

$$\lim_{n\to\infty}n^{\frac{3}{2}}u_n=\lim_{n\to\infty}n^{\frac{3}{2}}\sqrt{n+1}\left(1-\cos\frac{\pi}{n}\right)=\lim_{n\to\infty}n^2\sqrt{\frac{n+1}{n}}\times\frac{1}{2}\left(\frac{\pi}{n}\right)^2=\frac{1}{2}\pi^2,$$

根据极限审敛法，知所给级数收敛.

二、交错级数及其审敛法

所谓交错级数是这样的级数，它的各项是正负交错的，从而可以写成下面的形式：

$$u_1-u_2+u_3-u_4+\cdots, \tag{2-3}$$

或

$$-u_1+u_2-u_3+u_4-\cdots, \tag{2-4}$$

其中 $u_1,u_2,\cdots$ 都是正数. 我们按级数（2-3）的形式来证明关于交错级数的一个审敛法.

定理 7（莱布尼茨定理）　如果交错级数 $\sum\limits_{n=1}^{\infty}(-1)^{n-1}u_n$ 满足条件：

（1）$u_n\geqslant u_{n+1}\ (n=1,2,3,\cdots)$；

（2）$\lim\limits_{n\to\infty}u_n=0$，

那么级数收敛，且其和 $s\leqslant u_1$，其余项 r_n 的绝对值 $|r_n|\leqslant u_{n+1}$.

证　先证明前 $2n$ 项的和 s_{2n} 的极限存在. 为此把 s_{2n} 写成两种形式：

$$s_{2n}=(u_1-u_2)+(u_3-u_4)+\cdots+(u_{2n-1}-u_{2n})$$

及

$$s_{2n}=u_1-(u_2-u_3)-(u_4-u_5)-\cdots-(u_{2n-2}-u_{2n-1})-u_{2n}.$$

根据条件（1）知道所有括号中的差都是非负的. 由第一种形式可见数列 $\{s_{2n}\}$ 是单调增加的，由第二种形式可见 $s_{2n}<u_1$. 于是，根据单调有界数列必有极限的准则知道，当 n 无

限增大时，s_{2n}趋于一个极限 s，并且 s 不大于 u_1：

$$\lim_{n\to\infty} s_{2n}=s\leqslant u_1.$$

再证明前 $2n+1$ 项的和 s_{2n+1}的极限也是 s.事实上，我们有

$$s_{2n+1}=s_{2n}+u_{2n+1}.$$

由条件(2)知$\lim\limits_{n\to\infty} u_{2n+1}=0$，因此

$$\lim_{n\to\infty} s_{2n+1}=\lim_{n\to\infty}(s_{2n}+u_{2n+1})=s.$$

由于级数的前偶数项的和与奇数项的和趋于同一极限 s，故级数 $\sum\limits_{n=1}^{\infty}(-1)^{n-1}u_n$ 的部分和 s_n 当 $n\to\infty$ 时具有极限 s.这就证明了级数 $\sum\limits_{n=1}^{\infty}(-1)^{n-1}u_n$ 收敛于和 s，且 $s\leqslant u_1$.

最后，不难看出余项 r_n 可以写成

$$r_n=\pm(u_{n+1}-u_{n+2}+\cdots),$$

其绝对值

$$|r_n|=u_{n+1}-u_{n+2}+\cdots,$$

上式右端也是一个交错级数，它也满足收敛的两个条件，所以其和小于级数的第一项，也就是说

$$|r_n|\leqslant u_{n+1}.$$

证明完毕.

例如，交错级数

$$1-\frac{1}{2}+\frac{1}{3}-\frac{1}{4}+\cdots+(-1)^{n-1}\frac{1}{n}+\cdots$$

满足条件

(1) $u_n=\dfrac{1}{n}>\dfrac{1}{n+1}=u_{n+1}\quad(n=1,2,\cdots)$

及

(2) $\lim\limits_{n\to\infty} u_n=\lim\limits_{n\to\infty}\dfrac{1}{n}=0$，

所以它是收敛的，且其和 $s<1$.如果取前 n 项的和

$$s_n=1-\frac{1}{2}+\frac{1}{3}-\cdots+(-1)^{n-1}\frac{1}{n}$$

作为 s 的近似值，所产生的误差 $|r_n|\leqslant\dfrac{1}{n+1}\quad(=u_{n+1})$.

三、绝对收敛与条件收敛

现在我们讨论一般的级数

例题精讲
12-4

$$u_1+u_2+\cdots+u_n+\cdots,$$

它的各项为任意实数.如果级数 $\sum_{n=1}^{\infty}u_n$ 各项的绝对值所构成的正项级数 $\sum_{n=1}^{\infty}|u_n|$ 收敛,那么称级数 $\sum_{n=1}^{\infty}u_n$ 绝对收敛;如果级数 $\sum_{n=1}^{\infty}u_n$ 收敛,而级数 $\sum_{n=1}^{\infty}|u_n|$ 发散,那么称级数 $\sum_{n=1}^{\infty}u_n$ 条件收敛.容易知道,级数 $\sum_{n=1}^{\infty}(-1)^{n-1}\frac{1}{n^2}$ 是绝对收敛级数,而级数 $\sum_{n=1}^{\infty}(-1)^{n-1}\frac{1}{n}$ 是条件收敛级数.

级数绝对收敛与级数收敛有以下重要关系:

定理 8　如果级数 $\sum_{n=1}^{\infty}u_n$ 绝对收敛,那么级数 $\sum_{n=1}^{\infty}u_n$ 必定收敛.

证　令

$$v_n=\frac{1}{2}(u_n+|u_n|)\quad(n=1,2,\cdots).$$

显然 $v_n\geqslant 0$ 且 $v_n\leqslant|u_n|\quad(n=1,2,\cdots)$.因级数 $\sum_{n=1}^{\infty}|u_n|$ 收敛,故由比较审敛法知道,级数 $\sum_{n=1}^{\infty}v_n$ 收敛,从而级数 $\sum_{n=1}^{\infty}2v_n$ 也收敛.而 $u_n=2v_n-|u_n|$,由收敛级数的基本性质可知

$$\sum_{n=1}^{\infty}u_n=\sum_{n=1}^{\infty}2v_n-\sum_{n=1}^{\infty}|u_n|,$$

所以级数 $\sum_{n=1}^{\infty}u_n$ 收敛.定理证毕.

上述证明中引入的级数 $\sum_{n=1}^{\infty}v_n$,其一般项

$$v_n=\frac{1}{2}(u_n+|u_n|)=\begin{cases}u_n, & u_n>0,\\ 0, & u_n\leqslant 0,\end{cases}$$

可见级数 $\sum_{n=1}^{\infty}v_n$ 是把级数 $\sum_{n=1}^{\infty}u_n$ 中的负项换成 0 而得的,它也就是级数 $\sum_{n=1}^{\infty}u_n$ 中的全体正项所构成的级数.类似可知,令

$$w_n=\frac{1}{2}(|u_n|-u_n),$$

则 $\sum_{n=1}^{\infty}w_n$ 为级数 $\sum_{n=1}^{\infty}u_n$ 中全体负项的绝对值所构成的级数.如果级数 $\sum_{n=1}^{\infty}u_n$ 绝对收敛,那么级数 $\sum_{n=1}^{\infty}v_n$ 与 $\sum_{n=1}^{\infty}w_n$ 都收敛;如果级数条件收敛$\left(\text{即} \sum_{n=1}^{\infty}u_n \text{ 收敛,而} \sum_{n=1}^{\infty}|u_n| \text{ 发}\right.$

散$\Big)$,那么级数 $\sum\limits_{n=1}^{\infty} v_n$ 与 $\sum\limits_{n=1}^{\infty} w_n$ 都发散.

定理 8 说明,对于一般的级数 $\sum\limits_{n=1}^{\infty} u_n$,如果我们用正项级数的审敛法判定级数 $\sum\limits_{n=1}^{\infty} |u_n|$ 收敛,那么此级数收敛.这就使得一大类级数的收敛性判定问题,转化成正项级数的收敛性判定问题.

一般说来,如果级数 $\sum\limits_{n=1}^{\infty} |u_n|$ 发散,我们不能断定级数 $\sum\limits_{n=1}^{\infty} u_n$ 也发散.但是,如果我们用比值审敛法或根值审敛法根据 $\lim\limits_{n\to\infty}\left|\dfrac{u_{n+1}}{u_n}\right|=\rho>1$ 或 $\lim\limits_{n\to\infty}\sqrt[n]{|u_n|}=\rho>1$ 判定级数 $\sum\limits_{n=1}^{\infty} |u_n|$ 发散,那么我们可以断定级数 $\sum\limits_{n=1}^{\infty} u_n$ 必定发散.这是因为从 $\rho>1$ 可推知 $|u_n| \not\to 0\ (n\to\infty)$,从而 $u_n \not\to 0\ (n\to\infty)$,因此级数 $\sum\limits_{n=1}^{\infty} u_n$ 是发散的.

例 9　判定级数 $\sum\limits_{n=1}^{\infty}\dfrac{\sin n\alpha}{n^2}$ 的收敛性.

解　因为 $\left|\dfrac{\sin n\alpha}{n^2}\right| \leqslant \dfrac{1}{n^2}$,而级数 $\sum\limits_{n=1}^{\infty}\dfrac{1}{n^2}$ 收敛,所以级数 $\sum\limits_{n=1}^{\infty}\left|\dfrac{\sin n\alpha}{n^2}\right|$ 也收敛.由定理 8 知,级数 $\sum\limits_{n=1}^{\infty}\dfrac{\sin n\alpha}{n^2}$ 收敛.

例 10　判定级数 $\sum\limits_{n=1}^{\infty}(-1)^n\dfrac{1}{2^n}\left(1+\dfrac{1}{n}\right)^{n^2}$ 的收敛性.

解　这是交错级数.记 $u_n=\dfrac{1}{2^n}\left(1+\dfrac{1}{n}\right)^{n^2}$,有

$$\sqrt[n]{u_n}=\frac{1}{2}\left(1+\frac{1}{n}\right)^n \to \frac{1}{2}\mathrm{e}\quad (n\to\infty),$$

而 $\dfrac{1}{2}\mathrm{e}>1$,可知 $u_n \not\to 0\ (n\to\infty)$,因此所给级数发散.

*四、绝对收敛级数的性质

绝对收敛级数有很多性质是条件收敛级数所没有的,下面给出关于绝对收敛级数的两个性质.

定理 9　绝对收敛级数经改变项的位置后构成的级数也收敛,且与原级数有相同的和(即绝对收敛级数具有可交换性).

证　(1) 先证定理对于收敛的正项级数是正确的.

设级数

$$u_1+u_2+\cdots+u_n+\cdots$$

为收敛的正项级数，其部分和为 s_n，和为 s. 并设级数

$$u_1^*+u_2^*+\cdots+u_n^*+\cdots$$

为改变项的位置后构成的级数，其部分和为 s_n^*.

对于任何 n，当它固定后，取 m 足够大，使 $u_1^*, u_2^*, \cdots, u_n^*$ 各项都出现在 $s_m=u_1+u_2+\cdots+u_m$ 中，于是得

$$s_n^* \leqslant s_m \leqslant s,$$

所以，单调增加的数列 $\{s_n^*\}$ 不超过定数 s，根据单调有界数列必有极限的准则（第一章第六节），可知 $\lim\limits_{n\to\infty} s_n^*$ 存在，即级数 $\sum\limits_{n=1}^{\infty} u_n^*$ 收敛，且

$$\lim_{n\to\infty} s_n^* = s^* \leqslant s.$$

另一方面，如果把原来级数 $\sum\limits_{n=1}^{\infty} u_n$ 看成是级数 $\sum\limits_{n=1}^{\infty} u_n^*$ 改变项的位置以后所成的级数，那么应用刚才证得的结论，又有

$$s \leqslant s^*.$$

要使得上面两个不等式同时成立，必定有

$$s^*=s.$$

（2）再证定理对一般的绝对收敛级数是正确的.

设级数 $\sum\limits_{n=1}^{\infty} |u_n|$ 收敛. 在定理 8 的证明中已得

$$u_n=2v_n-|u_n|,$$

而 $\sum\limits_{n=1}^{\infty} v_n$ 是收敛的正项级数. 故有

$$\sum_{n=1}^{\infty} u_n=\sum_{n=1}^{\infty} (2v_n-|u_n|)=\sum_{n=1}^{\infty} 2v_n-\sum_{n=1}^{\infty} |u_n|.$$

若级数 $\sum\limits_{n=1}^{\infty} u_n$ 改变项的位置后的级数为 $\sum\limits_{n=1}^{\infty} u_n^*$，则相应的 $\sum\limits_{n=1}^{\infty} v_n$ 改变为 $\sum\limits_{n=1}^{\infty} v_n^*$，$\sum\limits_{n=1}^{\infty} |u_n|$ 改变为 $\sum\limits_{n=1}^{\infty} |u_n^*|$，由（1）证得的结论可知

$$\sum_{n=1}^{\infty} v_n=\sum_{n=1}^{\infty} v_n^*, \qquad \sum_{n=1}^{\infty} |u_n|=\sum_{n=1}^{\infty} |u_n^*|.$$

所以

$$\sum_{n=1}^{\infty} u_n^*=\sum_{n=1}^{\infty} 2v_n^*-\sum_{n=1}^{\infty} |u_n^*|=\sum_{n=1}^{\infty} 2v_n-\sum_{n=1}^{\infty} |u_n|=\sum_{n=1}^{\infty} u_n.$$

证毕.

在给出绝对收敛级数的另一个性质以前,我们先来讨论级数的乘法运算.

设级数 $\sum_{n=1}^{\infty} u_n$ 和 $\sum_{n=1}^{\infty} v_n$ 都收敛,仿照有限项之和相乘的规则,作出这两个级数的项所有可能的乘积 $u_i v_k$ $(i,k=1,2,3,\cdots)$,这些乘积是

$$\begin{array}{l} u_1v_1, u_1v_2, u_1v_3, \cdots, u_1v_i, \cdots, \\ u_2v_1, u_2v_2, u_2v_3, \cdots, u_2v_i, \cdots, \\ u_3v_1, u_3v_2, u_3v_3, \cdots, u_3v_i, \cdots, \\ \cdots \\ u_kv_1, u_kv_2, u_kv_3, \cdots, u_kv_i, \cdots, \\ \cdots \end{array}$$

这些乘积可以用很多方式将它们排列成一个数列.例如可以按“对角线法”或按“正方形法”将它们排列成下面形状的数列(图 12-2):

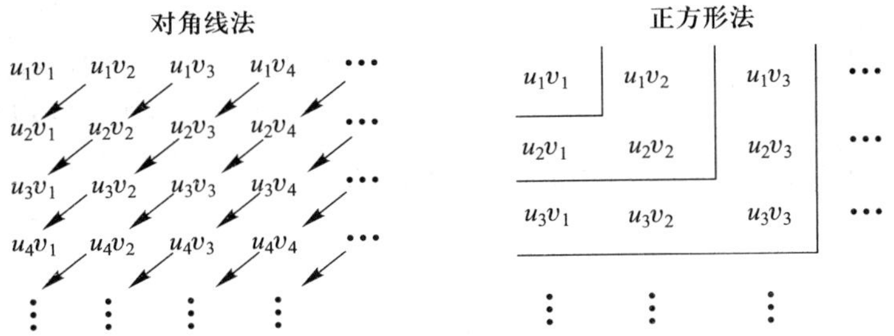

图 12-2

(对角线法) $u_1v_1; u_1v_2, u_2v_1; \cdots; u_1v_n, u_2v_{n-1}, \cdots, u_nv_1; \cdots$.

(正方形法) $u_1v_1; u_1v_2, u_2v_2, u_2v_1; \cdots; u_1v_n, u_2v_n, \cdots, u_nv_n, u_nv_{n-1}, \cdots, u_nv_1; \cdots$.

把上面排列好的数列用加号相连,就组成无穷级数.我们称按“对角线法”排列所组成的级数

$$u_1v_1+(u_1v_2+u_2v_1)+\cdots+(u_1v_n+u_2v_{n-1}+\cdots+u_nv_1)+\cdots$$

为两级数 $\sum_{n=1}^{\infty} u_n$ 和 $\sum_{n=1}^{\infty} v_n$ 的柯西乘积.

定理 10(绝对收敛级数的乘法)　设级数 $\sum_{n=1}^{\infty} u_n$ 和 $\sum_{n=1}^{\infty} v_n$ 都绝对收敛,其和分别为 s 和 σ,则它们的柯西乘积

$$u_1v_1+(u_1v_2+u_2v_1)+\cdots+(u_1v_n+u_2v_{n-1}+\cdots+u_nv_1)+\cdots \tag{2-5}$$

也是绝对收敛的,且其和为 $s\sigma$.

证　考虑把级数(2-5)的括号去掉后所成的级数

$$u_1v_1+u_1v_2+u_2v_1+\cdots+u_1v_n+\cdots. \tag{2-6}$$

如果级数(2-6)绝对收敛且其和为 w，那么由收敛级数的基本性质 4 及比较审敛法可知，级数(2-5)也绝对收敛且其和为 w. 因此只要证明级数(2-6)绝对收敛且其和 $w=s\sigma$ 就行了.

(1) 先证级数(2-6)绝对收敛.

设 w_m 为级数(2-6)的前 m 项分别取绝对值后所作成的和，又设

$$\sum_{n=1}^{\infty}|u_n|=A,\quad \sum_{n=1}^{\infty}|v_n|=B,$$

则显然有

$$w_m\leqslant \sum_{n=1}^{\infty}|u_n|\cdot\sum_{n=1}^{\infty}|v_n|\leqslant AB.$$

由此可见单调增加数列 $\{w_m\}$ 不超过定数 AB，所以级数(2-6)绝对收敛.

(2) 再证级数(2-6)的和 $w=s\sigma$.

把级数(2-6)的各项位置重新排列并加上括号使它成为按"正方形法"排列所组成的级数

$$u_1v_1+(u_1v_2+u_2v_2+u_2v_1)+\cdots+(u_1v_n+u_2v_n+\cdots+u_nv_n+u_nv_{n-1}+\cdots+u_nv_1)+\cdots.\quad(2-7)$$

根据定理 9 及收敛级数的基本性质 4 可知，对于绝对收敛级数(2-6)这样做法是不会改变其和的. 容易看出，级数(2-7)的前 n 项的和恰好为

$$(u_1+u_2+\cdots+u_n)\cdot(v_1+v_2+\cdots+v_n)=s_n\sigma_n,$$

因此

$$w=\lim_{n\to\infty}(s_n\sigma_n)=s\sigma.$$

习题 12-2

1. 以下各题中给出了四个结论，从中选出一个正确的结论：

(1) 设 $\sum\limits_{n=1}^{\infty}a_n$ 是收敛的正项级数，$b_n=\dfrac{1-\cos a_n}{a_n}$，$c_n=\dfrac{1-\cos\sqrt{a_n}}{\sqrt{a_n}}$. 则有(　　)；

(A) $\sum\limits_{n=1}^{\infty}b_n$ 和 $\sum\limits_{n=1}^{\infty}c_n$ 均收敛

(B) $\sum\limits_{n=1}^{\infty}b_n$ 收敛，$\sum\limits_{n=1}^{\infty}c_n$ 敛散性不确定

(C) $\sum\limits_{n=1}^{\infty}b_n$ 和 $\sum\limits_{n=1}^{\infty}c_n$ 均发散

(D) $\sum\limits_{n=1}^{\infty}b_n$ 发散，$\sum\limits_{n=1}^{\infty}c_n$ 敛散性不确定

(2) 设有两个数列 $\{a_n\}$ 和 $\{b_n\}$，若 $\lim\limits_{n\to\infty}a_n=0$，则有(　　).

(A) 当 $\sum\limits_{n=1}^{\infty}b_n$ 收敛时，$\sum\limits_{n=1}^{\infty}a_nb_n$ 收敛

(B) 当 $\sum\limits_{n=1}^{\infty}b_n$ 发散时，$\sum\limits_{n=1}^{\infty}a_nb_n$ 发散

(C) 当 $\sum\limits_{n=1}^{\infty}|b_n|$ 收敛时，$\sum\limits_{n=1}^{\infty}|a_nb_n|$ 收敛

（D）当 $\sum_{n=1}^{\infty}|b_n|$ 发散时，$\sum_{n=1}^{\infty}|a_nb_n|$ 发散

2. 用比较审敛法或极限形式的比较审敛法判定下列级数的收敛性：

（1）$1+\frac{1}{3}+\frac{1}{5}+\cdots+\frac{1}{2n-1}+\cdots$；

（2）$1+\frac{1+2}{1+2^2}+\frac{1+3}{1+3^2}+\cdots+\frac{1+n}{1+n^2}+\cdots$；

（3）$\frac{1}{2\times5}+\frac{1}{3\times6}+\cdots+\frac{1}{(n+1)(n+4)}+\cdots$；

（4）$\sin\frac{\pi}{2}+\sin\frac{\pi}{2^2}+\sin\frac{\pi}{2^3}+\cdots+\sin\frac{\pi}{2^n}+\cdots$；

（5）$\sum_{n=1}^{\infty}\frac{1}{1+a^n}$ $(a>0)$.

3. 用比值审敛法判定下列级数的收敛性：

（1）$\frac{3}{1\times2}+\frac{3^2}{2\times2^2}+\frac{3^3}{3\times2^3}+\cdots+\frac{3^n}{n\times2^n}+\cdots$；

（2）$\sum_{n=1}^{\infty}\frac{n^2}{3^n}$；

（3）$\sum_{n=1}^{\infty}\frac{2^n\times n!}{n^n}$；

（4）$\sum_{n=1}^{\infty}n\tan\frac{\pi}{2^{n+1}}$.

*4. 用根值审敛法判定下列级数的收敛性：

（1）$\sum_{n=1}^{\infty}\left(\frac{n}{2n+1}\right)^n$；

（2）$\sum_{n=1}^{\infty}\frac{1}{[\ln(n+1)]^n}$；

（3）$\sum_{n=1}^{\infty}\left(\frac{n}{3n-1}\right)^{2n-1}$；

（4）$\sum_{n=1}^{\infty}\left(\frac{b}{a_n}\right)^n$，其中 $a_n\to a$ $(n\to\infty)$，a_n,b,a 均为正数.

5. 判定下列级数的收敛性：

（1）$\frac{3}{4}+2\left(\frac{3}{4}\right)^2+3\left(\frac{3}{4}\right)^3+\cdots+n\left(\frac{3}{4}\right)^n+\cdots$；

（2）$\frac{1^4}{1!}+\frac{2^4}{2!}+\frac{3^4}{3!}+\cdots+\frac{n^4}{n!}+\cdots$；

（3）$\sum_{n=1}^{\infty}\frac{n+1}{n(n+2)}$；

（4）$\sum_{n=1}^{\infty}2^n\sin\frac{\pi}{3^n}$；

（5）$\sqrt{2}+\sqrt{\frac{3}{2}}+\cdots+\sqrt{\frac{n+1}{n}}+\cdots$；

（6）$\frac{1}{a+b}+\frac{1}{2a+b}+\cdots+\frac{1}{na+b}+\cdots$ $(a>0,b>0)$.

6. 判定下列级数是否收敛，如果是收敛的，是绝对收敛还是条件收敛？

（1）$1-\frac{1}{\sqrt{2}}+\frac{1}{\sqrt{3}}-\frac{1}{\sqrt{4}}+\cdots+\frac{(-1)^{n-1}}{\sqrt{n}}+\cdots$；

（2）$\sum_{n=1}^{\infty}(-1)^{n-1}\frac{n}{3^{n-1}}$；

（3）$\frac{1}{3}\times\frac{1}{2}-\frac{1}{3}\times\frac{1}{2^2}+\frac{1}{3}\times\frac{1}{2^3}-\frac{1}{3}\times\frac{1}{2^4}+\cdots+(-1)^{n-1}\frac{1}{3}\times\frac{1}{2^n}+\cdots$；

（4）$\frac{1}{\ln 2}-\frac{1}{\ln 3}+\frac{1}{\ln 4}-\frac{1}{\ln 5}+\cdots+(-1)^{n-1}\frac{1}{\ln(n+1)}+\cdots$；

（5）$\sum_{n=1}^{\infty}(-1)^{n+1}\frac{2^{n^2}}{n!}$.

第三节　幂　级　数

一、函数项级数的概念

如果给定一个定义在区间 I 上的函数列

$$u_1(x),u_2(x),u_3(x),\cdots,u_n(x),\cdots,$$

那么由这函数列构成的表达式

$$u_1(x)+u_2(x)+u_3(x)+\cdots+u_n(x)+\cdots \tag{3-1}$$

称为定义在区间 I 上的(函数项)无穷级数,简称(函数项)级数.

对于每一个确定的值 $x_0\in I$,函数项级数(3-1)成为常数项级数

$$u_1(x_0)+u_2(x_0)+u_3(x_0)+\cdots+u_n(x_0)+\cdots. \tag{3-2}$$

这个级数(3-2)可能收敛也可能发散.如果级数(3-2)收敛,就称点 x_0 是函数项级数(3-1)的收敛点;如果级数(3-2)发散,就称点 x_0 是函数项级数(3-1)的发散点.函数项级数(3-1)的收敛点的全体称为它的收敛域,发散点的全体称为它的发散域.

对应于收敛域内的任意一个数 x,函数项级数成为一收敛的常数项级数,因而有一确定的和 s.这样,在收敛域上,函数项级数的和是 x 的函数 $s(x)$,通常称 $s(x)$ 为函数项级数的和函数,这个函数的定义域就是级数的收敛域,并写成

$$s(x)=u_1(x)+u_2(x)+u_3(x)+\cdots+u_n(x)+\cdots=\sum_{i=1}^{\infty}u_i(x).$$

把函数项级数(3-1)的前 n 项的部分和记作 $s_n(x)$,则在收敛域上有

$$\lim_{n\to\infty}s_n(x)=s(x).$$

记 $r_n(x)=s(x)-s_n(x)$,$r_n(x)$ 叫做函数项级数的余项(当然,只有 x 在收敛域上 $r_n(x)$ 才有意义),并有

$$\lim_{n\to\infty}r_n(x)=0.$$

二、幂级数及其收敛性

函数项级数中简单而常见的一类级数就是各项都是常数乘幂函数的函数项级数,即所谓幂级数,它的形式是①

① 幂级数的一般形式是 $a_0+a_1(x-x_0)+a_2(x-x_0)^2+\cdots+a_n(x-x_0)^n+\cdots$.只要作代换 $t=x-x_0$,就可以把它化成(3-3)的形式.所以取(3-3)式来讨论,并不影响一般性.

$$\sum_{n=0}^{\infty} a_n x^n = a_0 + a_1 x + a_2 x^2 + \cdots + a_n x^n + \cdots, \tag{3-3}$$

其中常数 $a_0, a_1, a_2, \cdots, a_n, \cdots$ 叫做幂级数的系数. 例如

$$1 + x + x^2 + \cdots + x^n + \cdots,$$

$$1 + x + \frac{1}{2!} x^2 + \cdots + \frac{1}{n!} x^n + \cdots$$

都是幂级数.

现在我们来讨论：对于一个给定的幂级数，它的收敛域与发散域是怎样的？即 x 取数轴上哪些点时幂级数收敛，取哪些点时幂级数发散？这就是幂级数的收敛性问题.

先看一个例子. 考察幂级数

$$1 + x + x^2 + \cdots + x^n + \cdots$$

的收敛性. 由第一节例 1 知道，当 $|x| < 1$ 时，这级数收敛于和 $\frac{1}{1-x}$；当 $|x| \geqslant 1$ 时，这级数发散. 因此，这幂级数的收敛域是开区间 $(-1, 1)$，发散域是 $(-\infty, -1]$ 及 $[1, +\infty)$，并有

$$\frac{1}{1-x} = 1 + x + x^2 + \cdots + x^n + \cdots \quad (-1 < x < 1).$$

在这个例子中我们看到，这个幂级数的收敛域是一个区间. 事实上，这个结论对于一般的幂级数也是成立的. 我们有如下定理：

定理 1（阿贝尔（Abel）定理）　如果级数 $\sum_{n=0}^{\infty} a_n x^n$ 当 $x = x_0$ $(x_0 \neq 0)$ 时收敛，那么适合不等式 $|x| < |x_0|$ 的一切 x 使这幂级数绝对收敛. 反之，如果级数 $\sum_{n=0}^{\infty} a_n x^n$ 当 $x = x_0$ 时发散，那么适合不等式 $|x| > |x_0|$ 的一切 x 使这幂级数发散.

证　先设 x_0 是幂级数 (3-3) 的收敛点，即级数

$$a_0 + a_1 x_0 + a_2 x_0^2 + \cdots + a_n x_0^n + \cdots$$

收敛. 根据级数收敛的必要条件，这时有

$$\lim_{n \to \infty} a_n x_0^n = 0,$$

于是存在一个常数 M，使得

$$|a_n x_0^n| \leqslant M \quad (n = 0, 1, 2, \cdots).$$

这样级数 (3-3) 的一般项的绝对值

$$|a_n x^n| = \left| a_n x_0^n \cdot \frac{x^n}{x_0^n} \right| = |a_n x_0^n| \cdot \left| \frac{x}{x_0} \right|^n \leqslant M \left| \frac{x}{x_0} \right|^n.$$

因为当 $|x|<|x_0|$ 时,等比级数 $\sum\limits_{n=0}^{\infty}M\left|\dfrac{x}{x_0}\right|^n$ 收敛$\left(\text{公比}\left|\dfrac{x}{x_0}\right|<1\right)$,所以级数 $\sum\limits_{n=0}^{\infty}|a_nx^n|$ 收敛,也就是级数 $\sum\limits_{n=0}^{\infty}a_nx^n$ 绝对收敛.

定理的第二部分可用反证法证明.假设幂级数当 $x=x_0$ 时发散而有一点 x_1 适合 $|x_1|>|x_0|$ 使级数收敛,则根据本定理的第一部分,级数当 $x=x_0$ 时应收敛,这与假设矛盾.定理得证.

定理 1 表明,如果幂级数在 $x=x_0$ 处收敛,那么对于开区间 $(-|x_0|,|x_0|)$ 内的任何 x,幂级数都收敛;如果幂级数在 $x=x_0$ 处发散,那么对于闭区间 $[-|x_0|,|x_0|]$ 外的任何 x,幂级数都发散.

设已给幂级数在数轴上既有收敛点(不仅是原点)也有发散点.现在从原点沿数轴向右方走,最初只遇到收敛点,然后就只遇到发散点.这两部分的界点可能是收敛点也可能是发散点.从原点沿数轴向左方走情形也是如此.两个界点 P 与 P' 在原点的两侧,且由定理 1 可以证明它们到原点的距离是一样的(图 12-3).

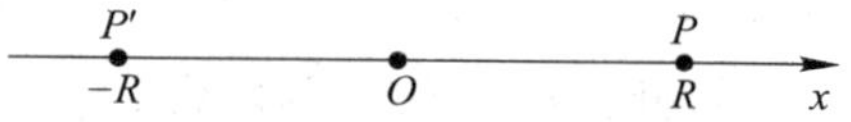

图 12-3

从上面的几何说明,得到下述重要推论:

推论　如果幂级数 $\sum\limits_{n=0}^{\infty}a_nx^n$ 不是仅在 $x=0$ 一点收敛,也不是在整个数轴上都收敛,那么必有一个确定的正数 R 存在,使得

当 $|x|<R$ 时,幂级数绝对收敛;

当 $|x|>R$ 时,幂级数发散;

当 $x=R$ 与 $x=-R$ 时,幂级数可能收敛也可能发散.

正数 R 通常叫做幂级数(3-3)的收敛半径.开区间 $(-R,R)$ 叫做幂级数(3-3)的收敛区间.再由幂级数在 $x=\pm R$ 处的收敛性就可以决定它的收敛域是 $(-R,R)$, $[-R,R)$, $(-R,R]$ 或 $[-R,R]$ 这四个区间之一.

如果幂级数(3-3)只在 $x=0$ 处收敛,这时收敛域只有一点 $x=0$,但为了方便起见,规定这时收敛半径 $R=0$;如果幂级数(3-3)对一切 x 都收敛,则规定收敛半径 $R=+\infty$,这时收敛域是 $(-\infty,+\infty)$.这两种情形确实都是存在的,见下面的例 2 及例 3.

关于幂级数的收敛半径的求法,有下面的定理.

定理 2　如果

$$\lim_{n\to\infty}\left|\frac{a_{n+1}}{a_n}\right|=\rho,$$

其中 a_n, a_{n+1} 是幂级数 $\sum\limits_{n=0}^{\infty}a_nx^n$ 的相邻两项的系数,那么这幂级数的收敛半径

$$R=\begin{cases}\dfrac{1}{\rho}, & \rho\neq 0,\\ +\infty, & \rho=0,\\ 0, & \rho=+\infty .\end{cases}$$

证　考察幂级数(3-3)的各项取绝对值所成的级数

$$|a_0|+|a_1x|+|a_2x^2|+\cdots+|a_nx^n|+\cdots, \tag{3-4}$$

这级数相邻两项之比为

$$\frac{|a_{n+1}x^{n+1}|}{|a_nx^n|}=\left|\frac{a_{n+1}}{a_n}\right||x|.$$

(1) 如果 $\lim\limits_{n\to\infty}\left|\dfrac{a_{n+1}}{a_n}\right|=\rho\quad(\rho\neq 0)$ 存在，根据比值审敛法，那么当 $\rho|x|<1$ 即 $|x|<\dfrac{1}{\rho}$ 时，级数(3-4)收敛，从而级数(3-3)绝对收敛；当 $\rho|x|>1$ 即 $|x|>\dfrac{1}{\rho}$ 时，级数(3-4)发散并且从某一个 n 开始

$$|a_{n+1}x^{n+1}|>|a_nx^n|,$$

因此一般项 $|a_nx^n|$ 不能趋于零，所以 a_nx^n 也不能趋于零，从而级数(3-3)发散. 于是收敛半径 $R=\dfrac{1}{\rho}$.

(2) 如果 $\rho=0$，那么对任何 $x\neq 0$，有 $\dfrac{|a_{n+1}x^{n+1}|}{|a_nx^n|}\to 0\ (n\to\infty)$，所以级数(3-4)收敛，从而级数(3-3)绝对收敛. 于是 $R=+\infty$.

(3) 如果 $\rho=+\infty$，那么对于除 $x=0$ 外的其他一切 x 值，级数(3-3)必发散，否则由定理 1 知道将有点 $x\neq 0$ 使级数(3-4)收敛. 于是 $R=0$.

例 1　求幂级数 $x-\dfrac{x^2}{2}+\dfrac{x^3}{3}-\cdots+(-1)^{n-1}\dfrac{x^n}{n}+\cdots$ 的收敛半径与收敛域.

解　因为

$$\rho=\lim_{n\to\infty}\left|\frac{a_{n+1}}{a_n}\right|=\lim_{n\to\infty}\frac{\frac{1}{n+1}}{\frac{1}{n}}=1,$$

所以收敛半径

$$R=\frac{1}{\rho}=1.$$

对于端点 $x=-1$，级数成为

例题精讲
12-5

$$-1-\frac{1}{2}-\frac{1}{3}-\cdots-\frac{1}{n}-\cdots,$$

此级数发散;

对于端点 $x=1$,级数成为交错级数

$$1-\frac{1}{2}+\frac{1}{3}-\cdots+(-1)^{n-1}\frac{1}{n}+\cdots,$$

此级数收敛.因此,收敛域是$(-1,1]$.

例 2　求幂级数 $1+x+\frac{1}{2!}x^2+\cdots+\frac{1}{n!}x^n+\cdots$的收敛域.

解　因为

$$\rho=\lim_{n\to\infty}\left|\frac{a_{n+1}}{a_n}\right|=\lim_{n\to\infty}\frac{\frac{1}{(n+1)!}}{\frac{1}{n!}}=\lim_{n\to\infty}\frac{1}{n+1}=0,$$

所以收敛半径 $R=+\infty$,从而收敛域是$(-\infty,+\infty)$.

例 3　求幂级数 $\sum_{n=0}^{\infty}n!x^n$ 的收敛半径(规定 $0!=1$).

解　因为

$$\rho=\lim_{n\to\infty}\left|\frac{a_{n+1}}{a_n}\right|=\lim_{n\to\infty}\frac{(n+1)!}{n!}=+\infty,$$

所以收敛半径 $R=0$,即级数仅在点 $x=0$ 处收敛.

例 4　求幂级数 $\sum_{n=0}^{\infty}\frac{(2n)!}{(n!)^2}x^{2n}$的收敛半径.

解　级数缺少奇次幂的项,定理 2 不能直接应用.我们根据比值审敛法来求收敛半径:

$$\lim_{n\to\infty}\left|\frac{\frac{[2(n+1)]!}{[(n+1)!]^2}x^{2(n+1)}}{\frac{(2n)!}{(n!)^2}x^{2n}}\right|=4|x|^2.$$

当 $4|x|^2<1$ 即 $|x|<\frac{1}{2}$时,级数收敛;当 $4|x|^2>1$ 即 $|x|>\frac{1}{2}$时,级数发散.所以收敛半径 $R=\frac{1}{2}$.

例 5　求幂级数 $\sum_{n=1}^{\infty}\frac{(x-1)^n}{2^n\cdot n}$的收敛域.

解　令 $t=x-1$,上述级数变为

$$\sum_{n=1}^{\infty}\frac{t^n}{2^n\cdot n}.$$

因为

$$\rho=\lim_{n\to\infty}\left|\frac{a_{n+1}}{a_n}\right|=\lim_{n\to\infty}\frac{2^n\cdot n}{2^{n+1}(n+1)}=\frac{1}{2},$$

所以收敛半径 $R=2$.收敛区间为 $|t|<2$,即$-1<x<3$.

当 $x=-1$ 时,级数成为 $\sum\limits_{n=1}^{\infty}\frac{(-1)^n}{n}$,这级数收敛;当 $x=3$ 时,级数成为 $\sum\limits_{n=1}^{\infty}\frac{1}{n}$,这级数发散.因此原级数的收敛域为$[-1,3)$.

三、幂级数的运算

设幂级数

$$a_0+a_1x+a_2x^2+\cdots+a_nx^n+\cdots$$

及

$$b_0+b_1x+b_2x^2+\cdots+b_nx^n+\cdots$$

分别在区间$(-R,R)$及$(-R',R')$内收敛,对于这两个幂级数,可以进行下列四则运算:

加法

$$\begin{aligned}&(a_0+a_1x+a_2x^2+\cdots+a_nx^n+\cdots)+(b_0+b_1x+b_2x^2+\cdots+b_nx^n+\cdots)\\&=(a_0+b_0)+(a_1+b_1)x+(a_2+b_2)x^2+\cdots+(a_n+b_n)x^n+\cdots.\end{aligned}$$

减法

$$\begin{aligned}&(a_0+a_1x+a_2x^2+\cdots+a_nx^n+\cdots)-(b_0+b_1x+b_2x^2+\cdots+b_nx^n+\cdots)\\&=(a_0-b_0)+(a_1-b_1)x+(a_2-b_2)x^2+\cdots+(a_n-b_n)x^n+\cdots.\end{aligned}$$

根据收敛级数的基本性质 2,上面两式在$(-R,R)$与$(-R',R')$中较小的区间内成立.

乘法

$$\begin{aligned}&(a_0+a_1x+a_2x^2+\cdots+a_nx^n+\cdots)(b_0+b_1x+b_2x^2+\cdots+b_nx^n+\cdots)\\&=a_0b_0+(a_0b_1+a_1b_0)x+(a_0b_2+a_1b_1+a_2b_0)x^2+\cdots+(a_0b_n+a_1b_{n-1}+\cdots+a_nb_0)x^n+\cdots.\end{aligned}$$

释疑解难 12-3

这是两个幂级数的柯西乘积.可以证明上式在$(-R,R)$与$(-R',R')$中较小的区间内成立.

除法

$$\frac{a_0+a_1x+a_2x^2+\cdots+a_nx^n+\cdots}{b_0+b_1x+b_2x^2+\cdots+b_nx^n+\cdots}=c_0+c_1x+c_2x^2+\cdots+c_nx^n+\cdots,$$

这里假设 $b_0\neq0$.为了决定系数 $c_0,c_1,c_2,\cdots,c_n,\cdots$,可以将级数 $\sum\limits_{n=0}^{\infty}b_nx^n$ 与 $\sum\limits_{n=0}^{\infty}c_nx^n$ 相

乘,并令乘积中各项的系数分别等于级数 $\sum_{n=0}^{\infty}a_nx^n$ 中同次幂的系数,即得

$$a_0=b_0c_0,$$
$$a_1=b_1c_0+b_0c_1,$$
$$a_2=b_2c_0+b_1c_1+b_0c_2,$$
$$\cdots$$

由这些方程就可以顺序地求出 $c_0,c_1,c_2,\cdots,c_n,\cdots$.

相除后所得的幂级数 $\sum_{n=0}^{\infty}c_nx^n$ 的收敛区间可能比原来两级数的收敛区间小得多①.

关于幂级数的和函数有下列重要性质②:

性质 1　幂级数 $\sum_{n=0}^{\infty}a_nx^n$ 的和函数 $s(x)$ 在其收敛域 I 上连续.

性质 2　幂级数 $\sum_{n=0}^{\infty}a_nx^n$ 的和函数 $s(x)$ 在其收敛域 I 上可积,并有逐项积分公式

$$\int_0^x s(t)\,\mathrm{d}t=\int_0^x\left[\sum_{n=0}^{\infty}a_nt^n\right]\mathrm{d}t=\sum_{n=0}^{\infty}\int_0^x a_nt^n\,\mathrm{d}t=\sum_{n=0}^{\infty}\frac{a_n}{n+1}x^{n+1}\quad(x\in I),\tag{3-5}$$

逐项积分后所得到的幂级数和原级数有相同的收敛半径.

性质 3　幂级数 $\sum_{n=0}^{\infty}a_nx^n$ 的和函数 $s(x)$ 在其收敛区间 $(-R,R)$ 内可导,且有逐项求导公式

$$s'(x)=\left(\sum_{n=0}^{\infty}a_nx^n\right)'=\sum_{n=0}^{\infty}(a_nx^n)'=\sum_{n=1}^{\infty}na_nx^{n-1}\quad(|x|<R),\tag{3-6}$$

逐项求导后所得到的幂级数和原级数有相同的收敛半径.

反复应用上述结论可得:**幂级数 $\sum_{n=0}^{\infty}a_nx^n$ 的和函数 $s(x)$ 在其收敛区间 $(-R,R)$ 内具有任意阶导数.**

例 6　求幂级数 $\sum_{n=0}^{\infty}\frac{x^n}{n+1}$ 的和函数.

解　先求收敛域. 由

---

① 例如

$$\frac{1}{1-x}=1+x+x^2+\cdots+x^n+\cdots.$$

级数 $\sum_{n=0}^{\infty}a_nx^n=1+0x+\cdots+0x^n+\cdots$ 与 $\sum_{n=0}^{\infty}b_nx^n=1-x+0x^2+\cdots+0x^n+\cdots$ 在整个数轴上收敛,但级数 $\sum_{n=0}^{\infty}c_nx^n=\sum_{n=0}^{\infty}x^n$ 仅在区间 $(-1,1)$ 内收敛.

② 证明见本章第六节第二目.

$$\lim_{n\to\infty}\left|\frac{a_{n+1}}{a_n}\right|=\lim_{n\to\infty}\frac{n+1}{n+2}=1,$$

得收敛半径 $R=1$.

在端点 $x=-1$ 处,幂级数成为 $\sum_{n=0}^{\infty}\frac{(-1)^n}{n+1}$,是收敛的交错级数;在端点 $x=1$ 处,幂级数成为 $\sum_{n=0}^{\infty}\frac{1}{n+1}$,是发散的.因此收敛域为 $I=[-1,1)$.

设和函数为 $s(x)$,即

$$s(x)=\sum_{n=0}^{\infty}\frac{x^n}{n+1},\quad x\in[-1,1).$$

于是

$$xs(x)=\sum_{n=0}^{\infty}\frac{x^{n+1}}{n+1}.$$

利用性质 3,逐项求导,并由

$$\frac{1}{1-x}=1+x+x^2+\cdots+x^n+\cdots\quad(-1<x<1),$$

得

$$[xs(x)]'=\sum_{n=0}^{\infty}\left(\frac{x^{n+1}}{n+1}\right)'=\sum_{n=0}^{\infty}x^n=\frac{1}{1-x}\quad(|x|<1).$$

对上式从 0 到 x 积分,得

$$xs(x)=\int_0^x\frac{1}{1-t}\mathrm{d}t=-\ln(1-x)\quad(-1\leqslant x<1).$$

于是,当 $x\neq0$ 时,有 $s(x)=-\frac{1}{x}\ln(1-x)$.而 $s(0)$ 可由 $s(0)=a_0=1$ 得出,也可由和函数的连续性得到

$$s(0)=\lim_{x\to0}s(x)=\lim_{x\to0}\left[-\frac{1}{x}\ln(1-x)\right]=1.$$

例题精讲
12-6

故

$$s(x)=\begin{cases}-\frac{1}{x}\ln(1-x), & x\in[-1,0)\cup(0,1),\\ 1, & x=0.\end{cases}$$

习题 12-3

1. 下题中给出了四个结论,从中选出一个正确的结论:

已知 $\alpha>0$,若幂级数 $\sum\limits_{n=1}^{\infty} a_n(x+\alpha)^n$ 在 $x=0$ 处发散,在 $x=-2\alpha$ 处收敛,则幂级数 $\sum\limits_{n=1}^{\infty} a_n(x-\alpha)^n$ 的收敛域为(　　).

(A) $[-2\alpha,0)$　　(B) $[0,2\alpha)$　　(C) $(-2\alpha,0]$　　(D) $(0,2\alpha]$

2. 求下列幂级数的收敛区间:

(1) $x+2x^2+3x^3+\cdots+nx^n+\cdots$;

(2) $1-x+\dfrac{x^2}{2^2}+\cdots+(-1)^n\dfrac{x^n}{n^2}+\cdots$;

(3) $\dfrac{x}{2}+\dfrac{x^2}{2\times4}+\dfrac{x^3}{2\times4\times6}+\cdots+\dfrac{x^n}{2\times4\times\cdots\times(2n)}+\cdots$;

(4) $\dfrac{x}{1\times3}+\dfrac{x^2}{2\times3^2}+\dfrac{x^3}{3\times3^3}+\cdots+\dfrac{x^n}{n\times3^n}+\cdots$;

(5) $\dfrac{2}{2}x+\dfrac{2^2}{5}x^2+\dfrac{2^3}{10}x^3+\cdots+\dfrac{2^n}{n^2+1}x^n+\cdots$;

(6) $\sum\limits_{n=1}^{\infty}(-1)^n\dfrac{x^{2n+1}}{2n+1}$;

(7) $\sum\limits_{n=1}^{\infty}\dfrac{2n-1}{2^n}x^{2n-2}$;

(8) $\sum\limits_{n=1}^{\infty}\dfrac{(x-5)^n}{\sqrt{n}}$.

3. 利用逐项求导或逐项积分,求下列级数的和函数:

(1) $\sum\limits_{n=1}^{\infty} nx^{n-1}$;

(2) $\sum\limits_{n=1}^{\infty}\dfrac{x^{4n+1}}{4n+1}$;

(3) $x+\dfrac{x^3}{3}+\dfrac{x^5}{5}+\cdots+\dfrac{x^{2n-1}}{2n-1}+\cdots$;

(4) $\sum\limits_{n=1}^{\infty}(n+2)x^{n+3}$.

第四节　函数展开成幂级数

前面讨论了幂级数的收敛域及其和函数的性质.但在许多应用中,我们遇到的却是相反的问题:给定函数 $f(x)$,要考虑它是否能在某个区间内"展开成幂级数",就是说,是否能找到这样一个幂级数,它在某区间内收敛,且其和恰好就是给定的函数 $f(x)$.如果能找到这样的幂级数,我们就说,函数 $f(x)$ 在该区间内能展开成幂级数,而这个幂级数在该区间内就表达了函数 $f(x)$.

假设函数 $f(x)$ 在点 x_0 的某邻域 $U(x_0)$ 内能展开成幂级数,即有

$$f(x)=a_0+a_1(x-x_0)+a_2(x-x_0)^2+\cdots+a_n(x-x_0)^n+\cdots,\quad x\in U(x_0),\tag{4-1}$$

则根据和函数的性质,可知 $f(x)$ 在 $U(x_0)$ 内应具有任意阶导数,且

$$f^{(n)}(x)=n!\,a_n+(n+1)!\,a_{n+1}(x-x_0)+\frac{(n+2)!}{2!}a_{n+2}(x-x_0)^2+\cdots,$$

由此可得

$$f^{(n)}(x_0)=n!\,a_n,$$

于是

$$a_n=\frac{1}{n!}f^{(n)}(x_0)\quad(n=0,1,2,\cdots).\tag{4-2}$$

这就表明,如果函数$f(x)$有幂级数展开式(4-1),那么该幂级数的系数a_n由公式(4-2)确定,即该幂级数必为

$$f(x_0)+f'(x_0)(x-x_0)+\cdots+\frac{1}{n!}f^{(n)}(x_0)(x-x_0)^n+\cdots=\sum_{n=0}^{\infty}\frac{1}{n!}f^{(n)}(x_0)(x-x_0)^n, \tag{4-3}$$

而展开式必为

$$f(x)=\sum_{n=0}^{\infty}\frac{1}{n!}f^{(n)}(x_0)(x-x_0)^n,\quad x\in U(x_0). \tag{4-4}$$

幂级数(4-3)叫做函数$f(x)$在点x_0处的泰勒级数.展开式(4-4)叫做函数$f(x)$在点x_0处的泰勒展开式.

由以上讨论可知,函数$f(x)$在$U(x_0)$内能展开成幂级数的充分必要条件是泰勒展开式(4-4)成立,也就是泰勒级数(4-3)在$U(x_0)$内收敛,且收敛到$f(x)$.

下面讨论泰勒展开式(4-4)成立的条件.

定理　**设函数$f(x)$在点x_0的某一邻域$U(x_0)$内具有各阶导数,则$f(x)$在该邻域内能展开成泰勒级数的充分必要条件是在该邻域内$f(x)$的泰勒公式中的余项$R_n(x)$当$n\to\infty$时的极限为零,即**

$$\lim_{n\to\infty}R_n(x)=0,\quad x\in U(x_0).$$

证　$f(x)$的n阶泰勒公式为(见第三章第三节)

$$f(x)=p_n(x)+R_n(x),$$

其中

$$p_n(x)=f(x_0)+f'(x_0)(x-x_0)+\cdots+\frac{1}{n!}f^{(n)}(x_0)(x-x_0)^n$$

叫做函数$f(x)$的n次泰勒多项式,而

$$R_n(x)=f(x)-p_n(x)$$

就是定理中所指的余项.

由于n次泰勒多项式$p_n(x)$就是级数(4-3)的前$n+1$项部分和,根据级数收敛的定义,即有

$$\begin{aligned}
&\sum_{n=0}^{\infty}\frac{1}{n!}f^{(n)}(x_0)(x-x_0)^n=f(x), && x\in U(x_0)\\
\Leftrightarrow&\lim_{n\to\infty}p_n(x)=f(x), && x\in U(x_0)\\
\Leftrightarrow&\lim_{n\to\infty}[f(x)-p_n(x)]=0, && x\in U(x_0)\\
\Leftrightarrow&\lim_{n\to\infty}R_n(x)=0, && x\in U(x_0).
\end{aligned}$$

下面着重讨论$x_0=0$的情形.在(4-3)式中,取$x_0=0$,得

$$f(0)+f'(0)x+\cdots+\frac{1}{n!}f^{(n)}(0)x^n+\cdots=\sum_{n=0}^{\infty}\frac{1}{n!}f^{(n)}(0)x^n, \tag{4-5}$$

级数(4-5)称为函数$f(x)$的麦克劳林级数.若$f(x)$能在$(-r,r)$内展开成x的幂级数,则有

$$f(x)=\sum_{n=0}^{\infty}\frac{1}{n!}f^{(n)}(0)x^n \quad (|x|<r), \tag{4-6}$$

(4-6)式称为函数$f(x)$的麦克劳林展开式.

要把函数$f(x)$展开成x的幂级数,可以按照下列步骤进行:

第一步　求出$f(x)$的各阶导数$f'(x),f''(x),\cdots,f^{(n)}(x),\cdots$,如果在$x=0$处某阶导数不存在,就停止进行,例如在$x=0$处,$f(x)=x^{7/3}$的三阶导数不存在,它就不能展开为$x$的幂级数.

第二步　求出函数及其各阶导数在$x=0$处的值

$$f(0),f'(0),f''(0),\cdots,f^{(n)}(0),\cdots.$$

第三步　写出幂级数

$$f(0)+f'(0)x+\frac{f''(0)}{2!}x^2+\cdots+\frac{f^{(n)}(0)}{n!}x^n+\cdots,$$

并求出收敛半径R.

第四步　利用余项$R_n(x)$的表达式$R_n(x)=\dfrac{1}{(n+1)!}f^{(n+1)}(\theta x)x^{n+1}(0<\theta<1)$,考察当$x$在区间$(-R,R)$内时余项$R_n(x)$的极限是不是零.如果为零,那么函数$f(x)$在区间$(-R,R)$内的幂级数展开式为

$$f(x)=f(0)+f'(0)x+\frac{f''(0)}{2!}x^2+\cdots+\frac{f^{(n)}(0)}{n!}x^n+\cdots \quad (-R<x<R).$$

释疑解难
12-4

例 1　将函数$f(x)=\mathrm{e}^x$展开成x的幂级数.

解　所给函数的各阶导数为$f^{(n)}(x)=\mathrm{e}^x\ (n=1,2,\cdots)$,因此$f^{(n)}(0)=1\ (n=0,1,2,\cdots)$,这里$f^{(0)}(0)=f(0)$.于是得级数

$$1+x+\frac{x^2}{2!}+\cdots+\frac{x^n}{n!}+\cdots,$$

它的收敛半径$R=+\infty$.

对于任何有限的数x与ξ(ξ在0与x之间),余项的绝对值为

$$|R_n(x)|=\left|\frac{\mathrm{e}^{\xi}}{(n+1)!}x^{n+1}\right|<\mathrm{e}^{|x|}\cdot\frac{|x|^{n+1}}{(n+1)!}.$$

因$\mathrm{e}^{|x|}$为有限值,而$\dfrac{|x|^{n+1}}{(n+1)!}$是收敛级数$\sum\limits_{n=0}^{\infty}\dfrac{|x|^{n+1}}{(n+1)!}$的一般项,所以当$n\to\infty$时,

$$\mathrm{e}^{|x|}\cdot\frac{|x|^{n+1}}{(n+1)!}\to 0,$$

即当 $n\to\infty$ 时，有 $|R_n(x)|\to 0$. 于是得展开式

$$e^x=1+x+\frac{x^2}{2!}+\cdots+\frac{x^n}{n!}+\cdots$$
$$(-\infty<x<+\infty). \qquad (4-7)$$

如果在 $x=0$ 处附近，用级数的部分和(即多项式)来近似代替 e^x，那么随着项数的增加，它们就越来越接近于 e^x，如图 12-4 所示.

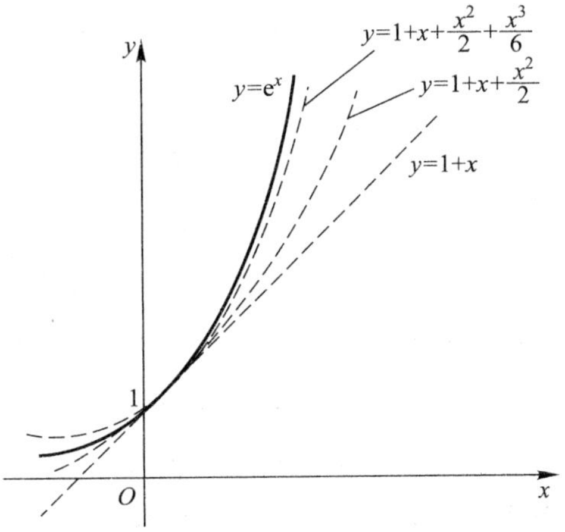

图 12-4

例 2 将函数 $f(x)=\sin x$ 展开成 x 的幂级数.

解 所给函数的各阶导数为

$$f^{(n)}(x)=\sin\left(x+n\cdot\frac{\pi}{2}\right) \quad (n=1,2,\cdots),$$

$f^{(n)}(0)$ 顺序循环地取 $0,1,0,-1,\cdots\ (n=0,1,2,3,\cdots)$，于是得级数

$$x-\frac{x^3}{3!}+\frac{x^5}{5!}-\cdots+(-1)^n\frac{x^{2n+1}}{(2n+1)!}+\cdots,$$

它的收敛半径 $R=+\infty$.

对于任何有限的数 x 与 ξ (ξ 在 0 与 x 之间)，余项的绝对值当 $n\to\infty$ 时的极限为零：

$$|R_n(x)|=\left|\frac{\sin\left[\xi+\frac{(n+1)\pi}{2}\right]}{(n+1)!}x^{n+1}\right|\leqslant\frac{|x|^{n+1}}{(n+1)!}\to 0 \quad (n\to\infty).$$

因此得展开式

$$\sin x=x-\frac{x^3}{3!}+\frac{x^5}{5!}-\cdots+(-1)^n\frac{x^{2n+1}}{(2n+1)!}+\cdots \quad (-\infty<x<+\infty). \qquad (4-8)$$

以上将函数展开成幂级数的例子，是直接按公式 $a_n=\dfrac{f^{(n)}(0)}{n!}$ 计算幂级数的系数，最后考察余项 $R_n(x)$ 是否趋于零. 这种直接展开的方法计算量较大，而且研究余项即使在初等函数中也不是一件容易的事. 下面介绍间接展开的方法，这就是利用一些已知的函数展开式，通过幂级数的运算(如四则运算、逐项求导、逐项积分)以及变量代换等，将所给函数展开成幂级数. 这样做不但计算简单，而且可以避免研究余项.

前面我们已经求得的幂级数展开式有

$$e^x=\sum_{n=0}^{\infty}\frac{1}{n!}x^n\quad(-\infty<x<+\infty),\tag{4-7}$$

$$\sin x=\sum_{n=0}^{\infty}\frac{(-1)^n}{(2n+1)!}x^{2n+1}\quad(-\infty<x<+\infty),\tag{4-8}$$

$$\frac{1}{1+x}=\sum_{n=0}^{\infty}(-1)^n x^n\quad(-1<x<1).\tag{4-9}$$

利用这三个展开式,可以求得许多函数的幂级数展开式.例如

对(4-9)式两端从0到x积分,可得

$$\ln(1+x)=\sum_{n=0}^{\infty}\frac{(-1)^n}{n+1}x^{n+1}=\sum_{n=1}^{\infty}\frac{(-1)^{n-1}}{n}x^n\quad(-1<x\leqslant 1),\tag{4-10}$$

对(4-8)式两端求导,即得

$$\cos x=\sum_{n=0}^{\infty}\frac{(-1)^n}{(2n)!}x^{2n}\quad(-\infty<x<+\infty),\tag{4-11}$$

把(4-7)式中的x换成$x\ln a$,可得

$$a^x=e^{x\ln a}=\sum_{n=0}^{\infty}\frac{(\ln a)^n}{n!}x^n\quad(-\infty<x<+\infty),$$

把(4-9)式中的x换成x^2,可得

$$\frac{1}{1+x^2}=\sum_{n=0}^{\infty}(-1)^n x^{2n}\quad(-1<x<1),$$

对上式从0到x积分,可得

$$\arctan x=\sum_{n=0}^{\infty}\frac{(-1)^n}{2n+1}x^{2n+1}\quad(-1\leqslant x\leqslant 1).$$

(4-7)、(4-8)、(4-9)、(4-10)、(4-11)等五个幂级数展开式是最常用的,记住前三个,后两个也就掌握了.

下面再举几个用间接法把函数展开成幂级数的例子.

例3　把函数$f(x)=(1-x)\ln(1+x)$展开成x的幂级数.

解　由$\ln(1+x)=\sum\limits_{n=1}^{\infty}\frac{(-1)^{n-1}}{n}x^n\ (-1<x\leqslant 1)$得

$$f(x)=(1-x)\sum_{n=1}^{\infty}\frac{(-1)^{n-1}}{n}x^n=\sum_{n=1}^{\infty}\frac{(-1)^{n-1}}{n}x^n-\sum_{n=1}^{\infty}\frac{(-1)^{n-1}}{n}x^{n+1}$$

$$=\sum_{n=1}^{\infty}\frac{(-1)^{n-1}}{n}x^n-\sum_{n=2}^{\infty}\frac{(-1)^n}{n-1}x^n=x+\sum_{n=2}^{\infty}\frac{(-1)^{n-1}(2n-1)}{n(n-1)}x^n\quad(-1<x\leqslant 1).$$

例4　将函数$\sin x$展开成$\left(x-\frac{\pi}{4}\right)$的幂级数.

解　因为

$$\sin x=\sin\left[\frac{\pi}{4}+\left(x-\frac{\pi}{4}\right)\right]=\sin\frac{\pi}{4}\cos\left(x-\frac{\pi}{4}\right)+\cos\frac{\pi}{4}\sin\left(x-\frac{\pi}{4}\right)$$
$$=\frac{1}{\sqrt{2}}\left[\cos\left(x-\frac{\pi}{4}\right)+\sin\left(x-\frac{\pi}{4}\right)\right],$$

并且有

$$\cos\left(x-\frac{\pi}{4}\right)=1-\frac{\left(x-\frac{\pi}{4}\right)^2}{2!}+\frac{\left(x-\frac{\pi}{4}\right)^4}{4!}-\cdots+\frac{(-1)^n}{(2n)!}\left(x-\frac{\pi}{4}\right)^{2n}+\cdots\quad(-\infty<x<+\infty),$$

$$\sin\left(x-\frac{\pi}{4}\right)=\left(x-\frac{\pi}{4}\right)-\frac{\left(x-\frac{\pi}{4}\right)^3}{3!}+\frac{\left(x-\frac{\pi}{4}\right)^5}{5!}-\cdots+\frac{(-1)^n}{(2n+1)!}\left(x-\frac{\pi}{4}\right)^{2n+1}+\cdots$$
$$(-\infty<x<+\infty),$$

所以

$$\sin x=\frac{1}{\sqrt{2}}\left[1+\left(x-\frac{\pi}{4}\right)-\frac{\left(x-\frac{\pi}{4}\right)^2}{2!}-\frac{\left(x-\frac{\pi}{4}\right)^3}{3!}+\cdots+\right.$$
$$\left.\frac{(-1)^n}{(2n)!}\left(x-\frac{\pi}{4}\right)^{2n}+\frac{(-1)^n}{(2n+1)!}\left(x-\frac{\pi}{4}\right)^{2n+1}+\cdots\right]\quad(-\infty<x<+\infty).$$

例 5　将函数 $f(x)=\dfrac{1}{x^2+4x+3}$ 展开成 $(x-1)$ 的幂级数.

解　因为

$$f(x)=\frac{1}{x^2+4x+3}=\frac{1}{(x+1)(x+3)}=\frac{1}{2(1+x)}-\frac{1}{2(3+x)}$$
$$=\frac{1}{4\left(1+\frac{x-1}{2}\right)}-\frac{1}{8\left(1+\frac{x-1}{4}\right)},$$

而

$$\frac{1}{4\left(1+\frac{x-1}{2}\right)}=\frac{1}{4}\sum_{n=0}^{\infty}\frac{(-1)^n}{2^n}(x-1)^n\quad(-1<x<3),$$

$$\frac{1}{8\left(1+\frac{x-1}{4}\right)}=\frac{1}{8}\sum_{n=0}^{\infty}\frac{(-1)^n}{4^n}(x-1)^n\quad(-3<x<5),$$

所以

$$f(x)=\frac{1}{x^2+4x+3}=\sum_{n=0}^{\infty}(-1)^n\left(\frac{1}{2^{n+2}}-\frac{1}{2^{2n+3}}\right)(x-1)^n\quad(-1<x<3).$$

最后，再举一个用直接法展开的例子.

例题精讲
12-7

例 6　将函数 $f(x)=(1+x)^m$ 展开成 x 的幂级数，其中 m 为任意实数.

解　$f(x)$ 的各阶导数为

$$f'(x)=m(1+x)^{m-1},$$
$$f''(x)=m(m-1)(1+x)^{m-2},$$
$$\cdots$$
$$f^{(n)}(x)=m(m-1)(m-2)\cdots(m-n+1)(1+x)^{m-n},$$
$$\cdots$$

所以

$$f(0)=1,\quad f'(0)=m,\quad f''(0)=m(m-1),\quad \cdots,$$
$$f^{(n)}(0)=m(m-1)\cdots(m-n+1),\quad \cdots$$

于是得级数

$$1+mx+\frac{m(m-1)}{2!}x^2+\cdots+\frac{m(m-1)\cdots(m-n+1)}{n!}x^n+\cdots.$$

这级数相邻两项的系数之比的绝对值

$$\left|\frac{a_{n+1}}{a_n}\right|=\left|\frac{m-n}{n+1}\right|\to 1\quad (n\to\infty),$$

因此，对于任何实数 m 这级数在开区间 $(-1,1)$ 内收敛.

为了避免直接研究余项，设这级数在开区间 $(-1,1)$ 内收敛到函数 $F(x)$：

$$F(x)=1+mx+\frac{m(m-1)}{2!}x^2+\cdots+\frac{m(m-1)\cdots(m-n+1)}{n!}x^n+\cdots\quad (-1<x<1),$$

下面证明 $F(x)=(1+x)^m\ (-1<x<1)$.

逐项求导，得

$$F'(x)=m\left[1+\frac{m-1}{1}x+\cdots+\frac{(m-1)\cdots(m-n+1)}{(n-1)!}x^{n-1}+\cdots\right],$$

两端各乘 $(1+x)$，并把含有 $x^n\ (n=1,2,\cdots)$ 的两项合并起来. 根据恒等式

$$\frac{(m-1)\cdots(m-n+1)}{(n-1)!}+\frac{(m-1)\cdots(m-n)}{n!}=\frac{m(m-1)\cdots(m-n+1)}{n!}\quad (n=1,2,\cdots),$$

可得

$$\begin{aligned}(1+x)F'(x)&=m\left[1+mx+\frac{m(m-1)}{2!}x^2+\cdots+\frac{m(m-1)\cdots(m-n+1)}{n!}x^n+\cdots\right]\\&=mF(x)\quad (-1<x<1).\end{aligned}$$

现在令 $\varphi(x)=\dfrac{F(x)}{(1+x)^m}$，于是 $\varphi(0)=F(0)=1$，且

$$\varphi'(x)=\frac{(1+x)^{m}F'(x)-m(1+x)^{m-1}F(x)}{(1+x)^{2m}}$$

$$=\frac{(1+x)^{m-1}[(1+x)F'(x)-mF(x)]}{(1+x)^{2m}}=0,$$

所以 $\varphi(x)=c$（常数）.但是 $\varphi(0)=1$,从而 $\varphi(x)=1$,即

$$F(x)=(1+x)^{m}.$$

因此在区间$(-1,1)$内有展开式

$$(1+x)^{m}=1+mx+\frac{m(m-1)}{2!}x^{2}+\cdots+\frac{m(m-1)\cdots(m-n+1)}{n!}x^{n}+\cdots\quad(-1<x<1).\tag{4-12}$$

在区间的端点,展开式是否成立要看 m 的数值而定.

公式(4-12)叫做二项展开式.特殊地,当 m 为正整数时,级数为 x 的 m 次多项式,这就是代数学中的二项式定理.

对应于 m 为$\frac{1}{2}$与$-\frac{1}{2}$的二项展开式分别为

$$\sqrt{1+x}=1+\frac{1}{2}x-\frac{1}{2\times4}x^{2}+\frac{1\times3}{2\times4\times6}x^{3}-\frac{1\times3\times5}{2\times4\times6\times8}x^{4}+\cdots+$$
$$(-1)^{n-1}\frac{1\times3\times5\times\cdots\times(2n-3)}{2\times4\times6\times\cdots\times(2n)}x^{n}+\cdots\quad(-1\leqslant x\leqslant1),$$

$$\frac{1}{\sqrt{1+x}}=1-\frac{1}{2}x+\frac{1\times3}{2\times4}x^{2}-\frac{1\times3\times5}{2\times4\times6}x^{3}+\frac{1\times3\times5\times7}{2\times4\times6\times8}x^{4}-\cdots+$$
$$(-1)^{n}\frac{1\times3\times5\times\cdots\times(2n-1)}{2\times4\times6\times\cdots\times(2n)}x^{n}+\cdots\quad(-1<x\leqslant1).$$

习题 12-4

1. 求函数 $f(x)=\cos x$ 的泰勒级数,并验证它在整个数轴上收敛于这函数.

2. 将下列函数展开成 x 的幂级数,并求展开式成立的区间:

(1) $\operatorname{sh}x=\frac{e^{x}-e^{-x}}{2}$;　　(2) $\ln(a+x)$　$(a>0)$;　　(3) a^{x}　($a>0$ 且 $a\neq1$);

(4) $\sin^{2}x$;　　(5) $(1+x)\ln(1+x)$;　　(6) $\frac{x}{\sqrt{1+x^{2}}}$.

3. 将下列函数展开成$(x-1)$的幂级数,并求展开式成立的区间:

(1) $\sqrt{x^{3}}$;　　(2) $\lg x$;　　(3) xe^{x}.

4. 将函数 $f(x)=\cos x$ 展开成$\left(x+\frac{\pi}{3}\right)$的幂级数.

5. 将函数 $f(x)=\dfrac{1}{x}$ 展开成 $(x-3)$ 的幂级数.

6. 将函数 $f(x)=\dfrac{1}{x^2+3x+2}$ 展开成 $(x+4)$ 的幂级数.

第五节　函数的幂级数展开式的应用

一、近似计算

有了函数的幂级数展开式，就可用它来进行近似计算，即在展开式有效的区间上，函数值可以近似地利用这个级数按精确度要求计算出来.

例 1　计算 $\sqrt[5]{240}$ 的近似值，要求误差不超过 0.000 1.

解　因为

$$\sqrt[5]{240}=\sqrt[5]{243-3}=3\left(1-\frac{1}{3^4}\right)^{1/5},$$

所以在二项展开式(4-12)中取 $m=\dfrac{1}{5}$，$x=-\dfrac{1}{3^4}$，即得

$$\sqrt[5]{240}=3\left(1-\frac{1}{5}\times\frac{1}{3^4}-\frac{1\times4}{5^2\times2!}\times\frac{1}{3^8}-\frac{1\times4\times9}{5^3\times3!}\times\frac{1}{3^{12}}-\cdots-\frac{1\times4\times9\times\cdots\times(5n-6)}{5^n\times n!}\times\frac{1}{3^{4n}}-\cdots\right).$$

这个级数收敛很快.取前两项的和作为 $\sqrt[5]{240}$ 的近似值，其误差（也叫做截断误差）为

$$\begin{aligned}|r_2|&=3\left(\frac{1\times4}{5^2\times2!}\times\frac{1}{3^8}+\frac{1\times4\times9}{5^3\times3!}\times\frac{1}{3^{12}}+\frac{1\times4\times9\times14}{5^4\times4!}\times\frac{1}{3^{16}}+\cdots\right)\\&<3\times\frac{1\times4}{5^2\times2!}\times\frac{1}{3^8}\left[1+\frac{1}{81}+\left(\frac{1}{81}\right)^2+\cdots\right]\\&=\frac{6}{25}\times\frac{1}{3^8}\times\frac{1}{1-\dfrac{1}{81}}=\frac{1}{25\times27\times40}<\frac{1}{20\ 000},\end{aligned}$$

于是取近似式为

$$\sqrt[5]{240}\approx3\left(1-\frac{1}{5}\times\frac{1}{3^4}\right).$$

为了使“四舍五入”引起的误差（叫做舍入误差）与截断误差之和不超过 10^{-4}，计算时应取五位小数，然后再四舍五入.因此最后得

$$\sqrt[5]{240}\approx2.992\ 6.$$

例 2　计算 ln 2 的近似值,要求误差不超过 0.000 1.

解　在公式(4-10)中,令 $x=1$ 可得

$$\ln 2=1-\frac{1}{2}+\frac{1}{3}-\cdots+(-1)^{n-1}\frac{1}{n}+\cdots.$$

取这级数前 n 项的和作为 ln 2 的近似值,其误差为

$$|r_n|\leqslant\frac{1}{n+1}$$

(见第二节第二目).为了保证误差不超过 10^{-4},就需要取级数的前 10 000 项进行计算.这样做计算量太大了,我们必须用收敛较快的级数来代替它.

把公式(4-10)

$$\ln(1+x)=x-\frac{x^2}{2}+\frac{x^3}{3}-\frac{x^4}{4}+\cdots+(-1)^{n-1}\frac{x^n}{n}+\cdots\quad(-1<x\leqslant 1)$$

中将 x 换成 $-x$,得

$$\ln(1-x)=-x-\frac{x^2}{2}-\frac{x^3}{3}-\frac{x^4}{4}-\cdots+(-1)^{n-1}\frac{(-x)^n}{n}+\cdots\quad(-1\leqslant x<1),$$

两式相减,得到不含有偶次幂的展开式

$$\ln\frac{1+x}{1-x}=\ln(1+x)-\ln(1-x)=2\left(x+\frac{1}{3}x^3+\frac{1}{5}x^5+\cdots+\frac{1}{2n+1}x^{2n+1}+\cdots\right)\quad(-1<x<1).$$

令 $\frac{1+x}{1-x}=2$,解出 $x=\frac{1}{3}$.以 $x=\frac{1}{3}$ 代入最后一个展开式,得

$$\ln 2=2\left(\frac{1}{3}+\frac{1}{3}\times\frac{1}{3^3}+\frac{1}{5}\times\frac{1}{3^5}+\frac{1}{7}\times\frac{1}{3^7}+\cdots+\frac{1}{2n+1}\times\frac{1}{3^{2n+1}}+\cdots\right).$$

取前四项作为 ln 2 的近似值,其误差为

$$\begin{aligned}|r_4|&=2\left(\frac{1}{9}\times\frac{1}{3^9}+\frac{1}{11}\times\frac{1}{3^{11}}+\frac{1}{13}\times\frac{1}{3^{13}}+\cdots+\frac{1}{2n+1}\times\frac{1}{3^{2n+1}}+\cdots\right)\\&<\frac{2}{3^{11}}\left[1+\frac{1}{9}+\left(\frac{1}{9}\right)^2+\cdots+\left(\frac{1}{9}\right)^n+\cdots\right]\\&=\frac{2}{3^{11}}\times\frac{1}{1-\frac{1}{9}}=\frac{1}{4\times 3^9}<\frac{1}{70\ 000}.\end{aligned}$$

于是取

$$\ln 2\approx 2\left(\frac{1}{3}+\frac{1}{3}\times\frac{1}{3^3}+\frac{1}{5}\times\frac{1}{3^5}+\frac{1}{7}\times\frac{1}{3^7}\right).$$

同样地,考虑到舍入误差,计算时应取五位小数:

$$\frac{1}{3}\approx 0.333\ 33,\quad \frac{1}{3}\times\frac{1}{3^3}\approx 0.012\ 35,\quad \frac{1}{5}\times\frac{1}{3^5}\approx 0.000\ 82,\quad \frac{1}{7}\times\frac{1}{3^7}\approx 0.000\ 07.$$

因此得

$$\ln 2 \approx 0.693\ 1.$$

例 3　利用 $\sin x \approx x-\dfrac{x^3}{3!}$ 求 $\sin 9°$ 的近似值,并估计误差.

解　首先把角度化成弧度,

$$9° = \frac{\pi}{180}\times 9\text{ 弧度} = \frac{\pi}{20}\text{弧度},$$

从而

$$\sin\frac{\pi}{20} \approx \frac{\pi}{20}-\frac{1}{3!}\left(\frac{\pi}{20}\right)^3.$$

其次估计这个近似值的精确度.在 $\sin x$ 的幂级数展开式(4-8)中令 $x=\dfrac{\pi}{20}$,得

$$\sin\frac{\pi}{20}=\frac{\pi}{20}-\frac{1}{3!}\left(\frac{\pi}{20}\right)^3+\frac{1}{5!}\left(\frac{\pi}{20}\right)^5-\frac{1}{7!}\left(\frac{\pi}{20}\right)^7+\cdots+\frac{(-1)^n}{(2n+1)!}\left(\frac{\pi}{20}\right)^{2n+1}+\cdots,$$

等式右端是一个收敛的交错级数,且各项的绝对值单调减少.取它的前两项之和作为 $\sin\dfrac{\pi}{20}$ 的近似值,其误差为

$$|r_2| \leqslant \frac{1}{5!}\left(\frac{\pi}{20}\right)^5 < \frac{1}{120}\times 0.2^5 < \frac{1}{300\ 000}.$$

因此取

$$\frac{\pi}{20}\approx 0.157\ 080,\quad \frac{1}{3!}\left(\frac{\pi}{20}\right)^3 \approx 0.000\ 646,$$

于是得

$$\sin 9° \approx 0.156\ 43,$$

这时误差不超过 10^{-5}.

利用幂级数不仅可计算一些函数值的近似值,而且可计算一些定积分的近似值.具体地说,如果被积函数在积分区间上能展开成幂级数,那么把这个幂级数逐项积分,用积分后的级数就可算出定积分的近似值.

例 4　计算定积分

$$\frac{2}{\sqrt{\pi}}\int_0^{\frac{1}{2}} e^{-x^2}\,dx$$

的近似值,要求误差不超过 0.000 1 $\left(\text{取}\dfrac{1}{\sqrt{\pi}}\approx 0.564\ 19\right)$.

解　将 e^x 的幂级数展开式(4-7)中的 x 换成 $-x^2$,就得到被积函数的幂级数展开式

$$e^{-x^2}=1+\frac{(-x^2)}{1!}+\frac{(-x^2)^2}{2!}+\frac{(-x^2)^3}{3!}+\cdots+\frac{(-x^2)^n}{n!}+\cdots$$
$$=\sum_{n=0}^{\infty}(-1)^n\frac{x^{2n}}{n!}\quad(-\infty<x<+\infty).$$

于是,根据幂级数在收敛区间内逐项可积,得

$$\frac{2}{\sqrt{\pi}}\int_0^{\frac{1}{2}}e^{-x^2}dx=\frac{2}{\sqrt{\pi}}\int_0^{\frac{1}{2}}\left[\sum_{n=0}^{\infty}\frac{(-1)^n}{n!}x^{2n}\right]dx=\frac{2}{\sqrt{\pi}}\sum_{n=0}^{\infty}\frac{(-1)^n}{n!}\int_0^{\frac{1}{2}}x^{2n}dx$$
$$=\frac{1}{\sqrt{\pi}}\left[1-\frac{1}{2^2\times3}+\frac{1}{2^4\times5\times2!}-\frac{1}{2^6\times7\times3!}+\cdots+(-1)^n\frac{1}{2^{2n}(2n+1)n!}+\cdots\right].$$

取前四项的和作为近似值,其误差为

$$|r_4|\leqslant\frac{1}{\sqrt{\pi}}\frac{1}{2^8\times9\times4!}<\frac{1}{90\ 000},$$

所以

$$\frac{2}{\sqrt{\pi}}\int_0^{\frac{1}{2}}e^{-x^2}dx\approx\frac{1}{\sqrt{\pi}}\left(1-\frac{1}{2^2\times3}+\frac{1}{2^4\times5\times2!}-\frac{1}{2^6\times7\times3!}\right),$$

算得

$$\frac{2}{\sqrt{\pi}}\int_0^{\frac{1}{2}}e^{-x^2}dx\approx0.520\ 5.$$

例 5　计算积分

$$\int_0^1\frac{\sin x}{x}dx$$

的近似值,要求误差不超过 0.000 1.

解　由于 $\lim\limits_{x\to0}\frac{\sin x}{x}=1$,因此所给积分不是反常积分.若定义被积函数在 $x=0$ 处的值为 1,则它在积分区间[0,1]上连续.

展开被积函数,有

$$\frac{\sin x}{x}=1-\frac{x^2}{3!}+\frac{x^4}{5!}-\frac{x^6}{7!}+\cdots+(-1)^n\frac{x^{2n}}{(2n+1)!}+\cdots\quad(-\infty<x<+\infty).$$

在区间[0,1]上逐项积分,得

$$\int_0^1\frac{\sin x}{x}dx=1-\frac{1}{3\times3!}+\frac{1}{5\times5!}-\frac{1}{7\times7!}+\cdots+(-1)^n\frac{1}{(2n+1)(2n+1)!}+\cdots.$$

因为第四项的绝对值

$$\frac{1}{7\times7!}<\frac{1}{30\ 000},$$

所以取前三项的和作为积分的近似值:

$$\int_0^1 \frac{\sin x}{x}\mathrm{d}x \approx 1-\frac{1}{3\times 3!}+\frac{1}{5\times 5!},$$

算得

$$\int_0^1 \frac{\sin x}{x}\mathrm{d}x \approx 0.946\ 1.$$

二、微分方程的幂级数解法

这里，我们简单介绍一阶微分方程和二阶齐次线性微分方程的幂级数解法.

为求一阶微分方程

$$\frac{\mathrm{d}y}{\mathrm{d}x}=f(x,y) \tag{5-1}$$

满足初值条件 $y|_{x=x_0}=y_0$ 的特解，如果其中函数 $f(x,y)$ 是 $(x-x_0)$，$(y-y_0)$ 的多项式

$$f(x,y)=a_{00}+a_{10}(x-x_0)+a_{01}(y-y_0)+\cdots+a_{lm}(x-x_0)^l(y-y_0)^m.$$

那么可以设所求特解可展开为 $x-x_0$ 的幂级数：

$$y=y_0+a_1(x-x_0)+a_2(x-x_0)^2+\cdots+a_n(x-x_0)^n+\cdots, \tag{5-2}$$

其中 $a_1,a_2,\cdots,a_n,\cdots$ 是待定的系数. 把(5-2)代入(5-1)中，便得一恒等式，比较所得恒等式两端 $x-x_0$ 的同次幂的系数，就可定出常数 $a_1,a_2,\cdots$，以这些常数为系数的级数(5-2)在其收敛区间内就是方程(5-1)满足初值条件 $y|_{x=x_0}=y_0$ 的特解.

例 6　求方程 $\dfrac{\mathrm{d}y}{\mathrm{d}x}=-y-x$ 满足 $y|_{x=0}=2$ 的特解.

解　这时，$x_0=0$，$y_0=2$. 故设方程的特解为

$$y=2+a_1x+a_2x^2+\cdots+a_nx^n+\cdots.$$

由此，得 $y'=a_1+2a_2x+\cdots+na_nx^{n-1}+\cdots$.

将 y 及 y' 的幂级数展开式代入方程，得

$$a_1+2a_2x+\cdots+na_nx^{n-1}+\cdots=-2-(a_1+1)x-a_2x^2-\cdots-a_nx^n-\cdots.$$

上式为恒等式，比较上式两端 x 的同次幂的系数，得

$$a_1=-2,\quad 2a_2=-(a_1+1),\quad 3a_3=-a_2,\quad \cdots,\quad na_n=-a_{n-1},\quad \cdots.$$

故 $a_1=-2,a_2=\dfrac{1}{2},a_3=-\dfrac{1}{3!},\cdots$. 由数学归纳法可得

$$a_n=(-1)^n\frac{1}{n!}\quad (n\geqslant 2).$$

于是，得

$$y=2-2x+\frac{1}{2!}x^2-\frac{1}{3!}x^3+\cdots+(-1)^n\frac{1}{n!}x^n+\cdots$$

$$=1-x+\left[1-x+\frac{1}{2!}x^2-\frac{1}{3!}x^3+\cdots+(-1)^n\frac{1}{n!}x^n+\cdots\right]$$

$$=1-x+e^{-x}.$$

这就是所求的特解.

事实上,所给方程是一阶线性的,容易求得它的通解为 $y=Ce^{-x}+1-x$,由条件 $y\big|_{x=0}=2$ 确定常数 $C=1$,即得方程的特解 $y=e^{-x}+1-x$.

关于二阶齐次线性方程

$$y''+P(x)y'+Q(x)y=0 \tag{5-3}$$

用幂级数求解的问题,我们先叙述一个定理:

定理　如果方程(5-3)中的系数 $P(x)$ 与 $Q(x)$ 可在 $-R<x<R$ 内展开为 x 的幂级数,那么在 $-R<x<R$ 内方程(5-3)必有形如

$$y=\sum_{n=0}^{\infty}a_nx^n$$

的解.

这定理的证明从略.

例 7　求微分方程

$$y''-xy=0$$

满足初值条件

$$y\big|_{x=0}=0,\quad y'\big|_{x=0}=1$$

的特解.

解　这里 $P(x)=0,Q(x)=-x$ 在整个数轴上满足定理的条件.因此所求的解可在整个数轴上展开成 x 的幂级数

$$y=a_0+a_1x+a_2x^2+\cdots+a_nx^n+\cdots=\sum_{n=0}^{\infty}a_nx^n. \tag{5-4}$$

由条件 $y\big|_{x=0}=0$,得 $a_0=0$.对级数(5-4)逐项求导,有

$$y'=a_1+2a_2x+3a_3x^2+\cdots+na_nx^{n-1}+\cdots=\sum_{n=1}^{\infty}na_nx^{n-1},$$

由条件 $y'\big|_{x=0}=1$,得 $a_1=1$.于是所求特解 y 及 y' 的展开式成为

$$y=x+a_2x^2+a_3x^3+\cdots+a_nx^n+\cdots=x+\sum_{n=2}^{\infty}a_nx^n, \tag{5-5}$$

$$y'=1+2a_2x+3a_3x^2+\cdots+na_nx^{n-1}+\cdots=1+\sum_{n=2}^{\infty}na_nx^{n-1}. \tag{5-6}$$

对级数(5-6)逐项求导,得

$$y''=2a_2+3\times2a_3x+\cdots+n(n-1)a_nx^{n-2}+\cdots=\sum_{n=2}^{\infty}n(n-1)a_nx^{n-2}. \tag{5-7}$$

把(5-5)和(5-7)代入所给方程,并按 x 的升幂集项,得

$$2a_2+3\times2a_3x+(4\times3a_4-1)x^2+(5\times4a_5-a_2)x^3+$$
$$(6\times5a_6-a_3)x^4+\cdots+[(n+2)(n+1)a_{n+2}-a_{n-1}]x^n+\cdots=0.$$

因为上式是恒等式,所以上式左端各项的系数必全为零,于是有

$$a_2=0,\quad a_3=0,\quad a_4=\frac{1}{4\times3},\quad a_5=0,\quad a_6=0,\quad\cdots,$$

一般地

$$a_{n+2}=\frac{a_{n-1}}{(n+2)(n+1)}\quad(n=3,4,\cdots).$$

从这递推公式可以推得

$$a_7=\frac{a_4}{7\times6}=\frac{1}{7\times6\times4\times3},\quad a_8=\frac{a_5}{8\times7}=0,\quad a_9=\frac{a_6}{9\times8}=0,$$
$$a_{10}=\frac{a_7}{10\times9}=\frac{1}{10\times9\times7\times6\times4\times3},\cdots,$$

一般地

$$a_{3m-1}=a_{3m}=0,$$
$$a_{3m+1}=\frac{1}{(3m+1)\times(3m)\times\cdots\times7\times6\times4\times3}\quad(m=1,2,\cdots).$$

于是所求的特解为

$$y=x+\frac{x^4}{4\times3}+\frac{x^7}{7\times6\times4\times3}+\frac{x^{10}}{10\times9\times7\times6\times4\times3}+\cdots+$$
$$\frac{x^{3m+1}}{(3m+1)\times(3m)\times\cdots\times10\times9\times7\times6\times4\times3}+\cdots.$$

三、欧拉公式

设有复数项级数为

$$(u_1+v_1\mathrm{i})+(u_2+v_2\mathrm{i})+\cdots+(u_n+v_n\mathrm{i})+\cdots,\tag{5-8}$$

其中 u_n 与 v_n $(n=1,2,3,\cdots)$为实常数或实函数.如果实部所成的级数

$$u_1+u_2+\cdots+u_n+\cdots\tag{5-9}$$

收敛于和 u,并且虚部所成的级数

$$v_1+v_2+\cdots+v_n+\cdots\tag{5-10}$$

收敛于和 v,那么就说级数(5-8)收敛且其和为 $u+v\mathrm{i}$.

如果级数(5-8)各项的模所构成的级数

$$\sqrt{u_1^2+v_1^2}+\sqrt{u_2^2+v_2^2}+\cdots+\sqrt{u_n^2+v_n^2}+\cdots$$

收敛,那么称级数(5-8)绝对收敛.如果级数(5-8)绝对收敛,由于

$$|u_n| \leqslant \sqrt{u_n^2+v_n^2},\ |v_n| \leqslant \sqrt{u_n^2+v_n^2} \quad (n=1,2,3,\cdots),$$

那么级数(5-9)与(5-10)绝对收敛,从而级数(5-8)收敛.

考察复数项级数

$$1+z+\frac{1}{2!}z^2+\cdots+\frac{1}{n!}z^n+\cdots \quad (z=x+y\mathrm{i}). \tag{5-11}$$

可以证明级数(5-11)在整个复平面上是绝对收敛的.在 x 轴上($z=x$)它表示指数函数 e^x,在整个复平面上我们用它来定义复变量指数函数,记作 e^z.于是 e^z 定义为

$$\mathrm{e}^z=1+z+\frac{1}{2!}z^2+\cdots+\frac{1}{n!}z^n+\cdots \quad (|z|<\infty). \tag{5-12}$$

当 $x=0$ 时,z 为纯虚数 $y\mathrm{i}$,(5-12)式成为

$$\begin{aligned}
\mathrm{e}^{y\mathrm{i}}&=1+y\mathrm{i}+\frac{1}{2!}(y\mathrm{i})^2+\frac{1}{3!}(y\mathrm{i})^3+\cdots+\frac{1}{n!}(y\mathrm{i})^n+\cdots\\
&=1+y\mathrm{i}-\frac{1}{2!}y^2-\frac{1}{3!}y^3\mathrm{i}+\frac{1}{4!}y^4+\frac{1}{5!}y^5\mathrm{i}-\cdots\\
&=\left(1-\frac{1}{2!}y^2+\frac{1}{4!}y^4-\cdots\right)+\left(y-\frac{1}{3!}y^3+\frac{1}{5!}y^5-\cdots\right)\mathrm{i}\\
&=\cos y+\mathrm{i}\sin y.
\end{aligned}$$

把 y 换写为 x,上式变为

$$\mathrm{e}^{x\mathrm{i}}=\cos x+\mathrm{i}\sin x, \tag{5-13}$$

这就是欧拉(Euler)公式.

应用公式(5-13),复数 z 可以表示为指数形式:

$$z=\rho(\cos\theta+\mathrm{i}\sin\theta)=\rho\mathrm{e}^{\mathrm{i}\theta}, \tag{5-14}$$

其中 $\rho=|z|$ 是 z 的模,$\theta=\arg z$ 是 z 的辐角(图 12-5).

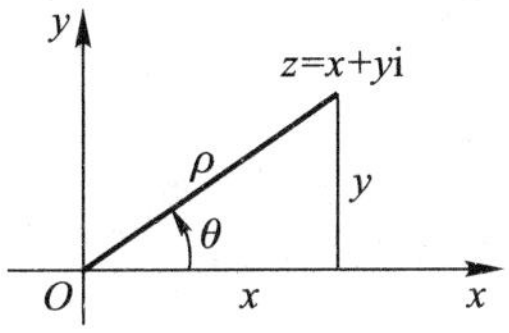

图 12-5

在(5-13)式中把 x 换成 $-x$,又有

$$\mathrm{e}^{-x\mathrm{i}}=\cos x-\mathrm{i}\sin x.$$

把上式与(5-13)相加或相减,得

$$\begin{cases}\cos x=\dfrac{\mathrm{e}^{x\mathrm{i}}+\mathrm{e}^{-x\mathrm{i}}}{2},\\[2ex] \sin x=\dfrac{\mathrm{e}^{x\mathrm{i}}-\mathrm{e}^{-x\mathrm{i}}}{2\mathrm{i}}.\end{cases} \tag{5-15}$$

这两个式子也叫做欧拉公式.(5-13)式或(5-15)式揭示了三角函数与复变量指数函数之间的一种联系.

最后,根据定义式(5-12),并利用幂级数的乘法,我们不难验证

$$\mathrm{e}^{z_1+z_2}=\mathrm{e}^{z_1}\cdot\mathrm{e}^{z_2}.$$

特殊地，取 z_1 为实数 x，z_2 为纯虚数 $y\mathrm{i}$，则有

$$\mathrm{e}^{x+y\mathrm{i}}=\mathrm{e}^{x}\cdot\mathrm{e}^{y\mathrm{i}}=\mathrm{e}^{x}(\cos y+\mathrm{i}\sin y).$$

这就是说，复变量指数函数 e^z 在 $z=x+y\mathrm{i}$ 处的值是模为 e^x、辐角为 y 的复数.

习题 12-5

1. 利用函数的幂级数展开式求下列各数的近似值：

(1) $\ln 3$（误差不超过 0.000 1）；　(2) $\sqrt{\mathrm{e}}$（误差不超过 0.001）；

(3) $\sqrt[9]{522}$（误差不超过 0.000 01）；　(4) $\cos 2°$（误差不超过 0.000 1）.

2. 利用被积函数的幂级数展开式求下列定积分的近似值：

(1) $\int_0^{0.5}\frac{1}{1+x^4}\mathrm{d}x$（误差不超过 0.000 1）；　(2) $\int_0^{0.5}\frac{\arctan x}{x}\mathrm{d}x$（误差不超过 0.001）.

3. 试用幂级数求下列各微分方程的解：

(1) $y'-xy-x=1$；　(2) $y''+xy'+y=0$；　(3) $(1-x)y'=x^2-y$.

4. 试用幂级数求下列方程满足所给初值条件的特解：

(1) $y'=y^2+x^3$，$y\big|_{x=0}=\frac{1}{2}$；　(2) $(1-x)y'+y=1+x$，$y\big|_{x=0}=0$.

5. 验证函数 $y(x)=1+\frac{x^3}{3!}+\frac{x^6}{6!}+\cdots+\frac{x^{3n}}{(3n)!}+\cdots\ (-\infty<x<+\infty)$ 满足微分方程 $y''+y'+y=\mathrm{e}^x$，并利用此结果求幂级数 $\sum\limits_{n=0}^{\infty}\frac{x^{3n}}{(3n)!}$ 的和函数.

6. 利用欧拉公式将函数 $\mathrm{e}^x\cos x$ 展开成 x 的幂级数.

*第六节　函数项级数的一致收敛性及一致收敛级数的基本性质

一、函数项级数的一致收敛性

我们知道，有限个连续函数的和仍然是连续函数，有限个函数的和的导数及积分也分别等于它们的导数及积分的和.但是对于无穷多个函数的和是否也具有这些性质呢？换句话说，无穷多个连续函数的和 $s(x)$ 是否仍然是连续函数？无穷多个函数的导数及积分的和是否仍然分别等于它们的和函数的导数及积分呢？我们曾经指出，对于幂级数来说，回答是肯定的.但是，对于一般的函数项级数是否都是如此呢？下面来看一个例子.

例 1　函数项级数

$$x+(x^2-x)+(x^3-x^2)+\cdots+(x^n-x^{n-1})+\cdots$$

的每一项都在$[0,1]$上连续,其前 n 项之和为 $s_n(x)=x^n$,因此和函数为

$$s(x)=\lim_{n\to\infty}s_n(x)=\begin{cases}0, & 0\leqslant x<1,\\ 1, & x=1.\end{cases}$$

这和函数 $s(x)$ 在 $x=1$ 处间断.由此可见,函数项级数的每一项在$[a,b]$上连续,并且级数在$[a,b]$上收敛,其和函数不一定在$[a,b]$上连续.也可以举出这样的例子,函数项级数的每一项的导数及积分所成的级数的和并不等于它们的和函数的导数及积分.这就提出了这样一个问题:对什么级数,能够从级数每一项的连续性得出它的和函数的连续性,从级数的每一项的导数及积分所成的级数之和得出原来级数的和函数的导数及积分呢? 要回答这个问题,就需要引入下面的函数项级数的一致收敛性概念.

设函数项级数

$$u_1(x)+u_2(x)+\cdots+u_n(x)+\cdots$$

在区间 I 上收敛于和 $s(x)$.也就是对于区间 I 上的每一个值 x_0,数项级数 $\sum\limits_{n=1}^{\infty}u_n(x_0)$ 收敛于 $s(x_0)$,即级数的部分和所成的数列

$$s_n(x_0)=\sum_{i=1}^{n}u_i(x_0)\to s(x_0)\quad(n\to\infty).$$

按数列极限的定义,对于任意给定的正数 ε 以及区间 I 上的每一个值 x_0,都存在着一个正整数 N,使得当 $n>N$ 时,有不等式

$$|s(x_0)-s_n(x_0)|<\varepsilon,$$

即

$$|r_n(x_0)|=\left|\sum_{i=n+1}^{\infty}u_i(x_0)\right|<\varepsilon.$$

这个数 N 一般说来不仅依赖于 ε,而且也依赖于 x_0,我们记它为 $N(x_0,\varepsilon)$.如果对于某一函数项级数能够找到这样一个正整数 N,它只依赖于 ε 而不依赖于 x_0,也就是对区间 I 上的每一个值 x_0 都能适用的 $N(\varepsilon)$,对这类级数我们给一个特殊的名称以区别于一般的收敛级数,这就是下面的一致收敛的定义.

定义　设有函数项级数 $\sum\limits_{n=1}^{\infty}u_n(x)$.如果对于任意给定的正数 ε,都存在着一个只依赖于 ε 的正整数 N,使得当 $n>N$ 时,对区间 I 上的一切 x,都有不等式

$$|r_n(x)|=|s(x)-s_n(x)|<\varepsilon$$

成立,那么称函数项级数 $\sum\limits_{n=1}^{\infty}u_n(x)$ 在区间 I 上一致收敛于和 $s(x)$,也称函数序列

$\{s_n(x)\}$**在区间** I **上一致收敛于** $s(x)$.

以上函数项级数一致收敛的定义在几何上可解释为:只要 n 充分大($n>N$),在区间 I 上的所有曲线 $y=s_n(x)$ 将位于曲线

$$y=s(x)+\varepsilon \quad 与 \quad y=s(x)-\varepsilon$$

之间(图 12-6).

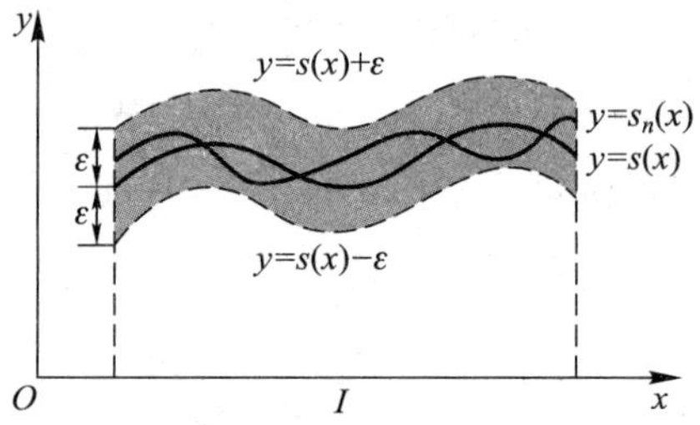

图 12-6

例 2　研究级数

$$\frac{1}{x+1}+\left(\frac{1}{x+2}-\frac{1}{x+1}\right)+\cdots+\left(\frac{1}{x+n}-\frac{1}{x+n-1}\right)+\cdots$$

在区间$[0,+\infty)$上的一致收敛性.

解　级数的前 n 项和 $s_n(x)=\dfrac{1}{x+n}$,因此级数的和

$$s(x)=\lim_{n\to\infty}s_n(x)=\lim_{n\to\infty}\frac{1}{x+n}=0 \quad (0\leqslant x<+\infty).$$

于是,余项的绝对值

$$|r_n(x)|=|s(x)-s_n(x)|=\frac{1}{x+n}\leqslant\frac{1}{n} \quad (0\leqslant x<+\infty).$$

对于任给 $\varepsilon>0$,取正整数 $N\geqslant\dfrac{1}{\varepsilon}$,则当 $n>N$ 时,对于区间$[0,+\infty)$上的一切 x,有

$$|r_n(x)|<\varepsilon.$$

根据定义,所给级数在区间$[0,+\infty)$上一致收敛于 $s(x)\equiv 0$.

例 3　研究例 1 中的级数

$$x+(x^2-x)+\cdots+(x^n-x^{n-1})+\cdots$$

在区间$(0,1)$内的一致收敛性.

解　这级数在区间$(0,1)$内处处收敛于和 $s(x)\equiv 0$,但并不一致收敛.事实上,这个级数的部分和 $s_n(x)=x^n$,对于任意一个正整数 n,取 $x_n=\dfrac{1}{\sqrt[n]{2}}$,于是

$$s_n(x_n)=x_n^n=\frac{1}{2},$$

但 $s(x_n)=0$,从而

$$|r_n(x_n)|=|s(x_n)-s_n(x_n)|=\frac{1}{2}.$$

所以,只要取 $\varepsilon<\dfrac{1}{2}$,不论 n 多么大,在$(0,1)$内总存在这样的点 x_n,使得 $|r_n(x_n)|>\varepsilon$,因此所给级数在$(0,1)$内不一致收敛.这表明虽然函数序列 $s_n(x)=x^n$ 在$(0,1)$内处处

收敛于 $s(x)\equiv 0$，但 $s_n(x)$ 在 $(0,1)$ 内各点处收敛于零的“快慢”程度是不一致的，从图 12-7 中我们也可以看出这一情形.

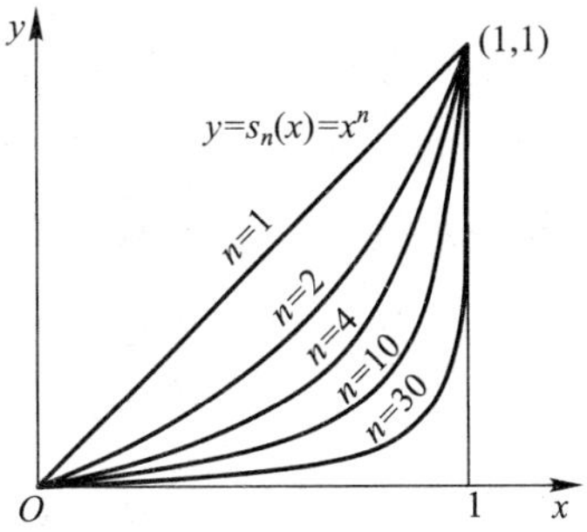

图 12-7

可是对于任意正数 $r<1$，这级数在 $[0,r]$ 上一致收敛. 这是因为当 $x=0$ 时，显然

$$|r_n(x)|=x^n<\varepsilon;$$

当 $0<x\leqslant r$ 时，要使 $x^n<\varepsilon$（不妨设 $\varepsilon<1$），只要 $n\ln x<\ln\varepsilon$ 或 $n>\dfrac{\ln\varepsilon}{\ln x}$，而 $\dfrac{\ln\varepsilon}{\ln x}$ 在 $(0,r]$ 上的最大值为 $\dfrac{\ln\varepsilon}{\ln r}$，故取正整数 $N\geqslant\dfrac{\ln\varepsilon}{\ln r}$，则当 $n>N$ 时，对 $[0,r]$ 上的一切 x 都有 $x^n<\varepsilon$.

上述例子也说明了一致收敛性与所讨论的区间有关. 以上两例都是直接根据定义来判定级数的一致收敛性的，现在介绍一个在实用上较方便的判别法.

定理（魏尔斯特拉斯（Weierstrass）判别法）　如果函数项级数 $\sum\limits_{n=1}^{\infty}u_n(x)$ 在区间 I 上满足条件：

（1）$|u_n(x)|\leqslant a_n$　$(n=1,2,3,\cdots)$；

（2）**正项级数 $\sum\limits_{n=1}^{\infty}a_n$ 收敛，**

那么函数项级数 $\sum\limits_{n=1}^{\infty}u_n(x)$ 在区间 I 上一致收敛.

证　由条件（2），对任意给定的 $\varepsilon>0$，根据柯西审敛原理（第一节第三目）存在正整数 N，使得当 $n>N$ 时，对任意的正整数 p，都有

$$a_{n+1}+a_{n+2}+\cdots+a_{n+p}<\frac{\varepsilon}{2}.$$

由条件（1），对任何 $x\in I$，都有

$$\begin{aligned}|u_{n+1}(x)+u_{n+2}(x)+\cdots+u_{n+p}(x)|&\leqslant|u_{n+1}(x)|+|u_{n+2}(x)|+\cdots+|u_{n+p}(x)|\\&\leqslant a_{n+1}+a_{n+2}+\cdots+a_{n+p}<\frac{\varepsilon}{2},\end{aligned}$$

令 $p\to\infty$，则由上式得

$$|r_n(x)|\leqslant\frac{\varepsilon}{2}<\varepsilon.$$

因此函数项级数 $\sum\limits_{n=1}^{\infty}u_n(x)$ 在区间 I 上一致收敛.

例 4　证明级数

$$\frac{\sin x}{1^2}+\frac{\sin 2^2x}{2^2}+\cdots+\frac{\sin n^2x}{n^2}+\cdots$$

在$(-\infty,+\infty)$内一致收敛.

证　因为在$(-\infty,+\infty)$内

$$\left|\frac{\sin n^2x}{n^2}\right|\leqslant\frac{1}{n^2}\quad(n=1,2,3,\cdots),$$

而$\sum\limits_{n=1}^{\infty}\frac{1}{n^2}$收敛,故由魏尔斯特拉斯判别法,所给级数在$(-\infty,+\infty)$内一致收敛.

二、一致收敛级数的基本性质

一致收敛级数有如下基本性质:

定理 1　如果级数$\sum\limits_{n=1}^{\infty}u_n(x)$的各项$u_n(x)$在区间$[a,b]$上都连续,且$\sum\limits_{n=1}^{\infty}u_n(x)$在区间$[a,b]$上一致收敛于$s(x)$,那么$s(x)$在$[a,b]$上也连续.

证　设x_0,x为$[a,b]$上任意两点.由等式

$$s(x)=s_n(x)+r_n(x),\quad s(x_0)=s_n(x_0)+r_n(x_0)$$

得

$$\begin{aligned}|s(x)-s(x_0)|&=|s_n(x)-s_n(x_0)+r_n(x)-r_n(x_0)|\\&\leqslant|s_n(x)-s_n(x_0)|+|r_n(x)|+|r_n(x_0)|.\end{aligned}\tag{6-1}$$

因为级数$\sum\limits_{n=1}^{\infty}u_n(x)$一致收敛于$s(x)$,所以对任意给定的正数$\varepsilon$,必有正整数$N=N(\varepsilon)$,使得当$n>N$时,对$[a,b]$上的一切$x$,都有

$$|r_n(x)|<\frac{\varepsilon}{3}.\tag{6-2}$$

当然,也有$|r_n(x_0)|<\frac{\varepsilon}{3}$.选定满足大于$N$的$n$之后,$s_n(x)$是有限项连续函数之和,故$s_n(x)$在点$x_0$连续,从而必有一个$\delta>0$存在,当$|x-x_0|<\delta$时,总有

$$|s_n(x)-s_n(x_0)|<\frac{\varepsilon}{3}.\tag{6-3}$$

由(6-1)、(6-2)、(6-3)式可见,对任给$\varepsilon>0$,必有$\delta>0$,当$|x-x_0|<\delta$时,有

$$|s(x)-s(x_0)|<\varepsilon.$$

所以$s(x)$在点x_0处连续,而x_0在$[a,b]$上是任意的,因此$s(x)$在$[a,b]$上连续.

定理 2　如果级数$\sum\limits_{n=1}^{\infty}u_n(x)$的各项$u_n(x)$在区间$[a,b]$上连续,且$\sum\limits_{n=1}^{\infty}u_n(x)$在$[a,b]$上一致收敛于$s(x)$,那么级数$\sum\limits_{n=1}^{\infty}u_n(x)$在$[a,b]$上可以逐项积分,即

$$\int_{x_0}^{x} s(x)\,\mathrm{d}x=\int_{x_0}^{x} u_1(x)\,\mathrm{d}x+\int_{x_0}^{x} u_2(x)\,\mathrm{d}x+\cdots+\int_{x_0}^{x} u_n(x)\,\mathrm{d}x+\cdots, \tag{6-4}$$

其中 $a\leqslant x_0<x\leqslant b$,并且上式右端的级数在 $[a,b]$ 上也一致收敛.

证　因为级数 $\sum\limits_{n=1}^{\infty}u_n(x)$ 在 $[a,b]$ 上一致收敛,由定理 1,$s(x)$,$r_n(x)$ 都在 $[a,b]$ 上连续,所以积分 $\int_{x_0}^{x} s(x)\,\mathrm{d}x$,$\int_{x_0}^{x} r_n(x)\,\mathrm{d}x$ 存在,从而有

$$\left|\int_{x_0}^{x} s(x)\,\mathrm{d}x-\int_{x_0}^{x} s_n(x)\,\mathrm{d}x\right|=\left|\int_{x_0}^{x} r_n(x)\,\mathrm{d}x\right|\leqslant\int_{x_0}^{x}|r_n(x)|\,\mathrm{d}x.$$

又由级数的一致收敛性,对任给正数 ε,必有 $N=N(\varepsilon)$,使得当$n>N$时,对 $[a,b]$ 上的一切 x,都有

$$|r_n(x)|<\frac{\varepsilon}{b-a}.$$

于是,当 $n>N$ 时有

$$\left|\int_{x_0}^{x} s(x)\,\mathrm{d}x-\int_{x_0}^{x} s_n(x)\,\mathrm{d}x\right|\leqslant\int_{x_0}^{x}|r_n(x)|\,\mathrm{d}x<\frac{\varepsilon}{b-a}(x-x_0)\leqslant\varepsilon.$$

根据极限的定义,有

$$\int_{x_0}^{x} s(x)\,\mathrm{d}x=\lim_{n\to\infty}\int_{x_0}^{x} s_n(x)\,\mathrm{d}x=\lim_{n\to\infty}\sum_{i=1}^{n}\int_{x_0}^{x} u_i(x)\,\mathrm{d}x,$$

即

$$\int_{x_0}^{x} s(x)\,\mathrm{d}x=\sum_{i=1}^{\infty}\int_{x_0}^{x} u_i(x)\,\mathrm{d}x.$$

由于 N 只依赖于 ε 而与 x_0,x 无关,所以级数 $\sum\limits_{i=1}^{\infty}\int_{x_0}^{x} u_i(x)\,\mathrm{d}x$ 在 $[a,b]$ 上一致收敛.

定理 3　**如果级数 $\sum\limits_{n=1}^{\infty}u_n(x)$ 在区间 $[a,b]$ 上收敛于和 $s(x)$,它的各项 $u_n(x)$ 都具有连续导数 $u_n'(x)$,并且级数 $\sum\limits_{n=1}^{\infty}u_n'(x)$ 在 $[a,b]$ 上一致收敛,那么级数 $\sum\limits_{n=1}^{\infty}u_n(x)$ 在 $[a,b]$ 上也一致收敛,且可逐项求导,即**

$$s'(x)=u_1'(x)+u_2'(x)+\cdots+u_n'(x)+\cdots. \tag{6-5}$$

证　先证等式(6-5).由于 $\sum\limits_{n=1}^{\infty}u_n'(x)$ 在 $[a,b]$ 上一致收敛,设其和为 $\varphi(x)$,即 $\sum\limits_{n=1}^{\infty}u_n'(x)=\varphi(x)$,欲证(6-5),只需证 $\varphi(x)=s'(x)$ 就可以了.

根据定理 1 知,$\varphi(x)$ 在 $[a,b]$ 上连续,根据定理 2,级数 $\sum\limits_{n=1}^{\infty}u_n'(x)$ 可逐项积分,故有

$$\int_{x_0}^{x}\varphi(x)\,\mathrm{d}x=\sum_{n=1}^{\infty}\int_{x_0}^{x} u_n'(x)\,\mathrm{d}x=\sum_{n=1}^{\infty}[u_n(x)-u_n(x_0)],$$

而

$$\sum_{n=1}^{\infty} u_n(x)=s(x), \quad \sum_{n=1}^{\infty} u_n(x_0)=s(x_0),$$

故

$$\sum_{n=1}^{\infty}[u_n(x)-u_n(x_0)]=s(x)-s(x_0),$$

从而有

$$\int_{x_0}^{x} \varphi(x)\,\mathrm{d}x=s(x)-s(x_0),$$

其中 $a \leqslant x_0<x \leqslant b$. 上式两端求导，即得关系式

$$\varphi(x)=s'(x).$$

再证级数 $\sum_{n=1}^{\infty} u_n(x)$ 在 $[a,b]$ 上也一致收敛.

根据定理 2，级数 $\sum_{n=1}^{\infty}\int_{x_0}^{x} u_n'(x)\,\mathrm{d}x$ 在 $[a,b]$ 上一致收敛，而

$$\sum_{n=1}^{\infty}\int_{x_0}^{x} u_n'(x)\,\mathrm{d}x=\sum_{n=1}^{\infty} u_n(x)-\sum_{n=1}^{\infty} u_n(x_0),$$

所以

$$\sum_{n=1}^{\infty} u_n(x)=\sum_{n=1}^{\infty}\int_{x_0}^{x} u_n'(x)\,\mathrm{d}x+\sum_{n=1}^{\infty} u_n(x_0),$$

由此即得所要证的结论.

必须注意，级数一致收敛并不能保证可以逐项求导. 例如，在例 4 中我们已证明了级数

$$\frac{\sin x}{1^2}+\frac{\sin 2^2 x}{2^2}+\cdots+\frac{\sin n^2 x}{n^2}+\cdots$$

在任何区间 $[a,b]$ 上都是一致收敛的，但逐项求导后的级数

$$\cos x+\cos 2^2 x+\cdots+\cos n^2 x+\cdots,$$

其一般项不趋于零，所以对任意值 x 都是发散的，因此原级数不可以逐项求导.

下面我们来讨论幂级数的一致收敛性.

定理 4　如果幂级数 $\sum_{n=0}^{\infty} a_n x^n$ 的收敛半径为 $R>0$，那么此级数在 $(-R,R)$ 内的任一闭区间 $[a,b]$ 上一致收敛.

证　记 $r=\max\{|a|,|b|\}$，则对 $[a,b]$ 上的一切 x，都有

$$|a_n x^n| \leqslant |a_n r^n| \quad (n=0,1,2,\cdots),$$

而 $0<r<R$，根据第三节定理 1 级数 $\sum_{n=0}^{\infty} a_n r^n$ 绝对收敛，由魏尔斯特拉斯判别法即得所要证的结论.

进一步还可证明，如果幂级数 $\sum\limits_{n=0}^{\infty} a_n x^n$ 在收敛区间的端点收敛，那么一致收敛的区间可扩大到包含端点.

下面我们来证明在第三节中指出的关于幂级数在其收敛区间内的和函数的连续性、逐项可导、逐项可积的结论.

关于和函数的连续性及逐项可积的结论，由定理 4 和定理 1、定理 2 立即可得. 关于逐项可导的结论，我们重新叙述成如下定理并给出证明.

定理 5　如果幂级数 $\sum\limits_{n=0}^{\infty} a_n x^n$ 的收敛半径为 $R>0$，那么其和函数 $s(x)$ 在 $(-R,R)$ 内可导，且有逐项求导公式

$$s'(x)=\left(\sum_{n=0}^{\infty} a_n x^n\right)'=\sum_{n=1}^{\infty} n a_n x^{n-1},$$

逐项求导后所得到的幂级数与原级数有相同的收敛半径.

证　先证级数 $\sum\limits_{n=1}^{\infty} n a_n x^{n-1}$ 在 $(-R,R)$ 内收敛.

在 $(-R,R)$ 内任意取定 x，再选定 x_1，使得 $|x|<x_1<R$. 记 $q=\dfrac{|x|}{x_1}<1$，则

$$|n a_n x^{n-1}|=n\left|\frac{x}{x_1}\right|^{n-1}\cdot\frac{1}{x_1}|a_n x_1^n|=nq^{n-1}\cdot\frac{1}{x_1}|a_n x_1^n|,$$

由比值审敛法可知级数 $\sum\limits_{n=1}^{\infty} nq^{n-1}$ 收敛，于是

$$nq^{n-1}\to 0\quad(n\to\infty),$$

故数列 $\{nq^{n-1}\}$ 有界，必有 $M>0$，使得

$$nq^{n-1}\cdot\frac{1}{x_1}\leqslant M\quad(n=1,2,\cdots).$$

又 $0<x_1<R$，级数 $\sum\limits_{n=1}^{\infty}|a_n x_1^n|$ 收敛，由比较审敛法的推论即得级数 $\sum\limits_{n=1}^{\infty} n a_n x^{n-1}$ 收敛.

由定理 4，级数 $\sum\limits_{n=1}^{\infty} n a_n x^{n-1}$ 在 $(-R,R)$ 内的任一闭区间 $[a,b]$ 上一致收敛，故幂级数 $\sum\limits_{n=1}^{\infty} a_n x^n$ 在 $[a,b]$ 上符合定理 3 的条件，从而可逐项求导. 再由 $[a,b]$ 在 $(-R,R)$ 内的任意性，即得幂级数 $\sum\limits_{n=1}^{\infty} a_n x^n$ 在 $(-R,R)$ 内可逐项求导.

设幂级数 $\sum\limits_{n=1}^{\infty} n a_n x^{n-1}$ 的收敛半径为 R'，上面已证得 $R\leqslant R'$. 将此幂级数在 $[0,x]$ $(|x|<R')$ 上逐项积分即得 $\sum\limits_{n=1}^{\infty} a_n x^n$，因逐项积分所得级数的收敛半径不会缩小，所以

$R'\leqslant R$,于是 $R'=R$.定理 5 证毕.

*习题 12-6

1. 已知函数序列 $s_n(x)=\sin\dfrac{x}{n}$ $(n=1,2,3,\cdots)$在$(-\infty,+\infty)$上收敛于 0,

(1) 问 $N(\varepsilon,x)$取多大,能使当 $n>N$ 时,$s_n(x)$与其极限之差的绝对值小于正数 ε;

(2) 证明 $s_n(x)$在任一有限区间$[a,b]$上一致收敛.

2. 已知级数 $x^2+\dfrac{x^2}{1+x^2}+\dfrac{x^2}{(1+x^2)^2}+\cdots$在$(-\infty,+\infty)$上收敛.

(1) 求出该级数的和;

(2) 问 $N(\varepsilon,x)$取多大,能使当 $n>N$ 时,级数的余项 r_n 的绝对值小于正数 ε;

(3) 分别讨论级数在区间$[0,1]$,$\left[\dfrac{1}{2},1\right]$上的一致收敛性.

3. 按定义讨论下列级数在所给区间上的一致收敛性:

(1) $\sum\limits_{n=1}^{\infty}(-1)^{n-1}\dfrac{x^2}{(1+x^2)^n}$, $(-\infty,+\infty)$;　　(2) $\sum\limits_{n=0}^{\infty}(1-x)x^n$, $(0,1)$.

4. 利用魏尔斯特拉斯判别法证明下列级数在所给区间上的一致收敛性:

(1) $\sum\limits_{n=1}^{\infty}\dfrac{\cos nx}{2^n}$, $(-\infty,+\infty)$;　　(2) $\sum\limits_{n=1}^{\infty}\dfrac{\sin nx}{\sqrt[3]{n^4+x^4}}$, $(-\infty,+\infty)$;

(3) $\sum\limits_{n=1}^{\infty}x^2\mathrm{e}^{-nx}$, $[0,+\infty)$;　　(4) $\sum\limits_{n=1}^{\infty}\dfrac{\mathrm{e}^{-nx}}{n!}$, $(-10,10)$;

(5) $\sum\limits_{n=1}^{\infty}\dfrac{(-1)^n(1-\mathrm{e}^{-nx})}{n^2+x^2}$, $[0,+\infty)$.

第七节　傅里叶级数

从本节开始,我们讨论由三角函数组成的函数项级数,即所谓三角级数,着重研究如何把函数展开成三角级数.

一、三角级数　三角函数系的正交性

在第一章中,我们介绍过周期函数的概念,周期函数反映了客观世界中的周期运动.

正弦函数是一种常见而简单的周期函数.例如描述简谐振动的函数

$$y=A\sin(\omega t+\varphi)$$

就是一个以$\dfrac{2\pi}{\omega}$为周期的正弦函数,其中 y 表示动点的位置,t 表示时间,A 为振幅,ω 为角频率,φ 为初相.

在实际问题中,除了正弦函数外,还会遇到非正弦函数的周期函数,它们反映了较复杂的周期运动.如电子技术中常用的周期为 T 的矩形波(图 12-8),就是一个非正弦周期函数的例子.

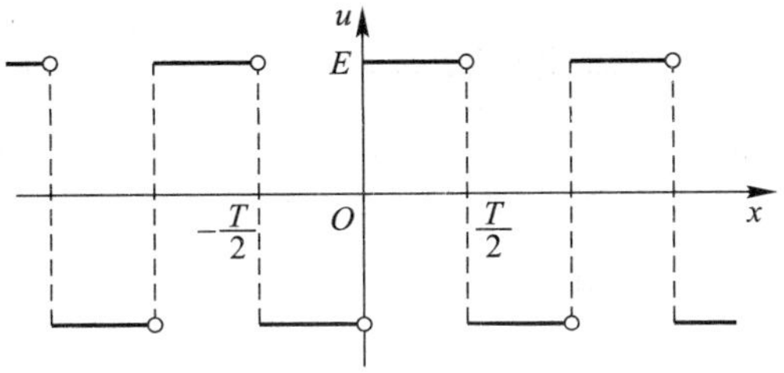

图 12-8

如何深入研究非正弦周期函数呢？联系到前面介绍过的用函数的幂级数展开式表示与讨论函数,我们也想将周期函数展开成由简单的周期函数例如三角函数组成的级数.具体地说,将周期为 T $\left(T=\dfrac{2\pi}{\omega}\right)$的周期函数用一系列以 T 为周期的正弦函数 $A_n\sin(n\omega t+\varphi_n)$组成的级数来表示,记为

$$f(t)=A_0+\sum_{n=1}^{\infty}A_n\sin(n\omega t+\varphi_n), \tag{7-1}$$

其中 A_0,A_n,φ_n $(n=1,2,3,\cdots)$都是常数.

将周期函数按上述方式展开,它的物理意义是很明确的,这就是把一个比较复杂的周期运动看成是许多不同频率的简谐振动的叠加.在电工学上,这种展开称为谐波分析,其中常数项 A_0 称为$f(t)$的直流分量,$A_1\sin(\omega t+\varphi_1)$称为一次谐波(又叫做基波),$A_2\sin(2\omega t+\varphi_2)$,$A_3\sin(3\omega t+\varphi_3)$,…依次称为二次谐波,三次谐波,等等.

为了以后讨论方便起见,我们将正弦函数 $A_n\sin(n\omega t+\varphi_n)$按三角公式变形,得

$$A_n\sin(n\omega t+\varphi_n)=A_n\sin\varphi_n\cos n\omega t+A_n\cos\varphi_n\sin n\omega t,$$

并且令$\dfrac{a_0}{2}=A_0$,$a_n=A_n\sin\varphi_n$,$b_n=A_n\cos\varphi_n$,$\omega=\dfrac{\pi}{l}$(即 $T=2l$),则(7-1)式右端的级数就可以改写为

$$\frac{a_0}{2}+\sum_{n=1}^{\infty}\left(a_n\cos\frac{n\pi t}{l}+b_n\sin\frac{n\pi t}{l}\right). \tag{7-2}$$

形如(7-2)式的级数叫做三角级数,其中 a_0,a_n,b_n $(n=1,2,3,\cdots)$都是常数.

令$\dfrac{\pi t}{l}=x$,(7-2)式成为

$$\frac{a_0}{2}+\sum_{n=1}^{\infty}(a_n\cos nx+b_n\sin nx), \tag{7-3}$$

这就把以 $2l$ 为周期的三角级数转换成以 2π 为周期的三角级数.

下面我们讨论以 2π 为周期的三角级数(7-3).

如同讨论幂级数时一样,我们必须讨论三角级数(7-3)的收敛问题,以及给定周期为 2π 的周期函数如何把它展开成三角级数(7-3).为此,我们首先介绍三角函数系的正交性.

所谓三角函数系

$$1,\cos x,\sin x,\cos 2x,\sin 2x,\cdots,\cos nx,\sin nx,\cdots \tag{7-4}$$

在区间$[-\pi,\pi]$上正交,就是指在三角函数系(7-4)中任何不同的两个函数的乘积在区间$[-\pi,\pi]$上的积分等于零,即

$$\int_{-\pi}^{\pi}\cos nx\mathrm{d}x=0\quad(n=1,2,3,\cdots),$$

$$\int_{-\pi}^{\pi}\sin nx\mathrm{d}x=0\quad(n=1,2,3,\cdots),$$

$$\int_{-\pi}^{\pi}\sin kx\cos nx\mathrm{d}x=0\quad(k,n=1,2,3,\cdots),$$

$$\int_{-\pi}^{\pi}\cos kx\cos nx\mathrm{d}x=0\quad(k,n=1,2,3,\cdots,k\neq n),$$

$$\int_{-\pi}^{\pi}\sin kx\sin nx\mathrm{d}x=0\quad(k,n=1,2,3,\cdots,k\neq n).$$

以上等式,都可以通过计算定积分来验证,现将第四式验证如下:

利用三角函数中积化和差的公式

$$\cos kx\cos nx=\frac{1}{2}[\cos(k+n)x+\cos(k-n)x],$$

当 $k\neq n$ 时,有

$$\begin{aligned}\int_{-\pi}^{\pi}\cos kx\cos nx\mathrm{d}x&=\frac{1}{2}\int_{-\pi}^{\pi}[\cos(k+n)x+\cos(k-n)x]\mathrm{d}x\\&=\frac{1}{2}\left[\frac{\sin(k+n)x}{k+n}+\frac{\sin(k-n)x}{k-n}\right]_{-\pi}^{\pi}\\&=0\quad(k,n=1,2,3,\cdots,k\neq n).\end{aligned}$$

其余等式请读者自行验证.

在三角函数系(7-4)中,两个相同函数的乘积在区间$[-\pi,\pi]$上的积分不等于零,即

$$\int_{-\pi}^{\pi}1^2\mathrm{d}x=2\pi,\quad\int_{-\pi}^{\pi}\sin^2 nx\mathrm{d}x=\pi,\quad\int_{-\pi}^{\pi}\cos^2 nx\mathrm{d}x=\pi\quad(n=1,2,3,\cdots).$$

二、函数展开成傅里叶级数

设 $f(x)$ 是周期为 2π 的周期函数,且能展开成三角级数

$$f(x)=\frac{a_0}{2}+\sum_{k=1}^{\infty}(a_k\cos kx+b_k\sin kx). \tag{7-5}$$

我们自然要问：系数 $a_0,a_1,b_1,\cdots$与函数$f(x)$之间存在着怎样的关系？换句话说，如何利用$f(x)$把 $a_0,a_1,b_1,\cdots$表达出来？为此，我们进一步假设(7-5)式右端的级数可以逐项积分.

先求 a_0.对(7-5)式从$-\pi$ 到 π 积分，由于假设(7-5)式右端级数可逐项积分，因此有

$$\int_{-\pi}^{\pi}f(x)\mathrm{d}x=\int_{-\pi}^{\pi}\frac{a_0}{2}\mathrm{d}x+\sum_{k=1}^{\infty}\left[a_k\int_{-\pi}^{\pi}\cos kx\mathrm{d}x+b_k\int_{-\pi}^{\pi}\sin kx\mathrm{d}x\right].$$

根据三角函数系(7-4)的正交性，等式右端除第一项外，其余各项均为零，所以

$$\int_{-\pi}^{\pi}f(x)\mathrm{d}x=\frac{a_0}{2}\cdot 2\pi,$$

于是得

$$a_0=\frac{1}{\pi}\int_{-\pi}^{\pi}f(x)\mathrm{d}x.$$

其次求 a_n.用 $\cos nx$ 乘(7-5)式两端，再从$-\pi$ 到 π 积分，我们得到

$$\int_{-\pi}^{\pi}f(x)\cos nx\mathrm{d}x=\frac{a_0}{2}\int_{-\pi}^{\pi}\cos nx\mathrm{d}x+\sum_{k=1}^{\infty}\left[a_k\int_{-\pi}^{\pi}\cos kx\cos nx\mathrm{d}x+b_k\int_{-\pi}^{\pi}\sin kx\cos nx\mathrm{d}x\right].$$

根据三角函数系(7-4)的正交性，等式右端除 $k=n$ 的一项外，其余各项均为零，所以

$$\int_{-\pi}^{\pi}f(x)\cos nx\mathrm{d}x=a_n\int_{-\pi}^{\pi}\cos^2 nx\mathrm{d}x=a_n\pi,$$

于是得

$$a_n=\frac{1}{\pi}\int_{-\pi}^{\pi}f(x)\cos nx\mathrm{d}x\quad(n=1,2,3,\cdots).$$

类似地，用 $\sin nx$ 乘(7-5)式的两端，再从$-\pi$ 到 π 积分，可得

$$b_n=\frac{1}{\pi}\int_{-\pi}^{\pi}f(x)\sin nx\mathrm{d}x\quad(n=1,2,3,\cdots).$$

由于当 $n=0$ 时，a_n 的表达式正好给出 a_0，因此，已得结果可以合并写成

$$\left.\begin{aligned}a_n&=\frac{1}{\pi}\int_{-\pi}^{\pi}f(x)\cos nx\mathrm{d}x\quad(n=0,1,2,3,\cdots),\\b_n&=\frac{1}{\pi}\int_{-\pi}^{\pi}f(x)\sin nx\mathrm{d}x\quad(n=1,2,3,\cdots).\end{aligned}\right\} \tag{7-6}$$

如果公式(7-6)中的积分都存在，这时它们定出的系数 $a_0,a_1,b_1,\cdots$叫做函数$f(x)$的傅里叶(Fourier)系数，将这些系数代入(7-5)式右端，所得的三角级数

$$\frac{a_0}{2}+\sum_{n=1}^{\infty}(a_n\cos nx+b_n\sin nx)$$

叫做函数$f(x)$的傅里叶级数.

一个定义在$(-\infty,+\infty)$上周期为2π的函数$f(x)$,如果它在一个周期上可积,那么一定可以作出$f(x)$的傅里叶级数.然而,函数$f(x)$的傅里叶级数是否一定收敛?如果它收敛,它是否一定收敛于函数$f(x)$?一般说来,这两个问题的答案都不是肯定的.那么,$f(x)$在怎样的条件下,它的傅里叶级数不仅收敛,而且收敛于$f(x)$?也就是说,$f(x)$满足什么条件可以展开成傅里叶级数?这是我们面临的一个基本问题.

下面我们叙述一个收敛定理(不加证明),它给出关于上述问题的一个重要结论.

定理(收敛定理,狄利克雷(Dirichlet)充分条件)　设$f(x)$是周期为2π的周期函数,如果它满足

(1) 在一个周期内连续或只有有限个第一类间断点,

(2) 在一个周期内至多只有有限个极值点,

那么$f(x)$的傅里叶级数收敛,并且

当x是$f(x)$的连续点时,级数收敛于$f(x)$;

当x是$f(x)$的间断点时,级数收敛于$\frac{1}{2}[f(x^-)+f(x^+)]$.

收敛定理告诉我们:只要函数在$[-\pi,\pi]$上至多有有限个第一类间断点,并且不做无限次振动,函数的傅里叶级数在连续点处就收敛于该点的函数值,在间断点处收敛于该点左极限与右极限的算术平均值.可见,函数展开成傅里叶级数的条件比展开成幂级数的条件低得多.记

$$C=\left\{x\,\middle|\,f(x)=\frac{1}{2}[f(x^-)+f(x^+)]\right\},$$

在C上就成立$f(x)$的傅里叶级数展开式

$$f(x)=\frac{a_0}{2}+\sum_{n=1}^{\infty}(a_n\cos nx+b_n\sin nx),\quad x\in C. \tag{7-7}$$

例1　设$f(x)$是周期为2π的周期函数,它在$[-\pi,\pi)$上的表达式为

$$f(x)=\begin{cases}-1, & -\pi\leqslant x<0,\\ 1, & 0\leqslant x<\pi.\end{cases}$$

将$f(x)$展开成傅里叶级数,并作出级数的和函数的图形.

解　所给函数满足收敛定理的条件,它在点$x=k\pi$ $(k=0,\pm1,\pm2,\cdots)$处不连续,在其他点处连续,从而由收敛定理知道$f(x)$的傅里叶级数收敛,并且当$x=k\pi$时级数收敛于

$$\frac{-1+1}{2}=\frac{1+(-1)}{2}=0,$$

当 $x \neq k\pi$ 时级数收敛于 $f(x)$.

计算傅里叶系数如下：

$$a_n = \frac{1}{\pi}\int_{-\pi}^{\pi} f(x)\cos nx\mathrm{d}x = \frac{1}{\pi}\int_{-\pi}^{0}(-1)\cos nx\mathrm{d}x + \frac{1}{\pi}\int_{0}^{\pi} 1\cdot\cos nx\mathrm{d}x$$
$$=0 \quad (n=0,1,2,\cdots);$$

$$b_n = \frac{1}{\pi}\int_{-\pi}^{\pi} f(x)\sin nx\mathrm{d}x = \frac{1}{\pi}\int_{-\pi}^{0}(-1)\sin nx\mathrm{d}x + \frac{1}{\pi}\int_{0}^{\pi} 1\cdot\sin nx\mathrm{d}x$$
$$= \frac{1}{\pi}\left[\frac{\cos nx}{n}\right]_{-\pi}^{0} + \frac{1}{\pi}\left[-\frac{\cos nx}{n}\right]_{0}^{\pi}$$
$$= \frac{1}{n\pi}[1-\cos n\pi - \cos n\pi + 1] = \frac{2}{n\pi}[1-(-1)^n]$$
$$= \begin{cases} \dfrac{4}{n\pi}, & n=1,3,5,\cdots, \\ 0, & n=2,4,6,\cdots. \end{cases}$$

将求得的系数代入(7-7)式，就得到 $f(x)$ 的傅里叶级数展开式为

$$f(x) = \frac{4}{\pi}\left[\sin x + \frac{1}{3}\sin 3x + \cdots + \frac{1}{2k-1}\sin (2k-1)x + \cdots\right]$$
$$= \frac{4}{\pi}\sum_{k=1}^{\infty}\frac{1}{2k-1}\sin(2k-1)x \quad (-\infty < x < +\infty; x \neq 0, \pm\pi, \pm2\pi, \cdots).$$

级数的和函数的图形如图 12-9 所示：

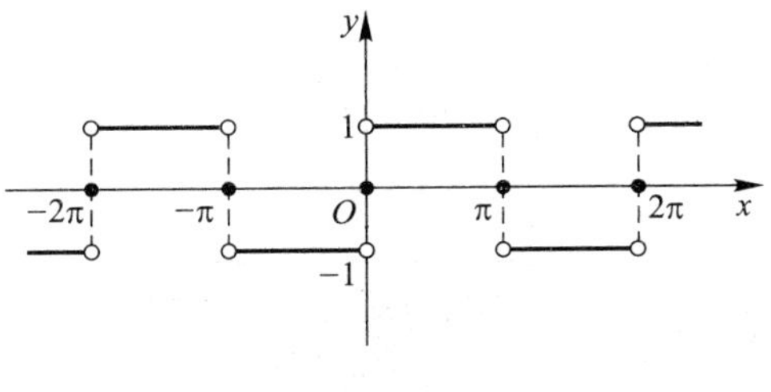

图 12-9

如果把例 1 中的函数理解为矩形波的波形函数（周期 $T=2\pi$，振幅 $E=1$，自变量 x 表示时间），那么上面所得到的展开式表明：矩形波是由一系列不同频率的正弦波叠加而成的，这些正弦波的频率依次为基波频率的奇数倍.

释疑解难
12-5

例 2　设 $f(x)$ 是周期为 2π 的周期函数，它在 $[-\pi,\pi)$ 上的表达式为

$$f(x) = \begin{cases} x, & -\pi \leqslant x < 0, \\ 0, & 0 \leqslant x < \pi. \end{cases}$$

将 $f(x)$ 展开成傅里叶级数，并作出级数的和函数的图形.

解　所给函数满足收敛定理的条件，它在点 $x=(2k+1)\pi$ $(k=0,\pm1,\pm2,\cdots)$ 处不连续. 因此，$f(x)$ 的傅里叶级数在 $x=(2k+1)\pi$ 处收敛于

$$\frac{f(\pi^-)+f(-\pi^+)}{2} = \frac{0-\pi}{2} = -\frac{\pi}{2}.$$

在连续点 x $(x \neq (2k+1)\pi)$ 处收敛于 $f(x)$.

例题精讲 12-8

计算傅里叶系数如下：

$$a_n=\frac{1}{\pi}\int_{-\pi}^{\pi}f(x)\cos nx\mathrm{d}x=\frac{1}{\pi}\int_{-\pi}^{0}x\cos nx\mathrm{d}x$$

$$=\frac{1}{\pi}\left[\frac{x\sin nx}{n}+\frac{\cos nx}{n^2}\right]_{-\pi}^{0}=\frac{1}{n^2\pi}(1-\cos n\pi)$$

$$=\begin{cases}\dfrac{2}{n^2\pi}, & n=1,3,5,\cdots,\\ 0, & n=2,4,6,\cdots;\end{cases}$$

$$a_0=\frac{1}{\pi}\int_{-\pi}^{\pi}f(x)\mathrm{d}x=\frac{1}{\pi}\int_{-\pi}^{0}x\mathrm{d}x=\frac{1}{\pi}\left[\frac{x^2}{2}\right]_{-\pi}^{0}=-\frac{\pi}{2};$$

$$b_n=\frac{1}{\pi}\int_{-\pi}^{\pi}f(x)\sin nx\mathrm{d}x=\frac{1}{\pi}\int_{-\pi}^{0}x\sin nx\mathrm{d}x$$

$$=\frac{1}{\pi}\left[-\frac{x\cos nx}{n}+\frac{\sin nx}{n^2}\right]_{-\pi}^{0}$$

$$=-\frac{\cos n\pi}{n}=\frac{(-1)^{n+1}}{n}\quad(n=1,2,3,\cdots).$$

将求得的系数代入(7-7)式，得到$f(x)$的傅里叶级数展开式为

$$f(x)=-\frac{\pi}{4}+\left(\frac{2}{\pi}\cos x+\sin x\right)-\frac{1}{2}\sin 2x+\left(\frac{2}{3^2\pi}\cos 3x+\frac{1}{3}\sin 3x\right)-$$

$$\frac{1}{4}\sin 4x+\left(\frac{2}{5^2\pi}\cos 5x+\frac{1}{5}\sin 5x\right)-\cdots$$

$$=-\frac{\pi}{4}+\frac{2}{\pi}\sum_{k=1}^{\infty}\frac{1}{(2k-1)^2}\cos(2k-1)x+\sum_{n=1}^{\infty}\frac{(-1)^{n-1}}{n}\sin nx$$

$$(-\infty<x<+\infty;\ x\neq\pm\pi,\pm3\pi,\cdots).$$

级数的和函数的图形如图 12-10 所示：

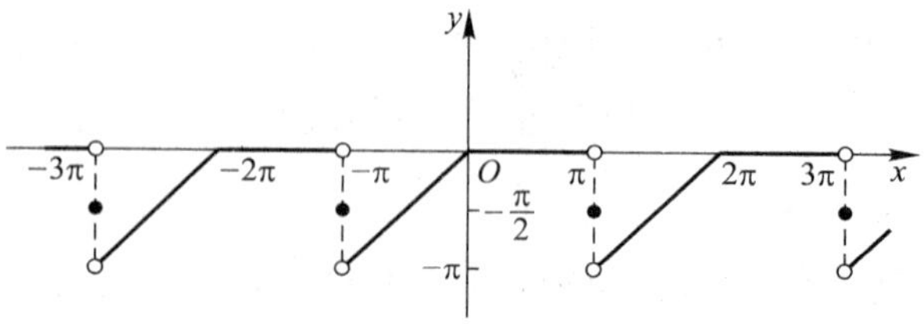

图 12-10

应该注意，如果函数$f(x)$只在$[-\pi,\pi]$上有定义，并且满足收敛定理的条件，那么$f(x)$也可以展开成傅里叶级数. 事实上，我们可在$[-\pi,\pi)$或$(-\pi,\pi]$外补充函数$f(x)$的定义，使它拓广成周期为2π的周期函数$F(x)$. 按这种方式拓广函数的定义域的过

程称为周期延拓. 再将$F(x)$展开成傅里叶级数. 最后限制 x 在$(-\pi,\pi)$内, 此时 $F(x)\equiv f(x)$, 这样便得到$f(x)$的傅里叶级数展开式. 根据收敛定理, 这级数在区间端点 $x=\pm\pi$ 处收敛于 $\dfrac{f(\pi^-)+f(-\pi^+)}{2}$.

例 3　将函数

$$u(t)=E\left|\sin\frac{t}{2}\right|,\quad -\pi\leqslant t\leqslant\pi$$

展开成傅里叶级数, 其中 E 是正的常数.

解　所给函数在区间$[-\pi,\pi]$上满足收敛定理的条件, 并且拓广为周期函数时, 它在每一点 x 处都连续(图 12-11), 因此拓广的周期函数的傅里叶级数在$[-\pi,\pi]$上收敛于 $u(t)$.

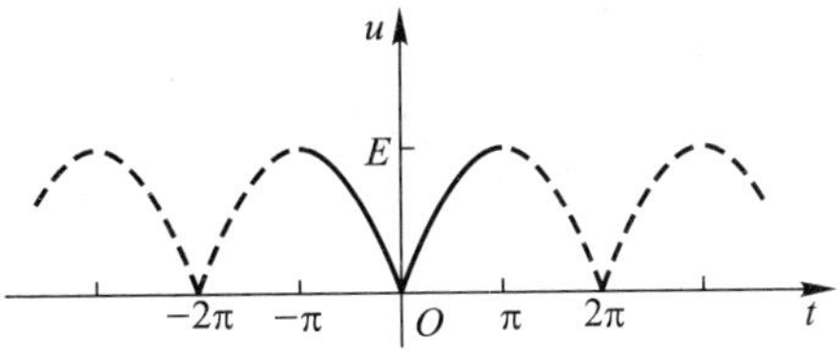

图 12-11

计算傅里叶系数如下:

$$a_n=\frac{1}{\pi}\int_{-\pi}^{\pi}u(t)\cos nt\mathrm{d}t$$

$$=\frac{E}{\pi}\int_{-\pi}^{\pi}\left|\sin\frac{t}{2}\right|\cos nt\mathrm{d}t,$$

因为上列积分中被积函数为偶函数, 所以

$$a_n=\frac{2E}{\pi}\int_0^{\pi}\sin\frac{t}{2}\cos nt\mathrm{d}t=\frac{E}{\pi}\int_0^{\pi}\left[\sin\left(n+\frac{1}{2}\right)t-\sin\left(n-\frac{1}{2}\right)t\right]\mathrm{d}t$$

$$=\frac{E}{\pi}\left[-\frac{\cos\left(n+\frac{1}{2}\right)t}{n+\frac{1}{2}}+\frac{\cos\left(n-\frac{1}{2}\right)t}{n-\frac{1}{2}}\right]_0^{\pi}$$

$$=\frac{E}{\pi}\left(\frac{1}{n+\frac{1}{2}}-\frac{1}{n-\frac{1}{2}}\right)=-\frac{4E}{(4n^2-1)\pi}\quad(n=0,1,2,\cdots).$$

$$b_n=\frac{E}{\pi}\int_{-\pi}^{\pi}\left|\sin\frac{t}{2}\right|\sin nt\mathrm{d}t=0\quad(n=1,2,3,\cdots).$$

上式等于零是因为被积函数是奇函数.

将求得的系数代入(7-7)式, 得 $u(t)$的傅里叶级数展开式为

$$u(t)=\frac{4E}{\pi}\left(\frac{1}{2}-\sum_{n=1}^{\infty}\frac{1}{4n^2-1}\cos nt\right)\quad(-\pi\leqslant t\leqslant\pi).$$

三、正弦级数和余弦级数

一般说来, 一个函数的傅里叶级数既含有正弦项, 又含有余弦项(见例 2). 但是,

也有一些函数的傅里叶级数只含有正弦项(见例 1)或者只含有常数项和余弦项(见例 3).这是什么原因呢？实际上,这些情况是与所给函数$f(x)$的奇偶性有密切关系的.对于周期为 2π 的函数$f(x)$,它的傅里叶系数计算公式为

$$a_n=\frac{1}{\pi}\int_{-\pi}^{\pi}f(x)\cos nx\mathrm{d}x\quad(n=0,1,2,\cdots),$$

$$b_n=\frac{1}{\pi}\int_{-\pi}^{\pi}f(x)\sin nx\mathrm{d}x\quad(n=1,2,3,\cdots).$$

由于奇函数在对称区间上的积分为零,偶函数在对称区间上的积分等于半区间上积分的 2 倍,因此,

当$f(x)$为奇函数时,$f(x)\cos nx$ 是奇函数,$f(x)\sin nx$ 是偶函数,故

$$\left.\begin{aligned}&a_n=0\quad(n=0,1,2,\cdots),\\&b_n=\frac{2}{\pi}\int_{0}^{\pi}f(x)\sin nx\mathrm{d}x\quad(n=1,2,3,\cdots).\end{aligned}\right\}\tag{7-8}$$

即知奇函数的傅里叶级数是只含有正弦项的正弦级数

$$\sum_{n=1}^{\infty}b_n\sin nx.\tag{7-9}$$

当$f(x)$为偶函数时,$f(x)\cos nx$ 是偶函数,$f(x)\sin nx$ 是奇函数,故

$$\left.\begin{aligned}&a_n=\frac{2}{\pi}\int_{0}^{\pi}f(x)\cos nx\mathrm{d}x\quad(n=0,1,2,\cdots),\\&b_n=0\quad(n=1,2,3,\cdots).\end{aligned}\right\}\tag{7-10}$$

即知偶函数的傅里叶级数是只含常数项和余弦项的余弦级数

$$\frac{a_0}{2}+\sum_{n=1}^{\infty}a_n\cos nx.\tag{7-11}$$

例 4　设$f(x)$是周期为 2π 的周期函数,它在$[-\pi,\pi)$上的表达式为$f(x)=x$.将$f(x)$展开成傅里叶级数,并作出级数的和函数的图形.

解　首先,所给函数满足收敛定理的条件,它在点

$$x=(2k+1)\pi\quad(k=0,\pm1,\pm2,\cdots)$$

处不连续,因此$f(x)$的傅里叶级数在点 $x=(2k+1)\pi$ 处收敛于

$$\frac{f(\pi^-)+f(-\pi^+)}{2}=\frac{\pi+(-\pi)}{2}=0,$$

在连续点 $x\ (x\neq(2k+1)\pi)$处收敛于$f(x)$.

其次,若不计 $x=(2k+1)\pi\ (k=0,\pm1,\pm2,\cdots)$,则$f(x)$是周期为 2π 的奇函数.显然,此时(7-8)式仍成立.按公式(7-8)有 $a_n=0\ (n=0,1,2,\cdots)$,而

$$b_n=\frac{2}{\pi}\int_{0}^{\pi}f(x)\sin nx\mathrm{d}x=\frac{2}{\pi}\int_{0}^{\pi}x\sin nx\mathrm{d}x=\frac{2}{\pi}\left[-\frac{x\cos nx}{n}+\frac{\sin nx}{n^2}\right]_0^{\pi}$$

$$=-\frac{2}{n}\cos n\pi=\frac{2}{n}(-1)^{n+1}\quad(n=1,2,3,\cdots).$$

将求得的 b_n 代入正弦级数(7-9)，得 $f(x)$ 的傅里叶级数展开式为

$$f(x)=2\left(\sin x-\frac{1}{2}\sin 2x+\frac{1}{3}\sin 3x-\cdots+\frac{(-1)^{n+1}}{n}\sin nx+\cdots\right)$$

$$=2\sum_{n=1}^{\infty}\frac{(-1)^{n+1}}{n}\sin nx\quad(-\infty<x<+\infty;\ x\neq\pm\pi,\pm3\pi,\cdots).$$

级数的和函数的图形如图 12-12 所示：

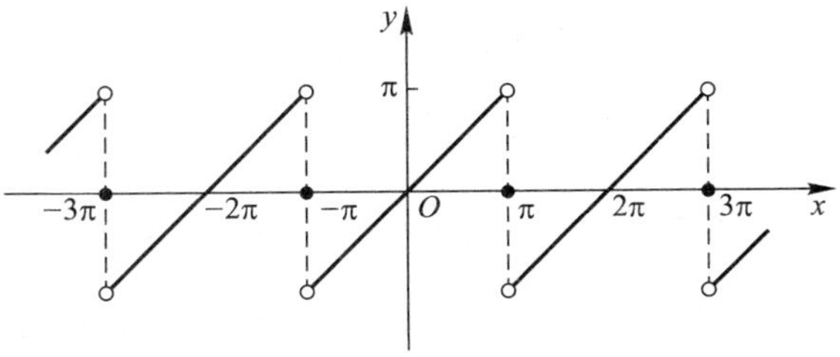

图 12-12

例 5　设 $f(x)$ 是周期为 2π 的周期函数，它在 $[-\pi,\pi)$ 上的表达式为 $f(x)=|x|$，将 $f(x)$ 展开成傅里叶级数.

解　所给函数满足收敛定理的条件，它在整个数轴上连续，因此 $f(x)$ 的傅里叶级数处处收敛于 $f(x)$.

因为 $f(x)$ 是偶函数，所以按公式(7-10)，有 $b_n=0\ (n=1,2,3,\cdots)$，而

$$a_n=\frac{2}{\pi}\int_0^{\pi}f(x)\cos nx\,\mathrm{d}x=\frac{2}{\pi}\int_0^{\pi}x\cos nx\mathrm{d}x$$

$$=\frac{2}{\pi}\left[\frac{x\sin nx}{n}+\frac{\cos nx}{n^2}\right]_0^{\pi}=\frac{2}{\pi n^2}(\cos n\pi-1)$$

$$=\begin{cases}-\dfrac{4}{\pi n^2}, & n=1,3,5,\cdots,\\ 0, & n=2,4,6,\cdots;\end{cases}$$

$$a_0=\frac{2}{\pi}\int_0^{\pi}f(x)\,\mathrm{d}x=\frac{2}{\pi}\int_0^{\pi}x\mathrm{d}x=\pi.$$

将求得的系数 a_n 代入余弦级数(7-11)，得 $f(x)$ 的傅里叶级数展开式为

$$f(x)=\frac{\pi}{2}-\frac{4}{\pi}\left(\cos x+\frac{1}{3^2}\cos 3x+\frac{1}{5^2}\cos 5x+\cdots+\frac{1}{(2k-1)^2}\cos(2k-1)x+\cdots\right)$$

$$=\frac{\pi}{2}-\frac{4}{\pi}\sum_{k=1}^{\infty}\frac{1}{(2k-1)^2}\cos(2k-1)x\quad(-\infty<x<+\infty).$$

在实际应用(如研究某种波动问题，热的传导、扩散问题)中，有时还需要把定义

在区间$[0,\pi]$上的函数$f(x)$展开成正弦级数或余弦级数.

根据前面讨论的结果,这类展开问题可以按如下的方法解决:设函数$f(x)$定义在区间$[0,\pi]$上并且满足收敛定理的条件,我们在开区间$(-\pi,0)$内补充函数$f(x)$的定义,得到定义在$(-\pi,\pi]$上的函数$F(x)$,使它在$(-\pi,\pi)$上成为奇函数①(偶函数).按这种方式拓广函数定义域的过程称为奇延拓(偶延拓).然后将奇延拓(偶延拓)后的函数展开成傅里叶级数,这个级数必定是正弦级数(余弦级数).再限制x在$(0,\pi]$上,此时$F(x)\equiv f(x)$,这样便得到$f(x)$的正弦级数(余弦级数)展开式.

例如将函数

$$\varphi(x)=x\quad(0\leqslant x\leqslant\pi)$$

作奇延拓,再作周期延拓,便成例4中的函数,按例4的结果,有

$$x=2\sum_{n=1}^{\infty}\frac{(-1)^{n+1}}{n}\sin nx\quad(0\leqslant x<\pi);$$

将$\varphi(x)$作偶延拓,再作周期延拓,便成例5中的函数,按例5的结果,有

$$x=\frac{\pi}{2}-\frac{4}{\pi}\sum_{k=1}^{\infty}\frac{1}{(2k-1)^2}\cos(2k-1)x\quad(0\leqslant x\leqslant\pi).$$

例6　将函数

$$f(x)=\begin{cases}\cos x, & 0\leqslant x<\dfrac{\pi}{2},\\ 0, & \dfrac{\pi}{2}\leqslant x\leqslant\pi\end{cases}$$

分别展开成正弦级数和余弦级数.

解　先展开成正弦级数.为此对函数$f(x)$作奇延拓(图12-13).按公式(7-8)有

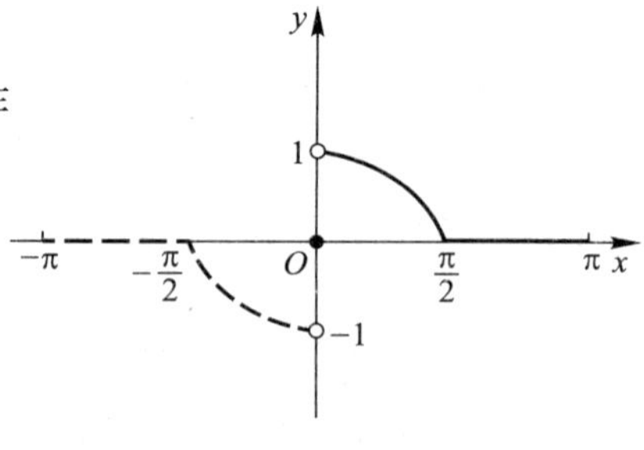

图12-13

$$\begin{aligned}b_n&=\frac{2}{\pi}\int_0^{\pi}f(x)\sin nx\mathrm{d}x=\frac{2}{\pi}\int_0^{\frac{\pi}{2}}\cos x\sin nx\mathrm{d}x\\&=\frac{1}{\pi}\int_0^{\frac{\pi}{2}}[\sin(n-1)x+\sin(n+1)x]\mathrm{d}x\\&=\frac{1}{\pi}\left[-\frac{1}{n-1}\cos(n-1)x-\frac{1}{n+1}\cos(n+1)x\right]_0^{\frac{\pi}{2}}\\&=\frac{1}{\pi}\left(\frac{1}{n-1}+\frac{1}{n+1}-\frac{1}{n-1}\cos\frac{n-1}{2}\pi-\frac{1}{n+1}\cos\frac{n+1}{2}\pi\right)\\&=\frac{1}{\pi}\left(\frac{2n}{n^2-1}-\frac{1}{n-1}\sin\frac{n\pi}{2}+\frac{1}{n+1}\sin\frac{n\pi}{2}\right)\end{aligned}$$

① 补充$f(x)$的定义使它在$(-\pi,\pi)$上成为奇函数时,若$f(0)\neq0$,则规定$F(0)=0$.

$$=\frac{2}{\pi(n^2-1)}\left(n-\sin\frac{n\pi}{2}\right).$$

以上计算对 $n=1$ 不适合，b_1 需另行计算：

$$b_1=\frac{2}{\pi}\int_0^{\pi}f(x)\sin x\mathrm{d}x=\frac{2}{\pi}\int_0^{\frac{\pi}{2}}\cos x\sin x\mathrm{d}x=\frac{1}{\pi}.$$

将求得的 b_n 代入(7-9)式，得 $f(x)$ 的正弦级数展开式为

$$f(x)=\frac{1}{\pi}\left[\sin x+2\sum_{n=2}^{\infty}\frac{1}{n^2-1}\left(n-\sin\frac{n\pi}{2}\right)\sin nx\right]\quad(0<x\leqslant\pi).$$

在端点 $x=0$ 处级数收敛到零，它不等于 $f(0)$.

再展开成余弦级数.为此对函数 $f(x)$ 作偶延拓(图 12-14).按公式(7-10)有

$$a_n=\frac{2}{\pi}\int_0^{\pi}f(x)\cos nx\mathrm{d}x=\frac{2}{\pi}\int_0^{\frac{\pi}{2}}\cos x\cos nx\mathrm{d}x$$

$$=\frac{1}{\pi}\int_0^{\frac{\pi}{2}}[\cos(n-1)x+\cos(n+1)x]\mathrm{d}x$$

$$=\frac{1}{\pi}\left[\frac{1}{n-1}\sin\frac{n-1}{2}\pi+\frac{1}{n+1}\sin\frac{n+1}{2}\pi\right]$$

$$=\frac{2}{\pi(n^2-1)}\sin\frac{n-1}{2}\pi=\begin{cases}0, & n=2k-1,\\ \dfrac{2(-1)^{k-1}}{\pi(4k^2-1)}, & n=2k.\end{cases}$$

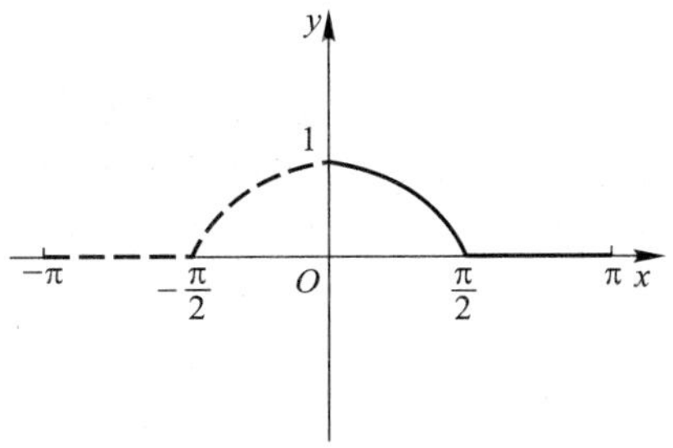

图 12-14

以上计算对 $n=1$ 不适合，a_1 需另行计算：

$$a_1=\frac{2}{\pi}\int_0^{\frac{\pi}{2}}\cos^2x\,\mathrm{d}x=\frac{1}{\pi}\int_0^{\frac{\pi}{2}}(1+\cos 2x)\,\mathrm{d}x=\frac{1}{2}.$$

将求得的 a_n 代入(7-11)式，得 $f(x)$ 的余弦级数展开式为

$$f(x)=\frac{1}{\pi}+\frac{1}{2}\cos x+\frac{2}{\pi}\sum_{k=1}^{\infty}\frac{(-1)^{k-1}}{4k^2-1}\cos 2kx\quad(0\leqslant x\leqslant\pi).$$

利用函数的傅里叶级数展开式，有时可得一些特殊级数的和，例如按例 5 的结果，有

$$|x|=\frac{\pi}{2}-\frac{4}{\pi}\sum_{k=1}^{\infty}\frac{1}{(2k-1)^2}\cos(2k-1)x\quad(-\pi\leqslant x\leqslant\pi),$$

在上式中令 $x=0$，便得

$$\sum_{k=1}^{\infty}\frac{1}{(2k-1)^2}=\frac{\pi^2}{8}.$$

设

$$\sigma=1+\frac{1}{2^2}+\frac{1}{3^2}+\frac{1}{4^2}+\cdots+\frac{1}{n^2}+\cdots,$$

$$\sigma_1=1+\frac{1}{3^2}+\frac{1}{5^2}+\cdots+\frac{1}{(2n-1)^2}+\cdots\left(=\frac{\pi^2}{8}\right),$$

$$\sigma_2=\frac{1}{2^2}+\frac{1}{4^2}+\frac{1}{6^2}+\cdots+\frac{1}{(2n)^2}+\cdots,$$

$$\sigma_3=1-\frac{1}{2^2}+\frac{1}{3^2}-\frac{1}{4^2}+\cdots+(-1)^{n-1}\frac{1}{n^2}+\cdots.$$

因为

$$\sigma_2=\frac{\sigma}{4}=\frac{\sigma_1+\sigma_2}{4},$$

所以

$$\sigma_2=\frac{\sigma_1}{3}=\frac{\pi^2}{24},\quad \sigma=\sigma_1+\sigma_2=\frac{\pi^2}{8}+\frac{\pi^2}{24}=\frac{\pi^2}{6},$$

又

$$\sigma_3=2\sigma_1-\sigma=\frac{\pi^2}{4}-\frac{\pi^2}{6}=\frac{\pi^2}{12}.$$

习题 12-7

1. 下列周期函数$f(x)$的周期为2π,试将$f(x)$展开成傅里叶级数,如果$f(x)$在$[-\pi,\pi)$上的表达式为

(1) $f(x)=3x^2+1\ (-\pi\leqslant x<\pi)$；　　(2) $f(x)=e^{2x}\ (-\pi\leqslant x<\pi)$；

(3) $f(x)=\begin{cases}bx, & -\pi\leqslant x<0,\\ ax, & 0\leqslant x<\pi\end{cases}$ (a,b 为常数,且 $a>b>0$).

2. 将下列函数$f(x)$展开成傅里叶级数：

(1) $f(x)=2\sin\frac{x}{3}\ (-\pi\leqslant x\leqslant\pi)$；　　(2) $f(x)=\begin{cases}e^x, & -\pi\leqslant x<0,\\ 1, & 0\leqslant x\leqslant\pi;\end{cases}$

(3) $f(x)=x\sin x\ (-\pi\leqslant x\leqslant\pi)$.

3. 将函数$f(x)=\cos\frac{x}{2}\ (-\pi\leqslant x\leqslant\pi)$展开成傅里叶级数.

4. 设$f(x)$是周期为2π的周期函数,它在$[-\pi,\pi)$上的表达式为

$$f(x)=\begin{cases}-\frac{\pi}{2}, & -\pi\leqslant x<-\frac{\pi}{2},\\ x, & -\frac{\pi}{2}\leqslant x<\frac{\pi}{2},\\ \frac{\pi}{2}, & \frac{\pi}{2}\leqslant x<\pi,\end{cases}$$

将 $f(x)$ 展开成傅里叶级数.

5. 将函数 $f(x)=\dfrac{\pi-x}{2}$ $(0\leqslant x\leqslant\pi)$ 展开成正弦级数.

6. 将函数 $f(x)=2x^2$ $(0\leqslant x\leqslant\pi)$ 分别展开成正弦级数和余弦级数.

7. 设周期函数 $f(x)$ 的周期为 2π. 证明：

(1) 若 $f(x-\pi)=-f(x)$，则 $f(x)$ 的傅里叶系数 $a_0=0, a_{2k}=0, b_{2k}=0$ $(k=1,2,\cdots)$；

(2) 若 $f(x-\pi)=f(x)$，则 $f(x)$ 的傅里叶系数 $a_{2k+1}=0, b_{2k+1}=0$ $(k=0,1,2,\cdots)$.

第八节　一般周期函数的傅里叶级数

一、周期为 $2l$ 的周期函数的傅里叶级数

上节所讨论的周期函数都是以 2π 为周期的，但是实际问题中所遇到的周期函数，它的周期不一定是 2π. 例如上节中提到的矩形波，它的周期是 $T=\dfrac{2\pi}{\omega}$. 因此，本节我们讨论周期为 $2l$ 的周期函数的傅里叶级数. 根据上节讨论的结果，经过自变量的变量代换，可得下面的定理：

定理　**设周期为 $2l$ 的周期函数 $f(x)$ 满足收敛定理的条件，则它的傅里叶级数展开式为**

$$f(x)=\frac{a_0}{2}+\sum_{n=1}^{\infty}\left(a_n\cos\frac{n\pi x}{l}+b_n\sin\frac{n\pi x}{l}\right)\quad(x\in C),\tag{8-1}$$

其中

$$\left.\begin{aligned}a_n&=\frac{1}{l}\int_{-l}^{l}f(x)\cos\frac{n\pi x}{l}\mathrm{d}x\quad(n=0,1,2,\cdots),\\ b_n&=\frac{1}{l}\int_{-l}^{l}f(x)\sin\frac{n\pi x}{l}\mathrm{d}x\quad(n=1,2,3,\cdots),\end{aligned}\right\}\tag{8-2}$$

$$C=\left\{x\ \middle|\ f(x)=\frac{1}{2}[f(x^-)+f(x^+)]\right\}.$$

当 $f(x)$ 为奇函数时，

$$f(x)=\sum_{n=1}^{\infty}b_n\sin\frac{n\pi x}{l}\quad(x\in C),\tag{8-3}$$

其中

$$b_n=\frac{2}{l}\int_0^l f(x)\sin\frac{n\pi x}{l}\mathrm{d}x\quad(n=1,2,3,\cdots).\tag{8-4}$$

当 $f(x)$ 为偶函数时，

$$f(x)=\frac{a_0}{2}+\sum_{n=1}^{\infty}a_n\cos\frac{n\pi x}{l}\quad(x\in C),\tag{8-5}$$

其中

$$a_n=\frac{2}{l}\int_0^l f(x)\cos\frac{n\pi x}{l}\mathrm{d}x\quad(n=0,1,2,\cdots).\tag{8-6}$$

证　作变量代换 $z=\frac{\pi x}{l}$，于是区间 $-l\leqslant x\leqslant l$ 就变换成 $-\pi\leqslant z\leqslant\pi$. 设函数 $f(x)=f\left(\frac{lz}{\pi}\right)=F(z)$，从而 $F(z)$ 是周期为 2π 的周期函数，并且它满足收敛定理的条件，将 $F(z)$ 展开成傅里叶级数

$$F(z)=\frac{a_0}{2}+\sum_{n=1}^{\infty}(a_n\cos nz+b_n\sin nz),$$

其中

$$a_n=\frac{1}{\pi}\int_{-\pi}^{\pi}F(z)\cos nz\mathrm{d}z,\quad b_n=\frac{1}{\pi}\int_{-\pi}^{\pi}F(z)\sin nz\mathrm{d}z.$$

在以上式子中令 $z=\frac{\pi x}{l}$，并注意到 $F(z)=f(x)$，于是有

$$f(x)=\frac{a_0}{2}+\sum_{n=1}^{\infty}\left(a_n\cos\frac{n\pi x}{l}+b_n\sin\frac{n\pi x}{l}\right),$$

而且

$$a_n=\frac{1}{l}\int_{-l}^{l}f(x)\cos\frac{n\pi x}{l}\mathrm{d}x,\quad b_n=\frac{1}{l}\int_{-l}^{l}f(x)\sin\frac{n\pi x}{l}\mathrm{d}x.$$

类似地，可以证明定理的其余部分.

例 1　设 $f(x)$ 是周期为 4 的周期函数，它在 $[-2,2)$ 上的表达式为

$$f(x)=\begin{cases}0, & -2\leqslant x<0,\\ h, & 0\leqslant x<2\end{cases}\quad(\text{常数 } h\neq 0).$$

将 $f(x)$ 展开成傅里叶级数，并作出级数的和函数的图形.

解　这时 $l=2$，按公式(8-2)有

$$a_n=\frac{1}{2}\int_0^2 h\cos\frac{n\pi x}{2}\mathrm{d}x=\left[\frac{h}{n\pi}\sin\frac{n\pi x}{2}\right]_0^2=0\quad(n\neq 0);$$

$$a_0=\frac{1}{2}\int_{-2}^{0}0\mathrm{d}x+\frac{1}{2}\int_0^2 h\mathrm{d}x=h;$$

$$b_n=\frac{1}{2}\int_0^2 h\sin\frac{n\pi x}{2}\mathrm{d}x=\left[-\frac{h}{n\pi}\cos\frac{n\pi x}{2}\right]_0^2$$

$$=\frac{h}{n\pi}(1-\cos n\pi)=\begin{cases}\dfrac{2h}{n\pi}, & n=1,3,5,\cdots,\\ 0, & n=2,4,6,\cdots.\end{cases}$$

将求得的系数 a_n, b_n 代入(8-1)式,得

$$f(x)=\frac{h}{2}+\frac{2h}{\pi}\left(\sin\frac{\pi x}{2}+\frac{1}{3}\sin\frac{3\pi x}{2}+\frac{1}{5}\sin\frac{5\pi x}{2}+\cdots+\frac{1}{2n-1}\sin\frac{(2n-1)\pi x}{2}+\cdots\right)$$

$$(-\infty<x<+\infty;x\neq 0,\pm 2,\pm 4,\cdots)$$

级数的和函数的图形如图 12-15 所示.

例 2　将如图 12-16 所示的函数

$$M(x)=\begin{cases}\dfrac{px}{2}, & 0\leqslant x<\dfrac{l}{2},\\ \dfrac{p(l-x)}{2}, & \dfrac{l}{2}\leqslant x\leqslant l\end{cases}$$

分别展开成正弦级数和余弦级数.

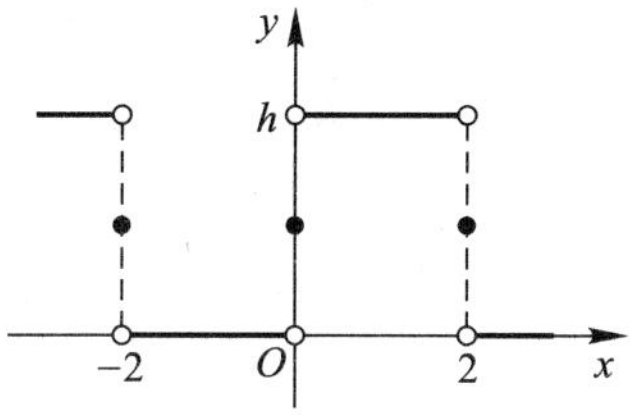

图 12-15

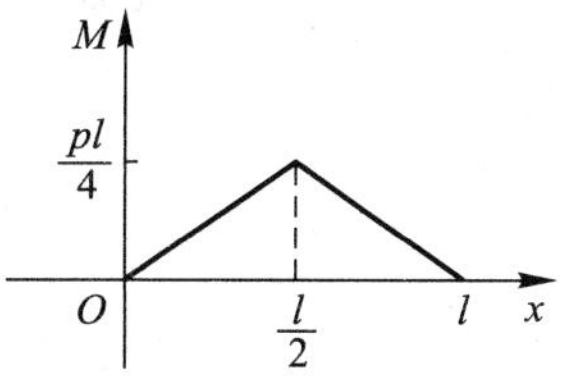

图 12-16

解　$M(x)$ 是定义在 $[0,l]$ 上的函数,要将它展开成正弦级数,必须对 $M(x)$ 进行奇延拓.按公式(8-4)计算延拓后的函数的傅里叶系数

$$b_n=\frac{2}{l}\int_0^l M(x)\sin\frac{n\pi x}{l}\mathrm{d}x$$

$$=\frac{2}{l}\left[\int_0^{\frac{l}{2}}\frac{px}{2}\sin\frac{n\pi x}{l}\mathrm{d}x+\int_{\frac{l}{2}}^{l}\frac{p(l-x)}{2}\sin\frac{n\pi x}{l}\mathrm{d}x\right].$$

对上式右端的第二项,令 $t=l-x$,则

$$b_n=\frac{p}{l}\left[\int_0^{\frac{l}{2}}x\sin\frac{n\pi x}{l}\mathrm{d}x+\int_{\frac{l}{2}}^{0}t\sin\frac{n\pi(l-t)}{l}(-\mathrm{d}t)\right]$$

$$=\frac{p}{l}\left[\int_0^{\frac{l}{2}}x\sin\frac{n\pi x}{l}\mathrm{d}x+(-1)^{n+1}\int_0^{\frac{l}{2}}t\sin\frac{n\pi t}{l}\mathrm{d}t\right].$$

当 $n=2k$ 为偶数时,$b_{2k}=0$;当 $n=2k-1$ 为奇数时,

$$b_{2k-1}=\frac{2p}{l}\int_0^{\frac{l}{2}}x\sin\frac{(2k-1)\pi x}{l}\mathrm{d}x=\frac{2pl}{(2k-1)^2\pi^2}\sin\frac{2k-1}{2}\pi.$$

$$=\frac{2pl(-1)^{k-1}}{(2k-1)^2\pi^2}.$$

将求得的 b_n 代入(8-3)式，得 $M(x)$ 的正弦级数展开式为

$$M(x)=\frac{2pl}{\pi^2}\sum_{k=1}^{\infty}\frac{(-1)^{k-1}}{(2k-1)^2}\sin\frac{(2k-1)\pi x}{l}\quad(0\leqslant x\leqslant l).$$

再求 $M(x)$ 的余弦级数展开式.为此对 $M(x)$ 作偶延拓，再作周期延拓.注意到延拓所得周期函数的周期为 l，知 $M(x)$ 可展开成周期为 l 的余弦级数.按公式(8-6)$\left(\text{将(8-6)中的 } l \text{ 换成}\frac{l}{2}\right)$计算傅里叶系数：

$$a_n=\frac{4}{l}\int_0^{\frac{l}{2}}M(x)\cos\frac{2n\pi x}{l}\mathrm{d}x=\frac{4}{l}\int_0^{\frac{l}{2}}\frac{px}{2}\cos\frac{2n\pi x}{l}\mathrm{d}x$$

$$=\frac{2p}{l}\left[\frac{l}{2n\pi}x\sin\frac{2n\pi x}{l}+\left(\frac{l}{2n\pi}\right)^2\cos\frac{2n\pi x}{l}\right]_0^{\frac{l}{2}}$$

$$=\frac{pl}{2n^2\pi^2}(\cos n\pi-1)=\begin{cases}-\dfrac{pl}{n^2\pi^2}, & n=1,3,5,\cdots,\\ 0, & n=2,4,6,\cdots.\end{cases}$$

$$a_0=\frac{4}{l}\int_0^{\frac{l}{2}}\frac{px}{2}\mathrm{d}x=\frac{pl}{4}.$$

将求得的 a_n 代入(8-5)式，得

$$M(x)=\frac{pl}{8}-\frac{pl}{\pi^2}\sum_{k=1}^{\infty}\frac{1}{(2k-1)^2}\cos\frac{2(2k-1)\pi x}{l}\quad(0\leqslant x\leqslant l).$$

*二、傅里叶级数的复数形式

傅里叶级数还可以用复数形式表示.在电子技术中，经常应用这种形式.

设周期为 $2l$ 的周期函数 $f(x)$ 的傅里叶级数为

$$\frac{a_0}{2}+\sum_{n=1}^{\infty}\left(a_n\cos\frac{n\pi x}{l}+b_n\sin\frac{n\pi x}{l}\right),\tag{8-7}$$

其中系数 a_n 与 b_n 为

$$\left.\begin{aligned}a_n&=\frac{1}{l}\int_{-l}^{l}f(x)\cos\frac{n\pi x}{l}\mathrm{d}x\quad(n=0,1,2,\cdots),\\ b_n&=\frac{1}{l}\int_{-l}^{l}f(x)\sin\frac{n\pi x}{l}\mathrm{d}x\quad(n=1,2,3,\cdots).\end{aligned}\right\}\tag{8-8}$$

利用欧拉公式

$$\cos t=\frac{\mathrm{e}^{ti}+\mathrm{e}^{-ti}}{2},\quad \sin t=\frac{\mathrm{e}^{ti}-\mathrm{e}^{-ti}}{2\mathrm{i}},$$

把(8-7)式化为

$$\frac{a_0}{2}+\sum_{n=1}^{\infty}\left[\frac{a_n}{2}\left(\mathrm{e}^{\frac{n\pi x}{l}\mathrm{i}}+\mathrm{e}^{-\frac{n\pi x}{l}\mathrm{i}}\right)-\frac{b_n\mathrm{i}}{2}\left(\mathrm{e}^{\frac{n\pi x}{l}\mathrm{i}}-\mathrm{e}^{-\frac{n\pi x}{l}\mathrm{i}}\right)\right]$$

$$=\frac{a_0}{2}+\sum_{n=1}^{\infty}\left[\frac{a_n-b_n\mathrm{i}}{2}\mathrm{e}^{\frac{n\pi x}{l}\mathrm{i}}+\frac{a_n+b_n\mathrm{i}}{2}\mathrm{e}^{-\frac{n\pi x}{l}\mathrm{i}}\right].\tag{8-9}$$

记

$$\frac{a_0}{2}=c_0,\quad \frac{a_n-b_n\mathrm{i}}{2}=c_n,\quad \frac{a_n+b_n\mathrm{i}}{2}=c_{-n}\quad(n=1,2,3,\cdots),\tag{8-10}$$

则(8-9)式就表示为

$$c_0+\sum_{n=1}^{\infty}\left(c_n\mathrm{e}^{\frac{n\pi x}{l}\mathrm{i}}+c_{-n}\mathrm{e}^{-\frac{n\pi x}{l}\mathrm{i}}\right)=\left(c_n\mathrm{e}^{\frac{n\pi x}{l}\mathrm{i}}\right)_{n=0}+\sum_{n=1}^{\infty}\left(c_n\mathrm{e}^{\frac{n\pi x}{l}\mathrm{i}}+c_{-n}\mathrm{e}^{-\frac{n\pi x}{l}\mathrm{i}}\right).$$

即得傅里叶级数的复数形式为

$$\sum_{n=-\infty}^{\infty}c_n\mathrm{e}^{\frac{n\pi x}{l}\mathrm{i}}.\tag{8-11}$$

为得出系数 c_n 的表达式，把(8-8)式代入(8-10)式，得

$$c_0=\frac{a_0}{2}=\frac{1}{2l}\int_{-l}^{l}f(x)\,\mathrm{d}x;$$

$$c_n=\frac{a_n-b_n\mathrm{i}}{2}=\frac{1}{2}\left[\frac{1}{l}\int_{-l}^{l}f(x)\cos\frac{n\pi x}{l}\mathrm{d}x-\frac{\mathrm{i}}{l}\int_{-l}^{l}f(x)\sin\frac{n\pi x}{l}\mathrm{d}x\right]$$

$$=\frac{1}{2l}\int_{-l}^{l}f(x)\left(\cos\frac{n\pi x}{l}-\mathrm{i}\sin\frac{n\pi x}{l}\right)\mathrm{d}x$$

$$=\frac{1}{2l}\int_{-l}^{l}f(x)\mathrm{e}^{-\frac{n\pi x}{l}\mathrm{i}}\mathrm{d}x\quad(n=1,2,3,\cdots);$$

$$c_{-n}=\frac{a_n+b_n\mathrm{i}}{2}=\frac{1}{2l}\int_{-l}^{l}f(x)\mathrm{e}^{\frac{n\pi x}{l}\mathrm{i}}\mathrm{d}x\quad(n=1,2,3,\cdots).$$

将已得的结果合并写为

$$c_n=\frac{1}{2l}\int_{-l}^{l}f(x)\mathrm{e}^{-\frac{n\pi x}{l}\mathrm{i}}\mathrm{d}x\quad(n=0,\pm1,\pm2,\cdots).\tag{8-12}$$

这就是傅里叶系数的复数形式.

傅里叶级数的两种形式本质上是一样的，但复数形式比较简洁，且只用一个算式计算系数.

例 3　把宽为 τ、高为 h、周期为 T 的矩形波(图 12-17)展开成复数形式的傅里叶级数.

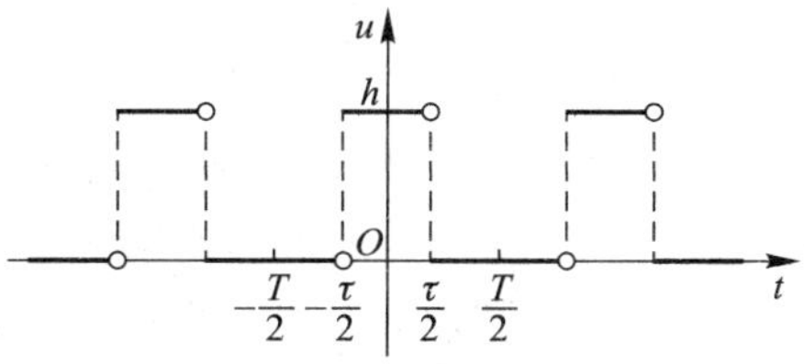

图 12-17

解　在一个周期$\left[-\dfrac{T}{2},\dfrac{T}{2}\right)$内矩形波的函数表达式为

$$u(t)=\begin{cases}0, & -\dfrac{T}{2}\leqslant t<-\dfrac{\tau}{2},\\ h, & -\dfrac{\tau}{2}\leqslant t<\dfrac{\tau}{2},\\ 0, & \dfrac{\tau}{2}\leqslant t<\dfrac{T}{2}.\end{cases}$$

按公式(8-12)有

$$c_n=\frac{1}{T}\int_{-T/2}^{T/2}u(t)\mathrm{e}^{-\frac{2n\pi t}{T}\mathrm{i}}\mathrm{d}t=\frac{1}{T}\int_{-\tau/2}^{\tau/2}h\mathrm{e}^{-\frac{2n\pi t}{T}\mathrm{i}}\mathrm{d}t$$

$$=\frac{h}{T}\left[\frac{-T}{2n\pi\mathrm{i}}\mathrm{e}^{-\frac{2n\pi t}{T}\mathrm{i}}\right]_{-\tau/2}^{\tau/2}=\frac{h}{n\pi}\sin\frac{n\pi\tau}{T}\quad(n=\pm1,\pm2,\cdots),$$

$$c_0=\frac{1}{T}\int_{-T/2}^{T/2}u(t)\mathrm{d}t=\frac{1}{T}\int_{-\tau/2}^{\tau/2}h\mathrm{d}t=\frac{h\tau}{T},$$

将求得的 c_n 代入级数(8-11),得

$$u(t)=\frac{h\tau}{T}+\frac{h}{\pi}\sum_{\substack{n=-\infty\\ n\neq0}}^{\infty}\frac{1}{n}\sin\frac{n\pi\tau}{T}\mathrm{e}^{\frac{2n\pi t}{T}\mathrm{i}}\quad\left(-\infty<t<+\infty;t\neq nT\pm\frac{\tau}{2},n=0,\pm1,\pm2,\cdots\right).$$

习题 12-8

1. 将下列各周期函数展开成傅里叶级数(下面给出函数在一个周期内的表达式):

(1) $f(x)=1-x^2\left(-\dfrac{1}{2}\leqslant x<\dfrac{1}{2}\right)$;　　(2) $f(x)=\begin{cases}x, & -1\leqslant x<0,\\ 1, & 0\leqslant x<\dfrac{1}{2},\\ -1 & \dfrac{1}{2}\leqslant x<1;\end{cases}$

(3) $f(x)=\begin{cases}2x+1, & -3\leqslant x<0,\\ 1, & 0\leqslant x<3.\end{cases}$

2. 将下列函数分别展开成正弦级数和余弦级数:

(1) $f(x)=\begin{cases}x, & 0\leqslant x<\dfrac{l}{2},\\ l-x, & \dfrac{l}{2}\leqslant x\leqslant l;\end{cases}$　　(2) $f(x)=x^2\ (0\leqslant x\leqslant2)$.

*3. 设$f(x)$是周期为 2 的周期函数,它在$[-1,1)$上的表达式为$f(x)=\mathrm{e}^{-x}$.试将$f(x)$展开成复数形式的傅里叶级数.

*4. 设 $u(t)$是周期为 T 的周期函数.已知它的傅里叶级数的复数形式为(参阅本节例题)

$$u(t)=\frac{h\tau}{T}+\frac{h}{\pi}\sum_{\substack{n=-\infty\\ n\neq 0}}^{\infty}\frac{1}{n}\sin\frac{n\pi\tau}{T}\mathrm{e}^{\frac{2n\pi t}{T}\mathrm{i}}\quad(-\infty<t<+\infty),$$

试写出 $u(t)$ 的傅里叶级数的实数形式(即三角形式).

总习题十二

1. 填空:

(1) 对级数 $\sum\limits_{n=1}^{\infty}u_n$, $\lim\limits_{n\to\infty}u_n=0$ 是它收敛的______条件,不是它收敛的______条件;

(2) 部分和数列 $\{s_n\}$ 有界是正项级数 $\sum\limits_{n=1}^{\infty}u_n$ 收敛的______条件;

(3) 若级数 $\sum\limits_{n=1}^{\infty}u_n$ 绝对收敛,则级数 $\sum\limits_{n=1}^{\infty}u_n$ 必定______;若级数 $\sum\limits_{n=1}^{\infty}u_n$ 条件收敛,则级数 $\sum\limits_{n=1}^{\infty}|u_n|$ 必定______.

2. 下题中给出了四个结论,从中选出一个正确的结论:

设 $f(x)$ 是以 2π 为周期的周期函数,它在 $[-\pi,\pi)$ 上的表达式为 $|x|$,则 $f(x)$ 的傅里叶级数为(　　).

(A) $\dfrac{\pi}{2}-\dfrac{4}{\pi}\left[\cos x+\dfrac{1}{3^2}\cos 3x+\dfrac{1}{5^2}\cos 5x+\cdots+\dfrac{1}{(2n-1)^2}\cos(2n-1)x+\cdots\right]$

(B) $\dfrac{2}{\pi}\left[\dfrac{1}{2^2}\sin 2x+\dfrac{1}{4^2}\sin 4x+\dfrac{1}{6^2}\sin 6x+\cdots+\dfrac{1}{(2n)^2}\sin 2nx+\cdots\right]$

(C) $\dfrac{4}{\pi}\left[\cos x+\dfrac{1}{3^2}\cos 3x+\dfrac{1}{5^2}\cos 5x+\cdots+\dfrac{1}{(2n-1)^2}\cos(2n-1)x+\cdots\right]$

(D) $\dfrac{1}{\pi}\left[\dfrac{1}{2^2}\cos 2x+\dfrac{1}{4^2}\cos 4x+\dfrac{1}{6^2}\cos 6x+\cdots+\dfrac{1}{(2n)^2}\cos 2nx+\cdots\right]$

3. 判定下列级数的收敛性:

(1) $\sum\limits_{n=1}^{\infty}\dfrac{1}{n\sqrt[n]{n}}$;　　(2) $\sum\limits_{n=1}^{\infty}\dfrac{(n!)^2}{2n^2}$;　　(3) $\sum\limits_{n=1}^{\infty}\dfrac{n\cos^2\dfrac{n\pi}{3}}{2^n}$;

(4) $\sum\limits_{n=2}^{\infty}\dfrac{1}{\ln^{10}n}$;　　(5) $\sum\limits_{n=1}^{\infty}\dfrac{a^n}{n^s}\quad(a>0,s>0)$.

4. 设正项级数 $\sum\limits_{n=1}^{\infty}u_n$ 和 $\sum\limits_{n=1}^{\infty}v_n$ 都收敛,证明级数 $\sum\limits_{n=1}^{\infty}(u_n+v_n)^2$ 也收敛.

5. 设级数 $\sum\limits_{n=1}^{\infty}u_n$ 收敛,且 $\lim\limits_{n\to\infty}\dfrac{v_n}{u_n}=1$.问级数 $\sum\limits_{n=1}^{\infty}v_n$ 是否也收敛?试说明理由.

6. 讨论下列级数的绝对收敛性与条件收敛性:

(1) $\sum\limits_{n=1}^{\infty}(-1)^n\dfrac{1}{n^p}$;　　(2) $\sum\limits_{n=1}^{\infty}(-1)^{n+1}\dfrac{\sin\dfrac{\pi}{n+1}}{\pi^{n+1}}$;

(3) $\sum_{n=1}^{\infty}(-1)^n\ln\frac{n+1}{n}$;　　(4) $\sum_{n=1}^{\infty}(-1)^n\frac{(n+1)!}{n^{n+1}}$.

7. 求下列极限：

(1) $\lim_{n\to\infty}\frac{1}{n}\sum_{k=1}^{n}\frac{1}{3^k}\left(1+\frac{1}{k}\right)^{k^2}$;　　(2) $\lim_{n\to\infty}\left[2^{\frac{1}{3}}\times4^{\frac{1}{9}}\times8^{\frac{1}{27}}\times\cdots\times(2^n)^{\frac{1}{3^n}}\right]$.

8. 求下列幂级数的收敛区间：

(1) $\sum_{n=1}^{\infty}\frac{3^n+5^n}{n}x^n$;　　(2) $\sum_{n=1}^{\infty}\left(1+\frac{1}{n}\right)^{n^2}x^n$;

(3) $\sum_{n=1}^{\infty}n(x+1)^n$;　　(4) $\sum_{n=1}^{\infty}\frac{n}{2^n}x^{2n}$.

9. 求下列幂级数的和函数：

(1) $\sum_{n=1}^{\infty}\frac{2n-1}{2^n}x^{2(n-1)}$;　　*(2) $\sum_{n=1}^{\infty}\frac{(-1)^{n-1}}{2n-1}x^{2n-1}$;

(3) $\sum_{n=1}^{\infty}n(x-1)^n$;　　*(4) $\sum_{n=1}^{\infty}\frac{x^n}{n(n+1)}$.

10. 设幂级数 $\sum_{n=1}^{\infty}a_nx^n$ 的系数 $a_1=1,a_2=0$，且满足 $a_n=\frac{-1}{(n-1)(n-2)}a_{n-2}$ $(n\geqslant3,n\in\mathbf{N})$.试求该幂级数的收敛域与和函数 $f(x)$.

11. 求下列数项级数的和：

(1) $\sum_{n=1}^{\infty}\frac{n^2}{n!}$;　　(2) $\sum_{n=0}^{\infty}(-1)^n\frac{n+1}{(2n+1)!}$.

12. 将下列函数展开成 x 的幂级数：

(1) $\ln(x+\sqrt{x^2+1})$;　　(2) $\frac{1}{(2-x)^2}$.

13. 设 $f(x)$ 是周期为 2π 的函数，它在 $[-\pi,\pi)$ 上的表达式为

$$f(x)=\begin{cases}0, & x\in[-\pi,0),\\ e^x, & x\in[0,\pi).\end{cases}$$

将 $f(x)$ 展开成傅里叶级数.

14. 将函数

$$f(x)=\begin{cases}1, & 0\leqslant x\leqslant h,\\ 0, & h<x\leqslant\pi\end{cases}$$

分别展开成正弦级数和余弦级数.

第十二章释疑解难

第十二章例题精讲

部分习题参考答案与提示

第　八　章

习题 8-1（第 13 页）

1. $5\boldsymbol{a}-11\boldsymbol{b}+7\boldsymbol{c}$.

2. 略.

3. $\overrightarrow{D_1A}=-\left(\boldsymbol{c}+\frac{1}{5}\boldsymbol{a}\right),\overrightarrow{D_2A}=-\left(\boldsymbol{c}+\frac{2}{5}\boldsymbol{a}\right),\overrightarrow{D_3A}=-\left(\boldsymbol{c}+\frac{3}{5}\boldsymbol{a}\right),\overrightarrow{D_4A}=-\left(\boldsymbol{c}+\frac{4}{5}\boldsymbol{a}\right)$.

4. $(1,-2,-2),(-2,4,4)$.

5. $\left(\frac{6}{11},\frac{7}{11},-\frac{6}{11}\right)$或$\left(-\frac{6}{11},-\frac{7}{11},\frac{6}{11}\right)$.

6. A:Ⅳ,B:Ⅴ,C:Ⅷ,D:Ⅲ.

7. A 在 xOy 面上,B 在 yOz 面上,C 在 x 轴上,D 在 y 轴上.

8. (1) $(a,b,-c),(-a,b,c),(a,-b,c)$;

   (2) $(a,-b,-c),(-a,b,-c),(-a,-b,c)$;

   (3) $(-a,-b,-c)$.

9. xOy 面:$(x_0,y_0,0)$,yOz 面:$(0,y_0,z_0)$,zOx 面:$(x_0,0,z_0)$;

   x 轴:$(x_0,0,0)$,y 轴:$(0,y_0,0)$,z 轴:$(0,0,z_0)$.

10. 略.

11. $\left(\frac{\sqrt{2}}{2}a,0,0\right),\left(-\frac{\sqrt{2}}{2}a,0,0\right),\left(0,\frac{\sqrt{2}}{2}a,0\right),\left(0,-\frac{\sqrt{2}}{2}a,0\right),\left(\frac{\sqrt{2}}{2}a,0,a\right)$,

$\left(-\frac{\sqrt{2}}{2}a,0,a\right),\left(0,\frac{\sqrt{2}}{2}a,a\right),\left(0,-\frac{\sqrt{2}}{2}a,a\right).$

12. x 轴：$\sqrt{34}$，y 轴：$\sqrt{41}$，z 轴：5.
13. $(0,1,-2)$.
14. 略.
15. 模：2；方向余弦：$-\frac{1}{2},-\frac{\sqrt{2}}{2},\frac{1}{2}$；方向角：$\frac{2\pi}{3},\frac{3\pi}{4},\frac{\pi}{3}$.
16. (1) 垂直于 x 轴，平行于 yOz 平面；
    (2) 指向与 y 轴正向一致，垂直于 zOx 平面；
    (3) 平行于 z 轴，垂直于 xOy 平面.
17. 2.
18. $A(-2,3,0)$.
19. $13,7\boldsymbol{j}$.
20. 略.

习题 8-2（第 22 页）

1. (1) $3,5\boldsymbol{i}+\boldsymbol{j}+7\boldsymbol{k}$； (2) $-18,10\boldsymbol{i}+2\boldsymbol{j}+14\boldsymbol{k}$； (3) $\cos(\widehat{\boldsymbol{a},\boldsymbol{b}})=\frac{3}{2\sqrt{21}}$.
2. $-\frac{3}{2}$.
3. $\pm\frac{1}{\sqrt{17}}(3\boldsymbol{i}-2\boldsymbol{j}-2\boldsymbol{k})$.
4. 5 880 J.
5. $|\boldsymbol{F}_1|x_1\sin\theta_1=|\boldsymbol{F}_2|x_2\sin\theta_2$.
6. 2.
7. $\lambda=2\mu$.
8. 略.
9. (1) $-8\boldsymbol{j}-24\boldsymbol{k}$； (2) $-\boldsymbol{j}-\boldsymbol{k}$； (3) 2.
10. 5.

11—13. 略.

习题 8-3（第 29 页）

1. $3x-7y+5z-4=0$.
2. $2x+9y-6z-121=0$.

3. $x-3y-2z=0$.

4. 图略.（1）yOz 面；（2）平行于 zOx 面的平面；（3）平行于 z 轴的平面；（4）通过 z 轴的平面；（5）平行于 x 轴的平面；（6）通过 y 轴的平面；（7）通过原点的平面.

5. $\frac{1}{3},\frac{2}{3},\frac{2}{3}$.

6. $4x+7y+16z-2=0$.

7. $(1,-1,3)$.

8.（1）$y+5=0$；（2）$x+3y=0$；（3）$9y-z-2=0$.

9. 1.

习题 8-4（第 35 页）

1. $\frac{x-4}{2}=\frac{y+1}{1}=\frac{z-3}{5}$.

2. $\frac{x-3}{-4}=\frac{y+2}{2}=\frac{z-1}{1}$.

3. $\frac{x-1}{-2}=\frac{y-1}{1}=\frac{z-1}{3}$，$\begin{cases}x=1-2t,\\y=1+t,\\z=1+3t\end{cases}$（$t$ 为任意常数）.

4. $16x-14y-11z-65=0$.

5. $\cos\varphi=0$.

6. 略.

7. $\frac{x-1}{2}=\frac{y}{-1}=\frac{z+2}{2}$.

8. $8x-9y-22z-59=0$.

9. $\varphi=0$.

10.（1）平行；（2）垂直；（3）直线在平面上.

11. $x-y+z=0$.

12. $\left(-\frac{5}{3},\frac{2}{3},\frac{2}{3}\right)$.

13. $\frac{3\sqrt{2}}{2}$.

14. 略.

15. $\begin{cases}17x+31y-37z-117=0,\\4x-y+z-1=0.\end{cases}$

16. 略.

习题 8-5（第 43 页）

1. $x^2+y^2+z^2-4x-2y+4z=0$,球心为$(2,1,-2)$,$R=3$.

2. $(x-3)^2+(y+5)^2+(z-2)^2=\dfrac{338}{7}$.

3. 以点$(1,-2,-1)$为球心,半径为$\sqrt{6}$的球面.

4. $\left(x+\dfrac{2}{3}\right)^2+(y+1)^2+\left(z+\dfrac{4}{3}\right)^2=\dfrac{116}{9}$,它表示一球面,球心为$\left(-\dfrac{2}{3},-1,-\dfrac{4}{3}\right)$,半径为$\dfrac{2}{3}\sqrt{29}$.

5. $y^2+z^2=5x$.

6. $x^2+y^2+z^2=9$.

7. 绕 x 轴:$4x^2-9(y^2+z^2)=36$,绕 y 轴:$4(x^2+z^2)-9y^2=36$.

8—9. 略.

10.（1）xOy 面上的椭圆$\dfrac{x^2}{4}+\dfrac{y^2}{9}=1$ 绕 x 轴旋转一周；

（2）xOy 面上的双曲线 $x^2-\dfrac{y^2}{4}=1$ 绕 y 轴旋转一周；

（3）xOy 面上的双曲线 $x^2-y^2=1$ 绕 x 轴旋转一周；

（4）yOz 面上的直线 $z=y+a$ 绕 z 轴旋转一周.

注:本题各小题均有多个答案,以上给出的均是其中一个答案.

11—12. 略.

习题 8-6（第 49 页）

1—2. 略.

3. 母线平行于 x 轴的柱面方程为 $3y^2-z^2=16$,

母线平行于 y 轴的柱面方程为 $3x^2+2z^2=16$.

4.（1）$\begin{cases}2x^2-2x+y^2=8,\\ z=0;\end{cases}$ （2）$\begin{cases}x^2+y^2=\dfrac{1}{5},\\ z=0.\end{cases}$

5.（1）$\begin{cases}x=\dfrac{3}{\sqrt{2}}\cos t,\\ y=\dfrac{3}{\sqrt{2}}\cos t,\ (0\leqslant t\leqslant 2\pi);\\ z=3\sin t\end{cases}$ （2）$\begin{cases}x=1+\sqrt{3}\cos\theta,\\ y=\sqrt{3}\sin\theta,\qquad (0\leqslant\theta\leqslant 2\pi).\\ z=0\end{cases}$

6. $\begin{cases}x^2+y^2=a^2,\\z=0,\end{cases}$ $\begin{cases}y=a\sin\dfrac{z}{b},\\x=0,\end{cases}$ $\begin{cases}x=a\cos\dfrac{z}{b},\\y=0.\end{cases}$

7. $x^2+y^2\leqslant ax;x^2+z^2\leqslant a^2,x\geqslant0,z\geqslant0.$

8. $x^2+y^2\leqslant4,x^2\leqslant z\leqslant4,y^2\leqslant z\leqslant4.$

总习题八（第 50 页）

1. (1) $M(x-x_0,y-y_0,z-z_0),\overrightarrow{OM}=(x,y,z)$；（2）共面；（3）3；（4）36.

2. (1)（A）；（2）（B）.

3. $(0,2,0)$.

4. $\sqrt{30}$.

5. $\overrightarrow{AD}=\boldsymbol{c}+\dfrac{1}{2}\boldsymbol{a},\overrightarrow{BE}=\boldsymbol{a}+\dfrac{1}{2}\boldsymbol{b},\overrightarrow{CF}=\boldsymbol{b}+\dfrac{1}{2}\boldsymbol{c}$.

6. 略.

7. 1.

8. $\arccos\dfrac{2}{\sqrt{7}}$.

9. $\dfrac{\pi}{3}$.

10. $\boldsymbol{c}=(x,2-2x,2x-1)$，其中 x 为参数；模为最小的 $\boldsymbol{c}=\left(\dfrac{2}{3},\dfrac{2}{3},\dfrac{1}{3}\right)$.

11. 30.

12. $(14,10,2)$.

13. $\boldsymbol{c}=5\boldsymbol{a}+\boldsymbol{b}$.

14. $4(z-1)=(x-1)^2+(y+1)^2$.

15. (1) $\begin{cases}x=0,\\z=2y^2,\end{cases}$ z 轴；　(2) $\begin{cases}x=0,\\\dfrac{y^2}{9}+\dfrac{z^2}{36}=1,\end{cases}$ y 轴；

(3) $\begin{cases}x=0,\\z=\sqrt{3}y,\end{cases}$ z 轴；　(4) $\begin{cases}z=0,\\x^2-\dfrac{y^2}{4}=1,\end{cases}$ x 轴.

16. $x+\sqrt{26}y+3z-3=0$ 或 $x-\sqrt{26}y+3z-3=0$.

17. $x+2y+1=0$.

18. $\dfrac{x+1}{16}=\dfrac{y}{19}=\dfrac{z-4}{28}$.

19. $\dfrac{x+3}{1}=\dfrac{y-5}{22}=\dfrac{z+9}{2}$.

20. $\left(0,0,\dfrac{1}{5}\right)$.

21. $\begin{cases}x^2+y^2=x+y,\\z=0,\end{cases}$ $\begin{cases}2y^2+2yz+z^2-4y-3z+2=0,\\x=0,\end{cases}$ $\begin{cases}2x^2+2xz+z^2-4x-3z+2=0,\\y=0.\end{cases}$

22. $\begin{cases}(x-1)^2+y^2\leqslant 1,\\z=0,\end{cases}$ $\begin{cases}\left(\dfrac{z^2}{2}-1\right)^2+y^2\leqslant 1, z\geqslant 0,\\x=0,\end{cases}$ $\begin{cases}x\leqslant z\leqslant \sqrt{2x},\\y=0.\end{cases}$

23. 略.

第　九　章

习题 9-1（第 62 页）

1.（1）开集,无界集,导集:$\mathbf{R}^2$,边界:$\{(x,y)\mid x=0$ 或 $y=0\}$;

（2）既非开集,又非闭集,有界集,导集:$\{(x,y)\mid 1\leqslant x^2+y^2\leqslant 4\}$,

边界:$\{(x,y)\mid x^2+y^2=1\}\cup\{(x,y)\mid x^2+y^2=4\}$;

（3）开集,区域,无界集,导集:$\{(x,y)\mid y\geqslant x^2\}$,边界:$\{(x,y)\mid y=x^2\}$;

（4）闭集,有界集,导集:集合本身,

边界:$\{(x,y)\mid x^2+(y-1)^2=1\}\cup\{(x,y)\mid x^2+(y-2)^2=4\}$.

2. $t^2f(x,y)$.

3. 略.

4. $(x+y)^{xy}+(xy)^{2x}$.

5.（1）$\{(x,y)\mid y^2-2x+1>0\}$;

（2）$\{(x,y)\mid x+y>0,x-y>0\}$;

（3）$\{(x,y)\mid x\geqslant 0,y\geqslant 0,x^2\geqslant y\}$;

（4）$\{(x,y)\mid y-x>0,x\geqslant 0,x^2+y^2<1\}$;

（5）$\{(x,y,z)\mid r^2<x^2+y^2+z^2\leqslant R^2\}$;

（6）$\{(x,y,z)\mid x^2+y^2-z^2\geqslant 0,x^2+y^2\neq 0\}$.

6.（1）1;　（2）ln 2;　（3）$-\dfrac{1}{4}$;　（4）-2;　（5）2;　（6）0.

*7. 略.

8. $\{(x,y) \mid y^2-2x=0\}$.

*9. 提示：$|xy| \leqslant \dfrac{x^2+y^2}{2}$.

*10. 略.

习题 9-2（第 68 页）

1. $f_x(0,0)$不存在，$f_y(0,0)=0$.

2. (1) $\dfrac{\partial z}{\partial x}=3x^2y-y^3$，$\dfrac{\partial z}{\partial y}=x^3-3xy^2$；

(2) $\dfrac{\partial s}{\partial u}=\dfrac{1}{v}-\dfrac{v}{u^2}$，$\dfrac{\partial s}{\partial v}=\dfrac{1}{u}-\dfrac{u}{v^2}$；

(3) $\dfrac{\partial z}{\partial x}=\dfrac{1}{2x\sqrt{\ln(xy)}}$，$\dfrac{\partial z}{\partial y}=\dfrac{1}{2y\sqrt{\ln(xy)}}$；

(4) $\dfrac{\partial z}{\partial x}=y[\cos(xy)-\sin(2xy)]$，$\dfrac{\partial z}{\partial y}=x[\cos(xy)-\sin(2xy)]$；

(5) $\dfrac{\partial z}{\partial x}=\dfrac{2}{y}\csc\dfrac{2x}{y}$，$\dfrac{\partial z}{\partial y}=-\dfrac{2x}{y^2}\csc\dfrac{2x}{y}$；

(6) $\dfrac{\partial z}{\partial x}=y^2(1+xy)^{y-1}$，$\dfrac{\partial z}{\partial y}=(1+xy)^y\left[\ln(1+xy)+\dfrac{xy}{1+xy}\right]$；

(7) $\dfrac{\partial u}{\partial x}=\dfrac{y}{z}x^{\frac{y}{z}-1}$，$\dfrac{\partial u}{\partial y}=\dfrac{1}{z}x^{\frac{y}{z}}\cdot\ln x$，$\dfrac{\partial u}{\partial z}=-\dfrac{y}{z^2}x^{\frac{y}{z}}\cdot\ln x$；

(8) $\dfrac{\partial u}{\partial x}=\dfrac{z(x-y)^{z-1}}{1+(x-y)^{2z}}$，$\dfrac{\partial u}{\partial y}=-\dfrac{z(x-y)^{z-1}}{1+(x-y)^{2z}}$，$\dfrac{\partial u}{\partial z}=\dfrac{(x-y)^z\ln(x-y)}{1+(x-y)^{2z}}$.

3—4. 略.

5. $f_x(x,1)=1$.

6. $\dfrac{\pi}{4}$.

7. (1) $\dfrac{\partial^2 z}{\partial x^2}=12x^2-8y^2$，$\dfrac{\partial^2 z}{\partial y^2}=12y^2-8x^2$，$\dfrac{\partial^2 z}{\partial x\partial y}=-16xy$；

(2) $\dfrac{\partial^2 z}{\partial x^2}=\dfrac{2xy}{(x^2+y^2)^2}$，$\dfrac{\partial^2 z}{\partial y^2}=-\dfrac{2xy}{(x^2+y^2)^2}$，$\dfrac{\partial^2 z}{\partial x\partial y}=\dfrac{y^2-x^2}{(x^2+y^2)^2}$；

(3) $\dfrac{\partial^2 z}{\partial x^2}=y^x\ln^2 y$，$\dfrac{\partial^2 z}{\partial y^2}=x(x-1)y^{x-2}$，$\dfrac{\partial^2 z}{\partial x\partial y}=y^{x-1}(1+x\ln y)$.

8. $f_{xx}(0,0,1)=2$，$f_{xz}(1,0,2)=2$，$f_{yz}(0,-1,0)=0$，$f_{zzx}(2,0,1)=0$.

9. $\frac{\partial^3 z}{\partial x^2 \partial y}=0$，$\frac{\partial^3 z}{\partial x \partial y^2}=-\frac{1}{y^2}$.

10. 略.

习题 9-3（第 75 页）

1. （1）$\left(y+\frac{1}{y}\right)\mathrm{d}x+x\left(1-\frac{1}{y^2}\right)\mathrm{d}y$；（2）$-\frac{1}{x}\mathrm{e}^{\frac{y}{x}}\left(\frac{y}{x}\mathrm{d}x-\mathrm{d}y\right)$；

（3）$-\frac{x}{(x^2+y^2)^{3/2}}(y\mathrm{d}x-x\mathrm{d}y)$；（4）$yzx^{yz-1}\mathrm{d}x+zx^{yz}\ln x\mathrm{d}y+yx^{yz}\ln x\mathrm{d}z$.

2. $\frac{1}{3}\mathrm{d}x+\frac{2}{3}\mathrm{d}y$.

3. $\Delta z=-0.119$，$\mathrm{d}z=-0.125$.

4. 0.25e.

5. （A）.

*6. 2.95.

*7. 2.039.

*8. −5 cm.

*9. 55.3 cm^3.

*10. 0.124 cm.

*11. 2 128 m^2，27.6 m^2，1.30%.

*12—*13. 略.

习题 9-4（第 81 页）

1. $\frac{\partial z}{\partial x}=4x$，$\frac{\partial z}{\partial y}=4y$.

2. $\frac{\partial z}{\partial x}=\frac{2x}{y^2}\ln(3x-2y)+\frac{3x^2}{(3x-2y)y^2}$，$\frac{\partial z}{\partial y}=-\frac{2x^2}{y^3}\ln(3x-2y)-\frac{2x^2}{(3x-2y)y^2}$.

3. $\mathrm{e}^{\sin t-2t^3}(\cos t-6t^2)$.

4. $\frac{3(1-4t^2)}{\sqrt{1-(3t-4t^3)^2}}$.

5. $\frac{\mathrm{e}^x(1+x)}{1+x^2\mathrm{e}^{2x}}$.

6. $\mathrm{e}^{ax}\sin x$.

7. 略.

8. （1）$\frac{\partial u}{\partial x}=2xf'_1+ye^{xy}f'_2$，$\frac{\partial u}{\partial y}=-2yf'_1+xe^{xy}f'_2$；

（2）$\frac{\partial u}{\partial x}=\frac{1}{y}f'_1$，$\frac{\partial u}{\partial y}=-\frac{x}{y^2}f'_1+\frac{1}{z}f'_2$，$\frac{\partial u}{\partial z}=-\frac{y}{z^2}f'_2$；

（3）$\frac{\partial u}{\partial x}=f'_1+yf'_2+yzf'_3$，$\frac{\partial u}{\partial y}=xf'_2+xzf'_3$，$\frac{\partial u}{\partial z}=xyf'_3$.

9—11. 略.

12. $\frac{\partial^2 z}{\partial x^2}=2f'+4x^2f''$，$\frac{\partial^2 z}{\partial x\partial y}=4xyf''$，$\frac{\partial^2 z}{\partial y^2}=2f'+4y^2f''$.

*13. （1）$\frac{\partial^2 z}{\partial x^2}=y^2f''_{11}$，$\frac{\partial^2 z}{\partial x\partial y}=f'_1+y(xf''_{11}+f''_{12})$，$\frac{\partial^2 z}{\partial y^2}=x^2f''_{11}+2xf''_{12}+f''_{22}$；

（2）$\frac{\partial^2 z}{\partial x^2}=f''_{11}+\frac{2}{y}f''_{12}+\frac{1}{y^2}f''_{22}$，$\frac{\partial^2 z}{\partial x\partial y}=-\frac{x}{y^2}\left(f''_{12}+\frac{1}{y}f''_{22}\right)-\frac{1}{y^2}f'_2$，

$\frac{\partial^2 z}{\partial y^2}=\frac{2x}{y^3}f'_2+\frac{x^2}{y^4}f''_{22}$；

（3）$\frac{\partial^2 z}{\partial x^2}=2yf'_2+y^4f''_{11}+4xy^3f''_{12}+4x^2y^2f''_{22}$，

$\frac{\partial^2 z}{\partial x\partial y}=2yf'_1+2xf'_2+2xy^3f''_{11}+2x^3yf''_{22}+5x^2y^2f''_{12}$，

$\frac{\partial^2 z}{\partial y^2}=2xf'_1+4x^2y^2f''_{11}+4x^3yf''_{12}+x^4f''_{22}$；

（4）$\frac{\partial^2 z}{\partial x^2}=e^{x+y}f'_3-\sin xf'_1+\cos^2 xf''_{11}+2e^{x+y}\cos xf''_{13}+e^{2(x+y)}f''_{33}$，

$\frac{\partial^2 z}{\partial x\partial y}=e^{x+y}f'_3-\cos x\sin yf''_{12}+e^{x+y}\cos xf''_{13}-e^{x+y}\sin yf''_{32}+e^{2(x+y)}f''_{33}$，

$\frac{\partial^2 z}{\partial y^2}=e^{x+y}f'_3-\cos yf'_2+\sin^2 yf''_{22}-2e^{x+y}\sin yf''_{23}+e^{2(x+y)}f''_{33}$.

*14. 略.

习题 9-5（第 88 页）

1. $\frac{y^2-e^x}{\cos y-2xy}$

2. $\frac{x+y}{x-y}$.

3. $\frac{\partial z}{\partial x}=\frac{yz-\sqrt{xyz}}{\sqrt{xyz}-xy}$，$\frac{\partial z}{\partial y}=\frac{xz-2\sqrt{xyz}}{\sqrt{xyz}-xy}$.

4. $\dfrac{\partial z}{\partial x}=\dfrac{z}{x+z}$，$\dfrac{\partial z}{\partial y}=\dfrac{z^2}{y(x+z)}$.

5—7. 略.

8. $\mathrm{d}z=-\dfrac{z}{x}\mathrm{d}x+\dfrac{z(2xyz-1)}{y(2xz-2xyz+1)}\mathrm{d}y$.

*9. $\dfrac{2y^2z\mathrm{e}^z-2xy^3z-y^2z^2\mathrm{e}^z}{(\mathrm{e}^z-xy)^3}$.

*10. $\dfrac{z(z^4-2xyz^2-x^2y^2)}{(z^2-xy)^3}$.

11.（1）$\dfrac{\mathrm{d}y}{\mathrm{d}x}=-\dfrac{x(6z+1)}{2y(3z+1)}$，$\dfrac{\mathrm{d}z}{\mathrm{d}x}=\dfrac{x}{3z+1}$；

（2）$\dfrac{\mathrm{d}x}{\mathrm{d}z}=\dfrac{y-z}{x-y}$，$\dfrac{\mathrm{d}y}{\mathrm{d}z}=\dfrac{z-x}{x-y}$；

（3）$\dfrac{\partial u}{\partial x}=\dfrac{-uf'_1(2yvg'_2-1)-f'_2g'_1}{(xf'_1-1)(2yvg'_2-1)-f'_2g'_1}$，

$\dfrac{\partial v}{\partial x}=\dfrac{g'_1(xf'_1+uf'_1-1)}{(xf'_1-1)(2yvg'_2-1)-f'_2g'_1}$；

（4）$\dfrac{\partial u}{\partial x}=\dfrac{\sin v}{\mathrm{e}^u(\sin v-\cos v)+1}$，$\dfrac{\partial u}{\partial y}=\dfrac{-\cos v}{\mathrm{e}^u(\sin v-\cos v)+1}$，

$\dfrac{\partial v}{\partial x}=\dfrac{\cos v-\mathrm{e}^u}{u[\mathrm{e}^u(\sin v-\cos v)+1]}$，$\dfrac{\partial v}{\partial y}=\dfrac{\sin v+\mathrm{e}^u}{u[\mathrm{e}^u(\sin v-\cos v)+1]}$.

12. 略.

习题 9-6（第 99 页）

1. 略.

2.（1）$\boldsymbol{v}_0=\boldsymbol{i}+2\boldsymbol{j}+2\boldsymbol{k}, \boldsymbol{a}_0=2\boldsymbol{j}$，$|\boldsymbol{v}(t)|=\sqrt{5+4t^2}$；

（2）$\boldsymbol{v}_0=-2\boldsymbol{i}+4\boldsymbol{k}, \boldsymbol{a}_0=-3\boldsymbol{j}$，$|\boldsymbol{v}(t)|=\sqrt{20+5\cos^2 t}$；

（3）$\boldsymbol{v}_0=\boldsymbol{i}+2\boldsymbol{j}+\boldsymbol{k}, \boldsymbol{a}_0=-\dfrac{1}{2}\boldsymbol{i}+2\boldsymbol{j}+\boldsymbol{k}$，$|\boldsymbol{v}(t)|=\sqrt{5t^2+\dfrac{4}{(t+1)^2}}$.

3. 切线方程：$\dfrac{x-\left(\dfrac{\pi}{2}-1\right)}{1}=\dfrac{y-1}{1}=\dfrac{z-2\sqrt{2}}{\sqrt{2}}$，

法平面方程：$x+y+\sqrt{2}z=\dfrac{\pi}{2}+4$.

4. 切线方程：$\dfrac{x-\dfrac{1}{2}}{1}=\dfrac{y-2}{-4}=\dfrac{z-1}{8}$，法平面方程：$2x-8y+16z-1=0$.

5. 切线方程：$\dfrac{x-x_0}{1}=\dfrac{y-y_0}{\dfrac{m}{y_0}}=\dfrac{z-z_0}{-\dfrac{1}{2z_0}}$，

法平面方程：$(x-x_0)+\dfrac{m}{y_0}(y-y_0)-\dfrac{1}{2z_0}(z-z_0)=0$.

6. 切线方程：$\dfrac{x-1}{16}=\dfrac{y-1}{9}=\dfrac{z-1}{-1}$，法平面方程：$16x+9y-z-24=0$.

7. $P_1(-1,1,-1)$及$P_2\left(-\dfrac{1}{3},\dfrac{1}{9},-\dfrac{1}{27}\right)$.

8. 切平面方程：$x+2y-4=0$，法线方程：$\begin{cases}\dfrac{x-2}{1}=\dfrac{y-1}{2},\\ z=0.\end{cases}$

9. 切平面方程：$ax_0x+by_0y+cz_0z=1$，法线方程：$\dfrac{x-x_0}{ax_0}=\dfrac{y-y_0}{by_0}=\dfrac{z-z_0}{cz_0}$.

10. 切平面方程：$x-y+2z=\pm\sqrt{\dfrac{11}{2}}$.

11. 切平面方程：$9x+y-z-27=0$ 或 $9x+17y-17z+27=0$.

12. 切线的参数方程：$x=2+t, y=1, z=9+12t$，t 为参数.

13. $\cos\gamma=\dfrac{3}{\sqrt{22}}$.

14—15. 略.

习题 9-7（第 107 页）

1. $1+2\sqrt{3}$.

2. $\dfrac{\sqrt{2}}{3}$.

3. $\dfrac{1}{ab}\sqrt{2(a^2+b^2)}$.

4. 5.

5. $\dfrac{98}{13}$.

6. $\dfrac{6}{7}\sqrt{14}$.

7. $x_0+y_0+z_0$.

8. $\mathbf{grad}\,f(0,0,0)=3\boldsymbol{i}-2\boldsymbol{j}-6\boldsymbol{k}$, $\mathbf{grad}\,f(1,1,1)=6\boldsymbol{i}+3\boldsymbol{j}$.

9. 略.

10. 增加最快的方向为 $\boldsymbol{n}=\dfrac{1}{\sqrt{21}}(2\boldsymbol{i}-4\boldsymbol{j}+\boldsymbol{k})$,方向导数为 $\sqrt{21}$;

减少最快的方向为 $-\boldsymbol{n}=\dfrac{1}{\sqrt{21}}(-2\boldsymbol{i}+4\boldsymbol{j}-\boldsymbol{k})$,方向导数为 $-\sqrt{21}$.

习题 9-8（第 117 页）

1. (A).

2. 极大值:$f(2,-2)=8$.

3. 极大值:$f(3,2)=36$.

4. 最短距离为$\dfrac{\sqrt{2}}{2}$.

5. 极大值:$z\left(\dfrac{1}{2},\dfrac{1}{2}\right)=\dfrac{1}{4}$.

6. 当两直角边都是$\dfrac{l}{\sqrt{2}}$时,可得最大的周长.

7. 当长、宽都是 $\sqrt[3]{2k}$,而高为$\dfrac{1}{2}\sqrt[3]{2k}$时,水池的表面积最小.

8. $\left(\dfrac{8}{5},\dfrac{16}{5}\right)$.

9. 当矩形的边长分别为$\dfrac{2p}{3}$及$\dfrac{p}{3}$时,绕短边旋转所得圆柱体的体积最大.

10. 当长、宽、高都是$\dfrac{2a}{\sqrt{3}}$时,可得最大的体积.

11. 最大值为$\sqrt{9+5\sqrt{3}}$,最小值为$\sqrt{9-5\sqrt{3}}$.

12. 最热点在$\left(-\dfrac{1}{2},\pm\dfrac{\sqrt{3}}{2}\right)$,最冷点在$\left(\dfrac{1}{2},0\right)$.

13. 最热点在$\left(\pm\dfrac{4}{3},-\dfrac{4}{3},-\dfrac{4}{3}\right)$.

*习题 9-9（第 123 页）

1. $f(x,y)=5+2(x-1)^2-(x-1)(y+2)-(y+2)^2$.

2. $e^x\ln(1+y)=y+\frac{1}{2!}(2xy-y^2)+\frac{1}{3!}(3x^2y-3xy^2+2y^3)+R_3$,其中

$$R_3=\frac{e^{\theta x}}{24}\left[x^4\ln(1+\theta y)+\frac{4x^3y}{1+\theta y}-\frac{6x^2y^2}{(1+\theta y)^2}+\frac{8xy^3}{(1+\theta y)^3}-\frac{6y^4}{(1+\theta y)^4}\right]\quad(0<\theta<1).$$

3. $\sin x\sin y=\frac{1}{2}+\frac{1}{2}\left(x-\frac{\pi}{4}\right)+\frac{1}{2}\left(y-\frac{\pi}{4}\right)-\frac{1}{4}\left[\left(x-\frac{\pi}{4}\right)^2-2\left(x-\frac{\pi}{4}\right)\left(y-\frac{\pi}{4}\right)+\left(y-\frac{\pi}{4}\right)^2\right]+R_2$,

其中 $R_2=-\frac{1}{6}\left[\cos\xi\sin\eta\left(x-\frac{\pi}{4}\right)^3+3\sin\xi\cos\eta\left(x-\frac{\pi}{4}\right)^2\left(y-\frac{\pi}{4}\right)+\right.$

$$\left.3\cos\xi\sin\eta\left(x-\frac{\pi}{4}\right)\left(y-\frac{\pi}{4}\right)^2+\sin\xi\cos\eta\left(y-\frac{\pi}{4}\right)^3\right],$$

且 $\xi=\frac{\pi}{4}+\theta\left(x-\frac{\pi}{4}\right),\eta=\frac{\pi}{4}+\theta\left(y-\frac{\pi}{4}\right)\quad(0<\theta<1).$

4. $x^y=1+(x-1)+(x-1)(y-1)+\frac{1}{2}(x-1)^2(y-1)+R_3,1.1^{1.02}\approx1.102\ 1.$

5. $e^{x+y}=1+(x+y)+\frac{1}{2!}(x^2+2xy+y^2)+\cdots+\frac{1}{n!}(x^n+C_n^1x^{n-1}y+\cdots+y^n)+R_n$,

其中 $R_n=\frac{e^{\theta(x+y)}}{(n+1)!}(x^{n+1}+C_{n+1}^1x^ny+\cdots+y^{n+1})$, $0<\theta<1$.

*习题 9–10（第 127 页）

1. $\theta=2.234p+95.33.$

2. $\begin{cases}a\sum\limits_{i=1}^n x_i^4+b\sum\limits_{i=1}^n x_i^3+c\sum\limits_{i=1}^n x_i^2=\sum\limits_{i=1}^n x_i^2y_i,\\ a\sum\limits_{i=1}^n x_i^3+b\sum\limits_{i=1}^n x_i^2+c\sum\limits_{i=1}^n x_i=\sum\limits_{i=1}^n x_iy_i,\\ a\sum\limits_{i=1}^n x_i^2+b\sum\limits_{i=1}^n x_i+nc=\sum\limits_{i=1}^n y_i.\end{cases}$

总习题九（第 127 页）

1. （1）充分,必要；（2）必要,充分；（3）充分；（4）充分.

2. (C).

3. $\{(x,y)\mid 0<x^2+y^2<1,y^2\leqslant4x\}$, $\frac{\sqrt{2}}{\ln\frac{3}{4}}$.

*4. 略.

5. $f_x(x,y)=\begin{cases}\dfrac{2xy^3}{(x^2+y^2)^2}, & x^2+y^2\neq 0,\\ 0, & x^2+y^2=0;\end{cases}$

$f_y(x,y)=\begin{cases}\dfrac{x^2(x^2-y^2)}{(x^2+y^2)^2}, & x^2+y^2\neq 0,\\ 0, & x^2+y^2=0.\end{cases}$

6. (1) $\dfrac{\partial z}{\partial x}=\dfrac{1}{x+y^2}$, $\dfrac{\partial z}{\partial y}=\dfrac{2y}{x+y^2}$, $\dfrac{\partial^2 z}{\partial x^2}=-\dfrac{1}{(x+y^2)^2}$,

$\dfrac{\partial^2 z}{\partial x\partial y}=-\dfrac{2y}{(x+y^2)^2}$, $\dfrac{\partial^2 z}{\partial y^2}=\dfrac{2(x-y^2)}{(x+y^2)^2}$;

(2) $\dfrac{\partial z}{\partial x}=yx^{y-1}$, $\dfrac{\partial z}{\partial y}=x^y\ln x$, $\dfrac{\partial^2 z}{\partial x^2}=y(y-1)x^{y-2}$,

$\dfrac{\partial^2 z}{\partial x\partial y}=x^{y-1}(1+y\ln x)$, $\dfrac{\partial^2 z}{\partial y^2}=x^y(\ln x)^2$.

7. $\Delta z=0.03$, $\mathrm{d}z=0.03$.

*8. 略.

9. $\dfrac{\mathrm{d}u}{\mathrm{d}t}=yx^{y-1}\varphi'(t)+x^y\ln x\psi'(t)$.

10. $\dfrac{\partial z}{\partial \xi}=-\dfrac{\partial z}{\partial v}+\dfrac{\partial z}{\partial w}$, $\dfrac{\partial z}{\partial \eta}=\dfrac{\partial z}{\partial u}-\dfrac{\partial z}{\partial w}$, $\dfrac{\partial z}{\partial \zeta}=-\dfrac{\partial z}{\partial u}+\dfrac{\partial z}{\partial v}$.

11. $\dfrac{\partial^2 z}{\partial x\partial y}=x\mathrm{e}^{2y}f''_{uu}+\mathrm{e}^y f''_{uy}+x\mathrm{e}^y f''_{xu}+f''_{xy}+\mathrm{e}^y f'_u$.

12. $\dfrac{\partial z}{\partial x}=(v\cos v-u\sin v)\mathrm{e}^{-u}$, $\dfrac{\partial z}{\partial y}=(u\cos v+v\sin v)\mathrm{e}^{-u}$.

13. 切线方程：$\begin{cases}x=a,\\ by-az=0,\end{cases}$ 法平面方程：$ay+bz=0$.

14. $(-3,-1,3)$, $\dfrac{x+3}{1}=\dfrac{y+1}{3}=\dfrac{z-3}{1}$.

15. $\dfrac{\partial f}{\partial l}=\cos\theta+\sin\theta$, (1) $\theta=\dfrac{\pi}{4}$; (2) $\theta=\dfrac{5\pi}{4}$; (3) $\theta=\dfrac{3\pi}{4}$或$\dfrac{7\pi}{4}$.

16. $\dfrac{2}{\sqrt{\dfrac{x_0^2}{a^4}+\dfrac{y_0^2}{b^4}+\dfrac{z_0^2}{c^4}}}$.

17. $\left(\dfrac{4}{5},\dfrac{3}{5},\dfrac{35}{12}\right)$.

18. 切点$\left(\frac{a}{\sqrt{3}},\frac{b}{\sqrt{3}},\frac{c}{\sqrt{3}}\right)$，$V_{\min}=\frac{\sqrt{3}}{2}abc$.

19. 当 $p_1=80, p_2=120$ 时，总利润最大，最大总利润为 605.

20. (1) $g(x_0,y_0)=\sqrt{5x_0^2+5y_0^2-8x_0y_0}$；

(2) 攀岩的起点可取为 $M_1(5,-5)$ 或 $M_2(-5,5)$.

第 十 章

习题 10-1（第 135 页）

1. $\iint\limits_D \mu(x,y)\,\mathrm{d}\sigma$.

2. $I_1=4I_2$.

3. 略.

4. $D=\{(x,y)\mid 2x^2+y^2\leqslant 1\}$.

5. (1) $\iint\limits_D (x+y)^2\mathrm{d}\sigma \geqslant \iint\limits_D (x+y)^3\mathrm{d}\sigma$；　(2) $\iint\limits_D (x+y)^3\mathrm{d}\sigma \geqslant \iint\limits_D (x+y)^2\mathrm{d}\sigma$；

(3) $\iint\limits_D \ln(x+y)\,\mathrm{d}\sigma \geqslant \iint\limits_D [\ln(x+y)]^2\mathrm{d}\sigma$；　(4) $\iint\limits_D [\ln(x+y)]^2\mathrm{d}\sigma \geqslant \iint\limits_D \ln(x+y)\,\mathrm{d}\sigma$.

6. 2π.

7. (1) $0\leqslant I\leqslant 2$；(2) $0\leqslant I\leqslant \pi^2$；(3) $2\leqslant I\leqslant 8$；(4) $36\pi\leqslant I\leqslant 100\pi$.

习题 10-2（第 150 页）

1. (1) $\frac{8}{3}$；(2) $\frac{20}{3}$；(3) 1；(4) $-\frac{3\pi}{2}$；(5) $\frac{\pi}{8}+\frac{1}{6}$.

2. (1) $\frac{6}{55}$；(2) $\frac{64}{15}$；(3) $\mathrm{e}-\mathrm{e}^{-1}$；(4) $\frac{13}{6}$.

3. 略.

4. (1) $\int_0^4 \mathrm{d}x\int_x^{2\sqrt{x}} f(x,y)\,\mathrm{d}y$ 或 $\int_0^4 \mathrm{d}y\int_{\frac{y^2}{4}}^{y} f(x,y)\,\mathrm{d}x$；

(2) $\int_{-r}^{r} \mathrm{d}x\int_0^{\sqrt{r^2-x^2}} f(x,y)\,\mathrm{d}y$ 或 $\int_0^r \mathrm{d}y\int_{-\sqrt{r^2-y^2}}^{\sqrt{r^2-y^2}} f(x,y)\,\mathrm{d}x$；

(3) $\int_1^2 \mathrm{d}x\int_{\frac{1}{x}}^{x} f(x,y)\,\mathrm{d}y$ 或 $\int_{\frac{1}{2}}^{1} \mathrm{d}y\int_{\frac{1}{y}}^{2} f(x,y)\,\mathrm{d}x+\int_1^2 \mathrm{d}y\int_y^2 f(x,y)\,\mathrm{d}x$；

(4) $\int_{-1}^{1}\mathrm{d}x\int_{\sqrt{1-x^2}}^{\sqrt{4-x^2}}f(x,y)\mathrm{d}y+\int_{-1}^{1}\mathrm{d}x\int_{-\sqrt{4-x^2}}^{-\sqrt{1-x^2}}f(x,y)\mathrm{d}y+$

$\int_{-2}^{-1}\mathrm{d}x\int_{-\sqrt{4-x^2}}^{\sqrt{4-x^2}}f(x,y)\mathrm{d}y+\int_{1}^{2}\mathrm{d}x\int_{-\sqrt{4-x^2}}^{\sqrt{4-x^2}}f(x,y)\mathrm{d}y$

或 $\int_{1}^{2}\mathrm{d}y\int_{-\sqrt{4-y^2}}^{\sqrt{4-y^2}}f(x,y)\mathrm{d}x+\int_{-2}^{-1}\mathrm{d}y\int_{-\sqrt{4-y^2}}^{\sqrt{4-y^2}}f(x,y)\mathrm{d}x+$

$\int_{-1}^{1}\mathrm{d}y\int_{-\sqrt{4-y^2}}^{-\sqrt{1-y^2}}f(x,y)\mathrm{d}x+\int_{-1}^{1}\mathrm{d}y\int_{\sqrt{1-y^2}}^{\sqrt{4-y^2}}f(x,y)\mathrm{d}x.$

5. 略.

6. (1) $\int_{0}^{1}\mathrm{d}x\int_{x}^{1}f(x,y)\mathrm{d}y$； (2) $\int_{0}^{4}\mathrm{d}x\int_{\frac{x}{2}}^{\sqrt{x}}f(x,y)\mathrm{d}y$； (3) $\int_{-1}^{1}\mathrm{d}x\int_{0}^{\sqrt{1-x^2}}f(x,y)\mathrm{d}y$；

(4) $\int_{0}^{1}\mathrm{d}y\int_{2-y}^{1+\sqrt{1-y^2}}f(x,y)\mathrm{d}x$； (5) $\int_{0}^{1}\mathrm{d}y\int_{e^y}^{e}f(x,y)\mathrm{d}x$；

(6) $\int_{-1}^{0}\mathrm{d}y\int_{-2\arcsin y}^{\pi}f(x,y)\mathrm{d}x+\int_{0}^{1}\mathrm{d}y\int_{\arcsin y}^{\pi-\arcsin y}f(x,y)\mathrm{d}x.$

7. $\frac{4}{3}$.

8. $\frac{7}{2}$.

9. $\frac{17}{6}$

10. 6π.

11. 图略.(1) $\int_{0}^{2\pi}\mathrm{d}\theta\int_{0}^{a}f(\rho\cos\theta,\rho\sin\theta)\rho\mathrm{d}\rho$；

(2) $\int_{-\frac{\pi}{2}}^{\frac{\pi}{2}}\mathrm{d}\theta\int_{0}^{2\cos\theta}f(\rho\cos\theta,\rho\sin\theta)\rho\mathrm{d}\rho$；

(3) $\int_{0}^{2\pi}\mathrm{d}\theta\int_{a}^{b}f(\rho\cos\theta,\rho\sin\theta)\rho\mathrm{d}\rho$；

(4) $\int_{0}^{\frac{\pi}{2}}\mathrm{d}\theta\int_{0}^{(\cos\theta+\sin\theta)^{-1}}f(\rho\cos\theta,\rho\sin\theta)\rho\mathrm{d}\rho.$

12. (1) $\int_{0}^{\frac{\pi}{4}}\mathrm{d}\theta\int_{0}^{\sec\theta}f(\rho\cos\theta,\rho\sin\theta)\rho\mathrm{d}\rho+\int_{\frac{\pi}{4}}^{\frac{\pi}{2}}\mathrm{d}\theta\int_{0}^{\csc\theta}f(\rho\cos\theta,\rho\sin\theta)\rho\mathrm{d}\rho$；

(2) $\int_{\frac{\pi}{4}}^{\frac{\pi}{3}}\mathrm{d}\theta\int_{0}^{2\sec\theta}f(\rho)\rho\mathrm{d}\rho$； (3) $\int_{0}^{\frac{\pi}{2}}\mathrm{d}\theta\int_{(\cos\theta+\sin\theta)^{-1}}^{1}f(\rho\cos\theta,\rho\sin\theta)\rho\mathrm{d}\rho$；

(4) $\int_{0}^{\frac{\pi}{4}}\mathrm{d}\theta\int_{\sec\theta\tan\theta}^{\sec\theta}f(\rho\cos\theta,\rho\sin\theta)\rho\mathrm{d}\rho.$

13. (1) $\frac{3}{4}\pi a^4$； (2) $\frac{1}{6}a^3[\sqrt{2}+\ln(1+\sqrt{2})]$； (3) $\sqrt{2}-1$； (4) $\frac{1}{8}\pi a^4$.

14. (1) $\pi(e^4-1)$； (2) $\frac{\pi}{4}(2\ln 2-1)$； (3) $\frac{3}{64}\pi^2$.

15. (1) $\frac{9}{4}$； (2) $\frac{\pi}{8}(\pi-2)$； (3) $14a^4$； (4) $\frac{2}{3}\pi(b^3-a^3)$； (5) $\frac{3\pi-4}{9}a^3$.

16. $\frac{1}{40}\pi^5$.

17. $\frac{1}{3}R^3\arctan k$.

18. $\frac{3}{32}\pi a^4$.

*19. (1) $\frac{\pi^4}{3}$； (2) $\frac{7}{3}\ln 2$； (3) $\frac{e-1}{2}$； (4) $\frac{1}{2}\pi ab$，提示：作变换 $x=a\rho\cos\theta, y=b\rho\sin\theta$.

*20. (1) $2\ln 3$； (2) $\frac{1}{8}$.

*21. 略.

*22. (1) 略； (2) 提示：作变换 $x=\frac{au-bv}{\sqrt{a^2+b^2}}$，$y=\frac{bu+av}{\sqrt{a^2+b^2}}$.

习题 10-3（第 160 页）

1. (1) $\int_0^1 dx\int_0^{1-x}dy\int_0^{xy}f(x,y,z)dz$； (2) $\int_{-1}^1 dx\int_{-\sqrt{1-x^2}}^{\sqrt{1-x^2}}dy\int_{x^2+y^2}^1 f(x,y,z)dz$；

   (3) $\int_{-1}^1 dx\int_{-\sqrt{1-x^2}}^{\sqrt{1-x^2}}dy\int_{x^2+2y^2}^{2-x^2}f(x,y,z)dz$； (4) $\int_0^a dx\int_0^{b\sqrt{1-x^2/a^2}}dy\int_0^{xy/c}f(x,y,z)dz$.

2. $\frac{3}{2}$.

3. 略.

4. $\frac{1}{364}$.

5. $\frac{1}{2}\left(\ln 2-\frac{5}{8}\right)$.

6. $\frac{1}{48}$.

7. 0.

8. $\frac{\pi}{4}h^2R^2$.

9. (1) $\frac{7\pi}{12}$; (2) $\frac{16}{3}\pi$.

*10. (1) $\frac{4\pi}{5}$; (2) $\frac{7}{6}\pi a^4$.

11. (1) $\frac{1}{8}$; *(2) $\frac{\pi}{10}$; (3) 8π; *(4) $\frac{4\pi}{15}(A^5-a^5)$; (5) $\frac{4}{15}\pi$.

12. (1) $\frac{32}{3}\pi$; *(2) πa^3; (3) $\frac{\pi}{6}$; (4) $\frac{2}{3}\pi(5\sqrt{5}-4)$.

*13. $\frac{2}{3}\pi a^3$.

14. $\frac{8\sqrt{2}-7}{6}\pi$.

*15. $k\pi R^4$.

习题 10-4（第 170 页）

1. $2a^2(\pi-2)$.

2. $\sqrt{2}\pi$.

3. $16R^2$.

4. $\frac{4}{3}R$.

5. (1) $\bar{x}=\frac{3}{5}x_0, \bar{y}=\frac{3}{8}y_0$; (2) $\bar{x}=0$, $\bar{y}=\frac{4b}{3\pi}$; (3) $\bar{x}=\frac{b^2+ab+a^2}{2(a+b)}$, $\bar{y}=0$.

6. $\bar{x}=\frac{35}{48}$, $\bar{y}=\frac{35}{54}$.

7. $\bar{x}=\frac{2}{5}a$, $\bar{y}=\frac{2}{5}a$.

8. (1) $\left(0,0,\frac{3}{4}\right)$; *(2) $\left(0,0,\frac{3(A^4-a^4)}{8(A^3-a^3)}\right)$; (3) $\left(\frac{2}{5}a,\frac{2}{5}a,\frac{7}{30}a^2\right)$.

*9. $\left(0,0,\frac{5}{4}R\right)$.

10. (1) $I_y=\frac{1}{4}\pi a^3 b$; (2) $I_x=\frac{72}{5}$, $I_y=\frac{96}{7}$; (3) $I_x=\frac{1}{3}ab^3$, $I_y=\frac{1}{3}ba^3$.

11. $\frac{1}{12}Mh^2$, $\frac{1}{12}Mb^2$（$M=bh\mu$ 为矩形板的质量）.

12. (1) $\frac{8}{3}a^4$; (2) $\bar{x}=\bar{y}=0, \bar{z}=\frac{7}{15}a^2$; (3) $\frac{112}{45}a^6\rho$.

13. $\frac{1}{2}a^2M$ （$M=\pi a^2h\rho$ 为圆柱体的质量）.

14. $\boldsymbol{F}=\left(2G\mu\left(\ln\frac{R_2+\sqrt{R_2^2+a^2}}{R_1+\sqrt{R_1^2+a^2}}-\frac{R_2}{\sqrt{R_2^2+a^2}}+\frac{R_1}{\sqrt{R_1^2+a^2}}\right),0,\pi Ga\mu\left(\frac{1}{\sqrt{R_2^2+a^2}}-\frac{1}{\sqrt{R_1^2+a^2}}\right)\right)$.

15. $F_x=F_y=0$，$F_z=-2\pi G\rho_0[\sqrt{(h-a)^2+R^2}-\sqrt{R^2+a^2}+h]$.

*习题 10-5（第 176 页）

1. (1) $\frac{\pi}{4}$； (2) 1； (3) $\frac{8}{3}$.

2. (1) $\frac{1}{3}\cos x(\cos x-\sin x)(1+2\sin 2x)$； (2) $\frac{2}{x}\ln(1+x^2)$；

(3) $\ln\sqrt{\frac{x^2+1}{x^4+1}}+3x^2\arctan x^2-2x\arctan x$； (4) $2xe^{-x^5}-e^{-x^3}-\int_x^{x^2}y^2e^{-xy^2}\mathrm{d}y$.

3. $3f(x)+2xf'(x)$.

4. (1) $\pi\arcsin a$；

(2) $\pi\ln\frac{1+a}{2}$，提示：设 $\varphi(\alpha)=\int_0^{\frac{\pi}{2}}\ln(\cos^2x+\alpha^2\sin^2x)\mathrm{d}x$，$I=\varphi(a)$.

5. (1) $\frac{\pi}{2}\ln(1+\sqrt{2})$，提示：利用公式$\frac{\arctan x}{x}=\int_0^1\frac{\mathrm{d}y}{1+x^2y^2}$；

(2) $\arctan(1+b)-\arctan(1+a)$，提示：利用公式$\frac{x^b-x^a}{\ln x}=\int_a^bx^y\mathrm{d}y$.

总习题十（第 177 页）

1. (1) $\frac{1}{2}(1-e^{-4})$； (2) $\frac{\pi}{4}R^4\left(\frac{1}{a^2}+\frac{1}{b^2}\right)$.

2. (1) (C)； (2) (A)； (3) (B).

3. (1) $\frac{3}{2}+\cos 1+\sin 1-\cos 2-2\sin 2$； (2) $\pi^2-\frac{40}{9}$； (3) $\frac{1}{3}R^3\left(\pi-\frac{4}{3}\right)$；

(4) $\frac{\pi}{4}R^4+9\pi R^2$.

4. (1) $\int_{-2}^0\mathrm{d}x\int_{2x+4}^{4-x^2}f(x,y)\mathrm{d}y$； (2) $\int_0^2\mathrm{d}x\int_{\frac{1}{2}x}^{3-x}f(x,y)\mathrm{d}y$；

(3) $\int_0^1\mathrm{d}y\int_0^{y^2}f(x,y)\mathrm{d}x+\int_1^2\mathrm{d}y\int_0^{\sqrt{2y-y^2}}f(x,y)\mathrm{d}x$.

5. 略.

6. $\int_0^{\frac{\pi}{4}}\mathrm{d}\theta\int_0^{\sec\theta\tan\theta}f(\rho\cos\theta,\rho\sin\theta)\rho\mathrm{d}\rho+\int_{\frac{\pi}{4}}^{\frac{3\pi}{4}}\mathrm{d}\theta\int_0^{\csc\theta}f(\rho\cos\theta,\rho\sin\theta)\rho\mathrm{d}\rho+$

$\int_{\frac{3\pi}{4}}^{\pi}\mathrm{d}\theta\int_0^{\sec\theta\tan\theta}f(\rho\cos\theta,\rho\sin\theta)\rho\mathrm{d}\rho.$

7. $f(x,y)=\sqrt{1-x^2-y^2}+\dfrac{8}{9\pi}-\dfrac{2}{3}.$

8. $\int_{-1}^{1}\mathrm{d}x\int_{x^2}^{1}\mathrm{d}y\int_0^{x^2+y^2}f(x,y,z)\mathrm{d}z.$

9. (1) $\dfrac{1}{36}$; (2) $\dfrac{59}{480}\pi R^5$; (3) 0; (4) $\dfrac{250}{3}\pi$.

*10. (1) $F(t)$在$(0,+\infty)$内单调增加; (2) 略.

11. $\dfrac{1}{2}\sqrt{a^2b^2+b^2c^2+c^2a^2}.$

12. $\sqrt{\dfrac{2}{3}}R$ (R为圆的半径).

13. $I=\dfrac{368}{105}\mu.$

14. $\boldsymbol{F}=(F_x,F_y,F_z)$,其中$F_x=0$,$F_y=\dfrac{4GmM}{\pi R^2}\left(\ln\dfrac{R+\sqrt{R^2+a^2}}{a}-\dfrac{R}{\sqrt{R^2+a^2}}\right)$,

$F_z=-\dfrac{2GmM}{R^2}\left(1-\dfrac{a}{\sqrt{R^2+a^2}}\right).$

15. $\left(0,0,\dfrac{3}{8}b\right).$

*16. $\mu\big|_{r=0}=\dfrac{3M}{\pi R^3}.$

第十一章

习题11-1(第185页)

1. (1) $I_x=\int_L y^2\mu(x,y)\mathrm{d}s$, $I_y=\int_L x^2\mu(x,y)\mathrm{d}s$;

(2) $\bar{x}=\dfrac{\int_L x\mu(x,y)\mathrm{d}s}{\int_L\mu(x,y)\mathrm{d}s}$, $\bar{y}=\dfrac{\int_L y\mu(x,y)\mathrm{d}s}{\int_L\mu(x,y)\mathrm{d}s}$.

2. 略.

3. (1) $2\pi a^{2n+1}$; (2) $\sqrt{2}$; (3) $\frac{1}{12}(5\sqrt{5}+6\sqrt{2}-1)$; (4) $e^a\left(2+\frac{\pi}{4}a\right)-2$;

(5) $\frac{\sqrt{3}}{2}(1-e^{-2})$; (6) 9; (7) $\frac{256}{15}a^3$; (8) $2\pi^2a^3(1+2\pi^2)$.

4. 质心在扇形的对称轴上且与圆心距离$\frac{a\sin\varphi}{\varphi}$处.

5. (1) $I_z=\frac{2}{3}\pi a^2\sqrt{a^2+k^2}(3a^2+4\pi^2k^2)$;

(2) $\bar{x}=\frac{6ak^2}{3a^2+4\pi^2k^2}$, $\bar{y}=\frac{-6\pi ak^2}{3a^2+4\pi^2k^2}$, $\bar{z}=\frac{3k(\pi a^2+2\pi^3k^2)}{3a^2+4\pi^2k^2}$.

习题 11-2（第 195 页）

1—2. 略.

3. (1) $-\frac{56}{15}$; (2) $-\frac{\pi}{2}a^3$; (3) 0; (4) -2π; (5) $\frac{k^3\pi^3}{3}-a^2\pi$; (6) 13;

(7) $\frac{1}{2}$; (8) $-\frac{14}{15}$.

4. (1) $\frac{34}{3}$; (2) 11; (3) 14; (4) $\frac{32}{3}$.

5. $-|\boldsymbol{F}|R$.

6. $mg(z_2-z_1)$.

7. (1) $\int_L\frac{P(x,y)+Q(x,y)}{\sqrt{2}}ds$; (2) $\int_L\frac{P(x,y)+2xQ(x,y)}{\sqrt{1+4x^2}}ds$;

(3) $\int_L[\sqrt{2x-x^2}P(x,y)+(1-x)Q(x,y)]ds$.

8. $\int_\Gamma\frac{P+2xQ+3yR}{\sqrt{1+4x^2+9y^2}}ds$.

9. 略.

习题 11-3（第 208 页）

1. (1) $\frac{1}{30}$; (2) 8.

2. (1) $\frac{3}{8}\pi a^2$; (2) 12π; (3) πa^2.

3. $-\pi$.

4. C 为椭圆 $2x^2+y^2=1$,沿逆时针方向.

5. 提示:利用面积公式 $A=\frac{1}{2}\oint_C x\mathrm{d}y-y\mathrm{d}x$,再逐条边地计算此曲线积分.

6. (1) $\frac{5}{2}$; (2) 236; (3) 5.

7. (1) 12; (2) 0; (3) $\frac{\pi^2}{4}$; (4) $\frac{\sin 2}{4}-\frac{7}{6}$.

8. 略.

9. (1) $\frac{1}{2}x^2+2xy+\frac{1}{2}y^2$; (2) x^2y; (3) $-\cos 2x\sin 3y$;

(4) $x^3y+4x^2y^2-12\mathrm{e}^y+12y\mathrm{e}^y$; (5) $y^2\sin x+x^2\cos y$.

10. 略.

*11. (1) $x^3+3x^2y^2+\frac{4}{3}y^3=C$; (2) $a^2x-x^2y-xy^2-\frac{1}{3}y^3=C$; (3) $x\mathrm{e}^y-y^2=C$;

(4) $x\sin y+y\cos x=C$; (5) $xy-\frac{1}{3}x^3=C$; (6) 不是全微分方程;

(7) $\rho(1+\mathrm{e}^{2\theta})=C$; (8) 不是全微分方程.

12. $\lambda=-1, u(x,y)=-\arctan\frac{y}{x^2}+C$.

习题 11-4 (第 213 页)

1. $I_x=\iint\limits_{\Sigma}(y^2+z^2)\mu(x,y,z)\mathrm{d}S$.

2—3. 略.

4. (1) $\frac{13}{3}\pi$; (2) $\frac{149}{30}\pi$; (3) $\frac{111}{10}\pi$.

5. (1) $\frac{1+\sqrt{2}}{2}\pi$; (2) 9π.

6. (1) $4\sqrt{61}$; (2) $-\frac{27}{4}$; (3) $\pi a(a^2-h^2)$; (4) $\frac{64}{15}\sqrt{2}a^4$.

7. $\frac{2\pi}{15}(6\sqrt{3}+1)$.

8. $\frac{4}{3}\mu_0\pi a^4$.

习题 11-5 (第 222 页)

1—2. 略.

3. (1) $\frac{2}{105}\pi R^7$； (2) $\frac{3}{2}\pi$； (3) $\frac{1}{2}$； (4) $\frac{1}{8}$.

4. (1) $\iint\limits_{\Sigma}\left(\frac{3}{5}P+\frac{2}{5}Q+\frac{2\sqrt{3}}{5}R\right)\mathrm{d}S$； (2) $\iint\limits_{\Sigma}\frac{2xP+2yQ+R}{\sqrt{1+4x^2+4y^2}}\mathrm{d}S$.

5. 6π.

习题 11-6（第 229 页）

1. (1) $3a^4$； *(2) $\frac{12}{5}\pi a^5$； *(3) $\frac{2}{5}\pi a^5$； (4) 81π； (5) $\frac{3}{2}$.

*2. (1) 0； (2) $a^3\left(2-\frac{a^2}{6}\right)$； (3) 108π.

*3. (1) $\operatorname{div}\boldsymbol{A}=2x+2y+2z$； (2) $\operatorname{div}\boldsymbol{A}=y\mathrm{e}^{xy}-x\sin(xy)-2xz\sin(xz^2)$； (3) $\operatorname{div}\boldsymbol{A}=2x$.

4. 略.

*5. 提示：取液面为 xOy 面，z 轴铅直向下. 该物体表面 Σ 上点 (x,y,z) 处单位面积上所受液体的压力为 $(-\nu_0 z\cos\alpha,-\nu_0 z\cos\beta,-\nu_0 z\cos\gamma)$，其中 ν_0 为液体单位体积所受的重力，$\cos\alpha,\cos\beta,\cos\gamma$ 为点 (x,y,z) 处 Σ 的外法线的方向余弦.

习题 11-7（第 238 页）

1. 略.

*2. (1) $-\sqrt{3}\pi a^2$； (2) $-2\pi a(a+b)$； (3) -20π； (4) 9π.

*3. (1) $\mathbf{rot}\,\boldsymbol{A}=2\boldsymbol{i}+4\boldsymbol{j}+6\boldsymbol{k}$； (2) $\mathbf{rot}\,\boldsymbol{A}=\boldsymbol{i}+\boldsymbol{j}$；
(3) $\mathbf{rot}\,\boldsymbol{A}=[x\sin(\cos z)-xy^2\cos(xz)]\boldsymbol{i}-y\sin(\cos z)\boldsymbol{j}+[y^2z\cos(xz)-x^2\cos y]\boldsymbol{k}$.

*4. (1) 0； (2) -4.

*5. (1) 2π； (2) 12π.

*6. 略.

*7. $\mathbf{0}$.

总习题十一（第 238 页）

1. (1) $\int_{\Gamma}(P\cos\alpha+Q\cos\beta+R\cos\gamma)\mathrm{d}s$，切向量；
(2) $\iint\limits_{\Sigma}(P\cos\alpha+Q\cos\beta+R\cos\gamma)\mathrm{d}S$，法向量.

2. (C).

3. (1) $2a^2$； (2) $\frac{(2+t_0^2)^{\frac{3}{2}}-2\sqrt{2}}{3}$； (3) $-2\pi a^2$； (4) $\frac{1}{35}$； (5) πa^2； (6) $\frac{\sqrt{2}}{16}\pi$.

4. $\frac{1}{2}e-\frac{3}{2}e^{-1}$.

5. (1) $2\pi\arctan\frac{H}{R}$; (2) $-\frac{\pi}{4}h^4$; (3) $2\pi R^3$; (4) $\frac{2}{15}$; (5) $a^4(a-1)$.

6. $\frac{1}{2}\ln(x^2+y^2)$.

7. 略.

8. (1) 略; (2) $\frac{c}{d}-\frac{a}{b}$.

9. $\left(0,0,\frac{a}{2}\right)$.

10. 略.

*11. 3.

12. $\frac{3}{2}$.

第十二章

习题 12-1（第 247 页）

1. (1) $\frac{1+1}{1+1^2}+\frac{1+2}{1+2^2}+\frac{1+3}{1+3^2}+\frac{1+4}{1+4^2}+\frac{1+5}{1+5^2}+\cdots$;

(2) $\frac{1}{2}+\frac{1\times3}{2\times4}+\frac{1\times3\times5}{2\times4\times6}+\frac{1\times3\times5\times7}{2\times4\times6\times8}+\frac{1\times3\times5\times7\times9}{2\times4\times6\times8\times10}+\cdots$;

(3) $\frac{1}{5}-\frac{1}{5^2}+\frac{1}{5^3}-\frac{1}{5^4}+\frac{1}{5^5}-\cdots$;

(4) $\frac{1!}{1^1}+\frac{2!}{2^2}+\frac{3!}{3^3}+\frac{4!}{4^4}+\frac{5!}{5^5}+\cdots$.

2. (1) 发散; (2) 收敛; (3) 发散,提示:先乘 $2\sin\frac{\pi}{12}$,再将一般项分解为两个余弦函数之差; (4) 发散.

3. 略.

4. (1) 收敛; (2) 发散; (3) 发散; (4) 发散; (5) 收敛.

*5. (1) 收敛; (2) 发散; (3) 收敛; (4) 发散.

习题 12-2（第 260 页）

1.（1）（B）；（2）（C）.

2.（1）发散；（2）发散；（3）收敛；（4）收敛；（5）$a>1$ 时收敛，$a\leqslant 1$ 时发散.

3.（1）发散；（2）收敛；（3）收敛；（4）收敛.

*4.（1）收敛；（2）收敛；（3）收敛；

（4）当 $b<a$ 时收敛，当 $b>a$ 时发散，当 $b=a$ 时不能肯定.

5.（1）收敛；（2）收敛；（3）发散；（4）收敛；（5）发散；（6）发散.

6.（1）条件收敛；（2）绝对收敛；（3）绝对收敛；（4）条件收敛；（5）发散.

习题 12-3（第 269 页）

1.（B）.

2.（1）$(-1,1)$；（2）$(-1,1)$；（3）$(-\infty,+\infty)$；（4）$(-3,3)$；

（5）$\left(-\dfrac{1}{2},\dfrac{1}{2}\right)$；（6）$(-1,1)$；（7）$(-\sqrt{2},\sqrt{2})$；（8）$(4,6)$.

3.（1）$\dfrac{1}{(1-x)^2}\ (-1<x<1)$；（2）$\dfrac{1}{4}\ln\dfrac{1+x}{1-x}+\dfrac{1}{2}\arctan x-x\ (-1<x<1)$；

（3）$\dfrac{1}{2}\ln\dfrac{1+x}{1-x}\ (-1<x<1)$；（4）$\dfrac{x^2}{(1-x)^2}-x^2-2x^3\ (-1<x<1)$.

习题 12-4（第 277 页）

1. $\cos x=\cos x_0+\cos\left(x_0+\dfrac{\pi}{2}\right)(x-x_0)+\cdots+\dfrac{\cos\left(x_0+\dfrac{n\pi}{2}\right)}{n!}(x-x_0)^n+\cdots\ (-\infty,+\infty)$.

2.（1）$\dfrac{e^x-e^{-x}}{2}=\sum\limits_{n=1}^{\infty}\dfrac{x^{2n-1}}{(2n-1)!}$，$(-\infty,+\infty)$；

（2）$\ln(a+x)=\ln a+\sum\limits_{n=1}^{\infty}(-1)^{n-1}\dfrac{1}{n}\left(\dfrac{x}{a}\right)^n$，$(-a,a]$；

（3）$a^x=\sum\limits_{n=0}^{\infty}\dfrac{(x\ln a)^n}{n!}$，$(-\infty,+\infty)$；

（4）$\sin^2 x=\sum\limits_{n=1}^{\infty}(-1)^{n-1}\dfrac{(2x)^{2n}}{2(2n)!}$，$(-\infty,+\infty)$；

（5）$(1+x)\ln(1+x)=x+\sum\limits_{n=2}^{\infty}\dfrac{(-1)^n x^n}{n(n-1)}$，$(-1,1]$；

（6）$\dfrac{x}{\sqrt{1+x^2}}=x+\sum\limits_{n=1}^{\infty}(-1)^n\dfrac{2(2n)!}{(n!)^2}\left(\dfrac{x}{2}\right)^{2n+1}$，$[-1,1]$.

3.（1）$\sqrt{x^3}=1+\frac{3}{2}(x-1)+\sum_{n=0}^{\infty}(-1)^n\frac{(2n)!}{(n!)^2}\frac{3}{(n+1)(n+2)2^n}\left(\frac{x-1}{2}\right)^{n+2}$，$[0,2]$；

（2）$\lg x=\frac{1}{\ln 10}\sum_{n=1}^{\infty}(-1)^{n-1}\frac{(x-1)^n}{n}$，$(0,2]$；

（3）$xe^x=e+\sum_{n=1}^{\infty}\left[\frac{e}{(n-1)!}+\frac{e}{n!}\right](x-1)^n$，$(-\infty,+\infty)$.

4. $\cos x=\frac{1}{2}\sum_{n=0}^{\infty}(-1)^n\left[\frac{\left(x+\frac{\pi}{3}\right)^{2n}}{(2n)!}+\sqrt{3}\frac{\left(x+\frac{\pi}{3}\right)^{2n+1}}{(2n+1)!}\right]$，$(-\infty,+\infty)$.

5. $\frac{1}{x}=\frac{1}{3}\sum_{n=0}^{\infty}(-1)^n\frac{(x-3)^n}{3^n}$，$(0,6)$.

6. $\frac{1}{x^2+3x+2}=\sum_{n=0}^{\infty}\left(\frac{1}{2^{n+1}}-\frac{1}{3^{n+1}}\right)(x+4)^n$，$(-6,-2)$.

习题 12-5（第 286 页）

1.（1）1.098 6；（2）1.648；（3）2.004 30；（4）0.999 4.

2.（1）0.494 0；（2）0.487.

3.（1）$y=Ce^{\frac{x^2}{2}}+\left[-1+x+\frac{1}{1\times3}x^3+\cdots+\frac{x^{2n-1}}{1\times3\times5\times\cdots\times(2n-1)}+\cdots\right]$；

（2）$y=a_0e^{-\frac{x^2}{2}}+a_1\left[x-\frac{x^3}{1\times3}+\frac{x^5}{1\times3\times5}-\cdots+(-1)^{n-1}\frac{x^{2n-1}}{1\times3\times5\times\cdots\times(2n-1)}+\cdots\right]$；

（3）$y=C(1-x)+x^3\left[\frac{1}{3}+\frac{1}{6}x+\frac{1}{10}x^2+\cdots+\frac{2}{(n+2)(n+3)}x^n+\cdots\right]$.

4.（1）$y=\frac{1}{2}+\frac{1}{4}x+\frac{1}{8}x^2+\frac{1}{16}x^3+\frac{9}{32}x^4+\cdots$；

（2）$y=x+\frac{1}{1\times2}x^2+\frac{1}{2\times3}x^3+\frac{1}{3\times4}x^4+\cdots+\frac{1}{n(n-1)}x^n+\cdots$.

5. 和函数为 $y(x)=\frac{2}{3}e^{-\frac{x}{2}}\cos\frac{\sqrt{3}}{2}x+\frac{1}{3}e^x$ $(-\infty<x<+\infty)$.

6. $e^x\cos x=\sum_{n=0}^{\infty}2^{\frac{n}{2}}\cos\frac{n\pi}{4}\cdot\frac{x^n}{n!}$ $(-\infty,+\infty)$，提示：$e^x\cos x=\mathrm{Re}\ e^{(1+i)x}=\mathrm{Re}\ e^{\sqrt{2}\left(\cos\frac{\pi}{4}+i\sin\frac{\pi}{4}\right)x}$.

*习题 12-6（第 294 页）

1.（1）取正整数 $N\geqslant\frac{|x|}{\varepsilon}$；（2）略.

2. (1) $s(x)=\begin{cases}0, & x=0,\\ 1+x^2 & x\neq 0;\end{cases}$

(2) 当 $x\neq 0$ 时取正整数 $N\geqslant \dfrac{\ln\dfrac{1}{\varepsilon}}{\ln(1+x^2)}$，当 $x=0$ 时取 $N=1$；

(3) 在 $[0,1]$ 上不一致收敛，在 $\left[\dfrac{1}{2},1\right]$ 上一致收敛.

3. (1) 一致收敛； (2) 不一致收敛.

4. 略.

习题 12-7（第 306 页）

1. (1) $f(x)=\pi^2+1+12\sum\limits_{n=1}^{\infty}\dfrac{(-1)^n}{n^2}\cos nx, (-\infty,+\infty)$；

(2) $f(x)=\dfrac{e^{2\pi}-e^{-2\pi}}{\pi}\left[\dfrac{1}{4}+\sum\limits_{n=1}^{\infty}\dfrac{(-1)^n}{n^2+4}(2\cos nx-n\sin nx)\right]$，

$(x\neq(2n+1)\pi, n=0,\pm1,\pm2,\cdots)$；

(3) $f(x)=\dfrac{a-b}{4}\pi+\sum\limits_{n=1}^{\infty}\left\{\dfrac{[1-(-1)^n](b-a)}{n^2\pi}\cos nx+\dfrac{(-1)^{n-1}(a+b)}{n}\sin nx\right\}$，

$(x\neq(2n+1)\pi, n=0,\pm1,\pm2,\cdots)$.

2. (1) $2\sin\dfrac{x}{3}=\dfrac{18\sqrt{3}}{\pi}\sum\limits_{n=1}^{\infty}(-1)^{n-1}\dfrac{n\sin nx}{9n^2-1}$，$(-\pi,\pi)$；

(2) $f(x)=\dfrac{1+\pi-e^{-\pi}}{2\pi}+\dfrac{1}{\pi}\sum\limits_{n=1}^{\infty}\left\{\dfrac{1-(-1)^n e^{-\pi}}{1+n^2}\cos nx+\right.$

$\left.\left[\dfrac{-n+(-1)^n n e^{-\pi}}{1+n^2}+\dfrac{1}{n}(1-(-1)^n)\right]\sin nx\right\}, (-\pi,\pi)$；

(3) $x\sin x=1-\dfrac{1}{2}\cos x+2\sum\limits_{n=2}^{\infty}\dfrac{(-1)^{n-1}}{n^2-1}\cos nx$，$(-\pi,\pi)$.

3. $\cos\dfrac{x}{2}=\dfrac{2}{\pi}+\dfrac{4}{\pi}\sum\limits_{n=1}^{\infty}\dfrac{(-1)^{n-1}}{4n^2-1}\cos nx, [-\pi,\pi]$.

4. $f(x)=\dfrac{2}{\pi}\sum\limits_{n=1}^{\infty}\left[\dfrac{1}{n^2}\sin\dfrac{n\pi}{2}+(-1)^{n+1}\dfrac{\pi}{2n}\right]\sin nx\quad(x\neq(2n+1)\pi, n=0,\pm1,\pm2,\cdots)$

5. $\dfrac{\pi-x}{2}=\sum\limits_{n=1}^{\infty}\dfrac{1}{n}\sin nx$，$(0,\pi]$.

6. $2x^2=\dfrac{4}{\pi}\sum\limits_{n=1}^{\infty}\left[-\dfrac{2}{n^3}+(-1)^n\left(\dfrac{2}{n^3}-\dfrac{\pi^2}{n}\right)\right]\sin nx, [0,\pi)$；

$$2x^2=\frac{2}{3}\pi^2+8\sum_{n=1}^{\infty}\frac{(-1)^n}{n^2}\cos nx,\ [0,\pi].$$

7. 略.

习题 12-8（第 312 页）

1. (1) $f(x)=\frac{11}{12}+\frac{1}{\pi^2}\sum_{n=1}^{\infty}\frac{(-1)^{n+1}}{n^2}\cos 2n\pi x,(-\infty,+\infty)$;

(2) $f(x)=-\frac{1}{4}+\sum_{n=1}^{\infty}\left\{\left[\frac{1-(-1)^n}{n^2\pi^2}+\frac{2\sin\frac{n\pi}{2}}{n\pi}\right]\cos n\pi x+\frac{1-2\cos\frac{n\pi}{2}}{n\pi}\sin n\pi x\right\}$,

$\left(x\neq 2k,2k+\frac{1}{2},\ k=0,\pm1,\pm2,\cdots\right)$;

(3) $f(x)=-\frac{1}{2}+\sum_{n=1}^{\infty}\left\{\frac{6}{n^2\pi^2}[1-(-1)^n]\cos\frac{n\pi x}{3}+\frac{6}{n\pi}(-1)^{n+1}\sin\frac{n\pi x}{3}\right\}$,

$(x\neq 3(2k+1),k=0,\pm1,\pm2,\cdots)$.

2. (1) $f(x)=\frac{4l}{\pi^2}\sum_{k=1}^{\infty}\frac{(-1)^{k-1}}{(2k-1)^2}\sin\frac{(2k-1)\pi x}{l},[0,l]$,

$f(x)=\frac{l}{4}-\frac{2l}{\pi^2}\sum_{k=1}^{\infty}\frac{1}{(2k-1)^2}\cos\frac{2(2k-1)\pi x}{l},[0,l]$;

(2) $f(x)=\frac{8}{\pi}\sum_{n=1}^{\infty}\left\{\frac{(-1)^{n+1}}{n}+\frac{2}{n^3\pi^2}[(-1)^n-1]\right\}\sin\frac{n\pi x}{2},[0,2)$,

$f(x)=\frac{4}{3}+\frac{16}{\pi^2}\sum_{n=1}^{\infty}\frac{(-1)^n}{n^2}\cos\frac{n\pi x}{2},[0,2]$.

*3. $f(x)=\operatorname{sh}1\sum_{n=-\infty}^{\infty}\frac{(-1)^n(1-n\pi\mathrm{i})}{1+(n\pi)^2}\mathrm{e}^{n\pi x\mathrm{i}}\quad(x\neq 2k+1,\ k=0,\pm1,\pm2,\cdots)$.

*4. $u(t)=\frac{h\tau}{T}+\frac{2h}{\pi}\sum_{n=1}^{\infty}\frac{1}{n}\sin\frac{n\tau\pi}{T}\cos\frac{2n\pi t}{T}\quad(-\infty,+\infty)$.

总习题十二（第 313 页）

1. (1) 必要，充分；(2) 充分必要；(3) 收敛，发散.

2. (A).

3. (1) 发散；(2) 发散；(3) 收敛；(4) 发散；

(5) $a<1$ 时收敛，$a>1$ 时发散，$a=1$ 时，$s>1$ 收敛，$s\leqslant1$ 发散.

4. 略.

5. 不一定.考虑级数 $\sum\limits_{n=1}^{\infty}(-1)^n\dfrac{1}{\sqrt{n}}$ 及 $\sum\limits_{n=1}^{\infty}\left((-1)^n\dfrac{1}{\sqrt{n}}+\dfrac{1}{n}\right)$.

6. (1) $p>1$ 时绝对收敛,$0<p\leqslant 1$ 时条件收敛,$p\leqslant 0$ 时发散;
(2) 绝对收敛; (3) 条件收敛; (4) 绝对收敛.

7. (1) 0; (2) $\sqrt[4]{8}$,提示:化成 $2^{\frac{1}{3}+\frac{2}{3^2}+\cdots+\frac{n}{3^n}+\cdots}$.

8. (1) $\left(-\dfrac{1}{5},\dfrac{1}{5}\right)$; (2) $\left(-\dfrac{1}{\mathrm{e}},\dfrac{1}{\mathrm{e}}\right)$; (3) $(-2,0)$; (4) $(-\sqrt{2},\sqrt{2})$.

9. (1) $s(x)=\dfrac{2+x^2}{(2-x^2)^2}$,$(-\sqrt{2},\sqrt{2})$; *(2) $s(x)=\arctan x$,$[-1,1]$;

(3) $s(x)=\dfrac{x-1}{(2-x)^2}$,$(0,2)$;

*(4) $s(x)=\begin{cases}1+\left(\dfrac{1}{x}-1\right)\ln(1-x), & x\in[-1,0)\cup(0,1),\\ 0, & x=0,\\ 1, & x=1.\end{cases}$

10. 收敛域 $(-\infty,+\infty)$,和函数 $f(x)=x\cos x$,$x\in(-\infty,+\infty)$.

11. (1) 2e; (2) $\dfrac{1}{2}(\cos 1+\sin 1)$,提示:利用 cos 1 和 sin 1 的展开式.

12. (1) $\ln(x+\sqrt{x^2+1})=x+\sum\limits_{n=1}^{\infty}(-1)^n\dfrac{(2n-1)!!}{(2n)!!}\dfrac{x^{2n+1}}{2n+1}$,$x\in[-1,1]$,

提示:利用积分 $\displaystyle\int_0^x\frac{\mathrm{d}t}{\sqrt{t^2+1}}$;

(2) $\dfrac{1}{(2-x)^2}=\sum\limits_{n=1}^{\infty}\dfrac{n}{2^{n+1}}x^{n-1}$,$x\in(-2,2)$.

13. $f(x)=\dfrac{\mathrm{e}^{\pi}-1}{2\pi}+\dfrac{1}{\pi}\sum\limits_{n=1}^{\infty}\left\{\dfrac{(-1)^n\mathrm{e}^{\pi}-1}{n^2+1}\cos nx+\dfrac{n[(-1)^{n+1}\mathrm{e}^{\pi}+1]}{n^2+1}\sin nx\right\}$,

$-\infty<x<+\infty$ 且 $x\neq n\pi$, $n=0,\pm1,\pm2,\cdots$.

14. $f(x)=\dfrac{2}{\pi}\sum\limits_{n=1}^{\infty}\dfrac{1-\cos nh}{n}\sin nx$, $x\in(0,h)\cup(h,\pi]$;

$f(x)=\dfrac{h}{\pi}+\dfrac{2}{\pi}\sum\limits_{n=1}^{\infty}\dfrac{\sin nh}{n}\cos nx$, $x\in[0,h)\cup(h,\pi]$.

读者意见反馈

为收集对教材的意见建议，进一步完善教材编写并做好服务工作，读者可将对本教材的意见建议通过如下渠道反馈至我社。

咨询电话　400-810-0598

反馈邮箱　math@pub.hep.cn

通信地址　北京市朝阳区惠新东街4号富盛大厦1座

　　　　　高等教育出版社理科事业部

邮政编码　100029